高等学校教材

涂料与涂装原理

郑顺兴　编

化学工业出版社

·北京·

本书从原理上分析介绍涂料和涂装的基础知识和工艺流程，直接结合国际期刊的综述文章介绍涂料和涂装科学研究前沿与现状，努力做到既讲透科学原理，又密切结合实际需要。书中采用适当的例题来介绍基本原理的应用，并在每章后编写了练习题，以方便学习。

本书适用于材料专业本科及研究生学习，同时也可作为涂料工业科技人员的参考书。

图书在版编目（CIP）数据

涂料与涂装原理/郑顺兴编. —北京：化学工业出版社，
2013.6（2023.1重印）
高等学校教材
ISBN 978-7-122-16940-2

Ⅰ.①涂⋯ Ⅱ.①郑⋯ Ⅲ.①涂料-高等学校-教材②涂漆-
高等学校-教材 Ⅳ.①TQ63

中国版本图书馆 CIP 数据核字（2013）第 067923 号

责任编辑：杨　菁　　　　　　　　　文字编辑：林　丹
责任校对：蒋　宇　　　　　　　　　装帧设计：孙远博

出版发行：化学工业出版社（北京市东城区青年湖南街 13 号　邮政编码 100011）
印　　装：北京虎彩文化传播有限公司
787mm×1092mm　1/16　印张 22½　字数 560 千字　2023 年 1 月北京第 1 版第 6 次印刷

购书咨询：010-64518888　　　　　　售后服务：010-64518899
网　址：http://www.cip.com.cn
凡购买本书，如有缺损质量问题，本社销售中心负责调换。

定　价：79.00 元　　　　　　　　　　　　　　　　版权所有　违者必究

前　言

涂料与涂装的共同目的是得到符合性能要求的漆膜。工业上应用涂料很经济，漆膜厚度通常很薄，只有1mm的几分之一或十几分之一，就能达到要求的性能。因此涂料与涂装在生产上广泛应用，两者都涉及庞大的工业体系。我国涂料厂数千多家，年产涂料数百万吨，生产一千多个涂料品种。涂装是把涂料施工于产品表面，如建筑物、汽车、飞机、机床、轮船、家具等的表面。

涂料与涂装从远古时代就已开始，我国河姆渡考古中就发现木胎漆碗，但过去涂料与涂装仅仅是作为一门技艺而存在，现代科技的发展使涂料与涂装逐步从传统工艺向现代科学技术转型，即阐明其科学原理，并在此基础上进一步发展。目前的现实是：涂料和涂装书籍大多介绍生产工艺，给读者的感觉是与现代科学知识脱节。因为涂料和涂装是实际应用的工业技术，涉及高分子化学与物理、流变学、色度学、胶体与界面化学，以及涂料施工工艺和设备，而有实际工作经验的人很难全面理解这些学科的基础知识，就无法从科学原理的角度深入探讨写作。在本书中，作者结合相关著作，如《涂料工艺》、威克斯等的《有机涂料科学和技术》和兰伯恩等的《涂料与表面涂层技术》等，从原理上来分析介绍涂料和涂装的基础知识和工艺流程，努力做到既密切结合工业的实际需要，又讲透科学原理。由于有的知识点还没有书籍论述，本书部分内容就直接结合国际期刊的综述文章进行写作，如水分散体涂料、超级疏水性涂层、溶胶凝胶法制备的有机无机杂化涂料、溶解度参数理论、高分子与溶剂之间优先吸附等。许多传统内容也更加透彻深入地叙述，如磷化、聚氨酯扩链剂的原理、EIS评价防腐蚀涂层、植物油脂氧化聚合机理、醇酸树脂配方设计等。

大学生从学科的角度学习无机化学、有机化学，研究的是纯化合物和化学反应原理，这样能够得到系统深入的基础知识，但通常这些知识离实际问题和工艺过程相距较远。将要参加工作的大学生需要了解工业实践方面的基本知识；深造的大学生在读过硕士、博士学位后，通常在某个专业方向上进行过精深的研究，但相关工业背景知识却往往不足。本书从原理出发介绍涂料与涂装，使他们能够看得懂相关的技术资料，理解相关工业背景，为将来的职业生涯或学术发展提供基础。

在我国由制造大国走向制造强国的过程中，要提升我国制造的品质，就要在充分理解科学原理的基础上，来学习探讨工艺过程，这样就可以使学生：①在从事一线生产时，能够像科学家一样思考，创造性地解决实际问题，而不仅仅就事论事。②技术总是在发展，单纯的配方和工艺容易被模仿和超越，只有深入理解原理，才能为源源不断的创新提供基础。③在充分理解原理的基础上，就能把贯彻质量要求转化为自觉行动，提升我国制造的品质。④在市场经济条件下，增强学生对工作环境的适应性。本书介绍的原理并不仅仅限于涂料，在工业上有更广泛的应用，如油墨、黏合剂、照相软片上的涂料、贴花和化妆、塑料层压制品等。同样，涂装技术不仅仅限于涂装，也是目前在很多生产场合广泛使用的技术。本书努力用明白流畅的语言和化学反应方程式，来叙述涂料组成性能、涂料制造和涂装过程的原理，一方面把学生在基础学科学到的知识与涂料和涂装联系起来，便于掌握；另一方面通过基本工艺和原理的学习，达到举一反三、触类旁通的效果。

本书作者 2007 年出版的《涂料与涂装科学技术基础》，重点解决了涂料与涂装涉及的知识面广、内容庞杂、难以组织教学的问题，在使用《涂料与涂装科学技术基础》教学几年的基础上，根据学生反馈，从方便学习和时代要求的角度，写作本书。本书充分继承《涂料与涂装科学技术基础》的优点，并进行大幅度修改、增补，语言也更简明。每章增加了内容概要，以了解该章核心内容和关键问题。采用适当例题来介绍基本原理的应用，作者根据每章的主要内容，编写练习题突出要掌握的重要内容，习题有填空、名词解释、计算和问答的形式，形成难度梯度，以方便学习。

编者

目　　录

第1章 绪　　论

1.1　涂料的基本概念

1.1.1　涂料的定义

涂料是流体或粉末状态的物质，把它涂布于物体表面上，经过自然或人工方法干燥固化，形成一层薄膜，能够均匀地覆盖和良好地附着在物体表面上，具有防护和装饰的作用。该膜称为涂膜，又称为漆膜、涂层。

涂料的应用无处不在。在室内，涂料用在墙壁、家具上；在户外，涂料用在房屋和汽车上。从飞机、轮船、跨海大桥到不易觉察的电动机电线、电视机内印刷电路、录音带、录像带和光盘，都广泛地采用了涂料。涂料是材料应用的一种形态，它涉及的原理应用得更广泛，如油墨、纸张和织物生产上应用的聚合物，贴花和层压制品，以及化妆品等，但我们通常并不把它们包括在涂料中。

1.1.2　涂料的作用

涂料的主要作用是装饰和保护。实际使用中涂层发挥多种作用，有以下几个方面。

（1）装饰作用　最早的涂料主要用于装饰，现代涂料更是将这种作用发挥得淋漓尽致。涂料涂覆在物体表面上可以改变物体原来的颜色，而且涂料本身可以很容易调配出各种各样的颜色。这些颜色既可以做到色泽鲜艳、光彩夺目，又可以做到幽静宜人。通过涂料的精心装饰，可以将火车、轮船、自行车等交通工具变得明快舒适；可使房屋建筑和大自然的景色相匹配；更可使许多家用器具不仅具有使用价值，而且成为一种装饰品。因此，涂料是美化生活环境不可缺少的，对于提高人们的物质生活与精神生活有不可估量的作用。

（2）保护作用　物件暴露在大气之中，受到氧气、水分等的侵蚀，造成金属锈蚀、木材腐朽、水泥风化等破坏现象。在物件表面涂以涂料，形成一层保护膜，能够阻止或延迟这些破坏现象的发生和发展，使各种材料的使用寿命延长。

金属的腐蚀是世界上最大的浪费之一，它不仅腐蚀金属，而且会因为腐蚀引发严重事故。钢铁是最常用的金属材料，但钢铁在环境中从热力学上讲就不稳定，要自发生成它的高价氧化态，如 $FeO(s)$ 的标准吉布斯函数变 $\Delta_r G_m^{\ominus} = -244kJ/mol$；$Fe_2O_3$（s，赤铁矿）的为 $\Delta_r G_m^{\ominus} = -742.2kJ/mol$；$Fe_3O_4$（s，磁铁矿）的为 $\Delta_r G_m^{\ominus} = -1015.4kJ/mol$，因此钢铁表面需要保护才能在规定的服役期内保护材料免遭腐蚀。靠有机涂料在钢铁表面形成漆膜来保护钢铁是最常用的防腐蚀手段，目前钢铁防腐蚀费用的约三分之二用于涂料和涂装上。

（3）标志作用　在交通道路上，通过涂料醒目的颜色可以制备各种标志牌和道路分离线，在黑夜里依然清晰明亮。在工厂中各种管道、设备、槽车、容器常用不同颜色的涂料来区分其作用和所装物质的性质。电子工业上的各种器件也常用涂料的颜色来辨别其性能。有些涂料对外界条件具有明显的响应性质，如温致变色、光致变色涂料可起到警示的作用。

（4）特殊作用　涂料还可赋予物体一些特殊功能，例如，电子工业中使用的导电、导磁涂料；航空航天工业上的烧蚀涂料、温控涂料；军事上的伪装与隐形涂料等，这些特殊功能涂料对于高技术发展有着重要的作用。高科技的发展对材料的要求愈来愈高，而涂料是对物体进行改性最便宜和最简便的方法。因为不论物体的材质、大小和形状如何，都可以在表面上覆盖一层涂料从而得到新的功能。

1.1.3　涂料的组成

涂料有四个组成部分：主要成膜物质、颜料、溶剂和助剂。

1.1.3.1　主要成膜物质

涂料要成为黏附于物体表面的薄膜，须有黏结剂，黏结剂就是涂料的主要成膜物质。按主要成膜物质，涂料可分为有机涂料和无机涂料，在工业上具有重要意义的是有机涂料，有机涂料的主要成膜物质包括植物油和树脂（见表 1-1）。植物油是植物种子压榨后得到的油脂，如豆油、花生油等。树脂的原始含义为树木渗出物，如松香、生漆等，现在泛指合成的、还没有进一步应用的聚合物，如醇酸树脂、氨基树脂等。主要成膜物质既可以单独形成漆膜，又可以黏结颜料颗粒成膜，是构成涂料的基础物质，并且在很大程度上左右漆膜的性能。没有成膜物质的表面涂覆物不能称为涂料。

表 1-1　有机涂料中使用的主要成膜物质

有机涂料		主要成膜物质
植物油		桐油、亚麻仁油、豆油、蓖麻油等
树脂	天然树脂	松香、生漆、虫胶、天然沥青等
	人造树脂	纤维素衍生物、氯化橡胶等
	合成树脂	醇酸树脂、氨基树脂、环氧树脂等

用作塑料、橡胶和纤维的多数高聚物相对分子质量为 $10^4 \sim 10^6$，而用于涂料和粘接剂的相对分子质量多数在 10000 以下，含有 $2 \sim 20$ 个链节，称为低聚物。低聚物和高聚物间没有明确界限。

主要成膜物质称为漆基，加溶剂后配成黏稠的溶液，称漆料、基料。把颜料颗粒加进去，进行充分地分散，颜料颗粒不溶解在漆料中，制备出各种颜色不透明的涂料，就是色漆。从获得涂料颜色的角度看，漆料又称为展色剂。

以植物油为基料的涂料，有很好的韧性、气密性、水密性及附着力，具有很好的耐气候性，但保护作用有限、不能适应现代工业高效快速涂装的要求。涂料中使用的树脂要赋予涂膜保护和装饰性能，如光泽、硬度、弹性、耐水性、耐酸性等。为了满足涂层多方面的性能要求，常多种树脂拼用，或树脂与油脂合用作为主要成膜物质。

我国古代把涂料称作油漆，主要是因为当时采用的漆料是桐油和生漆。桐油是由桐树果实压榨而得的，在常见的植物油中干燥最快、漆膜坚硬、耐水耐碱性好，表现出优良的制漆性能。生漆是从漆树上割出的乳白色黏稠液体。生漆经精制加工后成为熟漆，熟漆用于涂装漆器。我国生漆产量约占世界的 80%，而且质量优异。桐油和生漆都是我国的特产。

现代涂料工业是随高分子科学的发展而形成的。漆料采用高分子树脂后，涂料品种大幅度增加，而且赋予涂料各种优异的性能。现代涂料主要以高分子树脂为主要成膜物质。

1.1.3.2　颜料

颜料粒径一般在 $0.2 \sim 10 \mu m$ 之间，呈粉末状态。颜料不溶于涂料的溶剂或漆料中，在涂料中仍以颗粒存在。颜料赋予涂层颜色和遮盖力，也就是使漆膜呈现所需要的颜色，而且涂层不透明。颜料还能提高涂层的力学性能，改善涂料的流变性，增强保护效果，降低涂料的成本。有的颜料还赋予涂料某些特定功能，如防腐蚀、导电、阻燃等。颜料通过涂料生产过程中的研磨分散，均匀分散在漆料中，成为涂料的一个组成部分。

颜料最重要的功能是使漆膜呈现要求的颜色。在颜料部分将学习颜色的相关知识及表达方法。遮盖是漆膜覆盖在底材上，使底材呈现不出原有的颜色。漆膜通常很薄，为达到遮盖功能，就需要研究颜料的遮盖能力。颜料为实现保护功能，要求树脂形成的涂膜耐久性好、通透性小、附着力好，颜料要有防腐蚀功能。

颜料分为防锈颜料、着色颜料、体质颜料三大类。着色颜料不溶于水和油，具有美丽的颜色和遮盖力，在涂料中起着色和遮盖作用，如锌铬黄（黄色）、铁红（红色）、酞菁蓝（蓝色）、二氧化钛（白色）、炭黑（黑色）、铝粉浆（银色）等。防锈颜料具有特殊的防锈能力，可防止金属的锈蚀，甚至漆膜略为擦破也不致生锈。体质颜料又称填充料，多为惰性物质，与涂料其他组分不起化学作用，价格低廉，替代部分好而贵的着色颜料。

1.1.3.3 溶剂

溶剂溶解或分散树脂成为流体。尽管溶剂在形成漆膜的过程中挥发掉，但对于形成漆膜的质量非常重要，合理选择和使用溶剂可以提高涂层性能，如外观、光泽、致密性等。有机溶剂挥发后对大气造成污染，对于涂料中有机溶剂种类和用量各国都有严格限制。常用品种有：水、200 号溶剂汽油、甲苯、二甲苯、乙醇、丁醇、乙酸丁酯、丙酮等多种。

1.1.3.4 助剂

助剂在涂料中用量很少，一般不超过 5%，如聚合反应的催化剂、控制涂料流动性的助剂等。它们用于显著改善涂料生产加工、存储、涂布、成膜过程中的性能。并不是每种涂料都同时需要这些助剂，不同涂料需要不同的助剂。

并不是每种涂料都同时具有主要成膜物质、颜料、溶剂和助剂。没有颜料的涂料是黏性透明流体，称为清漆。极少数涂料中只有植物油作为主要成膜物质，这些涂料称为清油。有颜料的涂料称为色漆。加有大量颜料的稠厚浆状体涂料称为腻子。没有溶剂呈粉末状的为粉末涂料。溶剂是有机溶剂的涂料称为溶剂型涂料。以水作主要溶剂的为水性漆。

涂料是工业上直接应用的高分子材料，而工业上以同样形态应用的还有胶黏剂、层压复合材料中使用的胶液，有机摩擦材料的胶液等。由高分子出发制备橡胶、塑料使用的各种添加剂，其基本原理与涂料中的是同样的。本教材主要介绍这些工业上常用的物质及其使用的基本原理。

1.2 涂装的概念

涂料虽然作为商品在市场上流通，实际是半成品，涂料只有形成涂膜，才能发挥作用，具有使用价值。涂料在被涂表面上形成涂膜的过程，通称涂料施工，也称涂装。

涂装（Organic finishing）是指将涂料涂布到清洁的（即经过表面处理的）表面上，干燥形成涂膜。它是由漆前表面处理、涂料涂布、涂料干燥三个基本工序组成。

（1）漆前表面处理 即被涂物的表面预处理，目的是为被涂表面和涂膜黏结创造良好条件，如钢铁表面经过磷化处理，可以大大提高涂膜的附着力和防腐蚀性能。漆前表面处理是涂装取得良好效果的基础和关键，在现代涂料施工中特别受重视。

（2）涂料涂布　也称涂饰、涂漆，有时也称涂装。用不同的方法、工具和设备将涂料均匀涂覆在被涂物的表面。涂布质量直接影响涂膜的质量。对不同的被涂物和不同的涂料，应该采用最适宜的涂布方法和设备。

（3）漆膜干燥　也称涂膜固化。将湿涂膜干燥固化成为连续的干涂膜。

涂装的分类方法很多。按照被涂物类型分类，有钢铁涂装、镀锌板涂装、铝合金涂装、塑料涂装、木材涂装、水泥制品涂装等，它们的最大差别是漆前表面处理方法不同。按照施工方法来分，有空气喷涂、高压无空气喷涂、静电喷涂、静电粉末喷涂、电泳涂装等。本书后面章节有介绍。

1.3　涂料的分类和基本品种

1.3.1　涂料的分类

涂料应用历史悠久，使用范围广泛，根据长期形成的习惯，涂料有以下分类方法。

（1）按形态分　分为有溶剂性涂料、高固体分涂料、水性涂料及粉末涂料等。高固体分涂料通常是涂料的固含量高于70%。

（2）按用途分　分为建筑涂料、工业涂料和维护涂料。工业涂料包括汽车涂料、船舶涂料、飞机涂料、木器涂料、卷材涂料、塑料涂料等。卷材涂料是生产预涂卷材用的涂料。预涂卷材是将成卷的金属薄板涂上涂料或层压上塑料薄膜后，以成卷或单张出售的有机金属板材，又被称为有机涂层钢板、彩色钢板、塑料复合钢板等，可以直接加工成型，不需要再涂装。

（3）按涂膜功能分　有防锈漆、防腐漆、绝缘漆、防污漆、耐高温涂料、导电涂料等。

色漆主要有两大类品种：底漆和面漆。底漆要求对被涂面附着牢固，保护作用好；面漆的装饰性和户外耐久性好。底漆和面漆配套使用，构成一个坚固的涂层，称为复合涂层。常将面漆称为磁漆（也称为瓷漆），磁漆中选用耐光性和着色性良好的颜料，形成的漆膜平整光滑、坚韧耐磨，像瓷器一样。

（4）按施工方法分　有喷漆、浸渍漆、电泳漆、烘漆等。喷漆是用喷枪喷涂的涂料。浸渍漆是把工件放入盛漆的容器中蘸上涂料。靠电泳方法施工的水性漆称为电泳漆。烘漆是指必须经过一定温度的烘烤，才能干燥成膜的涂料品种，特别是用两种以上树脂混合成的涂料，常温不起反应，只有经过烘烤，才能使不同树脂分子间的官能团发生交联反应，形成漆膜。

（5）按成膜机理分　有转化型涂料和非转化型涂料。非转化型涂料在成膜过程中不需要发生化学反应，如挥发性涂料、热塑性粉末涂料、乳胶漆等。转化型涂料则发生化学反应，如气干性涂料、用固化剂的涂料、烘烤固化的涂料及辐射固化涂料等。固化通常就是指发生化学反应。气干性涂料是室温时，涂料与空气中的氧气或潮气（H_2O）反应就能固化的涂料。

（6）按主要成膜物质分　按主要成膜物质分成17类（参见表1-2）。主要成膜物质包括树脂和油脂，起黏合剂的作用，使涂层牢固附着于被涂物表面，形成连续涂膜。颜、填料的粉末被其黏合，形成色漆层。主要成膜物质对涂料和涂膜的性质起决定作用，而且每种涂料中都含有主要成膜物质，其他组分却并不一定含有。涂料的分类要以主要成膜物质来划分。

1.3.2 我国涂料产品的命名原则

1.3.2.1 以主要成膜物质分类

我国目前已定型的涂料产品（不包括辅助材料）近千个。GB/T 2705—92《涂料产品分类和命名》对我国涂料产品进行了分类。下面首先简要介绍该分类方法，有一个初步了解，有关的名词及化学反应机理在第 2 章中探讨。

表 1-2 涂料按主要成膜物质分类

序号	涂料类别	代号	主要成膜物质
1	油脂漆	Y	天然植物油、鱼油、合成油
2	天然树脂漆	T	松香及其衍生物、大漆及其衍生物、虫胶、动物胶
3	酚醛树脂漆	F	改性酚醛树脂、甲苯树脂
4	沥青漆	L	天然沥青、石油沥青、煤焦沥青
5	醇酸树脂漆	C	醇酸树脂及改性醇酸树脂
6	氨基漆	A	三聚氰胺甲醛树脂、脲醛树脂等
7	硝基漆	Q	硝基纤维素、改性硝基纤维素
8	纤维素漆	M	苄基纤维素、乙基纤维素、羟甲基纤维素、醋酸丁酸纤维素等
9	过氯乙烯漆	G	过氯乙烯树脂、改性过氯乙烯树脂
10	乙烯树脂漆	X	氯乙烯共聚树脂、聚醋酸乙烯系列、含氟树脂、氯化聚丙烯等
11	丙烯酸漆	B	丙烯酸树脂
12	聚酯树脂漆	Z	聚酯树脂、不饱和聚酯树脂
13	环氧树脂漆	H	环氧-胺、环氧酯等
14	聚氨酯漆	S	聚氨酯树脂
15	元素有机漆	W	有机硅树脂、有机氟树脂
16	橡胶漆	J	氯化橡胶及其他合成橡胶
17	其他漆	E	无机高分子材料

为帮助初步熟悉表 1-2 中的聚合物，从化学反应的角度来看，有这样几个反应。

(1) 酯化反应 多元醇和多元酸反应生成酯（—OH＋—COOH $\longrightarrow$ —COO—）。表 1-2 中有聚酯树脂、不饱和聚酯树脂，其中不饱和聚酯树脂分子中含有双键。醇酸树脂是用大量植物油改性的聚酯树脂。天然树脂漆中的主要品种酯胶是松香（分子中含有羧基）与多元醇酯化生成的。硝基漆是纤维素（分子中含有羟基）与硝酸（HO—NO₂）的酯化产物。

(2) 氨基树脂与羟基的反应 每个氨基树脂分子中含有多个—NHOR，氨基树脂与其他树脂分子上的羟基在加热条件下，发生反应（—NHOR＋polymer—OH $\longrightarrow$ —NHO—polymer＋ROH）。氨基树脂起交联剂的作用。表 1-2 中的氨基漆是氨基树脂交联的醇酸树脂。热固性丙烯酸漆主要是氨基树脂交联的羟基丙烯酸树脂。

(3) 自由基聚合反应 植物油分子中含有双键，在空气中 O_2 作用下发生氧化，生成过氧化氢（—OOH），过氧化氢分解成自由基，引发双键聚合，形成新的化学键，使不同的植物油分子交联在一起。室温干燥的醇酸漆、酚醛漆、天然树脂漆、油脂漆、植物油改性环氧树脂（环氧酯）漆等，都是靠漆中结合进植物油分子中的双键进行氧化交联。需要注意的是，这些漆中在其他的干燥方式下（如加热固化），就不一定采用这种交联方式。

在不饱和聚酯漆中，不饱和聚酯树脂中的双键与溶剂苯乙烯的双键发生自由基聚合而交联。丙烯酸树脂以及其他乙烯树脂都是自由基聚合生成的。

（4）异氰酸根与羟基的反应　带有多个异氰酸根（—NCO）的树脂与带有多个羟基的树脂发生交联反应生成氨基甲酸酯官能团（简称氨酯）（—NCO＋polymer—OH $\longrightarrow$ —NHCOO—）。聚氨酯漆主要应用的就是该反应。

（5）环氧-胺　环氧树脂和多元有机胺发生交联反应，就是环氧-胺涂料，即双组分室温固化环氧树脂漆。

$$RNH_2 + \overset{\displaystyle O}{\underset{\displaystyle}{\triangle}}\!\!-CH_2OR' \longrightarrow RNH-CH_2-\overset{\displaystyle}{\underset{\displaystyle OH}{CH}}-CH_2OR'$$

（6）甲醛缩合反应　甲醛与酚类缩合形成酚醛树脂（形成羟甲基—CH_2OH），与三聚氰胺、尿素等的氨基反应（也形成—CH_2OH）成为氨基树脂。为在有机溶剂中能溶解，通常还用丁醇把羟甲基（—CH_2OH）醚化，生成—$CH_2OC_4H_9$。

表 1-2 成膜物质分类表中的前三类产品是以干性油和松香衍生物为基本原料，经高温熬炼到一定黏度后，加入各种金属催干剂成为成膜物质的。它们的特点是施工性能较好，价廉，具有一般的保护性能，但干燥慢，力学性能较差，不能适应严酷腐蚀环境的防护需要。表 1-2 中第五类开始的各类树脂为合成树脂，主要应用的有醇酸树脂、氨基树脂、丙烯酸树脂、环氧树脂、聚氨酯树脂、含氯和氟的聚合物树脂以及酚醛树脂。以这些树脂为主要成膜物质制成的涂料统称合成树脂涂料，是目前工业上应用广泛的涂料。

1.3.2.2　涂料的名称

涂料的名称由三部分组成：即颜料或颜色的名称、主要成膜物质的名称、基本名称。

涂料全名＝颜色或颜料名称＋主要成膜物质名称＋基本名称

涂料颜色位于最前面，如红色醇酸磁漆。若颜料对漆膜性能起显著作用，则用颜料名称代替颜色名称，如锌黄酚醛防锈漆，锌黄是防腐蚀颜料。

基本名称仍采用我国广泛使用的名称，如清漆、磁漆、底漆等，见表 1-3。在成膜物质和基本名称之间，必要时可标明专业用途或特性，如醇酸导电磁漆、白色硝基外用磁漆。

凡是烘烤干燥的漆，名称中都有"烘干"或"烘"字样，如果没有，即表明该漆是常温干燥或烘烤干燥均可，如绿色环氧电容器烘漆、白色氨基烘干磁漆等。不同烘漆各有其规定烘烤温度范围和烘烤时间，温度过高或时间过长，会使漆膜变色或发脆，降低性能；温度过低或时间过短，则不能达到全部交联聚合，涂层耐久性和光泽都不好。

需要注意的是，国际科技期刊杂志上一般使用成膜物质称呼涂料，如醇酸树脂漆、氨基树脂漆、酚醛树脂漆、聚氨酯树脂漆、环氧树脂漆、聚酯树脂漆、丙烯酸树脂漆。我国行业内或涂料销售时通常采用基本名称，而不考虑涂料的组成，如家具漆、船舶漆、铅笔漆。

涂料基本名称代号划分如下：00～13 代表涂料的基本品种；14～19 代表美术漆；20～29 代表轻工用漆；30～39 代表绝缘漆；40～49 代表船舶漆；50～59 代表防腐蚀漆；60～79 代表特种漆；80～99 代表其他用途漆。

为了区别同一大类涂料中的各个品种，也为了在产品设计图纸上表示方便，采用涂料型号来表示涂料。涂料的型号包括三部分内容：主要成膜物质的种类代号、涂料的基本名称和序号。序号表示一大类涂料的各个品种之间在组成、配比、性能、用途方面的差异。例如 C04-2（C 代表醇酸树脂，04 代表磁漆，2 代表序号）是醇酸磁漆，Q01-17（Q 代表硝酸纤维素，01 代表清漆，17 代表序号）是硝基清漆。涂料序号的命名规则见表 1-4。

表 1-3 涂料的基本名称及代号

代号	基本名称	代号	基本名称	代号	基本名称
00	清油	22	木器漆	53	防锈漆
01	清漆	23	罐头漆	54	耐油漆
02	厚漆	30	(浸渍)绝缘漆	55	耐水漆
03	调和漆	31	(覆盖)绝缘漆	60	耐火漆
04	磁漆	32	(绝缘)磁漆	61	耐热漆
05	粉末涂料	33	(黏合)绝缘漆	62	示温漆
06	底漆	34	漆包线漆	63	涂布漆
07	腻子	35	硅钢片漆	64	可剥漆
09	大漆	36	电容器漆	66	感光涂料
11	电泳漆	37	电阻漆	67	隔热涂料
12	乳胶漆	38	半导体漆	80	地板漆
13	其他水性漆	40	防污漆	81	渔网漆
14	透明漆	41	水线漆	82	锅炉漆
15	斑纹漆	42	甲板漆	83	烟囱漆
16	锤纹漆	43	船壳漆	84	黑板漆
17	皱纹漆	44	船底漆	85	调色漆
18	裂纹漆	50	耐酸漆	86	标志漆、马路画线漆
19	晶纹漆	51	耐碱漆	98	胶液
20	铅笔漆	52	防腐漆	99	其他

表 1-4 涂料产品的序号

涂料品种		序　号	
		自干	烘干
清漆、底漆、腻子		1～29	30 以上
磁漆	有光	1～49	50～59
	半光	60～69	70～79
	无光	80～89	90～99
专业用漆	清漆	1～9	10～29
	有光磁漆	39～49	50～59
	半光磁漆	60～64	65～69
	无光磁漆	70～74	75～79
	底漆	80～89	90～99

注意：氨基漆不完全符合此规则。

涂料型号举例：Y53-31 红丹油性防锈漆；A04-81 黑色氨基无光烘干磁漆；H52-98 铁红环氧酚醛烘干防腐底漆；G64-1 过氯乙烯可剥漆；S54-31 白色聚氨酯耐油漆。

常用涂料的辅助材料有 5 种：稀释剂（代号为 X）；防潮剂（代号为 F）；催干剂（代号为 G）；脱漆剂（代号为 T）；固化剂（代号为 H）。

辅助材料型号：X-5 是丙烯酸漆稀释剂；X-10 是聚氨酯漆稀释剂，其中 5 和 10 是序号，表示同一类型（稀释剂）中的不同品种。

国家标准 GB/T 2705—92 对涂料产品的分类有一定的局限性。除称呼起来名称太长，较烦琐外，还表现在涂料品种众多，按国标进行分类命名时，会产生大量重复和雷同，不利于厂家品牌的确立。因此，很多厂家又都有各自的产品命名，命名方法依据产品的性能、功用、特色而不同，有些涂料产品甚至有多个不同的名称。选用涂料时，要仔细阅读生产厂家说明书。如某造漆厂生产的 615 氯化橡胶铝粉防锈漆，又名 CAC150 氯化橡胶铝粉防锈漆，其国家标准命名为 J44-26。

涂料分为 17 大类，我国生产的有近一千个品种。在目前工业实际应用中，并不是每个品种都应用得一样多，主要集中在几个品种上：醇酸漆、氨基漆、酚醛漆、聚氨酯漆、环氧漆、聚酯漆、丙烯酸漆、含氯和氟的聚合物漆。

表面看来涂料的种类和品种繁多，但从固化机理上看，涂料固化过程中的成膜方式有溶剂挥发成膜、油脂氧化聚合成膜、热固性树脂基涂料固化成膜和聚合物粒子分散体凝聚成膜四种。溶剂挥发成膜和聚合物粒子分散体凝聚成膜属于物理过程。油脂氧化聚合成膜是靠植物油中的双键发生自由基聚合而交联，我国产量很大的醇酸树脂漆、酚醛树脂漆、环氧酯漆都是靠这种方式发生交联。热固性树脂基涂料固化成膜使用的化学反应主要是高分子树脂上的羟基与三聚氰胺甲醛树脂之间的反应（这包括工业上重要的两种涂料氨基-醇酸漆和热固性丙烯酸漆）、环氧-胺固化体系以及异氰酸酯与羟基的反应。

1.3.3　涂料的基本品种

（1）清油　代号是"00"，又名熟油，俗名"鱼油"。干性油经过精漂（用 NaOH 稀溶液洗去油脂中的脂肪酸，同时还除去大部分油脂中的蛋白质、磷脂等。再用白土将油脂中的色素吸附除去）后，加热使其聚合到一定黏度，并加入催干剂制成的。它可以单独作为一种涂料应用，也可用来调稀厚漆。

（2）清漆　代号是"01"，它和清油的区别是组成中含有各种树脂。清漆中不含颜料，但可以有透明的染料。清漆分为下面两种。

① 油基清漆　该漆是用油脂与树脂熬炼后，加入溶剂等而成，俗名凡立水。常见品种有酯胶清漆、酚醛清漆等。它们和清油比较，干性快，漆膜硬，光泽好，抗水及耐化学药品性、绝缘性等都有改进。

② 树脂清漆　成膜物质只有树脂。常见品种有醇酸、氨基、环氧、丙烯酸、硝基、过氯乙烯等清漆，优点是漆膜坚韧、光亮、耐磨、抗化学药品性强，是现代涂料工业使用的主要清漆品种。

（3）厚漆　代号是"02"，俗名铅油，是用着色颜料、大量体质颜料和 10％～20％ 精制干性油或炼豆油，并加入润湿剂研磨而成的稠厚浆状物。厚漆使用时，须加入清油或清漆、溶剂、催干剂等调和均匀。厚漆中的油料因未经高温熬炼聚合，人工调配也难以均匀，除 Y02-2 锌白厚漆外，质量较调和漆差，适用于要求不高的建筑和维修工程上。

（4）调和漆　代号是"03"，是已经调和好可直接使用的涂料。它是以干性油为基料，加入颜料、溶剂、催干剂等配制而成。基料中可加入树脂，也可不加树脂。没有树脂的叫油性调和漆，有树脂的叫磁性调和漆，按所含树脂而分别称为酯胶调和漆、酚醛调和漆、醇酸调和漆等。调和漆中树脂与干性油的比例一般在 1∶3 以上。如果树脂与干性油之比为 1∶2 或树脂更多时，则称为磁漆。油性调和漆漆膜柔韧，容易涂刷，耐气候性好，但光泽和硬度较差，干燥慢。在磁性调和漆中，醇酸调和漆适用于室外，而酯胶、酚醛调和漆用于室内外，所涂饰的物面初期光泽好，但耐久性较差。

（5）磁漆　代号是"04"。磁漆现在主要指面漆，尤其是有光面漆。漆料中含树脂多，或不用植物油，并使用鲜艳的着色颜料，漆膜坚硬耐磨，光亮美观。磁漆选用耐候性好，颜色鲜艳的漆基和颜料制成。用什么树脂制成，就称什么磁漆。

①　按装饰性分为有光、半光、无光磁漆。其中有光磁漆含颜料分少，光泽好。半光和无光磁漆都含有一定数量的体质颜料和消光剂，多用于仪器、仪表和室内装饰。

②　按使用场所分为内用与外用。外用磁漆所用的树脂和颜料是能经受风、雨、霜、露侵蚀，经紫外线照射也不易失光粉化。内用磁漆切忌应用于室外。有些没有标明内用或外用的酚醛、硝基、醇酸等磁漆，可内用也可外用。

（6）粉末涂料　代号是"05"，不含溶剂，是由固体树脂、颜料、固化剂等混匀制成的。

（7）底漆　代号是"06"，直接施涂在被涂物表面上，作为复合涂层的基础。

（8）腻子　代号是"07"，用来填补被涂物体的不平整处（如洞眼、砂眼、纹路、凹坑等），以提高底漆膜的平整性，通常用在底漆之上。腻子呈厚浆状，刮涂施工，干燥后还要打磨平整。

（9）水性漆　水溶漆、乳胶漆、电泳漆统称为水性漆，它们的代号分别是"08"、"12"、"11"。

（10）大漆　代号是"09"，是由天然生漆精制或改性制成的。它们在后面有关章节中具体介绍。

1.4　涂料用高分子基础知识

高分子由分子量很大的大分子组成。分子量之所以大是因为它们由很多小分子（单体）聚合而成。每个单体聚合后就成为高分子链的一个链节。如平均分子量 43000 的聚氯乙烯，每个分子就是由平均 886 个单体氯乙烯聚合而成。它与小分子有许多差异，色散力随分子量大幅度增加而增加，达到或超过化学键的强度。高分子的链很长，拉直有的甚至达毫米级。聚异丁烯的相对分子质量约为 5.6×10^5，若将分子拉直，长度为 2.5×10^5 Å（$=250 \mu m$），截面直径约为 5Å，其长度和截面直径比为 5×10^4。一根长度比直径大 5 万倍的钢丝，如果没有外力的作用，要完全伸直也是不可能的。高分子链存在分子内旋转，链要比钢丝更柔软，更容易卷曲成无规线团。高分子链扭曲相互缠绕成固体材料时，就具有了机械强度。

链节以链状连接时，称为线型聚合物（有的可能带分枝）。如果每一个高分子链上的几个点都与其他相邻高分子结合成共价键，就形成交联或网状的聚合物。这种连接聚合物或低聚物成网状聚合物的反应称为交联反应。通过交联反应，整个聚合物就成为一个大分子。能经历这种交联反应的聚合物和低聚物称为热固性聚合物。不经历交联反应的聚合物称为热塑性聚合物，如线型结构（包括支链结构）高聚物，由于有独立分子存在，在溶剂中能溶解，加热能熔融变成黏稠液体，即"可溶可熔"，而交联高聚物由于没有独立大分子存在，即整块都是一个分子，所以就不能溶解和熔融，只能吸收溶剂溶胀，即"不溶不熔"。

一种热塑性高分子在低温时为硬如玻璃的固体，称为玻璃态，逐渐加热升温，这种高分子就变成软如橡胶的固体，称为高弹态，再继续加热，就成为黏性流体，称为黏流态，见图 1-1。T_g 为玻璃化转变温度，T_f 为黏流温度。交联高聚物不存在黏流态。

高分子处于玻璃态时，仅有链节、侧基、键长、键角能动，链段和整个分子链都处于冻

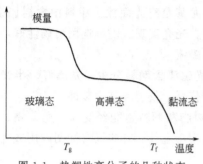

图 1-1　热塑性高分子的几种状态

结状态。由于高分子链太长，是以高分子链中的某一段（称为链段）作为运动单元。高弹态时，链段可以运动。玻璃化转变温度 T_g 可以被认为是链段能移动的最低温度。在 T_g 附近，高分子的许多物理性质发生急剧转变，如膜的致密程度（比容、密度、热膨胀系数）、力学性能（模量、动态力学损耗）、电性能（介电常数、介质损耗）、热性能（比热容、热导率）等急剧转变，从而影响漆膜的性能，因此 T_g 在涂料科学上有极端的重要性，它决定漆膜的强度、柔韧性、硬度等力学性能。涂料工业上通常依靠调整共聚单体组成，以及漆基中加入不同成分，来调整漆膜的 T_g，使漆膜具有要求的力学性能和固化性能。第 2 章中重要聚合物要讨论如何调整其 T_g，进而又如何影响涂料性能。

1.4.1　高分子树脂的 T_g

影响热塑性高分子 T_g 的主要因素有分子量和聚合物的结构。

（1）数均分子量 $\overline{M}_n$

$$T_g = T_{g\infty} - \frac{A}{\overline{M}_n}$$

A 是常数，$T_{g\infty}$ 是分子量无穷大时的 T_g。随分子量增大，T_g 也增大。T_g 在 $\overline{M}_n$ 为 $25000 \sim 75000$ 范围内接近一个恒定值。

（2）高分子主链柔韧性　主链为 σ 键时可以旋转，而且越容易旋转，材料就越柔韧。例如聚丙烯酸酯 PMA 的 T_g 为 281K，聚甲基丙烯酸酯 PMMA 的 T_g 为 378K，因为 PMMA 有甲基增加位阻。硅氧键 Si—O 很容易转动，聚二甲基硅氧烷的 T_g 是 146K。同样，聚氧乙烯的 T_g 在 $158 \sim 233$K 之间。

$$\begin{array}{cc} \left[\!\!\begin{array}{c} CH_3 \\ | \\ CH_2\!-\!C \\ | \\ C \\ \diagdown \\ O \quad OR \end{array}\!\!\right]_n & \left[\!\!\begin{array}{c} \\ CH_2\!-\!CH \\ | \\ C \\ \diagdown \\ O \quad OR \end{array}\!\!\right]_n \\ 聚甲基丙烯酸酯 & 聚丙烯酸酯 \end{array}$$

$$\begin{array}{cc} \left[\!CH_2\!-\!\underset{\underset{CH_3}{|}}{C}\!=\!CH\!-\!CH_2\!\right]_n & \left[\!CH_2\!-\!\underset{\underset{Cl}{|}}{C}\!=\!CH\!-\!CH_2\!\right]_n \\ 聚异戊二烯 & 聚氯丁二烯 \end{array}$$

双键不能自由旋转，但与之相邻的单键更易旋转，材料更柔韧，如聚异戊二烯和聚氯丁二烯是橡胶，而聚氯乙烯是塑料。主链上存在刚性芳香环时，σ 键不易旋转，显著增加 T_g，如酚醛树脂和环氧树脂的分子量仅几千，即为硬脆固体。

1.4.2　涂料溶液的 T_g

大部分液体涂料使用聚合物溶液，这些溶液的 T_g 介于聚合物的 T_g 和溶剂的熔点之间。溶液的 T_g 随聚合物浓度增加而增加。当溶剂的质量分数（w_s）小于 0.2 时，可表示为：

$$T_{g溶液} = T_{g聚合物} - kw_s$$

式中，k 是常数，w_s 是溶剂的质量分数。

中油度醇酸涂刷后，漆膜的 T_g 随溶剂挥发而增加。当湿漆膜的 T_g 接近室温时，漆刷在湿漆膜表面上移动比较费力，表现为"口紧"，即刷涂性稍差。

液态涂料施工到被涂表面后，形成可流动的液态薄膜，即为湿膜。由湿膜变为干膜的过程称为干燥或固化。湿膜从能流动的液态逐步变为不易流动的固态，膜的黏度发生了变化。液态涂料施工黏度通常在 $0.05 \sim 1 Pa \cdot s$ 之间，要达到通常的涂膜全干阶段，膜的黏度至少在 $10^7 Pa \cdot s$ 以上。

1.4.3 热固性涂料的 T_g

树脂的分子量越大，涂层的机械强度也越大，但树脂溶液的黏度也越大。热塑性聚合物制备涂料时，要求分子量足够高以保证涂膜的机械强度，又要求涂料的黏度要足够低，以方便施工，这样就要在涂料中加大量有机溶剂，溶剂含量高达 80%～90%（体积分数），才能达到施工需要的黏度。热固性树脂首先制备成低分子量的低聚物，达到同样黏度用的溶剂少，施工后溶剂挥发，低聚物要发生化学反应聚合交联，形成立体网状结构，这样的漆膜不溶不熔，具有良好的性能。工业上最重要的涂料都是热固性的，常用的如环氧树脂-有机胺、羟基树脂（醇酸、丙烯酸等)-三聚氰胺甲醛树脂、羟基树脂-异氰酸酯以及氧化聚合成膜的涂料。

热固性涂料中的官能团需要发生交联反应。固化温度远高于漆膜 T_g 时，官能团在漆膜中可以自由移动，反应速率取决于官能团浓度和反应动力学参数。反应温度远低于漆膜 T_g 时，官能团在漆膜中不能自由运动，这时反应速率受官能团移动速度的控制。

交联过程中树脂的分子量增大，T_g 也相应地增加。对于室温固化，刚开始时漆膜的 T_g 比室温低，交联固化后却比室温高。当漆膜 T_g 达到室温时，反应速率常数急剧下降，下跌三个数量级，直到漆膜 T_g 达到（$T_g + 50℃$），反应才可认为完全停止。因此，许多室温固化涂料的漆膜需要几周甚至几个月后，才能达到要求的性能。小分子比聚合物链上的官能团更容易扩散到反应点，起增塑作用，能降低漆膜的 T_g，如水能增塑聚氨酯和环氧-胺的涂层。

固化温度远低于漆膜无溶剂时的 T_g，则溶剂蒸发后，漆膜基本不发生交联反应，这样的漆膜弱而脆。漆膜的干燥和交联不是一个概念，干燥意味着用手接触时漆膜不发黏，即没有溶剂，而交联要发生化学反应，靠测定漆膜耐溶剂溶胀程度来评价。漆膜交联越充分，在溶剂中的溶胀程度就越低。烘干涂料因烘烤温度远高于漆膜的 T_g，很少遇到交联反应由官能团移动速度控制的情况。粉末涂料的 T_g 应高于储存温度50℃以上，才能使粉末储存时不结块，粉末涂料用树脂的 T_g 就比较高。为了使交联反应达到较高程度，烘温必须高于彻底固化后漆膜的 T_g。因此粉末涂料的烘温通常较高。

1.5 涂料的应用与发展

涂料应用始于史前时代。我国劳动人民在四千年以前就掌握了生漆与矿物颜料（如赤铁矿、朱砂矿、磁铁矿等）制色漆和应用的技术，后来又把生漆与植物油（先是苏子油，后来为桐油）配合制漆。生漆在春秋战国时代已经规模生产，哲学家庄子的职业就是一个管理漆园的小吏。古代埃及人使用阿拉伯树胶、蛋白等作漆料，配制色漆用来装饰物件。因此，涂料的应用是随人类文明一起发展起来的。

人类在生产和生活中使用多种装饰保护涂层，除由涂料形成的有机涂膜以外，还使用搪瓷、金属镀层（电镀层）、水泥涂层、橡胶塑料衬里或黏合膜等多种不同方式。涂料之所以能够长期应用和不断发展，是因为涂料得到的涂层具有以下特点。

（1）涂装对象广泛　涂料能广泛应用在各种不同材质的物件表面，如金属、木材、水泥制品、塑料制品、皮革、纸制品、纺织品等都能涂饰使用。

（2）能适应不同性能的要求　涂料能按不同的使用要求配制成不同的品种，而且涂料品种繁多，能根据需要不断创新。因此涂料提供了一个广阔巨大的平台。

（3）涂料使用方法技术成熟，适应性好　既有用简单的方法和设备就可施工在被涂物件上得到所需要的涂膜，又有适应大批量现代工业生产的自动化流水涂装生产线。

（4）漆膜容易维护和更新　漆膜在其服役期内具有足够良好的保护和装饰性能，漆膜旧了可以擦洗或重涂，部分破损可以修补，易于整旧如新，可随时根据审美观点改变漆膜外观。

（5）应用漆膜经济　根据涂料中使用的树脂、颜料或助剂特性，赋予涂料功能上的多样性。漆膜的厚度通常在 0.2mm 以下，就起到很有效的防护装饰及各种特殊作用，工业上大规模应用涂料是经济的。

涂料是精细化学品中的一类重要产品。从涂料行业来看，它具有附加值高、利润率高、投资少的特点。由于涂料在各类产品和设备上的广泛使用，对涂料的需求总是非常旺盛，故现代涂料工业一直处在快速发展过程中，但竞争也激烈。1949 年以前我国只有 13 个涂料厂，而根据不完全统计，到 1988 年我国就有 1023 个涂料厂。

20 世纪 20 年代杜邦公司开始使用硝基纤维素制作喷漆，它的出现为汽车提供了快干、耐久和光泽好的涂料。硝基纤维素发现相当早，但硝基漆的溶剂挥发太快，传统的刷涂得不到平滑的漆膜，喷涂方法的发展才使硝基漆的应用成为可能。30 年代出现的醇酸漆是现代涂料最重要的品种之一，即使目前仍在大规模地应用。第二次世界大战时，由于对橡胶等战略物资的需要而大力发展合成乳胶，为后来乳胶漆的发展开辟了道路。40 年代 Ciba 化学公司等发展了环氧树脂涂料，它的出现使防腐蚀涂料有了突破性发展。50 年代开始使用丙烯酸涂料，具有高装饰性和耐候性，表现出优越的耐久性和高光泽，采用当时出现的静电喷涂技术进行涂装，使汽车漆的发展又上了一个台阶，例如出现了高质量的金属闪光漆。在 50 年代，Ford Motor 公司和 Glidden 公司发展了阳极电泳漆，以后 PPG 又发展了阴极电泳漆。电泳漆是一种低污染的水性漆，提高了涂料防腐蚀的效果，在现代工业上得到广泛的应用。60 年代聚氨酯涂料得到较快的发展，它可以室温固化，而且性能优异。粉末涂料是一种无溶剂涂料，50 年代开始研制，由于受到涂装技术的限制，直到 1962 年法国 SAMES 公司成功开发静电粉末喷涂设备后获得大规模应用。氟碳涂料具有极其优异的抗腐蚀性和耐久性，与静电喷涂技术相结合，应用越来越广。因此，涂料和涂装技术是相互协调适应，共同发展，高效率地得到优质的漆膜，满足各个部门对漆膜性能的要求。

涂料发展要求考虑 3E：环境（environment）、能源（energy）、经济（economy），即降低对生态环境的影响，减少二氧化碳排放，涂料成本低。涂料对环境造成的污染不仅有空气污染，还有水污染、土地污染甚至包装废物引起的污染，现在侧重采用生命周期评价（life-cycle assessment）来考虑涂料总的环境效应。植物油是生物质，可再生，其中塔尔油（tall oil）是造纸工业的副产品，用来制造醇酸树脂、环氧酯以及水分散聚氨酯涂料，适当配方的醇酸乳液可完全不用有机溶剂，它的生命周期评价就比较高。

涂料的发展趋势是包括高固体分涂料、水性涂料、粉末涂料、紫外线固化涂料、高性能保护涂料（包括电泳漆、卷材涂料）以及创新性高分子化学，如结构表达清楚的预聚物、新的固化机理（更低温度固化）。这也表明涂料行业正在逐步地从传统工艺向现代科学技术转型。

练 习 题

1. 涂料的主要作用是：_____和_____。

2. 有_____的涂料称为色漆。加有大量_____的稠厚浆状体涂料称为腻子。

3. 涂装是由_____、_____、_____三个基本工序组成。

4. 涂料和涂装的定义是什么？涂料涂装的主要目的是什么？

5. 涂料由哪几部分组成？各起什么作用？

6. 请解释清漆、磁漆、色漆。

7. 涂料有哪些分类方法？为什么以主要成膜物质对涂料分类很重要？

8. 涂料中应用的化学反应主要是哪几大类？

9. 涂料型号的各个符号或数字各代表什么意思？

10. 室温固化热固性涂料的玻璃化转变温度是如何影响漆膜形成的？热固性漆膜的干燥和交联有什么区别？

第 2 章　涂料中常用的高分子树脂

2.1　挥发型涂料

涂料用热塑性树脂有：①天然树脂，如虫胶、天然沥青等；②天然高聚物加工产品，如硝基纤维素、氯化橡胶等；③合成的热塑性树脂，如过氯乙烯树脂等。目前使用的主要是后两类。

热塑性树脂溶解在有机溶剂中，达到施工所需要的黏度，涂布涂料后，溶剂挥发形成涂膜。为得到满意性能的漆膜，树脂分子量通常很高，要达到施工所要求的溶液黏度，需要加入大量有机溶剂，溶剂成膜时挥发到空气中，既造成大气污染，又浪费大量的资源，因此，这类涂料在进行水性化研究，以减少涂料中有机溶剂的用量。

目前在使用的挥发型涂料属于一些很有特色的品种。这类涂料主要用于室外施工、不能烘烤、而且对漆膜性能有特殊要求的场合。硝基漆干燥快，漆膜能打磨抛光，可制备装饰性好的漆膜。硝基漆过去大规模应用，目前在一些场合仍在使用。卤化聚合物的透水性低，可用于防腐蚀面漆。热塑性丙烯酸漆高装饰和高耐候，用过氯乙烯改性还有很好的防腐性能。溶剂挥发型涂料因溶剂挥发快，刷涂易留下刷痕，为了得到平滑美观的漆膜，通常采用喷涂施工。

2.1.1　纤维素聚合物

工业用纤维素的主要来源是木材和棉花。纤维素本身不溶解于水和有机溶剂中，但经过各种化学处理后的衍生物能在溶剂中溶解，并得到广泛应用。

纤维素是以 β-葡萄糖为基环的多糖大分子，每个基环上有一个伯羟基和两个仲羟基，可以写为 $[C_6H_7O_2(OH)_3]_n$，以一个基环中三个羟基全部被取代示意其化学反应：

$$C_6H_7O_2(OH)_3 + 3HNO_3(即\ HO{-}NO_2) \longrightarrow C_6H_7O_2O(O{-}NO_2)_3 + 3H_2O \qquad 硝基纤维素$$

$$C_6H_7O_2(OH)_3 + 3CH_3COOH \longrightarrow C_6H_7O_2(CH_3COO)_3 + 3H_2O \qquad 醋酸纤维素$$

$$C_6H_7O_2(OH)_3(NaOH\ 处理) + 3CH_3CH_2Cl \longrightarrow C_6H_7O_2(OCH_2CH_3)_3 + 3HCl \qquad 乙基纤维素$$

纤维素漆中硝基纤维素和醋酸丁酸纤维素比较重要。硝基纤维素用于制造硝基漆。醋酸丁酸纤维素的溶解性、耐水性、耐候性和力学性能好，用于制备金属闪光漆和修补漆。乙基纤维素具有良好的韧性、耐寒性和成膜性，与有机硅拼用可制备常温干燥的耐高温漆。

2.1.1.1　硝酸纤维素

$C_6H_7O_2(OH)_3$ 的一硝酸酯、二硝酸酯、三硝酸酯对应的含氮量分别为 6.76%、11.11%、14.14%。含氮量低于 10.5% 的硝化纤维素溶解性很差。工业上硝化纤维素的含氮量控制在 10.5%～13.8% 之间，含氮量 10.5%～11.2% 的为 SS 型，是醇溶性的，多用于胶印油墨和塑料。高于 12.3% 的常用于制造炸药。涂料工业应用含氮量 11.2%～12.2% 的品种，为 RS 型，溶于酯类和酮类中，尤其 11.7%～12.2% 的品种。RS 型硝酸纤维素高度易燃，常用乙醇或异丙醇润湿装运，但 RS 型不溶于醇。

　　在同样浓度下，树脂分子量高，溶液的黏度也高。高黏度硝酸纤维素涂层的机械强度、耐寒、耐久性好，但涂料固含量低，涂层不易流平，容易引起拉丝、橘皮、针孔等弊病。低黏度硝酸纤维素漆膜的硬度和打磨性能好，但暴晒后降解严重。

　　单独用硝酸纤维素制成的漆，涂层光泽不高，附着力很差，固含量很低，制漆时加入一些混溶性好的树脂，以克服其缺陷，最常用短油度或中油度醇酸树脂。

　　硝基漆作汽车修补喷漆，易打磨，漆膜比室温干燥的丙烯酸喷漆光泽外观好。硝基清漆主要用于木器漆，能提高木纹外观。木器用硝基清漆最重要的特性是快干，通常十几分钟就干燥了，就可以堆放和装运。涂膜是热塑性的，损伤易修补。

2.1.1.2　醋酸丁酸纤维素

　　在涂料中使用混合醋酸丁酸纤维素（CAB）。CAB 清漆的颜色较浅，保色性较好，和硝酸纤维素相比操作危险性较小。CAB 最主要用途是作为丙烯酸汽车漆的一个组分，制备金属闪光漆，它能控制涂料流动，施工时促使铝粉定向排列，和涂料表面平行。CAB 中的醋酸酯、丁酸酯、未酯化羟基的比例不同、树脂分子量不同，都影响树脂的溶解性能。用于丙烯酸喷漆的 CAB 中每个基环平均有 2.2 个醋酸酯基、0.6 个丁酸酯基和 0.2 个未反应羟基。

2.1.2　氯化聚合物

　　涂料用氯化聚合物中因为含有大量的氯原子，而 Cl 的原子量比 C 或 H 的大得多，导致分子间的色散力大幅度增加，形成致密透水性低的涂层。氯化聚合物的透水性低，用于防腐蚀面漆。有的用于聚烯烃塑料表面，作为过渡底漆，为面漆提供附着力。有机氟有卓越的耐化学性和热稳定性、不燃性和不黏性，摩擦系数极小，保护性能好。

　　聚氯乙烯本身是线型高分子，因分子间吸引力很大，彼此结合得紧密而且牢固，高分子链不能自由活动，结晶部分也多，作为增强组分，使聚氯乙烯质地硬。聚氯乙烯 $T_g = 78℃$，树脂性能坚韧，不易燃，对酸碱、水和氧化剂稳定，无臭、无味，耐油性好，这些都是涂料所希望的性能，但不耐 70℃ 以上的温度，难溶解，对金属附着力差，很少单独用来制造涂料。对聚氯乙烯改性，可打破分子结构的规整性，同时又保持其优良特性，增强其在有机溶剂中的溶解和对金属的附着力，以此来制造涂料。

　　涂料用氯化聚合物有氯醋共聚树脂、过氯乙烯、偏二氯乙烯共聚树脂、氯化聚丙烯、氯化橡胶。树脂含氯量越高，涂层屏蔽性能越好，防延燃性越好，但柔韧性和耐冲击性低。这些涂料都属于挥发型热塑性涂料，具有良好的耐化学性和一定的耐候性，缺点是固体含量较低（一般低于 20%），需喷涂多次才能达到一定厚度，施工时大量有机溶剂挥发。另外，氯化聚合物易发生热和光化学降解，在自动催化链反应中脱氯化氢，需要加稳定剂：有机锡酯（如二月桂酸二丁基锡），钡、镉和锶皂，顺丁烯二酸酯和环氧化合物。

$$CH_2 = CHCl \qquad CH_2 = \underset{H}{\overset{OCCH_3}{\underset{|}{\overset{||}{C}}}}O \qquad CH_2 = CCl_2 \qquad CH_2 = \underset{}{\overset{CH_3}{\underset{|}{C}}} - CH = CH_2$$

　　　　　氯乙烯　　　　　醋酸乙烯酯　　　　偏二氯乙烯　　　　　异戊二烯

2.1.2.1　氯醋共聚物

　　氯醋共聚物是氯乙烯和醋酸乙烯共聚物，通常还用少量其他单体。醋酸乙烯能降低 T_g，扩大可使用的溶剂范围。质量比 86:13:1（摩尔比 81:17:1）和 $\overline{M}_w$ 为 75000 的氯乙烯、醋酸乙烯和顺丁烯二酸三元共聚物已用于饮料罐内壁涂料，顺丁烯二酸增进附着力。涂料的储存稳定性较好。羟基氯醋共聚物（$\overline{M}_n$ 为 23000）的 T_g 为 79℃，涂层力学性能良好，为达到喷涂所需的 0.1Pa·s，用甲乙酮（MEK）作溶剂，含量为 19%（质量分数）和 12% NVV（体积分数）。

MEK 在室温下蒸气压高，很快从涂层蒸发，涂层黏度增加，施工后不久漆膜就达到触指干燥阶段（用手指轻轻接触漆膜不粘手指）。然而，室温干燥成膜，溶剂挥发不完全，实验证明涂层室温几年后仍残留 2%～3% 的溶剂。为了确保除尽溶剂，需要烘烤且其温度比树脂 T_g 高。

2.1.2.2　过氯乙烯

过氯乙烯树脂是聚氯乙烯（含氯量 53%～56%）溶于四氯乙烷或氯代苯中，通入氯气进一步氯化而成，含氯量提高到 65%，并且打破了分子结构的规整性，改进了溶解性和对金属的附着力。与氯化橡胶漆膜相比，过氯乙烯涂层致密，耐化学腐蚀优良，分子结构仍规整，附着力差，须有配套底漆，而且固含量低，6～10 道施工才能达到所需的漆膜厚度。

2.1.2.3　氯乙烯偏二氯乙烯共聚树脂

由氯乙烯（70%～45%）与偏二氯乙烯（30%～55%）共聚而成，涂层附着力比过氯乙烯漆好，柔韧性、抗伸张性也好，可不加增韧剂，只要严格选择颜料（不用含铅化合物之类），涂层就没有低分子物析出，对人体无毒，用于饮水柜、食品包装容器等场合。

2.1.2.4　氯化聚丙烯

氯化聚丙烯（CPE）是聚丙烯中部分叔碳上的氢被氯取代，有含氯 20%～40% 和 63%～67% 的品种，后者为高氯化聚丙烯（HCPE 树脂），它们均为白色粉末，能溶解于卤代烃、甲苯、丁酯等溶剂，对聚丙烯有较强的黏合力，对聚乙烯、纸、铝膜等也具有良好的黏合力。氯化聚丙烯用于 BOPP（双向拉伸聚丙烯）薄膜的油墨中，也用在 BOPP 薄膜与纸的黏合剂中，以及其他聚丙烯制品用涂料中。氯化聚丙烯大多采用水相生产，把聚丙烯粉末、助剂和水形成乳液，通惰性气体置换反应容器中的空气，升温至 90℃通氯气，控制通氯气量及速度，直到达到要求的含氯量，以水为介质，成本低，无污染。

2.1.2.5　氯化橡胶

天然橡胶是异戊二烯聚合而成的。氯化橡胶是由天然橡胶经过塑炼降低分子量后，溶于四氯化碳或二氯乙烷中，80～100℃通入氯气而制得的白色物质，涉及的反应包括双键上氯的加成、取代和异戊二烯环化，产物分子结构不规整，涂层附着力好。为了消除橡胶上的大多数双键，产品含氯量要高达 65%。用水洗除去过量的氯和 HCl，加入乙醇使产物沉淀，过滤干燥。氯化橡胶相对分子质量范围较宽，为 3500～20000，有多种分子量品级。因其本身性脆，还须加入增塑剂或增塑性好的树脂（如醇酸、丙烯酸树脂）改性。

氯化橡胶涂层是水通透性最低的品种之一，涂层屏蔽性能很好，用于制备化学稳定性高、耐水性、抗渗透性好的高效防腐涂料，用于船舶、集装箱、桥梁、化工厂、港湾结构等，也用于聚烯烃塑料的过渡涂层。氯化橡胶涂层具有干燥快、附着力好、耐化学介质和抗潮湿渗透性优良等特性。在寒冷天气，低至 -20℃ 时也可施工，无空气喷雾时一道膜厚达 125μm。

氯化橡胶在生产过程中需要使用氯烃溶剂（四氯化碳或二氯乙烷），它们会破坏臭氧层，长期接触对人体有致癌作用。目前在用高氯化聚丙烯替代氯化橡胶，性能与氯化橡胶相似。其他氯化橡胶的替代树脂，如德国 BASF 公司的 LaroflexMP 树脂是 75% 氯乙烯和 25% 乙烯异丁基醚的共聚物，耐腐蚀性优良，漆膜柔韧且溶解性好，用于钢铁、铝、锌表面，耐老化，保光保色性好，可用于白色漆。氯醋共聚物在有些应用上能代替氯化橡胶，因为分子结构中不含双键，含氯量不需要像氯化橡胶这么高，52%、55%、58%氯含量的氯醋共聚树脂，性能可和氯化橡胶相比。

2.1.2.6　塑溶胶

高分子量聚氯乙烯、氯醋共聚物等可制成增塑溶胶。增塑溶胶是聚氯乙烯树脂颗粒悬浮于增塑剂中，在室温不能以明显速度溶解于增塑剂。一般增塑溶胶黏度高，添加20%或更少增塑剂的溶剂，就能降低到施工黏度，但树脂仍以颗粒状存在，溶剂也不能显著溶胀聚合物，它们称为有机溶胶，通常也称塑溶胶。塑溶胶涂布后加热，树脂颗粒熔融后与增塑剂混合，就形成均匀涂层。涂布于基材或灌入模具中，就形成均匀的聚氯乙烯塑料制品或薄膜。

塑溶胶在工业上用作卷材涂料及抗石击涂料。抗石击涂料要能够吸收应力冲击的能量，漆膜不破裂，是一种阻尼涂料。聚氯乙烯塑溶胶抗石击性好，并可密封焊缝，用作汽车抗石击涂料，但膜较厚，报废后造成的污染大，现在逐渐用封闭弹性聚氨酯替代它。

2.1.3　热塑性丙烯酸酯

热塑性丙烯酸树脂漆用于汽车面漆，可用于工厂施工和事故损伤后的修补，但由于固含量仅12%（体积分数），20世纪70年代后用量急剧下降，代之以高固含量的热固性丙烯酸涂料。

热塑性丙烯酸树脂以甲基丙烯酸甲酯为主，丙烯酸丁酯、丙烯酸乙酯等参与共聚，以改善漆膜的脆性和挥发溶剂的能力，增强与底材间的附着力。共聚单体还用少量丙烯酸或甲基丙烯酸，以及它们的羟乙基酯或羟丙酯等，以改善漆膜附着力和对颜料的润湿能力。

分子量高，热塑性丙烯酸树脂的保光性好；但分子量过高，保光性改善不明显，降低固含量，而且 $\overline{M}_w$ 高于105000时，喷涂时会有拉丝现象。$\overline{M}_w$ 为90000，树脂在室外就有非常突出的保光性。分子量分布愈窄愈好，因为低分子量组分影响涂层性能。涂料的 $\overline{M}_w$ 为80000～90000，$\overline{M}_w/\overline{M}_n$ 介于2.1～2.3，达到施工黏度时，NVV（固体分）仅11%～13%。新热塑性丙烯酸树脂，通过调控单体，分子聚集结构是两相的，涂层透明，这样能提高涂层的抗裂纹性。

热塑性丙烯酸树脂拼合制漆。

① 硝酸纤维素　不必加入很大比例，就能明显地改善漆膜的流展性、溶剂释放性、热敏感性、打磨抛光性。有些品种中使用较高比例的硝酸纤维素，就成为丙烯酸改性硝基漆。

② 醋酸丁酸纤维素　很多效果与硝酸纤维素相仿，但其耐光性大大优于硝酸纤维素，不会降低涂料的最终户外使用效果，一般选用牌号为CAB381—0.5（1/2s，丁酰基含量为37%～38%）的品种。涂层允许用烘烤-打磨-烘烤工艺。

③ 过氯乙烯树脂　混溶性极好，户外耐久性仍然很好，明显改善热敏感性，但流展性、施工性能及溶剂释放性的改进效果不如纤维素酯。过氯乙烯用量稍大时黏度增高明显，易出现拉丝现象。

尽管热塑性丙烯酸漆在某些性能上略逊于热固性品种，但其耐大气老化性能十分优越，无论是外墙、大桥栏杆、电视塔架等工程设施，均长期处于强烈日光的暴晒下，涂装时无法烘烤干燥，可用热塑性丙烯酸漆涂饰。各种车辆翻新修补时，由于很多橡胶、塑料零件以及仪表等都已安装，不能烘烤，可用该漆涂饰。塑料和木材制品如果要求耐大气老化性能，该漆也是理想的涂料。该漆固含量30%～40%，使用时要加入30%～50%稀释剂，树脂中约

60％为聚甲基丙烯酸甲酯的共聚物，5％～20％为醋酸丁酸纤维素（CAB），其余为增塑剂。

2.1.4　溶剂挥发型涂料的发展

为得到满意性能的漆膜，热塑性聚合物分子量通常很高，要达到施工所要求的黏度，需要加入大量有机溶剂，溶剂挥发型涂料向减少有机溶剂的方向发展，水性化就是方向之一。硝基清漆主要用于木器漆。将硝基清漆乳化至水中，可使 VOC（挥发性有机物）从传统型的 750g/L 降到 300～420g/L，烷基磷酸钠作表面活性剂，溶液内相的固含量可使用真溶剂（酯类和酮类）使之最大化，增塑剂采用酯类溶剂和短油醇酸树脂，采用水润湿硝基纤维素而不是传统的异丙醇润湿型，但干燥时间较长，耐粘连性形成较慢。硝基纤维素丙烯酸乳液清漆的 VOC 在 240～400g/L 范围内，作家具封固漆和面漆，涂膜物理和外观性能优于丙烯酸乳液。

2.2　自由基聚合固化涂料

树脂或单体中含不饱和双键，自由基打开双键，重复加成，形成大分子。涂料工业上使用的自由基最主要是自由基，紫外光固化涂料中自由基还用阳离子。

自由基：$\quad\quad\quad\quad\quad\quad$ R—R $\longrightarrow$ R·＋R·

离子：$\quad\quad\quad\quad\quad\quad\quad$ R—R $\longrightarrow$ R$^+$＋R$^-$

涂料中成膜形式有三种：①氧化聚合，属于自由基链式聚合，由油脂中的双键氧化聚合形成网状大分子结构；②自由基引发剂，不饱和聚酯涂料中含有双键，当引发剂分解产生的自由基作用于双键，交联形成漆膜；③能量引发聚合，用紫外光或电子束引发含共价键的化合物聚合。紫外光固化涂料中的光敏剂在紫外光照射下，产生自由基，引发聚合，涂料可在几分钟内固化成膜。电子辐射成膜的涂料称电子束固化涂料，电子能量大，在以秒计的时间内完成聚合。

2.2.1　氧化聚合型涂料

氧化聚合型涂料是指靠油脂自动氧化交联的涂料，油脂主要是植物油，如室温干燥的长或中油度醇酸树脂、酯胶漆、酚醛漆、环氧酯漆等。油脂除氧化交联外，还赋予涂层柔韧性。"气干"是指利用空气中的氧气或水进行交联。氧化聚合型涂料的气干是指漆膜吸收氧气分子氧化聚合，有时也可称自干、常温干或冷固化。

2.2.1.1　油脂

（1）油脂的成分和结构　涂料中使用的主要是植物油，还有动物油脂、合成脂肪酸等。油脂现在仍然是涂料最重要的原料之一，它们一般是甘油三脂肪酸酯，其结构为：

$$\begin{array}{l} CH_2OCOR^1 \\ | \\ CHOCOR^2 \\ | \\ CH_2OCOR^3 \end{array}$$

其中，R^1、R^2、R^3 并不一定相同。

植物油中主要的脂肪酸 R 有：

棕榈酸(软脂酸)$\quad\quad\quad\quad$ $CH_3(CH_2)_{14}COOH$

硬脂酸$\quad\quad\quad\quad\quad\quad\quad$ $CH_3(CH_2)_{16}COOH$

油酸$\quad\quad\quad\quad\quad\quad\quad\quad$ $CH_3(CH_2)_7CH{=\!\!=}CH(CH_2)_7COOH$

亚油酸	$CH_3(CH_2)_4CH =CHCH_2CH =CH(CH_2)_7COOH$
亚麻酸	$CH_3CH_2CH =CHCH_2CH =CHCH_2CH =CH(CH_2)_7COOH$
桐油酸	$CH_3(CH_2)_3CH =CHCH =CHCH =CH(CH_2)_7COOH$
蓖麻醇酸	$CH_3(CH_2)_5CH(OH)CH_2CH =CH(CH_2)_7COOH$

不同植物油中脂肪酸的组成不同，见表 2-1。即使同一种植物油，产地不同及其他方面因素不同，组成也有差别。

表 2-1　常见涂料用植物油的脂肪酸组成

	棕榈酸/%	硬脂酸/%	油酸/%	蓖麻醇酸/%	亚油酸/%	亚麻酸/%	桐油酸/%	碘值
桐油			4～16		0～1		74～91	160～170
豆油	6～10	2～4	21～29		50～59	4～8		124～136
蓖麻油	0～1		0～9	80～92	3～4			81～90
亚麻油	4～7	2～5	9～38		3～43	25～58		170～204
红花油	11		13		75	1		130～150

植物油中因为含有双键，能够吸收空气中的氧气，氧化聚合形成漆膜，但不同植物油的干燥性能不同。根据油脂的不饱和程度，分为干性油、半干性油和不干性油。干性油涂刷后，一般室温 2～5 天就可以自行干结成膜，干后的漆膜不溶解不软化。半干性油干燥速度慢，十几天甚至几十天才能结成黏而软的膜，而且膜能加热软化甚至熔融，易溶于适当的有机溶剂中。不干性油涂后长时间也不能自行干结成膜，不能单独作涂料使用。

定量地表示油脂中双键量的多少用碘值。碘值为饱和油脂中 100 克双键所吸收碘的克数。因为碘和碳碳双键不能形成稳定加成物，测定碘值所用的试剂为氯化碘或溴化碘的醋酸溶液，再换算为碘的质量。干性油碘值大于 140，半干性油 100～140，不干性油的小于 100。

含共轭双键油脂比非共轭油脂的干燥速度快。桐油中的主要成分是桐油酸，桐油酸含有三个共轭双键，在常用干性油中干燥速度最快。非共轭油脂中的活性基团为二烯丙基（—CH =CH—CH$_2$—CH =CH—），与两个双键相连的亚甲基，与连一个双键的亚甲基相比，反应性更强，自动氧化速率更快，如干燥快，但亚麻酸含量高且有三个双键，老化后泛黄。制造不变色醇酸树脂时，采用亚麻酸含量低的红花油，或含 78% 亚油酸的专有脂肪酸。

油脂中在空气及细菌作用下，容易酸败变质，生成游离脂肪酸。中和 1g 油脂中游离脂肪酸所需 KOH 的毫克数为酸值。酸值表示油脂的新鲜程度。油脂越新鲜，酸值越小。

碱漂是用 NaOH 稀溶液洗去油脂中的脂肪酸、卵磷脂等。白土的主要成分为水合硅酸铝，能将油脂中的色素吸附而除去。涂料工业使用的油脂通常用碱处理（碱漂）和加白土脱色（土漂）。只采用碱漂习惯上称为"单漂"，单漂油用于制价廉的油基树脂漆。碱漂加土漂称为"双漂"，双漂油用于制造油脂改性合成树脂漆。

（2）常用油脂

① 桐油　桐油脂肪酸主要是十八碳三烯桐油酸，有三个共轭双键，易氧化聚合，干燥快。桐油漆膜坚韧、耐水性好，但单独使用桐油或用量较多时，往往漆膜表面干燥过快而下层不干，使漆膜起皱失光。因此，常把桐油与其他干性油配合使用。生桐油加热到 260～280℃，使之发生聚合，就成为熟桐油。

② 亚麻油　也叫胡麻油，脂肪酸主要是亚油酸和亚麻酸。它的干性稍差于桐油和梓油，

漆膜柔韧性、耐久性较桐油好，不易老化，但耐光性较差，易变黄，不宜制造白漆。

③ 梓油　俗称青油，是由乌臼籽仁压榨制得，干性比亚麻油好，漆膜坚韧，泛黄性比亚麻油小，可制造白色涂料。

④ 豆油　豆油是半干性油，碘值是 115，漆膜不易泛黄，常用于制造醇酸漆、白色漆等。

⑤ 蓖麻油　碘值是 81～91，属不干性油。蓖麻油酸的第 12 个碳原子上有一个羟基，与带异氰酸根的分子反应，生成氨酯键，用于聚氨酯涂料中。

$$R{-}OH + R'{-}N{=}C{=}O \longrightarrow R{-}O{-}\overset{\displaystyle O}{\underset{\displaystyle \|}{C}}{-}NH{-}R'$$

蓖麻油多用于制造不干性醇酸树脂，树脂中的羟基能与氨基树脂交联，用于硝基漆、过氯乙烯漆中作增塑剂，羟基的高极性可增加与这些树脂的相容性。蓖麻油高温脱水，即第 12 个碳原子上的羟基与相邻碳原子上的氢原子结合，生成水分子离去，就形成一个双键，成为脱水蓖麻油，成为干性油，其干性比亚麻油快，漆膜不易泛黄，但发黏时间稍长。

⑥ 松浆油　松浆油又称塔油或塔尔油（tall oil），把亚硫酸法造纸废液酸化，再蒸馏提取。粗松浆油是黑褐色黏稠液体，组成因产地而异，含松香酸 30%～38%，脂肪酸 40%～50%，酸值 180mgKOH/g，碘值 140，还有水和皂化物等杂质，漆膜的硬度、附着力和光泽性均较好，但颜色稍深。松香含量减少，涂层颜色变淡。松香 4% 以下的塔油可以替代豆油使用。

各种植物油经过精漂，除去杂质和色素后，再根据需要，用不同油配合，高温熬炼发生氧化、聚合、加成，制得性能不同的熟油或油脂漆料。油脂漆料加入催干剂或溶剂，即制得清油，如果加入颜料研磨，即成为各色油性调和漆、油性防锈漆及油性厚漆等。油脂更重要的应用在于它是酚醛、酯胶、沥青、醇酸、氨酯油、环氧酯等树脂的主要组成部分。

(3) 植物油的干燥　植物油的干燥期间所发生的化学反应十分复杂。以亚麻仁油为例来说明，分为三个阶段：①导入期，天然抗氧化剂（主要是生育酚）被消耗；②快速氧化期，伴随着增重 10%，氧与脂肪酸中双键附近碳原子上活泼的氢反应生成过氧化氢基团；③复杂的自催化反应，消耗过氧化氢基团，产生自由基，引发双键聚合交联成膜。在催干剂催化下，完成上述①、②、③三个阶段分别需要 4h、10h 和 50h。

① 植物油干燥原理　自由基可从化合物共价键均裂产生，也可通过加热、光照或氧化还原反应产生。共价键均裂可在气相或溶液中进行。共价键强度越大，均裂条件就越苛刻，如乙烷的 C—C 键为 368kJ/mol，在 600～700℃ 才能均裂为自由基。RO—OH 键能为 176kJ/mol，100℃ 以下就以明显速度均裂为自由基。室温下油脂 α-碳原子上的碳氢键断裂，吸收氧气形成过氧化氢，产生少量自由基。自由基与 O_2 反应，迅速形成过氧化物，外在表现是油脂吸收 O_2。

$$RH \longrightarrow RH^* \longrightarrow R\cdot + H\cdot$$

$$R\cdot + O_2 \longrightarrow ROO\cdot \overset{H\cdot}{\longrightarrow} ROOH$$

$$ROOH \longrightarrow RO\cdot + HO\cdot$$

过氧化氢分解产生高活性自由基 $RO\cdot$ 和 $\cdot OH$，首先与抗氧化剂反应，待抗氧化剂消耗完毕后，再与二烯丙基上的氢反应，生成自由基（1），而（1）与 O_2 结合生成过氧化物（2）。

$$RO\cdot（或 HO\cdot）+—CH=CH—CH_2—CH=CH— \longrightarrow —CH=CH—\overset{\cdot}{CH}—CH=CH—+ROH（或 H_2O）$$

$$(1)$$

$$—CH=CH—\overset{\cdot}{CH}—CH=CH— \xrightarrow{O_2} —CH=CH—\overset{\overset{\displaystyle O—O\cdot}{\displaystyle |}}{CH}—CH=CH—$$

$$(1) \qquad\qquad (2)$$

过氧化物（2）再同样夺取其他烯丙基上氢，继续反应。实际反应更复杂，还发生自由基聚合，及氧原子与双键生成环氧基的反应。自由基相互反应导致链终止，形成 C—C 键、醚键和过氧键。

$$R\cdot+R\cdot \longrightarrow R—R$$
$$R\cdot+RO\cdot \longrightarrow R—O—R$$
$$RO\cdot+RO\cdot \longrightarrow R—O—O—R$$

^1H 和 $^{13}CNMR$ 对亚油酸乙酯在催干剂存在下与 O_2 的反应研究表明：主要形成醚键和过氧键，仅有 5% 的交联反应是生成新的 C—C 键。另外，在反应混合物中还发现相当数量的环氧基，大约 5 天后环氧基的数量达到最大值，100 天后环氧基就基本消失。

自由基越稳定就越易形成。甘油三油酸酯、甘油三亚油酸酯、甘油三亚麻酸酯自动氧化聚合的反应速率比为 1:120:330，而它们每个分子中总烯丙基数目分别为 6、9、12，二烯丙基数目分别为 0、3、6，因此二烯丙基数目更能反映自动氧化聚合速率。

紫外线或升温都加速 O_2 的吸收和聚合。长油度季戊四醇醇酸磁漆室温表面干燥约需10h，实际干燥 18h，而 60～70℃ 烘干，实际干燥仅需要 3h。

过氧化氢在重排和裂解过程中，产生醛、酮和低分子量副产物。油性漆和醇酸漆在干燥过程中会散发出一种独特的气味，是由这些挥发性的副产物和有机溶剂引起的。醛是油酸酯、亚油酸酯和亚麻酸酯自动氧化的主要副产物，也是干性油醇酸树脂固化时的产物。这种不受欢迎的气味是室内墙壁涂装时，用乳胶漆替代油性漆和醇酸漆的一个重要因素。

在漆膜使用期，这种缓慢连续的链断裂和交联继续进行，使漆膜缓慢地脆化、变色、产生挥发性副产物。油脂中带有三个双键的脂肪酸（如亚麻酸）所占的份额越大，变色现象就越严重。含共轭双键的植物油，如桐油，吸收氧气的量很少，但干燥速率比非共轭油快得多，而且涂层的抗水和抗碱性好，一般认为它交联过程形成的 C—C 键比例更大。表 2-2 列出了共轭双键数与颜色的关系。桐油酸分子上有三个共轭双键，烘烤和老化后变色严重，是它形成更多共轭双键造成的。

表 2-2　化合物共轭双键数与颜色的关系

化合物	共轭双键数	最大吸收峰波长/nm	颜色
丁二烯	2	217	无
己三烯	3	258	无
二甲辛四烯	4	298	浅黄
番茄红素	11	470	红色

油脂在涂料中最突出的特性是其氧化聚合能力。烯丙基醚类化合物也有这种自动氧化能力，在不饱和聚酯漆和高固体分面漆的交联过程中得到应用。

② 催干剂　很多年前就发现植物油中加入某些金属氧化物（过去称为密陀僧，含 PbO 等）能够加速干燥。后来研究表明：某些金属氧化物与脂肪酸反应生成皂，均匀溶解在植物

油中，能催化植物油干燥，它们被称为催干剂。最常用的催干剂为油溶性的钴、锰、铅、锆、钙、锌的辛酸皂或环烷酸皂，其他金属皂（包括稀土）也使用。

催干剂使干性油的吸氧速率、过氧化物生成分解及自由基聚合速率都加快。不同催干剂的影响不同，钴盐、铅盐与吸氧有关；钴盐能加快过氧化物的生成；锰盐能有效促使过氧化物分解；钙、锌盐则与过氧化物分解后的聚合有关。参与过氧化物生成和分解的催干剂称作活性催干剂或主催干剂，提高吸氧和活性的称为辅助催干剂。钴皂和锰皂为面催干剂或表催干剂，主要是催化漆膜表面干燥。铅皂和锆皂称为透催干剂，催化整个漆膜干燥。钙皂和锌单独使用不起催干作用，但可以减少其他催干剂的用量。

钴皂和锰皂促使过氧化氢的分解，从而达到表面干燥的效果。

$$Co^{2+} + ROOH \longrightarrow RO\cdot + OH^- + Co^{3+}$$
$$Co^{3+} + ROOH \longrightarrow ROO\cdot + H^+ + Co^{2+}$$

钴在两种氧化状态（Co^{2+} 和 Co^{3+}）之间循环，反应结果是形成水和自由基。铈有 Ce^{2+}、Ce^{3+}，与钴的作用机理一样，但活性比钴弱一些。稀土催干剂中主要是铈起作用。

钴能使过氧化物分解的活化能降低 90%，其他催干剂包括辅助催干剂，也能不同程度降低氧化聚合的活化能。钴因为活性强，单独使用会造成漆膜表面干燥而内部不干，漆膜起皱，最好与其他催干剂配合使用。催干剂几乎都是由几种金属皂混合使用。铅催干剂由于铅的毒性，目前已经几乎禁用，可用锆与铝代替。通常采用钴和（或）锰与锆相结合的方法，促进漆膜的整体干燥，并且常与钙混合使用。钙催干剂是辅助催干剂，不发生氧化还原反应，一般认为它优先吸附在颜料表面上，减少颜料对活性催干剂的吸收。催干剂应尽可能保持最低用量。因为催干剂不仅催干涂层，还对干燥后涂层的脆化、变色、开裂反应起催化作用。用量与配比通常根据涂料性能要求、成膜环境等因素，由设计师根据经验掌握。

③ 防结皮剂　为了增加氧化聚合型涂料的储存稳定性，涂料应密闭储存在容器中，并加入挥发性阻聚剂。涂料涂布后，阻聚剂挥发掉，允许交联反应进行。因为涂料表层与空气接触，聚合形成一层凝胶，通常称为涂料结皮，挥发性阻聚剂又称防结皮剂。

含有肟基—NOH 的防结皮剂能与钴离子反应，生成络合物，使钴催干剂失去活性。成膜时肟类化合物很快挥发掉，络合物解体，钴盐重新恢复活性，起催干作用。丁醛肟、环己酮肟与甲乙酮肟的防结皮效果最好。中、长油度的醇酸涂料和环氧酯涂料中加防结皮剂。涂料中常用的肟类防结皮剂见表 2-3。

表 2-3　涂料中常用的肟类防结皮剂

	甲乙酮肟	丁醛肟	环己酮肟
外观	清澈无色液体，长期见光储存变成微黄色	清澈无色液体	浅灰至微红色粉末
分子结构	$\begin{array}{c} C_2H_5 \\ \diagdown \\ C=N \\ \diagup \quad \diagdown \\ CH_3 \quad OH \end{array}$	$C_3H_7CH=N$ $\diagdown OH$	六元环$=N$ $\diagdown OH$
沸点/℃	151.5～154	151～155	≤204
闪点/℃	69	52	112
相对密度(25℃)	0.916	0.908	0.981
使用量(以漆量计)/%	0.1～0.3 清漆 0.2 左右	0.1～0.3 清漆 0.2 左右	0.2～0.4 清漆 0.3 左右

2.2.1.2　松香及其衍生物和酚醛树脂

天然树脂包括松香及其衍生物、大漆及其衍生物、虫胶、动物胶、石油树脂等，其中应用最广泛的是松香及其衍生物，或称改性松香。

（1）松香及其衍生物　从赤松、黑松、油松等的活松树皮层分泌出的松脂，经水汽蒸馏提取出松节油后，得到的固体树脂叫脂松香。将松树砍伐后留在地上七年以上的陈松根劈碎，再用热有机溶剂溶出的松香，除去深色氧化物杂质后，得到的树脂叫作木松香。这两种松香是质硬而脆的浅黄至深棕色固体，性质相似，用处相同。松香 90% 以上的成分为树脂酸（$C_{19}H_{29}COOH$），树脂酸有多种同分异构体，松香酸最有代表性，熔点 $170 \sim 172 \, ^\circ C$。

松香很少直接用于制漆，因为松香与植物油直接炼制，涂层软而发黏，保光性很差，遇水后往往会永久性变白。这是由松香的脆性、酸值高和容易被氧化引起的。对松香改性制成酯胶和顺酐松香，松香与石灰反应制得石灰松香（钙脂）。

酯胶是由松香加热熔化后与甘油或季戊四醇反应制得。它的酸值较低，抗水性比石灰松香好，与碱性颜料的反应性小，湿润性和溶剂释放性好，但漆膜不爽滑，遇热仍发黏，主要是分子量仍太小。因其价格低，在制漆时与其他树脂拼用。顺酐松香是顺丁烯二酸酐与松香甘油酯的加成物，颜色浅，耐光性强，不易泛黄，硬度较高，多用于制造油基清漆及浅白色漆，也用于硝基涂料中，提高漆膜硬度和光泽，但耐碱性差，色漆易增稠，与桐油合用易出网纹。

（2）酚醛树脂　酚醛树脂由酚与醛催化缩合生成，碱性条件下得到热固性树脂，带羟甲基。酸性条件下得到热塑性树脂，无羟甲基。低分子量酚醛树脂是水溶性的，高分子量是固体，可溶于有机溶剂中。

对叔丁基苯酚　　　热塑性酚醛树脂　　　热固性酚醛树脂

① 热固性酚醛树脂　在碱性条件下，苯酚和醛反应得到邻和对羟甲基酚的混合物。羟甲基化酚比未取代的酚更易和甲醛反应，快速形成 2,4-二羟甲基苯酚和 2,4,6-三羟甲基苯酚，加热时羟甲基缩合，在酚环之间形成亚甲基桥，因为交联密度太高，漆膜硬而脆，而且树脂储存稳定性有限，不适合用于涂料。这种酚醛树脂溶于乙醇，不溶于植物油。为溶于植物油，就采用大量松香改性制成松香改性酚醛树脂（松香约占树脂总量的 3/4）。

松香改性酚醛树脂是采用热固性酚醛树脂与松香在 $170 \sim 180 \, ^\circ C$ 反应，再用甘油酯化得到的红棕色透明固体树脂，软化点比松香高 $40 \sim 50 \, ^\circ C$，即树脂分子量大幅度提高，在植物油中溶解性良好，涂料质量优于前几类松香衍生物树脂，涂层干燥快、光泽高、硬度高、耐水性好，但易泛黄，户外耐久性不及甘油松香酯。松香改性酚醛树脂大量用于涂料，尤其底漆和油墨中。油墨用酚醛树脂是在松香酯和/或松香锌或钙皂存在下制备的。

② 热塑性酚醛树脂　对苯基苯酚、对叔丁基酚或对壬基酚和甲醛酸性条件下缩合制备的热塑性酚醛树脂，称为 100% 油溶性酚醛树脂或纯酚醛树脂。因使用大烷基团取代的苯酚，减小了树脂极性，不需改性，树脂就有优良的油溶性，和干性油配合制漆，可耐化学腐蚀、抗海水侵蚀。

油溶性酚醛树脂（松香改性酚醛树脂和纯酚醛树脂）涂料要比用松香树脂干燥快、漆膜坚硬光亮、耐水性好，与桐油配合制漆时，这些性能更为突出。松香改性酚醛漆膜易变黄，不能制造白漆，柔韧性、耐候性都不如纯酚醛树脂好，但由于成本低，仍大量使用。

③ 酚醛树脂的醚衍生物　把热固性酚醛树脂的羟甲基部分转化为丁醚，能够增加储存稳定性，提高与环氧树脂的相容性，用作环氧树脂的交联剂。丁醚化酚醛树脂的分子量低，以丁醇溶液供应，主要官能团是丁氧基甲醚，也有酚基和少量游离羟甲基，加热固化过程中发生缩合，挥发出丁醇。磷酸或磺酸催化下酚基能和环氧基反应。丁醇醚化酚醛树脂用作绝缘漆和罐头涂料。烯丙基醚酚醛树脂和环氧树脂一起用于罐头内壁涂料。

（3）松香衍生物和酚醛树脂在涂料中的应用　松香衍生物、酚醛树脂与干性油热炼后，加入催干剂、溶剂和颜料等，即可制得酯胶或酚醛的清漆、磁漆、底漆或酯胶调和漆等产品。它们价格便宜，制造简便，至今仍在应用。

植物油目前以桐油为主，辅以一定量的亚麻油、梓油等聚合油。溶剂是 200# 溶剂汽油和二甲苯。松香衍生物和酚醛树脂的作用为：缩短涂层干燥时间，提高硬度、附着力及抗擦损性，改善光泽，增强耐水性及耐化学品性，但它们不同程度降低了涂层的户外耐久性。

树脂与植物油的比例对漆膜性能有重要影响。油度表示树脂与植物油的比例。为表示更加确切，这里把油度比例作为一个分数来看（与其他书不同！）。树脂和油的质量比大于 1:2 者，树脂含量多，叫短油度，这种涂层干性快、光泽好、坚固耐磨，但脆性大、不耐日光及风雨寒冷变化，多用于涂刷室内器具。树脂与油的比例小于 1:3 者，油脂含量多，叫长油度，涂层柔韧性好，耐久性强，但干燥慢，多用于室外。树脂与油的比例 1:(2~3) 者叫中油度，漆膜坚韧，耐久性等性能居于长短油度之间。

酯胶清漆要控制漆膜的回黏性，可采用全桐油配方。涂层柔韧性要好，油度比不应低于 1:2.5，但低于 1:3，涂层干燥时间延长，硬度下降。酯胶磁漆加颜料，油度就应长些（如 1:3），否则涂层柔韧性不好，光泽降低，耐久性变差。酯胶中加钙酯，可提高漆膜稳定性，但漆膜质量降低。酯胶中加酚醛树脂，涂层变黄倾向增大，但质量提高。涂料产品常需几种树脂混合配制。调和漆料以甘油松香酯为主，有时拼用 20% 松香钙皂，或少量松香改性酚醛树脂。由于调和漆用于室外建筑，要求户外耐久性好，填料用量又很大，油度应达到 1:(3~5)。

酚醛清漆是质量较好的木器清漆，以松香改性酚醛树脂为主，为提高耐水性及硬度，加入 10% 的松香铅皂，稳定铅皂又要加入 5% 钙皂，油度比在 1:(2.5~3.2)，清漆的不挥发分含量控制在 50%±5%。油度 1:(1~1.5) 的酚醛清漆，仅用于室内。酚醛磁漆油度要小于 1:2.5 为宜。纯酚醛树脂磁漆的油度大多在 1:(2~2.5) 之间，用桐油制造，涂层性能极好。纯酚醛与松香改性酚醛各半合用，涂层抗水性能良好，用于耐水场合。酚醛树脂制造底漆和防锈漆时，油度选择范围较大，多采用短、中油度。纯酚醛底漆用于铝镁合金及黑色金属上，在湿热带及遭受海水侵蚀地区防锈性能较好。黑色金属的底漆采用松香改性酚醛树脂或酯胶，前者防锈性、耐水性较好，后者附着性好一些，辅以一定量的松香钙皂，有利于底漆打磨。

例如黑酚醛烟囱漆组成为：长油度松香改性酚醛树脂、耐热颜填料、催干剂、助剂和有机溶剂等。涂膜能短时耐 400℃ 高温、长期耐 150℃ 高温；防锈、防蚀、耐温差骤变性能优。用于涂烟囱内外壁、蒸汽锅炉和机车作防锈蚀。涂层黑色，半光平整，允许略有刷痕。能刷涂、辊涂、喷涂。(23±2)℃ 表干≤8h，实干≤24h，完全固化 7 天。

2.2.1.3　生漆

生漆一般称为大漆、天然漆、国漆或土漆。生漆及其改性涂料具有独特优良的耐久性、耐酸性、耐溶剂性、耐磨、耐腐蚀性，光泽好，附着力强，漆膜坚固，但不耐强碱及强氧化剂，干燥时间较长，施工时使人皮肤奇痒，甚至红肿溃烂，来源受限制。大漆用汽油或松节油作溶剂，储存期为一年。改性后毒性显著减少，储存较稳定，溶剂为二甲苯或苯。

（1）生漆的组成　生漆是天然"油包水"乳液，在显微镜下可以看到大小不一的水珠悬浮在植物油状的漆酚中。生漆的主要成分为漆酚、漆酶、树胶质、水分，还含有少量其他物质和微量矿物质。各种成分的含量随漆树品种、产地、生长环境、割漆时期的不同而有差异。

① 漆酚　漆酚在生漆中的含量为 50%～75%，是带有几种不同不饱和度脂肪烃链的邻苯二酚衍生物。漆酚除了具备酚类化合物的特性外，还兼有脂肪族化合物的特性。每一种生漆的漆酚都由几种不同结构式的漆酚组成。

中国、日本、朝鲜所产生漆中漆酚主要含有：氢化漆酚（又名饱和漆酚）、单烯漆酚、双烯漆酚和三烯漆酚等，其化学结构式如下所示：

$R^1 = —(CH_2)_{14}CH_3$　氢化漆酚

$R^2 = —(CH_2)_7CH = CH(CH_2)_5CH_3$　单烯漆酚

$R^3 = —(CH_2)_7CH = CHCH_2CH = CH(CH_2)_2CH_3$　双烯漆酚

$R^4 = —(CH_2)_7CH = CHCH_2CH = CHCH = CHCH_3$　含共轭双键三烯漆酚

$R'^4 = —(CH_2)_7CH_2CH = CHCH = CHCH = CHCH_3$　共轭三烯漆酚

R^1 的漆酚是结晶体，占漆酚总量的 3%～5%。除 R^1 外，其他结构漆酚常温均是液态。R^4 漆酚在我国生漆中的含量较高，如毛坝漆中 R^4 漆酚占其漆酚总量的 50% 以上。R'^4 的共轭双键最活泼，并能发生位移。生漆 R^4、R'^4 的含量越高，干燥速率越快，涂层性能越好。生漆中漆酚含量高，脂肪烃侧链共轭双键或双键数目多，生漆质量就好。

② 漆酶　漆酶是含铜蛋白氧化酶或称含铜糖蛋白，溶于水呈蓝色，不溶于有机溶剂。漆酶在生漆中含量为 1.5%～5%。漆酶的非极性基团朝向"油相"漆酚，极性基朝向水相。

漆酶能促进漆酚氧化聚合，是生漆及其精制品常温自然干燥成膜的天然生物催干剂。漆酶失去活性后，在自然条件生漆漆膜长期不干，漆酶还需要水和氧气存在，才能发挥作用。

③ 树胶质　树胶质是多糖类物质，含量 4%～7%，在生漆中不溶于有机溶剂，而溶于水。树胶质与钙、镁、钠、钾等离子形成盐，作用类似表面活性剂，相当于分散剂、稳定剂，使生漆形成均匀乳胶，并保持乳胶体稳定。树胶质影响涂层流平性、厚度和硬度等。

④ 水分　生漆内含 15%～40% 的水分。含水量低的生漆质量较好，但生漆须有一定量的水，水是漆酶发挥作用的必要条件，即使精制生漆，也需有 4%～6% 的水，否则涂层难自干。

⑤ 生漆内有倍半萜、烷烃、含氧化合物，以及微量的锰、镁、钾、钙、钠、铝、硫、硅等元素及其氧化物。

（2）生漆干燥

① 自然干燥　生漆在常温自然干燥时氧化聚合成膜，包括漆酚的酚基被漆酶催化氧化和侧链 R 基团中双键的自动氧化。生漆干燥时有显著的变色过程：乳白色→红棕色→浅褐色→深褐色→黑色。成膜过程中须有氧和水存在，漆酶中的 Cu^{2+} 才能发挥作用，漆酚的酚基才能交联。漆酶瞬时就把漆酚催化氧化生成漆酚醌，使乳白色漆液暴露在空气中，表面很

快就变成红棕色。这个过程中消耗 O_2，生成水。

$$2Cu^+ + 1/2O_2 + 2H^+ \Longrightarrow 2Cu^{2+} + H_2O$$

漆酚醌和漆酚间发生反应，生成羟基联苯型二聚体和共轭三烯二聚体，二聚体的生成和漆酚侧链结构有关。含共轭双键的三烯漆酚含量越高，二聚体生成速率越快，漆膜的干燥速率也加快。在此阶段生漆由红棕色变为褐色。漆酚二聚体受漆酶氧化生成醌类，再与漆酚反应，生成漆酚多聚体。在此阶段由浅褐色转变为深褐色。

在温和适宜条件下，漆酶氧化阶段很快完成，然后进入漆酚侧链吸氧进行聚合的阶段。这个阶段速度慢，漆膜净重量开始逐渐增加。由于酚环侧链上含有很多不饱和键，其氧化聚合方式与干性油的相同。酚环氧化聚合使得漆膜中初不形成立体交联结构，侧链上氧化聚合使交联更加致密完善。生漆的颜色由深褐色逐渐变成黑色。漆酶在完成催化作用后，酶的蛋白体也参与交联，并与漆酚作用生成有色体。树胶质在成膜过程中也参与交联。

生漆在 20～30℃、相对湿度 80%～90% 时，8～12h 便可干燥。若在漆中加入由 10% 醋酸铵（或草酸铵）和 0.5% 氧化锰的混合催干剂，干燥速率加快 2～4 倍。

② 烘烤干燥　70℃以上漆酶就几乎完全失去活性，涂层不能自干。100℃以上生漆也能固化成膜，温度越高成膜越快。高温烘烤干燥成膜发生不吸氧的自由基聚合反应，主要是侧链双键发生聚合，成膜过程中没有醌式结构出现，适宜烘烤温度 140～150℃，1～2h。

（3）生漆漆膜的性能和应用　生漆漆膜中因含有酚环结构，与酚醛漆一样，耐酸而不耐强碱。强碱与酚羟基作用，能缓慢降解交联的漆膜。弱碱对漆膜基本无影响。

纯生漆黏度高，涂刷费力，刷涂时加入 30% 有机溶剂，喷涂要加入 50% 汽油等有机溶剂。纯生漆与钢铁的附着力仅为 $10kgf/cm^2$（$1kgf/cm^2 = 98.07kPa$），加入有机溶剂后，涂层润湿性好，附着力为 $46kgf/cm^2$，按加入 1:1 瓷粉后，附着力 70～80kgf/cm^2。生漆膜黑色有光泽，硬度 0.65，冲击强度略低于 30$kgf \cdot cm$。纯生漆膜由于硬度大，弹性差，加入适量瓷粉、石墨等填料，可改善漆膜弹性。生漆膜经受温度骤变而不破裂，250℃漆膜完好，耐热性仅次于聚四氟乙烯。

生漆涂层性能不错，但资源和产量有限。作为我国的传统工艺，生漆有如下应用。①过滤除去杂质的净生漆，加水制成揩漆，揩涂红木家具。②净生漆和熟油混配，称油基大漆，俗称广漆或金漆、笼罩漆，用于木制家具。③把净生漆加热脱水缩聚，制得漆酚清漆，减少生漆毒性，可喷、刷，干燥快，多用于化工设备及要求耐酸的金属或木器。④用净生漆室温翻晒脱水，加入氢氧化铁制成的精制大漆，习惯称推光漆，漆膜光亮如镜，用于纺织纱管、高级木器及美术品。⑤将漆酚用二甲苯萃取出来，然后与树脂或油脂反应制成改性大漆，没有生漆毒性，如 T09-17 漆酚环氧防腐蚀漆。

（4）腰果酚　腰果是全球大量生产的农产品，腰果是食品，而腰果酚是从腰果壳油中提炼而成，量大价廉。腰果酚（Cardanol）是一元酚，间位的 R 基团为含不饱和双键的 C_{15} 直链，可部分代替苯酚制造酚醛树脂，作环氧固化剂，或制备腰果酚醛涂料。腰果酚与甲醛反应制得腰果酚醛树脂（CF 树脂）。由于腰果酚带有侧长链，有柔韧性，不加油即可制成腰果酚醛漆，漆膜丰满、光亮、坚硬、耐水、耐热、有一定的绝缘和防腐性能，但颜色深、耐候性不足，漆膜脆性较大、附着力欠

腰果酚

佳，需对 CF 树脂进行改性。

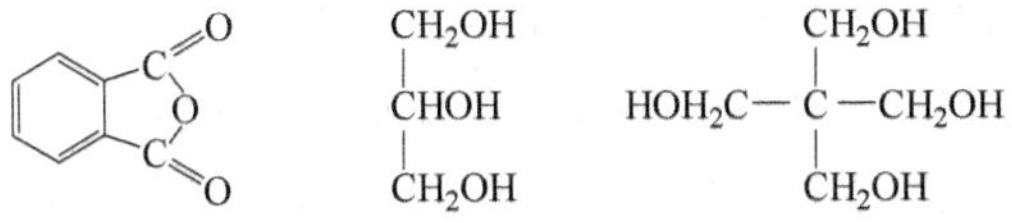

苯酐　　　　　甘油　　　　　　季戊四醇

2.2.1.4　醇酸树脂

醇酸树脂是脂肪酸改性的聚酯，由多元酸、多元醇和脂肪酸合成。多元酸是以邻苯二甲酸酐（常称"苯酐"）为主，还有间苯二甲酸。多元醇以甘油、季戊四醇为主。所采用的绝大多数脂肪酸是由植物油得到的。醇酸树脂可认为是植物油改性的聚酯。醇酸树脂的干燥速率、光泽、硬度、耐久性在氧化聚合型涂料中很突出，可制成清漆、磁漆、底漆、腻子、水性漆，可与硝酸纤维素、过氯乙烯树脂、氯化橡胶等拼用，与氨基树脂、多异氰酸酯等缩聚，制成涂料。

（1）合成醇酸树脂的主要化学反应

① 醇解反应　植物油需要通过醇解，变成不完全酯后，才能溶解在邻苯二甲酸酐与甘油的混合物中，发生均相反应。植物油与多元醇发生羧基重新分配反应，以甘油为例：

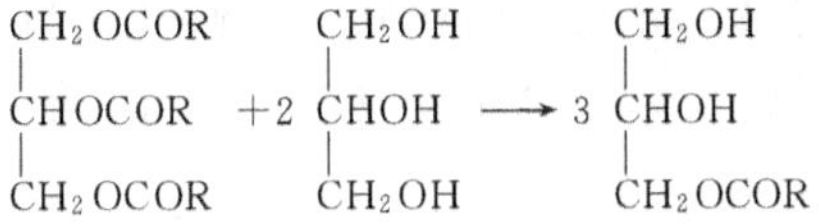

醇解反应在催化剂存在下 $230 \sim 250 \, ^\circ C$ 进行，通入惰性气氛如 CO_2 或 N_2，使干性油变色和二聚化降到最低。常用催化剂有氧化钙、氧化铅、氢氧化锂，其中氢氧化锂催化效率最高，它们形成脂肪酸皂，帮助甘油混溶于植物油中。现在国外广泛使用钛酸四异丙酯、氢氧化锂和蓖麻油酸锂。醇解产物为甘油的一酸酯、甘油二酸酯及未反应的甘油和植物油，称为不完全酯，酯基可在甘油的任何一个羟基上。

② 缩合反应　缩合主要采用溶剂法，醇解产物加入苯酐后，再加反应物量 $3\% \sim 5\%$ 的二甲苯溶剂，在 $220 \sim 250 \, ^\circ C$ 反应，不需要通入惰性气体。二甲苯与水形成共沸物，帮助体系脱水，分水后循环使用，二甲苯加入量决定体系的反应温度。随酯化程度增加，体系酸值下降、黏度上升。定期取样测酸值与黏度，酸值可用自动滴定仪快速检测，一般控制在 $5 \sim 10 \, mgKOH/g$ 的范围内。测定黏度常用气泡法。接近终点时，要缩短取样时间间隔。到达终点时，冷却稀释，停止反应。

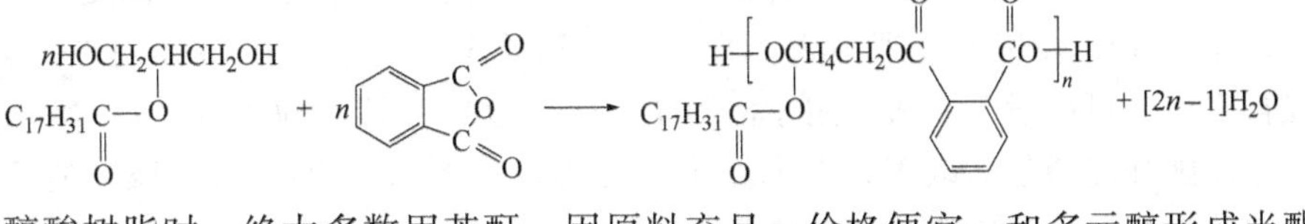

制造醇酸树脂时，绝大多数用苯酐，因原料充足，价格便宜，和多元醇形成半酯时是放热反应，反应温度较低。由于其邻位羧基能生成闭环内酯，生成一定量的低分子量树脂。树脂分子量低，溶解度就大，固含量高。醇酸树脂的分子量分布宽而不均匀。

③ 其他反应　干性油二聚在醇解和缩合反应过程中也同时发生。二聚程度大，树脂黏度高。亚麻油比豆油的二聚程度高。桐油二聚特别显著，易凝胶，制备纯桐油醇酸树脂很困难，需要高氧化交联官能度时，使用亚麻仁油和桐油的混合油脂。

（2）醇酸树脂的分类和性质

① 根据干燥性能分类　醇酸树脂根据所用油（或脂肪酸）的品种不同，可分干性醇酸和不干性醇酸树脂。干性醇酸树脂是用干性油、半干性油为主制得的。大豆油应用最广泛，亚麻油用于快干醇酸树脂中，亚麻籽油桐油醇酸漆膜耐水性好，但颜色较深。脱水蓖麻油醇酸漆膜耐水性和耐候性好，色浅，烘烤暴晒不变色，常与氨基树脂拼用制烘漆。

豆油是半干性油，但豆油醇酸树脂却有满意的干燥性能，这是因为平均每个醇酸分子上的脂肪酸数大于 1，尽管每个豆油分子上二烯丙基的平均数目为 2.0，每个醇酸分子上二烯丙基的平均数目却相当大。芳香聚酯刚性主链也增加涂膜的 T_g，使漆膜很快达到表面干燥。

不干性醇酸树脂是用饱和脂肪酸或蓖麻油、椰子油、棉籽油等不干性油制得，与硝酸纤维素等拼用，起增韧剂和成膜物质双重作用，改进硝基漆的附着力、耐久性、光泽及丰满度，干后漆膜不会被一般溶剂咬起，另外就是与氨基树脂拼用，制备氨基醇酸烘漆。

② 根据油度分类　根据树脂中油脂（或脂肪酸）含量的不同，分为长、中、短油度醇酸树脂。但需要注意的是，醇酸漆油度划分标准与酯胶、酚醛漆的不同。

$$油度 = \frac{油脂的质量}{反应物总质量 - 析出的水量}$$

长油度醇酸树脂含油量大于 60%，用干性油制备，溶于脂肪烃溶剂（如 200# 溶剂汽油）中。长油度醇酸漆通常刷涂，涂层柔韧性好，耐候性优良，宜作外用装饰漆、墙壁漆、船舶漆，也广泛用作清漆，因此又称为户外醇酸漆，但与其他树脂混溶性差，不与它们拼合制漆。

中油度醇酸树脂含油量在 50%～60% 之间，干燥快，保光及耐候性较好。室温大气中干燥时，它作为标准漆料，用于底漆和中涂层、维修漆和金属面漆，应用范围广泛。中油度醇酸漆又称为通用醇酸树脂漆。不干性中油度醇酸树脂常用作外用硝基漆的增塑剂。

短油度醇酸树脂油度在 40% 以下，需要用芳香烃溶剂，保光及耐化学性好，自干涂层坚硬，与其他树脂混溶性好，常与氨基树脂拼用制备烘漆，与过氯乙烯、硝化棉拼用制漆。

③ 油度与漆膜干燥性能的关系　油度表示脂肪酸与聚酯的比例。作为两个极端，用甘油和邻苯二甲酸制造的 100% 聚酯（油度为 0）是硬、脆玻璃状物，而纯植物油是低黏度液体，醇酸树脂介于两者之间。油度 45% 的醇酸树脂是较硬的黏稠状物，油度 65% 则是软的黏稠状物。

醇酸分子中芳香聚酯比例增加，油度就缩短，树脂 T_g 提高，达到漆膜表面的干燥速率快。油度提高，提高氧化干燥性能，漆膜柔韧性也更好。对于常温自干醇酸树脂，希望脂肪酸多些，以增加交联密度，又希望芳香聚酯多些，以提高漆膜硬度。50% 油度能获得最佳表面干燥性，漆膜硬度 48% 油度者最大。常温自干醇酸树脂的油度在 50% 左右，为中油度，既可常温自干，又可以烘干，大量用于涂料中。中油度醇酸漆的缺点为"口紧"，即刷涂性稍差。刷涂性随油度增加而改善，考虑漆膜强度等性能要求，以 60%～65% 油度为宜，这就是长油度醇酸树脂，可刷涂，用于户外。

以中油度自干醇酸树脂举例如下。

用途：醇酸磁漆、调和漆。

特性：综合性能好、光泽高、有较好的耐候性。

外观：棕黄透明。

色泽：≤8 号（Fe-Co 比色）。

酸值：≤12mgKOH/g。

黏度：20～30s（涂-4 杯）。

固含量：55%±2%。

油度：48%。

溶剂：200[#]溶剂汽油，适合溶剂为 200[#]溶剂汽油、二甲苯同时稀释，使用前需试验树脂在溶剂中的稳定性及对漆膜的影响。

④ 组成与性能　大多数通用醇酸使用苯酐，用不同多元醇来改良性能。甘油与三羟甲基乙烷、三羟甲基丙烷相比，随侧链长度增加，在脂肪族溶剂中溶解度增加，黏度下降，柔韧性增加。短油度且要求在脂族溶剂中溶解时，就可以用三羟甲基丙烷作多元醇。

Cardura E10 是支链叔羧酸的缩水甘油酯，总共有 10 个碳原子。环氧基与羧基在 150℃ 以上迅速反应，制备时用 Cardura E10 能得到低酸值树脂，金属闪光漆需光催化剂或某些催干剂系统中，要求树脂酸值为零。这种树脂具有良好色泽、保光性、非常强的抗泛黄性与抗污染性，用于烘干型磁漆与硝基清漆中。

Cardura E10 的结构
（R¹、R²、R³ 是烷基，其中一个是甲基）

与苯酐相比，间苯二甲酸能制得高分子量和分布更窄的树脂，制备低黏度、高固体分涂料，涂层干燥性能更好、更硬、更耐久。对苯二甲酸几乎不用，因为在反应混合物中溶解度极低，反应非常慢。松香为一元酸，价格低，加入后使油度缩短而不引起黏度增大，能加快涂层干燥，提高硬度，但降低耐候性，仅用于醇酸底漆。

（3）醇酸树脂配方设计　当 3mol 苯酐与 2mol 甘油在弱碱性条件下反应时，由于伯羟基反应活性较强，首先形成线型聚酯。反应继续进行，则仲羟基参与酯化，这时可形成网状高聚物，体系凝胶。要引进单官能团脂肪酸，以抑制过度交联凝胶，植物油就起引进单官能团脂肪酸的作用。

聚酯链中引入脂肪酸，既能封闭部分羟基，又作为不规则侧基，降低树脂分子结晶，增加涂膜柔韧性。采用干性油，树脂可在空气中氧化聚合成膜。树脂主链引进苯环，使漆膜干燥快、硬度高、耐水性好，漆膜光泽和丰满度好，但冲击强度下降。

植物油要换算成单羧基脂肪酸和甘油来应用。制备醇酸树脂时，既要防止发生凝胶，又要使树脂具有要求的性能，就需要了解醇酸凝胶理论，理论有多种，这里介绍最简单的 Carothers 理论，该理论认为在凝胶点，体系聚合度无穷大时，凝胶点 P_C 为：

$$P_C = \frac{2}{F_{av}} \tag{2-1}$$

式中，F_{av} 为平均官能度。在羟基和羧基的物质的量（mol）不相等时，F_{av} 就等于未过量官能团物质的量（mol）的 2 倍，除以分子总数。一般醇过量，n_{COOH} 表示羧基物质的量（mol），n_{total} 单体物质的量（mol）总数，则：

$$P_C = \frac{2}{F_{av}} = \frac{2}{(2n_{COOH}/n_{total})} = \frac{n_{total}}{n_{COOH}} \tag{2-2}$$

$P_C = \frac{n_{total}}{n_{COOH}}$ 是一个重要公式，令 $K = \frac{n_{total}}{n_{COOH}}$，则 K 称为醇酸树脂常数，简称工作常数。令 M_O、n_O 和 F_O 分别为植物油的相对分子质量、物质的量和官能度。M_A、n_A 和 F_A 为多元酸的相对分子质量、物质的量和官能度。M_B、n_B 和 F_B 为多元醇的相对分子质量、物质的量和官能度。

一个植物油分子看作三个脂肪酸分子和一个甘油分子。那么反应原料中总的物质的量

（mol）为：$n_{\text{total}}=3n_O$（脂肪酸）$+n_O$（甘油）$+n_A$（多元酸）$+n_B$（多元醇）；羧基总物质的量（mol）$n_{\text{COOH}}=3n_O+n_AF_A$，树脂的理论产量中要去除水，即 $18n_A$，则

醇酸树脂常数 K 的表达式　　　$K=\dfrac{n_{\text{total}}}{n_{\text{COOH}}}=\dfrac{3n_O+n_O+n_A+n_B}{3n_O+n_AF_A}$ 　　　　(2-3)

油度 L 的表达式　　　　　　　$L=\dfrac{n_OM_O}{n_OM_O+n_AM_A+n_BM_B-18n_A}$ 　　　　(2-4)

包括植物油中所含甘油在内的醇超量 R 为　　$R=\dfrac{n_BF_B+3n_O}{n_AF_A+3n_O}$ 　　　　(2-5)

【例 2-1】　计算表 2-4 所列配方的参数。

表 2-4　醇酸树脂配方

原料	加料量/g	相对分子质量	物质的量/mol	羧基物质的量/mol	羟基物质的量/mol	官能度	单体物质的量/mol
豆油	66.6	879	0.0757	0.227		1	0.227
豆油内的甘油		92			0.227	3	0.076
苯酐	24.0	148	0.162	0.324		2	0.162
季戊四醇	12.9	136	0.0950		0.38	4	0.095
加和			0.333	0.551(n_{COOH})	0.607(n_{OH})		0.560(n_{total})

注：单体的物质的量是把官能团除以相应官能度得到的。

解：$P_C=\dfrac{n_{\text{total}}}{n_{\text{COOH}}}=\dfrac{0.560}{0.551}=1.016$　　　　醇超量 $R=\dfrac{n_{\text{OH}}}{n_{\text{COOH}}}=\dfrac{0.607}{0.551}=1.10$

因此，醇超量 10%。该树脂的油度为 $L=\dfrac{66.5}{66.5+24.0+12.9-18\times0.162}=66.2\%$

凝胶点 $P_C<1$，体系就有可能在反应过程中凝胶；$P_C\geq1$，就不凝胶。Carothers 理论预测的凝胶点比实际测量值要显著偏大，这是该理论本身的问题。例如，0 油度时，苯酐和甘油按照羟基和羧基等物质的量混合反应，$P_C=0.833$，而实验测量值为 0.786。因此，随后才发展了 Flory 概率统计公式、Stockmayer 醇酸树脂公式、唐敖庆汤心颐公式、Joseph J. Bernardo 的观点和 Kilb 修正公式等方法，它们的计算数据与实验测量的偏差就小得多。为确保反应过程中不发生凝胶，通常采用两种途径设计配方：① 比较 K 值；② 设计时要求醇过量。

① 比较 K 值　$K=1$ 表示体系彻底聚合后，能达到 100% 的酯化程度。采用不同油度和原料构成的配方，在实践的基础上都给予一个其独有的 K 值。Patton 计算了许多文献报道醇酸树脂配方的 K 值，苯酐作二元酸时的 K 值为 1.05 ± 0.008，间苯二甲酸作二元酸时的 K 值为 1.05 ± 0.014。在设计新醇酸树脂时，首先要计算其 K 值，因为新树脂 K 值显著小于理论 K 值，体系可能会凝胶；明显大于其理论 K 值，树脂分子量过小，涂层性能不好。配方计算都以苯酐为 1mol，而醇过量。

令 $r=\dfrac{n_B}{n_A}=n_B$，代入式（2-3）得到：

$$r=K(3n_O+F_A)-(4n_O+1)$$ 　　　　(2-6)

【例 2-2】　设计一个 55% 油度的亚麻油醇酸树脂配方，要求 $K=1.05$，多元醇为甘油。

解：把 $K=1.05$，苯酐官能度 $F_A=2$ 代入式（2-6）得到 $r=1.1-0.85n_O=n_B$ 把油度

$L=55\%$，$n_A=1$，$M_A=148$，$M_O=879$，$M_B=92$ 代入式（2-4）得到

$$55\% = \frac{879n_O}{879n_O+148+92\times(1.1-0.85n_O)-18}$$

得　$n_O=0.290\text{mol}$，$n_B=0.854\text{mol}$

分别乘以它们的分子量，得到该醇酸树脂配方：苯酐 148.0kg，亚麻油 254.9kg，甘油 78.5kg。其中，醇过量 $R=1.196$，理论出水量 18kg，树脂得量 463.4kg。

该体系中羟基比羧基过量 28%，实际上为阻止体系凝胶，羟基不需要过量这样多，而这里也包含在二甲苯回流脱水时带走的醇。这样就提出了醇过量的计算方法。

② 醇过量　设计时不考虑 K 值，采取多元醇过量的办法来降低反应体系的平均官能度，阻止体系凝胶。不同醇酸树脂的羟基过量数见表 2-5。

表 2-5　不同油度醇酸树脂参考的羟基过量数

油度/%		>65	60~65	55~60	50~55	40~55	30~40
与苯酐酯化的醇	甘油	0	0	<10	10~15	15~25	25~35
	季戊四醇	≤5	5~15	15~20	20~30	30~40	

【例 2-3】 设计一个 60% 油度的季戊四醇醇酸树脂配方（豆油：梓油=9：1），固含量 55%，溶剂汽油：甲苯=9：1，求树脂的配方组成，已知工业季戊四醇的平均分子量为 142.0。

解： 首先按照羧基和羟基 1：1 的比例，各取 1mol。查表 2-5 60% 油度的季戊四醇的醇过量为 5%~15%，这里取 10%，则季戊四醇用量为：$(1+0.1)\times142.0\div4=39.05$（kg）

植物油用量（$n_O M_O$）由油度 L 表达式（2-4）推导出来：

$$n_O M_O = \frac{L}{1-L}\times(n_A M_A+n_B M_B-18n_A)$$

$n_B M_B$ 中包括醇的理论量和醇超量，即 39.05（kg）；因为苯酐官能度为 2，$n_A=0.5$，苯酐相对分子质量为 148，油度 $L=60\%=0.6$。

代入上述数据，得到植物油用量 $n_O M_O=(74+39.05-9)\times0.6\div(1-0.6)=156.08$(kg)

豆油用量 $=156.08\times90\%=140.47$（kg）

梓油用量 $=156.08\times10\%=15.61$（kg）

另外，苯酐用量 74（kg），水产量 9（kg），树脂理论产量 260.14（kg）。

欲配制固含量 55% 醇酸树脂溶液：

需加入的溶剂量为：$260.14\times45\%=212.84$（kg）

溶剂汽油用量 $=212.84\times90\%=191.56$（kg）

甲苯用量 $=212.84\times10\%=21.28$（kg）

代入相应公式核算，得 $L=60\%$，$R=1.065$，$r=1.1$，$K=0.974$。

通过以上生产配方设计，我们可以看到，醇酸树脂大量使用植物油。植物油是可再生的生物资源，品种丰富多样，与化石资源相比，对环境影响小，属于环境友好型原料。醇酸树脂的力学性能、干燥速率、耐久性在所有氧化聚合涂料都非常突出，仍在大规模生产。

③ 醇酸树脂的生产工艺　这里以一个豆油季戊四醇酸树脂为例，来示意有关的计算。根据表 2-6，羟基是过量的。这里以羧基完全参与反应，来计算生成水的量：$0.3776\text{mol}\times18\text{g/mol}$（水）$=6.80\text{g}$

油度为 $58.24\div(100-6.80)\times100\%=62\%$。季戊四醇是工业品，考虑其杂质含量，产

表 2-6　豆油季戊四醇醇酸树脂配方

原料	豆油(双漂)	季戊四醇(工业品)	苯酐
投料比(质量分数)/%	58.24	13.82	27.94
分子量	879	136	148
计算式		$13.82 \times 4 \div 136$	$27.94 \times 2 \div 148$
官能团的量		0.4065mol(羟基)	0.3776mol(羧基)

品的油度约61%。树脂规格：颜色（铁钴比色计）≤10号；酸值≤12mgKOH/g；不挥发分50%±2%；黏度（50%200#涂料溶剂油，25℃，加氏管），2.5~3.0s。

上述配方生产树脂的生产流程如下。a. 将豆油加入反应釜，升温，通入CO_2，搅拌，在40min内升温到120℃。b. 停搅拌加氧化铅，继续搅拌，升温到240℃。c. 加季戊四醇，在1h内加完。d. 加完季戊四醇后在240℃保持40min，测95%乙醇容忍度（见下），至试样达到醇容忍度为5（25℃）时为醇解终点。降温到200℃，在40min内分批加完苯酐。e. 加完苯酐后升温到200℃保持1h，然后升到220℃酯化。f. 220℃保持2h后，开始测定酸值与黏度，接近合格时每15min测一次。黏度测定用加氏管，溶液按树脂：200#涂料溶剂油＝1：1质量比配制，25℃测定。g. 黏度达到2.5~3.0s时立即停止加热，将树脂抽至稀释罐。h. 温度降到150℃，加入200#涂料溶剂油1175kg、松节油504kg、二甲苯371kg配成50%的溶液。降温到60℃以下过滤。

醇解物在较高温度溶于乙醇中，温度下降会析出。随醇解物中甘油一酸酯的含量增加，醇解物在乙醇中的溶解度将增加，析出的温度将降低。利用这一特性来大致测定醇解程度。在试管中放5ml乙醇，加2ml热醇解物，立即将一个100℃刻度的温度计插入试管中，并搅动，使其均匀冷却，测定醇解物溶液变浑时的温度。

④ 生产设备　醇酸树脂的生产过程包括醇解、酯化、兑稀和过滤等，通常为间歇式生产，国际上已发展连续式生产。醇解和酯化反应的温度都在200~250℃，反应过程有4%的水生成，需脱水，采用溶剂法，回流物量约8%。达到终点时要快速停止反应。反应物稀释成树脂溶液。反应过程容易生成胶粒杂质，需要过滤净化。间歇式溶剂法的生产工艺流程见图2-1。物料通过计量罐1、2进入反应釜7内，通过加热器升至反应温度，进行醇解和酯化反应，水分由分水器4分出。溶剂冷凝后回到釜内。酯化反应至终点，用高温齿轮泵8抽送物料至兑稀罐6，用溶剂稀释后净化。这种工艺适合各种规模生产。大批量生产采用仪表控制，正在推广计算机程序控制生产。该工艺稍调整后，可生产聚酯和环氧酯等品种。

连续式醇酸生产用的物料都要经过预加热，醇解在塔式两段连续理想混合流反应器中进行，酯化在五段理想混合流反应器中进行，物料加热到240~260℃反应，反应时间缩短，设备容积缩小，显著提高生产效率，设备配置较复杂，在大规模生产时才显示出优越性。

（4）醇酸涂料干燥　干性醇酸涂料是廉价户外涂料，靠侧链不饱和脂肪酸氧化聚合交联，用催干剂十几小时内就可以气干，或60~80℃ 1h，或120~130℃烘烤0.5h，也可干燥。高温烘烤后漆膜泛黄，过烘烤变成黄棕色，只能用于深色漆中。

不干性醇酸树脂用预留的羟基与其他树脂反应。三聚氰胺-甲醛树脂（MF）价格低，交联中油度醇酸树脂，就成为氨基漆，漆膜性能好，使用最广泛。醇酸树脂用的是豆油、脱水蓖麻油，而高不饱和度醇酸色深，很少用于面漆。氨基漆不用金属催干剂，用饱和脂肪酸醇酸，涂层颜色、保色性和户外耐久性显著好于长油度醇酸。

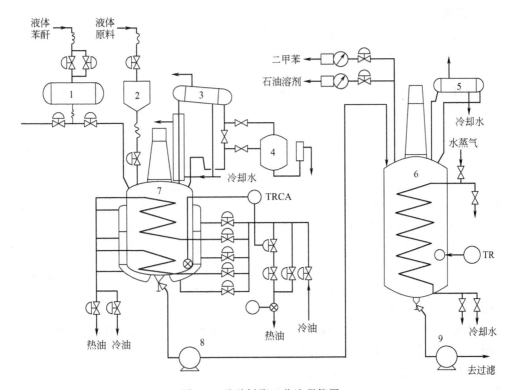

图 2-1　醇酸树脂工艺流程简图

1—液体苯酐计量罐；2—液体原料计量罐；3—冷凝器；4—分水器；5—冷凝器；
6—兑稀（稀释）罐；7—反应釜；8—高温齿轮泵；9—内齿泵

醇酸树脂上的羟基与多异氰酸酯反应交联。异佛尔酮二异氰酸酯（IPDI）三聚体作交联剂，迅速得到不发黏涂层，不用金属催干剂，改善漆膜的户外耐久性。

（5）改性醇酸树脂　醇酸树脂漆与其他油基漆相比，干燥快，漆膜光亮坚硬，耐候性和耐油性好，但由于以酯键为主链，还有残羟基与羧基，耐水性不如桐油酚醛漆。醇酸涂料的优点：①价格较低；②表面张力低，颜料容易分散，不会絮凝，涂层很少有缩边、缩孔等缺陷；③能气干或低温烘干，避免用交联剂。缺点：①易变色，烘烤保色性较差，户外耐候性有限；②难达到高固含量；③烘烤炉中产生烟，污染空气；④耐皂化性差。

由于醇酸树脂中残留较多的—OH、—COOH，故漆膜耐水性差，树脂分子链上的酯基也使涂膜不耐酸、碱的水解作用。采用硬树脂改性，如松香、纯酚醛树脂，能提高漆膜的硬度及耐水、耐化学性，也提高底漆膜的附着力和防腐蚀性能。油溶性酚醛树脂都可改性醇酸树脂，价格低廉，但会引起泛黄，仅用于底漆，作为环氧涂料的替代品。

苯乙烯改性醇酸的干燥性和耐水性好，属快干醇酸面漆，但耐溶剂性较差、易咬底，常用于金属闪光漆中。醇酸树脂稀释后加入苯乙烯和引发剂，在 150～160℃反应即可。

丙烯酸改性醇酸漆是耐候性较好的快干面漆。有机硅改性醇酸漆耐候性更好，用于户外金属结构件、结构维修与海洋用漆，但有机硅价高，要平衡成本与耐久性。

长油度醇酸用聚酰胺改性，使树脂溶液具有触变性。聚酰胺是脂肪酸二聚体与二元胺生成的，改性程度约为 5%。这种树脂需要避免使用极性稀释剂，如醇类，它们能破坏涂料的流变结构。聚酰胺改性醇酸溶液的触变性见 3.2 节。

2.2.1.5 氨酯油

氨酯油是用干性油与多元醇发生醇解反应生成的不完全酯，与二异氰酸酯反应合成的。

$$n\,OCN-R-NCO + n\,HO-R'-OH \longrightarrow \begin{bmatrix} O-C-NH-R-NH-C-O-R' \\ \quad\ \ \| \qquad\qquad\qquad \| \\ \quad\ \ O \qquad\qquad\qquad O \end{bmatrix}_n$$

涂料常用二异氰酸酯有甲苯二异氰酸酯（TDI）、二苯甲烷二异氰酸酯（MDI）。

二苯甲烷二异氰酸

50℃时把二异氰酸酯滴入不完全酯混合物中，搅拌0.5h后，升温到80～90℃，并加入催化剂（二月桂酸二丁基锡，不挥发分总量的0.02%），反应到异氰酸酯基团完全消失，再加入带少量甲醇的溶剂，甲醇彻底除去—NCO，加入钴、铅、锰等催干剂。

氨酯油干燥快、硬度高、耐磨性好、抗水性好，这因为氨酯键之间可形成氢键，成膜快而硬，但润湿性稍低于醇酸，比醇酸的泛黄性大。氨酯油储存稳定性好，施工方便，适用于要求耐磨性好、干性较快、抗弱碱性较好的场合，用作地板清漆、金属底漆，以及塑料件真空镀铝前的底漆等。为降低成本，把不完全酯加入苯酐充分酯化后，充分脱水，然后逐渐加入二异氰酸酯，与树脂中剩余的羟基反应，成为氨酯醇酸。氨酯醇酸的漆膜既硬又韧，耐石击、耐水，用作车辆和工业品底漆、内用工业产品面漆、浸渍底漆等。长油度氨酯醇酸漆用于装饰性色漆，涂层柔韧性好，干燥快。

2.2.1.6 环氧酯漆

环氧树脂是热塑性树脂，形成漆膜需要交联。环氧酯是植物油改性的环氧树脂。涂料中常用环氧树脂的规格见表2-7。

表2-7 涂料中常用环氧树脂的规格

树脂型号	软化点/℃	环氧值/(mol/100g)	平均分子量
E-44(旧6101)	12～20	0.41～0.47	
E-20(旧601)	64～76	0.18～0.22	900
E-12(旧604)	85～95	0.09～0.14	1400
E-06(旧607)	110～135	0.04～0.07	2900
E-03(旧609)	135～155	0.02～0.045	3750

（1）环氧酯

① 双酚A环氧树脂 双酚A环氧树脂由双酚A和环氧氯丙烷在碱催化下生成。$n=0$时是结晶固体。工业级$n=0.11～0.15$，为液体，即标准液体树脂。n值增加，黏度也增加。$n>1$时，树脂就是无定形固体。树脂分子量增加，分子上环氧基所占的量就减少，羟基数目增加。高分子量环氧树脂中，环氧基所占的比例太小，常称为苯氧基树脂。工业环氧树脂的官能度并不是2，约为1.9，因有少量二醇端基。环氧值是指100g环氧树脂中所含环氧基的物质的量。

双酚A   环氧氯丙烷

环氧树脂在涂料中应用量最大的为双酚 A 环氧树脂，双酚 A 环氧涂料的附着力和耐腐蚀性优良，但户外耐久性不好，因为树脂中的芳香基醚能直接吸收紫外光辐射，造成光氧化降解，因此，主要用于底漆。环氧涂料一般只需要涂一道就可。

② 环氧酯的合成机理和工艺　植物油酸和环氧树脂发生的主要是酯化反应，首先是羧基和环氧基反应，然后羟基和羧基反应。另外，环氧基和羟基还可能发生醚化反应，脂肪酸的双键也会发生聚合反应。

$$R^1\!-\!HC\!\underset{O}{\overset{\diagdown}{\diagup}}\!CH_2 + R^2COOH \xrightarrow{130\sim180℃} R^1\!-\!\underset{\underset{OH}{|}}{CH}\!-\!CH_2\!-\!O\!-\!\underset{\underset{O}{\|}}{C}\!-\!R^2 + R^3COOH \xrightarrow{200\sim240℃}$$

通常用相对分子质量 1600 左右的环氧树脂制备环氧酯，高分子量环氧树脂可以提高环氧酯的硬度。环氧酯油度 30%～60%。大多采用溶剂法生产，二甲苯回流脱水，用量 2%～5%。现举生产实例说明。配方（质量份）：环氧树脂 E-12 175；E-06 175；脱水蓖麻油酸 280；桐油酸 70；溶剂 700。

将两种油酸及环氧树脂计量后投入反应釜，自升温起通入 CO_2，待环氧树脂全部熔化后连续搅拌，用 2.5h 升温至 210℃。在 210℃ 保温酯化 2h 后，取样测量黏度、酸值，当黏度达到 5.5s（格氏管，25℃测），酸值 10 以下，即为酯化终点，开始降温。降温后抽入兑稀罐内，加入混合溶剂（温度在 100℃ 以下），过滤（120 目），装桶备用。树脂固体分为 50%±2%；酸值为 10mgKOH/g 以下；黏度（格氏管）为 5～5.5s/25℃。

黏度测量时，树脂：混合溶剂＝1：1，其中混合溶剂采用二甲苯：丁醇＝7：3（质量比）

③ 酯化程度　制造常温干燥环氧酯时，主要用干性油，如亚麻油酸、桐油酸等。烘干型环氧酯用脱水蓖麻油酸、椰子油酸等。脂肪酸用量增加，环氧酯的黏度、硬度降低，溶解性增加，刷涂性、流平性改善。中油度的干燥速率最好，室外耐久性也较好。环氧树脂中羟基和环氧基都能与羧酸酯化。一个环氧基相当于 2 个羟基。酯化当量表示树脂中羟基和环氧基的总含量。

通常是将环氧树脂部分酯化，环氧酯能够被酯化基团（包括环氧基和羟基）的酯化程度在 40%～80%。空气干燥环氧酯的酯化程度大于 50%。烘干型则小于 50%，依靠剩余的羟基交联干燥。酯化程度的表示方法有两种：①以脂肪酸酯化当量表示，如 40% 酯化脱水蓖麻油酸环氧酯；②以所含脂肪酸质量分数表示，如 40% 脱水蓖麻油酸环氧酯，见表 2-8。

表 2-8　酯化程度与油度的关系

环氧树脂可酯化基团的物质的量	脂肪酸的物质的量	脂肪酸占酯化物的质量分数/%	油度
1.0	0.3～0.5	30～50	短油度
1.0	0.5～0.7	50～70	中油度
1.0	0.7～0.9	70～90	长油度

（2）环氧酯的性能和应用　环氧酯与醇酸的类似处如下。①单组分包装，储存稳定性好。②长油度环氧酯可用 200 号溶剂汽油溶解；中油度则用二甲苯等溶解；短油度用二甲苯与正丁醇混合溶剂溶解。③环氧酯的固化机理与中、长油度室温干燥的醇酸树脂一样；室温氧化聚合；不干性环氧酯预留的羟基与氨基或酚醛树脂并用，制成烘干型涂料。

环氧酯与醇酸的区别如下。①环氧酯比醇酸树脂的户外耐久性差，因为双酚 A 环氧树脂的耐老化性不好，在光作用下，它的与醚键 α-位碳相连的仲碳原子上，易发生脱氢反应，降解产物主要是甲酸苯酯。②环氧酯对铁、铝的附着力好，耐腐蚀性较强，而且力学性能好，与面漆配套性好。③醇酸主链是酯键，而环氧酯主链是 C—C 和醚键，两者中的脂肪酸都是以酯基结合到主链上。环氧酯干漆膜中的酯键比醇酸树脂的少得多，比醇酸的耐水解和耐皂化性好。因为吸氧腐蚀阴极反应为：$O_2 + 2H_2O \Longrightarrow 4OH^-$，产生强碱性 OH^-，能分解酯键，醚键的耐碱性比酯键要好。常温自干中长油度环氧酯在保色性及耐候性方面接近中长油度醇酸涂料，但其抗水性、耐化学药品性与桐油酚醛相近，可作为一般防腐蚀涂料。

环氧酯涂料广泛用于各种金属底漆、电器绝缘涂料、化工厂设备防腐蚀涂料、汽车、拖拉机及其他机器设备打底防护，在湿热地区代替醇酸漆应用。环氧酯绝缘烘漆是由中等分子量环氧树脂与干性植物油酸制备，以二甲苯-丁醇稀释，加入氨基树脂配成，用于浸渍湿热带电机绕组、电器线圈，耐热 130℃，可提高机械强度、电绝缘性，并有良好的防潮、防霉菌、防盐雾性（即三防性能）。

氧化聚合型涂料常用的是酯胶漆、酚醛漆、醇酸漆、环氧酯漆。它们大量使用可再生的植物油，涂料价格低。即使加入催干剂，气干时间也长。涂层不易产生橘皮、缩孔等弊病，颜料分散时不会造成絮凝（分散后又重新聚集），烘烤保色性较差，户外耐久性有限。

2.2.1.7　沥青漆

沥青漆使用历史悠久，具有突出的防水性，价格低，施工方便，目前仍有一定的市场。沥青分为天然沥青、石油沥青和煤焦沥青，都用于制造涂料。

① 天然沥青　俗称黑胶，是从沥青矿中挖掘得到的，纯净的天然沥青与石油沥青成分相似。

② 石油沥青　是石油精馏分离出各种油后剩余的副产品，主要成分是脂肪烃。

③ 煤焦沥青　是煤焦油经过分馏后剩余的残渣，呈黏稠或固体状，主要成分是芳香烃和环烷烃，还有蒽、萘、酚等，有毒性和臭味。

沥青因为加热熔融，冷时又开裂，直接作为漆膜不合适，需要有高分子交联形成网状结构，把沥青固定起来：植物油氧化聚合或胺固化双酚 A 环氧树脂。

植物油只能加到石油沥青、天然沥青中，而与煤焦油沥青不相容。干性植物油沥青漆改善涂层的耐气候性、耐油性、力学性能、外观和光泽，但耐碱性、抗水性有不同程度下降。烘烤成膜则性能优良，如缝纫机烘漆、自行车烘漆，漆膜光亮坚硬，力学性能良好，如果再加少量三聚氰胺-甲醛树脂，可显著提高涂层的电气绝缘性能，但须烘烤成膜。

煤焦沥青可与双酚 A 环氧树脂以任何比例混溶，常用 E-20、E-42 制备环氧煤沥青漆，用有机胺固化。环氧煤沥青漆不仅保持煤焦沥青的耐水、碱和抗菌性能，还大幅度提高涂层的附着力、柔韧性、冲击性能，煤焦沥青漆还价格低廉，但不耐高浓度酸和苯类溶剂，不能作浅色漆，不耐日光长期照射，而且煤焦沥青有毒，不能用于饮用水设备上。煤焦沥青与聚苯乙烯混溶，提高电绝缘性和耐硫酸性能；与异氰酸酯混溶，干燥迅速，显著改进防腐和力学性能。

2.2.2　不饱和聚酯涂料

2.2.2.1　不饱和聚酯树脂

不饱和聚酯树脂是顺丁烯二酸聚酯的苯乙烯溶液。用自由基引发时，苯乙烯和聚酯上顺丁烯二酸酐的双键发生共聚，形成接枝共聚和苯乙烯均聚的混合物。苯乙烯是活性单体，参与聚合反应。不饱和聚酯常由邻苯二甲酸酐（PA）、顺丁烯二酸酐（MA）、丙二醇（部分采用乙二醇）合成。国内常用等摩尔 PA/MA 配比，聚酯/苯乙烯的典型比例为 70：30。

引发剂常用过氧化的甲乙酮或环己酮，室温交联还需加促进剂（二甲基苯胺和环烷酸钴）。钴盐在过氧化物分解时起催化作用，二甲基苯胺易泛黄，用于深色漆中。

2.2.2.2　氧阻聚

不饱和聚酯涂料施工时，涂层表面暴露在空气中，O_2 阻止双键聚合。O_2 上有两个成单电子，能和自由基生成低温稳定的自由基，该自由基活性太低，不能引发双键聚合，则与另一自由基结合形成过氧化物。

$$H_2C\cdot + O_2 \longrightarrow H_2C-O-O\cdot \xrightarrow{R\cdot} H_2C-O-O-R$$

氧阻聚的结果是涂层表面下完全聚合，但表面仍是黏的。避免氧阻聚可采用以下方法。

（1）蜡层保护　涂料组分（质量份）：不饱和聚酯涂料 100；引发剂过氧化环己酮浆（50%）4～6；促进剂环烷酸钴液（2%）1～3；石蜡苯乙烯液（4%）0.8～1.2。

使用时按比例混合涂布，引发剂与促进剂配合，室温就产生自由基，引发聚合。漆膜干燥过程中，不溶的蜡粒浮上表面，形成蜡层。蜡层降低苯乙烯的挥发损耗，并且隔绝漆膜与氧气的接触，表面就可以固化，但蜡层是不平整的低光泽表面，需打磨除去。施工时也可覆盖薄膜代替蜡层，只是仅适用于平面，垂直面或曲面则易产生流挂。

（2）高强度 UV 固化　涂料中加入光敏剂，UV 照射产生自由基。使用高强度 UV 辐射，涂层表面快速产生大量自由基，致使表面 O_2 和自由基反应被消耗，比 O_2 溶解于漆膜的速率更快，这样就不影响聚合。这时所用的树脂配方要变，要用丙烯酸酯代替顺丁烯二酸酐，稀释单体也要比苯乙烯的官能度高、挥发性低。

（3）"气干型"不饱和聚酯漆　用带有烯丙基醚、苄醚的共聚单体，代替部分二醇制备不饱和聚酯漆，涂层固化时接触空气，发生氧化聚合，与干性油的干燥方式相似。

与双键或醚基氧原子邻接的亚甲基被活化，氢原子被夺取，生成自由基，再与 O_2 形成过氧化氢。这个过程消耗 O_2，而过氧化氢也产生自由基。

$$H_2C=CH-CH_2-O-CH_2-HC\underset{O}{\overset{}{\diagdown}}CH_2 \qquad \underset{}{\bigcirc}-CH_2-O-CH_2-HC\underset{O}{\overset{}{\diagdown}}CH_2$$

失水甘油烯丙基醚　　　　　　　　　失水甘油苯甲醚

为赋予漆膜气干性，每 100g 树脂所含烯丙基需要 0.15mol 以上，若提高硬度，需要 0.33mol，这就提高了涂料成本，主要用于高级木器漆，如立体音响的木壳等。

水性不饱和聚酯树脂中也用烯丙基醚。由 2mol MA 和 1mol 低分子量聚合二醇和二元醇混合物反应先部分酯化，再用 2mol 三羟甲基丙烷二烯丙基醚酯化。聚合二醇链段起乳化作用，树脂分散在水中。用过氧化氢-钴引发剂或光引发剂 UV 辐射，固化成膜。

2.2.2.3　不饱和聚酯漆的应用

不饱和聚酯漆主要用于木器上，打磨抛光后漆膜有良好的外观、光亮和透明度，一道相当于硝基漆三道的厚度。不饱和聚酯的耐磨性优良，耐溶剂、耐水、耐化学性良好；但漆膜不易修补，必须现配现用，需专用的双组分施工用具，漆膜擦痕比硝基漆显著。不饱和聚酯漆用于金属，可用磷化底漆或聚氨酯漆打底，但环氧-胺底漆使烯丙基醚的干燥性能变差，漆膜表面发黏，用作金属储槽内壁的防腐蚀涂料，对食品无污染、无毒，啤酒厂已广泛采用。

不饱和聚酯涂料大量用作修补、填嵌用的二道底漆和腻子，这种腻子称为原子灰。原子灰在金属铸件上用于表面填孔、补缝，用于车辆修补，能一次刮成厚层，里外干透，性能优良。近年来用气干型不饱和聚酯提高腻子附着力。

不饱和聚酯漆用于耐化学面漆时，需用间苯二甲酸或氯桥酸酐替代苯酐合成，见饱和聚酯部分。

2.2.3 辐射固化涂料

辐射固化涂料是用辐射引发交联，而不是常规加热固化。红外线加热和微波加热也用于固化涂料，但不属于辐射固化，因为它们的辐射转化成热，属于热固化的范畴。这里的辐射有电子束（EBC）、紫外线（UV）、红外线（IR）。其中 UV 固化需要光引发剂，IR 固化需要热引发剂，才能引发聚合。电子束能量高，直接在聚合物中产生自由基，不需要引发剂。

UV 固化约占全部辐射固化涂料的 85%。辐射固化降低温度，减少能耗，特别适用于热敏性材料，如木材、纸张、塑料涂装。这类涂料在无辐射环境下，有无限期的稳定性，施工后室温下暴露于辐照中，就迅速交联。辐射固化涂料往往要比常规型涂料价格要高，辐射固化过程中需要的能量与热固化过程相比是非常小的，而且不需要对工件进行加热。

2.2.3.1 紫外线固化

紫外线固化使用的有自由基和阳离子，两者的机理和使用的树脂都不同。工业上使用的主要是中压汞蒸气灯产生高强度紫外线，目前广泛使用 2m 长的灯管，能量输出量一般为 80W/cm，也有 120W/cm。对于 60m/min 传输的流水线，紫外光照射 0.5m 就可以固化，固化装置的总长度只需要 2m，有四个紫外线灯管就行。与之相比，热固化烘道长度通常在 50m 以上。一般紫外线固化生产线能耗在 50kW 以内，约为传统烘干型涂料的 1/5。

UV 光固化涂料除能耗低外，还有以下特点：①交联瞬间完成，流水线速率最高可达 100m/min，工件下线即可包装；②常温固化，适合于塑料工件，不会热变形；③不含挥发性溶剂，环境污染小；④固化装置简单，适合高速自动化生产，设备故障易维修。过去只限用于平面工件，现在已经生产出固化立体产品的设备。

紫外线固化应用于薄而透明的涂层，或含颜料但很薄的印刷油墨。最早应用于手机、DVD 等外壳，后来扩展到化妆品包装和家用电器领域。目前 UV 固化涂料中用量最大的是木器制品，约占总用量的 55%，其他为塑料、纸张、金属、皮革。

（1）自由基紫外光引发剂 紫外光的能量较低，只能使很少几类分子分解产生自由基，这些分子称为光引发剂，它们引发体系中双键（主要是丙烯酸酯）的聚合。

工业上自由基光引发体系有两类：单分子光分解型和双分子反应型。单分子光分解型的价格低，氧气对其有阻聚作用，如安息香醚类、苯乙酮类、硫杂蒽酮等。2,2-二甲氧基-2-苯基苯乙酮和 2,2-二烷基-2-羟基苯乙酮类，具有良好的储存稳定性，应用广泛。

2,2-二甲氧基-2-苯基苯乙酮紫外光分解

酰基氧膦光引发剂解离出的生色团，能吸收部分可见光，光固化过程中无黄斑生成，有"光漂白"作用，适用于色漆，引发效率高，可深层固化，如 2,4,6-三甲基苯甲酰氧化二苯基膦（TPO）。

2,4,6-三甲基苯甲酰氧化二苯基膦紫外光分解

双分子反应光引发剂采用二芳酮与含 α-氢原子的叔胺组合。二芳酮光照时夺取 α-氢原子，产生自由基。当颜料强烈吸收紫外线时，就需要采用这种双分子引发剂。

双分子引发剂降低氧阻聚作用。因为叔胺 α-碳原子上的自由基特别容易与氧反应，而 α-氢原子数目很多，能产生大量自由基，迅速降低氧的浓度。

引发剂在涂料固化时仅部分消耗，还有部分残留在漆膜里，能加速户外漆膜的光降解，而常规的紫外线稳定剂和抗氧剂会降低紫外线固化速率，又不能用于涂料中。因此，这种紫外线固化涂层仅限于户内应用。阳离子涂料和电子束固化涂料在户外不会产生自由基。

选择光引发剂，要注意是否黄变、引发速率快慢、能否用于有色体系等。

（2）自由基 UV 固化树脂　紫外线引发自由基固化用的涂料由预聚物和活性稀释剂组成。预聚物有不饱和聚酯、环氧丙烯酸酯、聚氨酯丙烯酸酯、聚酯丙烯酸酯、多烯/硫醇体系、聚醚丙烯酸酯、水性丙烯酸酯、阳离子树脂等。目前应用最广泛的是前四种。不饱和聚酯是第一代，而环氧丙烯酸酯、聚氨酯丙烯酸酯和聚酯丙烯酸酯则属于第二代。它们黏度较高（10^3 Pa·s），分子量增加，黏度迅速增大。不饱和基反应活性：丙烯酸酯＞甲基丙烯酸酯＞烯丙基＝乙烯基。

不饱和聚酯需用乙烯基或丙烯酸单体稀释，固化速率较慢，漆膜较坚硬，柔韧性和附着力不好，多用于木器。目前改性制备不饱和聚酯环氧嵌段共缩聚物。

由双酚类环氧树脂与丙烯酸反应，制得光固化环氧丙烯酸树脂（EA）。EA 涂层具有优良的力学性能和耐腐蚀性能，应用最广泛，还可用磷酸酯、多元酸酐、硅氧烷、长链脂肪酸等改性，使它固化速率快、附着力好、韧性大。多官能团异氰酸酯与丙烯酸羟乙酯反应，可制得聚氨酯丙烯酸酯（PUA）。PUA 应用程度仅次于 EA，特别用在纸张、皮革、织物等软性底材上，但它固化慢、价格高，一般仅作为辅助性功能树脂使用。

聚酯丙烯酸酯是由羟基聚醚或聚酯与丙烯酸酯化而得，发展较快。用苯偶酰二甲缩酮引发剂，聚酯丙烯酸酯与聚丙烯酸乙基己酯（EHA）、二缩三丙二醇二丙烯酯（TPGDA）、三羟甲基丙烷三丙烯酸酯（TMPTA）反应，涂层具有高硬度、高附着力、高耐磨和抗刮性。

降预聚物黏度的途径有：①引入脂肪族醚键或氨酯键等增加柔性，降低黏度；②利用树枝状、星形、超支化聚合物降低黏度，提高反应活性和综合性能。其中，超支化聚合物的黏度低、反应活性高和相容性良好，涂层收缩率小，附着性能好。

最常用的活性稀释剂是单、双和三官能团丙烯酸酯单体的混合物。多官能度单体的固化速率快。活性稀释剂有 TMPTA、三丙烯酸季戊四醇酯、二丙烯酸-1,6-己二醇酯、TPGDA。单体对涂层性能不利，对皮肤有刺激性，需要减少其用量。对于一定剂量的 UV 辐射，涂料存在一个最佳预聚物/单体比例，能达到好的涂层性能。

（3）自由基 UV 光固化水基涂料　许多丙烯酸酯单体对皮肤有刺激性，毒性和气味也

大，因此就开发水基涂料。光引发剂要溶于水，可用水溶性硫杂蒽酮类。树脂水性化的方法有：①加表面活性剂形成乳液，但表面活性剂留在膜中，使涂层对水敏感；②疏水性分子上引入亲水性基团，生成水溶性或水分散树脂。这类涂料的优点是：①体系黏度用水来调节，不必用稀释单体，这样就可避免由活性稀释单体引起的体积收缩，可使用高分子量低聚体；涂层的固化收缩率较小，附着性得到改善；②可喷涂、辊涂、幕涂，能得到极薄涂层，且设备易于清洗；③水烘干后辐照前，涂层达到触指干燥的程度，不附着灰尘，能对涂层缺陷修补，可用于三维物体涂装；④固化速率快。

缺点是：光固化前须脱水烘干，总固化周期较长。目前涂层光泽度低，耐溶剂性差，耐擦伤性差，而且长期稳定性有待提高，可供选择的光引发剂和颜料不多。

(4) 自由基 UV 光固化粉末涂料　UV 光固化粉末涂层在 100～120℃红外加热熔融流平，再进行 UV 辐射固化，得到平整光滑的漆膜，用于热敏基材。无活性稀释剂，漆膜收缩率低，附着力好，一次涂装即可形成质量优良的厚涂层（75～125μm），见 6.3 节。

(5) 阳离子 UV 固化　阳离子紫外线固化树脂是乙烯基醚系列、环氧系列低聚物。紫外光作用于引发剂，产生强酸，引发阳离子聚合，不受氧阻聚的影响。引发剂有二芳基碘鎓盐、三芳基硫鎓盐、烷基硫鎓盐、铁芳烃盐、磺酰氧基酮及三芳基硅氧醚。其中二芳基碘鎓盐光解同时发生均裂和异裂，既产生超强酸，又产生活性自由基。碘鎓盐与硫鎓盐都可引发阳离子光聚合和自由基聚合。以三苯基硫鎓盐（略去阴离子）为例，后一反应中产生的氢离子即为强酸：

$$Ph_3S^+ \longrightarrow [Ph_2S \cdots Ph]^+$$

$$[Ph_2S \cdots Ph]^+ \longrightarrow Ph_2S \cdot{} + Ph \cdot$$

$$[Ph_2S \cdots Ph]^+ \longrightarrow Ph-\!\!\!\bigcirc\!\!\!-SPh + H^+$$

自由基聚合在数十秒内完成，阳离子聚合需要数分钟或更长时间。这两种聚合不同步。

与自由基固化相比，阳离子光固化的特点：①体积收缩小，涂层附着力好；②无氧阻聚；③固化反应不易终止，适用于厚膜和色漆；④聚合完成后，涂层中仍残存有质子酸，长期危害涂层和底材。阳离子光固化体系用于涂料、油墨、黏合剂、电子工业的封装材料、光刻胶及印刷板材等领域。环氧基均聚是阳离子聚合的主要类型，预聚物有双酚 A 环氧树脂、环氧化硅氧烷树脂、环氧化聚丁二烯、环氧化天然橡胶等。

(6) 颜料的影响　许多颜料吸收或散射紫外线，抑制紫外线固化。采用高效光引发剂，如 1-对甲硫基苯基-2-甲基-2-吗啉基-1-丙酮，即使对 10mm 以上的厚涂层也能深度固化，适用于有颜料的涂料。因漆膜上层和下层吸收的紫外线有差异，造成漆膜表面固化而底层依然流动，底层固化时漆膜收缩，涂层表面起皱。无氧阻聚时，起皱特别明显。颜料使涂料黏度在固化过程中快速增加，短时间内涂层就失去流动性。因此，即使用颜料，也是少量的。

紫外线固化涂料中无溶剂，不能得到低光泽涂层，如低光泽透明木器面漆。因为低光泽面漆靠溶剂挥发来实现的，挥发时漆膜中溶剂产生对流，将小粒径 SiO_2 颗粒带到漆膜表面，而表面黏度增大，SiO_2 颗粒被固定在漆膜表面上，就得到低光泽和透明漆膜。氧阻聚能降低表面聚合速率，能得到中等光泽的透明漆膜。

UV 固化涂料目前应用在光纤涂层、CD 涂层/DVD 黏合剂、信用卡、木材、饮料罐、食品包装、杂志封面、医疗器械和汽车行业中。发展方向是效率高而低价格的光引发剂，无毒或毒性小的单体，低黏度低聚物，涂料要水性化、阳离子化和不使用引发剂。

2.2.3.2 电子束固化涂料

在 150~300kV 下，由钨丝阴极发射高能电子束，使丙烯酸酯聚合。聚合过程是电子束使一部分树脂直接激发形成激发态的树脂，另一部分则电离成为带正电荷的树脂和从树脂上电离出来的二次电子。带正电荷的树脂和二次电子再结合产生激发态的树脂。激发态的树脂的共价键均裂产生自由基，引发丙烯酸酯聚合。电子束固化涂料除不含光引发剂外，其他的与紫外线固化涂料完全相同，而且颜料不干扰固化，但固化反应也受氧阻聚，需要在惰性气氛中进行。

2.3 缩合聚合固化涂料

缩合聚合固化涂料的树脂分子上含有可反应官能团，一种是成膜过程中生成的小分子，从膜中逸出，如氨基树脂的烷氧基加热条件下与醇酸或丙烯酸树脂中的羟基反应，形成交联涂膜，生成的小分子从膜中逸出。封闭型聚氨酯涂料加热释放出封闭剂交联成膜。另一种是不生成小分子，常见的有环氧-胺涂料和双组分聚氨酯涂料，它们分别包装，混合后发生交联反应。

2.3.1 氨基树脂

使用最普遍的氨基树脂由三聚氰胺（2,4,6-三氨基-1,3,5-三嗪）与甲醛合成，三聚氰胺甲醛树脂称为 MF 树脂。胺还有苯代三聚氰胺、脲、甘脲及（甲基）丙烯酰胺。

三聚氰胺　　苯代三聚氰胺　　脲　　甘脲　　甲基丙烯酰胺

氨基树脂是氨基（—NH$_2$）与甲醛（H$_2$C =O）反应生成羟甲基（ \\NCH$_2$OH ），为稳定羟甲基化合物，增加树脂在有机溶剂的溶解性，再与醇（ROH）产生 \\NCH$_2$OR 的醚。

在涂料工业上很少直接用氨基树脂作为成膜物，因为由氨基树脂单独加热固化所得的涂膜硬而脆，附着力差。氨基树脂通常用作基体树脂（醇酸、聚酯、丙烯酸树脂等）的交联剂，能提高基体树脂的硬度、光泽、耐化学性以及烘干速率，而基体树脂则克服氨基树脂的脆性，改善附着力，它们混合制漆，烘干后能形成强韧涂层。氨基树脂用作层压材料的胶黏剂，以及制备人造饰面板的硬表层材料，见 9.1.3 节人造板饰面。

2.3.1.1 三聚氰胺甲醛树脂的合成

（1）羟甲基化反应　三聚氰胺的氨基与甲醛在碱性条件下反应生成羟甲基，是可逆反应。甲醛过量倾向于生成六羟甲基三聚氰胺（HMM）以及部分羟甲基化的三聚氰胺（包括三羟甲基三聚氰胺，TMM）的混合物。

$$副反应 \quad -NH-CH_2OH + H-\overset{\displaystyle O}{\underset{\displaystyle }{C}}-H \Longleftrightarrow -NH-CH_2-O-CH_2OH$$

（2）醚化反应　羟甲基三聚氰胺具有亲水性，不溶于有机溶剂，可以直接应用于塑料、黏合剂，作织物处理剂和纸张增强剂，缩聚交联成体型产物。

羟甲基化反应后，加入酸和醇，中和上一步的碱性催化剂，并催化醚化反应。醚化后的树脂中有一定数量的烷氧基，使原来分子的极性降低，在有机溶剂中能溶解，能与醇酸树脂等混溶，增加储存稳定性。

TMM　　　　　　　HMM　　　　　　　HMMM

单元醇的分子链越长，醚化物的溶解性越好，但固化速率更慢。甲醇醚化，树脂具有水溶性，能快速固化，用于水性涂料中作交联剂。乙醇醚化树脂溶于乙醇，固化速率慢于甲醇醚化产物。丁醇醚化树脂在有机溶剂中有较好溶解性。辛醇醚化时，反应缓慢。因此，常用的是丁醇和甲醇。丁醇醚化的树脂在溶解性、混溶性、固化性、涂膜性能和成本等方面都较理想，又因原料易得，生产工艺简便，广泛应用于溶剂型涂料中。

低温固化时，异丁醇醚化树脂的反应活性比正丁醇树脂的高；高温固化时，两者无明显差别。丁醚化三聚氰胺树脂在储存中是处于动态平衡，丁氧基易脱落，丁氧基也可以从溶剂丁醇中得到补充，如果丁醇含量不足，丁氧基脱落后就不易得到补充，随储存期延长，树脂黏度逐渐上升，因此，溶剂中丁醇含量一般不低于60%。

纯HMMM树脂是蜡状固体，但广泛使用的是浓缩液，能溶解于水、有机溶剂和树脂漆料中，储存稳定性好，在高固体分与水性涂料中特别有用。HMMM显著增加涂料表面张力，而混合醚（甲醚/丁醚）树脂克服该缺陷。甲醚/丁醚只要达到适宜平衡，树脂就有适当水混溶性，改进丁醚化水解稳定性差与耐水性差的缺点。混合醚树脂得到越来越多的应用。

MF树脂按照商业用途分为Ⅰ类树脂（高醚化度）和Ⅱ类树脂（低醚化度）。制备高醚化度树脂时，甲醛/三聚氰胺比要高，使聚合度低、醚化度高，大部分N上都有两个烷氧基甲基，以降低涂料黏度。甲醚化Ⅰ类MF树脂用于水性涂料及高固体涂料中。低醚化度树脂是用较小甲醛比制备，平均聚合度为3或更大，醚化程度也低，许多N上只有1个取代基。它的甲醛/三聚氰胺及醇/甲醛比的变化范围大，树脂性能范围较广。用于醇酸的是丁醇醚化Ⅱ类MF树脂，较经济，易混合到醇酸配方中，而且无需对配方严格控制。

（3）自缩合反应　温度高于70℃时，羟甲基化三聚氰胺聚合成二聚体、三聚体及更高聚合体。羟基丙烯酸树脂与HMMM以70:30的比例，加入树脂总量的0.5%对甲苯磺酸，烘30min后，检测漆膜性能。107~149℃烘烤涂层以共交联为主，温度不同，交联密度有差异。163~191℃烘烤涂层除共交联外，还有显著HMMM自缩聚，导致漆膜模量（硬度）增大。

（4）生产中的控制指标　合成氨基树脂要求严格控制pH值、反应时间和温度范围，以及溶剂蒸馏速率和蒸馏物量。若树脂配方不当，制备时可能体系凝胶。烷基醚化程度高，树脂对石油溶剂的容忍量增加、固体分增高、黏度降低。实际生产中测定树脂对200#溶剂汽油的容忍度，来控制醚化程度；用涂-4杯黏度计来测定树脂黏度，控制缩聚程度。

　　容忍度测定方法为：称 3g 试样于 100ml 烧杯内，25℃搅拌下以 200#溶剂汽油滴定，至试样液显示乳浊，在 15s 内不消失为终点。1g 试样容忍 200#溶剂汽油的克数为树脂的容忍度值。200#溶剂汽油使用前应标定芳烃含量，并调整到恒定值。容忍度越大，醚化程度越大，树脂极性就越小。要调整醚化程度到适当值，以与基体树脂良好混溶为佳。

　　氨基树脂极性较大，可多用极性小的基团（丁氧基），调整这些基团比例可使氨基树脂与基体树脂互溶。两种树脂的混溶性有四种情况：①两种树脂混溶性好，漆膜外观正常，光泽高；②两种树脂能混溶，但涂膜烘干后有一层白雾。这是两者混溶性不良的最轻程度；③两种树脂能混溶，但涂膜烘干后皱皮无光。出现这种情况基本上两者已不能混溶，只是因为两者都能溶于丁醇，才成为暂时的稳定体系，烘烤使丁醇挥发，两者彼此分离，使涂膜皱皮无光；④不混溶，两者放在一起体系混浊，严重时分层析出。

　　短油度不干性油醇酸极性较大，易与低丁醚化度氨基树脂相容。长油度半干性油或干性油醇酸极性较小，易与高丁醚化度氨基树脂相容。高醚化度氨基树脂固化速率较慢，涂膜硬度较低。选择氨基树脂时，在达到混溶性要求时，醚化度不要太高。

　　(5) 氨基树脂生产工艺　涂料用氨基树脂反应温度约在 100℃，有大量水析出，醚化时还要大量蒸出丁醇，需要抽真空降压操作，见图 2-2。

　　物料通过计量加入反应釜 1 中，升温进行甲基化反应，降温放置，分水，再进行醚化，蒸出水分，并在适当真空度下蒸出丁醇，调整到控制的固体分、黏度等指标，经过筛网过滤器 6，送入中间储罐 7，再经检测合格后，过滤储存。蒸馏出的水分和丁醇量约占总投料量的 30%。因蒸出速率较快，故需要冷凝面积较大的冷凝器 2 和蒸出物接收器 3，

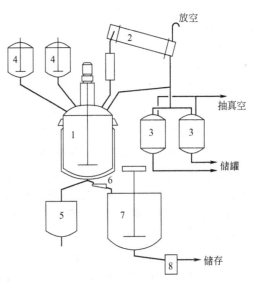

图 2-2　氨基树脂工艺流程示意图
1—反应釜；2—冷凝器；3—蒸出物接收器；
4—原料计量罐；5—废水储罐；6—筛网
过滤器；7—中间储罐；8—过滤器

并附有计量装置。产品得率约为投料量的 45%。反应温度低，通常可用蒸汽加热。蒸出物料的量大，所用冷凝器的面积要大。同时抽真空设备为生产过程所必需。

2.3.1.2　涂料中 MF 树脂的反应

　　(1) 交联反应　氨基树脂是烘烤型热固性涂料使用的主要交联剂。MF 树脂与丙烯酸树脂、聚酯、醇酸、环氧及聚氨酯树脂发生反应。

$$N—CH_2—OR + P—OH \longrightarrow N—CH_2—OP + R—OH$$

$$N—CH_2—OR + P—COOH \longrightarrow N—CH_2—O—\overset{\overset{\displaystyle O}{\|}}{C}—P + R—OH$$

$$N—CH_2—OR + HO—\!\!\bigcirc\!\!—R \longrightarrow N—CH_2—\!\!\bigcirc\!\!\overset{OH}{\underset{R}{}}\ + R—OH$$

$$\diagdown N-CH_2-OR+P-NH-\overset{\overset{O}{\|}}{C}-O-P \longrightarrow \diagdown N-CH_2-N-\overset{\overset{O}{\|}}{C}-O-P+R-OH$$

MF 树脂的醚通过相邻 N 的活化，亲核活性很高。与羟基树脂（POH）反应时，会发生醚交换反应，可用酸催化。羟基既可与活性烷氧基醚交换，又可与 MF 树脂的羟甲基醚化反应。这些反应是可逆的，烘烤时产生挥发性的醇和水，逸出漆膜，使漆膜形成交联。端羟基树脂（醇酸、丙烯酸树脂、聚酯）是使用最普遍的基体树脂。

MF 的醚也与羧酸、氨基甲酸酯及苯酚发生反应。端羧基树脂与 MF 树脂反应形成酯键，反应速率比羟基形成醚键慢。与苯酚反应形成 C—C 键，产物具有水解稳定性。

（2）催化剂　漆膜要达到最佳性能，就要求共缩合接近完成，自缩合部分完成，即漆膜性能取决于自缩合及共缩合反应的程度。Ⅰ类树脂与大部分端羟基树脂共缩合的速率明显比自缩合的快，用磺酸催化。Ⅱ类树脂共缩合及自缩合反应的速率相似，用羧酸催化。

对甲苯磺酸（pTSA 或 TsOH，$pK_a=-6$）室温催化就可交联，漆膜综合性能好。芳基磺酸的叔铵盐为潜固化剂，常温下无催化功能，高温分解出酸，起催化作用。带有潜固化剂涂料的储存稳定性与无催化剂的涂料接近，固化速率比使用游离芳基磺酸要低。低温固化涂料不宜用潜固化剂。常用潜固化剂是对甲苯磺酸吡啶盐。

芳基磺酸用量通常为 MF 树脂的 0.5%～1%，Ⅰ类 MF 树脂与端羟基树脂在 110～130℃固化 10～30min 成膜，而用羧酸催化，温度要高于 140℃。许多端羟基树脂中含有羧基，与Ⅱ类树脂交联时不需加催化剂。高温（空气温度高至 375℃）短时间烘烤成膜时，需用强酸催化剂，如卷材涂装。提高催化剂浓度可降低固化时间及温度，但会降低储存稳定性，残余酸也催化交联键水解，降低涂层的耐久性。

2.3.1.3　其他氨基树脂

（1）苯代三聚氰胺-甲醛树脂（BF）　BF 树脂的平均官能度较低，因为每个分子上只有 2 个—NH_2 基团，可甲醚化或丁醚化至不同程度。BF 树脂交联漆膜比 MF 漆膜的抗碱和碱性洗涤剂性能更好，能耐三聚磷酸钠洗涤，但户外耐久性比 MF 的差。因此，BF 树脂用于洗衣机及洗碗机等抗碱性洗涤剂性能要求高，但户外耐久性要求不高的场合，也用作集装箱涂料。

（2）脲醛树脂（UF）　醚化 UF 树脂是最经济的氨基树脂。丁醚化 UF 树脂是水白色黏稠液体，大多用于和不干性醇酸配制氨基醇酸烘漆，能提高涂层的硬度、干燥性能，但因脲醛树脂耐候性、耐水性稍差，大多用于内用漆和底漆，不能用于要抗水解性要求高的场合，如钢材用涂料等。UF 树脂经水解会放出高浓度甲醛，而 MF 树脂放出甲醛量较少。丁醚化脲醛树脂的活性最大，酸催化可室温固化，作为双组分木器涂料，用于木器家具、镶板及橱柜等，能低温烘烤（80℃）。脲醛树脂用于锤纹漆时有较清晰的花纹。

（3）甘脲-甲醛树脂（GF）　甘脲是由 2mol 尿素和 1mol 乙二醛反应生成的。甘脲与甲醛树脂反应，产生四羟甲基甘脲（TMGU），醚化形成四烷氧基甲基甘脲树脂（GF）。其中，四甲氧甲基甘脲是一种熔点较高的固体，用作粉末涂料交联剂。

$$2O=C\diagup^{NH_2}_{\diagdown NH_2}+\overset{O}{\underset{O}{\overset{\diagdown}{H}\diagdown}_{\diagup H}C\diagup}H \longrightarrow O=\underset{H}{\overset{H}{N}}\diagdown\diagup\underset{H}{\overset{H}{N}}=O$$

以甲醇和乙醇混合醚化的甘脲甲醛树脂，既溶于水，也溶于有机溶剂。丁醇醚化甘脲甲醛树脂可溶于有机溶剂，不溶于水。它们室温都为液态。

相对于其他氨基树脂，GF 树脂在交联密度类似时，涂层柔韧性更好，用作卷材涂料及罐头涂料，即使在湿热环境下，漆膜对金属的附着力优良，柔韧性和耐腐蚀性突出。GF 树脂固化时释放的甲醛量低，需强酸催化，漆膜耐水解性比 MF 的更好，但成本较高。

β-羟基烷基酰胺的通式为 $[RCH(OH)CH_2]_2N(CO)R$，无毒，固化时不释放甲醛。它们与羧酸易发生酯化，反应速率快，可以不用催化剂，但固化温度高（最好 150℃）。β-羟基烷基酰胺作固化剂既可在有机溶剂中，也可在水中，其晶体用于粉末涂料。四（2-羟基丙基）己二酰胺已经商品化。

四（2-羟基丙基）己二酰胺

（4）丙烯酰胺树脂　热固性丙烯酰胺由丙烯酰胺共聚物与甲醛反应，再丁醚或异丁醚化制备。为了赋予耐碱性、耐洗涤剂性与抗盐雾性，加苯乙烯；增加柔韧性用丙烯酸酯；改进韧性与耐溶剂性用丙烯腈；引进羧基以催化固化反应。该树脂与醇酸、环氧、硝基纤维拼合制漆，交联反应与 MF 树脂的一样。与环氧树脂配合，涂层的耐洗涤剂性和耐污染性极好。

2.3.1.4　氨基树脂交联的部分涂料

（1）氨基漆　氨基漆由氨基树脂、短油度醇酸树脂、颜料、丁醇和二甲苯配制而成，需烘烤固化。涂膜光亮丰满坚硬，可打磨抛光、耐候性好，机械强度高，抗介质性也较好，能配成浅色漆，不泛黄，成本较低，但烘烤过度漆膜发脆，金属附着力差，不能直接涂于金属表面，用于交通工具、机械产品、轻工产品、电器仪表、家用电器、医疗器械涂装。

氨基树脂与醇酸树脂的比例，按高氨基 [1:(1~2.5)]、中氨基 [1:(2.5~5)] 和低氨基 [1:(5~9)] 划分，一般采用中氨基比例。氨基树脂含量高，漆膜的光泽、硬度、耐水、耐油及绝缘性能好，但成本增高，附着力降低，漆膜变脆，与不干性油醇酸树脂拼成的高氨基漆，用于罩光及特种用漆。氨基树脂含量低，漆膜光泽、硬度、耐水、耐油等性能降低，与干性油醇酸树脂混合成低氨基漆，用于要求不高的场合。

清漆和白漆等外用漆，采取接近高氨基的比例，还可加 50% 油度蓖麻油醇酸增韧。黑漆及低温干燥色漆的氨基醇酸比约 1:4，普通氨基烘漆和二道底漆也采用价廉的低氨基漆。

氨基漆中用半干性油和不干性油醇酸，半干性油常用豆油和茶油，色漆配方中氨基比例一般为 1:(4~5)。不干性油（如椰子油、蓖麻油、花生油）醇酸的保光保色性比豆油醇酸好得多，特别是蓖麻油醇酸，附着力优良，用于浅色或白色漆中，氨基比为 1:(2.5~3)。

以十一烯酸、合成脂肪酸（主要是 C_5~C_9 的低碳酸和 C_{10}~C_{20} 的中碳酸）代替不干性油制醇酸树脂，因为它们脂肪酸的碳链较短，涂膜的耐水性、光泽、硬度、保光保色性都提高，但丰满度不如豆油改性醇酸好。氨基和醇酸比一般为 1:(2.8~3)。

氨基树脂（主要是 MF 树脂）交联涂料在固化交联时会释放少量甲醛，对每天都接触的施工者造成潜在危害，可以改进通风，或改变树脂或配方，使用甲醛脱除剂。

（2）氨基环氧漆　环氧酯和氨基树脂配合使用，耐潮、耐盐雾和防霉性能比氨基烘漆好得多，涂层装饰性比于环氧-胺好，但略逊于氨基烘漆，适用于在湿热带电器、电机、仪表的涂装。施工条件和氨基漆相近，120℃为 2h，如用桐油酸、脱水蓖麻油酸环氧酯为 120℃、

1h。

2.3.2 丙烯酸涂料

丙烯酸类聚合物的透明度、硬度、耐化学性与耐候性优良。丙烯酸酯及甲基丙烯酸酯对光的吸收主峰处在太阳光谱范围之外，所以树脂耐光性及耐户外老化性能优良。

丙烯酸树脂的表面张力居醇酸和聚酯之间，漆膜缺陷敏感度也居两者之间，但对金属的附着力不好，作为面漆需要打底。丙烯酸聚合物有颗粒、溶液和乳液，作为涂料有溶剂型、乳胶漆、水分散型、光敏涂料及少量粉末。

2.3.2.1 丙烯酸树脂

(1) 单体组成 丙烯酸树脂的单体有丙烯酸酯和甲基丙烯酸酯，常用的是甲酯、乙酯、异丁酯、正丁酯、2-乙基己酯、辛酯、月桂酯（$R=C_{12}H_{23}CH_2—$）和十八烷基酯。最常用的是甲基丙烯酸甲酯和丙烯酸丁酯。丙烯酸聚合物有热塑性与热固性。热固性有交联用的官能团，如甲基丙烯酸羟乙酯、羟丙酯。根据涂层性能需要，选择相应的单体，见表2-9。

$$CH_2=\overset{\overset{\displaystyle CH_3}{|}}{C}-\overset{\overset{\displaystyle O}{\|}}{C}-OR \qquad CH_2=CH-\overset{\overset{\displaystyle O}{\|}}{C}-OR \qquad CH_2=CH-\overset{\overset{\displaystyle O}{\|}}{C}-OH \qquad CH_2=CH-\overset{\overset{\displaystyle O}{\|}}{C}-OCH_2CHCH_2CH_2CH_2CH_3$$

甲基丙烯酸酯　　　　丙烯酸酯　　　　丙烯酸　　　　丙烯酸-2-乙基己酯

$$CH_2=\overset{\overset{\displaystyle CH_3}{|}}{C}-\overset{\overset{\displaystyle O}{\|}}{C}\overset{OH}{\underset{OCH_2CHCH_3}{}} \qquad CH_2=\overset{\overset{\displaystyle CH_3}{|}}{C}-\overset{\overset{\displaystyle OCH_2CH_2OH}{}}{\underset{O}{C}} \qquad CH_2=CH-\overset{\overset{\displaystyle NHCH_2OH}{}}{\underset{O}{C}} \qquad$$

甲基丙烯酸-2-羟丙酯　　　　甲基丙烯酸羟乙酯　　　　N-羟甲基丙烯酰胺　　　　顺丁烯二酸酐

聚甲基丙烯酸酯由于 α-位有甲基存在，干扰了C—C主链的旋转运动，而聚丙烯酸酯没有这种干扰，每个链段都可以旋转，因此聚甲基丙烯酸酯的硬度、T_g、强度都比聚丙烯酸酯的高，而柔韧性及延伸性则低很多。由于丙烯酸酯树脂的主链为C—C键，耐水解件、耐酸碱性、耐化学腐蚀性优异。由于丙烯酸类树脂存在 α-H，甲基丙烯酸酯类树脂无 α-H，丙烯酸类树脂的耐紫外线性和耐氧化性较甲基丙烯酸酯的差。

甲基丙烯酸甲酯 T_g 高，是硬单体；而丁酯的 T_g 低些，是软单体。它们的抗紫外线性与保光性都好，前者耐汽油性好，后者赋予涂层良好的层间附着力和耐溶剂性。丙烯酸乙酯 T_g 低，有良好增塑性，但它的蒸气难闻且有毒。单体的 T_g 和性能见表2-9和表2-10。

绝大多数涂料用丙烯酸树脂是无规共聚物，不会产生结晶。丙烯酸酯、甲基丙烯酸酯和它们的母体酸，都能够以任意组合共聚，长链单体共聚较慢，妨碍达到完全转化。苯乙烯参与聚合，可降低成本，提高硬度与折射率，高浓度时转化困难。顺丁烯二酸酐小量加入，能够满意地和其他单体共聚，但与苯乙烯等单体生成交替结构。

由于单体受热及暴露在光线下会聚合，要储存在低温不透明容器中，并加足够量的阻聚剂。苯酚是典型阻聚剂。单体有从轻微到剧毒的毒性等级，许多单体高度易燃。

烯类单体均聚物的玻璃化转变温度：苯乙烯为100℃；丙烯腈为96℃；醋酸乙烯为30℃；甲基丙烯酸为185℃；丙烯酸为106℃。

(2) 玻璃化转变温度 玻璃化转变温度 T_g 直接影响涂层强度、硬度。树脂的 T_g 主要受分子量、主链结构、取代基的空间位阻、侧链柔性及分子间力的影响，通常用共聚或共混调整树脂的 T_g。

$$\frac{1}{T_g}=\frac{W_1}{T_{g1}}+\frac{W_2}{T_{g2}}+\frac{W_3}{T_{g3}}+\cdots \tag{2-7}$$

表 2-9　根据性能要求选用单体参考表

性能效果	选用单体
户外耐久性	甲基丙烯酸酯、丙烯酸酯
硬度	甲基丙烯酸甲酯、苯乙烯、(甲基)丙烯酰胺、(甲基)丙烯酸、丙烯腈
耐磨性	丙烯腈,甲基丙烯酰胺
光泽	苯乙烯、芳族不饱和化合物
保光、保色性	甲基丙烯酸酯、丙烯酸酯
柔韧性	丙烯酸乙酯、丙烯酸丁酯、丙烯酸-2-乙基己酯
耐溶剂、汽油、润滑油	丙烯腈、(甲基)丙烯酰胺、(甲基)丙烯酸
耐水性	苯乙烯、含环氧基单体、甲基丙烯酸甲酯、(甲基)丙烯酸高烷基酯
耐盐、耐洗涤剂	苯乙烯、含环氧基单体、丙烯酰胺、乙烯基甲苯
耐沾污	(甲基)丙烯酸低烷基酯
交联官能团	(甲基)丙烯酸羟烷基酯、丙烯酰胺、N-羟甲基丙烯酰胺、(甲基)丙烯酸缩水甘油酯、(甲基)丙烯酸、衣康酸、顺丁烯二酸酐

表 2-10　常见聚丙烯酸酯均聚物的玻璃化转变温度　　　　　单位：℃

烷基	甲酯	乙酯	异丙酯	正丙酯	异丁酯	正丁酯	叔丁酯	2-乙基己酯
聚甲基丙烯酸酯	105	65	81	33	48	20	107	
聚丙烯酸酯	8	−22	−5	−52	−24	−54	41	−85

共聚后树脂 T_g 最简便的计算公式是 FOX 方程式（2-7），误差为 $\pm 5℃$。该方程表示由 n 种单体共聚合时，树脂 T_g 和单体质量分数 W_n、每种单体均聚物的 T_{gn} 之间的关系。

共聚树脂单体组成取决于涂层耐久性、成本、官能度和 T_g 的要求，T_g 靠调整硬单体与软单体的比例来调节。聚合过程中需要严格控制分子量及其分布，影响分子量的主要因素是引发剂类型及其浓度、温度、单体浓度，如果链转移剂存在，还有它的浓度。

丙烯酸树脂溶液聚合时高放热（50～70kJ/mol），单体或引发剂需 1～5h 内缓慢进料，同时生成的热量要回流冷凝除去。体系至少要有30%～40%的溶剂，这样黏度才低，传热好。树脂侧链较短，极性就大，要用酮、酯或醇醚类溶剂。侧链长度增加，可采用芳族溶剂。聚合过程中要不断测量黏度与固含量，以监控聚合转化率。凝胶渗透色谱法（GPC）能精确测量树脂分子量，也可以用二氯乙烷稀溶液，在毛细管黏度计中测量比浓黏度，推算分子量。

2.3.2.2　热固性丙烯酸树脂

热固性丙烯酸树脂的相对分子质量在 10000～20000，分子量分布 $\overline{M_w}/\overline{M_n}=2.3～3.3$，因分子量较小，能提高涂料固含量，施工时需要交联，涂层的光泽和外观好，抗化学、抗溶剂及抗碱、抗热性好，但不能长时间储存。部分交联类型要在第 6 章进一步论述。

（1）MF 树脂　羟基是由丙烯酸羟乙酯引入的，占单体总量25%（质量分数）以上，还引入少量酸性单体，酸值5～10mgKOH/g。国内较多应用的是部分醚化的丁氧基甲基 MF 树脂。120～130℃，40min～1h，或在 140℃经 20～30min，引入羧基或外加酸性催化剂，如二羧酸酐半酯或酸式磷酸酯，可缩短烘烤时间，200℃过热烘烤时能迅速固化而不影响光泽及色泽。丙烯酸 MF 树脂涂层的硬度、耐候性、保光保色性、附着力、挠曲性及耐水性好，产量约占热固性丙烯酸涂料总产量的 70%，用于轿车、轻工、家电。

与氨基漆相比，丙烯酸-MF 的户外稳定性和保光性好，可用于闪光漆，但表面张力较大，施工性能不如氨基漆，易产生回缩和缩孔，需加流平剂降低表面张力。

（2）多异氰酸酯　羟基树脂与多异氰酸酯加成物双组分包装，常温交联固化，见聚氨酯漆。TMI 单体与丙烯酸酯共聚树脂，可与羟基丙烯酸树脂交联，生成氨酯基丙烯酸树脂。氨酯基丙烯酸树脂与 MF 树脂交联成膜，耐酸雨腐蚀能力好，耐擦伤性优异，用于轿车面漆。氨酯基丙烯酸树脂还可用丙烯酸树脂与尿素反应来制备。

（3）环氧树脂　羧基丙烯酸树脂的酸值 77～117mgKOH/g，能用环氧树脂（E-51、E-42 等）交联，但高分子量的环氧树脂与丙烯酸树脂不溶。涂层的户外耐久性不好，少用作户外涂料，但附着力、耐沾污及耐化学品性能非常优异，用于内用耐腐蚀卷钢，特别是食品罐头内壁涂料。烘烤温度较高（170℃），叔胺（如三乙胺、N,N-二甲基苄胺、二甲基十二烷基胺等）催化时可降低至 150℃。甲基丙烯酸缩水甘油酯（GMA）共聚可制备环氧基丙烯酸树脂，用于汽车粉末清漆中，用二元羧酸或端羧基丙烯酸树脂交联，170℃以上烘烤固化，但 GMA 稍有毒性，成本较高。

（4）三烷氧硅烷基丙烯酸树脂　用甲基丙烯酸三烷氧基硅烷基酯单体制备，涂层通过烷氧硅基水解而交联固化，户外抗暴晒性特佳，用在建筑物外部、汽车上。

2.3.2.3　羟基丙烯酸树脂

常规固体分羟基丙烯酸树脂是无官能团单体与羟基单体的共聚物。无官能团单体常为甲基丙烯酸甲酯、苯乙烯、丙烯酸丁酯，涂层户外耐久性优异，T_g 较高，成本适中，作汽车面漆。卷钢或罐听外壁涂料的涂层软，要减少甲基丙烯酸羟乙酯用量，以降低交联密度。

常用羟基共聚单体有两种羟乙酯（甲基丙烯酸羟乙酯、丙烯酸羟乙酯）和两种羟丙酯（甲基丙烯酸-2-羟丙酯、丙烯酸-2-羟丙酯）。将羧基共聚物与环氧化物（如环氧丙烷）反应也可引进羟基，成本要低，但工艺控制要求高。

用 MF 树脂交联时，羟基丙烯酸树脂中引入少量甲基丙烯酸，可减少颜料絮凝。羟值过低交联程度低，而太高虽稍能提高交联度，但效果不显著，成本升高。较理想的羟值为44～60mgKOH/g，酸值 35～50mgKOH/g。不少国外配方中酸值大多在 20mgKOH/g，很少有超过 30mgKOH/g 的。树脂分子量不能太低，分子量低意味着末端基多，末端基严重影响漆膜性能。因偶氮引发剂的副反应较少，末端基的光化学活性低，使用较多。溶剂型是采用低浓度单体溶液聚合制备的。

【例 2-4】　一个典型共聚配方：甲基丙烯酸甲酯（MMA）：苯乙烯（S）：丙烯酸丁酯（BA）：甲基丙烯酸羟乙酯（HEMA）：甲基丙烯酸（MAA）=50：15：20：14：1（质量比）。树脂的 M_w 为 35000，M_n 为 15000（M_w/M_n=2.3），每个树脂分子平均带有 16 个羟基官能团（即羟基平均官能度为 16）。计算该树脂的 T_g、酸值、羟值。

解：根据 FOX 方程，分别代入数据得：

$$\frac{1}{T_g}=\frac{0.50}{105+273}+\frac{0.15}{100+273}+\frac{0.20}{273-54}+\frac{0.14}{273+55}+\frac{0.01}{273+185}=0.00309$$

$$T_g=324K=51℃$$

羟值表示每克树脂中的羟基所相当 KOH 的毫克数，实验测定有醋酸酐-吡啶法、邻苯二甲酸酐-吡啶法。该配方中羟基由甲基丙烯酸羟乙酯产生，1g 树脂中羟基的物质的量（mol）为 0.00108mol，相当于 KOH60.5mg，即树脂羟值为 60.5mgKOH/g。羧基由甲基丙烯酸产生，1g 共聚物中羧基的物质的量（mol）为 0.000116mol，需用 6.5mgKOH 中和，即酸值为 6.5mgKOH/g。该配方的计算结果见表 2-11。

表 2-11　丙烯酸树脂配方

单　　　　体	MMA	S	BA	HEMA	MAA
分子量	100	104	128	130	86
100g 共聚物中占的质量/g	50	15	20	14	1
物质的量/mol	0.5	0.144	0.156	0.108	0.0116

当树脂配方为：甲基丙烯酸甲酯（MMA）：丙烯酸丁酯（BA）：甲基丙烯酸羟乙酯（HEMA）：丙烯酸（AA）＝50：39：10：1（质量比）时。同样方法，可计算出树脂的 T_g＝291K＝18℃，羟值为 43mgKOH/g，酸值为 7.7mgKOH/g。

用部分苯乙烯（S）取代 MMA，因苯乙烯含有苯环，光老化性能差，特别是当聚合链中有连续的苯乙烯链节时。配方为苯乙烯（S）：甲基丙烯酸甲酯（MMA）：丙烯酸丁酯（BA）：甲基丙烯酸羟乙酯（HEMA）：丙烯酸＝25：25：39：10：1（质量比）。

羟基丙烯酸与异氰酸酯形成氨酯键，因有氢键作用，丙烯酸树脂的 T_g 要低些，但羟值较高（55～130mgKOH/g）。

2.3.3　聚酯涂料

醇酸树脂是植物油改性的聚酯，这里的聚酯树脂只是由多元醇和多元酸缩合而成的，不用植物油或脂肪酸，有时被称为无油醇酸树脂。

早期由于原料和性能限制，聚酯应用受到局限。我国 20 世纪 80 年代，上海振华造添厂为了与上海宝钢卷材流水线配套，从国外引进了卷材涂料生产技术，作为配套也引进了聚酯生产技术。由于不用廉价植物油，聚酯价格较贵，高性能聚酯才有价值，如高耐久性聚酯作汽车清漆或卷材涂料。与氨基烘漆相比，聚酯提高涂层附着力、稳定性、柔韧性、硬度、光泽，200℃过烘烤仍保色性好，层间附着力非常强，用作金属底面合一漆。聚酯粉末涂料非常重要，见 6.3 节。聚酯表面张力大，容易产生漆膜缺陷，需用助剂消除缩孔等现象。

2.3.3.1　聚酯树脂的单体

多元醇要求价格低、酯化速率快，高温反应时尽可能不分解、不变色，容易与水分离，聚酯黏度要低。常用的有 1,6-己二醇、新戊二醇（NPG）、三甲基戊二醇（TMPD）、环己烷二甲醇、二环癸烷二甲醇、三羟甲基丙烷、季戊四醇。应用最广的是新戊二醇、三羟甲基丙烷和季戊四醇，它们都没有 β-位氢原子，耐候性好，因为 β-位氢的 C—H 键，在热或辐射下易断裂。大多数二醇在强酸的存在下，高于 200℃时开始分解，因此不能用强酸作催化剂，通常采用有机锡化合物和原钛酸酯作酯化反应的催化剂。

新戊二醇　　　　　　三羟甲基丙烷　　　　　环己烷对二甲醇

间苯二甲酸　　　六氢邻苯二甲酸酐　　　氯桥酸酐　　　　　己二酸

多元酸有邻苯二甲酸酐、间苯二甲酸、己二酸、癸二酸、偏苯三甲酸酐、六氢邻苯二甲酸酐、六氢苯二甲酸、5-叔丁基间苯二甲酸、月桂酸、二聚脂肪酸。用间苯二甲酸或氯桥酸酐替代邻苯二甲酸酐制备的不饱和聚酯漆，用于耐化学面漆。间苯二甲酸是使用的主要芳香族酸，因为间苯二甲酸聚酯有优秀户外耐久性和较大耐水解稳定性。己二酸是使用最广的脂肪族二元酸。大多数聚酯是调节芳香族二元酸和脂肪族二元酸的比例，来调节树脂 T_g。

2.3.3.2 聚酯树脂

高分子量聚酯是线型的热塑性树脂，相对分子质量从 $10000\sim30000$。涂层具有高度柔韧、表面硬度和稳定性优异，用作如卷材和罐头涂层等的高柔性磁漆。低分子量聚酯有线型和支链型的，相对分子质量 $500\sim7000$，带功能性端基。端羟基聚酯烘烤干燥时用 MF 树脂交联，不烘烤时用多官能团异氰酸酯交联，见 2.3.4 节。端羧基聚酯用环氧树脂或聚噁唑啉交联。氨基-聚酯涂料中，氨基树脂占基料总量的 $10\%\sim35\%$，氨基树脂用量增加，涂层硬度增加，弹性减小。卷材和高弹性罐头涂料的氨基树脂含量可减少到 5%。

(1) 端羟基聚酯　使用过量羟基单体，$220\sim240\,^\circ\mathrm{C}$ 酯化，催化剂为有机锡、原钛酸酯或乙酸锌。国内常用二丁基二月桂酸锡，加入量为总反应物的 $0.05\%\sim0.25\%$。用 MF 交联聚酯的酸值控制在 $5\sim10\mathrm{mgKOH/g}$，$\overline{M}_n=2000\sim6000$，$\overline{M}_w/\overline{M}_n=2.5\sim4$，羟基平均官能度 $4\sim10$（即 1mol 树脂分子上平均有 $4\sim10$mol 羟基）。异氰酸酯交联聚酯的酸值要低于 $2\mathrm{mgKOH/g}$。

二醇是易挥发组分，须过量。过量二醇的量取决于特定反应器和条件、分离水和二醇的效率、惰性气体流速、反应温度等。乙二醇和新戊二醇容易随水蒸发失去，需要反应器装上分馏柱，回收这些醇。酯化是可逆反应，反应速率取决于水的分离，操作接近终点时，可以加百分之几的二甲苯，加速脱水，帮助挥发二醇返回反应器。在操作后期，也可用惰性气体吹洗，帮助除去最后的水。多元醇自缩合能形成聚醚，也产生水。反应初期形成的酯基在酯化过程中，要发生水解或酯交换，最终产物结构是动力学和热力学控制的混合物。

【例 2-5】 设计合成聚酯树脂的配方，要求：树脂酸值 $2\sim8\mathrm{mgKOH/g}$，相对分子质量 6000 左右，羟值 $50\mathrm{mgKOH/g}$，耐候性好、柔韧性和硬度平衡性好。

首先确定原料，根据耐候性、柔韧性要求，新戊二醇、三羟甲基丙烷、间苯二甲酸、己二酸耐候性都好。对苯二甲酸的价格低，可以调整分子量。用锡类催化剂，二甲苯回流脱水。

树脂要求羟值 $50\mathrm{mgKOH/g}$（羟基平均官能度为 5.34），确定醇超量为 1.1，采用列管式冷凝器，二元醇损失少，故放大醇超量为 1.115。根据树脂分子量和柔韧性要求，三羟甲基丙烷用量为 2.5%（总物质的量）。根据树脂柔韧性和硬度平衡性的要求，确定己二酸用量为酸总量的 25%，对苯二甲酸的活性低，用量不能太大，否则反应时间太长，故定为 15%。余下 60% 为间苯二甲酸。该配方设计有许多地方靠经验。配方见表 2-12。

表 2-12　聚酯配方

组分	间苯二甲酸	对苯二甲酸	己二酸	新戊二醇	三羟甲基丙烷	回流用溶剂	催化剂
质量份	249.0	62.25	91.25	282.6	6.25	30	0.5

(2) 粉末涂料用聚酯　这类聚酯的 T_g 为 $50\sim60\,^\circ\mathrm{C}$，是脆性无定形固体。用对苯二甲酸和新戊二醇作主要单体的聚酯 T_g 较高，涂膜硬且韧。1,4-环己烷二羧酸聚酯的 T_g 和熔融黏度较低，如果 T_g 太低，就要全部或部分以氢化双酚 A 代替新戊二醇，使粉末储存稳定。

（3）改性聚酯　改性用相对分子质量 1000～5000 的聚酯，通常仅转化部分端基，剩余端基可与交联剂反应固化，或用于提高涂层附着力。环氧树脂改性聚酯用酸性树脂或酸酐交联，用于卷材涂料底漆和单涂层背面漆，显著改善涂膜性能。丙烯酸树脂改性聚酯兼具两种树脂的特点，用于辐射固化涂料，热固性丙烯酸漆的施工性能、耐水性、耐酸碱性好，但抗冲击性不够，而聚酯涂层的硬度高、抗冲击性好，但施工性、耐水性、耐酸碱性不如丙烯酸漆。

用含甲氧基的硅树脂改性聚酯，涂层具有良好的耐候性、保光保色性、耐热性和抗粉化性。溶剂型有机硅改性聚酯已用于卷材涂料，改性是在聚酯制备后进行的，硅氧烷用量为20％～50％。对于高酸值水性树脂，在酯化后与添加偏苯三酸酐之前改性。改性反应中放出甲醇，用于监控反应，甲氧基的反应程度为 70％～80％。

2.3.3.3　溶剂型聚酯涂料

聚酯树脂在粉末涂料和高固体分涂料中占重要地位，另外单独介绍。溶剂型聚酯主要用于辊涂罐头涂料和卷材涂料。罐头涂料包括食品罐、气溶胶罐、软管以及各种帽子和罩子等，基材为马口铁、铝、少量铬铜，涂装平板材、印刷、堆积储存、冲压和成型。高固含量水性喷涂和浸渍用聚酯涂料用于汽车烘烤磁漆，如金属底涂层和汽车底盘防石击涂料。用低分子量支化聚酯、醋酸丁酯纤维素和 MF 树脂制备的金属闪光漆，片状颜料施涂后能很好定位，屏蔽效果好。

2.3.4　聚氨酯漆

聚氨酯树脂即聚氨基甲酸酯树脂，异氰酸酯和多元醇反应生成含有氨基甲酸酯键（—NHCOO—）的聚合物，氨基甲酸酯键简称氨酯键。ASTM D16-82 规定漆料的不挥发分中至少含有 10％结合的二异氰酸酯单体。在德国工业标准中没有聚氨酯树脂，只有异氰酸酯树脂，可见，异氰酸酯是聚氨酯的基础。异氰酸酯基团与脂肪族结构直接相连的称为脂肪族异氰酸酯，与芳香环直接相连的称为芳香族异氰酸酯。

2.3.4.1　异氰酸酯单体

（1）芳香族异氰酸酯　芳香族异氰酸酯常用的有甲苯二异氰酸酯（TDI）、二苯甲烷二异氰酸酯（MDI）、多亚甲基多苯基多异氰酸酯（PAPI），在氨酯油部分已经初步介绍过TDI 和 MDI。它们制备的涂膜由于芳环端氨基在阳光下易氧化变黄而泛黄。MDI 比 TDI 涂层的泛黄更严重。

涂料中最常用的 TDI 有 2,4-甲苯二异氰酸和 2,6-甲苯二异氰酸酯两种异构体，易挥发，毒性大，常用 3 分子 TDI 与 1 分子三羟用基丙烷（TMP）的加成物。因为 TDI 4-位上 NCO 的活性比 2-位的高，较低温时 TDI 的 4-位 NCO 优先反应，2-位留下供涂层交联使用，容易制造。

4,4′-MDI 的蒸气压远比 TDI 低，毒性较低，但熔点为 39℃，不便于管道输送，需要液化：①MDI 与脂肪族二元醇加成物呈液态，NCO 含量 20％以上，常温黏度小于 1000mPa·s。

②2,4'-MDI 因结构不对称，熔点低，含量在 MDI 中达到 25% 以上时，常温下就呈液态。

③MDI 在膦化物作用下，200℃部分缩合脱去 CO_2，生成含碳化二亚胺结构的 MDI 改性物。

$$RNCO + RNCO \longrightarrow RN = C = NR + CO_2$$

碳化二亚胺

其为浅黄色透明液体，NCO 含量 28%～30%，黏度小于 100mPa·s（25℃），能改善产品的耐热、耐水和阻燃性能。PAPI 为凝固点小于 10℃ 的褐色液体，NCO 含量高达 30%～32%。

（2）脂肪族异氰酸酯　脂肪族异氰酸酯常用的有己二异氰酸酯（HDI）、甲基苯乙烯异氰酸酯（TMI）、三甲基己二异氰酸酯（TMDI）。以脂肪族二异氰酸酯为基础的涂料，显示优越的户外耐久性。异佛尔酮二异氰酸酯（IPDI）也重要，异佛尔酮由丙酮三聚而得，是顺式和反式异构体的混合物。

二环己基甲烷二异氰酸酯（H_{12}MDI）、IPDI、TMXDI 主要用于制备低聚体、端羟基聚氨酯和封闭型异氰酸酯，在第 6 章讨论。TMI 有芳香环，因为官能团不直接连到芳香环上，仍是脂肪族异氰酸酯，户外耐久性和保色性方面与其他脂肪族异氰酸酯一样。

HDI 为水色或浅黄色的透明液体，挥发性很高，特别有害，通常把它与脲反应生成挥发性很低的缩二脲来使用。HDI 和少量水反应生成缩二脲，平均官能度得到提高（≥3），有良好的保色性和耐候性。把 HDI 写为 R—NCO，R=OCN$(CH_2)_6$，3mol HDI 与 1mol 水反应为：

$$R-N=C=O + H_2O \longrightarrow R'-NH_2 + CO_2 \uparrow$$

$$R-N=C=O + R'-NH_2 \longrightarrow R'-NH-\overset{\displaystyle O}{\underset{\displaystyle \|}{C}}-NH-R$$

$$R-N=C=O + R'-NH-\overset{\displaystyle O}{\underset{\displaystyle \|}{C}}-NH-R' \longrightarrow R'-NH-\overset{\displaystyle O}{\underset{\displaystyle \|}{C}}-\overset{\displaystyle R}{\underset{\displaystyle |}{N}}-\overset{\displaystyle O}{\underset{\displaystyle \|}{C}}-NH-R$$

缩二脲

异氰酸酯互相反应生成二聚体，即二氮丁二酮，有机膦催化该反应，二氮丁二酮热分解再生成异氰酸酯。2,4-甲苯二异氰酸酯的二聚体在 150℃ 开始分解，175℃ 完全分解。IPDI 的二聚体可用作粉末涂料的固化剂，高温分解参与固化反应。

二氮丁二酮

$$3R-N=C=O \longrightarrow$$

异氰脲酸酯

异氰酸酯互相反应生成三聚体，称为异氰脲酸酯，季铵化合物催化该反应，芳香族异氰酸酯用叔胺催化。异氰脲酸酯稳定，150～200℃不分解，用作多官能异氰酸酯，成膜干燥快、耐温、耐候性好。从 HDI 与 IPDI 制得的异氰脲酸酯常用于双组分维修漆。

（3）异氰酸酯反应性　聚氨酯由软链段和硬链段交替构成，线型聚酯或聚醚与二异氰酸酯反应，生成低分子量预聚体，硬链段由异氰酸酯反应构成，软链段是聚酯或聚醚，因分子量低，软硬链段没有微观相分离而物理性能差。需要用扩链剂增加硬链段的长度，促使发生微观相分离，以提高树脂的模量和 T_g，获得极好的物理性能。扩链剂常用二胺和二醇，而交联剂则要求官能团≥3。有两个伯氨基的胺，因有 4 个活性氢，既扩链又交联。扩链剂分子量不大，黏度低，在体系中易扩散。如果异氰酸酯过量，可加热使氨酯基或脲基的活性氢与异氰酸酯反应，分别生成脲基甲酸酯、缩二脲，进行交联。MOCA 扩链剂在聚氨酯应用较多，但熔点 100℃ 左右，需要熔化加工。

MOCA

异氰酸酯基有高度反应活性，与带有活性氢原子的醇、胺、酚与水在室温或适度高温反应，反应放热（40kJ/mol）。$R_2N=C=O$ 分子中 C 的电负性比 N、O 的小，带正电荷，与含有活性氢原子 R^1X-H 反应时，受 X 进攻，发生亲核加成，H 与 N、O 发生亲电加成，重排为氨基甲酸酯。R^1X-H 中 X 亲核性越强，活性越大：$-NH_2 > ROH > H_2O > -SH > -COOH$。

$$R^2-N=C=O+R^1-X-H \longrightarrow R^2NH-\overset{O}{\overset{\|}{C}}-XR^1$$

$R^2N=C=O$ 上 R^2 为吸电子基团时，$N=C=O$ 的 C 上正电荷就多，就越容易发生亲核加成，反应活性就越大。芳环为吸电子基团，烷基为给电子基团，芳香族异氰酸酯比脂肪族异氰酸酯的反应活性大。催化剂影响反应活性，如 2-巯基乙醇 $HSCH_2CH_2OH$，羟基先反应，但当加叔胺催化剂时，巯基与叔胺生成硫醇负离子，亲核更强，就先与异氰酸根反应。

形成氨酯键时，一个分子中的活性氢原子转移到另一个分子中去，没有副产物析出，体积收缩较少，涂层不产生内应力，附着力好，可制无溶剂涂料。

NCO 与氨酯键反应生成脲基甲酸酯，反应速率比与醇的反应速率慢得多，需要 100℃以上进行。制造预聚物时，若反应温度过高，生成脲基甲酸酯，使黏度升高、乃至胶结。聚氨酯涂膜烘烤干燥时，也生成脲基甲酸酯，提高交联密度。

$$-NH-\overset{O}{\overset{\|}{C}}-O-+R-NCO \xrightarrow{加热} -NH-\overset{O}{\overset{\|}{C}}-\overset{}{\underset{}{N}}-\overset{O}{\overset{\|}{C}}-O-R$$

脲基甲酸酯

聚氨酯漆膜含有大量氨酯键，还含有缩二脲键、脲基甲酸酯等。氨酯键能形成氢键，使树脂分子间相互作用增强，耐溶剂溶胀。在机械力下，氢键分离可吸收能量（氢键 20～25kJ/mol），除去作用力后，又能重新形成氢键（或许在不同位置）。在氢键形成、分离、再形成过程中吸收能量，减少了共价键断裂导致高分子降解的可能性，因此，涂层的耐磨性好，断裂伸长率高，韧性也好。

2.3.4.2　双组分聚氨酯涂料

双组分聚氨酯涂料的一个包装内是多羟基预聚物、颜料、溶剂、催化剂、助剂，另一个包装内是异氰酸酯预聚物和溶剂，施工前将两者混合。涂层坚韧耐磨，耐溶剂性高。

直接采用挥发性的二异氰酸酯（如 TDI、HDI 等）配制涂料，异氰酸酯挥发到空气中，危害工人健康，而且官能团只有两个，分子量又小，固化慢。需要把它们加工成低挥发性的预聚物。预聚物黏度较高，每个分子上带多个 NCO。常用预聚物类型有：①TDI 与三羟甲基丙烷的加成物；②HDI 缩二脲，不会泛黄，耐候性好，用于常温固化的户外用漆；③异氰酸酯三聚体，HDI 过去主要以缩二脲形式使用，漆膜性能优良，但缩二脲分子间形成氢键，使黏度提高，长时间存储黏度会显著上升。近年发展起来的 HDI 三聚体，有 TDI/MDI 混合三聚体、HDI 三聚体、IPDI 三聚体。三聚体黏度比缩二脲的低，可以配制高固含量涂料，因为三聚体中不形成氢键，黏度低，长时间存储黏度也变化不大，目前主要用于木材清漆。

多羟基预聚物中最常用的是端羟基聚酯和丙烯酸树脂。聚酯可配制高固含量涂料，对颜料润湿性好，涂层的耐溶剂性好，对金属的附着力好。弹性涂料用线型或低支链聚酯，坚硬涂层用高支链聚酯，芳香酸能提高涂层的耐温性和硬度，以壬二酸代替己二酸可提高涂层的耐水性。配成色漆后，聚酯和丙烯酸树脂的耐候性相差不大。聚酯多元醇配方实例可参见表 2-13。

表 2-13　聚酯多元醇配方

Bayer 公司产品	多元酸	多元醇
800# 聚酯多元醇	0.5mol 苯酐＋2.5mol 己二酸	4.0～4.1mol 三羟甲基丙烷
1100# 聚酯多元醇	3.0mol 己二酸	2.0mol 1,4-丁二醇＋2.0mol 三羟甲基丙烷
1600# 聚酯多元醇	3.0mol 己二酸	2.82mol 一缩乙二醇＋0.6mol 三羟甲基丙烷

丙烯酸树脂几乎不吸收紫外线，C—C 键主链耐水解，聚氨酯清漆均采用丙烯酸树脂，大量用于汽车维修漆。用环氧或含羟基氯醋共聚物，涂层耐化学腐蚀、耐航空用磷酸润滑脂。蓖麻油既可直接用，还可用醇解物，能赋予涂膜很好的韧性、耐水性和耐候性。双组分蓖麻油醇酸聚氨酯面漆用于木材涂装。685 聚氨酯漆的甲组分为蓖麻油醇解物的 TDI 加成物，乙组分为松香或脂肪酸改性醇酸树脂，作为木器漆，价廉性佳，广泛使用。聚氨酯面漆用于高耐久性运输工具，海洋、航空及汽车塑料部件。

（1）双组分聚氨酯涂料

① NCO/OH 比　室温固化时，多异氰酸酯组分加入太少，交联程度低，涂层抗溶剂性、抗化学品、抗水性下降，甚至发软，通常采用 NCO/OH 比为 1.1∶1，涂料的施工时限较长。过量 NCO 使涂层中未反应羟基浓度降至最低，而且 NCO 能吸收溶剂、颜料、空气中的水反应交联，都提高抗溶剂性、抗化学品性。飞机漆就以高达 2∶1 的 NCO/OH 比配制。

1mol NCO 基团的质量为 42g，某异氰酸酯预聚物的 NCO 含量为 8.8%，则含 1mol NCO 预聚物的质量为 $42×100/8.8=477.2g$。同样，某羟基预聚物的 OH 含量为 2.0%，含

1mol OH 预聚物的质量为 $17 \times 100/2.0 = 850g$。如果羟基预聚物的羟值为 $240mgKOH/1g$，则含 1mol OH 预聚物的质量为 $56.1 \times 1000/240 = 233.7g$。按照该方法可以计算树脂配方的质量配比。

【例 2-6】 甲组分 TDI 加成物（50%溶液）含 NCO 8.7%；乙组分聚酯（50%溶液）含 OH 2.0%，按照 NCO/OH＝1∶1（摩尔），计算甲乙组分的质量配比。

解： 按照 NCO/OH＝1∶1（摩尔），NCO 和 OH 各取 1mol。甲组分树脂量为 $42 \times 100/8.7 = 482.8g$，溶液质量为 965.6g；乙组分树脂为 $17 \times 100/2.0 = 850g$，溶液质量为 1700g。

② 溶剂效应　异氰酸酯和醇的反应在带有氢键接受基团的溶剂中进行得慢，可以增加涂料活化期（即双组分混合后长时间不凝胶，允许的施工时间长），应尽量选择强氢键接受能力的溶剂，而树脂氢键接受基团的含量要尽可能低。溶剂氢键接受能力按下列顺序增加：脂肪烃、芳香烃、酯类和酮类、醚类、二醇二醚类。同样条件下，在脂肪烃中的反应速率比在二醇二醚类溶剂中快两个数量级。因为氢键接受能力强，溶剂的黏度较高，通常用中等氢键接受力溶剂，以制备固含量较高和活化期较长的涂料。

③ 催化剂　异氰酸酯和醇的反应可由碱（叔胺、醇盐、羧酸盐）、金属盐或其螯合物、有机金属化合物、酸、氨酯来催化。用不同催化剂，形成树脂的结构也不同。

DABCO　　　　　　　　PMPTA　　　　　　　　DBTDL

涂料中常用叔胺和有机锡（Ⅳ）化合物，如三亚乙基二胺（DABCO，商标），二月桂酸二丁基锡（DBTDL，缩写）。DBTDL 对 NCO 和 OH 反应的催化能力比叔胺强得多，而且有助于形成氨酯键，不催化脲基甲酸酯或三聚化。羧酸能降低 DBTDL 的催化效率。涂料中加挥发性酸，如乙酸或甲酸，增加活化期，而酸挥发后，反应继续进行。

叔胺类能有效促进异氰酸酯基与水反应，用于低温固化和潮气固化聚氨酯涂料中。胺催化剂对芳香族异氰酸酯比脂肪族的更有效。DABCO 作催化剂时，氨酯键是主要产物，也形成少量脲基甲酸酯。2,4-戊烷二酮的锌配合物（Znacac）、辛酸锡和季铵化合物（如四甲基辛酸铵）主要催化形成脲基甲酸酯键。常用胺催化剂有甲基二乙醇胺、二甲基乙醇胺、三乙醇胺、己二胺、二亚乙基三胺、3,3′-二氯-4,4′-二氨基二苯基甲烷（MOCA）、PMPTA 等。

（2）双组分聚氨酯涂料施工工艺　双组分聚氨酯涂层在 70℃ 以上固化时，漆膜的耐水性、耐腐蚀性等均有提高。室温下固化成膜形成大量的酯键，内应力较大，70℃ 以上可消除内应力，同时也生成大量脲基甲酸酯键，提高漆膜的机械强度、附着力和耐化学腐蚀性能。室温固化时形成的主要是氨酯键，需要 1～2 周的固化时间，15 天后才能检测涂层物理和化学性能，有时 30 天才能完全固化。

宜用高压无气喷涂，施工效率高，不会带入水等杂质。空气喷涂时，一定要除去空气中的水和油污。小件可刷涂施工。喷两道以上，须在头道未干之前喷下一道漆。涂布固化已久的漆膜时，须经砂纸打磨后再喷涂，否则影响层间结合力。冬季施工时，为了使涂料既有足够活化期，又能快速成膜，可把催化剂加到挥发性底漆中，加入量比要大些。底漆快速干燥后，再涂面漆，这时底漆中的催化剂渗透到面漆中，加快面漆成膜。

（3）弹性聚氨酯涂料　弹性聚氨酯涂料为常温自干双组分。涂层具有类似橡胶的高弹性、高强度、高耐磨、高抗裂和高抗冲性能，用于柔软织物、橡胶制品及大变形场合，如运动场地铺面材料。

端羟基聚合长链的二元醇赋予涂层柔顺性。二元醇为线型聚酯、聚醚和聚酰胺树脂等。聚酯型二元醇因酯键易水解，耐水性差，用作耐油抗渗涂料，聚醚型二元醇的柔韧性好且不易水解，涂层弹性高，耐水性极佳，黏度低，用作聚氨酯弹性防水材料。

2.3.4.3 封闭型聚氨酯涂料

$$R{-}N{=}C{=}O + R'{-}OH\ (封闭剂) \longrightarrow R{-}NH{-}\overset{\overset{\displaystyle O}{\|}}{C}{-}OR'$$

$$R{-}NH{-}\overset{\overset{\displaystyle O}{\|}}{C}{-}OR' + polymer{-}OH \xrightarrow{高温} R{-}NH{-}\overset{\overset{\displaystyle O}{\|}}{C}{-}O{-}polymer + R'{-}OH\uparrow$$

封闭型聚氨酯涂料是单组分的，因活性异氰酸酯已与封闭剂反应，室温就不能与端羟基树脂反应，能长期储存。常用封闭剂有酚类、肟类、醇类、己内酰胺等。芳香族异氰酸酯主要用苯酚和甲酚。脂肪族异氰酸酯不用酚类，以免变色，而用己内酰胺。丁酮肟封闭剂可在较低温解封闭，但易泛黄。异辛醇封闭芳香族异氰酸酯用于阴极电泳漆，在水中水解稳定性好。

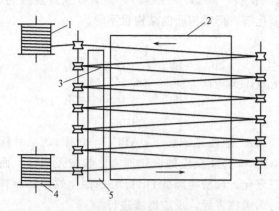

图 2-3　漆包线传动浸涂法涂装示意图
1—已浸过漆的漆包线；2—烘炉；3—模孔；
4—未浸过漆的铜丝；5—盛有绝缘漆的储槽

（1）酚类封闭剂　国内最常见的是用苯酚封闭的 TDI/TMP（三羟甲基丙烷）加成物，与聚酯配成单组分涂料，常用作自焊电磁线漆及聚氨酯烘漆。苯酚封闭 TDI 三聚体比苯酚封闭的 TDI/TMP 加成物的解封闭温度要高得多。苯酚封闭甲苯二异氰酸酯三聚体主要用于高温电磁线漆。苯酚封闭聚氨酯的固化条件为 160℃、30min，浸涂铜丝，见图 2-3。烘箱装有燃烧酚的装置，以清除污染。漆膜耐擦伤性优良。因为氨酯键在高温下降解，用电烙铁可把漆膜烫掉，裸露出金属线，直接焊锡。这种漆包线浸在锡浴中 375℃、3s，或 340℃、8s，即可除去漆层，涂上光亮锡层，对细电磁线特别适用。

（2）肟类　丁酮肟反应活性大，肟封闭异氰酸酯和端氨基聚酰胺配制磁性金属氧化物涂料，辊涂到聚酯磁带上，既有足够活化期，又可 80℃快速固化，涂层耐磨性和柔韧性优良。

（3）阴极电泳漆　封闭型聚氨酯涂料最大应用是阴极电泳漆。双酚 A 环氧树脂与多元胺反应，使含环氧基季铵化，分子中以—HNR 形式存在的氮含量大于 20%，便获得优异水溶性，用 2-乙基己醇封闭的异氰酸酯作为交联剂，用乳酸或甲酸中和，以增加水溶性。制备阴极电泳涂料时，阴极电泳漆作面漆时，用甲基丙烯酸 2-(N,N-二甲基胺)乙酯-甲基丙烯酸羟乙酯共聚物与封闭异氰酸酯组成阴极电泳漆。

己内酰胺

聚氨酯粉末涂料用己内酰胺封闭 IPDI 的异氰脲酸酯，在烘炉内固化成膜时，释放出封闭剂，造成污染，而且需要高温固化，垢物难以清理，涂膜过厚时，封闭剂释放容易产生针孔或气泡。现在用 IPDI 二氮丁二酮的多元醇衍生物作交联剂，受热分解产生异氰酸酯，就不需要挥发性封闭剂。

2.3.4.4 潮气固化聚氨酯涂料

湿固化聚氨酯是由端羟基树脂，如聚酯、聚醚、环氧、醇酸及其蓖麻油醇解物等和过量多异氰酸酯反应，使其 NCO/OH 摩尔比≥3。涂料中有过量 NCO，施工时涂层和空气中的水分接触，反应生成胺和 CO_2，胺再和 NCO 反应成脲键，继续反应成缩二脲。

$$R-N=C=O+H_2O \longrightarrow R'-NH_2+CO_2\uparrow$$

$$R-N=C=O+R'-NH_2 \longrightarrow R'-NH-\overset{\overset{\displaystyle O}{\|}}{C}-NH-R$$

$$R-N=C=O+R'-NH-\overset{\overset{\displaystyle O}{\|}}{C}-NH-R \longrightarrow R'-NH-\overset{\overset{\displaystyle O}{\|}}{C}-\overset{\overset{\displaystyle R}{|}}{N}-\overset{\overset{\displaystyle O}{\|}}{C}-NH-R$$

缩二脲

潮气固化聚氨酯涂料是单组分，在相对湿度 50%～90%、温度低至 0℃ 可固化成膜，既可作底漆，也可作面漆，两者配套性好。空气湿度越高，固化时间越短，适用于金属及混凝土表面，是地下工程和洞穴中常用高性能防腐蚀涂料之一。

湿固化聚氨酯涂料制备时使用的羟基树脂，常用的是蓖麻油醇解物，大多数使用羟端基聚酯和过量的低聚 MDI、TDI（如需要保色性，还要用 IPDI）反应制成，也可用环氧树脂改性聚酯或含羟基醇酸，后者用作木器漆。聚醚型用低分子量二元聚醚或三元聚醚，有时两者混合使用，近年流行的木器漆"水晶王"即该类型单组分湿固化涂料，可喷涂、刷涂。

这种涂料要求溶剂、颜料等基本无水。从颜料中除去水的费用大，用分子筛吸附水则降低涂层光泽，因此这种涂料主要用作清漆，形成透明有光涂层。制造着色漆时，需要使用原甲酸烷基酯或甲苯磺酰基异氰酸酯等水消除剂。

为加快湿固化聚氨酯涂料的固化反应速率，可加催化剂 1,2,4-三甲基哌嗪或二月桂酸二丁基锡，催化剂和预聚物需要分装，适用于木材和金属罩光以及混凝土表面。湿气固化主要形成脲键，也形成异氰脲酸酯和脲基甲酸酯键。

$$\overset{\displaystyle R}{\underset{\displaystyle R}{\diagup}}C=O + RNH_2 \underset{\text{吸水}}{\overset{\text{脱水}}{\rightleftharpoons}} \overset{\displaystyle R}{\underset{\displaystyle R}{\diagup}}C=NR + H_2O$$

酮亚胺

$$\underset{\text{噁唑烷}}{\overset{\displaystyle R^1\quad R^2}{\underset{O}{\diagdown}}\underset{N-R}{}} + H_2O \longrightarrow HOCH_2CH_2NHR + \overset{\overset{\displaystyle O}{\|}}{\underset{R^1}{C}}\underset{R^2}{}$$

β-醇胺

$$n\text{HOCH}_2\text{CH}_2\text{NHR} + n\text{OCN}-R^3-\text{NCO} \longrightarrow \left[\text{OCH}_2\text{CH}_2\text{NHCONHR}^3\text{NHCO}\right]_n$$

潮气固化聚氨酯固化时产生的 CO_2 存留在涂层中，导致涂层出现针孔和气泡等缺陷。为了消除 CO_2 的影响，目前有两种解决方法：①通过化学或吸附消除 CO_2，如添加氧化钙、氢氧化钙等与 CO_2 反应，或以炭黑、PVC 糊树脂吸附 CO_2；②用潜固化剂从源头上消除 CO_2。常用潜固化剂有酮亚胺型和噁唑烷型。酮亚胺与水反应析出氨基，噁唑烷类与水反应生成 β-醇胺，它们再与异氰酸酯基反应，而且都不生成 CO_2。许多公司研究噁唑烷潜固化体系在涂料、防水材料、地板材料、胶黏剂中的应用。

2.3.4.5 聚脲

胺与异氰酸酯由于固化时间太短，只有 3s，应用受到限制。20 世纪 80～90 年代，聚脲化学改性产品的固化时间延长为 3s～25min，聚脲才发展起来。聚脲最突出的优点是对施工环境高水分、高湿度的容忍度高。

$$R-N=C=O+R'-NH_2 \longrightarrow R'-NH-\overset{\overset{\displaystyle O}{\|}}{C}-NH-R$$

聚脲的优点：①不含有机溶剂；②瞬时固化，在−40℃以下也快速形成涂层，因为固化速率比水与异氰酸酯的反应快得多，聚脲在潮湿表面上能迅速固化而不受影响；③可喷涂或浇注，一道厚度从数百微米到数厘米，不需多道涂覆，重涂可直接进行；④涂层抗断裂性、耐磨性、附着力、耐水性、耐化学性和热稳定性好，120℃长期使用，能承受150℃短时热冲击；⑤加各种颜、填料，制成不同颜色，并可加短切玻璃纤维增强。涂层手感可从软橡皮到硬弹性体。缺点：①要用双组分高压无气喷涂专用设备，设备要求高，目前端氨基聚醚价格昂贵；②如果固化太快不能流平，涂层不平滑；③异氰酸酯刺激呼吸道，轻度刺激皮肤，施工时要有足够通风面积，戴上防护手套和眼镜，喷涂时须戴上呼吸面罩。

喷涂聚脲中使用液态胺类扩链剂种类很多，如二乙基甲苯二胺（DETDA）、二甲硫基甲苯二胺（DMTDA）和异佛尔酮二胺（IPDA）等。异氰酸酯有芳香族、脂肪族和天冬氨酸酯类，目前分占70%、5%、25%的市场份额。芳香族聚脲的甲组分中，软段为羟基聚醚，硬段为MDI。2,4'-MDI含量大于25%时，常温呈液态，因结构不对称，反应比较平缓，乙组分为端氨基聚醚与液态胺扩链剂（如DETDA、IPDA、DMTDA）。

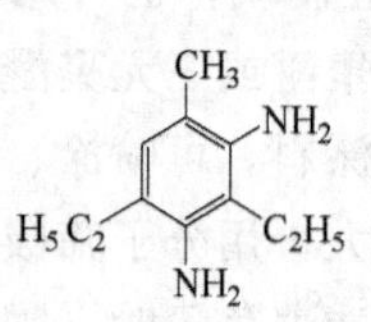

DETDA 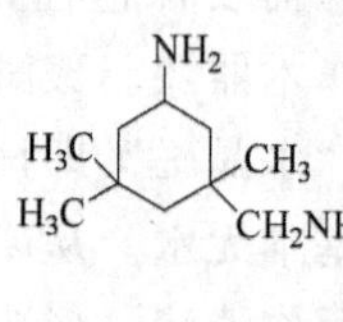　　　　　　　IPDA 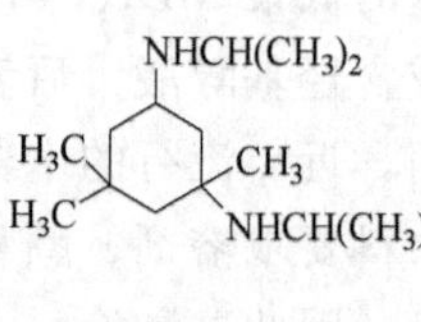　　　　　Jefflink™ 754

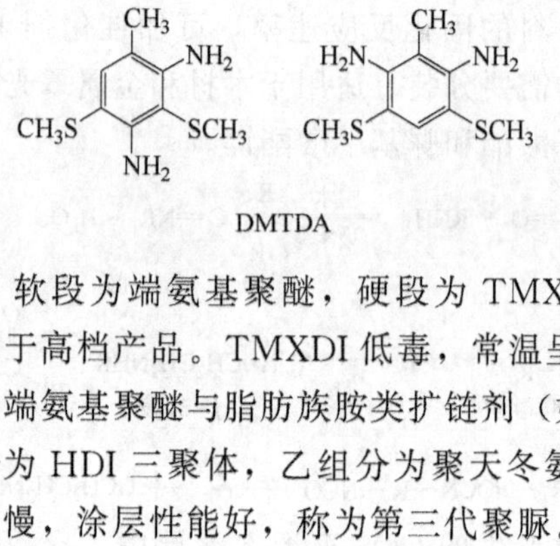

DMTDA

脂肪族聚脲的甲组分中，软段为端氨基聚醚，硬段为TMXDI、IPDI。IPDI涂层的光泽、丰满度好，但价格高，用于高档产品。TMXDI低毒，常温呈液态，甲基屏蔽使反应活性减弱，使用最多。乙组分为端氨基聚醚与脂肪族胺类扩链剂（如Jefflink™ 754）。

天冬氨酸酯聚脲的甲组分为HDI三聚体，乙组分为聚天冬氨酸酯系列。聚天冬氨酸酯有两个带位阻的仲氨基，反应慢，涂层性能好，称为第三代聚脲。

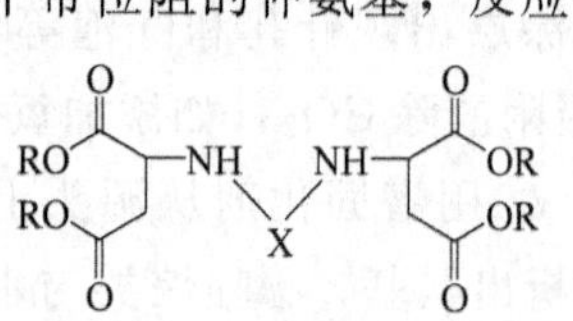

取代天冬氨酸酯

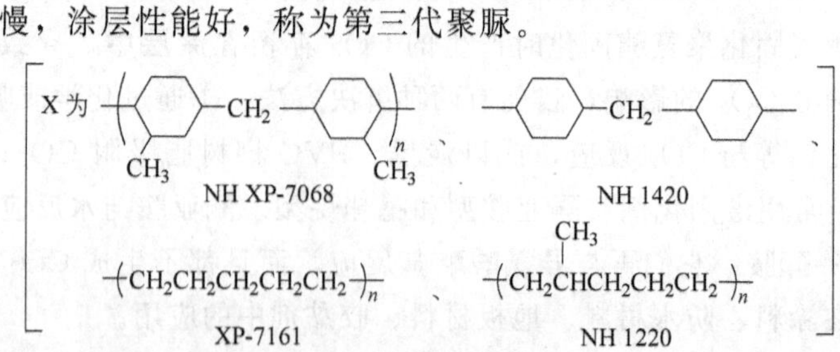

X为

NH XP-7068　　　　　　NH 1420

XP-7161　　　　　　NH 1220

Desmophen系列的X

喷涂聚脲弹性体是双组分的，甲组分为预聚体，乙组分由端氨基聚醚与液态胺类扩链剂组成。为提高混合效果，两组分黏度要尽量接近，比例为1∶1。为降低反应速率，用位阻胺类扩链剂。

2.3.5　环氧漆

环氧树脂是指分子中含有两个以上环氧基团的高分子化合物，是热塑性树脂，需要固化剂才能交联生成具有优异性能的漆膜。环氧树脂（主要是双酚 A 环氧树脂）有许多羟基和醚键，对金属、陶瓷、玻璃、混凝土、木材等有优良附着力，树脂固化时收缩小（仅 2% 左右），色漆中因有颜料，收缩更小，不产生内应力，涂层附着力好。环氧树脂中没有酯键，不会因皂化而破坏，耐碱性好，固化后形成三维网状结构，耐油性好。

2.3.5.1　环氧树脂

环氧树脂主要以环氧氯丙烷与含活性氢的多元酚、醇、羧酸和胺制备。缩水甘油醚型由环氧氯丙烷和 HOROH 制备，根据 R 的不同，环氧树脂分别为双酚 A（BPA）型、双酚 F型（BPF）和丁基双缩水甘油型。最常用的是双酚 A 环氧树脂（BPA）。双酚 F 型环氧树脂（BPF）与 BPA 型相比，黏度低，如 $25℃$ 时 $n=0.1$ 的 BPA 黏度约 $12Pa \cdot s$，而 BPF 的小于 $6Pa \cdot s$。热塑性酚醛树脂与环氧氯丙烷反应制备的环氧树脂，每个分子上的环氧基为 $2.2 \sim 5.5$。

一元醇和环氧氯丙烷反应制备的缩水甘油醚，如 $C_{12} \sim C_{14}$ 烷基缩水甘油醚（AGE）和异辛基缩水甘油醚都为液体，无刺激性气味，用作稀释剂，制备无溶剂环氧涂料。

异氰脲酸三缩水甘油酯（TGIC）属于缩水甘油胺类，是聚酯粉末涂料的交联剂，涂层的光化学稳定性好。聚酯粉末涂料中还用氢化双酚 A 的缩水甘油醚和环己二醇缩水甘油醚。它们比相应 BPA 的 T_g 和黏度低，而且由于分子中没有吸收 UV 的芳香醚，户外耐久性好，但反应活性比 TGIC 差。甲基丙烯酸缩水甘油酯（GMA）中既有双键，又有环氧基团，能与丙烯酸酯自由基聚合，树脂的户外耐久性和耐酸性优良，用于汽车面漆。带环氧基丙烯酸共聚物和脂肪酸制备的环氧酯，有多个脂肪酸酯侧链，这种环氧酯涂料可室温涂装汽车，自行氧化交联，不需用金属盐催干剂，涂层户外耐久性比醇酸树脂好。

双酚 A 环氧树脂（BPA）的 $n=0.11 \sim 0.15$ 为液体，$n>1$ 为无定形固体，T_g 随 n 增大而越来越高，工业测量其软化点，给出一个温度范围。BPA 中含有芳环，材料强度高，而醚键又使分子链容易旋转，树脂具有一定韧性，不像酚醛树脂那样脆。BPA 中因为含有芳香醚键，其 α-H 易在阳光下发生氧化降解，分子链断裂造成涂层粉化、失光，这个特性用于制备"自清洁"式外用建筑涂料，用锐钛型 TiO_2，在紫外线作用下涂层表面逐渐粉化除去，涂层总是露出白色表面。BPA 对潮湿表面附着力好，主要用作要求附着力与耐腐蚀性的底漆和二道底漆，聚酰胺作固化剂时，用作水下涂料，可用于水下结构抢修和施工。

环氧基的活性较大，与水、醇等缓慢反应被消耗，但体系黏度几乎无变化。环氧基损耗导致涂层交联不足，性能降低。因为每个 BPA 平均仅有 1.9 个环氧基，而室温固化主要是环氧基反应的。因此，判断环氧涂料的稳定性需要定期分析环氧基数量的变化。

2.3.5.2 环氧树脂的固化

（1）环氧-胺 环氧-胺涂料一般是双组分涂料，室温下完全固化需要一周时间，10℃以上即能形成 3H 铅笔硬度的耐化学性漆膜，但易泛黄和粉化。泛黄和粉化不影响其耐腐蚀性能。

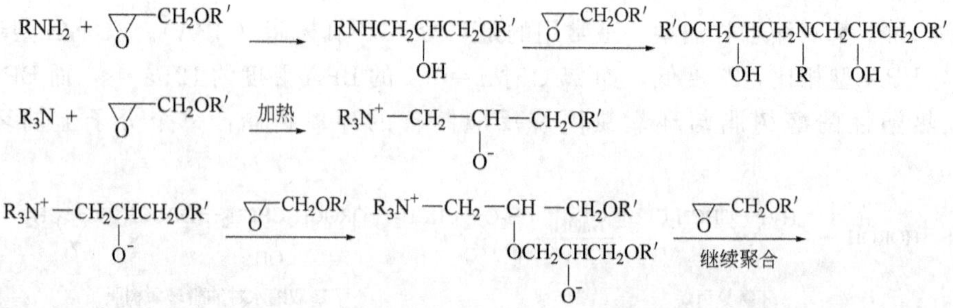

环氧基在室温和伯胺反应形成仲胺，继续反应形成叔胺，较高温度反应形成季铵。季铵化合物能引发环氧基聚合。胺的反应活性随着胺碱性强度增加而增大，随着胺位阻增大而减少。一般反应性顺序：伯＞仲≫叔胺。芳香族胺的碱性较弱，不如脂肪族胺容易反应。

水、醇、叔胺和弱酸（特别是酚）能催化环氧-胺反应，促使环氧基开环。强酸使氨基变成为胺盐，不起催化作用。酚为弱酸，易给出质子，与环氧基上的氧结合促使开环，ArO^- 可作为质子受体，从反应后的胺上消去质子。环氧树脂和胺固化剂在 5℃ 以下固化速率太慢，可用带酚羟基的有机胺来作固化剂，酚羟基起催化作用。2,4,6-三（二甲氨基甲基）酚（即 DMP-30）是环氧-胺反应的重要催化剂，是淡黄色液体。低温固化时可用由苯酚、甲醛和过量多元胺制备的 Mannich 碱作固化剂，酚羟基催化，氨基交联，能低温固化。

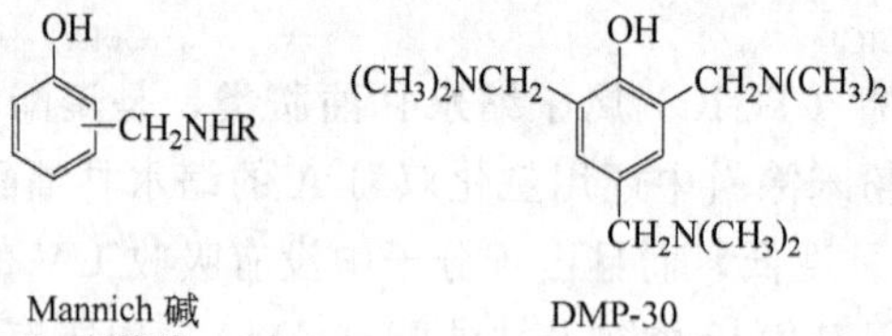

Mannich 碱
R=环烷基

DMP-30

环氧值是每 100g 环氧树脂中所含环氧基的物质的量。环氧当量是含有 1mol 环氧基的树脂质量。相对分子质量 340 的 BPA，环氧值和环氧当量分别为：

$$环氧值 = \frac{2}{340} \times 100 = 0.58 \text{mol}(环氧基)/100\text{g}(树脂)$$

$$环氧当量 = \frac{100}{A} = \frac{100}{0.58} = 170\text{g}(树脂)/\text{mol}(环氧基)$$

氨基上一个活性氢原子与一个环氧基相对应，可以计算固化剂的用量。叔胺无活性氢原子，很少单独使用，一般作促进剂。

$$NH_2CH_2CH_2NHCH_2CH_2NH_2$$

DETA

Laromin C-260　　　　　　　　　　MDA

① 双组分环氧-胺涂料固化剂

a. 有机胺类　直链脂肪胺常用的如己二胺、二亚乙基三胺（DETA），己二胺涂层柔韧性较好，二亚乙基三胺的抗溶剂性好，它们易挥发，对人的皮肤和黏膜有刺激性；用量少，精确掌握配比不容易；碱性强，易与空气中的 CO_2 生成碳酸氢盐，造成涂层"发白"，需要改性，常用的是环氧胺加成物和聚酰胺。脂环族胺如孟烷二胺（MDA）异佛尔酮二氨（IP-DA）和双（4-氨基-3-甲基环己烷基）甲烷（Laromin C-260）等，它们黏度低，适合无溶剂涂料，涂层耐化学性好，不泛白，但固化慢。

b. 环氧胺加成物　用液体环氧树脂（$n=0.13$）和过量有机胺（如三亚乙基四胺、二亚乙基三胺）反应，再真空蒸馏除去过量的胺，得到端氨基加成物。用不同有机胺制备胺加成物，得到有不同固化速率和不同活化时间的系列产品。加成物的分子量大，对人的刺激性大幅度减小，加成生成的羟基能提高固化反应活性。丁基缩水甘油醚与二亚乙基三胺的加成物，即 593 固化剂，能室温固化，毒性小，对湿气和 CO_2 的吸收很小，但黏度较大。

c. 聚酰胺　将有机胺与脂肪族羧酸反应生成端氨基聚酰胺，相对分子质量 500～9000。通常用二聚脂肪酸，由植物油加热聚合而成。聚酰胺最大特点是添加量的容许范围宽，在BPA 中用量范围为 60～150 份，涂层性能接近环氧酯漆。聚酰胺高温固化，能增加交联密度，提高性能。聚酰胺固化涂层耐水性优良，但耐热和耐溶剂性较差。

胺值表示中和 1g 样品所需的酸（mol/g），或与其相当 KOH 的毫克数（mgKOH/g）。市售聚酰胺的外观为浅琥珀色或棕色稠液，胺值（mgKOH/g）有 200 ± 20、250 ± 10、305 ± 15、400 ± 20、600 ± 20。常温固化需 24h，升温或加催化剂如 DMP-30 可加快固化速率。

酸碱滴定法是目前测定胺类固化剂胺值的通用方法，用盐酸-乙醇（或异丙醇等）滴定法测量碱性较大的脂肪胺；高氯酸-乙酸滴定法用于改性胺等碱性较弱的胺。这样测量的胺值是总胺值，即 1g 树脂中所含伯氨基、仲氨基和叔氨基物质的量的总和，不能反映它们的相对含量，无法依据此求出胺中的活泼氢物质的量，不能直接用于计算与环氧树脂的配比。

BPA 与脂肪族聚酰胺在溶剂（二甲苯）中互相溶解，而无溶剂时一般不溶，随溶剂挥发，两者发生相分离，形成粗糙漆膜表面，即"起粒"。两个组分混合后静置 30min～1h，让两者初步反应再涂布，就可以防止起粒。

室温固化时，涂层 T_g 高出环境温度 40～50℃，交联反应基本停止，未反应的官能团影响涂层的力学性能和耐溶剂性，需要选择适当的环氧树脂和交联剂，使交联反应尽可能完全。环氧-胺涂料耐溶剂性有限，特别对有机酸如乙酸敏感。交联密度越低，水越容易渗透，耐溶剂性越差，提高交联密度可用 BPA 和酚醛环氧拼混增加环氧基，胺要过量 10%，确保环氧基充分反应。氢键受体溶剂能延长涂料的活化期。因酯类室温氨解，环氧-胺涂料中不能用酯类，而要用酮类溶剂。水下施工时，多元胺不能溶于水，水在多元胺中的溶解度要小。

② 单组分环氧-胺涂料固化剂

a. 硼胺配合物　与环氧树脂混合成单组分涂料，需要烘烤固化。硼胺配合物为液体，挥发性小、黏度低、易与环氧树脂混溶，用量为 5～14 份，常用于环氧树脂无溶剂漆、浸渍漆等方面。硼氮原子之间形成五元环的配位键。烘烤固化时，配位键解离成为叔胺和作为 Lewis 酸的硼原子，羟基提高后者的活性，叔胺和硼都能引发环氧基开环聚合，形成交联结构。594 硼胺配合物-环氧体系在室温下储存使用期为 1 年，但容易吸潮水解，需要密封保存，涂层属 B 级绝缘材料（130℃）。

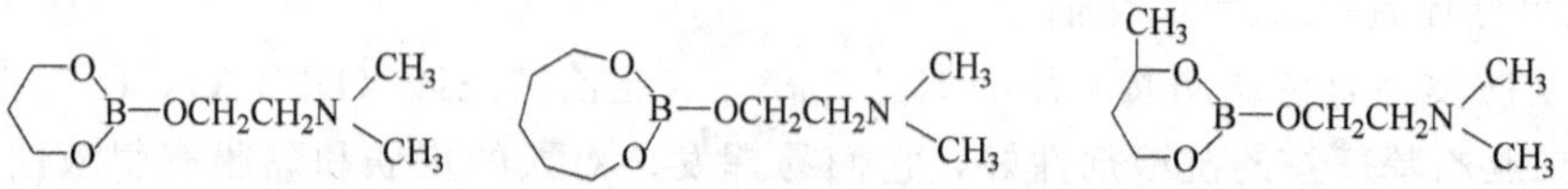

　　　　595　　　　　　　　　　594　　　　　　　　　　901

b. 酮亚胺　环氧-胺涂料存在的问题是活化期短，即允许的施工时间有限。延长活化期可封闭胺。酮类与伯胺反应生成酮亚胺，不与环氧基反应，但遇水释放出游离胺和溶剂酮，通常用丁酮。酮亚胺-环氧体系无水时无限稳定，能制备成单组分涂料，但最常用作活化期长的双组分涂料，由于要求溶剂无水，增加了生产成本，而且固化速率取决于空气湿度。

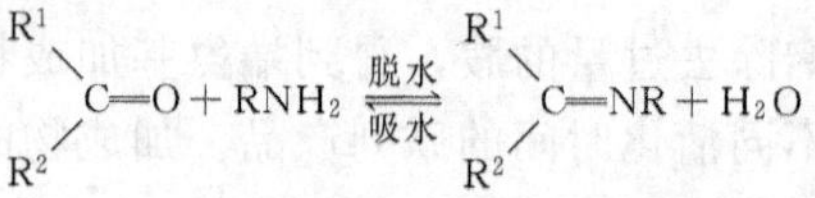

酮亚胺

c. 固体聚酰胺　邻苯二甲酸酐和二乙烯三胺反应制备固体聚酰胺，分散到环氧树脂中，加热到 100℃ 以上时熔融混合，起固化剂的作用。

（2）酚类　在无催化剂时，200℃ 环氧基同时与酚羟基和醇羟基反应，其中环氧基中约 40% 与醇羟基反应。在碱性催化剂作用下，100℃ 时酚羟基基本定量与环氧基反应，醇羟基不参与反应。

热固性和热塑性酚醛树脂和环氧基的反应用酸催化，常用对甲苯磺酸（pTSA）和磷酸，150℃ 固化。醚化热固性酚醛树脂能增加储存稳定性，常用丁醇醚化酚醛树脂。酚醛树脂用量为树脂总量的 25%～35%。环氧-酚醛涂料是用于高性能底漆，能达到耐化学性的最高标准，即使在水存在时，对金属的附着力也很好，应用于饮料罐和食品罐的衬里。环氧-酚醛涂料烘烤时发生变色，户外耐久性也不好，但作为底漆或衬里，这些缺点都不重要。

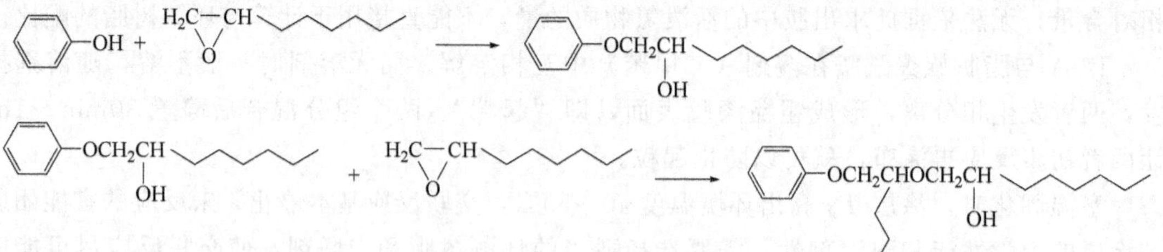

对烘烤型涂料来说，环氧-酚醛涂料特别适合；而对气干型涂料来说，则一般可选用环氧-胺涂料。这两类型均具有优良的湿附着力和耐皂化性，这对长期有效防腐是关键。

（3）羧酸和酸酐　环氧基与羧酸、酸酐高温发生反应。叔胺（如 DMP-30 等）、三氟化硼-有机胺复合物、环烷酸锌等都可作促进剂，降低固化温度，文献［13］报道了 25℃ 固化的羧酸-环氧涂料。

酸酐（如苯酐）固化环氧涂层性能优良，介电性能比环氧-胺的好，主要用于电气绝缘领域，80℃以上反应。甲基纳迪克酸酐是由甲基环戊二烯与顺丁烯二酸酐等物质的量反应生成的液体酸酐。液体桐油酸酐是桐油改性的顺丁烯二酸酐，固化条件 100～120℃、4h。反应（1）中生成的羟基也参与环氧基的开环反应，1mol 环氧基需要约 0.85mol 羧基。

$$R^1COOH + \underset{O}{H_2C-CH-CH_2OR^2} \longrightarrow R^1COOCH_2\underset{OH}{CHCH_2OR^2} \tag{1}$$

$$-CH- + \underset{O}{H_2C-CH-CH_2OR^2} \longrightarrow -HC-OCH_2\underset{OH}{CHCH_2OR^2} \tag{2}$$

硫醇与环氧基的反应活性较低，但加入催化剂如叔胺、吡啶等，可低温固化，有时比环氧-胺还迅速。液态聚硫橡胶和多硫化合物中的硫醇作环氧固化剂，但硫醇一般有令人不快的臭味。

2.3.5.3　环氧涂料

环氧树脂主要用于粉末涂料和阴极电泳漆上。这里仅讨论溶剂型环氧涂料，根据固化条件分为常温固化、自然干燥和烘干型，用作防腐蚀漆、无溶剂漆和电工绝缘漆。

① 常温固化型　环氧树脂和固化剂双组分包装，固化剂为有机胺，如 593 固化剂或聚酰胺，用于不能烘烤的大型钢铁构件和混凝土结构件，与钢铁件在机加工前喷涂的防锈底漆（常称车间底漆）配套性好。有普通环氧涂料和煤沥青环氧涂料两类。煤沥青环氧涂料是黑色或灰色，色彩差，但耐化学药品性能优良，价格低廉，适合于不要求色彩的场合。

② 自然干燥型　指环氧酯涂料，靠树脂中植物油的双键氧化聚合交联。

③ 烘干型　用酚醛、氨基、热固性丙烯酸、醇酸树脂和多异氰酸酯作固化剂。羟甲基树脂的烘烤温度低，羧基或羟基树脂的烘烤温度较高，用于粉末涂料，见 6.3 节。

（1）环氧防腐蚀漆　环氧-己二胺涂料具有优异的防腐蚀性能，用于化工设备、管道内外壁等场合。环氧沥青防腐蚀漆常用低分子量聚酰胺固化，用作船底防锈漆、船壳漆、甲板漆、饮水舱漆。地下输油管外壁防腐蚀漆可用 BPA（E-54 和 E-20 混合物）和煤焦沥青按1：1 混合，可选用胺值 400mgKOH/g 的聚酰胺固化，起增韧作用，也可用己二胺生成的Mannich 碱，固化速率快。

环氧酚醛涂料采用高分子量环氧树脂（E-03），涂层柔韧性好，酚醛树脂是用氨催化合成的热固性树脂，涂层能抗含硫食品，又能抗含酸食品，是目前最常用的食品罐头内壁涂料。环氧酚醛比为 7：3 或 8：2（质量比），涂层 205℃固化 10～12min。

（2）无溶剂环氧涂料　环氧地坪涂料中没有溶剂，除液体环氧树脂外，还要加活性稀释剂以降低黏度。常用稀释剂有异辛基环氧缩水甘油醚、C_{12}～C_{14} 烷基缩水甘油醚和新戊二醇二缩水甘油醚等。固化剂用室温胺类，如 593 固化剂，或聚酰胺。无溶剂环氧涂料一道涂覆能得厚膜，但活性大、稳定性差，储存期只有半年，应用于通风不良场合，如油罐内部，还用作环氧地坪涂料。

环氧地坪涂料属于建筑涂料，涂在混凝土表面，用于生产车间要求耐化学腐蚀、油、水的地面，或者防滑耐磨地面，或者清洁卫生要求很高的场所。混凝土一般要喷砂除去疏松表面层和污染，凹陷多孔部分用聚酰胺或 596 快速固化剂交联的环氧快干腻子填嵌。

（3）电工绝缘环氧涂料　电工绝缘涂料要求综合性能好，其中力学性能、防腐性能和绝缘性能要优良。BPA 能够满足这种要求，用作耐热等级为 E 级（120℃）、B 级（130℃）的绝缘材料。除环氧酯绝缘漆室温固化，其他电工绝缘环氧漆大多需要烘烤干燥。酚醛-环氧或有机硅改性环氧的耐热等级为 F 级（155℃）。环氧涂料的耐电弧性比有机硅-MF 树脂差些，电绝缘强度比有机硅树脂漆差些，其他机电性能都优于一般热固性树脂漆。环氧酯-氨基树脂制覆盖和浸渍绝缘漆。BPA 和 595 固化剂制浸渍无溶剂漆，与 594 制黏合绝缘漆。BPA 与丁醚化酚醛制硅钢片和漆包线绝缘漆，与桐油酸酐制黏合绝缘漆（B 级），与马来酰亚胺桐油酸酐制 F 级绝缘涂料。

2.3.6　其他常见涂料

2.3.6.1　有机硅涂料

有机硅以 Si—O 键为主链，侧链 Si—C 键带上有机基团，既具有无机物耐热性、耐燃性及坚硬性等，又有树脂的绝缘性、热塑性和可溶性，用于耐热、电绝缘和耐候涂料。

Si—O 键长较长，1.64Å；Si—O—Si 键角大，135.75°；该键柔韧性好，可以制备硅橡胶。Si 原子上有机基团将聚硅氧烷主链屏蔽起来，耐水性好，是稳定的电绝缘材料，湿态使用可靠性高。有机硅耐热性好，这是由于 Si—O 中形成 d-pπ 键，Si—O 键能大（459kJ/mol），远大于 C—O 的 359kJ/mol、C—C 的 346kJ/mol。硅上所连烃基受热氧化后，生成更加稳定的 Si—O 键，形成稳定无机保护层，减轻对树脂内部的影响。

涂料用有机硅单体为：CH_3SiCl_3、$(CH_3)_3SiCl$、CH_3SiCl_3、$(CH_3)_2SiCl_2$、$C_6H_5SiCl_3$、$(C_6H_5)_2SiCl_2$、$CH_3(C_6H_5)SiCl_2$ 等，大多是两种或多种单体并用。一氯硅烷作为链终止剂，用于控制分子量；三氯硅烷用于形成支链，但支链交点处在碱性条件下易水解，为减少水解，可加少量氨基树脂作交联剂。甲基有机硅树脂固化速率快，对紫外线稳定，低温涂层柔韧性好。树脂中引进苯基，涂料存储稳定性好，提高热稳定性、耐氧化性和附着力，以及对颜料及与其他有机树脂的相容性，但苯基太多，也增加了涂层的热塑性。

$$\left[\begin{array}{c} CH_3 \\ | \\ Si—O \\ | \\ CH_3 \end{array}\right]_n$$

二甲基硅氧烷

单体配比按照产品性能要求设计。氯硅烷单体先水解，生成硅醇低聚物，用水洗至中性，然后减压脱水，在催化剂（碱金属氢氧化物或金属羧酸盐）作用下缩聚成稳定的聚合物。

有机硅的缺点：需高温固化（150～200℃），固化时间长，大面积施工不方便，附着力差，耐有机溶剂性差；温度较高时漆膜的机械强度不好、价格较贵等。因此，常用其他有机树脂改性，如醇酸、酚醛、聚酯、环氧、丙烯酸树脂、聚氨酯等。有机硅改性醇酸作外用气干涂料，如石油储罐面漆。有机硅改性聚酯和丙烯酸（有机硅含量 30%～50%）用于金属卷材烘漆。有机硅改性聚酯涂层的耐污染性能好，硬度高，制成白色和墨绿色无尘书写板。

（1）耐热漆　耐热漆是能长期经受 200℃以上温度，漆膜颜色和光泽变化小，漆膜不碎裂，完整，能保持适当力学性能和防护作用。耐热涂料中需使用耐热颜料和树脂。

常温干燥的有机硅改性环氧耐热防腐蚀漆长期能在 150℃使用，短期 180～200℃使用，耐潮湿、水、油及盐雾侵蚀。MF 树脂-有机硅漆能长期耐高温，耐各种介质腐蚀，耐冷热冲击性好，力学性能优良。有机硅锌粉漆能长期耐 400℃，用作钢铁底漆。有机硅铝粉漆能长期耐 500℃，短期可达 600℃，对钢铁热氧化有良好防护作用，有机硅受热氧化生成 SiO_2，与部分 Al、Fe 熔合生成 Si-O-Al（Fe）硅酸盐涂层，附着力强，坚韧耐磨，能耐高温。

（2）绝缘漆　有机硅能满足电气工业对耐高温、高绝缘的需求，耐热 180℃，属于 H 级绝缘材料，电绝缘性能优良，介电常数、介质损耗、电击穿强度、绝缘电阻在 -50～250℃

变动不大，在高、低频率范围内均能使用，而且耐潮湿、酸碱、辐射、臭氧、耐燃、无毒，但耐溶剂性、机械强度及黏结性能较差，可加入少量环氧树脂或耐热聚酯改善。有机硅改性聚酯或环氧树脂漆可作为 F 级绝缘漆使用，长期耐热 155℃。

（3）耐候漆 有机硅涂层在室外长期暴晒，无失光、粉化、变色现象，漆膜完整，耐候性非常优良，用来改良其他有机树脂（醇酸、聚酯、丙烯酸酯树脂、聚氨酯等），制造长效耐候性和装饰性能优越的涂料。有机硅改性树脂漆价格要比未改性的高，但比氟树脂漆价格要低得多，长效耐候性提升显著。有机硅涂层使用寿命十几年，而有机氟涂层可达 20 年。

2.3.6.2 有机无机杂化涂料

有机无机杂化涂料的有机物-无机物有多种分散方式和连接方式，可以通过改变有机-无机杂化涂层中有机-无机成分百分比，使涂层中的有机物分散在连续的无机物中，或无机物分散在连续的有机物中，或者两者兼而有之。有机物和无机物之间既可以通过共价键相连，也可以通过范德化力或氢键相连。方法很多，如有机膨润土、五氧化二钒等片装无机材料分散到有机树脂中，其中溶胶-凝胶法在温和条件下制备。

溶胶-凝胶法采用 Si、Zr、Ti 的烷氧酸盐 M（OR）$_n$ 或带官能团的烷氧酸盐，如 3-氨基三乙氧基硅烷、N-(2-氨乙基)-3-氨丙基三甲氧基硅烷等，后者在工业上通常用作偶联剂。Si、Zr、Ti 的烷氧酸盐 M（OR）$_n$ 进行水解聚合，生成带羟基的细小无机氧化物颗粒，这些细小颗粒的粒径在 1～100nm 之间，在溶液中以胶体状态悬浮，称为溶胶。常用的如正硅酸乙酯 [TEOS，$Si(OCH_2CH_3)_4$]。TEOS 与水不互溶，加共溶剂乙醇使其成为溶液，或快速搅拌分散在水中，在酸性或碱性条件下进行解和缩合，酸性缩合生成凝胶的速率较慢。碱性能够快速生成凝胶。

水解： $$Si(OCH_2CH_3)_4 + H_2O \Longleftrightarrow Si(OH)_4 + 4CH_3CH_2OH$$

缩合： $$Si(OH)_4 + Si(OH)_4 \Longleftrightarrow (HO)_3Si-O-Si(OH)_3 + H_2O$$

TEOS 水解过程中，体系的 pH 决定 TEOS 水解后生成的硅羟基的主要类型，因为 SiO_2 溶胶颗粒的等电位点为 pH≈2，在 pH<2 的体系中主要以硅离子的形式存在。

Bailey 等用 CRYO TEM 观察 TEOS 水解和缩合过程，发现 TEOS 水解生成低密度聚合物，它的尺寸不断增大，直到该聚合物在小分子醇中不溶解而析出，然后形成高密度的颗粒，这就是溶胶。溶胶的尺寸定义在 1～100nm。

$$\begin{array}{ccc} | & | & | \\ -Si^+ & -Si-OH & -Si-O^- \\ | & | & | \\ pH<2 & pH=2\sim7 & pH>7 \end{array}$$

K. West 等从化学观点来研究。TEOS 在中、碱性溶液中发生的是双分子亲核取代反应。TEOS 上第一个乙氧基水解生成羟基后，就降低硅原子上的电荷密度和空间位阻，有利于该 TEOS 分子上其他乙氧基的水解。水解后的 TEOS 分子缩合形成二聚体和三聚体，再迅速转化为以四元环或六元环为主的环状结构。这些环状结构继续反应就形成凝胶。

无机颗粒的最大粒径小于可见光波长的一半时，光线就可以绕过无机颗粒，涂层透明，然而无机颗粒的粒径通常有一个分布，要确保无机组分的最大粒径小于可见光波长的一半（以可见光波长 380nm 计算，其波长一半为 190nm），平均粒径通常要远小于 190nm，一般100nm 以下涂层透明。通常控制有机-无机杂化涂层中无机组分的粒径远小于 100nm，就能保证涂层是透明的。制备时调整溶胶颗粒尺寸，涂层可以呈现不透明、半透明、透明。

溶胶颗粒表面的羟基能和高分子树脂上的官能团发生化学反应，形成化学键交联起来，又能与金属表面的羟基等极性基团反应，形成化学键，提高涂层附着力。溶胶颗粒与高分子间形成化学键，显著改善杂化涂层的力学性能。SiO_2、ZrO_2、TiO_2、Al_2O_3 等都在杂化涂料得到应用。

有机-无机杂化涂料能够同时具有聚合物的韧性和弹性，同时又具备陶瓷的化学稳定性和硬度，使材料中相互对立的性能得到统一，如既有极好的柔韧性，又极其强韧。无机溶胶的作用是：增强涂料与基材（主要是金属）间的结合力；全面提升高分子的性能（如强度、耐磨损性、耐热性等）。然而，单纯无机溶胶涂层却脆，空隙孔洞多，屏蔽性能差。采用适当有机无机配比的杂化涂料，能够得到厚度可控，致密、综合力学性能好、附着力好的涂层。有机无机杂化涂料既可室温固化，也可 $120\sim140℃$ 固化，也能在 $200\sim400℃$ 固化。

有机-无机组分既符合涂料储存和使用要求，又具有要求的涂层性能，节能环保，有许多限制条件。文献 [9] 提出 TEOS 在共溶剂乙醇和水的用量非常少时，体系以溶胶存在，并不会在长期放置过程中凝胶，以这时的体系作溶剂，溶解适当的树脂，制备稳定杂化涂料。

由于限制条件，通常采用官能化三烷氧基硅烷，用于有机无机杂化涂料中。文献 [15] 采用光引发自由基聚合，让烯烃和 3-巯丙基三烷氧基硅烷，或者让硫醇和烯丙基三烷氧基硅烷反应，能高纯度、定量、简单高效地制备带各种官能团的三烷氧基硅烷。

2.3.6.3　氟碳漆

氟原子半径为 0.64nm，比氢原子的 0.28nm 大得多，而 C—C 键长约 1.31nm。于是氟原子正好很严密保护 C—C 键，免受其他原子攻击，而且 C—F 键能很大，为 485kJ/mol，很稳定。太阳光紫外区（$200\sim380$nm）的中长波量大，但对氟碳树脂没有影响，短波紫外线能离解 C—F 键，但短波紫外线易被大气的臭氧层吸收，能到达地面的极少。氟碳树脂的稳定性优良、耐化学腐蚀性优良、耐候性优异。氟碳树脂的表面张力极低，具有优良的抗黏性、抗沾污性，而且不被润湿，具有不黏性，摩擦系数低。氟碳漆性能卓越，但成本比普通高档涂料高出许多。氟碳漆可分为热塑性、热固性、氟弹性体三大类。

（1）热塑性氟碳漆　热塑性氟碳漆是以四氟乙烯和偏氟乙烯树脂为基础制备的，涂层的耐候性、化学稳定性优异，前者还具有优异的热稳定性。

$$CF_2=CF_2 \qquad CF_3CF_2CF_2OCH=CF_2$$
　　　　四氟乙烯　　　　　　　全氟正丙基乙烯基醚

$$CF_2=CH_2 \qquad CF_2=CFCl \qquad CF_2=CF—CF_3$$
　　　偏氟乙烯　　　　三氟氯乙烯　　　六氟丙烯

PDD

聚四氟乙烯（PTFE）相对分子质量为 $(5\sim100)\times10^6$，结晶度高，380℃的熔融黏度为 1013Pa·s，太黏稠，难加工。使用六氟丙烯、全氟烷基乙烯基醚和乙烯参与共聚，得到半结晶性聚合物，分子量也大幅度降低，易于熔融加工，但仍不易溶于有机溶剂，且不透明，用于涂料时制成粉末或水分散体，加热熔融成膜。Teflon AF 是单体 PDD（2,2-双三氟甲基-4,5-二氟-1,3-间二氧杂环戊烯）与四氟乙烯共聚而成，是无定形聚合物，透明度好，室温溶解于全氟化溶剂中，能获得极薄（$50\sim200$nm）均匀漆膜，在光纤、精密光学玻璃、光学仪器元件上得到应用。

以聚偏氟乙烯（PVDF）为基础的树脂最高使用温度虽只有 150℃，但加工性能好。引入六氟丙烯、三氟氯乙烯或四氟乙烯单体制备共聚氟碳树脂，赋予不同性能。聚偏氟乙烯树脂粉末分散在潜有机溶剂和丙烯酸树脂溶液中，不溶解或溶胀。涂料施工后，涂膜烘烤温度达到 79℃，树脂粒子开始溶解，并与丙烯酸树脂液混溶，温度继续升高，溶剂蒸发，粒子开始熔融，$221\sim249℃$ 溶剂完全挥发，此时温度已超过树脂熔点，树脂就熔融成平滑、连续致密的涂膜，用于卷材涂料，户外耐久性突出。PVDF用作建筑涂料，严酷环境中耐久性超长，但高价格，不能制备高光泽涂层。

聚氟乙烯与聚氯乙烯相似，在化学稳定性、耐热性与耐候性方面明显改进，与全氟聚合物或聚偏氟乙烯树脂相比，耐热性、耐候性、熔点、熔融黏度降低，成膜性改善，价格降低，可以用作建筑物装饰、容器衬里、化工防腐的涂料。

（2）热固性氟碳树脂涂料　热塑性氟碳涂料虽然性能优异，但成膜温度太高，不能用于热敏感材料，多数不能在建筑现场施工，漆膜颜色单一，光泽低（40%以下），装饰性差，成本高。

热固性氟碳树脂涂料可在常温、中低温成膜。氟烯烃和烷基乙烯基醚共聚，—CF_2—$CFCl$—和—CH_2—$CHOR$—交替连接，形成交替共聚物。常用烷烯基醚有乙基乙烯基醚、丁基乙烯基醚、环己基乙烯基醚、羟丁基乙烯基醚及醋酸乙烯等，通过共聚单体能引进羟基和/或羧基。T_g由氟化单体/乙烯基醚单体配比和乙烯醚上的烷基链长控制。室温能溶解于普通有机溶剂中，用多异氰酸酯或氨基树脂为固化剂，制备成水性或粉末涂料，常温和中温固化。

羟基氟聚合物中的氟烯基单元从分子链两侧，将烷烯基醚单元包围屏蔽起来，使整个树脂获得突出的耐化学药品性和超长耐候性。烷基乙烯醚中引进羧基，提高树脂的附着力和对颜料的润湿性。由于树脂溶解性好，对颜料润湿性好，就能够大幅度提高涂膜光泽，达到80%以上（60°测量），这是热塑性氟碳树脂远不能达到的。

用脂肪族聚氨酯固化剂（HDI缩二脲或三聚体；IPDI三聚体；HMDI三聚体）交联固化，涂料溶解性和成膜性好，涂层性能介于氟碳树脂和聚氨酯之间，用于要求户外耐久、减少维护费用的地方。MF树脂固化，需要100~150℃烘烤，涂层耐候性、抗化学性优良。羟基共聚物用MF树脂或多异氰酸酯交联，户外保光性在PVDF和丙烯酸涂料之间。

丙烯酸全氟化烷酯和甲基丙烯酸羟乙酯（HEMA）的共聚树脂，溶于溶剂，但单体很贵。

端羟基氟碳树脂的T_g较低，能制成高韧性漆膜，适用于卷材涂料和塑料用涂料。树脂分子量较低而羟值较高，交联反应快，交联密度大，涂膜具有高光泽、高硬度及良好的耐溶剂性，适用于汽车及飞机。树脂分子量和T_g较高，羟值不低，酸值为零，可作为通用型热固性氟碳树脂，用于建筑外墙涂料与工业维修涂料，如超高层建筑物、恶劣环境下（如酸雨区）、海水盐雾区、化工区、盐碱与高寒地区等需要超长耐久性、维护困难的场合。

（3）氟弹性体涂料　氟弹性体以偏二氟乙烯为主要单体，共聚单体有六氟丙烯、全氟甲基乙烯基醚和交联用单体（含氟与烯基的有机硅、乙烯基醚、磷脂酸和丙烯等）。

以天然橡胶衍生物（如氯化、环化橡胶）或合成橡胶（如丁苯、氯丁、氯化氯丁、氯磺化聚乙烯、聚硫等橡胶）制造的非氟弹性体涂料，能与多种树脂互溶，干燥性好，涂膜柔韧性和附着力好、耐水性好、水蒸气渗透性低；但对光和热不稳定，不耐溶剂，涂膜易变色。氟弹性体涂料除具有非氟弹性体的优点外，对光热稳定，耐溶剂性好，使用温度范围广泛（−20或−30~210℃），更低温度时要用氟化聚硅氧烷（−60℃）。氟碳弹性体涂料用于温度较高、湿度较大，溶剂、燃料或介质侵蚀性强，但又要求长期保持涂膜柔韧性与力学性能的场合。氟碳弹性体涂膜具有稳定的抗温度冷热交变和震动应力的能力，用于航空航天器、发射、起降时能保持柔韧性，用于汽车燃料喷射系统、化学危险品和燃料油的储罐内壁防腐、管路连接处的密封等。

2.4　涂料应用机制

学习过涂料的基本原理后，就会发现涂料中有挥发型涂料、热固性涂料、双组分涂料、辐射交联涂料等，为什么有这么多涂料的应用形态呢？

热塑性聚合物涂料为了达到漆膜所要求的性能，树脂分子量很高，溶液黏度高，达到施工黏度时有机溶剂含量约占80%～90%（体积分数）。低分子量热固性树脂达到同样黏度，需要的溶剂较少，施工后溶剂蒸发，树脂要聚合交联，这样漆膜性能才良好。热固性涂料使用许多化学反应组合，如环氧-有机胺、羟基树脂（醇酸、丙烯酸、聚酯等)-MF树脂、羟基树脂-异氰酸酯等，以及油脂氧化聚合成膜等。

工业上最重要的涂料都是热固性的，这种涂料要求储存时稳定性尽可能高，即储存一年或几年黏度没有显著增加，施工后交联反应要在尽可能低的温度下快速进行，缩短固化时间，这两个要求是相互矛盾的。为达到这个目的，通常考虑以下措施。

2.4.1　双组分涂料

双组分涂料称为2K涂料，K代表德文的组分，使用前将两双组的包装混合，但混合后也有活化期问题，要求在施工期间，涂料黏度要保持足够低。这种涂料在工业上大量使用，如环氧-胺涂料、双组分聚氨酯涂料。

2.4.2　单组分涂料

湿漆膜随着溶剂挥发，官能团浓度增加，交联速率比涂料储存时要快，但还不足以满足使用要求。涂料在满足储存稳定性要求的同时，为节约能源，涂层要在室温或稍高温固化交联，可以采用下面的措施。

（1）辐射固化　紫外光辐射或电子辐射照在漆膜上，产生自由基，引发聚合交联。

（2）大气组分参与固化　用空气中的氧气或水蒸气。潮气固化聚氨酯涂料用空气中的水蒸气进行交联反应。用酮亚胺配制的单组分环氧涂料，也用潮气固化。但这种方法要求颜料、溶剂除水，增加了涂料成本，而且固化反应速率取决于环境湿度。

（3）挥发性阻聚剂或可逆交联　涂料储存在密闭容器中，加入挥发性阻聚剂，涂布后阻聚剂挥发掉，交联反应才能进行，如中、长油度的醇酸树脂涂料和环氧酯涂料中使用的丁醛肟等。某些条件下也用氧气作阻聚剂。

在涂料中加入挥发性成分，作为可逆缩合交联的一个组分。当该成分挥发出去后，能够促使缩合反应正向进行。封闭剂聚氨酯在封闭剂挥发后，才与树脂发生交联反应。氨基树脂涂料低温固化时，要保持涂料稳定须多加伯醇，抑制氨基树脂的反应活性。

（4）带胶囊或相变反应物　反应物或催化剂包裹在胶囊内，涂料施工时胶囊破裂，这种方法在黏合剂中应用，但残留胶囊外壳可能妨碍涂层外观。现在用胶囊技术制备智能涂料，胶囊中包裹液态染料或其他容易检测的物质，胶囊外表与树脂反应，固化后的涂膜受力破裂时，胶囊随涂膜一起破裂，液态染料流出，就可以发现破裂处。这种涂料用于工程上，能够很容易发现基材的细微裂缝。胶囊包裹修复漆膜损坏处的材料，漆膜能"自愈合"。

邻苯二甲酸酐和二亚乙基三胺反应制备固体聚酰胺，分散到环氧树脂中，只有表面氨基与环氧树脂反应，100℃以上固体聚酰胺液化与环氧树脂才能充分混合反应。粉末涂料把树脂和固化剂粉碎成粉末，均匀地混合在一起，室温下基本不发生反应，加热熔融后才反应。

高固体分涂料中树脂分子量较低，须发生更多交联，需要每种树脂分子上的官能团平均数多，而且涂料的溶剂含量低，也使官能团浓度高，这些都影响涂料的储存稳定。因此，高固体分涂料存在低温固化与涂料储存稳定性之间的矛盾。

2.4.3 单组分涂料的反应动力学

对于一个单组分涂料，选定固化的化学反应后，为使固化温度尽可能低，同时保持足够的储存稳定性，从反应动力学出发，又能得到什么启示呢？

Arrhenius 公式给出反应速率与温度之间的关系：

$$\ln k = \ln A - \frac{E_a}{RT} \tag{2-8}$$

式中，k 是反应速率常数；A 是指前因子；E_a 是反应的活化能；R 是气体常数；T 是热力学温度。

一个化学反应的活化能 E_a 在催化剂不变的情况下是一个固定值。指前因子 A 增大，反应速率常数 k 增大，这时温度 T 升高，同样增大 k，而 T 降低，k 也降低，能与 A 增大引起的 k 增大相抵消。因此，希望 A 尽可能大，既能使涂料储存稳定，又能高温快速固化。

指前因子 A 是随着反应进展到活化配合物状态时，由混乱度（熵）的变化控制的。影响 A 的有三个重要因素：①单分子反应往往比多分子反应的 A 值大，即反应级数越大，A 值越小；②开环反应的 A 值通常比较高；③极性较小的反应物，A 值较大。

因素③取决于反应介质，使用极性较小的溶剂，A 值就较大。200# 溶剂汽油、二甲苯的极性都很小，用它们作溶剂的 MF 树脂交联羟基醇酸、丙烯酸树脂、聚酯及环氧-胺等，都符合该条件。因素①希望发生单分子反应，但交联必须是双分子的，绕过这个问题的方法是用封闭反应物 BX。BX 加热时发生单分子反应释出反应物 B，而且最好伴随着开环和减少极性，随后 A 和 B 交联。封闭聚氨酯涂料采用封闭异氰酸酯与羟基聚合物，加热小分子封闭剂挥发，异氰酸酯与羟基聚合物交联。

$$BX \underset{加热}{\rightleftharpoons} B + X$$
$$A + B \longrightarrow A-B$$
封闭反应物 BX

$$CX \rightleftharpoons C + X$$
$$A + B \xrightarrow{催化剂 C} A-B$$
封闭催化剂 CX

另一途径是使用封闭催化剂 CX。氨基树脂作交联剂，用封闭催化剂对甲苯磺酸吡啶盐（或其他胺盐），高温解封闭使催化剂再生，催化快速生成产物 A—B。

根据涂料对高分子的特殊要求，探讨涂料的应用机制，一方面可以理解涂料为什么有多种应用形态；另一方面也可以拓展思路，即根据这些原理，能否有新的化学反应或化合物应用于涂料中。

2.5 高固体分涂料

涂料中挥发性有机物（VOC）除溶剂外，还包括交联反应产生的挥发性副产物及涂料中的低分子量组分，挥发量随烘烤条件而变。高固体分涂料要求喷涂时固体分＞75％（质量分数），刷涂漆固体分＞85％。从体积角度看，常规热固性涂料的体积固体分（NVV）为25％～35％，高固体分的金属闪光汽车面（或底色层）NVV约45％，高固体分底漆约NVV 50％。高固体分清漆或高光泽着色涂料则NVV为75％，甚至更高。高固体分涂料减少有机溶剂的用量。

2.5.1　提高固含量的方法

（1）分子量及其分布　高固体分涂料用低分子量和窄分子量分布的树脂来降低溶液黏度。高固体分涂料树脂的相对分子质量为1000～5000，而传统热固性树脂的相对分子质量为10000～40000，热塑性树脂的相对分子质量为80000～100000。醇酸树脂使用间苯二甲酸替代苯酐，树脂的分子量分布窄。分子量分布窄，树脂中高分子量组分和低分子量组分就少，高分子量组分使溶液黏度大增，低分子量组分影响涂层性能。

（2）树脂结构和交联　高支化聚合物黏度明显较低，树脂要有高支化、星形与树枝形的结构。星形或树枝形的醇酸与丙烯酸类树脂已用于高固体分涂料中。体积大的单体也相当于支化，如甲基丙烯酸异冰片酯与甲基丙烯酸环己酯。丙烯酸树脂聚合时，使用含有如巯基乙醇的功能转移剂，给树脂分子上增加活性端羟基。用二甲基丙烯酸乙二醇酯或多官能转移剂，可使丙烯酸树脂支化程度更高。

低分子量聚合物需要更多的交联，要保证每个树脂分子上至少有2个交联基团。高固体分端羟基丙烯酸树脂与聚酯通常用HMMM交联作面漆，氨基树脂用量需提高到50％或50％以上，它们用封闭异氰酸酯交联，制备成双组分涂料。高固体分醇酸的油度非常长，要用带6个羟基的双季戊四醇与偏苯三甲酸酐或均苯四甲酸酐反应制备醇酸树脂，树脂支化程度高，保证油脂脂肪酸官能度大于2。

（3）活性稀释剂和氢键溶剂　不饱和聚酯及辐射固化涂料用活性稀释剂（如不饱和单体）。环氧涂料可用低分子量或单官能环氧活性稀释剂。聚氨酯涂料用噁唑烷类与低分子量多元醇。醇酸涂料用乙烯基单体代替部分溶剂，室温干燥时共聚到涂层中。烯丙基醚制备的高固体分醇酸涂料，生成的丙烯醛气味大，限制其应用。降低树脂分子间的氢键强度能降低溶液黏度。脂肪烃促进树脂氢键键合，而使用酮、酯或醇类溶剂，与树脂形成氢键，能使溶液黏度显著下降。高固体分涂料中溶剂用量少，干燥能耗低，但通常组分的价格昂贵。

2.5.2　高固体分树脂

（1）聚酯树脂　降低芳香族/脂肪族二元酸比，使用无环多元醇，可降低聚酯T_g，得到低黏度溶液；但T_g低于下限，涂膜性能不良。高固体分聚酯的每个树脂分子平均有2～3个羟基。烘烤干燥时，分子量太低的树脂挥发，$\overline{M}_n=800\sim1000$聚酯的VOC最低。分子量分布宽，挥发性的低分子树脂多，黏度也高，因此分子量分布要尽可能窄。用单分子MF树脂（如HMMM）交联，体积固含量为65％～80％，喷涂或浸涂，涂层弹性比溶剂型聚酯涂料的要低。

（2）羟基丙烯酸树脂　常规热固性丙烯酸树脂$\overline{M}_w/\overline{M}_n=35000/15000$，平均官能度$f=10\sim20$，交联剂的$\overline{M}_w/\overline{M}_n$约为2000/800，平均官能度3～7。NVV45％丙烯酸树脂的$\overline{M}_w/\overline{M}_n=8000/300$，$f=3\sim6$。NVV为70％的$\overline{M}_w/\overline{M}_n=2000/800$或更低，$f<2$，即每个分子中平均不多于两个羟基。树脂中单羟基低聚物的质量每增加1％，与MF树脂涂层的T_g降低近1℃。这时需要增加HEMA的量（如15％），使分子量分布尽量窄，羟基分布尽量均匀。

一个典型的高固体分热固性丙烯酸树脂：苯乙烯（S）：甲基丙烯酸甲酯（MMA）：丙烯酸丁酯（BA）：丙烯酸羟乙酯（HEA）＝15：15：40：30（质量比），$\overline{M}_w$ 为 5200，$\overline{M}_n$ 为 2300。该树脂以 MF 为交联剂，在甲戊酮（MAK）中不挥发物为 65%。用偶氮类引发剂如偶氮二异丁腈（AIBN），很少发生支化，分子量分布狭窄，涂膜的户外耐久性优异。

通用白色高固体分丙烯酸涂料，能满足中等耐候性要求，达到喷涂黏度时，体积分数为 54%～56%（相当于质量分数 70%～72%）。国外一种市售丙烯酸树脂，$\overline{M}_n$ 为 1300，$\overline{M}_w/\overline{M}_n=1.7$，与 I 类 MF 树脂配成白色涂料，达到喷涂黏度时，树脂固含量为 77%（质量分数），涂层虽有发脆趋势，但坚硬，耐化学性优良。3,3,5-三甲基环己醇的甲基丙烯酸酯和甲基丙烯酸异冰片酯部分替代 MMA 和苯乙烯参与聚合，树脂黏度低和 T_g 高。

低分子量羟基封端聚酯与丙烯酸树脂混合，可降低黏度，但涂层户外耐久性和耐化学性通常不如热固性丙烯酸树脂-MF 涂层。低 $\overline{M}_n$ 树脂相互间的相容性好，可配制由不同类型树脂混合的高固体分涂料，交联初期随分子量增加，可能会发生相分离，需要检验涂层透明性，若出现混浊，表明相分离太严重，不能使用。

（3）聚氨酯　高固体分聚氨酯可用羟基或胺与多异氰酸酯交联来制备。异氰脲酸酯、不对称三聚体、缩二脲和低分子量脲基甲酸酯的黏度均较低。双组分聚氨酯涂料用羟基封端的脂肪族二醇、低分子量聚酯或氨酯二醇类，可降低黏度。$\overline{M}_n=310$ 的混合戊二酸、己二酸和壬二酸的 1,4-丁二醇酯，黏度为 270mPa·s（25℃），用多异氰酸酯作交联剂，能配成无溶剂涂料，可用水稀释，但用 MF 树脂交联，烘烤涂膜的硬度较低。

酮亚胺或位阻胺作交联剂，可制备高固体分清漆。常规胺用于 2K 涂料，反应太快。位阻胺降低固化速率，如取代天冬氨酸酯的 R＝$(CH_2)_6$ 时，20℃黏度仅 150mPa·s，与 HDI 的凝胶时间略小于 5min。选择适当异氰酸酯、取代天冬氨酸酯和催化剂，就可以配制固含量很高的 2K 涂料。

$$C_2H_5COO-CH-NH-R-NH-CH-COOC_2H_5$$
$$C_2H_5COO-CH_2 \qquad\qquad CH_2-COOC_2H_5$$

取代天冬氨酸酯

亚胺有酮亚胺和醛亚胺，两者都和异氰酸酯反应生成不饱和取代脲。亚胺水解生成游离胺，和异氰酸酯反应。没有水时，异丁基异氰酸酯和由甲胺和丙酮衍生的酮亚胺在 60℃反应 3h，生成异丁基甲基脲和环状不饱和取代脲。醛亚胺比酮亚胺水解更稳定，在水存在下，与异氰酸酯进行直接反应的百分数比酮亚胺大，醛缩亚胺有利于直接反应，特别是在高于 60℃时。两个反应的比例取决于相对湿度、施工和固化之间的时间，以及固化温度。

无水反应中，并不从亚胺释放羰基化合物，VOC 排放较低。两个反应的比例取决于相对湿度、施工与烘烤间隔的时间。羧酸促进直接反应，水和叔胺则降低直接反应速率。

亚胺黏度很低，如双甲基异丁酮乙二胺的缩亚胺，黏度为 5mPa·s。亚胺容许配制很高固体分的 2K 涂料，与多元醇相比，活化期较长，干燥速率较快。它们可单独使用，或者同羟官能聚酯或丙烯酸组合使用。

（4）醇酸树脂　三羟甲基丙烷醇酸树脂比甘油醇酸的分子量和黏度低。加速干燥醇酸涂料（60～80℃固化涂料）可用甲基丙烯酸酯类单体作活性稀释剂，替代部分溶剂。甲基丙烯酸十二烷基酯形成的漆膜较软。甲基丙烯酸三羟甲基丙烷酯涂层的强度较好，但涂料稳定性差。

200# 溶剂汽油中芳香化合物一般占 17%，但现在北欧德国等已完全除去芳香化合物，

　　高固体分醇酸涂料无味，虽然涂料中有溶剂，但察觉不到溶剂挥发。

　　高固体分树脂的分子量低和分子量分布窄，树脂 T_g 低，降低树脂中极性官能团含量，引进侧链基团，用活性稀释剂，树脂结构为星形或高支化。采用这些措施中的一种或几种，就可制备高固体分醇酸涂料，但通常涂层触指干燥时间长、透干性能差、易起皱、涂层硬度低、垂直面上易流挂、颜料稳定性差、边角处覆盖性差。为解决这些问题，可加入乙基乙酰乙酯取代的烷氧基铝，与其他催干剂配合，能有效提高厚涂层的干燥性能、硬度，以及涂层的耐水性和耐溶剂性。边角处覆盖性差可加入有机氟表面活性剂，以降低涂料表面张力。采用触变性醇酸可减少流挂。这样，高固体分醇酸涂料的 VOC 可降到 160～200g/L。在不得不用溶剂型涂料的场合，可用高固体分醇酸涂料代替常规醇酸涂料，能够满足各种环境法规的要求。

2.5.3　高固体分涂料的问题

　　高固体分涂料的表面张力高，易絮凝，需用高效颜料分散剂和防缩孔流平剂，见第5章、第6章、第8章中相关的内容。

　　(1) 固化窗口窄　常规型涂料的固化窗口相当大，烘烤温度差 ±10℃，烘烤时间差 ±20%，多加或少加 10% 催化剂，漆膜性能几乎没有差异。高固体分涂料的固化窗口较窄，因每个分子里官能团平均数目较少，如果有 10% 没有参与反应，涂层性能就有明显变化，在标准温度上下约 10℃ 时，需要仔细检查漆膜性能。

　　(2) 流挂　高固体分涂料易流挂，但不适合用调节溶剂的挥发速率、改变喷涂距离来解决流挂问题，但热喷涂、高速静电旋盘喷涂或超临界流体喷涂都可以用高黏度涂料，就使流挂降到最低程度。在高固体分涂料中加触变剂（气相二氧化硅、膨润土、硬脂酸锌以及聚酰胺凝胶）可避免流挂。烘烤期间温度增加，黏度降低时可能流挂，可缓慢加热避免这种流挂。

　　(3) 底漆制备困难　在常规底漆中，如果颜料不发生絮凝，颜料对涂料黏度影响小。然而高固体分涂料的颜料含量高，对黏度影响显著。这从 Mooney 式中看到：

$$\ln\eta = \ln\eta_e + \frac{2.5(V_p + V_a)}{1 - \frac{(V_p + V_a)}{\phi}} \tag{2-9}$$

　　式中，η_e 为连续相黏度；V_a 为吸附层体积；V_p 为颜料体积；ϕ 为堆砌系数，即颗粒紧密地随机堆砌，连续相刚好填满颗粒间隙时的颗粒最大体积分数，均一球状颗粒的 ϕ 为 0.637。

　　当固体分增加时，分散相体积［包括颜料体积和颜料粒子表面的吸附层体积，即 $(V_p + V_a)$］增加，导致黏度显著增加。这时就需要降固体分来进行施工。高固体分底漆是用比最佳 PVC 低得多的 PVC 来配制的。吸附层较厚的（即 V_a 更大），可加入颜料的量 (V_p) 就更少。在最佳 PVC 下增加固体分，就需要采用适当的颜料分散剂，使吸附层更薄。然而，即使吸附层厚度达到非常小的 5nm，固体分也不超过 70%，见第5章。

　　由于高固体底漆颜料含量的限制，减少底漆有机溶剂用量，就应该发展水性底漆。电泳漆就是金属表面大规模应用的水性底漆。

参 考 文 献

[1]　陈士杰主编. 涂料工艺（增订本）. 第一分册. 北京：化学工业出版社，1994，8.

[2]　［美］Zeno W. 威克斯等著. 经梓良，姜英涛等译. 有机涂料科学和技术. 北京：化学工业出版社，2002，3.

[3]　耿耀宗. 涂料树脂化学及应用. 北京：中国轻工业出版社，1993，1.

[4]　童身毅，吴壁耀. 涂料树脂合成与配方原理. 武汉：华中理工大学出版社，1990，11.

[5]　刘国杰，夏正斌，雷智斌. 氟碳树脂涂料及施工应用. 北京：中国石化出版社，2005，1.

[6]　陈平，王德中. 环氧树脂及其应用. 北京：化学工业出版社，2004，2.

[7]　虞兆年主编. 涂料工艺，第二分册. 第 2 版. 北京：化学工业出版社，1996，3.

[8]　武利民. 涂料技术基础. 北京：化学工业出版社，1999，10.

[9]　ShunXing Zheng, chao Shen, Alunbate. Discovery of VOC-compliant TEOS sol and its application to SiO₂/novolac hybrid coatings, Progress in Organic Coatings, DOI：10.1016/j. porgcoat. 2012. 10. 025.

[10]　[英] 兰伯恩，斯特里维著. 苏聚汉，李敉功，汪聪慧译. 涂料与表面涂层技术. 北京：中国纺织出版社，2009，5.

[11]　Bailey J K，Macosko C W，Mecartney M L. Modeling the gelation of silicon alkoxides，Journal of Non-Crystalline Solids，1990，Volume 125，Issue 3，208-223.

[12]　Jon K West，Bing Fu Zhu，Yeu Chyi Cheng，Larry L Hench. Quantum chemistry of sol-gel silica clusters，Journal of Non-Crystalline Solids，1990，Volume 121，Issues 1-3，51-55.

[13]　Shalati M D，Babjak J R，harris R M and Yang W P. Coating methods，survey，in Proc. Intl. Conf. Coat. Sci. Technol.，Athens，1990，670，525.

[14]　黄微波主编. 喷涂聚脲弹性体技术. 北京：化学工业出版社，2005，7.

[15]　Tucker-Schwartz，Farrell，Garrell. Thiol-ene Click Reaction as a General Route to Functional Trialkoxysilanes for Surface Coating Applications. Journal of the American Chemical Society，2011，133 (29)：11026-11029.

[16]　吴伟卿，王二国，沈建国著. 聚酯涂料生产实用技术问答. 北京：化学工业出版社，2004.

[17]　赵亚光著. 聚氨酯涂料生产实用技术问答. 北京：化学工业出版社，2004.

[18]　Hofland Ad. Alkyd resins：From down and out to alive and kicking. Progress in Organic Coatings，2012，73：274-282.

本 章 概 要

溶剂挥发成膜靠把涂料涂布后，溶剂挥发就形成漆膜，如硝基漆、氯化聚合物漆（氯化橡胶、氯化聚丙烯、氯乙烯偏二氯乙烯共聚树脂、过氯乙烯、氯醋共聚物）、热塑性丙烯酸漆。这类涂料有机溶剂含量高，用于室温固化的场合。

氧化聚合型涂料大量使用价格低廉的可再生资源植物油，涂料价格低。涂层形成过程中不易产生橘皮、缩孔等弊病，颜料分散时不会造成絮凝（分散后又重新聚集），但烘烤保色性较差，户外耐久性有限。氧化聚合型涂料气干时间长，即使加入催干剂，室温下也需要较长时间才能彻底干燥。常温固化氧化聚合型涂料，靠植物油中的双键吸收氧气，发生复杂的氧化聚合反应而交联，典型的有酯胶漆、酚醛漆、醇酸漆、环氧酯漆、氨酯油等。醇酸漆与其他油基漆相比，干燥快，漆膜光亮坚硬，耐候性和耐油性（汽油、润滑油）都很好，得到广泛应用。醇酸漆耐水性不如酚醛漆，中油度醇酸漆的刷涂性也不如酚醛漆，但酚醛漆易变色。酚醛漆与酯胶漆大量应用于底漆中。环氧酯漆的防腐蚀性能比醇酸漆好，但易变色。

氨基树脂作固化剂的主要有氨基漆、饱和聚酯漆和热固性丙烯酸漆，需要烘烤固化。氨基漆中尽管有植物油脂肪酸，但因为烘烤固化，漆膜中无残留溶剂，使用过程中无异味产生。

聚酯漆易配制高固体分涂料，比相应的氨基漆的力学性能、颜色、保色性、户外耐久性及抗脆化性好，附着力和耐冲击性与醇酸类似，比丙烯酸树脂的好，但漆膜易产生缩孔等弊病，需加流平剂。热固性丙烯酸漆颜色浅、保色性及户外耐久性优良，耐水解，但对金属的附着力不如醇酸树脂和聚酯，常用在其他底漆之上作为面漆。

双组分涂料，如双组分聚氨酯、环氧-胺，可室温固化。BPA 环氧树脂因为其户外耐久性不好，大多用于底漆。聚氨酯因漆膜内含有大量由氨酯键形成的氢键，漆膜具有很好的耐溶剂溶胀性和耐磨性。异氰酸酯在有水的场合下存储时，需要进行封闭处理。

练 习 题

一、填空。

1. 在涂料中除植物油脂具有氧化聚合能力，还具有这种能力并得到应用的是_____。

2. 防结皮剂能与钴离子生成____，使钴失去催干活性。成膜时挥发掉，钴盐恢复活性。

3. 制备涂料的氧化聚合物有_____、_____、_____、_____、_____。

4. 醇酸树脂主要由_____、_____、_____合成。

5. 氧化聚合型涂料大量使用可再生资源_____，气干时间长，价格低。涂层不易产生橘皮、缩孔等弊病，颜料分散时不会造成____，但烘烤保色性较差，户外耐久性有限。

6. 环氧煤沥青漆价廉耐水性好，它的固化剂为_____。

7. 在氨基漆中，氨基树脂含量高，漆膜的_____性能好，但成本高，_____降低，漆膜变脆。双组分木器氨基漆在80℃烘烤固化，所用氨基树脂为_____。氨基树脂中的_____树脂，交联的涂层柔韧性好，附着力和耐腐蚀性优良。

8. 端羟基聚酯的含义是指_____。

9. 丙烯酸酯吸收主峰处在_____范围之外，耐光性及耐户外老化性能优良，α-位有甲基存在，树脂的硬度、T_g、强度_____，有 α-H 原子，耐紫外线性和耐氧化性_____。

10. 不饱和聚酯涂料通常由_____、_____、_____、_____四个组分构成。

11. 树脂羟基的平均官能度是指_____。制备聚酯时，多元醇的_____上无氢原子，这样树脂的耐候性好。

12. 聚氨酯树脂是_____树脂的简称，氨酯键的化学结构是_____，聚氨酯树脂中的氨酯键通常是由_____化合物和_____聚合物反应生成。

13. 环氧漆通常使用的是_____环氧树脂，它的官能度为_____，为提高该树脂体系的官能度，可加入_____环氧树脂。

14. 双酚 A 环氧树脂分子结构中含有_____，强度高，而_____又使分子链容易旋转，树脂具有韧性，又因含有_____，涂层固化时体积收缩小，不产生内应力，附着力好，其 α-H 易在阳光下发生氧化降解，造成涂层粉化、失光。

15. 双组分环氧-胺涂料的固化剂常用的有_____、_____、_____。低温固化时的催化剂常用的有_____、_____。长期有效防腐常用环氧涂料，烘烤型涂料可选用_____，气干型涂料可选用_____。水下环氧涂料的固化剂通常用_____。

16. 有机硅涂料价格较高，根据其性能特征，主要用于三种场合_____、_____、_____。

17. 高固体分树脂要分子量_____和分子量分布_____，树脂 T_g_____，树脂中极性官能团含量_____，引进侧链基团，用_____稀释，树脂结构为_____或_____。

二、解释： 塑溶胶、酯胶、纯酚醛树脂、环氧酯、原子灰、油度。

三、问答。

1. 常见的挥发型涂料有哪几类？各有什么特色？

2. 室温干燥氧化聚合型涂料的机理是什么？催干剂阳离子如何均匀分散在涂料？抗结皮剂是如何起抗涂料结皮作用的？

3. 什么是油度？油度长短对涂料性能有什么影响？氧化聚合型涂料主要有哪几大类？

4. 比较醇酸漆和环氧酯漆的化学组成、固化机理、性能特点上的异同之处。

5. 不饱和聚酯漆为什么单道涂覆能得到厚膜？解决氧阻聚采取的措施有哪些？

6. 比较 UV 自由基和阳离子固化涂料的树脂、固化机理、漆膜性能特点。

7. 氨基树脂对漆膜性能起什么作用？写出氨基树脂与其他官能团树脂反应的方程式。

8. 热固性丙烯酸涂料有什么特性？如何调控树脂性能？常用交联剂有哪几种？

9. 分别用化学反应或化学式解释：碳化二亚胺、缩二脲、二氮丁二酮、异氰酸酯三聚体、异氰脲酸酯、氨酯键、脲基甲酸酯、聚脲。

10. 聚氨酯漆主要有双组分型、封闭型、潮气固化型、催化潮气固化型和聚脲，分别写出它们的固化反应方程式，并且指出它们分别属于单组分或双组分。每类各举一重要应用。

11. 解释：双酚 A 环氧树脂、丁基缩水甘油醚、Mannich 碱、DMP-30、硼胺配合物、酮亚胺、环氧地坪涂料。

12. 涂料中环氧树脂的固化剂有哪几类？涂层性能各有什么特点？

13. 有机硅和有机氟涂料在涂层性能上各有什么突出的优点？主要应用在什么领域？

14. 无机溶胶和高分子树脂或有机组分在有机无机杂化涂料中各起什么作用？

15. 单组分涂料为了使所需固化温度尽可能低，同时保持足够的储存稳定性，可以采用哪些措施？从动力学上分析，可采用哪些措施？

16. 高固体分涂料的优缺点是什么？

四、计算。

1. 一个醇酸树脂的投料比（质量份）如下：椰子油（单漂）648；甘油 95％（第一次）304；甘油 95％（第二次）98；苯酐 750。（1）计算该树脂的油度。（2）根据计算结果描述该树脂性能和可能的应用。（3）叙述它的生产过程（见陈士杰主编《涂料工艺》第一册，北京：化学工业出版社，1994，394页）。

2. 一个氨基漆配方（质量份）为：

44％油度豆油醇酸树脂（50％）	高醚化度 MF 树脂（60％）	钛白	1％甲基硅油溶液	丁醇	二甲苯
56.5	12.4	25	0.3	3	2.8

注：括号内为溶液浓度，醇酸树脂的溶剂为二甲苯，MF 树脂的为丁醇。

根据提供的条件，分析回答：（1）根据涂料的四个组成部分，把该配方中的物质分类。

（2）解释该配方中的名词氨基漆、油度、豆油醇酸树脂、醚化度、三聚氰胺甲醛树脂。

（3）该漆膜固化需要什么条件？

（4）计算该涂料的氨醇比。该漆膜的性能应该是什么？

3. 设计一个 42％油度的豆油甘油醇酸树脂，二甲苯作溶剂，固含量 60％，求树脂的配方组成。分别采取下面两种方法：（1）$K=1$；（2）醇过量。

4. 树脂配方为：苯乙烯（S）：甲基丙烯酸甲酯（MMA）：丙烯酸丁酯（BA）：甲基丙烯酸羟乙酯（HEMA）：丙烯酸＝25：25：39：10：1（质量比），计算树脂的 T_g、酸值、羟值。

5. 某树脂的羟值为 50mgKOH/g，计算该树脂的羟基平均官能度。

6. 双组分聚氨酯的甲组分 TDI 加成物（50％溶液）含 NCO 8.7％，乙组分某树脂含 OH 5.78％。按照 NCO/OH（摩尔比）＝1.1：1，计算甲乙组分的质量配比。

第3章　高分子溶液的形成、黏度和挥发成膜

涂料溶剂除水外，都是可挥发的有机物。溶剂型涂料的溶剂是有机溶剂。首先选择适当的有机溶剂把高分子树脂溶解，形成溶液；然后配成涂料，这涉及有机溶剂的溶解力、涂料黏度。涂料涂布后溶剂挥发成膜，涉及靠溶剂挥发来控制涂层形成过程，以得到平整、光滑、无缺陷的漆膜。有机溶剂还有防火、防爆、毒害等安全问题。

本章讨论涂料溶剂的溶解和挥发理论。工业产品大多是混合物，体系中不同分子间的相互作用对产品性能很重要。高分子比小分子难溶解，探讨这方面的理论实质上是搭建一个平台，用来理解有机分子（包括高分子和小分子）之间的相互作用。掌握这些理论，一方面使学生熟悉怎么选择溶剂，控制体系的流变性，确保形成无缺陷漆膜；另一方面，也给学生提供一个理解高分子溶液（涂料、油墨、黏合剂、纺丝溶液、树脂基复合材料用浸胶液等）的学术基础。

3.1　涂料用溶剂

溶剂能溶解或分散树脂，并在涂膜形成过程中挥发掉，也称挥发分。在纤维素等涂料中，为赋予漆膜柔韧性和增加附着力而使用的不挥发性液体，称为增塑剂，不属于溶剂。

3.1.1　溶剂的作用及问题

溶剂首先影响树脂溶解、溶液流变和涂料储存稳定，又影响成膜时的干燥速度、漆膜结构和外观质量，要求成膜时不能出现流挂、流平、爆孔等缺陷。选择溶剂主要考虑溶剂的溶解能力、挥发性、闪点及价格。为满足各方面的要求，涂料通常使用混合溶剂。

根据对树脂的溶解力，混合溶剂一般分为真溶剂、助溶剂、冲淡剂（稀释剂）。真溶剂是单独使用就能够溶解树脂的溶剂。助溶剂单独使用对树脂没有溶解作用，当它和真溶剂混合使用时，就可以获得比单独使用真溶剂更好的溶解力。冲淡剂本身对漆料没有溶解能力，只起降低黏度和成本的作用。硝基漆的混合溶剂中真溶剂是醋酸丁酯、醋酸乙酯、甲基异丁基酮；助溶剂是乙醇、丁醇；冲淡剂是甲苯。

几乎所有的有机溶剂均被美国环境保护署（EPA）列为光化学活性的挥发性有机化合物（VOC），从20世纪70年代就限定其用量，以减少对空气的污染。1990年美国国会把某些常用溶剂列为危险空气污染物（HAP），更进一步限制其应用。

3.1.2　常用有机溶剂

脂肪烃是直链、支链或脂环类的碳氢化合物，价廉，密度低。涂料工业上应用的主要是石油醚和松香水。石油醚是石油低沸点馏分，是烷烃混合物，外观为无色液体，气味类似乙醚。松香水又称漆用溶剂汽油、白油、200号溶剂汽油，是150～204℃收集的石油分馏产品，主要成分是戊烷、己烷、庚烷、辛烷和15%～18%的芳香烃，芳香烃含量高，气味大，溶解力也越强。大部分天然树脂和高油度的醇酸、酚醛、酯胶等仅用松香水就可完全溶解。

芳香烃比脂肪烃价格高些，能溶解更多的树脂品种。甲苯用于混合溶剂，作乙烯类涂料和氯化橡胶漆的溶剂，硝基漆的稀释剂。二甲苯是邻、间、对位二甲苯的混合物，溶解力强，挥发速率适中，是低油度醇酸、氯化橡胶、聚氨酯和乙烯类涂料的主要溶剂。二甲苯中加入 20%～30% 丁醇，可提高对氨基树脂和环氧树脂的溶解力。它既可用于常温干燥涂料，也可用于烘漆。高沸点芳香烃溶剂主要是 C_9、C_{10} 等芳香烃的混合物，如甲基乙基苯、三甲基苯等，对丙烯酸树脂、氨基漆的溶解能力强，挥发速率较低，它们在溶剂挥发的最后阶段，仍然保持高度溶解力，促使漆膜流平，能够得到平整高光泽的漆膜。甲苯和二甲苯列入 HAP。

酮一般比酯便宜，而且密度较小，按体积计价格更廉，但酮类有不愉快的气味。甲基乙基酮和甲基异丁基酮已列入 HAP，限制使用。酮类溶剂主要有丙酮、丁酮（甲乙酮）、甲基异丁基酮、异佛尔酮。丙酮沸点低、挥发速率快。甲乙酮在涂料中应用广泛，是硝基漆、丙烯酸漆、乙烯树脂漆、环氧树脂漆、聚氨酯漆的常用溶剂。甲基异丁基酮价格高，与其他溶剂配合使用，以调整混合溶剂的溶解力和挥发速率。异佛尔酮（Isophorone）简称 IP，是 3,5,5-三甲基-2-环己烯-1-酮，溶解力强，挥发速率低，应用较广，我国俗称 783 开油水。

醋酸丁酯应用最广泛，用于硝基漆、丙烯酸漆、氯化橡胶漆、聚氨酯漆中。醋酸己酯和醋酸庚酯用于高固体分丙烯酸漆，还用它们取代酮类提高静电喷涂涂料的电阻率。

乙二醇乙醚单醚和醚酯曾广泛使用，但对人危害大，属于"高毒"级，已限制使用。用丙二醇取代乙二醇得到的单醚和醚酯，性能类似，但毒性小得多，β-丁氧基丙酸丁酯（$C_4H_9OCH_2CH_2CO_2C_4H_9$）对硝基漆、氨基漆、丙烯酸漆、环氧树脂漆有很好的溶解力，挥发慢，能提高涂膜的流平性、光泽、丰满度。3-乙氧基丙酸乙酯（$C_2H_5OC_3H_4O_2C_2H_5$）的电阻高达 20MΩ，用于调静电喷涂涂料的电阻。水稀释的丙烯酸类和聚酯使用挥发慢的醚醇，如丙二醇丙醚、乙二醇丁醚或一缩乙二醇单丁醚。

2-硝基丙烷的极性高，可提高涂料电导率，用于调节静电喷涂涂料的电阻。

醇类最常用的是甲醇、乙醇、异丙醇、正丁醇、仲丁醇和异丁醇。乙醇中加入少量甲醇成为变性乙醇，挥发快，用作聚醋酸乙烯酯、虫胶、聚乙烯醇缩丁醛等的溶剂，也用于硝基漆的混合溶剂中。正丁醇挥发速率较慢，用于氨基漆和环氧漆的混合溶剂中，用于水性涂料中能增加流平性，降低水的表面张力，促进干燥。二丙酮醇是无色无味透明液体，分子式为 $(CH_3)_2COHCH_2COCH_3$，是醇酸、酚醛、硝基纤维素等的良好溶剂，可调节静电喷涂涂料的导电性。

香蕉水为乙酸异戊酯。涂料工业上常用的香蕉水是混合溶剂，由乙酸正丁酯 15%、乙酸乙酯 15%、正丁醇 10%～15%、乙醇 10%、丙酮 5%～10%、苯 20%、二甲苯 20%（质量分数）组成的混合物。这种香蕉水的配比可调整，原料也可替换，如乙酸乙酯可用杂酯代替，可根据用途不同而选用不同原料，加入酮类可增加漆膜的光亮度，苯类不宜超过 40%。

水也作为涂料溶剂。水分子中有两个活性（暴露的）氢离子和一个电负性的原子（氧），在三维空间缔结形成氢键，分子间作用力的强度大于醇，因此，水的比热容、沸点和表面张力都较高。水的蒸发速率受涂装时环境相对湿度影响。

涂料施工时常用稀释剂来调整涂料黏度。稀释剂用错，会使涂料混浊析出，不能使用，用量过多会使色漆遮盖力和光亮度变差；用量过少，漆液过稠，喷涂时涂膜流平性差，呈橘皮状，甚至起皱流挂。最好选用造漆厂推荐的，按说明书进行配用。稀释剂配比和使用见第8章。

3.2　高分子溶液的形成

高分子溶液便于传送、加工和使用。树脂选择适当溶剂溶解，形成均相溶液，才能使不同树脂品种、助剂等溶解在同一个体系中，在分子水平上混合，赋予涂料及涂层要求的性能。

3.2.1　高分子的溶解及溶解度参数

3.2.1.1　溶解过程

溶剂的溶解力指溶剂溶解高分子树脂形成均匀溶液的能力。高分子的分子量大，溶解时要先大量吸收溶剂，体积膨胀，溶剂分子不断向内扩散，外表面的高分子全部被溶剂化而溶解，新的表面又逐渐被溶剂化而溶解，最终形成均匀高分子溶液。

良溶剂渗入高分子链单元间，使链单元之间产生排斥作用，拆散一个个高分子链（溶解）。同一分子链的链单元间相互排斥，扩张成一个线团，即单分子链线团，其所占体积为流体力学体积。良溶剂-链单元间的相互吸引力大于链单元间的内聚力，线团扩张，线团对流动影响大，使高分子溶液的黏度高。在劣溶剂中，链单元间的内聚力大，使高分子线团塌缩，当内聚力足够大时，高分子聚集，甚至从溶剂中沉淀出来。在 θ 溶剂中链单元间的相互作用力恰好等于链单元间的内聚力，称为无扰 Gauss 线团，用于研究高分子溶液。

3.2.1.2　溶液浓度

高分子溶液分为稀溶液、亚浓溶液及浓厚体系（浓溶液和熔体）。在稀溶液中，每个单分子链线团是孤立存在的，相互之间没有交叠，稀溶液和亚浓溶液的分界浓度称为接触浓度。达到接触浓度时，单分子链线团应一个挨一个充满溶液的整个空间，或者说单分子链线团在溶液中紧密堆砌，互相"接触"。一般接触浓度数量级为 0.1%（质量分数）。在这个浓度下，由子分子热运动，有些线团已发生部分覆盖，形成少量多链聚集体。

亚浓溶液和浓溶液的分界浓度称缠结浓度，定义为高分子链间相互穿越交叠，各处链段大致均匀缠结成网的浓度。缠结浓度在 0.5%～10% 之间，受树脂分子量和溶剂影响。线型柔性链高分子浓溶液或熔体的零剪切黏度 η_0 与分子量间关系符合 Fox-Flory 公式。

$$\eta_0 = \begin{cases} K_1 \overline{M}_w & \overline{M}_w < M_c \\ K_2 \overline{M}_w^{3.4} & \overline{M}_w > M_c \end{cases}$$

M_c 在高分子溶液中指缠结浓度，而在熔体中指高分子发生"缠结"的临界分子量。高分子浓溶液对应溶剂型涂料。熔体对应粉末涂层加热固化的状态。当溶液浓度小于 M_c 时，黏度与分子量成正比关系，分子间相互作用较弱。一旦分子量大到相互缠结，分子链间的相互作用就突然增强，一条分子链上受到的力会传递到其他分子链上，则溶液黏度随分子量3.4次方的幂律迅速猛增。溶液浓度进一步提高，达到新的分界浓度，即高分子线团相互之间充分穿透，成为 Gauss 线团，为极浓溶液或熔体，可以看作基本固化干燥的涂层。

在 M_c 时，一根分子链大约与 10 根其他链相互穿透。分子量增大，相互穿透的分子链数也增多。穿透分子链数 $\propto M^{1/2}$，一般高分子有几十根链相互穿透，每一根链呈 Gauss 无规线团形态，链单元间作用仅取决于近程相互作用的大小，无远程吸引或排斥作用。

涂料、黏合剂、纺丝液等的含量一般在 $10\%\sim40\%$，甚至更高，属于浓溶液。在浓溶液中，良溶剂对高分子的溶解力强，与单分子链线团缔合的溶剂就多，溶液黏度就高。在溶解力不强的弱溶剂中，黏度比在良溶剂中要高，因为在弱溶剂中，树脂分子与分子之间的相互作用强，当一个树脂分子经过其他树脂分子时，要形成瞬间分子簇，使溶液黏度增大。高分子树脂溶液黏度从很良溶剂到一般良溶剂时，黏度是下降的，但通过一个极小值，在弱溶剂中急剧增大。因为在良溶剂中树脂分子在溶液中的伸展程度大，黏度就大，涂料中需要树脂有适当溶解，但又不能充分溶解，以降低黏度。选择溶剂时，并不只是选择良溶剂。从经济成本考虑，往往是先选定一种良溶剂为主溶剂，再配以廉价溶剂稀释。

3.2.1.3　高分子溶液的特点

高分子溶液和低分子溶液相比，可以用四个字"难"、"慢"、"黏"、"偏"来概括。

"难"是高分子的溶解比较困难，对溶剂的选择性很强，找到合适的溶剂困难。判断一种溶剂是否溶解某种高分子，不同分子量的这种高分子都不溶于该溶剂，就可确定为不溶。

"慢"，是指高分子的溶解比低分子慢得多，溶解需几小时、几天，甚至长达数周。高分子溶解比低分子慢的原因是两者分子尺寸大小以及分子运动速度相差极大。分子量越大，相互之间的溶解性就越差。分子量小，则容易相互混溶。

"黏"是指高分子溶液的黏度比低分子溶液大得多。

"偏"是指高分子溶液与理想溶液偏差很大。低分子溶液的热力学性质和理想溶液已经有偏差了，高分子溶液的热力学性质与理想溶液相比，相差就更大。

3.2.1.4　溶解度参数理论

高分子树脂和溶剂混合过程的 ΔG 减少，溶解才能自发进行。ΔH 为混合焓，ΔS 为混合熵变。

$$\Delta G = \Delta H - T\Delta S < 0 \tag{3-1}$$

溶解过程是从有序到无序，熵总是在增加，ΔS 是正值，即 $T\Delta S$ 项总是正值。为了使 ΔG 为负值，要求 ΔH 越小越好。对于极性树脂溶解在极性溶剂中，因为高分子与溶剂间有强烈相互作用，溶解时放热 $\Delta H < 0$，使 $\Delta G < 0$，溶解过程能够自发进行。

对于非极性高聚物，溶解过程吸热 $\Delta H > 0$，只有在 $\Delta H < T\Delta S$ 的情况下才能满足式 (3-1)，进行自发溶解。因此，提高温度 T 或者减小混合热 ΔH 都能促进自发溶解。如聚乙烯在 $120℃$ 以上才能溶于四氢萘、对二甲苯等非极性溶剂中，聚丙烯要 $135℃$ 以上才能溶于十氢萘中。非极性高聚物与溶剂混合时的混合热可用经典的 Hildebrand 溶度公式计算：

$$\Delta H = V\phi_1\phi_2\left[\left(\frac{\Delta E_1}{V_1}\right)^{1/2} - \left(\frac{\Delta E_2}{V_2}\right)^{1/2}\right]^2 \tag{3-2}$$

式中，ϕ_1 和 ϕ_2 分别为溶剂和溶质的体积分数；V 是混合后的平均摩尔体积（$V = M/\rho$，M 是分子量，ρ 是密度）；V_1 和 V_2 分别为溶剂和溶质的摩尔体积，ΔE 是物质的摩尔蒸发能（$\Delta E = \Delta H - RT$，ΔH 是液体的蒸发热）。$\Delta E_1/V_1$ 和 $\Delta E_2/V_2$ 分别为溶剂和溶质的内聚能密度。

（1）溶解度参数　内聚能密度的平方根称为溶解度参数，用 δ 来表示：

$$\delta = (\Delta E/V)^{1/2} \tag{3-3}$$

δ 的单位为 $(J/cm^3)^{1/2}$。在国际标准单位中，δ 的单位为 $(MPa)^{1/2}$。内聚能密度是零压力单位体积液体变成气体的汽化热，表示液体分子间的吸引力，正是这种吸引力才使液体分子聚集成为液体，因此它表示物质的一种基本性质，体现在物质性质的各个方面，如汽化热、沸点、蒸气压、表面张力、液体热膨胀系数 α 和压缩系数 β、折射率、液体范德瓦耳斯方程的常数 a 或临界压力 p_C，可以用这些性质来估算或计算溶解度参数 δ，见参考文献[3]。

液体分子相互之间的吸引力是由分子结构决定的，也就是由分子中的原子和官能团对邻近分子能够产生的吸引力决定的，还可以从分子的化学结构来估算，见本章附录。

用溶解度参数表示的 Hildebrand 溶度公式为：

$$\Delta H = V\phi_1\phi_2(\delta_1-\delta_2)^2 \tag{3-4}$$

当 $\delta_1=\delta_2$，或两者很小时，$\Delta H\approx 0$，这时的 ΔG 由 ΔS 控制，溶解过程能够自发进行。通常 $|\delta_1-\delta_2|<2.66\sim 3.45$ 时，一般能溶解。反过来，如果希望漆膜能耐某种溶剂侵蚀，就可从 δ 来大致判断：$|\delta_1-\delta_2|<3.45$ 时不耐；$|\delta_1-\delta_2|>5.11$ 耐侵蚀；$|\delta_1-\delta_2|=3.45\sim 5.11$ 时有条件耐侵蚀。当然，这只是从溶剂对漆膜高分子是否溶解的角度（热力学）来考察，实际的影响因素很多。结构复杂分子需要长时间才能达到溶解平衡，线型小分子溶解树脂速率快，而结构复杂分子溶解得慢（动力学）。

聚氯乙烯的 $\delta=19.8$ $(\text{J/cm}^3)^{1/2}$，环己酮的 $\delta=20.3$ $(\text{J/cm}^3)^{1/2}$，两者相溶。聚氯乙烯却不能溶解在辛烷 $[\delta=15.5$ $(\text{J/cm}^3)^{1/2}]$ 中，也不能溶于甲醇 $[\delta=29.7$ $(\text{J/cm}^3)^{1/2}]$ 中。顺丁橡胶的 $\delta=17.6$ $(\text{J/cm}^3)^{1/2}$，苯和环己烷的 δ 分别为 18.8 $(\text{J/cm}^3)^{1/2}$ 和 17.0 $(\text{J/cm}^3)^{1/2}$，$|\delta_1-\delta_2|<2.66$ $(\text{J/cm}^3)^{1/2}$，苯和环己烷都能很好溶解顺丁橡胶。

涂料中大多使用混合溶剂。混合溶剂的 δ 可用下式近似计算，ϕ 是组成溶剂的体积分数：

$$\delta=\phi_1\delta_1+\phi_2\delta_2+\phi_3\delta_3+\cdots \tag{3-5}$$

高分子一般是固体，它们的溶解度参数 δ 可以通过化学结构计算求得，也可由实验测定（如反相色谱法等）。用多种溶剂来溶解热塑性高分子或溶胀热固性高分子，根据溶解或溶胀程度测定树脂的 δ。采用几种 δ 不同的溶剂溶解聚合物，求出聚合物在每种溶剂中的临界浓度。以临界浓度对 δ 作图，曲线上最大临界浓度所对应的 δ 就是该聚合物的 δ。临界浓度是聚合物在溶剂中刚好达到相互缠绕时的浓度。在临界浓度附近，聚合物溶液的黏度与浓度曲线上有一个明显的转折点。超过临界浓度，溶液的黏度突然增大。这种测定方法不受溶剂本身黏度的影响。高分子的 δ 不是一个特定值，而是在一个范围之内，如聚苯乙烯的 $\delta=17.8\sim 18.6$ $(\text{J/cm}^3)^{1/2}$，聚氯乙烯的 $\delta=19.4\sim 20.5$ $(\text{J/cm}^3)^{1/2}$。

应用 δ 预测是否溶解的准确性只有 50%，这是因为 Hildebrand 溶度公式的基础是非极性分子混合时的无热或吸热体系。体系混合时如果有氢键形成，就会放热，预测结果就不适合。如果体系混合时发生 Lewis 酸碱反应，即一方带有亲电子基团，另一方带有给电子基团，它们会发生溶剂化，促进高分子溶解，这种情况下混合也放热，预测结果就出现偏差。因此，高分子在溶剂中溶解，除溶解度参数外，还需要考虑氢键和溶剂化作用。

甲醇的 $\delta=29.7$ $(\text{J/cm}^3)^{1/2}$，N,N-二甲基甲酰胺的 $\delta=24.6$ $(\text{J/cm}^3)^{1/2}$，聚丙烯腈的 $\delta=31.5$ $(\text{J/cm}^3)^{1/2}$。实验发现 N,N-二甲基甲酰胺是聚丙烯腈的良溶剂，甲醇却不是，这是因为甲醇形成氢键。

(2) 氢键强弱　在所有元素中，氢原子有一个特别的性质，即核外只有一个电子。氢原子与一个电负性比它大的原子形成共价键后，共享电子对偏离氢原子，使氢原子核裸露，体积变得极小，呈现部分正电荷（为 Lewis 酸），它能与带孤电子对的原子吸引，这种作用力既有部分静电性，又有部分价键的特性。氢原子为质子供给体，而带孤电子对原子为氢键受体，形成氢键。

常见的质子供给体（氢键给体）基团包括—OH、＝NH、—SH、—XH（X 为卤素）中的氢原子，电子对供体（氢键受体）为醇、醚、酯、酮、羟基化合物中的氧原子、胺中的氮原子、卤素原子及其相应离子、芳香性化合物中的 π 电子体系。

传统上认为能形成氢键的元素只有 F、O、N，这里把氢键的概念扩充到所有电负性比氢原子大的原子，需要注意，这里的氢键与常规氢键的概念不同。C 的电负性为 2.5，H 的为 2.1，两者电负性差不大，形成弱氢键。碳氢化合物（脂肪烃和芳香烃）是弱氢键溶剂。

美国涂料化学家 Burrell 在 1955 年提出，根据氢键强弱把溶剂分为三类，而 Lieberman 给出数值，定量地表示氢键的强弱。

第一类（Ⅰ）：弱氢键溶剂（烃类、氯化烷烃、硝基化烷烃），氢键力平均值为 0.3。

第二类（Ⅱ）：中氢键溶剂（酮类、酯类、醚类、醇醚类），氢键力平均值为 1.0。

第三类（Ⅲ）：强氢键溶剂（醇、水），氢键力平均值为 1.7。

把氢键力大小标在溶解度参数 δ 上，强氢键溶剂的溶解度参数为 δ_s（strong），中氢键的为 δ_m（middle），弱氢键的为 δ_p（poor）。混合溶剂氢键力的计算方法像式（3-5）那样求体积分数平均值。选择溶剂时要求树脂和溶剂的氢键力处于同一等级内，数值相同或相近。这样就可以把预测的准确程度提高到 95%。

E-20 环氧树脂的 $\delta_m＝16.4\sim26.6(J/cm^3)^{1/2}$，溶于醋酸正丁酯 $[\delta_m＝17.4(J/cm^3)^{1/2}]$ 或丙酮 $[\delta_m＝20.2(J/cm^3)^{1/2}]$ 中，后两者都有酮基，能与环氧树脂上的羟基发生溶剂化作用。但 E-20 环氧树脂不溶于正丁醇 $[\delta_s＝23.3(J/cm^3)^{1/2}]$ 和二甲苯 $[\delta_p＝18.0(J/cm^3)^{1/2}]$ 中。如果将 70%（以体积计）的二甲苯和 30% 的正丁醇混合，环氧树脂能溶于这种混合溶剂。因为混合溶剂的氢键力＝$0.7\times0.3＋0.3\times1.7＝0.72$ 属于中等氢键力，$\delta＝0.7\times18.0＋0.3\times23.3＝19.6(J/cm^3)^{1/2}$，与该环氧树脂的相近。

同理，下列高分子在两种溶剂组成的混合溶剂中溶解，但不溶于单独的一种溶剂：

聚甲基丙烯酸甲酯	苯胺/乙二醇单乙醚
环氧树脂	丁醇/2-硝基丙烷
聚酰胺	乙醇/二氯乙烷
氯化聚丙烯	环己醇/丙酮

这样的两种溶剂互为潜溶剂。因此，选择溶剂不再局限于该溶剂能否溶解高聚物，而是看混合溶剂总的溶解度参数和氢键等级是否与高聚物的相适应。烘漆就可以选择这类潜溶剂作混合溶剂，在烘烤过程中溶剂完全挥发，不同组分交联成漆膜，而室温干燥涂料不能用互为潜溶剂的混合溶剂，因为要真溶剂在挥发过程中富集，能够溶解树脂。

（3）溶剂化作用　溶剂化作用是高分子和溶剂分子上的基团能够相互吸引，促进聚合物溶解。根据 Lewis 酸碱反应，电子接受体和给出体相互间的作用力强，有利于聚合物溶解。

聚合物：聚碳酸酯 $[\delta_m＝19.4(J/cm^3)^{1/2}]$，聚氯乙烯 $[\delta_p＝19.8(J/cm^3)^{1/2}]$。溶剂：氯仿 $[\delta_p＝19.0(J/cm^3)^{1/2}]$、二氯化碳 $[\delta_p＝19.8(J/cm^3)^{1/2}]$、环己酮 $[\delta_m＝20.2(J/cm^3)^{1/2}]$。它们的溶解度参数接近，可以不考虑。从氢键力上来看，聚碳酸酯与环己酮一样；聚氯乙烯与氯仿和二氯化碳一样。然而，实验发现聚碳酸酯不溶于环己酮，只溶于氯仿和二氯化碳；聚氯乙烯只溶于环己酮，不溶于氯仿和二氯化碳。这是因为聚碳酸酯中酯键的氧原子，与环己酮中的氧原子一样，都能够提供孤电子对，是 Lewis 碱，而氯仿（$HCCl_3$）中 Cl 通过 C 吸引 C—H 的共用电子对，使氯仿上的 H 带部分正电荷，是 Lewis 酸，二氯化碳、聚氯乙烯也同样是 Lewis 酸。根据 Lewis 酸碱反应，可以解释"聚碳酸酯不溶于环己酮，只溶于氯仿和二氯化碳；聚氯乙烯只溶于环己酮，不溶于氯仿和二氯化碳"的实验事实。氢键力和溶剂化作用在这里发生冲突，溶剂化作用能解释实验结果，应用这些理论时，需要考虑它们之间相互作用的本质到底是什么。

（4）涂料中溶解度参数的应用　溶解度参数 δ 表示分子的能量特征，在多组分液态体系中，各个组分寻找与它的 δ 相似的组分，即它的 δ 决定它在哪里出现：亲水基团找水，憎水基团找油。选择溶剂的规则原来是"相似相溶"（"like dissolves like"），现在变成各个组分寻找与它溶解度参数相似的"相似找相似"（"like seeks like"）。

触变性涂料受到外力作用时黏度降低，而静止后又很快恢复原来的黏度，这种性质有利于防止涂料流挂。触变型醇酸漆中有聚酰胺链段。聚酰胺链段的 δ 比 200$^\#$ 溶剂汽油的大，并不溶于 200$^\#$ 溶剂汽油中。这些聚酰胺链段积聚到一起，在高速剪切作用下分散开，黏度降低；停止剪切作用，又重新积聚到一起，黏度增大。水的 δ 比 200$^\#$ 溶剂汽油的大，水就进入聚酰胺链段聚集区。这些聚酰胺链段也往往聚集在具有较高 δ 的填充物表面，如颜料、纤维表面。因此，这类涂料中如果有过量的水及填充物，尤其在两者协同作用下，涂料不稳定，而加入醇类，如正丁醇，聚酰胺链段能溶于醇中，就能减小或破坏聚酰胺链段聚集。

在水稀释涂料中，高分子分散而并不溶解在水中。为使树脂尽可能分散而不聚集，需加入与树脂溶解度参数 δ 相似的醇类（即成膜助剂），如乙醇、乙二醇、乙二醇醚等。如果成膜助剂与涂料中的高分子 δ 相似，成膜助剂就处在高分子内；如果有差别，成膜助剂就处在高分子与水的界面或水中。

3.2.1.5　Hansen 溶解度参数理论

Hansen 溶解度参数理论是一个半定量理论。Hansen 提出液体的内聚能密度是由三种力做的贡献，即色散力（非极性分子间力）ΔE_d、极性力 ΔE_p 和氢键 ΔE_h，相应地，溶解度参数 δ_t（为表示与 δ_d、δ_p、δ_h 的区别，δ 加下标 t）也由三部分 δ_d、δ_p、δ_h 组成。

$$\delta_t^2 = \delta_d^2 + \delta_p^2 + \delta_h^2 \tag{3-6}$$

表 3-1　部分溶剂的 Hansen 溶解度参数（25℃）　　　　　　　单位：MPa$^{1/2}$

溶剂或聚合物	δ_t	δ_d	δ_p	δ_h	溶剂或聚合物	δ_t	δ_d	δ_p	δ_h
丙酮	19.9	15.5	10.4	7.0	异佛尔酮	19.8	16.6	8.2	7.4
甲乙酮（丁酮）	19.0	16.0	9.0	5.1	甲基异丁基酮	17.0	15.3	6.1	4.1
醋酸乙酯	18.2	15.8	5.3	7.2	醋酸正丁酯	17.4	15.8	3.7	6.3
醋酸异丁酯	16.8	15.1	3.7	6.3	乙醇	26.6	15.8	8.8	19.4
甲醇	29.7	15.1	12.3	22.3	正丁醇	23.1	16.0	5.7	15.8
异丙醇	23.5	16.4	6.1	16.4	对二甲苯	18.1	16.5	7.0	2.0
邻二甲苯	18.0	17.0	1.4	3.1	乙苯	18.1	15.8	6.0	0
间二甲苯	18.5	17.0	7.5	2.0	双戊烯	17.3	16.3	5.8	0
甲苯	18.2	16.5	7.2	2.0	正己烷	14.9	14.9	0	0
正庚烷	15.3	15.3	0	0	丙二醇单乙醚	21.1	13.5	8.6	13.8
乙二醇正丁醚	20.9	16.0	5.1	12.3	丙二醇甲醚醋酸酯	18.4	16.1	6.1	6.6
丙二醇单甲醚	18.2	14.7	7.3	7.8	水	48	12.2	22.8	40.4
丙二醇乙醚醋酸酯	18.6	14.5	8.2	8.2					

溶剂的 δ_d、δ_p、δ_h 可近似计算得到，因计算方法不同，有几个不同体系，涂料工业中常用的是 Crowley 体系和 Hansen 体系，ASTM D3132 中规定 Crowley 体系为标准方法，有相应的实验方法。Hansen 体系易于计算。表 3-1 列出部分溶剂 Hansen 体系的 δ_d、δ_p、δ_h 值，用三维空间坐标来表示。因为聚合物的 δ_d、δ_p、δ_h 值都有一个范围，当我们把 δ_d 坐标加倍，根据这些聚合物的 δ_d、δ_p、δ_h，可以在三维空间坐标内绘出聚合物的溶解区，该溶解区呈球形，称为溶解球。坐标落在溶解球内的溶剂可以溶解，而球外的不溶。

球的半径为 R：$R^2 = 4(\delta_{d1} - \delta_{d2})^2 + (\delta_{p1} - \delta_{p2})^2 + (\delta_{h1} - \delta_{h2})^2$ (3-7)

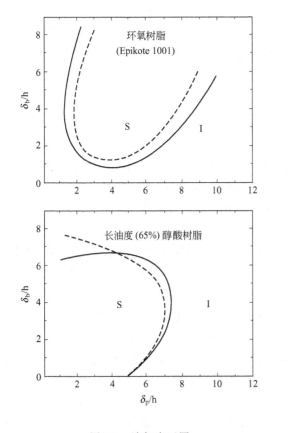

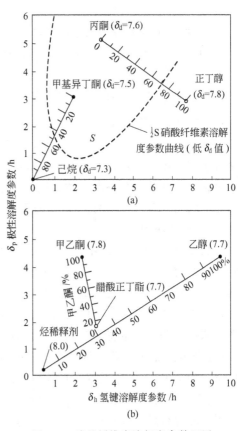

图 3-1　溶解度区图　　　　　　　图 3-2　硝基纤维素溶解度参数区图

δ_{d1}、δ_{p1}、δ_{h1} 是球面上溶剂坐标；δ_{d2}、δ_{p2}、δ_{h2} 是聚合物坐标。因为 δ_d 的坐标加倍，项前有系数 4。某一溶剂的坐标为 δ_{d1}、δ_{p1}、δ_{h1} 距离球心聚合物坐标 δ_{d2}、δ_{p2}、δ_{h2} 的距离为：

$$S^2 = 4(\delta_{d1} - \delta_{d2})^2 + (\delta_{p1} - \delta_{p2})^2 + (\delta_{h1} - \delta_{h2})^2$$ (3-8)

$S < R$ 时，该溶剂才能溶解聚合物。定义：RED＝S/R。好溶剂 RED 值小于 1，溶剂的溶解性能越差，RED 值越大。δ_d 取值为 7～10，高色散力芳香化合物 $\delta_d = 8.4 \sim 1$，低色散力的脂肪族化合物的 $\delta_d = 7.0 \sim 8.3$。色散力一般相差不大，可略去，只在 δ_p 和 δ_h 二维坐标上考虑问题。图 3-1 中横坐标是 δ_p，纵坐标为 δ_h，虚线为低色散力，实线为高色散力，S 表示溶解区，I 表示不溶解区。溶剂的 δ_p、δ_h 所在的位置越靠近溶解区中央，溶剂对聚合物的溶解力就越强；越靠近曲线，溶解力就越弱；曲线外不溶解。

图 3-2(a) 为硝基纤维素溶解度参数区图。虚线内为可溶区，虚线外为不溶区。丙酮和甲基酮在溶解区内，己烷和丁醇在非溶解区。若丁醇和丙酮合用或甲基异丁基酮与己烷合

用，可使用多少非溶剂呢？在图 3-2(a) 中，将丁醇和丙酮直线相连，直线与硝基纤维素溶解区的边线相交，交点相应于丁醇 71%，丙酮 29%。同样甲基异丁基酮与己烷连线与溶解区边线交点的己烷 46%，甲基异丁基酮 54%。这说明加入一定量的非溶剂是可以。

图 3-2(b) 中乙醇和烃的连线在乙醇 50%～15% 的区间内经过溶解区，这样两种非溶剂混合后成为溶剂。若再加入少量甲乙酮，可以改善混合溶剂的性能。在乙醇-烃连线上 30% 乙醇处与甲乙酮作连线，全在溶解区内。甲乙酮加入 10% 时，溶解性能和醋酸正丁酯相当。

参考文献 [7] 提出根据分子结构计算 Hansen 三维溶解度参数的基团贡献法。高分子 Hansen 三维溶解度参数的测量和计算方法见参考文献 [8]。

除 Hansen 三维溶解度参数外，目前溶解度参数理论还有以下模型：四维溶解度参数理论：色散参数、极性参数、得电子参数、供电子参数。二维溶解度参数理论：物理作用为范德华力（色散、诱导、取向），化学作用为缔合、得电子和供电子作用。

3.2.2 影响溶解的因素

Hansen 溶解度参数理论的初衷是好的，也取得了相当程度的成功，如 Hansen 曾将 22 种聚合物溶于由这些聚合物非溶剂组成的 400 种混合溶剂中，结果仅有 10 种混合溶剂不溶解聚合物。但随着对溶解度参数认识的加深，它将溶解涉及的因素简单化了：溶解过程既涉及热力学因素，又涉及动力学和分子间相互作用。下面介绍分子间相互作用的影响。

3.2.2.1 优先吸附

在高聚物/良溶剂溶液中，逐渐加入劣溶剂或非溶剂，溶解力先变得更良，然后再减弱。有时两种非溶剂混合表现出良溶剂的行为，但也有两种良溶剂混合却成为非溶剂。因此，混合溶剂的性能就不能直接从组分溶剂来推演。这是由于树脂优先吸附某种组分溶剂造成的。

目前无成熟的理论，这里用高分子稀溶液理论中的相互作用参数 χ 和超额混合自由能 ΔG^E，来说明组分溶剂优先吸附问题。$\chi_k T$ 表示一个溶剂分子放到高分子中引起的能量变化，χ 随溶液组成而变化。两种物质分子结构相似，相容性好，χ 很小或是负数（在许多极性体系中为负值）。ΔG^E 是混合后体系自由能偏离理想溶液的部分。

乙腈是强极性溶剂，分子能取向聚集。正丁醇通过氢键自缔合，形成三维网状结构。乙腈与正丁醇混合后，各自的有序结构被破坏，自缔合明显减小，溶剂性能改善，即增强了溶剂对高分子的作用。乙腈与正丁醇 25℃ 等摩尔混合，超额混合熵 $\Delta S^E = 3.70\text{J}/(\text{mol} \cdot \text{K})$，$\Delta G^E = 1044\text{J/mol} > 0$，表明乙腈与正丁醇间存在不利于混合的作用力，即—CN 与—CH$_2$—有相斥作用。而乙腈-乙酸戊酯混合时，既存在—CN 与—CH$_2$—的相斥作用，也存在着 —CN 与酯基 COOC$_5$H$_{11}$ 相互吸引，抵消了部分相斥作用，ΔG^E 降低，$\Delta G^E = 646\text{J/mol}$。聚甲基丙烯酸甲酯（PMMA）在乙腈中溶解，是因为 PMMA 含有 CH$_2$ 与酯基 COOC$_2$H$_5$，既存在 PMMA-乙腈间的相斥和吸引作用，又存在乙腈自缔合。

溶液是由混合溶剂的组分溶剂 1、溶剂 2 与高分子 3 构成的。影响高分子选择性吸附的因素：①两种溶剂的摩尔体积 V 的差异，$l = V_1/V_2$，摩尔体积小的溶剂被优先吸附；②两种溶剂与高分子亲和力的差异 $\chi_{13} - l\chi_{23}$；③溶剂间的相互作用参数 χ_{12}。

PMMA（$\delta = 19.5\text{J}^{1/2}/\text{cm}^{3/2}$）的劣溶剂 1-氯丁烷 BuCl（$\delta = 17.3\text{J}^{1/2}/\text{cm}^{3/2}$）、乙腈 AcN（$\delta = 24.3\text{J}^{1/2}/\text{cm}^{3/2}$）和非溶剂正丁醇 BuOH（$\delta = 23.1\text{J}^{1/2}/\text{cm}^{3/2}$）、甲醇 MeOH（$\delta = 29.7\text{J}^{1/2}/\text{cm}^{3/2}$），可以组成三个混合溶剂，溶解 PMMA。下面讨论这三个混合溶剂体系的

性质。

（1）（乙腈-1-氯丁烷）体系　乙腈的摩尔体积小（$V_1/V_2 = 0.503$），乙腈含量低时被 PMMA 优先吸附。乙腈与 1-氯丁烷的 $\Delta G^E = 1032 J/mol$，表明它们间存在强烈排斥作用，即强极性基团—CN 与—CH_2—的相斥作用。这种相斥作用使乙腈推动 1-氯丁烷与 PMMA 接近，这时乙腈和 1-氯丁烷才有共同与 PMMA 接触的机会。当乙腈含量增大到 $w_1 = 0.7$（体积分数 $\phi = 0.45$）时，使 $\chi_{13} - l\chi_{23} = 0.244 > 0$，乙腈对 1-氯丁烷的排斥作用强烈，导致乙腈自身聚集，而 1-氯丁烷却被优先吸附，这称为发生选择性吸附反转。

（2）（乙腈-正丁醇）体系　乙腈的摩尔体积比正丁醇的小，乙腈更易被 PMMA 吸附。乙腈与正丁醇混合的 $\Delta G^E = 1044 J/mol > 0$，表明乙腈与正丁醇间存在—CN 与—$CH_2$—的相斥作用。但醇的羟基与 PMMA 的羰基形成氢键，使正丁醇与 PMMA 链节间的交换能大幅度增大，其 χ_{23} 要远大于 1-氯丁烷与 PMMA 的 χ_{13}，这样（$\chi_{13} - l\chi_{23}$）值较小，不发生选择性吸附反转现象，乙腈总是被优先吸附。

（3）（乙腈-甲醇）体系　甲醇的摩尔体积较乙腈的小，甲醇被优先吸附。同样（$\chi_{13} - l\chi_{23}$）值较小，不发生选择性吸附反转现象。在（乙腈-甲醇）中，劣溶剂乙腈不被吸附，非溶剂甲醇被优先吸附，而非溶剂不能对高聚物产生溶剂化。选择性吸附与溶剂的大小、高分子-溶剂间以及不同溶剂分子间的相互作用有关。混合溶剂并不是组分溶剂性能的简单平均。

表 3-2　PMMA（$\delta = 19.5 J^{1/2}/cm^{3/2}$）的混合溶剂组成

混合溶剂	1		2		3		4		5	
组成	正丁醇	1-氯丁烷	乙腈	CCl₄	异丙醇	乙腈	乙酸戊酯	乙腈	乙醇	甲酰胺
	(BuOH)	(BuCl)	(AcN)		(PrOH)	(AcN)	(PAc)	(AcN)	(EtOH)	(FA)
δ /($J^{1/2}/cm^{3/2}$)	23.1	17.3	24.3	17.7	23.6	24.3	17.4	24.3	26.4	36.6

表 3-2 中的混合溶剂都能溶解 PMMA，这里用三维溶度参数理论来解释这些实验事实，令式（3-6）中的 $\delta_v^2 = \delta_d^2 + \delta_p^2$，以 δ_h 对 δ_v 作图得到图 3-3，标出各种溶剂和高聚物的位置，而两个溶剂点连线上的各点可近似代表混合溶剂的混合比。除乙醇和甲酰胺（FA）外，其他两个溶剂点连线上的各点比组分溶剂都要靠近 PMMA，这样混合溶剂对 PMMA 溶解力更强。

乙醇和甲酰胺的混合溶剂能溶解 PMMA，但 δ_h（PMMA）= 7.0（J/cm^3）$^{1/2}$，远小于 δ_h（EtOH）= 19.2（$J/$

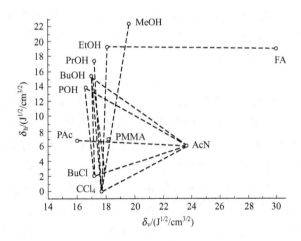

图 3-3　δ_h-δ_v 关系

cm^3）$^{1/2}$ 和 δ_h（FA）= 19.0（J/cm^3）$^{1/2}$，而且 δ_v（PMMA）= 18.2（J/cm^3）$^{1/2}$ 与乙醇的接近。图 3-3 中乙醇几乎位于 PMMA 的正上方，这就不能用三维溶度参数理论处理。乙醇和甲酰胺都有强烈的氢键作用，极易自缔合。混合后它们原来的有序结构被破坏，形成新结构。混

合溶剂的 δ_h 就不再近似为两种溶剂 δ_h 值的简单平均，而是 $\delta_{m,h}=(\phi_1\delta_{1,h}^2+\phi_2\delta_{2,h}^2)^{1/2}+K\phi_1\phi_2(\delta_{1,h}\delta_{2,h})^{1/2}$，这里 K 是结构形成常数。乙醇和甲酰胺混合，$K<0$，才对应于原有结构的破坏。要使 $\delta_h(EtOH+FA)\approx\delta_h(PMMA)$，就要 $K\approx-1.5<0$。

3.2.2.2　高分子的分子量

物质的相互溶解性能与分子量有关。两种不同类型的高分子共混，可以取长补短，开发新性能，但高分子的溶解度参数、氢键力等级很接近，能够溶剂化，也未必能够混溶在一起，因为分子量越大，相互间的溶解性就越差。溶解度参数相近只是表明两相共混应满足了热力学要求，即两相发生混溶、分离、相转变的内在可能性。

高分子共混并不一定要求达到分子级的均匀混合，达到微米级也可，这样各相就能保持自己的特性，即所谓"宏观均相，微观非均相"的分相而又不分离的状态。但为了使混合稳定，提高涂层的力学性能，要求两相界面间有微小的混溶层。两相的表面张力相近，易形成较稳定的界面层。从动力学上看，界面层上两相高分子链段的扩散能力相近，易形成稳定的界面扩散层。若两相的黏度相差较大，易发生"软包硬"，或粒子迁移等流动分级现象，影响共混质量。两相的熔体或溶液黏度接近，易混合均匀。由于大分子的结构复杂，黏度大，很难混匀，还要考虑两相材料的工艺相容性，即借助于高温、高速、高搅拌、强剪切力场操作，使两相高分子充分混匀，获得稳定或亚稳定的结构。由于高分子共混困难，制备粉末涂料时，能使用的高分子共混体系就很有限。

热固性涂料中树脂和交联剂分子量并不特别大，容易形成溶液，达到分子水平上的混溶。高固体份涂料树脂和交联剂的 $\overline{M}_n$ 低于 5000，不同类型树脂能混合，如端羟基聚酯与丙烯酸树脂混合，以降低涂料黏度，但交联初期随分子量增加，不同树脂可能会发生相分离。

3.2.2.3　溶剂溶解力测试

涂料溶剂溶解力的测试方法有贝壳松脂-丁醇值（KB 值）法、苯胺点法、混合苯胺点法、溶剂指数法、稀释值法等。这些方法测试简单，应用方便。它们表示的是溶液的实际黏度，是溶剂溶解力、溶剂自身黏度综合作用的结果。

KB 值法是测量烃类溶剂溶解力最常用的方法。按照贝壳松脂和丁醇 1∶5 的质量比配标准溶液，25℃±2℃，取 20g 标准溶液，用烃类溶剂滴定至出现混浊，所需烃类溶剂的毫升数就是该溶剂的 KB 值。芳香烃的 KB 值比脂肪烃的大。KB 值越大，溶解能力越强。

苯胺点法用于测定脂肪烃溶剂的溶解力。取相同体积的苯胺和溶剂混合，能够得到清澈溶液的最低温度称为苯胺点，此值越低，溶剂的溶解力就越强。混合苯胺点法用于测定芳烃溶剂的溶解力，取待测溶剂 5ml、正庚烷 5ml 和苯胺 10ml，其他与苯胺点法相同。

溶剂指数法是在等量条件下，用标准溶剂调稀涂料的黏度与待测溶剂调稀涂料黏度的比值。比值越大，溶剂的溶解力就越强。稀释值法是用不同溶剂稀释同量涂料到同一施工黏度所消耗溶剂量的比值，又称为定黏度法。消耗溶剂越多，溶解力就越差。溶剂指数法和稀释值法是用树脂溶液黏度来定义的，而树脂溶液黏度取决于溶剂的溶解力和溶剂自身黏度。溶解力越强，树脂溶液黏度就越低，而自身黏度越高，树脂溶液的黏度就越大。

浓度小于 1g/100ml 的高分子溶液，叫作稀溶液，用于研究高分子溶液的性质。然而，涂料浓度在 $10\sim40g/100ml$，甚至更高，仅能探讨涂料的流变性、黏度。下面介绍涂料的流变特性。

3.3　涂料的流变学

流变学是研究物质流动和变形的科学。研究涂料的流动及黏度，是为了能够合理及可计量地了解涂料的流变性质，指导涂料生产工艺过程和控制涂装过程中涂料的流动特征。

3.3.1　黏度的概念

水在河里流动，河中央的水面流速最快，越近河岸流速越慢。当相邻流层存在速度差时，快速流层加快慢速流层，而慢速流层则减缓快速流层，这种相互作用随层间速度增加而加剧，流体力图减小层间速度差的作用力，称为内摩擦力。图 3-4 中，两平行板间充满液体，下板固定不动，施加恒定力于上板，使其作平行于下板的匀速运动，紧贴上板的液体附着在上板以速率 v 向前运动，最下层的液体贴着下板不动，中间液体越近上板速率越快，运

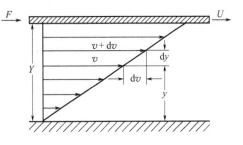

图 3-4　流体流动时的速率梯度

动由上逐层向下传递，形成速率分布。单位面积上的剪切应力用 σ 表示，平面间的速率梯度为 dv/dy，即剪切速率 $\dot{\gamma}$，单位为 s^{-1}。

$$\sigma = \eta \frac{dv}{dy} = \eta \dot{\gamma} \quad \eta = \frac{\sigma}{\dot{\gamma}} \tag{3-9}$$

比例系数 η 就是黏度。在一定温度和压力下，η 为常数，不随剪切应力和速率梯度的改变而改变，这样的流体称为牛顿流体。流体在外力作用下会流动或（和）形变，为抵抗流动或形变，物体内部产生相应的应力。应力定义为材料内部单位面积上的响应力，单位为 Pa。黏度是流体抗拒流动内部阻力的量度，也称为内摩擦力系数。黏度以应力与流动速率梯度的比值表示。外力有剪切力和拉伸力，剪切应力与剪切速率的比值称为剪切黏度，称动力黏度，国际单位为 Pa·s。室温下 H_2O 的动力黏度约为 10^{-2}Pa·s，亚麻油的约为 0.05Pa·s，蓖麻油约为 1Pa·s。这三种液体常作目测黏度的参比液。

一般液体涂料刷涂时的黏度通常为 $0.1 \sim 0.3$Pa·s，漆膜达到触指干燥程度的黏度为 10^3Pa·s，实干漆膜的黏度为 10^8Pa·s，玻璃态聚合物的黏度为 10^{11}Pa·s 数量级。

【例 3-1】　用 10cm 宽刷子将黏度 0.2Pa·s 的涂料刷在平板上，得到 $80\mu m$ 厚涂层，刷子在平板上压扁宽度为 3.0cm，刷漆速率为 120cm/s，计算刷布时的剪切速率和刷子阻力。

解： 施工时涂料在刷子和平板间大约以等量分开，平均间隙大约是湿膜的 2 倍，即流体层厚度约为 $160\mu m$。则有：

$$\dot{\gamma} = \frac{dv}{dy} = \frac{v}{y} = \frac{120\text{cm/s}}{160 \times 10^{-4}\text{cm}} = 7.5 \times 10^3 \text{s}^{-1}$$

刷子所受的阻力 F 与剪切应力相平衡，因此有：

$$F = \sigma A = \eta \dot{\gamma} A = (0.2\text{Pa·s}) \times (7.5 \times 10^3 \text{s}^{-1}) \times (10 \times 10^{-2}\text{m} \times 3 \times 10^{-2}\text{m}) = 4.5\text{N}$$

3.3.2　流体流动

3.3.2.1　流动类型

流体流动分为牛顿型和非牛顿型。牛顿型流动是流体在一定温度下，在很宽剪切速率范围内，黏度（剪切应力与剪切速率之比）值是常数。纯液体、小分子溶液和低黏度液体通常

近似为牛顿流体。大多数流体的黏度值随剪切应力变化而改变，称为非牛顿型流体，它们的黏度称为表观黏度，即某黏度值仅与一个剪切速率相关，在不同剪切速率下，表观黏度值不同。良溶剂的高分子浓溶液近似为牛顿流体，弱溶剂溶液类似分散体系，为非牛顿流体。

流体要在超过某一最低剪切应力后，才有可以察觉的流动，称为塑性流体，这个最低剪切应力称为屈服值或屈服应力（σ_0）。重力不会引发塑性流体流动，如牙膏等流体。随着剪切应力的增加，黏度降低的流体称为假塑性流体，即"剪切变稀"。大多数高分子液体呈现"剪切变稀"行为。低剪切速率时的流动曲线近似于牛顿流体，高剪切速率时流动曲线引出的切线与应力轴相交，类似于塑性流体，称为假塑性流体。"剪切变稀"可以认为在外力作用下，高分子内部的分子链缠结点被打开，分子链沿流动方向取向，使黏度下降。

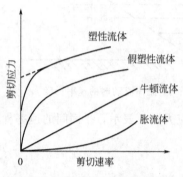

图 3-5　各种恒温流体的流变曲线

剪切应力增加，黏度也随之增加的流体称为膨胀性流体（或胀流体），即"剪切变稠"。聚氯乙烯塑溶胶就"剪切变稠"。胀流体中颗粒含量大（约为 42%～45%），增大剪切应力时，颗粒搅在一起，增大了流动阻力，使黏度增大。涂料的研磨漆料多配成胀流体。淀粉糊在 40%～50% 含量时为胀流体，含量较低为牛顿流体，含量更高时为塑性流体。

当引起牛顿流动的剪切应力比较小时，各液层彼此间呈有序滑动，呈层流状态。若剪切速率增加到足够大时，突然出现一个临界点，流动突然变混乱，出现旋涡和涡流，这种流动状态叫湍流。湍流时剪切速率近似正比于切变应力的平方根。牛顿流体从层流转变为湍流时，黏度不再恒定，而随剪切速率加大而增大，变成膨胀型流体。高分子流体在剪切速率增加到一定程度后，还表现出黏弹性，即流动时还产生弹性形变。各种恒温流体的流变曲线见图 3-5。

3.3.2.2　与时间有关的流动

等温条件下某些液体的黏度随外力作用时间长短而变化，黏度变小的称触变性，变大的称震凝性。触变性流体搅动时黏度变小，静置后黏度恢复甚至胶凝，该过程可反复可逆进行。

分散颗粒间有相互吸引力，形成可逆缔合结构，剪切能够打破这种结构，使体系黏度降低，停止剪切静置，就再形成缔合结构，黏度恢复。这就是涂料触变剂的工作原理。触变使涂料静止时黏度高，搅动或施工时黏度降低，涂层静止黏度又升高。在涂布厚膜时，触变型涂料不易发生流挂（即在垂直或斜面上的湿漆膜向下流淌）。

震凝性表示流体在震动中失去流动性，变成胶凝状态，如膨润土悬浮液。震凝体的固含量很低（1%～2%），而且粒子不对称，形成胶凝状态是粒子定向排列的结果。

膨胀性流体应用于乳胶漆，因为乳胶漆的流平性比溶剂型涂料的差，加入缔合型增稠剂，就使乳胶漆高剪切速率时黏度较高，施工成厚湿膜，涂层静止黏度下降，改善流平性。

液体涂料，特别含有密度大颜料的色漆，为能长期储存，黏度较高，这是涂料原始黏度。施工时用稀释剂调至较低黏度，这时的黏度称为施工黏度。液体涂料中，溶剂型清漆和低黏度色漆近似为牛顿型流体，其他绝大多数色漆属于假塑性流体或塑性流体，黏度值是表观黏度。厚浆涂料如腻子，习惯上称其黏度为稠度，仅表示其流动性。

3.3.2.3 黏度和剪切速率的关系

制造涂料时，在高速分散机叶片附近，剪切速率高达 $10^5 s^{-1}$；而接近容器壁处，运动基本停止，$1 \sim 10 s^{-1}$。刷涂和喷涂时在 $10^3 s^{-1}$ 以上，最高达 $10^5 s^{-1}$；流平和流挂时小于 $10^2 s^{-1}$。与此相应，涂料黏度也从 $0.1 Pa \cdot s$ 变化到 $10^5 Pa \cdot s$。涂料生产和施工时的剪切速率范围见表 3-3。

表 3-3 涂料生产和施工时的剪切速率范围

施工方法	喷涂	刷涂/滚涂	搅拌	投料	流平/流挂	颜料沉降
剪切速率/s^{-1}	$>10^4$	$10^3 \sim 10^4$	$10 \sim 10^3$	$1 \sim 10^2$	$10^{-3} \sim 1$	$<10^{-3}$

Casson 方程式(3-10)给出能适应剪切速率全部范围的黏度分布：

$$\eta^n = \eta_\infty^n + \frac{\sigma_0^n}{\dot{\gamma}} \tag{3-10}$$

在许多情况下，n 值为 0.5，η_∞ 为剪切速率无限大时的黏度。牛顿流体的屈服应力 $\sigma_0 = 0$。剪切速率 $\dot{\gamma}$ 很低时，黏度受屈服应力影响大。剪切速率非常高时，流体黏度基本不随剪切速率而明显变化。对于剪切变稀或变稠的液体，剪切应力和剪切速率的关系可以表示为：

$$\sigma = K \dot{\gamma}^n \tag{3-11}$$

得到

$$\eta_a = \frac{\sigma}{\dot{\gamma}} = K \dot{\gamma}^{n-1} \tag{3-12}$$

式中，K、n 都是经验常数；K 表示稠度，K 越大，流体越黏稠。n 为非牛顿指数，n 偏离 1 越多，则非牛顿行为越显著。对于假塑性流体，$0 < n < 1$；对于胀流体，$n > 1$。

【例 3-2】 某种室外用房屋白漆，剪切速率为 $800 s^{-1}$ 时，黏度为 $1.00 Pa \cdot s$，剪切速率为 $10000 s^{-1}$ 时，黏度为 $0.40 Pa \cdot s$，计算该漆的屈服值，推导剪切应力和剪切速率的关系。

解：根据式(3-10)，$n = 0.5$，代入数据 $0.4^{0.5} = \eta_\infty^{0.5} + \frac{\sigma_0^{0.5}}{10000}$，$1.0^{0.5} = \eta_\infty^{0.5} + \frac{\sigma_0^{0.5}}{800}$

两式相减得 $1.0^{0.5} - 0.4^{0.5} = \frac{\sigma_0^{0.5}}{800} - \frac{\sigma_0^{0.5}}{10000}$ 解出 $\sigma_0 = 0.16 Pa$，$\eta_\infty = 1.0 Pa \cdot s$。

根据式(3-12)：$0.40 = K \times 10000^{n-1}$，$1.00 = K \times 800^{n-1}$，两式相除得 $\frac{0.4}{1.0} = \left(\frac{10000}{800}\right)^{n-1}$

得 $12.5^{n-1} = 0.4$ $n = 0.637$，属于假塑性流体，该漆 $K = 11.3$ $\sigma = 11.3 \dot{\gamma}^{0.637}$

3.3.2.4 涂料组分对流变行为的影响

在高切变速率区，涂料的树脂、溶剂、颜料完全支配涂料的流动行为，而少量的流变添加剂、颜料絮凝以及树脂的胶体特性则完全不起作用，需要调节树脂、溶剂、颜料，以达到合适施工性能，$20000 s^{-1}$ 时涂料黏度应该调节到 $0.1 \sim 0.3 Pa \cdot s$。

在低切变速率区，少量流动调节剂就使涂料出现屈服值，此时流动调节剂的用量和性质控制着涂料黏度。加到在有机溶剂体系的流动调节剂通常称触变剂，加到水中则称为增稠剂。流动调节剂在涂料流平、渗透时，能阻碍涂料流动。流变调节剂在低切变应力时产生网状结构、没有强度，在中高应力时，这种结构被破坏，对黏度的影响也就不存在，高应力消除后，网状结构又以一定速度重新恢复，如果恢复是瞬间完成，就属于假塑性流体，如果恢复需要有一定时间，就是触变性楼梯。选择流变调节剂时，要考虑结构破坏后恢复速度，速度太快，不利于涂料流平，而太慢可能引起涂料流挂。

3.3.3 涂料的黏度

水性涂料因高分子和溶剂并不形成溶液，它们的黏度与高分子溶液的浓度特性不同。水稀释性涂料黏度用水稀释过程中发生异常现象，在第 6 章讨论；乳胶的黏度即使高分子含量达到 60%，也仍不高，因水作连续相，体系的流动性好，乳胶漆中需要加入增稠剂，以延缓颜料沉降速率。常用增稠剂，如羟乙基纤维素、羟丙基纤维素和丙烯酸共聚物胺盐等，前两者是靠羟基与水形成氢键，后者溶于水后主链因负电荷的排斥，使链尽量取伸展状态，增加溶液黏度，起增稠作用。下面介绍普通高分子溶液浓度对黏度的影响。

3.3.3.1 浓度的影响

在广泛浓度范围内，可用下式来计算高分子溶液黏度：

$$\ln\eta_r = \frac{w_r}{k_1 - k_2 w_r + k_3 w_r^2} \tag{3-13}$$

式中，η_r 为相对黏度，即溶液黏度与纯溶剂黏度之比；w_r 指树脂（resin）的质量分数。对于热固性涂料中应用的低聚物，上式可进一步简化。

$$\ln\eta_r = \frac{w_r}{k_1 - k_2 w_r} \tag{3-14}$$

式(3-14) 有的书上写作 $\lg\eta_r = \dfrac{w_r}{k_1 - k_2 w_r}$，只是 k_1、k_2 的值不同，与式（3-14）计算结果相同。

【例 3-3】 某聚酯溶于苯乙烯（$\eta_0 = 0.0088$P）中，当质量分数为 50% 时，溶液黏度为 0.53P，80% 时溶液黏度为 24.7P，求这种聚酯在质量分数为 60% 和 100% 时的黏度值（1P$=10^{-1}$Pa·s）。

解： 因为 $\eta_r = \dfrac{\eta}{\eta_0}$，代入式(3-14)，计算 k_1、k_2。

$$\ln\frac{0.53}{0.0088} = \frac{0.5}{k_1 - k_2 \times 0.5}, \quad \ln\frac{24.7}{0.0088} = \frac{0.8}{k_1 - k_2 \times 0.8}, \quad 得 \ln\eta_r = \frac{w_r}{0.1574 - 0.07083 w_r}$$

当质量含量为 60% 时，$\eta_r = 185.12$，$\eta = 1.62$P；100% 时，$\eta_r = 103916.79$，$\eta = 914.47$P

对于式(3-14)，当 $w_r = 0$，即纯溶剂时，$\ln\eta_r = 0$，$\eta_r = \eta_0$。当 $w_r = 100\%$ 时，$\lg\eta_r = \dfrac{1}{k_1 - k_2}$，即对于给定体系，$w_r = 0$ 和 $w_r = 100\%$ 的黏度是固定值。式(3-14) 可变换为：

$$k_1 - k_2 w_r = \frac{w_r}{\ln\eta_r} \tag{3-15}$$

测量一系列树脂溶液的质量分数和黏度值，可以根据 w_r 与 $\dfrac{w_r}{\ln\eta_r}$ 的关系作图，若曲线为一条直线，可以求出 k_1、k_2，表明体系适合式(3-15)。如果偏离直线，就要用式(3-13)。

【例 3-4】 一种丙烯酸系低聚物的二丙酮醇溶液（二丙酮醇的 $\eta_0 = 3.1 \times 10^{-3}$Pa·s，$\rho = 0.94$g/cm³）。该溶液在各种重量含量下的黏度列于下表，试推导该体系的黏度-含量关系式。

已知的数据	w	0.1	0.2	0.3	0.4	0.5	0.6	0.7
	$\eta/10^{-1}$Pa·s	0.060	0.132	0.341	0.983	0.910	21.5	187.0
计算的数据	η_r	1.93	4.25	11.0	31.7	126.0	693.0	6040.1
	$A = \dfrac{w}{\eta_r}$	0.351	0.318	0.288	0.266	0.238	0.211	0.185

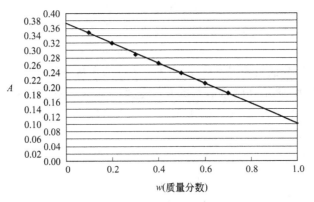

图 3-6　A 与质量分数的关系

把该表的数据作图得图 3-6，w_r 与 $\dfrac{w_r}{\ln\eta_r}$ 的关系基本为一条直线，可采用式（3-15）处理。

从图 3-6 上可以读出 $w_r=0$ 时，$k_1=0.375$；当 $w_r=1.0$ 时，$k_1-k_2=A_{w_r}=1.0$，所以

$$k_2=k_1-A_{w_r=1.0}=0.375-0.100=0.275$$

该体系的黏度-含量关系式为：

$$\ln\eta_r=\frac{w_r}{0.375-0.275w_r}$$

3.3.3.2　温度的影响

由于温度是分子无规则热运动激烈程度的反映，而分子间的相互作用，如内摩擦、扩散、分子链取向、缠结等，直接影响着黏度的大小，多数高分子的黏度随温度升高而降低。WLF（Williams Landel Ferry）关系式表示树脂溶液黏度与温度的关系：

$$\ln\eta=\ln\eta_r-\frac{C_1(T-T_r)}{C_2+(T-T_r)}=27.6-\frac{A(T-T_g)}{B+(T-T_g)} \tag{3-16}$$

参比温度 T_r 是实验数据中获得的最低温度。以 T_g 为参比温度时，其黏度假设为 10^{12} Pa·s，得到 $\ln\eta_r=27.6$。常数 B 随组成有较大变动，一般 $B=51.6℃$。

干燥涂层相互接触时，可能会发生粘连。两块涂漆表面，面对面放在一起，在 137.29kPa 压力下 2s 不粘连在一起，就达到抗粘连的要求，这时涂层黏度必须大于 10^7 Pa·s。用式（3-16）估算：$A=40.2$，$B=51.6$，25℃时，涂层要抗粘连，需要 $T_g\geqslant4℃$。尽管 A、B 值通常变化相当大，估算的 T_g 并不精确，但对涂层结构和 T_g 给出合理的判断。为降低高分子溶液黏度，要求 $(T-T_g)$ 尽可能大，即高分子的 T_g 值要尽可能小，黏度才低。

在温度高于 $T_g+100℃$ 时，或者如果温度范围比较小时，还可用更简单的式（3-17）：

$$\ln\eta=K+\frac{B}{T} \tag{3-17}$$

用溶剂稀释涂料喷涂时，把式（3-15）和式（3-17）结合，计算温度和浓度对黏度的影响。

3.3.3.3　溶剂的影响

两种溶剂（自身黏度分别为 1.0mPa·s 和 1.2mPa·s）的黏度之差为 0.2mPa·s，在 50% 的树脂溶液中，可以产生 2000mPa·s 的黏度差。在溶液黏度在 0.1～10Pa·s 范围内，一个最简单的溶液和溶剂关系式为：

$$\lg\eta_{溶液}=\lg\eta_{溶剂}+B_{(常数)} \tag{3-18}$$

在涂料中通常使用混合溶剂，混合溶剂的黏度可由式(3-19)来计算：

$$\lg\eta=\sum(w_i\lg\eta_i) \tag{3-19}$$

式中，η_i 为第 i 组分的自身黏度；w_i 指第 i 组分的质量分数。

【例 3-5】 计算由 48%（质量分数）的甲乙酮（$\eta=0.41\text{mPa·s}$）、32%醋酸正丁酯（$\eta=0.68\text{mPa·s}$）和 20%甲苯（$\eta=0.55\text{mPa·s}$）组成的混合溶剂黏度。

解： 把数据代入式(3-19)

$$\lg\eta=0.48\lg0.41+0.32\lg0.68+0.20\lg0.55$$

$$\eta=0.51\text{mPa·s}$$

该混合溶剂实际测定的黏度为 0.49mPa·s，与计算值相比，误差不大。

混合溶剂中含有醇类等带羟基的溶剂时，分子间相互作用发生变化，与烃类溶剂混合时，醇类就需要采用有效黏度。有效黏度由实验确定。当规定有效黏度的溶剂在混合溶剂中的质量分数不超过 20%~40% 时，可以把式(3-19)修正为式（3-20）。

$$\lg\eta=\sum(w\lg\eta_a)+\sum(w\lg\eta_e) \tag{3-20}$$

η_a 指真实黏度；η_e 指有效黏度。常用溶剂有效黏度见表 3-4。

【例 3-6】 计算甲苯（0.55mPa·s）和异丙醇按 70:30 质量比混合溶剂的黏度。

解： 异丙醇的含量没有超过 40%，可用式(3-20)计算，异丙醇的有效黏度为 1.10mPa·s。

$$\lg\eta=0.7\lg0.55+0.3\lg1.10$$

$$\eta=0.68\text{mPa·s}$$

水稀释性涂料用含氧有机溶剂和水的混合物。当含氧有机溶剂和水以任意比例混合时，采用式(3-21)进行计算。

$$\lg\eta=(1-w)\lg\eta_{H_2O}+\sum ww_i\lg\eta_{ai}\sum w_i(1-w)\lg\eta_{ei} \tag{3-21}$$

式中，η 是混合溶剂的黏度，mPa·s；w 是醇类总质量分数，%；w_i 是第 i 组分的质量分数，%；η_{ai} 是第 i 组分的自身黏度，mPa·s；η_{ei} 是第 i 组分的有效黏度，mPa·s。

【例 3-7】 计算 35%（质量分数）异丙醇、25%乙二醇和 40%水组成混合溶剂的黏度。

解： $w=0.35+0.25=0.60$，查表 3-4 得到异丙醇和乙二醇的 η_a、η_e，代入式(3-21)

$\lg\eta=0.40\times\lg0.92+0.35\times0.60\times\lg2.10+0.25\times0.60\times\lg17.4+0.35\times0.40\times\lg59.3+0.25\times0.40\times\lg10.0=(-0.01448)+0.06767+0.1860+0.2482+0.1000=0.5874$

混合溶剂的黏度　$\eta=3.87\text{mPa·s}$

表 3-4　25℃时醇类溶剂和含氧有机溶剂的真实黏度和有效黏度

与烃类溶剂混合,醇类溶剂含量在30%~40%以下			与水混合,含氧有机溶剂含量在20%~30%以下			
醇类溶剂	黏度/mPa·s		含氧有机溶剂	黏度/mPa·s		
	真实黏度 η_a	有效黏度 η_e	η_e/η_a		真实黏度 η_a	有效黏度 η_e	η_e/η_a
乙醇	1.30	1.05	0.81	丙酮	0.31	6.06	19.5
乙二醇单甲醚	1.60	1.20	0.75	丁酮	0.41	9.80	23.9
乙二醇单乙醚	1.90	1.20	0.63	乙二醇单甲醚	1.60	14.0	13.0
丙醇	2.00	1.40	0.70	乙二醇单乙醚	1.90	24.4	8.8
异丙醇	2.40	1.10	0.46	异丙醇	2.10	59.3	28.2
丁醇	2.60	1.60	0.62	二丙酮醇	2.90	22.2	7.7
仲丁醇	2.90	1.40	0.48	乙二醇单丁醚	2.90	32.1	11.1

续表

与烃类溶剂混合,醇类溶剂含量在 30%~40% 以下				与水混合,含氧有机溶剂含量在 20%~30% 以下			
醇类溶剂	黏度/mPa·s			含氧有机溶剂	黏度/mPa·s		
	真实黏度 η_a	有效黏度 η_e	η_e/η_a		真实黏度 η_a	有效黏度 η_e	η_e/η_a
乙二醇单丁醚	2.90	2.00	0.69	一缩二乙二醇单甲醚	3.80	17.3	4.6
二丙酮醇	2.90	2.00	0.69	一缩二乙二醇单乙醚	4.00	26.1	6.5
异丁醇	3.40	1.80	0.53	叔丁醇	4.50	116.4	25.9
甲基异丁基甲醇	3.80	1.80	0.47	一缩二乙二醇单丁醚	5.30	35.0	6.6
一缩二乙二醇单丁醚	5.30	2.15	0.41	乙二醇	17.4	10.0	0.57
2-乙基己醇	7.78	3.30	0.42	二甘醇	28.9	15.6	0.54
				己二醇	29.8	65.0	2.20

3.3.4 黏度的测量

动力黏度与密度的比值称为运动黏度,单位是 m^2/s。涂料原始运动黏度:清漆 150~300mm^2/s,磁漆 200~400mm^2/s,个别厚浆型品种高达数万平方毫米每秒。施工黏度:刷涂较高,约 250mm^2/s,空气喷涂约 50mm^2/s,无空气喷涂、淋涂或浸涂等要求的施工黏度各异。涂料的原始黏度和施工黏度随温度升降而变化,只能在同一温度下测定。

液体涂料黏度的检测方法有多种,透明清漆和低黏度色漆以流出法为主,透明清漆及溶剂法合成树脂时还用气泡法和落球法。高黏度色漆是通过测定不同剪切速率下的剪切应力来测定黏度,同时还可测定其他的流变特性。

3.3.4.1 流出法

通过测定液体涂料在一定容积的容器内流出的时间来表示涂料的黏度,依据使用的仪器可分为毛细管法和流量杯法。这是比较常用的方法。各种流出法黏度计见图 3-7。

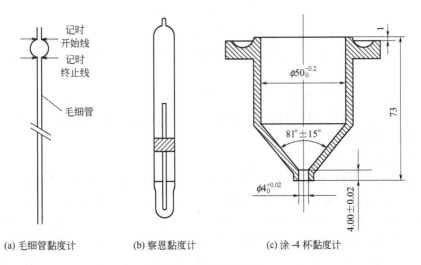

(a) 毛细管黏度计　　(b) 察恩黏度计　　(c) 涂-4 杯黏度计

图 3-7　流出法黏度计

(1) 毛细管法　测涂料黏度的经典方法,适用于清澈透明液体。毛细管黏度计有多种型号,如奥斯特瓦尔德黏度计 (Ostwald viscometer)、赛波特黏度计 (Saybolt viscometer)、坎农-芬斯克黏度计 (Cannon-Fenske viscometer)、乌氏黏度计 (Ubbelohde viscometer) 等。各种黏度计又按毛细管内径尺寸不同,分别适用于不同黏度范围。毛细管黏度计易损坏，操作清洗均较麻烦，不适合用于工业生产，现主要用于校正其他黏度计。

（2）流量杯法　实质上是毛细管黏度计的工业化应用，将毛细管黏度计起止线之间的容积放大，把细长毛细管改为粗短小孔，操作清洗均较方便，应用较广泛。流量杯所测黏度为运动黏度，以一定量试样从黏度杯流出需要的时间来表示，以秒作单位。这种黏度计适用于低黏度清漆和色漆，但不适用于非牛顿型涂料，如高稠度、高颜料含量涂料。流量杯黏度计由于孔径大、长度短，流动稳定性差，流动过程中雷诺数较大，测量结果的准确性不高，不能代替毛细管黏度计用于科学研究。我国涂-1 黏度计适用测定流出时间大于 20s 的涂料。涂-4 黏度计为 20～100s 的涂料。

世界各国使用的流量杯黏度计形状大致相同，但结构尺寸略有差别，都按流出孔径大小划分为不同型号，如 ISO 杯有 3#、4# 和 6# 三种。我国采用涂-1 黏度计和涂-4 黏度计（GB 1723—79），同时等效采用 ISO 流量杯（GB 6753.4—86）；美国 ASTM 采用福特（Ford）杯和壳牌杯（Shell cup）；德国采用 DI 黏度杯。每种型号的黏度杯都有其最佳的测量范围。低于或高于流出时间范围，测得的数据准确度就差。运动黏度为 300mm²/s 的涂料样品，用涂-4 黏度计测得的流出时间为 80s，福特杯 4# 杯为 82s，ISO 6# 杯为 44s，因此，表示结果时，需要注明用何种型号的黏度计测量。察恩黏度计（Zahn cup）是圆柱形、球形底，配有较长提手，按其底部开的小孔尺寸分为 5 个型号，分别测量不同黏度的产品，范围为 20～1200mm²/s。此种黏度计操作方便，适合施工现场使用。

3.3.4.2　落球法

最简单的落球黏度计是由一根精确尺寸的玻璃管，内装满被测液体，用一钢质（或铝质、玻璃）小球沿管中心自由落下，取自由降落过程中的一段距离，测定时间，以秒表示。落球法适用于测定黏度较高的透明涂料，如硝酸纤维素清漆及漆料，多用于生产控制。

垂直式落球黏度计测得的秒数可用斯托克斯（Stokes）公式近似换算成动力黏度（Pa·s）。

$$\eta = \frac{2r^2(\rho_s - \rho_l)g}{9v} \tag{3-22}$$

式中，ρ_s 为球密度，g/cm³；ρ_l 为试样密度，g/cm³；r 为球半径，cm；$g = 980$cm/s²；v 为球速，cm/s。

偏心式落球黏度计即赫伯勒（Höppler）黏度计，管子倾斜成一定角度，使小球沿管壁稳定下滑，可避免小球垂直降落因偏离垂线而引起的测量误差。小球在管壁上能映出银灰点，用于测定不透明液体。

3.3.4.3　气泡法

利用空气泡在液体中的移动速率来测定黏度，所测黏度也是运动黏度，只适用于透明清漆。工业上常用 Gardner-Holdt 气泡黏度计，在一套同一规格的玻璃管内，封入不同黏度的标准液进行编号，将待测试样装入同样规格管内，相同温度下和标准管一起翻转过来，比较管中气泡的移动速率，以与最接近标准管的编号表示其黏度，通称加氏标准管号黏度，由 A_5 起到 Z_{10}，现有 41 个挡次（低黏度系 5 个；清漆系 20 个；高黏度系 12 个；橡胶系 4 个）。

也可测定气泡上升时间，用秒数表示。编号或秒数可换算成运动黏度或动力黏度。加氏标准管内径 10mm±0.05mm，总长 113mm±0.5mm，在距管底 100mm±1mm 及 108mm±1mm 处，各划一道线，即液体装至 100mm±1mm 刻度处，并塞盖至 108mm±1mm 刻度处，气泡长度为 8mm±1mm。

3.3.4.4　设定剪切速率测定法

高黏度色漆是非牛顿型流体，在不同剪切应力作用下产生不同的剪切速率，它们的黏度不是一个定值，用上面 3 种方法都不能测出它们的实际黏度值。旋转黏度计是使涂料旋转流动，测量使其达到固定旋转速率时需要的应力，再换算成涂料黏度。各种旋转黏度计的示意图见图 3-8，应用见表 3-5。

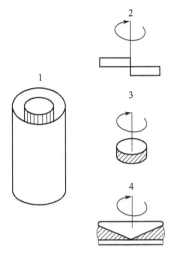

图 3-8　各种旋转黏度
计的示意图

1—同心圆筒式；2—桨式；
3—转盘式；4—锥板式

最初旋转黏度计的构造为 2 个同心圆筒，内筒可转动，用电机带动，调节转速使内筒在给定的较低转速（6～120r/min）下转动，测定内筒转动对外筒造成的力矩，换算成动力黏度。现代旋转黏度计有很多形式，都能自动显示数值和进行调节，不同旋转黏度计分别适用于不同涂料产品。色漆质量控制一般选用转盘式，测几个转速下的黏度，作出流动曲线，判断是否有触变性。转盘式旋转黏度计的测定方法在美国 ASTM D2196—81 中有详细的规定，结果以 mPa·s 表示。乳胶漆类大多使用桨式，如斯托默黏度计（Stormer viscometer）。特别黏稠涂料通常采用锥板式旋转黏度计。我国国家标准 GB 9269—88《建筑涂料黏度的测定　斯托默黏度计法》规定了用斯托默黏度计测定涂料黏度的方法，结果以克雷布斯单位（Krebs unit，KU）表示，这种单位与运动黏度的换算关系取决于涂料类型。

表 3-5　旋转黏度计的类型及应用

类　　　　型		应　　　用
同心圆筒	内筒旋转	适于测定油类和涂料的动力黏度及流变性质，测定的黏度范围较大
	外筒旋转	
桨式		用于一般黏度和稠度的测定
转盘式		可测定动力黏度及流动曲线，以中等黏度最为合适
锥板式		测定较黏稠的涂料、油墨和其他物料的流变性质

我国国家标准 GB 9751—88《涂料在高剪切速率下黏度的测定》等效采用了 ISO 标准，所用仪器为锥板式或圆筒形黏度计或浸没式黏度计（即转子和定子均浸没于涂料中的黏度计），检测涂料在 5000～20000s^{-1} 剪切速率下的动力黏度，以 Pa·s 表示。

触变指数用 TI 来表示，TI=1，牛顿型；TI>1，触变型；TI<1，膨胀型。

厚漆、腻子及其他厚浆型涂料是测稠度，反映流动性能，GB 1749—79（88）《厚漆、腻子稠度测定法》规定，取一定量体积试样，在固定压力下经过一定时间，以流展扩散直径表示（cm）。

$$TI = \frac{低剪切速率的黏度(6r/min)}{高剪切速率的黏度(60r/min)}$$

黏度是涂料施工过程，尤其是机械施工（如喷涂、辊涂、淋涂、浸涂等）过程中需要控制的一个重要参数，不同涂料用不同的测试方法、黏度表达方法也不同，各种方法的比较见表 3-6。

表 3-6　黏度测量方法比较

方法	适用条件	方　　程	
毛细管法	运动黏度 $\dot{\gamma}$:$10^{-1}\sim10^{10}\,\mathrm{s}^{-1}$	$\eta=\dfrac{\pi R^4\Delta P}{8Q_VL}$	R—毛细管半径;P—毛细管两端压力降;Q_V—体积流速;L—毛细管长
旋转法	动力黏度 $\dot{\gamma}$:$10^{-3}\sim10^3\,\mathrm{s}^{-1}$	$\eta=K\dfrac{M}{\omega}$	K—仪器常数;M—转动力矩;ω—转动角速率
落球法	动力黏度 $\dot{\gamma}<10^{-2}\,\mathrm{s}^{-1}$(很小)	$\eta=\dfrac{2r^2(\rho_s-\rho_l)g}{9v}$	ρ_s—钢球的密度;ρ_l—试样的密度;r—钢球半径;g—重力加速度v—钢球下降速率

3.3.4.5　涂料流变性

涂料流动情况复杂,流动理论就显得肤浅而不完善。牛顿型流体能计算在要求流速下,给定涂料流过管道所需的压力。非牛顿型液体用旋转黏度计测量,采用黏度-剪切速率经验方程式(如 Casson 或 Bingham 方程式),就能够大体上预测工程设计所需压力,但这些计算不适于触变性涂料。制备涂料时涂料的流变性要能满足颜料润湿、分散和稳定的需要,施工时用触变剂、流平剂满足湿涂层流平和防流挂的需要。不同施工方法要求的涂料黏度也不同。溶剂型涂料黏度受树脂分子量、剪切速率、溶剂、温度等的影响。高固体分和水性涂料的流变性更复杂。

3.4　溶剂的挥发

在成膜过程中,若溶剂挥发太快,涂料对基材没有足够润湿,涂层难流平;若挥发得太慢,涂层会因流挂而变薄,延长干燥时间。真溶剂挥发太快,就会使树脂沉淀析出,产生漆膜缺陷。因此就要求:①混合溶剂中要有挥发快的,又有挥发慢的,整个挥发过程要均匀;②室温干燥涂料的真溶剂要在挥发过程中逐渐富集,不能降低对树脂的溶解力。

3.4.1　溶剂挥发

活度系数是混合溶剂中不同组分间相互作用的量度,它的数值随混合溶剂中各溶剂的类型及浓度而变化。活度系数可用化学工程中的 UNIFAC 法来计算,其理论基础与溶解度参数的一样,是由分子中各个基团和官能团共同作用结果的总和,从实验测定的活度系数值推导出基团间相互作用的特性参数,用这些特性参数去计算混合溶剂的活度系数。目前已有基于实验数据的大量特性参数,相关数据处理和计算很复杂,要用计算机进行计算,可参阅有关参考文献 [9],更进一步的探讨见参考文献 [10]。溶液作为混合物,两个最根本的问题是溶解和挥发。溶解用溶解度参数,挥发用活度系数,它们的理论基础是流体相平衡热力学,见参考文献 [10]。

3.4.1.1　瞬时挥发速率

规定醋酸丁酯的挥发速率是 1。在相同条件下,达到同样程度挥发时,某溶剂所需的时间与醋酸丁酯所需时间的比值表示该溶剂的挥发速率。混合溶剂的挥发速率等于各组分溶剂的挥发速率之和。因为混合溶剂大多不能被看作理想溶液,混合溶剂的挥发速率 R 为:

$$R=\phi_1 r_1 R_1+\phi_2 r_2 R_2+\phi_3 r_3 R_3+\cdots \tag{3-23}$$

式中，ϕ 是溶剂 i 的体积分数；r 是混合溶剂中 i 的活度系数；R 是溶剂 i 的挥发速率。

式(3-23) 表示混合溶剂瞬时的挥发速率，预测漆膜中剩余溶剂的变化方向，即某种溶剂在挥发过程时漆膜中剩余的量是增加或是减少。因为只有真溶剂富集，才能使溶剂获得更高的溶解力，防止可能出现的漆膜针孔、缩孔、发白等。

图 3-9 提出了一种简洁估计方法。这种方法是基于活度系数主要取决于官能团。官能团相似，活度系数也相似，而与分子大小和碳氢结构无关。同一类溶剂的体积相加后，在图上查活度系数，如混合溶剂二甲苯 30%（体积分数），200# 溶剂汽油 20%，要用烃类 50% 来查。

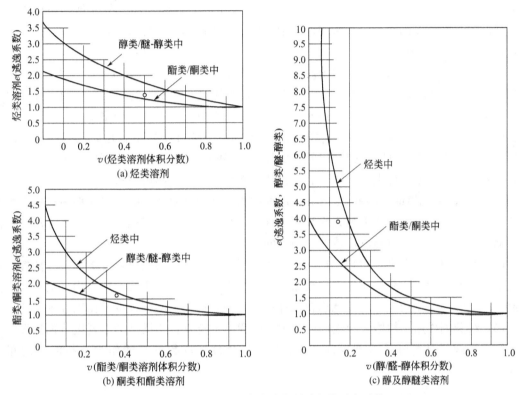

图 3-9　溶剂类型和溶液浓度所对应的活度系数

【**例 3-8**】　某硝基纤维素的混合溶剂配方（体积分数）为醋酸正丁酯($R=1.0$)35%，乙醇($R=1.7$)10%，丁醇($R=0.4$)5%，甲苯($R=2.0$)50%。计算溶剂的相对挥发速率。

甲苯采用图 3-9(a)，即烃类溶剂图。横坐标表示体积分数，甲苯的为 0.5。其他溶剂有醇和酯，与甲苯 0.5 的体积分数均有交点，这时活度系数要根据两者体积比估算。醇（乙醇 10%＋丁醇 5%）：酯（醋酸正丁酯 35%）＝15：35＝3：7。图上可以看到靠酯的圆点，得甲苯的活度系数 $r=1.4$。从图 3-9（标圆点的地方）中还可读出：醋酸正丁酯 $r=1.6$；乙醇和丁醇 $r=3.9$。代入式(3-23)：

$$R=(0.35\times1.6\times1.0)+(0.50\times1.4\times2.0)+(0.10\times3.9\times1.7)+(0.05\times3.9\times0.4)=$$
$$0.56(醋酸正丁酯)+1.4(甲苯)+0.663(乙醇)+0.078(丁醇)=2.70$$

这里用挥发速率近似代表蒸气相中各个溶剂的体积比。醋酸正丁酯在蒸气相中的含量为 0.56/2.70＝0.21，相对于它在液相中 0.35 的体积含量，挥发过程中醋酸正丁酯要富集。甲苯在蒸气相中的含量为 1.4/2.70＝0.52，相对于它在液相中 0.50，挥发过程中要减少。同样，乙醇挥发过程中要减少，而丁醇富集。醋酸正丁酯是真溶剂，对硝基纤维素溶解力强，在挥发过程中富集，就不会降低混合溶剂的溶解力。

溶剂挥发过程中溶解能力不足，引起树脂沉淀析出，出现相分离，使涂层外观发白，影响涂层的附着力、光泽、耐久性。当发白现象出现时，选用溶解性较好的溶剂，在未干透涂层表面薄喷一道，可使发白消退。调整混合溶剂配比，确保挥发过程中溶剂对树脂的溶解力。

溶剂挥发速率过快，使湿膜表面温度下降至露点以下，则紧靠湿膜表面的空气中的水分凝结在湿膜表面上，经扩散面进入膜内，导致溶解能力不足而引起聚合物沉淀析出。施工现场的湿度应控制在相对湿度 40% 以下。当相对湿度很高时，可以加入防潮剂，即挥发速率比水慢的溶解性较好的溶剂，在漆膜未干前使进入膜内的水重新挥发出来。

3.4.1.2 影响溶剂挥发的因素

（1）温度 温度越高，挥发速率越大。醋酸丁酯在 25~35℃，升高 1℃，挥发速率平均增加 6%。因此混合溶剂要随季节调整组成，夏季要加部分挥发慢的溶剂。溶剂挥发吸收热量，使湿漆膜表面温度下降，汽化热较高的溶剂快速挥发时，冷却效应很明显。

（2）蒸气压 溶剂蒸气压大，挥发就快，但沸点与蒸气压并不总是成正比。苯的沸点80℃，乙醇 78℃，25℃它们的蒸气压各为 1.3kPa 和 0.79kPa，这时苯比乙醇挥发快。同样，25℃醋酸正丁酯（沸点 126℃）比正丁醇（沸点 118℃）挥发得快。

（3）溶液/空气界面 溶液/空气界面的面积大，溶剂挥发快。喷涂时涂料雾化成为细小的漆雾，比表面积很大，漆雾离开喷嘴到工件的过程中，大部分溶剂挥发，需要使用挥发慢的溶剂。喷涂涂料的配方与刷涂或浸涂的不同。

（4）空气流通 大多数溶剂比空气重，挥发后积聚于漆膜表面，吹散溶剂蒸气使挥发加快。空气流通有助于漆膜干燥。空气喷涂时溶剂挥发速率明显大于无空气喷涂，就是因为前者流过漆雾的空气流较大。空气流速在工件边缘上快，边缘上溶剂挥发要比工件中心快。

（5）组分间作用 树脂与溶剂间的吸引力阻碍溶剂挥发，不同高分子延缓溶剂挥发的程度不同，氢键能显著降低溶剂挥发速率，因此，挥发速率数据只能作为选择溶剂的粗略指导。

3.4.1.3 溶剂挥发阶段

溶剂的挥发可以分为两个阶段。第一阶段溶剂大量从漆膜表面挥发，挥发速率可以用式（3-11）来表示，这时的挥发受分子穿过涂层气-液边界层表面扩散阻力的制约，即表面控制阶段。经过一个过渡期，进入第二阶段后，挥发速率显著降低，溶剂先要扩散到漆膜表面，然后再挥发，即扩散控制阶段。在表面控制阶段，上述讨论影响溶剂挥发的因素和公式都适用。在扩散控制阶段，高分子对溶剂挥发的影响增大，而且随涂层黏度增大，影响越显著。树脂分子间存在空隙，即自由体积，溶剂分子扩散是从一个空隙到另一个空隙进行。溶剂分子越小，形状越规则，就越容易扩散出来。当环境温度低于树脂的 T_g 时，树脂的自由体积大幅度减少，底部溶剂分子很难挥发出来，漆膜中几年后仍残存少量溶剂，加热烘烤方法可除去残存溶剂，提高漆膜性能。树脂和溶剂间形成氢键，阻碍溶剂扩散，而加入增塑剂有利于溶剂扩散。

3.4.2 湿涂层的溶剂挥发

残存溶剂浓度与涂层厚度的关系：

$$\lg C = A \lg\left(\frac{X^2}{t}\right) + B \tag{3-24}$$

式中，C 为溶剂与聚合物的质量比；X 为漆膜厚度，μm；t 为时间，h；A、B 为常数。

一种涂料达到指定的干燥程度时，C 为定值，X^2/t 是常数，因此，可以认为保留时间与涂膜厚度的平方成反比。即漆膜厚度增加到原来的 2 倍，保留时间增加 4 倍。

【例 3-9】 氯醋共聚树脂溶于甲基异丁基酮中。涂布 $7.0\mu m$ 后的漆膜，1h 后，以聚合物计，保留溶剂为 12.2%，1 天后为 8.6%，求 2 周后保留溶剂的含量。

解：将已知数据带入式(3-24)，计算常数 A，B：

$$\lg 0.122 = A\lg(49/1) + B \qquad\qquad \lg 0.086 = A\lg(49/24) + B$$

得到 $A = 0.11$，$B = -1.10$。2 周为 $t = 336$h，则：

$$\lg C = 0.11 \times \lg(49/336) - 1.10 \qquad\qquad 解得 C = 0.064(6.4\%)$$

即在 2 周后仍有 6.4% 的溶剂保留量。

3.4.2.1　残存溶剂

涂层中任意组分溶剂 i 挥发时：

$$i_{(l)} \xrightarrow{T,p} i_{(g)}$$

在无非体积功恒温恒压条件下，若溶剂 i 有 dn_i 从液相转移到气相，因为溶剂挥发属于敞开系统，不可逆，得到溶剂 i 在液相中的化学势大于在气相中的化学势；当在密闭空间内，溶剂达到挥发凝聚平衡时，两者才相等。

挥发自发进行，则　　$\mu_i^l dn_i^l + \mu_i^g dn_i^g \leqslant 0$

因为　$dn_i^l = -dn_i^g$　　所以　$(\mu_i^l - \mu_i^g) dn_i^g \geqslant 0$

而　$dn_i^g \geqslant 0$，$(\mu_i^l - \mu_i^g) \geqslant 0$

因为　$\mu_i^l = \mu_T^\ominus + RT\ln p_i^\ominus + RT\ln a_i$　　$\mu_i^g = \mu_T^\ominus + RT\ln p_i$

所以　$(\mu_T^\ominus + RT\ln p_i^\ominus + RT\ln a_i) - (\mu_T^\ominus + RT\ln p_i) \geqslant 0$

所以　$\ln a_i \geqslant \ln\dfrac{p_i}{p_i^\ominus}$　　$a_i \geqslant \dfrac{p_i}{p_i^\ominus}$

① 当溶剂 i 在气液两相达到平衡时，等式成立，可以采用上式来测定溶剂 i 的活度。

② 当未达到平衡时，溶剂 i 在体系中的活度要大于平衡时的活度，这时溶剂继续挥发。因为 $a_i = f_i x_i$ 要降低体系中 i 的活度，这时可以靠减少体系中 i 的浓度 x_i 和 i 的活度系数 f_i。活度系数 f_B 是是由各组分的分子间作用力与分子体积相互之间的差异造成的，取决于体系本身的性质，因此，通常采用的方法是减少体系中 i 的浓度。

涂装环境中的有机溶剂浓度不会太高，因为空气流动（手工喷漆室风速为 0.4～0.6 m/s，自动静电喷漆区为 0.25～0.3m/s），带走有机溶剂。x_i 太小，溶剂能继续挥发。

水性涂料涉及环境湿度。湿度表示水蒸气在大气中含量的多少。相对湿度（relative humidity，RH）是大气中水蒸气的分压力和同温度下水饱和蒸气压的百分比。

$$RH = \frac{p(水的实际分压)}{p*(水的饱和蒸汽压)} \times 100\%$$

施工时如果 RH（相对湿度）超过 70%，水的挥发速率极低，100% 时，水就不挥发。如果湿度极高而又必须施工时，需要冷却空气，使空气中的水冷凝出来一些，然后重新加热空气，再进行施工。

③ 从热力学上来说，只要满足 $a_i = f_i x_i$，体系达到平衡，溶剂就不从涂层中挥发，很

显然涂层存在一个 x_i，能满足 $a_i = f_i x_i$，x_i 尽管小，但能稳定保持，使溶剂挥发不尽。因此，室温自然干燥涂层中总有一定量的溶剂不能挥发出来。实验证明在室温干燥几年后仍残留 $2\% \sim 3\%$ 的溶剂。为了确保完全除尽溶剂，涂层要在较高温度烘烤干燥。

3.4.2.2 溶剂挥发过程中涂料成分的变化

低表面张力的分子移向湿漆膜表面，高表面张力的分子移向工件界面，因为洁净的金属、无机物（如水泥等）的表面张力都很高。表面张力在漆膜形成过程中所发挥的作用，既与溶液（体系内不同表面张力的分子移动，直至体系总表面张力最小，即平衡状态）不同，也与固体（固体表面分子不能移动）不同。在漆膜形成过程中，湿漆膜黏度不断增大，从液态变成固态。如果涂料溶剂挥发慢，湿漆膜液态持续的时间长，就与液体中的行为类似，若溶剂挥发快，漆膜黏度急剧增加，湿漆膜内的分子来不及充分移动，与固体相似。分子间作用力是表面张力 γ 与溶解度参数 δ 存在的根本原因。K 和 a 是常数，V 为摩尔体积，两者关系为：

$$\delta = K (\gamma/V^{1/3})^a \tag{3-25}$$

在多组分的液态复杂混合体系中，各个组分寻找与它溶解度参数相似的组分或链段，即亲水基团找水，憎水基团找油。涂料中溶解度参数差异太大的组分就会发生相分离，各自聚集，这样就发展了自分层涂料。例如，由环氧树脂和丙烯酸树脂混合而成的涂料，涂覆到钢铁表面后，环氧树脂在钢铁表面富集，而丙烯酸树脂在漆膜表面富集。

不同基团的表面张力也各不相同。全氟烷基（—CF₃）的表面张力最低，次之是甲基。分子中表面张力小的基团趋向于在液体表面取向，以降低体系总的表面张力。溶剂的表面张力次序为：脂肪链＜芳香环＜酯＜酮＜醇＜水。聚二甲基硅氧烷的表面张力低，因为硅氧烷主链很柔软，容易旋转，这样大量甲基就可在液体表面上取向。氟化聚合物的链段也在溶液表面取向。有机溶剂中加聚二甲基硅氧烷或氟化聚合物，能降低体系的表面张力。

氟化聚合物的表面张力很小，可制备超级疏水性涂层：涂层缓慢充分干燥，氟化聚合物链段就从涂层中分离出来在表面取向，涂层的表面张力仅为 $14 \sim 16 \text{mN/m}$，与水的接触角 $\theta > 160°$，非常疏水。为提高疏水性，还要考虑涂层的粗糙度，见 7.6.5.2 节。

涂料中含有单个极性基团和长碳氢链的分子时，就可能发生自分层，产生疏水性表面。这里以正辛醇来说明。将正辛醇置于清洁钢板表面，正辛醇的表面张力比钢板的低，在钢板上能自发展开。然而，如果将正辛醇在钢板上涂布成膜，会发现正辛醇会收缩成液滴。这是因为正辛醇在钢板展开后，羟基就与钢板表面接触并被吸附，而碳氢链向空中伸展，形成一个脂肪烃表面，表面张力更低。正辛醇不能润湿该脂肪烃表面，就收缩成液滴。乳胶漆涂膜的附着力也受涂料表面活性剂的影响。涂料用十二烷基苯磺酸作催化剂时，会导致对钢板附着不良，涂料中常用碳氢链很短的对甲苯磺酸作酸性催化剂。

3.4.2.3 固含量测定

溶剂挥发后，涂料中的树脂、颜料等形成干燥漆膜，即不挥发分或固体分。测定固含量要加热烘烤除去挥发成分，干燥后剩余物质量与试样质量比较，以百分数表示。我国国家标准 GB 1725—79（88）《涂料固体含量测定法》规定用玻璃培养皿和玻璃表面皿，在鼓风恒温烘箱中测定。规定了对不同品种涂料的取样数量、烘焙温度，烘焙时间为 30min。如果产品标准对烘焙温度与时间有规定，则按产品标准规定进行。

目前还流行一种快速测定法，即将试样置于 $10\text{cm} \times 15\text{cm}$ 的铝箔（或锡箔）上，立即折叠称重，然后打开放入恒温烘箱。此法取样少，约 $0.2 \sim 0.5\text{g}$，涂层厚度减薄，烘干时间缩短。

在国家标准 GB 9272—88《液态涂料内不挥发分容量的测定》中测定液体涂料在规定温度和时间干燥后，干膜体积以百分数表示，涂料按一定干膜厚度施涂时，可计算涂装面积大小。

3.5　有机溶剂的安全性

有机溶剂是易燃易爆的化学品。在涂料生产、存储、运输、涂装过程中，从安全性的角度出发，需要评价有机溶剂起火、爆炸的危险程度。

3.5.1　安全性

涂料厂最普遍的起火原因是静电。为了防止静电荷累积，所有储槽、管道等要接地。电路产生的火花也引起起火，要用防爆电气设备。吸烟也是潜在着火原因。

闪点用于评价有机溶剂燃烧的危险程度，可燃性液体的易燃性分级标准见表 3-7。闪点是可燃性液体受热时，液体表面上的蒸气与空气混合物，接触火源发生闪燃时的最低温度。所谓闪燃是因为温度较低，可燃性液体产生蒸气的速率慢，蒸气燃烧后而新的蒸气补充不上来，造成燃烧一闪即逝。闪点是达到可能燃烧的标志点。部分溶剂闪点见表 3-8。测定国标为 GB 5208—85《涂料闪点测定法　快速平衡法》。

表 3-7　可燃性液体的易燃性分级标准

类别	易燃等级	闪点/℃	举例
易燃液体	一级	<28	甲苯、二甲苯、乙醇、醋酸酯类等
	二级	28～45	200 号溶剂汽油、丁醇、环己酮等
可燃液体	三级	45～120	乙二醇、异佛耳酮、乳酸丁酯等
	四级	>120	甘油、二甘醇等

测定溶剂易燃性的仪器有开杯和闭杯两种，两者测定的都是闪点，即用炽热电线点火的最低溶剂温度。开杯的结果用于暴露在空气中的场合，如溢出时的危险程度。闭杯表示在密闭容器中的危险程度。闭杯闪点低于开杯闪点。混合溶剂的闪点需用实验测定。常用溶剂的闪点和着火点见表 3-8。

表 3-8　常用溶剂的闪点和着火点

溶剂	闪点/℃	着火点/℃	溶剂	闪点/℃	着火点/℃	溶剂	闪点/℃	着火点/℃
丙酮	−20	53.6	异丁醇	38	42.6	甲醇	18	46.9
丁醇		34.3	甲乙酮	−4	51.4	乙醇	16	42.6
醋酸丁酯	33	42.1	异丙醇	21	45.5	甲苯	5	55.0

如果继续升高温度，可燃性液体的蒸气和空气混合物接触火源发生燃烧，移去火源后仍然能继续燃烧，该温度称为着火点。达到着火点时，可燃性液体就能够形成连续燃烧，用它评价起火或发生火灾的程度就太晚了。因此，一般用闪点来评价发生火灾危险的程度。闪点越低，危险性就越大。

爆炸和燃烧没有本质上的差别，都属于剧烈燃烧，产生的能量以冲击波的形式释放出来。可燃性液体的蒸气和空气混合，其浓度必须达到一定范围，遇到火源才能爆炸，超出这个范围是不会爆炸的。可燃性液体能发生爆炸的最低浓度称为爆炸下限，最高浓度称为爆炸上限。在爆炸下限和爆炸上限之间的区间范围称为爆炸极限范围，爆炸极限范围外由于氧气不够或热量不足，不能发生爆炸。爆炸极限范围通常以液体蒸气的体积分数表示，如 200 号溶剂汽油的爆炸下限为 1.4%（体积分数），爆炸上限为 5.9%（体积分数）。

涂装过程中形成的漆雾、有机溶剂蒸气、粉末涂料形成的粉尘等，与空气混合、积聚到一定浓度范围时，接触到火源就很容易引起火灾或爆炸事故。国家标准 GB 14443—93《涂装作业安全规程　涂层烘干室安全技术规定》、GB 14444—93《涂装作业安全规程　喷漆室安全规定》、GB 12367—90《涂装作业安全规程》静电喷漆工艺安全规定上有详细的要求。

有机溶剂可通过皮肤、消化道和呼吸道被人体吸收而引起毒害。人通常在接触高浓度蒸气时出现麻醉现象。常温挥发速率高的溶剂，浓度高，毒性也大。

（1）基本无害　长时间使用对健康基本上无影响，如戊烷、石油醚、轻质汽油、己烷、庚烷、200# 溶剂汽油、乙醇、氯乙烷、醋酸乙酯等；另外，有些溶剂稍有毒性，但挥发性低，通常情况下使用基本无危险，如乙二醇、丁二醇等。

（2）稍有毒害　在一定程度上有害，但在短时间容许浓度下没有重大危害，如甲苯、二甲苯、环己烷、异丙苯、环庚烷、醋酸丙酯、戊醇、醋酸戊酯、丁醇、三氯乙烯、四氯乙烯、氢化芳烃、石脑油、硝基乙烷等。

（3）有害溶剂　短时间接触也是有害的，如苯、二硫化碳、甲醇、四氯乙烷、苯酚、硝基苯、硫酸二甲酯、五氯乙烷等。在极低浓度以下无危害。

根据溶剂在工厂使用条件下的危险性分类如下。

（1）弱毒性溶剂　如 200# 溶剂汽油、四氢化萘、松节油、乙醇、丙醇、丁醇、戊醇、溶纤剂、甲基环己醇、丙酮、醋酸乙酯、醋酸丙酯、醋酸丁酯、醋酸戊酯等。

（2）中毒性溶剂　如甲苯、环己烷、甲醇、二氯甲烷。

（3）强毒性溶剂　如苯、二硫化碳、氯仿、四氯化碳、氯苯、2-氯乙醇等。

为了避免溶剂通过呼吸道被人体吸收造成危害，必须严格保证作业场所的溶剂蒸气浓度在安全限度以下。我国 1980 年颁布的 TJ36—79（工业企业设计卫生标准）规定了空气中溶剂蒸气最大容许浓度（MAC），是控制生产作业场溶剂极限浓度的法规性依据。为达到此标准，溶剂设备尽量采取密闭操作，保持车间自然通风或安装强制换气设备。

3.5.2　环保和立法要求

涂料行业中限制挥发性有机物（VOC）的排放已成为提高市场竞争力的重要方面，也是国际贸易绿色壁垒的组成部分。VOC 是在 101.3kPa 标准压力下沸点低于或等于 250℃的有机化合物。涂料中所有挥发性组分几乎都属于 VOC。1990 年美国国会列出了要减少使用的危害空气污染物（HAP）清单，其中与涂料工业相关的有：甲基乙基酮（丁酮），甲基异丁基酮，正己烷，甲苯，二甲苯，甲醇，乙二醇及乙二醇醚。我国《HJ/T—2007 环境标志产品技术要求》规定室内装饰装修用溶剂型涂料中，要对邻苯二甲酸酯类、乙二醇醚及其酯类、苯类溶剂、卤代烃类溶剂、正己烷、异佛尔酮、重金属、游离异氰酸酯等进行限制或禁用。重金属来源于颜料和某些助剂，镉、铅、铬（Ⅵ）、汞、砷及其化合物的毒性有累积性。

溶剂挥发在第一阶段，数小时内可挥发出溶剂总量的 90%以上，第二阶段挥发速率大大降低，并逐渐减少。施工一星期后的涂膜，挥发出物就极少了。只要控制施工到居住的时间，并保证通风良好，就可将溶剂对室内空气及人体健康的影响降到最低。除 VOC 外，涂料生产和施工过程中产生的废水、废气、固体废物等也是污染物，对环境造成影响。

美国环境保护署于 2002 年设立了有关涂料生产行业空气污染物的排放标准，并于 2005 年 12 月颁布最新版的《40 CFR Part 63 National Emission Standards for Hazardous Air Pollutants：Miscellaneous Coating Manufacturing；Final Rule》。标准包括了对涂料生产企业的储罐、工艺设备、废水收集和输送系统及辅助设备等排放的 HAP 限值，主要 HAP 为甲苯、甲醇、二甲苯、氯化氢、二氯甲烷等。

储存罐和容器类加密封盖，或使用浮顶罐或水汽平衡装置。大溶剂储存罐要求储存物的蒸气压小于 10.3kPa，容积大于 94m³，蒸气压限为 0.7kPa，这样，储存罐就有了一个特定限制温度，需要使用冷凝器冷却。若废水中 HAP 的浓度大于等于 2%（质量分数），则要求将废水引入有所控制的水管，以削减 HAP。启动设备泄漏检查和修理计划。

3.5.3　环境友好型涂料

涂料中树脂力学性能随分子量增大而改善，但到达某一数值后就不再变化，而溶液黏度随分子量增大而继续增大。溶剂挥发型涂料要求树脂的分子量较大，需用大量有机溶剂降低涂料黏度。热固性涂料本身就是一种减少有机溶剂用量的方法，但仍需相当量溶剂。

避免树脂分子量与涂层性能矛盾的一个方法是用分散体而非溶液。分散体中高分子并没有溶解，而是以细微颗粒存在。目前大量应用的有以水为分散溶剂的乳胶漆和水稀释型涂料，塑溶胶是以增塑剂作为分散溶剂，还有以有机溶剂作为分散溶剂的非水分散涂料。分散体类涂料的成膜需要高分子颗粒相互融合在一起为凝聚成膜，在第 6 章介绍。粉末涂料以颗粒状储存和使用，不用有机溶剂。无溶剂涂料还不多，如不饱和聚酯漆和紫外线固化涂料，不需要挥发除去的溶剂。

参 考 文 献

[1] 朱平平，杨海洋，何平笙. 高分子通报，2004，5：93-98.

[2] [美] Zeno W. 威克斯等著. 经桴良，姜英涛等译. 有机涂料科学和技术. 北京：化学工业出版社，2002.

[3] 武利民. 涂料技术基础. 北京：化学工业出版社，1999.

[4] 洪啸吟，冯汉保. 涂料化学. 北京：科学出版社，1997.

[5] 耿耀宗. 涂料树脂化学及应用. 北京：中国轻工业出版社，1993.

[6] 王树强主编. 涂料工艺，第三分册. 第 2 版（增订本）. 北京：化学工业出版社，1996.

[7] Emmanuel Stefanis，Costas Panayiotou. Prediction of Hansen Solubility Parameters with a New Group-Contribution Method. Int J Thermophys，2008，29：568-585.

[8] Farhad Gharagheizi，Mahmood Torabi Angaji. A New Improved Method for Estimating Hansen Solubility Parameters of Polymers. Journal of Macromolecular Sciencew，Part B：Physics，2006，45：285-290.

[9] 姜英涛. 涂料基础. 北京：化学工业出版社，1997

[10] [美] 约翰 M. 普劳斯尼茨等著. 陆小华等译. 流体相平衡的分子热力学. 北京：化学工业出版社，2006.

本 章 概 要

高分子在溶剂中溶解形成高分子溶液，比小分子形成溶液的过程缓慢，而且选择溶剂困难。选择溶剂时，通常要考虑溶质和溶剂的溶解度参数接近，氢键和溶剂化作用能够相互匹配。涂料通常使用混合溶剂。从成本上考虑，往往是先选定一种良溶剂作为主溶剂，再配以廉价的溶剂进行稀释，而溶解力并不受影响，涂料黏度也显著减小。因为混合溶剂性能往往不是两种单一溶剂性能的简单平均，在一些良溶剂/高聚物溶液中，逐渐加入劣溶剂（或非溶剂），混合溶剂并不是逐渐变弱，而是先变得更易溶解，然后再减弱。在涂料体系中，各个组分寻找与它溶解度参数相似的组分，即它的溶解度参数决定它在哪里出现：亲水基团找水，憎水基团找油。考虑分子间的相互作用时，在混合溶剂中通常某种组分溶剂被树脂优先吸附。

因为使用混合溶剂，就要求溶剂必须在成膜时整个挥发过程中保持对聚合物的溶解性，否则会造成涂料的某种成分析出，损害漆膜的性能。从控制涂层形成过程的角度，要求混合溶剂中有的挥发得快，有的挥发得慢。溶剂挥发得太快，涂料对基材没有足够的润湿，漆膜难以流平。溶剂挥发得太慢，漆膜会因流挂而变得很薄，延长干燥时间，降低生产效率。

大多数涂料属于假塑性流体，涂料黏度与剪切速率的关系一般用 Casson 方程来描述。涂料的黏度与溶剂、浓度、温度都有关系，可以用相应的方程来描述。根据这些方程能够合理地估计涂料的流变性质，指导涂料生产、涂布作业和工艺过程控制。

练 习 题

一、填空。

1. 高分子溶液便于传送、加工和使用。高分子溶液和低分子溶液相比，可用四个字＿＿＿＿＿、＿＿＿＿＿、＿＿＿＿＿、＿＿＿＿＿来概括。使用均相溶液，能使不同树脂品种、助剂等溶解在同一个体系中，在＿＿＿＿水平上混合，赋予涂料及涂层要求的性能。

2. 从理论上判断一种高分子能否溶解于溶剂中，需要比较高分子和溶剂的＿＿＿＿＿＿＿＿＿、氢键力和＿＿＿＿＿。

3. 液体涂料中属于牛顿型流体的有＿＿＿＿＿＿和＿＿＿＿＿＿，绝大多数的色漆属于＿＿＿＿＿流体，这些色漆的表现是＿＿＿＿＿＿＿＿＿＿＿＿＿＿＿＿＿＿＿＿＿＿＿＿＿＿＿＿＿＿＿＿。

4. 动力黏度与运动黏度的差别在于＿＿＿＿＿＿＿＿＿＿＿＿＿＿＿＿＿＿＿＿＿＿＿。

5. 混合溶剂中有真溶剂、助溶剂和稀释剂。成膜过程中要保证＿＿＿＿＿＿富集，以获得更高的溶解力，防止可能出现的针孔、缩孔、发白等。

6. 评价有机溶剂燃烧危险程度最常用的一个指标是＿＿＿＿＿＿。

7. 室温干燥的气干涂料，漆膜过一年后，膜内的残存溶剂＿＿＿＿＿（能、否）挥发干净。

8. 大多数涂料通常发生剪切变稀，而且有＿＿＿＿＿＿，这些流体称为假塑性流体。

9. 当高分子溶液浓度大于＿＿＿＿＿＿时，分子链间的相互作用突然增强，一条分子链上受到的应力会传递到其他分子链上，则溶液黏度随分子量的 3.4 次方的幂律迅速猛增。

10. 涂料的溶剂挥发慢，湿涂膜保持液态的过程持续时间长，就与＿＿＿＿＿＿体中的行为类似。溶剂挥发快，涂膜黏度急剧增加，湿涂膜内不同表面张力的分子来不及发生充分移动，以达到接近平衡，就与＿＿＿＿＿＿体中的行为更类似。

11. 环氧-丙烯酸自分层涂料涂覆到钢铁表面后，在涂膜表面富集的树脂是＿＿＿＿＿＿。

12. 有机基团中表面张力最小的为＿＿＿＿＿＿、＿＿＿＿＿＿。要获得低表面张力涂料，可用的高分子树脂为＿＿＿＿＿＿树脂和＿＿＿＿＿＿聚合物。

13. 湿涂层的溶剂挥发过程分为＿＿＿＿＿＿＿和＿＿＿＿＿＿两个阶段。

二、问答。

1. 高分子溶于溶剂中制备涂料，需要选择什么样的溶剂？

2. 根据图 3-2，分别分析涂料用混合溶剂中真溶剂、助溶剂、稀释剂的原理和作用。

3. 根据 "like seeks like" 规则，解释水稀释涂料中成膜助剂的作用。

4. 涂料溶剂挥发过程中为什么要求溶剂的挥发既不能太快，也不能太慢，而是匀速？

5. 解释：

（1）溶剂从漆膜中挥发出来经过怎样的过程？为什么对于含有有机溶剂的腻子在刮涂时不能一次刮得太厚？（提示：从残存溶剂的角度考虑）

（2）为什么室温干燥的气干涂料，漆膜过一年后，膜内的残存溶剂仍不能挥发干净？

6. 解释松香水、黏度、触变性、临界相对湿度、固含量、闪点、VOC、HAP。

三、计算。

1. 氨基漆通常使用的混合溶剂就是不同配比的二甲苯和丁醇混合物，计算（体积分数）70％二甲苯和30％的正丁醇组成的混合溶剂总的挥发速率，并预测在挥发过程中，哪种溶剂逐渐富集？哪种逐渐减少？思考为什么氨基漆能用70％二甲苯和30％的正丁醇组成的混合溶剂。（注：氨基漆是烘漆，固化交联时需要一个烘烤加热过程）

2. 本章【例3-8】中，醋酸丁酯能否换成醋酸乙酯？为什么？（注：计算挥发过程中哪种富集）

3. 计算并解释

（1）氯乙烯-醋酸乙烯共聚物的 δ 值为 $21.28(\text{J/cm}^3)^{1/2}$，乙醚及乙腈的 δ 值分别为 $15.14(\text{J/cm}^3)^{1/2}$ 和 $24.35(\text{J/cm}^3)^{1/2}$，两者单独使用是否能溶解该共聚物？如果乙醚及乙腈的摩尔分数接近相等，并且按 33/67 的比例混合，是否能溶解该共聚物？

（2）1-氯丁烷（$\delta_p=17.3\text{J}^{1/2}/\text{cm}^{3/2}$）、乙腈是聚甲基丙烯酸甲酯 PMMA（$\delta_m=19.5\text{J}^{1/2}/\text{cm}^{3/2}$）的劣溶剂，但两者的混合物可以溶解 PMMA。同样正丁醇和四氯甲烷（$\delta_p=17.7\text{J}^{1/2}/\text{cm}^{3/2}$）是 PMMA（$\delta_m=19.5\text{J}^{1/2}/\text{cm}^{3/2}$）的劣溶剂，但两者的混合物可以溶解 PMMA。

（3）天然橡胶的溶解度参数平均值为 $16.8\text{J}^{1/2}/\text{cm}^{3/2}$，正己烷的为 $14.9\text{J}^{1/2}/\text{cm}^{3/2}$，甲醇的为 $29.7\text{J}^{1/2}/\text{cm}^{3/2}$。正己烷可以很好地溶解天然橡胶，但若加入适量甲醇可以增强溶解力，求甲醇的最佳加入量。

（4）根据环氧树脂的结构，分析它为什么可以溶于醋酸乙酯或丙酮。

4. 某涂料在剪切速率为 1000s^{-1} 时，测得其黏度为 0.318Pa·s；当剪切速率为 0.01s^{-1} 时，黏度为 307.0P。此涂料的黏度分布曲线符合 Casson 方程，$n=0.5$。计算该涂料的屈服值和无限剪切速率下的黏度。

5. 已知亚麻油在 $10℃$ 和 $50℃$ 时的黏度分别为 $6.0\times10^{-2}\text{Pa·s}$ 和 $1.8\times10^{-2}\text{Pa·s}$，试求在 $30℃$ 和 $90℃$ 时的黏度。

6. 有一室内用涂料在剪切速率为 10000s^{-1} 时，测得其黏度为 0.32Pa·s。在剪切速率为 1.0s^{-1} 时，测得其黏度为 2.0Pa·s；在剪切速率 0.01s^{-1} 下的黏度是 80Pa·s。试建立 Casson 方程的一般式（注：推导出只含指数 n 的等式后，采用迭代法求 n，即先设 $n=0.5$，然后逐步调整 n，使等式两边数值相等为止）。

7. 已知丙二醇单乙醚的相对分子质量为 104.05，相对密度（$20℃/20℃$）为 0.8979，沸点为 $132.8℃$，黏度（$20℃$）2.2mPa·s。热塑性丙烯酸漆混合溶剂的配方为：（体积分数，%）乙醇30，丁醇15，丙二醇单乙醚15，甲苯25，醋酸丁酯15。计算热塑性丙烯酸漆混合溶剂的溶解度参数。

8. 计算 70％（体积分数）二甲苯和 30％（体积分数）正丁醇组成混合溶剂的黏度（提示：换算为质量分数）。

9. 水溶性丙烯酸漆的溶剂为丁醇和水组成的混合溶剂，计算两者以 50/50（质量比）混合时的黏度，并预测随水加入量的增加，混合溶剂黏度的变化情况。

附录　有机溶剂挥发速率的测量

根据 ASTM D3539—76（81）规定的方法，采用 Shell 薄膜挥发仪。实验条件为 $25℃$，相对湿度小于 5％，空气流动速率为 25L/min，将 0.7ml 待测溶剂滴在滤纸上，滤纸放在平衡盘上并在密闭容器中测定 90％质量的溶剂挥发所需的时间。也有直接把溶剂滴在平底铝盘上测定的。要注意的是，在滤纸和铝盘上分别测得的数据并不吻合，如醋酸乙酯在滤纸上的相对挥发速率为 4.0，在铝盘上为 6.0；水在滤纸上为 0.31，在铝盘上为 0.56。不同的材料对溶剂的挥发速率的影响也不同。部分溶剂的性质见表 3-9。

表 3-9　部分溶剂的性质

溶剂	沸点/℃	挥发速率	密度 /(g/cm³)	溶解度参数 /MPa¹ᐟ²	黏度 /(mPa·s)	闪点(闭杯) /℃	表面张力 (20℃)/(mN/m)
200#溶剂汽油	158～197	0.1	0.772	14.11		33	
甲苯	110～111	2.0	0.865	18.20	0.55	4	28.53
二甲苯	138～140	0.6	0.865	18.00	0.586(20℃)	27	28.08
甲醇	64～65	3.5	0.789	29.65	0.547(20℃)	13	
乙醇	74～82	1.4	0.809	25.97	1.200	14	22.27
异丙醇	80～84	1.4	0.783	23.52	2.15	12	
正丁醇	116～119	0.62	0.808	23.31	2.948	35	24.6
醋酸丁酯	118～128	1.0	0.872	17.38	0.671	23	25.09
醋酸乙酯	75～78	3.9	0.894	18.61	0.455	-4	23.75
甲乙酮	80	3.8	0.802	19.02	0.423(15℃)	-4	24.6(20℃)
甲基异丁基酮	116	1.6	0.799	17.18	0.546	16	23.9(20℃)
二丙酮醇	116.15	0.15		18.81	2.90(20℃)	9	31.0(20℃)
异佛尔酮	215.2	0.03	0.919	18.61	2.62(20℃)	96(开杯)	
1,1,1-三氯乙烷	74.0	1.5	1.325	19.63	0.903	无	25.56(20℃)
2-硝基丙烷	120.3	1.2		21.88	0.798		
乙二醇乙醚	135.0	0.4		20.25	2.05(20℃)	45	28.2
乙二醇丁醚	170.6	0.07	0.901	18.20	3.15	61	27.4
醋酸戊酯	130.0	0.87		17.38	09.24(20℃)	25	25.68(20℃)
醋酸己酯	164～176	0.17	0.874(20℃)		1.05(20℃)		25.7
醋酸庚酯	176～200	0.08	0.874(20℃)		1.24(20℃)		26.0
醋酸癸酯	230～248	0.01	0.873(20℃)		2.27(20℃)		27.0

注：1. 除注明外，都是 25℃下的数据。

　　2. 因为绝大多数文献上使用的是非标准国际单位，本表仍然采用这些数据，与标准国际单位的换算为：1g/cm³＝1000kg/m³；1mPa·s＝10⁻³Pa·s；1mN/m＝10⁻³N/m；1MΩ·cm＝10⁴Ω·m。

第4章　颜料、涂层装饰性和保护性

色漆形成干涂层，溶剂挥发，助剂的量很少，干涂层中主要是树脂和颜料。涂料的功能很多，但主要功能是保护和装饰，本章将分别就这两个功能来介绍颜料发挥的作用。

颜料是微细颗粒状物质，不溶于它所分散的介质中，而且颜料的物理和化学性质基本上不因分散介质而改变，在涂层中靠树脂粘接在一起。与颜料不同，染料是可溶性着色物质，如木器家具染色剂。色淀是染料不可逆吸附在不溶性粉末上形成的颜料。

颜料的装饰性体现在颜料具有遮盖能力，赋予涂层要求的颜色（通过调色配色达到），呈现出要求的光泽（增加光泽、消光，以及随角异色）。颜料的保护性主要体现在防止金属（尤其是钢铁）腐蚀，这对树脂和颜料提出了要求。

本章介绍如何实现涂料的装饰性、保护性等功能，颜料是如何遮盖，并呈现所需的颜色，颜料保护作用的原理。理解这些基本原理一方面可以选择适当的颜料，获得要求的涂层性能，最大限度地发挥颜料的作用，另一方面也就理解了制造颜料和涂料时需要工业过程的原理。

4.1　颜料的分类和性质

4.1.1　颜料的分类

① 颜料可分成无机颜料与有机颜料两大类，根据来源又分为天然颜料和合成颜料。

天然颜料有的来源于矿物，如朱砂、碳酸钙、滑石粉、云母粉、高岭土等，有的来源于生物，如来自动物的胭脂虫红、天然鱼鳞粉等，来自植物的有藤黄、茜素红、靛青等。合成颜料如钛白、铅铬黄、铁蓝、铁红等无机颜料，以及大红粉、偶氮黄、酞菁蓝等有机颜料。

无机颜料是涂料工业中应用量最大的颜料，有氧化物、铬酸盐、硫酸盐、硅酸盐、硼酸盐、钼酸盐、磷酸盐、钒酸盐、铁氰酸盐、氢氧化物、硫化物、金属等。

有机颜料有偶氮颜料、酞菁颜料等多环颜料、芳甲烷系颜料等，价格昂贵，用量占颜料总用量的 $1/5 \sim 1/4$，对光、热不稳定，易渗色。渗色是因为有机颜料在溶剂中有微小溶解度，下道涂料溶剂能把涂层中的有机颜料溶解，颜色在下道涂层上表现出来，如底漆含有红色有机颜料，面漆是白色的，渗色后面漆层变成粉红色。

高装饰性涂料（特别是汽车涂料）用颜色鲜艳、着色力强的有机颜料与无机颜料配合。用有机颜料与钛白粉或金属氧化物混相颜料（尤其是钛镍黄和钛铬黄）混拼，以取代有毒的铬酸铅和镉系颜料。涂料工业上特别看好精细体质颜料，即经过微细化处理或表面包膜处理的体质颜料。它能取代部分昂贵的着色颜料。精细体质颜料又称为颜料增量剂。

② 以颜色分类，分为白色、黄色、红色、蓝色、绿色、棕色、紫色、黑色。

《染（颜）料索引》是按颜色分类：P（pigment）代表颜料，下一个字母表示色相，其数字由时间顺序来确定。颜料分成颜料黄（PY）、颜料橘黄（PO）、颜料红（PR）、颜料紫（PV）、颜料蓝（PB）、颜料绿（PG）、颜料棕（PBr）、颜料黑（PBk）、颜料白（PW）、金属颜料（PM）十类。同样颜色的颜料由时间顺序来确定，如钛白为 PW-6、锌钡白 PW-5、铅铬黄 PY-34、氧化铁红 PR-101、酞菁蓝 PB-15 等。

为了查找化学组成，又有结构编号，如钛白为 PW-6C.I.77891、酞菁蓝是 PB-15C.I.74160，据此可查明颜料的组成及化学结构，在国际颜料进出口贸易中广泛应用。中国的颜料国家标准 GB3182—1995，是采用颜色分类，如白色为 BA，红色为 HO，黄色为 HU，再结合化学结构代号和序号，组成颜料型号，如金红石型钛白为 BA-01-03、中铬黄 HU-02-02、氧化铁红 HO-01-01、锌钡白 BA-11-01、甲苯胺红 HO-02-01、BGS 酞菁蓝 LA-61-02 等。

4.1.2　颜料体积浓度

在色漆形成干涂层的过程中，溶剂挥发，助剂量很少，干涂层中的主要成分是树脂和颜料。涂层功能是通过树脂和颜料来实现的，它们在涂层中所占的体积比很显然对涂层性能有重要影响。在干涂层中颜料所占体积分数称为颜料体积浓度，用 PVC（Pigment volume concentration）表示：

$$颜料体积浓度(PVC)=\frac{颜料体积}{涂层总体积} \tag{4-1}$$

在颜料紧密堆积的空隙间中，恰好充满树脂，这时的 PVC 为临界 PVC（$CPVC$）。

几何学上的 $CPVC$ 是一个明确的数值，但实际上，由于颜料吸附树脂、颜料形状不规则、粒径大小不一等因素，$CPVC$ 是一个狭窄并有些模糊的过渡区间。大多数涂料体系的 $CPVC$ 为 $50\%\sim60\%$，确切数据是通过涂膜性能检测来测定的。

$CPVC$ 影响因素如下。①颜料分散好，降低 $CPVC$。加入分散助剂后，颜料分散得好，每个颗粒都吸附树脂，紧密堆积时，吸附的树脂也作为颜料体积的一部分，使 $CPVC$ 下降。②粒径小，$CPVC$ 低。颜料粒径小，表面积与体积的比例大，而表面吸附的树脂就多。③粒径分布大，$CPVC$ 升高，因小粒径颗粒能填充在大粒径间隙中占有体积。④颜料絮凝，$CPVC$ 低。絮凝是颜料在涂料均匀分散后，又重新聚集。颜料絮凝，在涂层中颜料分布不均匀，很难充分填充空隙。一个例子是当絮凝增加时 $CPVC$ 从 43% 降到 28%。

PVC 和 $CPVC$ 之比称为比体积浓度；比体积浓度（Δ）$=PVC/CPVC$

当 $\Delta=1$ 时，高分子树脂恰好填满颜料紧密堆积所形成的空隙，涂层的各种性能都有一个转折点。图 4-1 所表示的性质除密度外，可分为三类：力学性质（拉伸强度、附着力、耐湿摩擦）、光学性质（光散射、遮盖力、着色力、光泽）、通透性质（孔隙率、渗透、锈蚀、起泡、污染、磁漆不渗透性）。在 $CPVC$ 时，这些性质都发生显著变化。

若增加颜料用量（$\Delta>1$），涂层内就开始出现空隙，这时树脂量太少，部分颗粒没有被粘住，和涂层强度及附着力明显下降，涂层透过性增加，防腐性明显下降。但是由于涂层里有空气，增加光的漫散射，涂层光泽下降，遮盖力迅速增加。腻子的 $\Delta>1$，涂层强度小硬度大，容易用砂布打磨除去。腻子用作中间层，通过打磨来修补涂层缺陷，得到平滑表面。

高质量有光汽车、工业和民用面漆的 Δ 为 $0.1\sim0.5$，树脂大大过量。树脂多，涂层光泽好。干燥时树脂随溶剂一起流向表面，在表面形成平滑的清漆层，反射性好，光泽高。

半光建筑用漆 Δ 为 $0.6\sim0.8$，平光（即无光）建筑漆的 Δ 接近 1.0。有时制备平光漆不用高 Δ 值，而是加入消光剂，这样可以增加涂层的防污能力，降低涂膜渗透性。

富锌底漆的 Δ 值在 $0.75\sim0.9$ 之间，有最佳抗锈和抗起泡能力，富锌底漆靠牺牲阳极保护钢铁，锌粉颗粒相互接触，维持涂层的导电性，而且涂层要有一定透水性以形成电解质溶液。木器底漆的 Δ 宜在 $0.95\sim1.05$ 之间，漆膜有最佳综合性能。

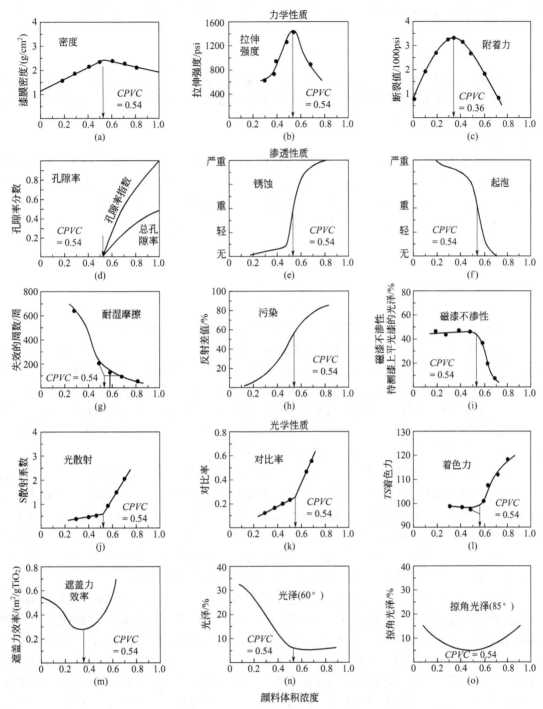

图 4-1　在临界颜料体积浓度时漆膜主要性质的突变情况

(1psi=6.89kPa)

虽然 PVC 值和 Δ 值对色漆配方设计有重要参考价值，但实际应用中，往往因为所用漆基与颜料特性，色漆制造工艺及分散助剂的作用，使 Δ 值显著变化。高效分散助剂和颜料絮凝降低 CPVC 值低。CPVC 值随涂料研磨分散时间的增加而增加。研磨分散时间未达到规定要求，过早出磨，Δ 值可能高于设计值，颜料与漆基就没有完全湿润分散为均匀的分散体，导致涂膜性能尤其是抗腐蚀性能明显下降。在色漆制造工艺中，需要考虑实际 Δ 与设计配方的 Δ 是否一致。

4.1.3 颜料的通性

颜料作为颗粒，最基本的是它的粒径及其分布，在涂料中还有表现其功能的一些基本指标。遮盖力表示遮盖底材颜色的能力。着色力表示在混合颜料中某颜料呈现自身颜色能力的强弱。吸油量与 CPVC 相联系。明度、三刺激值、散射等概念在 4.2 节中解释。

4.1.3.1 遮盖力

颜料的遮盖力是涂层内的颜料能够遮盖底材，使不透露底材原有颜色的能力。涂料施工在有黑白条的底材上，每遮盖 $1m^2$ 底材面积所需颜料的克数为颜料的遮盖力（g/m^2）。色漆对表面的遮盖力称为色漆的遮盖力。颜料遮盖力强，在色漆中的用量就少。

在涂层干燥过程中，颜料颗粒之间的距离减小，颗粒空隙大小对遮盖力的影响为：

$$S = \left(\frac{0.75}{PVC}\right)^{\frac{1}{3}} - 1.0 \tag{4-2}$$

$$HP = \frac{KS}{S+1} \tag{4-3}$$

式中，HP 为遮盖力；S 为颜料颗粒之间的空隙直径；K 为比例常数。

一种涂料的 PVC 是 4.5%，颜料颗粒间的平均距离为 $1.54\mu m$，$HP = 0.61K$，形成干涂层后，$PVC = 15\%$，平均距离为 $0.70\mu m$，$HP = 0.41K$。涂层干燥后颜料浓度增大，遮盖力降低，即颜料颗粒没有充分发挥它应有的遮盖能力。目前测定色漆遮盖力的方法如下。

（1）单位面积质量法 测定遮盖单位面积所需的最小用漆量，用 g/m^2 表示遮盖力。通常采用黑白格玻璃板或标准黑白格纸。我国国家标准 GB 1726—79（88）《涂料遮盖力测定法》规定了使用黑白格板，有刷涂法和喷涂法两种。

（2）最小涂层厚度法 用遮盖住底面所需的最小湿膜厚度表示色漆遮盖力，以 μm 表示。用一块黑白间半的光学玻璃平板，边上标有毫米刻度，在板上盖有一块在一端高的透明玻璃顶板，形成一个楔形空间。测定时在底板上倒上少量样品，来回移动顶板；直到从顶板和漆层看不到底板上的黑白分界线为止，记下从分界线到顶板前端的读数，由于楔形空间的角度是已知的，就可求出最小湿膜厚度，或者通过仪器的换算表，换算出单位面积用漆量。此法用漆量少，测试速度快。但仍为目测，存在测试结果准确性问题。

（3）反射率对比法 为了克服目测终点的准确性问题，ISO 及各国标准均推荐采用反射率仪对遮盖力进行评定，但这种方法主要适用于白色和浅色漆。把试样以不同厚度涂布于透明聚酯膜上，干燥后置于黑、白玻璃板上，用反射率仪测定反射率，R_B 是黑板上的反射率，R_W 是白板上的反射率，$CR = R_B/R_W$，CR 称为对比率。当 $CR = 0.98$ 时，即认为全部遮盖，根据涂层厚度就可求出遮盖力。此法终点判断准确，但操作较复杂些。我国已等效采用 ISO 标准，制定了国家标准 GB/T 23981—2009《白色漆和浅色漆对比率的测定》，要求涂膜的明度值不低于 6（三刺激值中的 $Y_{D65} \geqslant 31.26$）。

4.1.3.2 着色力

着色力是一种彩色颜料与基准颜料混合后，呈现它自身颜色强弱的能力。通常用白色颜料作基准，去衡量彩色或黑色颜料对白色颜料的着色力。彩色颜料的着色能力称为着色力，白色颜料则称为消色力。消色力的测定方法有两种。①对消色力法，将样品（钛白粉）和标准样品（钛白粉）分别与展色剂（如炭黑）混合后，用亚麻仁油研磨，比较样品与标准样品的颜色深浅，样品达到标准样品的百分数。②国外习惯用雷诺数表示白色颜料的消色力。蓝色颜料是 1 份群青和 6 份硫酸钡的混合物，保持总颜料体积恒定（$PVC=47\%$），按比例增减试样和标样中的蓝色颜料和精制亚麻油的量，直到试样和标样明度一致时为止，试样中所加入蓝色颜料的毫克数即雷诺数。雷诺数大，消色力就高。

4.1.3.3　颜料颗粒的大小、形状和粒度分布

颜料最佳粒径为光线在空气中波长的一半（$0.2\sim0.4\mu m$），小于此值，颜料失去散射光的能力；大于此值，颜料总表面积减少，对光线总的散射能力减少。粒径越小，着色力越好。粒径分布窄，颜色纯，性能好。无机颜料粒径大多在 $0.1\sim5.0\mu m$，有机颜料 $0.01\sim1.0\mu m$，炭黑 $0.01\sim0.08\mu m$，体质颜料大多在 $50\mu m$ 以上。部分颜料的粒径见表 4-1。

表 4-1　部分颜料的粒径

颜料	粒径/μm	颜料	粒径/μm
钛白粉	0.2～0.3	铬酸锶	0.3～20.0
铁红	0.3～0.4	水合氧化铝	0.4～60.0
天然结晶二氧化硅	1.5～9.0	云母铁矿	5.0～100.0

颜料主要有瘤状、近似于球形（钛白粉、立德粉）、针状（石棉、某些锌白）和片状（铝粉、云母氧化铁）。

颜料通常是不同粒径的混合物，粒径存在一定的分布范围，以粒子出现频率对粒径作图，呈现非正态分布，即向左偏斜的分布。这说明小粒径出现的概率大于大粒径出现的概率。颜料的粒径分布要窄，才能颜色纯，性能好。参考文献 [11] 介绍和评价了工业和实验室中颜料粒径及其分布的测量方法。

4.1.3.4　吸油量

在 100g 颜料中，把亚麻油逐滴加入，并随时用刮刀混合，初加油时颜料为松散粉状，但最后油使全部颜料黏结在一起成球，继续加油，体系就变稀，这种把全部颜料黏结在一起所用的最少油量，称为颜料的吸油量（OA）。

$$吸油量(OA)=\frac{亚麻油量}{100g\ 颜料} \tag{4-4}$$

达到吸油量时，颜料表面吸满了油，颗粒间隙也充满了油，若再加油，黏度要下降。

用刀刮法测吸油量，误差很大。现在已可用捏合机来测定，颜料和油逐步混合时，测量搅拌机的功率。功率最高时所用的亚麻油即为吸油量。这种方法误差较小。

油量和颜料的 $CPVC$ 有内在的联系，吸油量其实是 $CPVC$ 时亚麻油的用量，它们可通过式(4-5) 换算，式中 ρ 为颜料密度，93.5 为亚麻油密度乘以 100 所得。

$$CPVC=\frac{1}{1+OA\rho\div93.5} \tag{4-5}$$

【例 4-1】　针状氧化锌密度 $\rho=5.6g/cm^3$，实验测得吸油量 $OA=19$，计算它的 $CPVC$。

解： 代入式(4-5)　$CPVC=1/(1+19\times5.6/93.5)=0.468(46.8\%)$

混合颜料可直接实验测量。采用式(4-6) 估算，X_i 是某颜料的体积分数，但偏差较大。

$$CPVC=\frac{1}{1+[\sum(OA_i\rho_iX_i)]\div93.5} \tag{4-6}$$

【例 4-2】　已知下面混合颜料的组成，估算其 $CPVC$，与实际值比较，并分析原因。

颜料	质量组成/g	密度/(g/cm³)	体积/cm³	体积分数	吸油量 OA/(g/100g)
TiO₂	36	4.16	8.65	0.26	22.1
CaCO₃	49	2.71	18.08	0.54	13.3
陶土	15	2.27	6.61	0.20	59.6
合计	100		33.34	1.00	14.5(实测)

解： ① 混合颜料密度 $\rho_{mix} = 100/33.34 = 3.0 \text{g/cm}^3$

$CPVC = 1/(1+14.5 \times 3.0/93.5) = 68.2\%$

② 按照式(4-6)，$\sum(OA_i\rho_iX_i) = 70.42$，$CPVC = 1/(1+70.42/93.5) = 57.0\%$

式(4-6)没有考虑混合时各种颜料粒径不同的影响，小粒径填充在大粒径堆积的空隙中，使 CPVC 偏大。颜料的形状、堆积方式、润湿程度，以及对树脂的吸附，都影响实际 CPVC。

4.2 颜 色

涂层的一个重要功能是赋予物体的颜色。需要了解颜色的知识，才能理解颜色、测量方法，以及颜料的作用机理。颜色是光刺激神经产生的视觉反应，色刺激本身是物理过程，需要经过大脑翻译，才产生颜色的感觉。因此，颜色是一个心理物理现象。

光是能在人的视觉上引起颜色感觉的电磁辐射。电磁波中引起视觉的只有一个很窄的波段，即可见光。每个人的可见光波长范围不同，大多数在 390～770nm。波长同颜色的关系大致如下：红（630～780nm）、橙（600～630nm）、黄（570～600nm）、绿（500～570nm）、青（450～500nm）、蓝（430～450nm）、紫（380～430nm）。上述范围以外的光，人眼都感觉不到，波长大于 780nm 的为红外线，小于 380nm 的为紫外线。白色是所有波长含量几乎相等的可见光。光谱色是单色光，是不能再被分解的光。

一般把反射光的反射率大于 75% 的颜色称为白色，反射率小于 10% 的称为黑色；反射率在 10%～75% 之间的称为灰色。在黑暗中只能分辨出物体的轮廓，却看不见它的颜色，人们靠光才能看到物体的颜色，不同光源下物体的颜色不同，因此，颜色是光的特性。

颜色分为彩色和消色两类。凡是对白光有选择性反射（透射）和吸收的物体，是彩色物体。消色物体对任何波长单色光的反射（透射）能力都一样，没有选择性。消色是由物体反射（透射）光后，光减弱，但仍然保持白光的组成比例。

4.2.1 影响颜色的因素

有了光源、物体、观察者，才能感觉到颜色。颜料、染料、涂层等是色刺激源，可以用仪器对这种色刺激定量表达，即颜色可以测量。色度学是测量颜色的科学。涂层颜色是光源和涂层相互作用的结果。下面从反射、吸收、散射来讨论光源和涂层的相互作用。

4.2.1.1 光源和涂层的相互作用

(1) 表面反射　光束到达某涂层表面时，一部分反射，另一部分折射。若表面是光学级平滑，则入射角与反射角相同，并对称分布于法线两侧，这类反射称镜面反射，即像镜子一样反射。入射光线基本垂直于表面（即与法线平行）时，入射角接近 0°，约 4% 的入射光被反射，96% 折射进入涂层。当入射角接近 90° 时，反射率近 100%，没有光线进入涂层。

涂层厚度很小（60～250nm）时，折射进入涂层的光被反射出来，将产生干涉，导致某些波长的光强度增高，造成涂层颜色变化。

（2）吸收作用 染料、颜料以及某些带颜色的树脂统称为着色剂。着色剂吸收某一波长的光比另外一些波长的强，这些吸收作用是由它们的化学结构控制的。每个着色剂都有一个吸收光谱，控制吸收不同波长的光。同样量的着色剂，颗粒越小则吸收光的程度就越大。光束通过含着色剂介质的路程越长，则光被吸收的程度就越大。

（3）散射 一束光线通过黑屋子时，能显示出空气中的尘粒，这是因为尘粒和光相互作用，使一部分光离开原来的方向，这就是光的散射。光散射的实质是颗粒分子中的电子在光电磁波作用下强迫振动，向各个方向发射光电磁波，这就是散射光。散射光是全方位的，是漫射光。涂层对于基材的遮盖分为两种。①吸收，涂层吸收光线，使其不能达到底部，无法看到基材的表面，如黑漆。具有高吸收能力的黑色颜料遮盖力很强。②散射，颜料颗粒成为一个个的二次光源，看不到基材，白色颜料靠散射才有遮盖力。钛白粉中加入少量炭黑，能减少钛白粉用量，又达到要求的遮盖力。大部分彩色涂料吸收和散射同时在起作用。

光散射的程度取决于粒子和介质间折射率之差、粒子大小、膜厚度和粒子浓度。

① 折射率之差 颜料和高分子的折射率之差增大，散射急剧增加。白颜料的折射率高，才有遮盖力。大部分树脂的折射率约 1.5，金红石型 TiO_2 的为 2.73，是理想的白颜料。锐钛型 TiO_2 的为 2.55，与树脂折射率之差较小，散射效率降低。碳酸钙的为 1.57，基本无遮盖力。

② 粒径 粒径约等于光的波长时，散射程度最大。随粒径减小，散射效率增加，直至 $0.19\mu m$ 时，进一步减小，散射反而急剧下降。粒径非常小时，几乎不散射光，是透明的。透明氧化铁粒径 $10\sim90nm$，就没有遮盖力。大多数颜料最有效的遮盖粒径为 $0.2\sim0.4\mu m$。

③ 粒子浓度 两个相邻粒子要独立地散射，它们间最小的允许距离为入射光波长的一半。可见光的平均波长约为 $0.5\mu m$，大约为颜料粒径的两倍。因此，颜料要充分发挥散射作用，粒子间距等于粒径。钛白粉的 PVC 值达 12％时，粒子散射效率最高。增大 PVC 值，粒子间相互影响，散射效率下降，遮盖力也不会进一步提高。金红石型钛白粉价格高，用量多，成本上升。结合分散效果等因素，实际使用的钛白粉 PVC 值为 15％～20％。

4.2.1.2 Kubelka-Munk 方程式

彩色涂料通常是多种颜料混合配成的，选择颜料的品种以及每种颜料的浓度对涂层颜色的影响就很重要。Kubelka-Munk 方程式就表达涂层对光线吸收、反射和散射的关系。仅考虑最简单的情况。当涂层遮盖完全，即增加膜厚不再增加遮盖时，用某一波长的光照射涂层，涂层吸收系数 K、散射系数 S 和反射率 R 的关系用 Kubelka-Munk 方程式表示：

$$\frac{K}{S} = \frac{(1-R)^2}{2R} \tag{4-7}$$

由于彩色涂料往往是多种颜料配成的，体系的 K/S 又和体系中各组分的 K/S 有关。

$$\left(\frac{K}{S}\right)_{mix} = \frac{C_1K_1 + C_2K_2 + C_3K_3 + \cdots}{C_1S_1 + C_2S_2 + C_3S_3 + \cdots} \tag{4-8}$$

假定体系散射主要来自白色时，则简化为：

$$\left(\frac{K}{S}\right)_{mix} = C_1\left(\frac{K}{S}\right)_1 + C_2\left(\frac{K}{S}\right)_2 + C_3\left(\frac{K}{S}\right)_3 + \cdots + C_w\left(\frac{K}{S}\right)_w \tag{4-9}$$

$(K/S)_w$ 为白色漆的 K/S。彩色颜料的 K/S 是由颜料以一定浓度分散在白色漆中测得的。$(K/S)_i$ 在小浓度范围内是常数，可以测得。计算机就采用迭代法计算，来选择颜料的品种和浓度，同时得到 16（或 35）个波长处最接近的 $(K/S)_{mix}$，用于区分该波长下不同颜料对涂层反射、散射和吸收作用的贡献。在整个可见光区域控制不同波长的反射、散射和吸收作用值，就得到不同颜色的涂层。Kubelka-Munk 公式是采用计算机进行调色的基础。

4.2.1.3　标准照明体

光束在光滑表面形成镜面反射。表面粗糙，镜面反射减少，漫反射增加。漫反射光占总反射光的百分数大，涂层反映影像的清晰程度就越小，即涂层光泽减少。

同色异谱是光谱上不同刺激产生相同视觉反应，即用不同的着色剂，能给出相同的颜色。这样有毒颜料可用无毒的来代替，昂贵可用便宜的来代替。颜色取决于光源、物体和观察者。由不同着色剂分别制得的涂层，由特定光源和观察者比较时，它们颜色是相同的。如果改变照明或观察者，它们颜色就不同了，这也是同色异谱造成的。

任何光源发出的光都可用每个波长的相对功率来表示，把 560nm 处的功率定义为 1，可以测量得到整个光谱的相对功率。CIE（国际照明委员会）定义许多光谱功率分布，用于描述颜色，它们被称为标准照明体。照明体就是光源。黑体在冷的时候显示黑色，受热后发光，先为暗红色，随温度升高，越来越亮，越来越白。黑体颜色只取决于其温度，而与光谱功率分布无关。黑体的温度称为色温，白炽灯中的钨丝就接近黑体。

非黑体光源用黑体色温来描述，与具有相同亮度、刺激、颜色的最相似黑体的温度称为相关色温，用 K 表示。白炽光为标准照明体 A，它与色温 2856K 的黑体辐射相同。在北半球，从阴天北面天空来的太阳光是自然白昼光。自然白昼光为标准照明体 D。D 系列标准色温范围宽。涂料、塑料以及纺织工业都采用 D65，它的相关色温是 6500K 的 CIE 白昼光。印刷和计算机工业采用 D50。F 系列照明体用于荧光灯。

4.2.2　颜色的表征

颜色的三个坐标（或三个属性）是色相（hue）、亮度（value）和彩度（chroma）。

色调又称色相，是颜色的光谱特性，是可见光谱不同波长辐射在视觉上的感觉。物体受白光照射，吸收一部分波长，反射一部分波长，反射的光就是人眼看到的颜色。对光谱某个波长选择性反射形成彩色。只有彩色才有色调。

明度又称亮度，是物体反射光的量度。白色涂层反射能力最强，明度最高，规定纯白的亮度是 10。黑色不反射光，纯黑的亮度是 0。同一色调有不同的明度，比如红色就有深红、浅红、粉红等。颜色中紫色明度最低，黄色明度最高，就感到黄色最亮。一种颜色中加白色，明度提高，加黑色后明度降低。

饱和度又称彩度、纯度，代表颜色的纯粹程度。物体对光谱某一较窄波段的反射率很高，而对其他波长的反射率很低或没有反射，就表明它的光谱选择性高，饱和度就高。单一波长的光谱色饱和度最高。每种颜色所达到的最高饱和度值不同。饱和度低于 0.5 就无彩色。

白色、黑色和灰色是对可见光谱无选择性吸收的结果，是没有色调的颜色，属于消色，又称中性色，它们的差别仅在于明度。只有彩色包括颜色的三个特性：色调、明度、饱和度。

4.2.2.1　孟塞尔颜色系统

1905 年，美国画家孟塞尔（A. H. Munsell）发明了一种立体模型，把表征颜色的三个参数全部表现出来，立体模型内的每一点代表一种颜色。

色调以红（R）、黄（Y）、绿（G）、蓝（B）、紫（P）为五个主色调，加上它们之间的黄红（YR）、黄绿（GY）、蓝绿（BG）、紫蓝（PB）、红紫（RP）五个中间色调，共十个色调，再将两色调之间分成 10 份，共得 100 个色调。为了便于表达，把这 100 种色调都编号：把主色调和中间色调的编号规定为 5，如红色为 5R、绿黄色为 5YG 等，见图 4-2。R、Y、G、B、P 是按顺时针方向排列的。5R 为纯正红色，3R、1R 为偏紫的红色，6R 为稍偏黄的红色，10R 为偏黄很多的红色。前一色调中的 10 与后一色调中的 0 重合，10Y 和 0YG 重合。按照这个顺序，10Y 后是 1YG、2YG、3YG…将 100 种色调排列成环，成为表示颜色的第一个坐标。

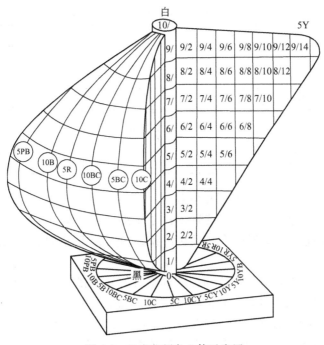

图 4-2　孟塞尔颜色立体示意图

明度分为 11 级，白色 10，黑色 0，中间色 5。明度轴垂直于立于色相环中心，成为表示颜色的第二个坐标。彩度用明度轴与色相环的距离表示，明度轴上的彩度为 0，离轴愈远，彩度愈高。如果最高彩度值为 12，0～12 分为 6 个间隔。一个色卡 5R4/6，5R 为色调，明度 4，彩度 6，为红砖色。消色用 NV/ 表示，V 是明度值，如 N9/，就非常接近纯白。

每种颜色的最高彩度值（12～20）不同，并且彩度最大的黄色靠近白色，即在明度较高的地方，而彩度最大的蓝色却靠近黑色，因此，模型是倾斜的。孟塞尔色彩空间系统包括色彩图册、色彩立体模型和色彩表示说明书三个部分。

涂料中经常使用按顺序排好的着色样品，即色卡。每个色卡对应一个涂料配方。涂料生产者和使用者依靠色卡来交流对颜色的需要。孟塞尔色卡是按照相邻色卡间有相等目测差来制备。孟塞尔色卡有高光泽和低光泽两套。如果与半光涂层比较，两者中任何一个都可能有显著差错。采用孟塞尔色卡比较时，规定光源是 D65，表面粗糙度要相同，因为粗糙度决定涂层光泽，须在相同光泽下比较。由于颜料本身及色卡制作上的实际问题，色卡不能表达自然界所有的色彩，能表示的色彩数量是有限的。

对涂层颜色的测定和评判，国家标准有：GB/T 3181—2008《漆膜颜色标准》，规定了涂层颜色标准，包括了目前经常生产和使用的主要色漆产品的颜色，由 83 个颜色组成；GSB 05-1426—2001 提供了 GB/T 3181—2008 规定的涂层颜色的标准样卡（色卡），只有 83

个颜色；GB/T 6749—1997《漆膜颜色表示方法》适用于不透明的漆膜，一种是以国际照明委员会规定的用仪器测得的三色色标数据来表示漆膜的颜色，另一种是以中国颜色体系样册或孟塞尔颜色图册为基础，即以颜色的知觉属性标号来表示漆膜颜色，还包括目视法和将CIE数据用图表转换成标号的计算法两种；GB/T 9761—2008《色漆和清漆色漆的目视比色》规定目视比色方法。颜色标准名称采用习惯名称，例如大红、深黄、中绿、淡灰等。表4-2为部分涂料颜色、孟塞尔颜色标号和对应的国家标准颜色编号。

表 4-2   部分涂料颜色、孟塞尔颜色标号和对应的国家标准颜色编号

颜色	孟塞尔颜色标号 HV/C	GB/T 3181—2008 的颜色编号	GSB05-1426—2001 的颜色编号
黑色	1.0		
棕色	2.4YR2.1/3.7	YR05	57
铁红色	9.8R2.8/7.1	R01	64
珍珠色	3.0Y8.9/2.8	Y03	43
天蓝色	5.9B6.8/7.4	PB09	10
银灰色	1.9G6.0/0.6	B04	74

4.2.2.2   CIE（国际照明委员会）颜色体系

CIE 用数字表示颜色的方法中，较为著名的为 Yxy 色空间法和 $L^*a^*b^*$ 色空间法。对同一颜色，孟塞尔颜色系统、Yxy 色空间法和和 $L^*a^*b^*$ 色空间法相互之间有复杂的换算关系。

CIE 颜色体系是基于光源、物体和标准观察者的数学描述。光源由其相对能量分布规定，物体由其反射率（或透射率）光谱具体指定，观察者由 CIE 标准人类观察者表具体规定。光从（或通过）物体的反射（或透射）用分光光度计来定量测量。

光源在单位时间内发出的光能量大小称为光通量，单位为 lm（lumen）。三原色光即红（R）700nm、绿（G）546.1nm、蓝紫（B）435.8nm，它们以 1：4.5907：0.0601 的光通量比例相混合，就能得到白光。1lm 的红光（R）、4.5907 绿光（G）和 0.0601 蓝紫光（B）分别作为一个单位，即（R）、（G）、（B）。所有颜色都能由它们以不同的量相互混合得到：

$$C_\lambda = R(R) + G(G) + B(B) \tag{4-10}$$

三原色光通量的倍数 R、G、B 称为三刺激值，用这三个刺激值就可以表示任意一种颜色。这就是 CIE 1931-RGB 色度系统。但该系统数学处理结果不便于理解，就发展成 CIE 1931-XYZ 色度系统，X、Y、Z 是假想的三原色，它们可以由 R、G、B 换算得到。X、Y、Z 三刺激值可以看作空间的三个变量，空间的每个点代表一种颜色。当测定透明物体时，Y 为物体的光透射率；测定反射物体时，Y 为光反射率。在 CIE 1931-XYZ 中，Y 值表示颜色明度。为了在一个平面坐标上表示颜色，将 XYZ 转换为色品值 x、y、z。

$$x = X/(X+Y+Z); y = Y/(X+Y+Z); z = Z/(X+Y+Z) \tag{4-11}$$

因为 $x+y+z=1$，一个颜色只需要 x、y 为轴的平面坐标就可以表示。x、y 表示与明度无关的颜色信息，称为色品度。x、y 为轴的平面坐标图称为色品图或色度图。每个波长的色品值可计算出来并标在图上，得到 CIE 光谱轨迹图，即 CIE 1931-xy 色度图，见图4-3。

轨迹的末端连接成的直线称为紫色线（即从 380nm 点到 780nm 点的连线），因为在 CIE 颜色空间中没有紫色，紫色相的位置就沿此线。

某种光谱色按一定比例与一个标准光源（如D65）发出的光谱混合后，得到混合色，该光谱色的波长就是这种混合色的主波长。主波长是样品颜色的色相。在图 4-3 上，标准照明体与样品 1、样品 2 各占据一点，从照明体到样品 1 的连接线延长与光谱轨迹相交，交点 λ_d 为样品 1 的主波长。但并不是所有的颜色都有主波长。从照明体到样品 2 连接线的延长线与紫色线相交，此时用反向的延长线与光谱轨迹相交，交点 λ_c，称为补主波长。标准照明体到样品 1 的距离为 a，标准照明体与主波长 λ_d 的距离为 $a+b$，兴奋纯度$=\dfrac{a}{a+b}$。一种颜色的兴奋纯度就是同一主波长的光谱色被白光冲淡后所具有的饱和度。光谱色的饱和度为 100%，而中性色的饱和度为 0。

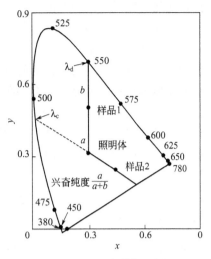

图 4-3　CIE 光谱轨迹图

Y、x、z 与孟塞尔颜色坐标之间通过查表，简单计算就可以换算，方法见参考文献[6]。

CIE 推荐标准照明体 A、B、C、D65 作为参照白光，它们在色度图上的坐标点不重合。一种颜色用不同的参照白光照射，主波长和兴奋纯度数值也不同。即使如此，主波长也可看作这种颜色的色相，兴奋纯度表示饱和度，Y 值表示明度。比较两种颜色的色差时，从色度图上也只能判断它们的坐标是否相同，而不能告诉我们这两种颜色的视觉感知如何。颜色之间的视觉差别称为色差。涂料调色时，需要用仪器把这种视觉差别定量描述。

一种光源所发射的光谱往往不是单一波长，而是由许多不同波长的光混合组成。物体在不同光源下颜色也不同，测色时首先要决定用什么光源。$S(\lambda)$ 为光源的光谱功率分布，即光谱上每个波长的功率，采用标准光源，数据是已知的。$\rho(\lambda)$ 是涂层的光谱反射曲线，两者相乘得到 $\rho(\lambda)S(\lambda)$ 曲线，它表示该光源中每个波长的能量从涂层上反射回来的数量，即刺激眼睛的能量。每一个波长 λ 的光谱色都有相应的色度坐标 $\overline{x}(\lambda)$、$\overline{y}(\lambda)$、$\overline{z}(\lambda)$，它们由测量三刺激值 R、G、B 后计算得到的，是靠大量人眼平均颜色视觉观察统计（即标准人类观察者）得出的数据，是已知的。将 $\rho(\lambda)S(\lambda)$ 曲线的幅度各自乘以代表 $\overline{x}(\lambda)$、$\overline{y}(\lambda)$、$\overline{z}(\lambda)$ 值，得到这三条曲线，曲线下的面积就是待测颜色的 X、Y、Z。实际测色和计算时写成为求和算式：

$$X = k\sum_{\lambda}\rho(\lambda)S(\lambda)\overline{x}(\lambda)\Delta\lambda \quad Y = k\sum_{\lambda}\rho(\lambda)S(\lambda)\overline{y}(\lambda)\Delta\lambda \quad Z = k\sum_{\lambda}\rho(\lambda)S(\lambda)\overline{z}(\lambda)\Delta\lambda$$

(4-12)

k 是把照明体的 Y 值调整为 100 时求出的归一化系数。λ 的范围为 400～700nm。测量涂层颜色三刺激值 X、Y、Z 时，$S(\lambda)$ 和 $\overline{x}(\lambda)$、$\overline{y}(\lambda)$、$\overline{z}(\lambda)$ 都是已知的，只有 $\rho(\lambda)$ 需要测量。

4.2.2.3　CIE 1976$L^*a^*b^*$色差

客户要求的颜色是样板色（目标色）。用仪器测量目标色和样品色，分别得到它们的 X、Y、Z，而它们的三刺激值差 ΔX、ΔY、ΔZ 和人眼感觉到的颜色差异并不对应，就需要把 X、Y、Z 通过数学处理，转换到一个新的坐标体系（颜色空间）中。在该坐标体系中，空间两点之间的距离表示颜色的色差，而且只要两点之间的距离相等，人眼就感觉到相同的视觉差异，这就是均匀颜色坐标体系，简称均匀颜色空间。目前有多种近似均匀颜色空间，如CIE 1960UCS 均匀颜色空间和 CIE 1976$L^*a^*b^*$ 均匀颜色空间，各自都有其色差公式，而它们的公式并不统一。测色仪器的软件中，都有多种颜色空间和色差计算公式。

孟塞尔体系在视觉上是分布均匀的，而 CIE 体系最大的缺陷是视觉上间距不相等。为此，CIE 在 1976 年推荐使用 $L^*a^*b^*$ 均匀颜色空间，简写为 CIE LAB。其中 L 是明度坐标，a、b 是色度坐标。a 表示红-绿色，b 表示黄-蓝色。L、a、b 数值可由计算机从 X、Y、Z 计算得到。两个不同颜色的 L、a、b 值不同。脚码 1 表示样品色，2 表示目标色，它们的明度差 $\Delta L=(L_1-L_2)$；$\Delta a=(a_1-a_2)$；$\Delta b=(b_1-b_2)$。色差公式为：

饱和度差
$$\Delta C=\sqrt{a_1^2+b_1^2}-\sqrt{a_2^2+b_2^2} \tag{4-13}$$

色调差
$$\Delta H=\sqrt{\Delta E^2-\Delta L^2-\Delta C^2} \tag{4-14}$$

色差
$$\Delta E=\sqrt{\Delta a^2+\Delta b^2+\Delta L^2} \tag{4-15}$$

饱和度差 ΔC 表示颜色的鲜艳程度。ΔC 为负值，表明目标色比样品色要鲜艳；ΔC 为正值，表明样品色比目标色要鲜艳。ΔE 相如果是由饱和度差或色调差造成的，涂料配方就需要大规模调整，或重新考虑，如果 ΔE 主要是由明度差引起的，只需要稍调整明度就可以。

CIE 1976$L^*a^*b^*$ 色差公式在涂料、颜料、染料制造、纺织印染和塑料行业的新色样开发和产品颜色质量控制中广泛应用。

【例 4-3】 表 4-3 是测色仪测出并打印两个颜色相近的绿颜料的坐标，计算其色差。

表 4-3 两个颜色相近的绿颜料的色差

	CIE 1931Yxy			CIE 1976$L^*a^*b^*$		
	x	y	Y	a	b	L
绿颜料 1	0.294082	0.459320	7.1148	-25.3906	17.0898	32.0625
绿颜料 2	0.297561	0.447204	6.9601	-22.9492	15.6445	31.7031

则 $\Delta a=-2.4404$；$\Delta b=1.4453$；明度差 $\Delta L=0.3594$

$$\Delta H=\sqrt{\Delta E^2-\Delta L^2-\Delta C^2}=\sqrt{(2.8590)^2-(0.3594)^2-(2.8319)^2}=0.1583$$

$$\Delta C=\sqrt{(-25.3906)^2+(17.0898)^2}-\sqrt{(-22.9492)^2+(15.6445)^2}=2.8319$$

$$\Delta E=\sqrt{\Delta a^2+\Delta b^2+\Delta L^2}=\sqrt{(-2.4404)^2+(1.4453)^2+(0.3594)^2}=2.8590$$

色差 ΔE 越小，视觉色差就越小。色差一般要求在 10 以下，更精细时在 3 以下。上述两种绿颜料的颜色很接近。不同色差方程式对两种颜色测量后计算出的色差并不同，因此色差需要标明采用的方法，上述为 ΔE_{LAB}。

CIE $L^*C^*H^\circ$ 和 ANLAB 颜色空间也常用。CIE $L^*C^*H^\circ$ 与 CIE 1976$L^*a^*b^*$ 类似，其中的 L^* 表示明度，C^* 表示饱和度，H° 表示色相角。

色差：
$$\Delta E=\sqrt{(\Delta L)^2+(\Delta C)^2+(\Delta H)^2} \tag{4-16}$$

明度：
$$L_{L^*a^*b^*}=L_{L^*C^*H^\circ} \quad \Delta L=L_1^*-L_2^* \tag{4-17}$$

色相角：
$$H^\circ=\arctan\frac{b^*}{a^*} \quad \Delta H^\circ=H_1^\circ-H_2^\circ \tag{4-18}$$

饱和度：
$$C^*=\sqrt{(a^*)^2+(b^*)^2} \quad \Delta C^*=\Delta C_1^*-\Delta C_2^* \tag{4-19}$$

ANLAB 色空间与人眼颜色感知相关性好，但计算繁琐。L 表示明度，A、B 表示色度。明度差：$\Delta L = (L_1 - L_2)$

总色差：
$$\Delta E = \sqrt{(\Delta L)^2 + (\Delta A)^2 + (\Delta B)^2} \qquad (4\text{-}20)$$

色度差：
$$\Delta C_C = \sqrt{(\Delta A)^2 + (\Delta B)^2} \qquad (4\text{-}21)$$

饱和度差：
$$\Delta C_S = \sqrt{A_1^2 + B_1^2} - \sqrt{A_2^2 + B_2^2} \qquad (4\text{-}22)$$

色相差：
$$\Delta h = \sqrt{(\Delta C_C)^2 + (\Delta C_S)^2} \qquad (4\text{-}23)$$

编写颜色规范时，如果规定了 ΔE，就以目标色为中心，ΔE 为半径画圆，即容许从中心向任何方向上偏离。人们通常更关心在某个方向上的偏差，如白色，偏蓝方向上容忍度大，而偏黄方向上的容忍度就较小。以前还常采用 NBS (national bureau of standards) 作为色差单位，人眼颜色感知与 NBS 的关系见表 4-4。

表 4-4 人眼颜色感知与 NBS 的关系

色差/NBS	0.5	0.5~1.5	1.5~3.0	3.0~6.0	6.0~12.0
人眼颜色感知	几乎感觉不到	稍有差别	明显差别	显著差别	非常显著差别

4.2.2.4 颜色测量仪器

目前常用的测量颜色仪器有分光光度测色仪和光电积分测色仪。1971 年 CIE 正式推荐几种测色标准照明和观测条件，即垂直/45°（0/45°），45°/垂直（45°/0），垂直/漫射（d/0），漫射/垂直（0/d），见图 4-4。45/0 几何条件即 45°环形照明，垂直观察。d/0 几何条件即用积分球照明样品，垂直观察。测色条件 0/45 和 45/0 的主要优点是用于在线颜色测量，对于样品的轻微位移，能通过 45°下完全环状照明而排除。

（1）分光光度测色仪

分光光度测色仪测量固体表面颜色，是一种精确测量方法，仪器成本也较高。分光光度测色计在使用时首先需要校正，先测黑色（吸光阱，反射因数 $Y=0$），再测白色（工作白板，反射因数 $Y=100\%$），测量结果与仪器储存标准白板的色差在规定范围内，就通过了校正，可以进行测色、配色工作。

对于不含荧光颜料的涂层，从式(4-12)可知，只要测出分光反射率 $\rho(\lambda)$，就可以求出 X、Y、Z。$\rho(\lambda)$ 是以完全反射漫射体作参照标准，在相同条件下比较确定的。完全反射漫射体的反射率在各个波长下均等于 1，它把入射光无损失地进行反射，而且在各个方向上的亮度均相等。完全反射漫射体在实际中是采用标准白板。标准白板通常是硫酸钡、新鲜氧化镁烟雾面或碳酸镁等制成，但保存和清洁不方便，它的分光反射率 $\rho_0(\lambda)$ 由仪器生产商测出输入仪器内。测量中用便于清洁的工作白板（如白色瓷砖等），其 $\rho_{白}(\lambda)$ 可由标准白板来校正。用双光束分光光度计测量时，以工作白板为参照物，仪器得到被测物体的分光反射率 $\rho'(\lambda)$，再转化为以标准白板为基础的分光反射率 $\rho(\lambda)$。

$$\rho'(\lambda) = \frac{\rho(\lambda)}{\rho_{白}(\lambda)\rho_0(\lambda)} \qquad (4\text{-}24)$$

反射分光光度计是在可见光谱的若干波长下，同时照射涂层和白板，测量它们的反射光比，能给出：$\rho(\lambda)$；吸收系数 K 和散射系数 S；K/S；绝对反射率的平均值；三刺激值 X、Y、Z；色度坐标 x、y；CIE 1976 $L^*a^*b^*$；色差 ΔE、ΔL、ΔC、ΔH、Δh 等。

现代分光光度计多与计算机配套应用，主要有 Datacolor 和 X-Rite 系列。测色对象包括

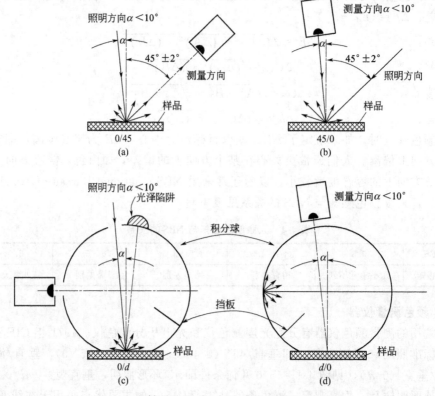

图 4-4　反射测量的 CIE 标准照明及观测几何条件

有光泽和无光泽的，镜面和非镜面，散射性、反光性、透明、遮盖、荧光等的表面均不受限制，还可计算色差、白度等，计算公式可任意选择。测色条件如光源、视场、分光间隔等均可变化。有的仪器正向、逆向（多色光和单色光照明）均可，反射、透射皆可应用。

　　分光光度测色仪测量时，采用 CIE 标准照明体（照明体 C 或 D65），最常用 45/0 几何条件（即 45°环形照明，垂直观察），生产上能控制颜色，还可控制配方和称重。

　　色差测定不仅仅是判断两个颜色的差距，更重要的是对颜料混合后效果的评价。把若干种颜色的基础数据（如 x、z、Y 等）储存在测色仪计算机内，然后目标色的数据输入，就可打印出各种比例配方，一类是按色差大小排序，即配色质量优劣，一类是按配方价格排序，也给出每种配方的 ΔE 值，这样就可综合选出最佳配方，既考虑质量要求，又兼顾成本。

　　（2）光电测色仪

　　光电测色仪是仿照人眼感色原理制成的，人眼能感受有红、绿、蓝三个基本颜色。光电测色仪采用能感觉红、绿、蓝三色的受光器，将它们的光电流放大处理，得出各色的刺激量，但由于对输出结果只能近似处理，测量结果不如分光光度测色仪精确。为减少误差，常根据待测样品颜色，选用不同的标准色板或标准滤光片校正仪器。

　　光电积分法的测量速度很快，仪器结构简单，价格便宜。采用标准照明体 D65，得到 10°视场下的色度值，处理后得到色差 ΔE、Hunter Lab、CIE 1976$L^*a^*b^*$、ΔL、ΔC、ΔH。准确度 ΔX、$\Delta Y \leqslant \pm 1.5$，$\Delta x$、$\Delta y \leqslant \pm 0.02$。重复性 $\Delta E < 0.15$；测色面积 $\phi 20mm$、$\phi 2\sim 4mm$ 两种。光电积分测色仪无法测出颜色的光谱组成，而自动配色必须要有 $\rho(\lambda)$，它

不能用于配色。色差计侧重色差测量，用于质量控制。精确校准的色差计使颜色测量简便易行，得到以各种色空间表示的测量结果，按国际标准用数字来表达颜色。常用的有美能达（MINOLTA）色差计、X-Rite 色差计、Hunter Lab 色差计和国产 SC-80 全自动色差计。

测色仪总是用同一光源和照明方法，无论白昼间黑夜，室内室外，不掺杂观察者的个人因素，测定条件总是相同，数据精确量化，能揭示颜色的细微变化，这样就便于调色和保存资料。仪器测量要求仔细选择测量的几何条件、标准观察者及光源，使测量结果与目测的相关性好。

4.3　涂层的装饰性

将颜料加入涂料中不仅为了使涂层能够充分遮盖住底材，而且使涂层呈现需要的颜色和光泽。上面介绍了涂层遮盖力、颜色及其测量，本节介绍如何调出要求的颜色和光泽，以及如何控制涂层的光泽。

4.3.1　涂料调色

合理色彩布置在创造舒适作业、工作和生活环境方面具有重要意义。许多颜色已成为世界通用的一种语言。红色多用于提示危险。黄色是醒目色，在交通管理中起警示作用。蓝色是冷色，用作工业管道设备标志。绿色是背景色，对人的心理不起刺激作用，不易产生视觉疲劳，给人以安全感，工业中多用作安全色。

4.3.1.1　颜色混合

颜色混合有加色法和减色法。加色法三原色采用红（R）波长 700nm、绿（G）546.1nm 和蓝紫（B）435.8nm。三原色不仅是这三种颜色，选择方法有多种，只是这三种颜色能够调配出自然界所有的颜色。用这三种颜色的光点投射在屏幕同一位置，得到它们的叠加色，调整三者比例，所有颜色均可得到。加法三原色又称色光三原色。

色光中的两色混合后成为白色者，此两色互为补色。每一种色彩都有它相应的补色，混合得到白色或灰色，能降低饱和度。两个非补色混合，便产生中间色，色调取决于两者的相对数量，饱和度取决于两者在色调顺序上的远近。白色和黑色仅能改变亮度，称为"消色"。

涂料采用减色法，彩色颜料从白色光中吸收某些波长的光，添加第二种时，再吸收另一些波长，得到所需要的光谱。减色法混合中的原色是品红（带蓝的红）、黄（柠檬黄）、青（湖蓝）（这即一些书上的红、黄、蓝三原色），它们等量混合吸收全部光，则得黑色。减法三原色称色料三原色。凡两色料混合后成为黑色者，此两色即互为补色。如欲纯度较高的鲜艳色，不应该选择带有补色关系的色料，以避免产生灰黑成分。若要降低鲜艳度，则可加适量补色。

调色时人们使用的是各种颜色的颜料浆，即色浆。选择颜料浆的基础是孟塞尔色相环。图 4-5 是简化的孟塞尔色相环，按照红、黄、绿、蓝和紫五种主色调的顺序排列。相邻两个主混合能得到它们之间的多种间色，混合比例不同，间色也不同。两个相近的色相在调配，一般都可以调配出鲜艳明快的颜色，颜色柔和。设目标色是橙色，就确定用红色和黄色来调制。如果橙色离黄色近，黄色就是目标色的主色。在颜色中加入白色颜料来调低饱和度，即

图 4-5　简化孟塞尔色相环

调颜色的深浅。当深浅与目标色接近时，加红色颜料浆调色相，调整所加比例，使与目标色接近。

用图 4-5 中间隔一种主色的两个主色互为补色。如果试配色偏红，就可以加绿色来消去部分红色。所有颜色与其补色相混，都只能成灰色调和较深色调。补色一定要很慢地少量加入，一旦加量过多，很难再调整过来。加入黑色颜料调明度也同样。颜色调配时，应当主、次色分清，按比例顺序逐步加入，最后用补色和消色调整。这样才能调得又快又准确。

4.3.1.2 复色涂料

配制复色涂料需要使用基础漆和色浆。基础漆是涂料企业自己生产的白漆或清漆，是调色的基础。不同批次的基础漆要求色差小于 0.3。基础漆钛白粉含量既考虑经济性，又考虑色域要求，常见的有 4 种和 2 种钛白粉含量的基础漆体系。例如，某企业的基础漆分为 3 种：A 漆的钛白粉含量 18%～23%，B 漆 7%～13%，C 漆为 0。

在配色时还需要考虑基础漆和色浆的相容性，需要进行指研实验。指研实验是取 100g 白漆，加入 2～3g 待试色浆，充分搅拌均匀后，涂在物体表面。待涂层快要干时，用手指研磨涂层表面。待涂层干透后，观察手指研磨过的地方和未研磨过的地方是否有色差。如果色差大，则相容性不好，用此色浆调出的涂料有浮色现象。相容性要求指研色差小于 0.5。观察浮色还可以把白漆与待试色浆混匀后，静置 24h，看是否出现颜料分层现象。

客户要求的颜色是样板色（目标色）。首先用仪器测量样板色，把数据存在计算机中。根据事先已经建好的基础漆（白漆）、颜料浆（色浆）的基础数据库，用配色软件进行配方设计。计算机给出的配方调出的试配色，制备成涂层，然后测色输入系统，计算机就会根据试配色与目标色色差的大小，自动给出修正配方。一般经过 1～3 次修正，与目标色的色差就能小到人眼察觉不到，该配方就可用于实际生产。生产出的产品还需测量涂层与目标色的色差，符合要求才是合格产品。仪器测量及建立基础数据库的方法见参考文献 [6]。

(1) 目测对比法 对色差要求不高时简单易行。但若要求高，就需要观测条件和色度学知识，而且观测者的经验直接影响配色准确性。目视比色法使用的标准色卡要制作得很准确，在相同实验条件下（包括严格按照上述的规则制作试板、选择光源、背景、角度和观察者等），把试配色涂层样板和标准色卡进行平行比较。用肉眼评判涂层颜色时，许多外在条件影响颜色。GB/T 9761—2008《色漆和清漆 色漆的目视比色》对评判做出了详细的规定。

(2) 电脑调漆 市场上常见的"电脑调漆"，多用于汽车面漆修补。任何一种拟调配的颜色为子色。根据对子色辨认，准备同种类、一定数量的各种母色漆。电脑充当了一个大型涂料配方资料库，储存了由涂料生产厂家提供的各种子色漆的标准配方，并对配方中的各母色漆及子色漆均进行了编码。不同涂料生产厂家，一般具有不同的涂料颜色编码规则，且与某一特定色卡对应。调配时，先从带编码的色卡中，确认或直接查找所需调配子色的编码，输入电脑，就得到子色配方，依据子色配方的组成及配比，计算出各母色涂料用量。准备好带特定编码的各母色涂料后，即可调配。该法需要电脑、电子秤、特定色卡和带编码的各母色涂料等。全自动电脑调配法国外运用较成熟，由自动测色系统、软件和电脑自动配色系统（含计量、驱动装置）组成。子色确认、用量计算和添加，全部实现自动化。调色精度与系统精度有关，一般经过一次校正，色差值<0.5NBS，而手工调配则色差值<1.5NBS。

4.3.2　涂层的光泽

光泽是物体表面定向选择反射光的性质。涂层表面粗糙时，一束光会在表面所有方向上反射，这就是漫反射。漫反射表面的光泽低。镜面反射面就像镜子一样，能正确显示原来的像。镜面反射在总反射（镜面反射＋漫反射）中所占比例越低，像就越模糊不清。完全漫反射时，就看不到像。用鲜映性表示影像的清晰程度。鲜映性高，漫反射就少。

光泽的高低不仅取决于反射光的量，也取决于镜面反射光强度和漫反射光强度的对比。在相同条件下，黑色涂层比白色涂层相比，黑色就显得光泽更好，因为白色颜料散射光，增大漫反射，黑色颜料尽管反射出光的量少，但基本上不散射，漫反射就很少。彩色涂层的光泽是处于黑色和白色的光泽之间。光泽影响色彩，色彩也影响光泽。

光泽与观察距离有关。观察者紧挨着涂层时，能分辨出表面的不平整，认为表面是粗糙但高光泽。观察者离开得足够远，不能分辨出不平整，认为表面是光滑的，光泽也低。

4.3.2.1　光泽的测量

光泽一般不用肉眼来测量评定，但用仪器则很容易测量。测量光泽是将亮度因数记录成观察角的函数。以连续角度来测量光学性质的仪器叫变角光谱光度计。只在几个角度下测量的仪器叫作多角光谱光度计。

测量时光源照射在一条细长的缝隙上，通过缝隙射向涂层表面，反射光线通过另一缝隙到达光电检测器，入射角和观察角均能独立变化，但这种仪器昂贵，维修保养又相对困难，仅用于研究，或作为标定较低级仪器的标准。

镜面光泽计在不同反射光强度下读数显著不同，而观察者对这样的不同是相对不敏感的。光泽计裂开的缝隙约 2°，而人眼分辨率的限度约 0.0005°，观察者紧靠物体时，光泽计比人眼对图像的清晰敏感度差，在光泽计中样板和缝隙之间的距离是固定的，而人观察涂层的距离可以是任意的。最广泛使用的光泽计也称反射计，是简化的测角光度计。入射角和观察角为 20°、60°、85°是涂料工业中最常用的测量角度。图 4-6 是一个光泽计的图解绘制略图。

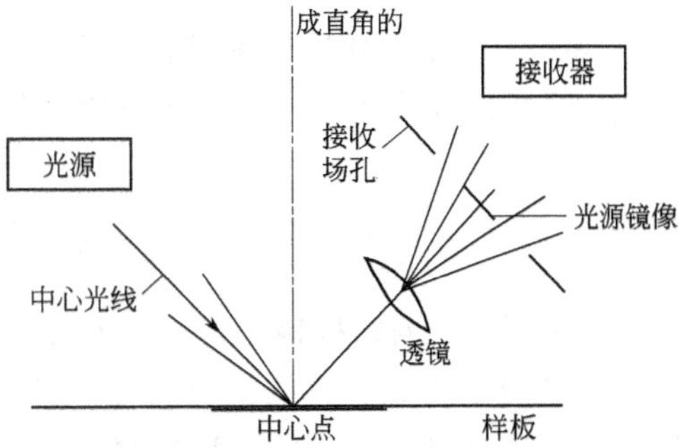

图 4-6　光泽计的图解绘制

使用光泽计首先要用两个标准板校准，一个是高光泽板，另一个是低光泽板。需要使用选择的角度校准好的标准板。当用第一块板校正后，第二块不能给出标准读数时，可能的原因是标准板的表面脏或者被划伤，或者板未校正位置、光源变坏或光度计失灵。黑色和白色标准板均可使用。白色标准板用于亮色，黑的标准板用于暗色。白和黑色的标准板在粗糙度相同时，光泽也不同。

测量时，先测 60°的光泽。若读数超过 70，则应该测 20°的光泽，因为 20°读数更靠近光泽计读数的中间点，精确度也更高。低光泽样板一般在 60°和 85°测量。85°角读数可能同掠角光泽有关系。不同仪器相互比较时，至少要测量三次白的和三次黑的标准板，读数误差要控制在±3％之内，在低光泽范围内，即使±2％也是很高的误差。

国内通常用光泽计以不同的角度测定相对反射率来定量表示光泽。将平行光以一定的角度 α 投射到表面上，测定从表面上以同样角度 α 反射出的光。不同角度下测得的反射光强度是不同的，一般用 45°或 60°角测量。平光就属于没有光泽。60°光泽计测量的涂料光泽等级见表 4-5。

表 4-5　60°光泽计测量的涂料光泽等级

高光泽	半光泽或中光泽	蛋壳光	蛋壳光~平光	平光
70%以上	70%~30%	30%~6%	6%~2%	2%以下

光的入射角不同，反射光强度也不同。测量涂层时，首先固定入射角度。美国（ASTM D523）中规定：目前的光泽计主要是多角光泽计（0°、20°、45°、60°、75°、85°）和变角光泽计（20°~85°之间均可测定）。低光泽涂层采用 85°测量光入射角，一般光泽采用 60°，高光泽采用 20°。

4.3.2.2　影响涂层光泽的主要因素

（1）涂层表面粗糙度

① 颜料　表层颜料影响涂层平滑度。溶剂型高光泽涂层表面微米级尺度范围内，干涂层中颜料极少，对涂层的光泽影响极小。湿涂层中树脂溶液和颜料能自由移动。随溶剂挥发，湿涂层黏度增加，颜料粒子移动缓慢。树脂却能随溶剂继续移动，导致表面层含少量颜料，再罩一层清漆，能明显增加光泽。大粒子和絮凝粒子在稳定好的小粒子前停止移动。

当 PVC 增加时，表面层的颜料量增加，光泽减小。颜料分散不充分，聚集体未被打碎，使光泽减低。絮凝颜料体系的 CPVC 较低，在相同 PVC 时，比体积浓度 Δ（$\Delta=PVC/CPVC$）增大，涂层光泽低。

② 流平性　流平性差会使光泽减小，涂层的刷痕使涂层呈波状，皱纹和橘皮同样使光泽降低。涂料流平性差、在粗糙底材上施工，都增大表面粗糙度。

③ 环境　涂层粉化使光泽明显降低。挥发性成分导致的涂层收缩，也降低光泽。

（2）树脂的分子结构　光泽和树脂摩尔折射率（R）有关，M 为树脂分子量，d 为密度，n 为折射率：

$$R=\frac{M(n^2-1)}{(n^2+1)d} \tag{4-25}$$

R 反映了分子的结构特征，R 值愈大，光泽愈高。含有不饱和键分子的 R 较高，共轭体系的 R 更高。因此，醇酸涂料的光泽高于干性油的，苯丙涂料的光泽高于乙丙涂料的，不饱和聚酯涂料的光泽很高。PVC 较低时，醇酸树脂的油度愈短，R 愈大，光泽愈好。高 PVC 时，油度愈长，涂料流平性愈好，光泽愈好。因此，油度短意味着苯环含量多，油度长则涂料流动性好。不同基料之间折射率的差别是很小的，与表面粗糙度的影响相比，树脂折射率的影响很小。金属的折射率非常高，金属闪光涂层的光泽高。

为获得高光泽涂层，应选用 R 高的树脂，PVC 不能高，涂料流平性要好，各组分相容性要好，成膜时不能有析出。为使表层中颜料含量少，颜料粒径不能过细，密度不能过小。

4.3.2.3　鲜映性

鲜映性是指涂膜表面反映影像（或投影）的清晰程度，以 DOI 值表示（distinctness of image）。它用来对涂膜装饰性进行等级评定，是表征涂膜光泽、平滑度、丰满度等的综合指标，是散射和漫反射的综合效应。鲜映性测定是采用标准鲜映性数码板，以数码表示等级，分为 0.1、0.2、0.3、0.4、0.5、0.6、0.7、0.8、0.9、1.0、1.2、1.5、2.0 共 13 个等级，称为 DOI 值。每个 DOI 值旁印有几个数字，DOI 大，印的数字就越小，肉眼越不容易辨认。观察被测表面，读取可清晰看到的 DOI 值旁的数字，即为相应的鲜映性。

4.3.2.4　雾影

雾影是由光线照射而产生的漫反射，只在高光泽［大于 90％（20°）］条件下产生。雾影光泽仪是一台双光束光泽仪，其中参比光束用于消除温度、颜色对雾影的影响，主接收器接受涂层光泽，而副接收器则接受反射光周围的雾影。雾影值最高可达 1000，但评价涂料时，雾影值在 250 以下就足够，故仪器测试范围为 0～250。涂料厂生产的产品雾影值应小于 20。鲜映性测定是测量散射和漫反射的综合效应，以散射为主，而雾影则是由漫反射造成的。

4.3.2.5　消光

平光涂层具有更优雅和华丽的外表，特别是室内涂料，如家具漆，强光泽刺激眼睛。消光要使表面有粗糙度，但肉眼观察到的粗糙要影响涂层美观，应该形成细致粗糙面。

细致粗糙面通过加消光剂来形成。消光剂主要有气相 SiO_2、石蜡、聚烯烃粉末。

气相 SiO_2 粒径极小（平均粒径 $0.012\mu m$，粒径范围 $0.004～0.17\mu m$），表面上多孔，易漂浮。涂料涂布后，SiO_2 随溶剂挥发浮到涂层表面，而黏度变高，涂层表面 SiO_2 浓度比涂层中的平均浓度还要高，形成细致粗糙面，涂层才变成平光。蜡和聚烯烃粉末的折射率很低，密度小，易漂浮于涂层表面达到消光效果。若 SiO_2 表面用石蜡处理，可使涂层有良好手感。

用少量气相 SiO_2 就可以使涂层既光泽低，又高度透明。粗糙涂层表面也可以由溶剂挥发产生的涂层收缩、调节涂料流变性、提高 PVC 或选择适当颜料品种来形成。

4.3.2.6　闪光

闪光颜料是效应颜料，即随角异色效应颜料的简称。这类涂料我国称为金属闪光漆。

闪光涂料由树脂、透明彩色颜料（或染料）和闪光颜料及溶剂等组成，涂布后片状颜料可随溶剂挥发定向平行排列。效应颜料为片状颜料，反射能力高，从不同角度反射光，光程不同，有的经多次反射才射出表面，有的仅经一次反射，这样不同方向的光，强度不同。俯视时（入射角小）因光程短，反射光的白光含量高，反射光明亮但饱和度低。侧视（入射角大），因光程长，白光含量低，反射光较弱但彩度饱和鲜艳。垂直于涂层观察时，涂层显示出较强的面色；平行于涂层观察时，涂层出现面色的补色。随观察角度不同，颜色的明度、饱和度、色调发生变化的现象称为随角异色效应。

效应颜料分为三类：①金属片状颜料，如铝粉；②似金属片状颜料，如珠光颜料、片状铜钛菁、云母氧化铁、石墨片、二硫化钼等，主要是云母系；③超细透明金属氧化物，如超细的 TiO_2、MgO、Sb_2O_3、$BaSO_4$、ZnO 等，其中超细 TiO_2 已达实用化。常用的有片状的铝、钼、锌和不锈钢等和珠光颜料。最常用的是铝粉，在片状铝粉上沉积一层透明赤铁矿型氧化铁，形成效应颜料。

（1）铝粉颜料　铝粉颜料由高纯铝熔化后喷成细雾，在惰性气体中冷却，加入溶剂、润滑剂，再经球磨机研磨而成，或用铝片机械压制成铝箔，再经球磨机研磨成细小的鳞片状，厚度为 $0.1～2.0\mu m$，直径 $0.5～200\mu m$。铝粉易在空中飞扬，遇火星易爆炸，为此常在铝粉中加入 35％的 200# 溶剂汽油调成浆状。铝粉以粉状和浆状供应。

飘浮性铝粉湿法球磨时加饱和脂肪酸润滑剂，吸附在铝粉表面，只能用非极性高表面张力溶剂，如松香水、二甲苯、高闪点石脑油，而醇类和酮类极性溶剂使漂浮性下降。当形成涂层时，溶剂挥发，铝粉上浮平行分布于涂层表面，均匀平行排列达 12 层之多，片与片之间又被基料所封闭，可屏蔽外界气体、水分、光线等对底材的侵蚀。铝粉不透明，对可见光、红外光和紫外光都有很高的反射率（全反射率高达 $75\% \sim 80\%$），有保温、隔热作用。非浮性铝粉加油酸，可用各种溶剂，铝粉能均匀平行分布于整个涂层中，并具有不同程度的闪烁性和色彩变化。为防止水分与铝反应生成氢气，使盛漆容器内部压强增大，涂料中水分要在 0.15% 以下。在水性涂料中，铝粉要用无机或无机-有机膜包覆。

屋顶和海洋涂料多用飘浮型铝粉，因反射光、热而延长涂层寿命。金属闪光漆用非浮型铝粉。保护涂料两者皆可。金属颜料除铝粉外，还有锌粉和金粉（即铜锌合金 Cu_xZn_y）。

（2）珠光颜料　珠光颜料具有珍珠光泽、柔和、深邃，带有彩虹色。天然的如从鱼鳞中提取的，用于化妆品。珠光颜料还有云母系、氯氧化铋系和碱式碳酸铅系，其中云母系无毒，性能优异，应用广泛。云母的化学成分是 $K_2O \cdot 3Al_2O_3 \cdot 6SiO_2 \cdot 2H_2O$。云母矿研磨成细粉后，漂去杂质，过滤干燥即成。云母系珠光颜料是在径厚比约 50 的透明云母片上，沉积一层或多层高折射率透明珠光膜而成。珠光膜大多是极细的纳米级粒子致密排列而成。因珠光膜折射率高，与云母形成的折射率差大，当白光照射时，入射光分解为反射色光和透射色光（后者为前者的补色），产生干涉色，所以珠光颜料又称干涉型颜料。对云母钛珠光颜料而言，只有珠光膜的光学厚度达到一定值时，才能产生可以觉察出来的干涉色。

珠光膜可为金属氧化物，如 TiO_2、Fe_2O_3、TiO_2-Fe_2O_3、TiO_2-Cr_2O_3 等，也可为无机盐，如 $FeTiO_3$ 等，还可为有机颜料或染料以及炭黑等。应用最广泛是超细 TiO_2。

当 TiO_2 珠光膜为 $100 \sim 140nm$ 厚时，反射色为银白色，在白背景色上几乎看不到透射色；厚度增大到 $200 \sim 370nm$ 时，除反射色外，还有较强透射色光，形成明显干涉色。因能发出像雨后彩虹那样的彩色光，又称虹彩型珠光颜料。在 TiO_2 上再沉积一层吸收光的膜，如 Fe_2O_3，就形成组合颜料，呈明亮金色，着色力强，遮盖力也得到改进。用 Cr_2O_3 取代 Fe_2O_3 时，成为蓝绿色的组合颜料。云母上直接包覆 Fe_2O_3，呈铜色或青铜色。汽车面漆中常用的珠光颜料粒径 $5 \sim 25\mu m$ 和 $10 \sim 40\mu m$。粒径大，珠光效果好，但遮盖力下降。

银白色云母钛珠光颜料与铝粉和透明彩色颜料拼用时，能提高涂膜颜色纯度，并使涂层具有单独用铝粉时所没有的柔和缎光光泽。加有珠光颜料的内墙多彩涂料称幻彩涂料。云母系珠光颜料主要应用领域是涂料、塑料、印刷油墨和化妆品，用量：汽车面漆、建材和塑料用涂料为 $5\% \sim 10\%$，粉末涂料 $2\% \sim 7\%$，耐热涂料 $1\% \sim 3\%$。

金属闪光漆和珠光漆不能采用普通的测色仪器测量，需要采用三视角分光光度计，它的光源以 $45°$ 照射，反射光在 $15°$、$45°$ 和 $110°$ 被接受测量，避免颜色观察时的随角异色效应。

4.4　涂层的保护性

颜料能够显著改善涂层的性能和功能，如提高涂层对被涂表面的附着力，提高涂层的机械强度、防腐能力、耐温、耐水、耐油和涂层的抗老化性能等，这些就是涂层的保护性。

涂层失效宏观表现为起泡、开裂、软化、脱落、变色、粉化及失光等现象。暴露在大气环境下的涂层老化和涂层下的金属腐蚀是涂层失效最重要的两个因素。此外，化学侵蚀、物理机械侵蚀等也是导致涂层失效的影响因素。

根据 ISO 12944〔Coatings and varnishes-Corrosion protection of steel structures by protective coating systems，International Standards Organization，Geneva（1998）］，防腐蚀涂层使用环境分为三类：浸渍环境、大气环境和水线区。浸渍环境包括涂层浸渍在淡水、海水中或埋在土壤中。大气环境包括海洋、工业和乡村，在这三者中，乡村大气环境的防腐蚀要求最低。工业大气环境中灰尘含量高，尤其是烟灰、砂尘和硫酸盐。海洋大气则含有高浓度的氯离子，氯离子体积小，其盐通常易溶于水，加速腐蚀产物的溶解。水线区随浸没水位的高低，经常处于干湿交替的状态，容易发生腐蚀。

下面根据大气环境对涂层、浸渍环境的破坏机理，分别进行讨论。

4.4.1　大气环境

大气环境中的腐蚀性气体能破坏金属，而且强氧化性成分（如 O_3 和 $\cdot OH$）能把 SO_2 氧化成硫酸这类的强酸，使金属发生析氢腐蚀。

目前的大气及大气粒子中，有 2000 多种化学物质，而仅少量的组分被认为有腐蚀性，即 CO_2、O_3、NH_3、NO_2、H_2S、SO_2、HCl、有机酸（$HCOOH$ 和 CH_3COOH），共八种腐蚀性气体。其中 NH_3 来自农业、家畜等；NO_2 由化石燃料高温燃烧时产生；H_2S 来自于有机硫化物厌氧分解的产物，如纸浆厂和油田等；有机酸来自于木材及一些化学过程。

一种腐蚀性气体并不是对所有材料都有同样的腐蚀能力，见表 4-6。

表 4-6　不同材料对腐蚀性气体的敏感性

腐蚀性组分	Ag	Al	黄铜	青铜	Cu	Fe	Ni	Pb	Sn	焊料	钢	Zn	石头
CO_2/CO_3^{2-}	L			L		M	L	M			M	M	
NH_3/NH_4^+	M	L	L	L	M	L	L	L	L	L	L	L	
NO_2/NO_3^-	N	L	M	M	M	M	M	M	L	M	M	M	L
H_2S	H	L	H	H	H	L	L	L	L	L	L	L	
SO_2/SO_4^{2-}	L	M	H	H	H	H	H	M	L	M	H	H	H
HCl/Cl^-	M	H	H	H	H	H	H	M	L	H	H	H	H
$RCOOH/COO^-$	L	L	M	M	M	M	M	H	L	M	M	M	
O_3	M	N	M	M	M	N	M	M	L	M	L	M	M

注：1. H 代表高度敏感；M 代表中度敏感；L 代表低度敏感；N 代表不敏感。
2. 空缺项表明没有相关的实验数据报道或研究。

大气环境中的强氧化性成分是由光化学反应产生的，尤其是光化学烟雾浓度很高的地方。O_3 和 $OH\cdot$ 是大气中最有活性的物质。O_3 的主要源反应是 NO_2 的光分解，然后与氧气分子结合而产生的：

$$NO_2 \xrightarrow{\text{可见或紫外光}} NO+O$$
$$O+O_2 \longrightarrow O_3$$

O_3 分子本身对紫外线很敏感，产生活性氧原子，与水结合生成氢氧基自由基：

$$O_3 \xrightarrow{\text{紫外光}} O+O_2$$
$$O+H_2O \longrightarrow 2OH\cdot$$

$OH\cdot$ 会和大气中许多种类的气体反应，它的实际浓度很低，如：

$$NO_2+OH\cdot \xrightarrow{\text{气相}} HNO_3$$

O_3 分子的反应活性较低，且仅微溶于水，因此，它的浓度较高。在发生光化学烟雾的地方，O_3 分子和 NO_2 的浓度会达到几百个 10^{-9}（体积）。

溶于金属表面水膜的少量 O_3 分子作为氧化剂，参与很多化学反应，如：

$$HSO_3^- + O_3 \longrightarrow HSO_4^- + O_2$$

SO_2 溶解到水膜中形成亚硫酸（H_2SO_3）。NO_2 主要是由化石燃料高温燃烧时产生的。O_3 是大气光化学的产物，主要由 NO_2 的光分解产生。O_3 和 NO_2 都促进亚硫酸氧化为硫酸。因此，光化学反应中产生的硝酸、硫酸等强酸，都使金属发生析氢腐蚀。

4.4.1.1　大气中的金属腐蚀

在比较潮湿的环境中，水和空气中的污染物在材料表面形成一层几乎看不见的薄水膜，就引起大气腐蚀。雨水能形成肉眼可见的较厚水膜，属于湿大气腐蚀。

新加工出来的光洁金属表面，首先吸附空气中的水分子，形成金属-羟基键或金属-氧键，就生成羟基，羟基层形成非常快，只需要几分之一秒的时间。这些羟基作为据点，继续吸附空气中的水分子。工程上应用的多晶金属材料表面都容易吸附空气中游离的水分子。金属表面的第一层水分子因与固体表面最近，有序性较高，二层和三层自由活动度增大，厚度大于三个单分子层的水膜就具有大量水溶液的特点。水层溶解 O_2、SO_2、NO_2 等，以及 SO_4^{2-}、NH_4^+、NO_3^-（灰尘中的主要成分），就形成电解质溶液。降落在金属表面的灰尘粒子会吸收水。几天内降落粒子所吸收的水量，约有 2000 个单分子层厚，能够发生水溶液化学反应，如电化学腐蚀反应。

干湿循环导致金属表面水层厚度每天都在变化。降雨或潮湿结露时，水膜厚度增加，pH 为中性；干燥时水蒸发，水膜层薄变为酸性，这是由溶液中离子强度变化引起的。水膜酸性使金属离子溶入水膜，与带负电荷离子靠近，形成离子对。当离子对浓度达到过饱和时，就析出成固体。随时间延续，析出物逐渐覆盖金属表面，并且由非晶态逐渐转变为晶态。

当腐蚀产物覆盖金属表面后，要进一步腐蚀就要将活泼物质向内扩散传输，金属离子向外传输。质子和单电荷离子的传输比多电荷离子要容易。当腐蚀产物层薄或有孔隙时，离子传输基本上就不受阻。厚且致密的腐蚀产物层因离子传输困难，通常有很强的抗腐蚀性。

如果腐蚀产物是水溶性的，如硫酸盐或氯化物，在干湿循环中要先溶解，再重新析出，逐步生成难溶的保护层，腐蚀速率也逐渐降低。因此，几年或几十年后，金属表面的腐蚀速率很低且恒定，腐蚀产物的组成也不再改变。

大气腐蚀是金属表面薄液膜干湿交替过程中发生的腐蚀。液膜比较厚时，腐蚀与体相溶液中的相似，就可将试样直接浸入溶液中进行电化学测量。液膜极薄时，则与体相差别很大，随着液膜变薄，腐蚀电流变大，液膜快"干"时，腐蚀最严重。由于大气腐蚀是在微量电解质溶液中进行，传统的电化学测试方法很难对这种体系准确测量，最大的困难是薄液膜中溶液的欧姆降很大，电流（电位）在工作电极表面分布不均匀，参比电极里离子（如 Cl^-）的微量污染，也会带来很大干扰，测量误差大。

金属的大气腐蚀研究可采用户外暴露、室内加速和模拟试验，采用 X 射线衍射、扫描电镜、电化学、红外光谱、石英晶振微天平、激光拉曼光谱等。石英晶振微天平（QCM）、表面超声波（SAW）均可感知 10^{-9} g 的质量变化，在大气腐蚀初期，质量变化很小，这两种技术可研究腐蚀动力学过程。现场大气暴晒腐蚀得到的数据具有较高的准确性和实用价值，但方法被动，周期太长，需要实验室里模拟研究，才能搞清腐蚀的产生和发展历程。

4.4.1.2　大气中的面漆层

高聚物的降解（即分子量降低）是造成漆膜老化的主要原因。聚合物老化降解最直观的是聚合物发生粉化、黄化、交联、脆变及失去力学性能等现象。涂料的户外耐久性是指涂料暴露于户外，抵抗外界各种变化的性能。户外耐久性又称耐候性。

漆膜中树脂的热膨胀系数一般是钢材的 6 倍，加颜填料就使涂层的热膨胀系数与钢材比较接近，以更好地适应冷热环境的变化。涂层的消耗速率是决定涂层耐久性的重要因素。环氧面漆的消耗率为每年 $10\mu m$，聚氨酯面漆为 $2\mu m$，而氟碳树脂面漆仅每年 $0.5\mu m$。两道氟碳树脂面漆就可确保长期的耐候性。涂层厚度显著增加，能显著提高涂层的隔离能力。重防腐蚀涂层总厚度在 $250\mu m$ 以上，最高达 $2mm$，在恶劣环境气氛中，使用寿命应该在 $10\sim15$ 年以上，超重防腐蚀涂层要求达到 $25\sim30$ 年以上。

面漆中高分子降解的原因主要有三个：光、热、化学作用。光、热降解主要由自由基引起的。下面从化学降解和自由基降解两个角度来讨论。

（1）应对化学降解 涂层附着在材料表面，不仅需要抵抗腐蚀性气体（CO_2、O_3、NH_3、NO_2、H_2S、SO_2、HCl），而且还要能经受水膜 pH 的变化。

NO_2、SO_2 能被 O_3 和 $OH\cdot$ 等氧化生成 HNO_3、H_2SO_4 强酸性物质，水膜在由干变湿的循环过程中还要增大离子强度，都使液层进一步变酸，因此，涂层需要有适当的耐酸性，消耗速率要小。例如，醇酸涂覆的碳钢置于有 SO_2 露滴的环境中，移到干燥器中几天，涂层表面出现棕色变色点，并向涂层内部延伸，棕色点处硫酸盐含量高，这样只需 5 天，涂层结合力就降至原来的 1/3，之后不再下降。涂层结合力减弱，易剥离，保护性就下降。

酸雨对汽车面漆和清漆层提出挑战。酸雨是 pH<5.6 的雨水，由大气中 SO_2 浓度过高而形成的。汽车面漆和清漆层过去常用羟基丙烯酸树脂-MF 涂料，价格适中，摩擦系数低，耐擦伤性好，但耐酸雨性能不好，一个或几个晚上面漆和清漆层就会出现斑斑点点，即浅而隐蔽的麻坑。聚氨酯交联涂层耐酸雨性良好，但耐擦伤性不良。为使涂层就同时具有耐擦伤和耐酸雨性，就要使用环氧、硅烷或异氰酸酯改性固化的丙烯酸树脂，或将异氰酸酯和 MF 联合作交联剂，或用辅助交联剂交联硅烷基丙烯酸树脂，见 8.3.2 节。

（2）应对自由基引发的降解 光、热能使聚合物产生自由基，引起高分子的降解。对于大多数有机涂层来说，光引发自由基降解是造成涂层损害的主要因素。例如，某涂层暴晒 725h 后，吸水率为暴晒前的 5 倍，因暴晒降解形成了亲水基团，如羟基、烷基过氧化氢、羧基等，并且产生小分子如酮、醇、酸等，容易被水冲刷掉，这就造成涂层厚度减小。

聚合物吸收紫外线后处于高能量的激发态，发生某些化学键断裂而产生自由基。自由基与 O_2 产生过氧化物自由基 $ROO\cdot$。

$$RH \xrightarrow{\text{紫外线}} RH^* \longrightarrow R\cdot + H\cdot$$
$$R\cdot + O_2 \longrightarrow ROO\cdot$$

$ROO\cdot$ 能够夺取氢原子形成新自由基、过氧化氢（$ROOH$）及过氧化物（$ROOR$），也能裂解为酮类和低分子量的聚合物自由基，使聚合物降解。$ROOH$ 和 $ROOR$ 在光照或适度加热下，再离解生成 $RO\cdot$ 和 $HO\cdot$，它们的活性很高，非常容易夺取氢原子，再生成新的聚合物自由基。即使没有光和热，夺氢及氧化作用也会产生自由基。有的 C—H 键容易被夺取氢原子，如烯丙基上或苄基的自由基能被共轭效应稳定、叔碳原子能被诱导效应稳定等。

聚甲基硅氧烷树脂和氟树脂中缺乏容易被夺取的氢原子，它们对光氧化作用稳定。有机硅含量高，树脂的户外耐久性好。氟树脂有极好的户外耐久性。饱和聚酯采用无 β-位氢原子的多元醇，都是为提高涂层的户外耐久性。

芳族聚合物通常对紫外线非常敏感，芳香族聚氨酯（Ar—NH—COOR）和双酚 A 环氧树脂吸收太阳光中波长小于 290nm 的紫外线，通过直接的光裂解作用产生自由基，引起聚合物的氧化降解。芳香族异氰酸酯制备的涂料暴晒不久便会严重泛黄。双酚 A 环氧树脂制备的涂料暴晒后会很快粉化，因它的 α-碳原子的氢易被氧化降解，户外耐候性差。

酮能吸收紫外线，应避免使用酮类溶剂。当丙烯酸在酮类溶剂（如甲基戊基酮）中聚合时，酮基就通过链转移进入树脂中，丙烯酸聚合最好选用酯类或甲苯作溶剂，以避免酮基引入到树脂中。

紫外线吸收剂在聚合物吸收的波长范围内有强烈吸收作用，通过分子内氢原子转移或顺反异构化作用，将紫外线转换成热量。常用的紫外线吸收剂有取代 2-羟基二苯甲酮、2-(2-羟基苯基)-2H-苯并三唑、2-(2-羟基苯基)-4,6-苯基-1,3,5-三嗪、丙二酸亚苄基酯和 N,N'-二苯基乙二酰胺等。

紫外线吸收剂必须溶于涂料中，芳环上可有不同的取代物，以满足不同聚合物体系对溶解性的要求。它通常加在面漆中，但由于迁移作用，往往分布于整个涂层，在烘漆中尤为显著。紫外线吸收剂在涂层中要有持久的稳定性，从涂层中挥发的速率要非常慢。羟基苯基三嗪的蒸气压非常低，能够在涂层中保持较长时间。通过改性生成低聚物形式或与聚合物结合，都可使它们延长在涂层中的存留时间。

位阻胺光稳定剂（HALS）是在两个 α-碳原子上分别带有两个甲基基团的胺，大多数是 2,2,6,6-四甲基哌啶的衍生物。四个甲基基团能防止附着在氮原子上环碳结构的氧化。位阻胺光稳定剂衍生物经光氧化作用后转化成硝酰基（$R_2NO\cdot$）。硝酰基（$R_2NO\cdot$）与自由基反应生成羟胺或醚。羟胺和醚再与过氧基反应重新生成硝酰基。因此，位阻胺光稳定剂衍生物对自由基的链传递反应起到干扰作用。在户外暴晒的涂料中，位阻胺光稳定剂的衍生物必须经过快速光氧化作用形成硝酰基后，才能有效地发挥作用。在涂层中，硝酰基仅占很小一部分（约 1%），主要成分是相应的羟胺（R_2NOH）和醚（R_2NOP），要保持持续的稳定性，仍需要硝酰基的存在。硝酰基一旦消失，马上会发生聚合物的降解。受阻胺光稳定剂作为猝灭剂、自由基捕捉剂、过氧化氢分解剂使用。猝灭剂与受光照而激发的聚合物分子通过猝灭反应，夺取聚合物激发态的能量，使其回到基态，所得能量可以热的形式消耗掉。

紫外线吸收剂和位阻胺光稳定剂能一起产生协同效应。紫外线吸收剂减慢自由基的生成速率，位阻胺光稳定剂减慢自由基氧化降解的速度，有效清除涂层表面的自由基。

位阻胺光稳定剂（HALS）对丙烯酸聚氨酯涂料的稳定作用较丙烯酸三聚氰胺涂料更有效。聚氨酯涂料和三聚氰胺涂料都会发生氧化降解。三聚氰胺中过氧化氢的含量明显低于聚氨酯交联的涂料，而且自由基形成的速率较慢，因此 HALS 对三聚氰胺的稳定作用不明显，这一结果与三聚氰胺分解过氧化物的能力有关。

炭黑既是强的紫外线吸收剂，又是抗氧化剂。加入炭黑的涂料耐候性优异。透明氧化铁几乎能全部吸收波长在 420nm 下的辐射，用于木器着色，防止涂层光降解。抗老化剂的主要类型见表 4-7。

表 4-7　抗老化剂的主要类型

类　型	防老化机理	主要物质
抗氧剂	R·或 ROO·从抗氧剂上夺氢的速率要比从聚合物链上夺氢快得多，抑制了高分子降解	受阻酚、芳香胺类、三烷基酚
助抗氧剂	含硫或含磷化合物与过氧化氢反应，形成稳定羟基化合物	硫醚、二硫化合物、亚磷酸酯
光稳定剂	紫外线吸收剂、位阻胺光稳定剂、猝灭剂；光屏蔽剂反射紫外光，光不进入聚合物内部	炭黑、2-羟基二苯甲酮、邻羟基三嗪类与苯并三氮唑类等

高氯化树脂如氯乙烯共聚物、偏氯乙烯共聚物和氯化橡胶在受热或紫外线照射的环境中，经自动催化作用，脱去氯化氢而降解，这类涂料在配制时应加入稳定剂。

自由基降解要求涂层采用对光氧化作用稳定的高分子，避免酮类溶剂，还可以选用紫外线吸收剂、位阻胺光稳定剂、炭黑等阻止高分子的自由基降解，提高涂层的耐候性。

桥梁受到的腐蚀主要是大气腐蚀。桥梁涂装的基本方案是富锌底漆、环氧云铁中间层和丙烯酸聚氨酯面漆（或可复涂聚氨酯面漆）。现在还使用潮气固化富锌/聚天冬氨酸二道底漆，以缩短涂装时间、降低成本。潮气固化聚氨酯具有优异的附着力及可复涂性，表面处理尚不够完善的钢板，也能与残留在底材裂缝和空隙里的潮气进行反应。日本的跨海大桥还使用了富锌/环氧/氟碳树脂面漆体系。

4.4.2　浸渍环境

浸渍破坏主要发生在底漆基材界面上。涂层存在微观缺陷，如溶剂挥发后形成的孔、涂膜中的空隙以及分子振动产生的空穴等。涂层在高湿或长期浸入水中，没有任何破损迹象，但水、氧、半径较小的分子可以通过这些微观缺陷，扩散到涂层/金属界面并聚集，曾观察到有机涂层/金属界面处 H_2O 的浓度是涂层本体浓度的 5 倍。水分子能与金属氧化物形成氢键，就减弱了金属与涂层之间的相互作用。如果金属与涂层之间不形成化学键，仅靠分子间作用力来维持，容易被破坏，因为高分子-金属的分子间作用力低于 25kJ/mol，而金属与水的作用力则为 40～65kJ/mol。即使金属与高分子形成化学键，但最终涂层附着力也被破坏。金属界面发生的吸氧腐蚀是涂层损坏和剥离的推动力，如在纯 N_2 环境中，阳极和阴极电位差趋于零，观察不到阴极剥离。

1950 年以前，人们普遍相信是靠涂层屏蔽水和氧气来保护钢铁。但后来发现涂层的渗透性足够高，涂层的屏蔽作用不能解释涂层保护的有效性，Funke 就提出了湿附着力的概念。水透过涂层时，能够置换钢铁表面上涂层占据的一些位置，这时涂层对钢铁表面呈现的是湿附着力。如果湿附着力小，涂层就从钢铁表面起泡脱落。如果湿附着力足够大，涂层在钢铁表面不发生位移，就不发生腐蚀。因此，涂层防腐蚀重要的是达到高水平的湿附着力。另外，涂层透水性和透氧性低，能延迟湿附着力的丧失，也有助于防腐蚀。

4.4.2.1　界面腐蚀类型

浸在水中工件上，肉眼可以观察到涂层的损坏是涂层起泡和剥离。它们都是由吸氧腐蚀阴极的 OH^- 造成的。涂层起泡主要是由于 OH^- 溶解到界面聚集的水中，浓度逐渐增大，渗透压也相应增大。在渗透压作用下，液泡吸水涨大形成起泡。涂层剥落是由于 OH^- 使涂层与金属间化学键断裂造成的。另外，界面水中氧气浓度不同，造成差异充气腐蚀，就形成了丝状腐蚀。下面分别来讨论丝状腐蚀、涂层剥离和涂层起泡。

$$吸氧腐蚀电池：阳极 (Fe) 2Fe-4e \Longrightarrow 2Fe^{2+}$$

$$阴极 (杂质) O_2 + 2H_2O + 4e \Longrightarrow 4OH^-$$

（1）丝状腐蚀　丝状腐蚀通常起自涂层上细微的擦伤或缺陷处，丝头沿湿附着力最差的方向增长，细丝只在头部发生腐蚀，而尾部由腐蚀产物构成，并不腐蚀。腐蚀细丝头部因消耗氧气，此处氧气浓度低，就造成差异充气腐蚀。根据 Nernst 公式 （4-26）：

$$E_{O_2/OH^-} = E^{\ominus}_{O_2/OH^-} + \frac{0.059}{4} \lg \frac{P(O_2)/P^{\ominus}}{[C(OH^-)/C^{\ominus}]^4} \tag{4-26}$$

氧气浓度大的地方，如丝状腐蚀尾部，电极电势高，为阴极，就生成 OH^-，而腐蚀细丝的头部成为阳极，生成 Fe^{2+}，氧将 Fe^{2+} 氧化，生成 $Fe(OH)_3$ 沉淀。

丝状腐蚀是高湿度下底漆层的湿附着力不好造成的。铝合金涂层下常见丝状腐蚀，镁与冷轧铁涂层下也观察到过。抑制丝状腐蚀要：①减少水渗入，大气相对湿度要小于 60%；②多道涂覆，使用屏蔽颜料，都能降低涂层水渗透速率；③要求涂层湿附着力好，抗皂化性好。

（2）阴极涂层剥离　吸氧腐蚀阴极处的 pH 高达 12～14，为了中和 OH^-，需要输送阳离子。通过涂层中的微孔、空隙把阳离子输送过来。阳离子扩散到阴极处是中和反应速率的控制步骤。阳离子沿界面渗透比透过涂层要快得多。水合阳离子半径越大，传输速率越慢。

阴极涂层剥离机理主要有：①阴极产生的 OH^-、自由基中间体使高分子降解而发生剥离；②OH^- 使界面金属氧化物还原溶解导致剥离；③界面高 pH 值水溶液使涂层位移，引起剥离。

界面上亚铁氧化层还原破坏涂层的附着力。以碳钢上聚丁二烯涂层来说明。当聚丁二烯涂层在空气中固化时，基体钢表面发生轻微氧化，透过涂层可见到有一层淡草黄色物，当剥离过程开始后，这种淡草黄色消失了，可看到铁的颜色，表明氧化物膜被强碱性环境破坏掉了，并且界面上产生羧酸盐，可以认为氧化还原反应由铁还原和烷基氧化构成的。环氧、热固化丙烯酸树脂也观察到这种机理。钢铁上的环氧和聚乙烯涂层自然暴晒时，都曾经发现过膜层与金属薄氧化物层完全分离，造成界面破裂。钢铁表面聚丁二烯、聚乙烯和环氧酯涂层在阴极剥离过程中，都观察到高分子皂化降解。氧气在还原过程中还生成中间体，如 HO_2^-、$\cdot OH$、和 $\cdot O_2^-$，导致树脂降解。有人认为氧气还原中间体对树脂降解比 OH^- 的影响更大。

涂层上有缺陷，阴极涂层剥离比无缺陷涂层要快得多。这些缺陷处能快速聚集电解质溶液，引发腐蚀。如果使用阴极保护涂层，就产生更多的 OH^-，更容易发生涂层剥离。

金属表面有磷化层或六价铬盐转化层时，就不会发生转化层还原，这时的涂层剥离是由转化层溶解造成的。含磷酸盐颜料的涂层能减缓阴极涂层剥离，提高涂层耐蚀性。

（3）涂层起泡　起泡是涂层从底材表面升起的半球状凸起。涂层树脂在水中会吸收 0.1%～3.0% 的水，体积膨胀，涂料固化尤其紫外线聚合时涂层体积收缩，这些都产生内应力。涂层附着良好，内聚强度低，就会微龟裂释放应力。如果附着良好，内聚强度高，内应力就作用在界面上，外界因素稍有影响就导致涂层附着力不好。渗透压目前被认为是最重要的涂层起泡机理，界面溶液的浓度比较高，使膜外的水向膜内渗透，造成膜体积膨胀起泡。

亲水性残留溶剂与干涂层不相容，作为分离相保留下来，导致涂层起泡。锌铬黄之类的钝化颜料，若不微溶于水，就不能起作用，故其在涂层中会导致起泡。氧化锌因易生成微溶于水的氢氧化锌和碳酸锌，导致涂层起泡。涂层中应避免亲水性成分。

无论是涂层起泡或者涂层剥离，都破坏了涂层与金属间的黏合。涂层附着力对涂层防腐蚀性能至关重要。形成附着力的机制有以下几种。①机械锚合，大表面积与许多点间的相互作用。金属表面磷化或喷砂，都能增加粗糙度，涂料渗进金属表面的细孔中，能增强锚合作用。②化学作用，涂层与金属表面形成共价键和离子键，键能 40～400kJ/mol；形成范德华力，键能 4～8kJ/mol；形成氢键，键能 8～35kJ/mol。一般形成范德华力和氢键。绝大多数金属表面有薄氧化层，涂层中羟基等极性基团与金属形成范德华力和氢键，就有优异附着力。

涂层能与磷化或钝化层形成化学键，就极大地增强了涂层的附着力，而且层或钝化层能降低金属表面的反应活性、增强涂层附着力，对腐蚀性离子起屏蔽作用。金属表面的污染物，如氧化皮、灰尘、油脂、盐对涂层附着力有严重影响。其中水溶物易腐蚀电池，对涂层防腐蚀性能影响最大，须用水和洗涤剂洗去。喷砂或抛丸靠颗粒的冲击或切削作用，能够除去氧化皮、油脂、旧涂层等，增加表面粗糙度，能增强涂层附着力。使用偶联剂能在涂层与金属之间靠形成化学键，增强涂层附着力。

4.4.2.2　涂层的防护作用

涂层防护机理有屏蔽、钝化和阴极保护。完整涂层靠屏蔽保护：用色漆、树脂抗皂化性好、提高湿附着力和降低涂层透水性。但有时由于设计要求，涂层不能完全覆盖，或机械损伤等造成涂层破裂，就需用含钝化颜料的底漆（钝化保护）和富锌底漆（阴极保护）。

（1）屏蔽保护涂层　屏蔽保护涂层可作底漆层、中涂层或面漆层，常用于浸渍环境中。屏蔽保护主要靠阻止离子渗透、移动。只要离子在界面不能自由渗透、移动，界面电解质溶液的电阻就非常高，能大幅度降低腐蚀电流，减少腐蚀。涂层提高交联密度，能降低离子传导。低 PVC 涂料能形成致密且黏合力强的涂层，减少腐蚀。涂层外界腐蚀介质的通透性取决于涂层厚度、类型和树脂性质，厚度增加，即使人为损坏后，未坏的涂层因腐蚀介质不易透过，也不容易脱落。多道涂覆涂层的缺陷（如针孔等）少，比单道涂覆涂层的防腐蚀效果好。

屏蔽保护要求涂层致密且黏合力强，阻止界面离子的渗透、移动，减少腐蚀电流，同时降低外界腐蚀性介质的通透性，也就是提高涂层湿附着力，降低透水性及透氧性。

① 湿附着力　提高涂层的湿附着力，可以采取以下措施。

a. 漆前表面处理　除去油、污和盐。钢铁磷化＋电泳底漆，就有优异湿附着力。

b. 润湿渗透　黏料黏度尽量低，用慢挥发和慢交联的涂料，使涂料能完全浸入工件表面微孔中。尽量用烘烤底漆。

c. 树脂官能团　吸氧腐蚀产生的 OH^- 催化酯类水解（皂化）。酰胺比酯的抗皂化性好。环氧-胺和环氧/酚醛底漆抗腐蚀性好，但环氧/酚醛底漆需要高温固化。氨基和环氧磷酸酯能促进湿附着力，不易在钢铁表面被水排挤走。附着力进一步的探讨见 8.2 节。

② 涂层通透性

a. 树脂通透性低。氯偏共聚物、氯化橡胶、过氯乙烯、氟碳树脂等水的透过性很低，用于配制防腐蚀面漆。羟基偏氟乙烯用异氰酸酯交联，仅一道涂层就有良好防腐蚀性。树脂链上有羧酸根或聚环氧乙烷链节时，水的通透性高，不能配制高性能气干型涂料。树脂在温度低于 T_g 时处于玻璃态，水和氧气的通透率小。烘漆交联密度大，T_g 高，耐蚀性好。

b. 片状颜料。片状颜料在涂层中平行于金属表面排列，阻止腐蚀介质透过，显著增强涂层力学性能。云母氧化铁粒径越小（平均直径 $28\mu m$、$32\mu m$、$36\mu m$ 和 $40\mu m$），防腐蚀性越好，用量 $\Delta=0.67\sim0.82$。漂浮型片状铝粉在 pH 大于 9 时，会与 OH^- 起反应，作为缓冲能减轻 OH^- 的作用强度，减少阴极涂层脱落。玻璃片状颜料平均直径 $100\sim400\mu m$，只用于厚涂层中。铝粉广泛应用于海水、大气腐蚀性场合；强酸强碱性场合用玻璃鳞片、云母氧化铁、不锈钢片和镍片。玻璃鳞片需要用硅烷处理的，通常用于储槽衬里。不锈钢片和镍片价格较贵。

③ 多道涂覆。采用底、中、面漆。底漆层要保证覆盖完整，一般 $0.2\mu m$ 厚，薄至 10nm 也可以，因为厚就产生收缩应力，损害涂层湿附着力。底漆彻底固化前施工面漆，提高层间附着力。面漆要使涂层通透性最小，需要涂层厚，而且要有足够机械强度。气干重防蚀面漆厚度可达 $400\mu m$ 以上。多层涂装时，单道涂层厚度低于产生缺陷的厚度，涂层内部没有缺陷，比相同厚度单层涂层的保护要更好。

（2）阴极保护性涂层　在防腐蚀要求比较高的场合，屏蔽涂层下面通常采用阴极保护性涂层，以确保涂层损坏后，整个涂层体系仍然有保护作用。采用阴极保护时，因为钢铁表面发生阴极反应，生成大量的 OH^-，要求树脂耐碱性要好。

① 富锌底漆　阴极保护性涂层只能用于底漆，常用的是富锌底漆。富锌底漆的作用类似镀锌钢铁，锌粉含量按体积计通常大于 80%，远超 $CPVC$，这样才能保证锌粉之间以及锌粉与钢铁之间的良好接触，而且涂层是多孔的，水进入后形成腐蚀电池，锌为阳极，产生的 $Zn(OH)_2$ 和 $ZnCO_3$ 填塞空隙，与残余的锌一起形成屏蔽层。因为树脂含量少，涂层力学性能和黏合性能、附着力和耐冲击性都显著下降。

a. 锌粉。提高锌粉密堆积程度可降低涂层通透性，增加锌粉接触点数，从金属表面转移走的电流，有利于基体阴极保护。球形锌粉平均粒径 $2\mu m$ 时，显示出最好的防腐蚀性能。粒径大，则不容易填满涂层空隙，涂层渗透性仍然较高。使用较少量的片状锌粉，就可以达到与球状锌粉同样的保护效果。把片状与球形锌粉混合使用，能大幅度减少锌粉用量而不影响涂层保护性能。环氧富锌底漆循环腐蚀实验中发现腐蚀处生成 $ZnFe_2O_4$，把铁酸锌颜料加到溶剂型涂料中，能提高涂层的抗腐蚀性。

b. 漆基。分为无机的、有机的和水性的。无机富锌底漆的基料是正硅酸四乙酯与限量水反应生成的预聚物，溶剂是乙醇或异丙醇，因醇有助于储存稳定，通常还加挥发较慢的醇类以助流平。醇挥发后空气中水分完成低聚物水解，产生聚硅酸膜。由于锌粉表面有氧化锌，会部分转化为硅酸锌盐。交联受相对湿度影响大，高温湿度低时，涂层耐磨性不良。热天施工需涂布后立即喷水雾养护。无机底漆的保护性通常比有机底漆的好。

有机富锌底漆通常是环氧树脂，能容忍除油不彻底，喷涂方便，与面漆相容性好。

水性富锌底漆的基料是硅酸钾、钠和/或锂同硅溶胶分散体的混合物，在海洋环境中设施上性能良好，像溶剂型富锌漆一样有效。

c. 面漆层。富锌底漆层上需要有面漆层，以减低锌粉腐蚀，保护其不受物理损伤，改进外观；但面漆漆料的黏度不能太小，否则渗进富锌漆层，降低锌粉间以及锌粉与钢铁间的导电性，影响防腐效果。通常先喷涂一层非常薄挥发快的面漆，涂层黏度迅速上升，封闭住孔穴。这样厚层面漆施工时基本不发生针孔和起泡。薄层面漆需要着色，使喷涂者施工时知道是否完全覆盖。与富锌底漆接触的面漆须抗皂化，可采用双组分聚氨酯、乙烯系或氯化橡胶涂料。有时在富锌底漆上施工环氧中涂层，接着是聚氨酯面涂层。乳胶漆的基料不能渗入孔穴中，是富锌底漆上理想的第一道涂层，可用偏氯乙烯/丙烯酸酯共聚物乳胶漆。面漆要求渗透性越低越好，可采用片状颜料降低渗透性。

② 其他阴极防护层　海水中裸露钢铁常用铝合金作为牺牲阳极，因铝成本低产出的电流密度高。锌合金常用于沿海地区或地下管线上，这些场合腐蚀电流密度较低，用铝则易于钝化。在高电阻场合，如锅炉，常用镁合金，因镁的电极电势高，能克服高电阻的影响。轿车车身、卷钢都采用锌层覆盖的钢材。锌合金在大气环境中的保护效果是得到了广泛证明。为获得更好保护效果，在汽车等行业中采用锌合金取代部分锌，最广泛应用是 Zn-Ni、Zn-Co、Zn-Mn 和 Zn-Mo。在锌或锌合金层上磷化后再涂装，有机涂层主要起装饰作用。

达克罗是 Dacromet 的中文译音，又称为锌铬涂层是水基锌铬涂料，使用鳞片状锌，采用闭路循环生产，不产生废酸、废碱和含锌、铬等离子的污水。浸涂、刷涂或喷涂于钢铁件或构件表面，烘烤（300℃、45～60min）使涂膜中水分、有机类（纤维素）等挥发，靠六价铬的氧化性，使锌、铝与铁基体反应，形成 Fe、Zn、Al 的铬盐层。涂层外观为均匀银灰色，含有 80% 的薄锌片和铝片，其余为铬酸盐。达克罗涂层无氢脆问题，适用于受力件，如高强度螺栓，抗腐蚀性比电镀锌提高 7～10 倍，能耐热 300℃，适用于钢铁、铸铁、铝合金表面。达克罗工艺集鳞片状颜料、富锌底漆防护机理和无机物烧结成型于一体。达克罗涂层具有良好的工艺配套性，可以在其表面粉末静电喷涂、静电喷漆和电泳涂漆等，形成复合涂层，既可大大提高金属的抗防腐性，又满足装饰性要求。

（3）钝化涂层　钝化涂层在金属表面生成一层不溶的金属配合物或复合物层（即钝化层），阻止腐蚀介质的渗透、通过。采用钝化颜料的涂层暴露于潮湿条件会起泡，不推荐浸在水中或埋在土中的场合，而宜用于涂层破损后要重点保护底材，而不太关注涂层起泡。这类涂层只能用作底漆，主要用于大气腐蚀环境，尤其是工业大气腐蚀环境中。

钝化颜料微溶于水，当水汽进入涂层，钝化颜料部分溶于水，并扩散到基体金属表面，与金属反应生成钝化层。理想钝化涂层既要具有良好的屏蔽功能，又能根据防腐蚀要求释放出足量的钝化剂，但这两者是相互矛盾的。涂层屏蔽性好，渗透性就低，水渗入太少，钝化效率就差。在屏蔽和提高钝化效率之间要取一个适当的平衡，要谨慎控制阴极保护程度，避免因阴极保护电流过大而加快涂层阴极剥离速率。

① 钝化机理　钝化颜料分为阳极型和阴极型。阴极钝化颜料是金属离子（如 Ce^{4+}）与 OH^- 结合，生成不溶性沉淀，形成看得见的膜，酸性环境中这层氧化膜溶解，不起保护作用。这层沉淀膜即使不能完全覆盖阴极表面，但仍以其遮蔽作用而降低腐蚀电流。目前研究较多的是镧系元素毒性低，其中铈化合物的价格低，储量丰富，能形成不溶性沉淀，堵塞涂层的缺陷破损处，毒性低，防腐蚀效果显著。只需把硝酸铈溶入涂料，涂在铝合金上，Ce^{3+} 在碱性中被氧化为 Ce^{4+}，生成 CeO_2 并沉积，阻止阴极反应。不锈钢机械和耐腐蚀性能好，但在 Cl^- 溶液中却容易腐蚀，可把铈离子引进有机无机杂化涂料中用于保护不锈钢。

阳极钝化颜料是磷酸盐、硼酸盐、硅酸盐等，这些离子吸附在金属表面，能减小腐蚀电流。如果阳极钝化保护层不足，仍作腐蚀阳极，就起不到保护作用。欧洲最常用的是磷酸盐，还有铬酸盐、钼酸盐、硝酸盐、硼酸盐、硅酸盐。

红丹 Pb_3O_4 中含有 $2\% \sim 15\% PbO$。油性红丹底漆用作气干底漆。不能清洗时适合选用油性红丹底漆，即使有油污，干性油也能润湿渗透，但由于红丹的毒性，应用受限制。

铬酸根低浓度时会加速腐蚀，作为钝化剂有最低临界浓度：$25℃$ 时 $[CrO_4^{2-}] > 10^{-3}$ mol/L。锌黄（铬酸锌钾 $4ZnO \cdot K_2O \cdot 4CrO_3 \cdot 3H_2O$）的溶解度为 1.1×10^{-2} mol/L，用于底漆。四碱式锌黄（$5ZnO \cdot CrO_3 \cdot 4H_2O$）溶解度为 2×10^{-4} mol/L，溶解度较低，应用于磷化底漆。铬酸锶（$SrCrO_4$）溶解度为 5×10^{-3} mol/L，用于底漆，特别是乳胶底漆，而水溶性更大的锌黄会引起储藏稳定性问题。铬酸锶不含结晶水，耐热可达 $540℃$，应用于烘漆或耐温漆中。但这些可溶性铬酸盐类致癌，不能吸入它的喷雾、砂磨尘末或焊接烟雾。

② 磷酸盐 六价铬和铅的化合物都曾经用作阳极钝化颜料，但因它们高毒性及致癌性，现在已立法禁止使用。人们开发毒性较低的磷酸锌系列。磷酸锌的成分是 $Zn_3(PO_4)_2 \cdot 2H_2O$。Zn^{2+} 与阴极区的 OH^- 生成难溶的 $Zn(OH)_2$ 沉淀，磷酸根在钢铁表面形成不溶性的磷酸铁 $FePO_4$，其中氧气把 Fe^{2+} 氧化为 Fe^{3+}。磷酸锌能够钝化酸性介质中的金属表面，适合用于工业环境中，PVC 为 0.7 时，防腐蚀效果最好。磷酸锌防锈漆的耐蚀性与锌黄或红丹的相当。

在高度污染工业环境中，改性磷酸锌能够提高涂层防腐蚀性能。引进 Al^{3+}，提高溶解性，加快水解速率。钼酸盐改性使释放速率较快，在界面富集。目前比较公认的机理是：钢铁因氧气的氧化形成水合 Fe_2O_3 膜，MoO_4^{2-} 生成的 $FeMoO_4$ 结合进 Fe_2O_3 膜中，稳定 Fe_2O_3 膜。改用三聚磷酸盐 $(P_3O_{10})^{5-}$，因络合能力强，在钢铁表面能生成致密钝化膜。磷硅酸钙和钡、硼硅酸钙和钡在增加应用，还有碱式钼酸锌和钼酸锌钙、偏硼酸钡等。5-硝基间苯二甲酸锌盐、2-苯并噻唑硫代琥珀酸锌盐已被推荐作为钝化颜料。

③ 尖晶石类钝化颜料 尖晶石颜料是几种金属的氧化物，呈现尖晶石晶格结构，毒性低。最初使用的是 $ZnFe_2O_4$ 以及 $CaFe_2O_4$，它们与树脂羧基反应形成锌皂或钙皂，提高涂层机械强度，减少腐蚀介质渗透。引进第三种阳离子（$Mg_{1-x}Zn_xFe_2O_4$，$Ca_{1-x}Zn_xFe_2O_4$）能在工业大气环境中显著提高涂层的抗腐蚀性能，而且在工业大气中，防腐蚀性能要比磷钼酸锌铝的好（磷钼酸锌铝比磷酸锌的防腐蚀性能好）。在循环腐蚀测试中，尖晶石颜料的防腐蚀性能表现并不好。

④ 有机缓蚀剂 有机-无机杂化涂料最初的研究目的是替代六价铬酸盐颜料。目前在该类涂料广泛采用非离子型有机缓蚀剂（如 2-巯基苯并噻唑 MBT、2-巯基苯并咪唑 MBI）。在阴极产生 OH^-，

2-巯基苯并噻唑 (MBT)

2-巯基苯并咪唑 (MBI)

pH 大幅度上升，有机缓蚀剂溶解性提高，渗透到腐蚀区域自行修复涂层缺陷，起缓蚀作用。

为能起长效保护作用，要求有机缓蚀剂不能从涂层中挥发出来，否则有效防腐时间就太短。为此就发展了笼蔽缓蚀剂技术，把有机缓蚀剂存储在 β-环糊精（β-CD）的内腔中笼蔽，pH 显著变化时再恢复活性，并缓慢渗出，这样就极大地延长了有效防腐蚀期限。

LBL（layer-by-layer）笼蔽缓蚀剂技术是靠正负电荷的吸引来完成的，在多水高岭土（$Al_2Si_2O_7 \cdot nH_2O$）纳米级管腔中填充有机缓蚀剂，再覆盖上聚电解质层，就成为 LBL 颜

料颗粒，然后加到杂化涂料中。要求杂化涂层与 LBL 颗粒表面能反应，但杂化涂料不能渗入聚电解质-高岭土中，形成涂层时因聚电解质层极性大，靠自分层作用在金属表面富集，这样缓蚀剂就在

β-CD　　　MBT　　　MBT/β-CD络合物

界面富集。这种杂化涂层本身屏蔽性很好，缓蚀剂能非常有效地利用，各个组分成本都很低，属于环境友好型涂料。用于存储缓蚀剂的纳米中空材料除上述多水高岭土、β-环糊精外，还有氧化锆纳米颗粒，中空聚丙烯纤维。具体见参考文献 [5]。防腐蚀涂层类型、常用颜料和应用环境见表 4-8。

表 4-8　防腐蚀涂层类型、常用颜料和应用环境

涂层类型	常用颜料	应用环境
屏蔽	云母氧化铁、浮型铝粉浆、玻璃鳞片等	浸渍环境海洋、工业大气环境
阴极保护	锌粉	海洋、工业大气、水线区
钝化	磷酸盐、铈盐、有机钝化剂、六价铬盐	工业大气环境

4.4.3　防腐蚀涂料

4.4.3.1　重防腐蚀涂料

在恶劣环境中，即沿海地带（严重的盐雾、空气温热）、酸雾地区（如 H_2S、SO_2、CO_2、NO_x 等）、大型化工和石油化工加工厂周围、大型火力发电厂附近等地区，重防腐蚀涂料具有长期保护效果。重防腐蚀涂层由高性能底漆、厚浆型中涂及面漆构成。底漆用富锌涂料，中涂可使用屏蔽性好的云母氧化铁或玻璃鳞片，面漆要耐水、耐化学性和耐候性优良。

厚浆型涂料一道涂覆就得到 $100\mu m$ 以上的干膜，用作中涂或二道底漆，封闭富锌底漆层，有氯化橡胶、氯乙烯基、环氧、聚氨酯类，参见 7.6.2.2 节。

面漆可使用氯化橡胶、乙烯基、聚氨酯。长效装饰性面漆可采用有机硅的改性聚氨酯或改性丙烯酸，以及常温固化氟涂料。有机硅改性树脂涂膜起始光泽较高，但保光性劣于有机氟涂层。面漆总厚度约 $60\mu m$，普通面漆需多次涂覆。

重防腐蚀涂料向环境友好和高性能化方向发展。船壳和船上层建筑、甲板等过去多用氯化橡胶涂料。由于氯化橡胶生产中使用 CCl_4，造成大气中臭氧空洞效应，现在改用高氯化聚烯烃、丙烯酸、丙烯酸聚氨酯涂料。底面合一船壳涂料是含有环氧树脂的丙烯酸涂料，施工后环氧下移到底层、丙烯酸到表面，起到下防腐、上耐候的保护效果。甲板涂料过去采用醇酸、酚醛、氯化橡胶和环氧等，现在用耐磨好的聚氨酯或聚脲体系。将带锈涂料技术融合到甲板涂料中，能制备快干型低表面处理环氧甲板涂料。

重防腐蚀涂料采用玻璃鳞片、离子交换颜料、无毒磷酸系或杂多酸类防锈颜料等。著名的有玻璃鳞片乙烯基酯树脂、不饱和聚酯、环氧树脂或聚氨酯等厚膜型重防腐蚀涂料，涂层固化时收缩率小，有极优良的抗介质渗透性、耐磨损性，热膨胀系数小、耐温度骤变性好，特别适宜于排烟脱硫装置内衬、海洋工程设备、化工耐蚀储槽衬里和酸洗槽内衬。

地下管道种类很多，现以长距离输油、输气管道为主，可用环氧沥青、熔融型环氧粉末、环氧聚酰胺和酚醛环氧涂料系统。输油、输气管道内壁近年来用环氧粉末，但管道外壁

发生腐蚀或损伤时，不能用环氧粉末补救。近年来采用聚氨酯沥青涂料，一次成膜厚，还可"湿碰湿"施工来加厚，1.5mm 厚就使管道外壁得到充分保护。聚脲涂料施工固化快捷，可应用于地下管道防腐蚀体系。

4.4.3.2 防腐蚀涂料类型

（1）环氧树脂 通常用双酚 A 型（BPA），对金属有极好的附着力，能够抵抗热、水和化学介质的侵蚀，树脂骨架是稳定的 C—C 键和醚键，化学稳定性高。但环氧树脂在紫外线照射下易泛黄和粉化，只用于维修涂层、底漆和中涂层上。环氧防腐蚀涂料有溶剂型和水分散型。水分散型环氧防腐蚀涂料主要是阴极电泳漆。环氧-胺（2K）底漆应用于海洋重防腐环境、腐蚀性储槽衬里、储油罐内壁。环氧酯与醇酸树脂类似，比醇酸的耐腐蚀性好，在湿热地区代替醇酸涂料。环氧酯的成本和耐腐蚀性介于环氧-胺和醇酸涂料之间。

环氧-聚酰胺涂料可用于水下施工。环氧煤沥青漆价格低，有突出抗水性，不加防腐蚀颜料，仅靠屏蔽来保护钢铁，广泛应用于水下钢铁结构上，但不适合作面漆，因不耐日光照射，易变色。因煤焦沥青有一定致癌性，许多国家已经限制使用。

溶剂型环氧涂料的固体分在 60％以下，厚浆型环氧涂料的在 80％以下，无溶剂型环氧涂料的在 95％～100％。水性环氧涂料主要是双组分，高性能的与溶剂型环氧涂料相当。

水分散环氧涂料的主要问题是环氧树脂和固化剂在成膜过程中要充分混匀，经历了 5 个发展阶段：①液体环氧或环氧乳液，与水溶性胺固化剂；②固体环氧分散体，与水溶性胺固化剂；③液体或固体环氧乳液分散体，与含羧基或氨基的丙烯酸分散体固化剂；④液体环氧或环氧乳液，与胺分散体固化剂；⑤固体环氧分散体，与胺分散体固化剂，常采用双酚 A 环氧树脂与环氧胺加成物固化剂。

（2）丙烯酸树脂 耐水解、耐紫外线。水性丙烯酸防腐蚀涂料比溶剂型的 VOC 可降低80％，即使涂层较薄，也呈现优异的耐腐蚀性和耐久性。溶剂型的比水分散型的附着力好、干燥快，耐久性好，成本较低。丙烯酸电泳涂层的耐腐蚀性能不如环氧电泳涂层，但单道丙烯酸电泳涂层在许多应用场合也具有足够的耐腐蚀性，包括一些户外场合。水分散型丙烯酸树脂与丙烯酸乳胶漆混合使用，可提高单道涂层的厚度、防腐蚀性和耐久性。

有机硅改性丙烯酸乳液和有机氟改性水性丙烯酸树脂，兼有两者的优异性能。将有机硅聚合物经氟化改性后，与丙烯酸酯共聚而制得水性氟化硅丙涂料，综合性能优异，可用于建筑、汽车、机电、造船、航空和航天等领域。

（3）硅氧涂料 有机硅涂层的保光保色性好，但力学性能差。用有机硅改性环氧、丙烯酸树脂等，以提高这些树脂的保光保色性。

硅酸锌又称为无机富锌底漆。涂布后，吸收空气中的潮气产生硅酸和乙醇，乙醇挥发，硅酸自聚合，并与少部分锌反应生成硅酸锌。未反应的锌被不溶硅酸锌包围。空气相对湿度最低也要 50％～60％，如果湿度太低，就不能获得要求的涂层强度。

水性无机富锌涂料采用硅酸钾，有时还加入 Li^+，以及用甲基三甲氧基硅烷改性，以提高涂层性能及贮存稳定性，施工方便，但仅限于 pH 为 5～10 环境，要求底材喷砂处理，涂层抗紫外线能力高，能 10 年不粉化。

实例 1：由高模数硅酸钾水性无机富锌底漆层、水性环氧中间层、水性聚氨酯面漆层或水性位阻胺系丙烯酸酯面漆层，组成重防腐蚀涂层，可减少 98％有机溶剂，用于日本近海钢结构，几年以来防腐蚀、耐候性能良好。

实例 2：在北海钻井平台上，使用双组分环氧富锌底漆层、双组分水性环氧中间层和水性丙烯酸面漆层，经 4 年运行，除油井外部周边部位的涂层有一些片落和裂纹外，总的使用效果良好。

实例 3：在北海钻井平台上用水性环氧富锌底漆层、水性环氧中间层和双组分溶剂型丙烯酸面漆层，经 5 年后效果依然良好。

（4）醇酸涂料　成本较低，容易润湿油腻表面，施工不易形成漆膜缺陷，有良好的附着力、柔韧性、耐久性和一定的抗化学药品性能。醇酸树脂加钝化颜料，作底漆，用于水影响不明显的腐蚀场合。因该树脂易皂化，不能用于阴极保护面上，如各种富锌底漆表面。

（5）聚氨酯涂料　用作面漆层、底漆或中间层。防腐蚀型有单组分（潮气固化聚氨酯漆）和双组分。漆膜低温固化，耐溶剂性好，适合耐磨的场合，但大多数高温下易降解。

聚氨酯厚浆涂料低温固化性比环氧涂料好，其他性能与环氧漆相当。玻璃鳞片能赋予涂膜良好的力学性能和耐磨性，厚 $2 \sim 5 \mu m$，粒径 $0.4 \sim 3.5 mm$，在环氧、聚氨酯中用量为 $10\% \sim 30\%$，玻璃鳞片以 $60 \sim 80$ 目的抗渗透性好。涂层厚 $0.5 \sim 2 mm$，作超重防腐蚀涂料使用。

重防腐蚀水性聚氨酯涂料是双组分的，利用脂肪族异氰酸酯（HMDI、IPDI、TMXDI 等）与水反应缓慢的原理，混合后使用期短，仅几个小时。日本中远关西涂料化工有限公司的风机叶片用水性聚氨酯面漆，羟基组分为丙烯酸分散体，固化剂为聚醚改性 HDI 三聚体，混用部分为聚酯改性 HDI 三聚体。涂层具有高弹性、高耐磨性、高耐候性和出色的力学性能等，能满足内陆风场风沙侵蚀，以及沿海风场盐雾和海水腐蚀的要求。有机硅改性丙烯酸乳液加到双组分水性聚氨酯涂料中时，能提高耐水性和耐化学品性。核壳型氟化丙烯酸与硅化聚氨酯杂化乳液（最佳 20% 氟和 12% 聚硅氧烷），提高涂层的斥水性、斥油性。

聚脲的固体含量 100%，能快速固化，其厚度可任选，是由端氨基多元醇或聚醚胺与多异氰酸酯反应而制备，与聚氨酯涂层相比，耐热性高，耐候性好。

（6）卤化聚合物　潮气和氧气渗透性低，但 VOC 高，高温易分解放出氯化氢，卤化聚合物涂层没有交联，对溶剂敏感，不适用于炼油厂和化工厂。

氯化橡胶耐皂化，干燥快。氯化橡胶厚浆涂料是加入适量氢化油触变剂制得，一道膜厚 $70 \sim 100 \mu m$，表干 30 min，6 h 后可重涂，与富锌底漆、环氧、酚醛涂膜的结合力良好。

过氯乙烯比氯化橡胶膜致密，耐化学腐蚀优良，但分子结构比氯化橡胶规整，附着力差，须有配套底漆，且固含量低，用于水线下、工业腐蚀环境中，能耐无机酸碱。

氯醋树脂用环氧、醇酸树脂等改性提高附着力，得到环氧氯醋底漆、醇酸氯醋中涂、醇酸氯醋面漆等厚浆涂料。用水性氟代烯烃-乙烯基醚（FEVE）共聚体和水分散性脂肪族异氰酸酯，可制成水性氟碳涂料，与溶剂型的性能相当。

（7）不饱和聚酯漆　形成 $500 \sim 1000 \mu m$ 厚涂层，内加玻璃鳞片。涂布时加入固化剂和促进剂，1 h 内用完。涂层耐磨损性能和耐水性好，可用于海水或淡水中的结构上。

（8）水泥涂层　仅用于混凝土中增强钢结构的维护，把水泥与水或乳胶混合，涂在钢结构上，固化后产生强碱性氢氧化钙，能够钝化钢铁表面。

4.4.3.3　水性防腐蚀涂料

水性涂料因采用水溶剂，仍然存在一些问题。①喷砂处理过的钢材上有水时，会立刻产生锈蚀，称作闪锈。加亚硝酸钠等添加剂，阻止焊缝处出现闪锈。胺类等碱性成分能部分克服闪锈。乳胶漆加入 2-氨基-2-甲基丙烷-1-醇（AMP）之类的胺以及硫醇类化合物，可防止闪锈。②空气相对湿度太高，不适合涂布水性涂料。③需要加防霉剂。④水的挥发速率较快，刷或滚涂时没有足够时间流平，留下刷痕。

桥梁维护涂料可用乳胶底漆，也用无机富锌底漆，都用乳胶面漆。有些体系经户外暴晒5年后性能仍然很好。采用耐皂化的苯丙乳液和偏氯乙烯/丙烯酸乳液，为改善其性能：①用甲基丙烯酸-2-(二甲氨基)乙酯或甲基丙烯酰胺、乙基乙烯基脲作为共聚单体，引进氨基，以增加附着力；②乳胶颗粒比钢材表面的缝隙大，不能渗透到缝隙中，醇酸、环氧酯乳化后，加入乳胶涂料中，它们能渗入缝隙中。乳胶漆中采用铬酸锶、磷酸锌、锌-钙的钼酸盐以及硼硅酸钙类的钝化颜料。

4.4.4 防腐蚀涂层评价

防腐蚀体系在自然环境中老化几年后，也显示不出变坏的迹象，需要加速老化来研究。因大多数加速老化在实验期限内看不到老化效果，要人工破坏涂层，来研究破坏处的性能。

传统加速老化方法是盐雾实验，即把海水持续地喷在有破坏处的涂层上，但这种方法和自然环境中腐蚀行为的关联性差。为加强关联性，在循环腐蚀实验中，涂层要经受电解质和天气交替变化的影响，如潮气、干燥、紫外线辐射以及温度变化。ISO 12944 就是循环腐蚀实验的测试标准。然而，即使关联性好，也不能预测完整无缺陷涂层在自然环境中的使用寿命，因为加速老化实验是人为破坏涂层后测得的结果。电化学测试能在肉眼观察到涂层破坏前，获得金属和涂层的信息，实验室内广泛用电化学法来评价涂层防腐蚀性能。

传统研究方法是研究涂层失效后的各种现象，来推测腐蚀机理，这仍是评价涂层性能的有效方法，但不能给出明确机理。近来采用了电化学、光谱学等原位在线测量。电化学方法包括直流电化学法、电化学阻抗法（EIS）等，研究溶液中涂层/金属体系。直流电化学法一般作为预测试或辅助手段。EIS现在已成为研究有机涂层/金属体系的重要方法。

4.4.4.1 电化学腐蚀测量

在电解质中，金属表面的阴极与阳极之间由于存在着电位差，就形成电流，电极上发生反应生成铁锈。电流流动时，阴极电位逐渐降低，阳极的逐渐升高，这样电位差就逐渐减小，这种由于外电路电流流动而发生的电位变化现象称为极化。此时因极化而产生的电位变化值就是腐蚀电位，用 E_{cor} 表示，腐蚀电位是对平衡电极电位的偏离，是过电位。腐蚀电位所对应的电流（密度）叫腐蚀电流 I_{cor}（"密度"二字通常省略），它们之间的关系是：

$$R_p = dE_{cor}/dI_{cor} \qquad (4-27)$$

R_p 为极化电阻，又称极化阻力。如果极化电阻很小，腐蚀电流就会很强，腐蚀速率就会很高。相反，如果极化电阻很大（如在钢板上涂上一层防锈涂料）那么，腐蚀电流就会大大减弱，使金属得到保护。

由于钢铁等金属是电的良导体，电阻通常很小，但在金属表面离子的扩散运动却往往会遇到各种阻力，如铁表面生了锈，上面有涂层，或者是暴露在较干燥的空气中，都使铁表面的离子运动受到阻力，增大极化电阻 R_p。在通常情况下，离子运动速率比金属内部的电子运动速率慢得多，这种现象称为电化学极化。电化学极化的结果是：如果施加外部电流要求发生电解反应，就需要在平衡电压的基础上再加上极化电阻所造成的电压（过电压），电解反应才能进行。在这种条件下，过电压 E、电流 I（金属中流动的电流）之间的关系式被称为塔菲尔方程：

$$E = \alpha + \beta \lg I \qquad (4-28)$$

式中，α、β 是常数。金属腐蚀是在阳极进行。假定阳极区的塔菲尔常数为 β_a，阴极区

的为 β_c，极化电阻为 R_p，则腐蚀电流方程称是线性极化方程式：

$$i_{cor} = \frac{\beta_a \beta_c}{2303(\beta_a + \beta_c)R_p} = \frac{B}{R'} \qquad (4-29)$$

由于腐蚀速率与腐蚀电流 i_{cor} 成正比例关系，能够利用线性极化方程式简单地测定并计算腐蚀速率。以经验常数 B' 取代 B（B 称为总塔菲尔常数），即可达到这个目的。极化电阻 R_p 的单位是 $\Omega \cdot cm$。腐蚀速率 $[g/(m^2 \cdot h)]$ 为：

$$C = B'/R_p \qquad (4-30)$$

对铁来说，开始实验时，腐蚀速率快，B' 值为 310。此后，随着铁锈的生成、极化电阻 R_p 的增加，B' 值也会降低到 $20 \sim 30$。利用这个公式，可以用电化法来测定各种金属材料在各种环境中的腐蚀速率，也可以设计各种防蚀方法。利用涂层、缓蚀剂、钝化，都可以有效地提高极化电阻 R_p，从而有效地防止金属腐蚀。

根据塔菲尔方程式(4-28)，随着过电位 E 增加，电流 I 也增加，金属溶解为阳离子的速率也增加，但到极限电流 I_c 后，金属不再溶解，表示进入钝化状态，在金属表面生成了保护膜。由活性状态转变为钝态的电位，叫作弗莱德电位，用 E_F 表示。

E_F 随 pH 变化而变化。如果 pH 很高（强碱性条件下），E_F 很小，非常容易钝化。如果电极电位提高到一定程度，保护膜就被破坏或击穿，金属的溶解速率又重新提高，腐蚀又重新加速，此时称为过钝态。有时金属表面还会从过钝态变为二次钝态，重新恢复保护作用。

电位是金属电化学腐蚀的驱动力，防腐蚀方法如下。①阳极法，设法使在水溶液中的金属电极电位降低到非腐蚀区域，使 Fe^{2+} 降到小于 10^{-6} mol/L 以下，腐蚀速率就极小。对电极的电位比金属电极电位更低，如镀锌、牺牲阳极保护法等。②钝化法，使金属的电极电位升高到钝化区域内形成保护膜，如铬酸处理、铝阳极氧化等。③碱性防蚀法，将 pH 值调整到安全范围内，钢铁的在 pH=10~12 之间。

4.4.4.2　电化学阻抗技术（EIS）

EIS 在在研究金属电化学腐蚀机理、缓蚀剂机理、涂层性能评定中有成功的应用。电化学体系可以施加一个小的扰动，通常是正弦波，来进行研究。电极电势的正弦变化部分的幅度通常在 5mV 左右，最高不超过 10mV。控制电极电流或电势使之按正统波规律随时间而变化，同时测量响应的电极电势或电流随时间的变化规律。响应可与所加信号的相位和幅值不同。测量相位差和幅值（也就是阻抗），可以分析电极进行的动力学过程。阻抗是电势和电流关系的比例因子，它包括电阻、容抗（来自于电容元件）和感抗（来自于电感元件）。一般不考虑感抗，对于电化学体系，只有在非常高的频率下（>1MHz）才会产生感抗。

将为涂层所覆盖的金属电极样品浸泡于 3.5% 的氯化钠溶液中，在室温敞开条件下进行，测量的频率范围为 $10^5 \sim 10^{-2}$ Hz，有些情况下低频可至 10^{-3} Hz。测量信号为幅值 20mV 的正弦波。这个幅值比一般 EIS 测量所用的幅值要高，这是因为有机覆盖层可以看成是一个线性元件，涂层覆盖金属电极的线性响应区要比裸露金属电极的要宽。

$\lg|Z|$ 对 $\lg f$ 作电化学阻抗谱图，Z 为阻抗，f 为频率。阻抗 Z 是随频率变化的复变函数，有实部 Z' 和虚部 Z''，$Z = Z' + jZ''$，其中 $j = \sqrt{-1}$。习惯以 $-Z''$ 为纵轴，以 Z' 为横袖来表示阻抗复面。$\tan\phi = \dfrac{-Z''}{Z'}$，其中 ϕ 称为相位角。以 $\lg f$ 为横坐标，$\lg|Z|$ 和相位角 ϕ 为纵坐标绘成两条曲线,称为波特（Bode）图。

在用 EIS 方法对涂层性能进行研究时，需要将涂装的金属试样长期浸泡在试验溶液之中，对试样进行反复的测量。多次测量得到的图是随浸泡时间不同而变化，这些变化有的来自于涂层性质，有的则来自于涂层的结构，或涂层与界面结构的变化。

水分还未渗透到达涂层/基底金属界面的那段时间叫作浸泡初期，这时测得的阻抗谱，$\lg|Z|$-$\lg f$ 作图为一条斜线，相位角在很宽范围内接近 90°，说明此时的有机涂层相当于一个电阻值很大、电容值很小的隔绝层。随着电解质溶液向有机涂层的渗透，涂层电容随浸泡时间而增大，电阻则随浸泡时间而减小。电解质溶液渗入有机涂层的难易程度即表示有机涂层的耐渗水性。

电解质溶液到达涂层/基底金属的界面，引起基底金属腐蚀的同时还破坏着涂层与基底金属之间的结合，使涂层局部与基底金属失黏或起泡，但此时涂层表面还没有出现肉眼能观察到的宏观小孔。把阻抗谱出现两个时间常数但涂层表面尚未形成宏观小孔的那段时间叫作浸泡中期，见图 4-7。浸泡中期具有两个时间常数，而且电解质溶液对涂层的渗透已达饱和。与高频端对应的时间常数来自于涂层电容及涂层表面微孔电阻的贡献，与低频端对应的时间常数则来自于界面起泡部分的双电层电容及基底金属腐蚀反应极化电阻的贡献。

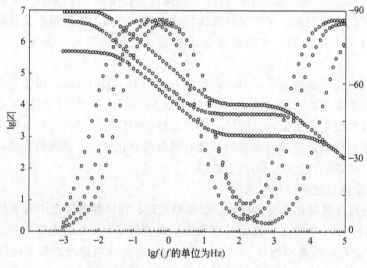

图 4-7　浸泡中期有机涂层的 EIS 波特图

富锌涂层开始浸泡时，就出现两个时间常数的阻抗谱，一个时间常数与有机层的电阻、电容有关，出现在高频端；另一个与锌腐蚀反应电阻、双电层电容有关，出现在低频端。大多数的有机涂层中都含有颜料等添加物，它们使电解质溶液渗入有机涂层困难。这样，在阻抗谱中往往会出现扩散过程引起的阻抗的特征。如果在中间颇段的 $\lg|Z|$-$\lg f$ 曲线中应出现直线平台的区域变成斜线，是由于涂层中颗粒物的阻挡作用造成的。电解质溶液沿着颗粒之间的空隙，弯弯曲曲地向内渗入，反应粒子传质过程的方向就不与浓度梯度的方向平行。

把有机涂层经浸泡而出现锈点之后的那段时间叫作浸泡后期。在浸泡后期，有机涂层表面的孔率和起泡区已经很大，已经无保护作用，故阻抗谱主要由金属上的电极过程所决定。

对 EIS 数据进行解析，得到涂层电容、微孔电阻、双电层电容及基底金属腐蚀反应电阻等，计算不同浸泡时间涂层表面的微孔率及界面区面积。EIS 数据解析比较复杂，需要转化为等效电路进行求解，参考文献 [10] 对浸泡初期、中期和后期的不同有机涂层建立了 6

种等效电路模型，进行数据处理。EIS 只能反映所测面积整体平均信息，为弥补其缺点，还采用局部电化学阻抗测试技术（LEIS）、振动电容技术的扫描 Kelvin 探针和扫描声学显微镜（SAM）进行研究。除研究涂层/金属界面的失效外，EIS 用于测量溶剂型涂料和水性涂料涂层的 CPVC，测量结果与扫描电镜（SEM）的结果一致，并且能够测量 SEM 不能观察的纳米颜料涂层体系。

4.5 涂料中常用的颜料

4.5.1 白色颜料

白颜料不仅用于白色涂料中，还用于有色涂料中以获得较浅的颜色。许多彩色颜料只能得到透明涂层，而白色颜料可提供遮盖力。理想的白颜料要求不吸收可见光，折射率高。白色颜料的主要性能对比见表 4-9。

表 4-9 白色颜料的主要性能对比

白色颜料	密度 /(g/cm³)	折射率	消色力 Reynolds	消色力 相对值	遮盖力 相对值	遮盖力 /(m²/kg 颜料)
金红石型钛白粉	4.2	2.76	1650	100	100	30.1
锐钛型钛白粉	3.9	2.55	1270	77	78	23.6
硫化锌	4.0	2.37	660	40	39	11.9
氧化锌	5.6	2.02	200	12	14	4.1
立德粉	4.2	1.84	260	16	18	5.1
碱式碳酸铅	6.1	2.00	150	9	12	3.7

白色遮盖型颜料中最重要的是钛白粉，颜料性能优异，而且安全无毒，其用量在发达国家占涂料用颜料总量的 90% 以上。立德粉性能不如钛白粉，由于我国钡资源丰富，仍得到大规模的生产和应用。

4.5.1.1 钛白粉

钛白粉的成分为二氧化钛（TiO_2）。二氧化钛有 3 种晶型：金红石型、锐钛型和板钛型。金红石型、锐钛型同属四方晶系，在工业上得到广泛的应用。金红石型钛白粉比锐钛型钛白粉的原子排列要致密得多，密度显著地大，稳定性好。锐钛型 TiO_2 易粉化，主要用于造纸和化纤。板钛型属于斜方晶系，无工业价值。

现代涂料工业对 TiO_2 的要求主要是耐久性好和光泽高。耐久性与 TiO_2 的粉化相关。

根据粉化程度分为不抗（自由）、中等和高抗三类。抗粉化性与耐久性有区别，耐久性还包括保光性和保色性等，但实践中两者相当一致，抗粉化性也说明了耐久性。

锐钛型和未经表面处理的金红石型 TiO_2 有光化学活性，能够催化分解树脂，粉化性强，耐久性差。超耐久性 TiO_2 采用致密 SiO_2-Al_2O_3 来包覆 TiO_2 颗粒，或用 ZrO_2-Al_2O_3 包覆。

为提高涂层的光泽，要控制 TiO_2 粒径，使其分布尽可能地窄。当 TiO_2 晶体粒径小于 0.19μm 时，便没有遮盖力，但实际上聚集不可避免地发生，这一阈值远小于 0.19μm。超

细 TiO_2 的粒径为 $0.01\sim0.05\mu m$，就是透明 TiO_2，对紫外线能有效屏蔽，用在护肤用品、透明涂料和随角异色汽车面漆中。①小粒径（$0.2\sim0.3\mu m$），光泽高、白度好，主要适用于低 PVC 的高光泽涂料，但抗粉化性差些。②中粒径（$0.3\sim0.4\mu m$），是 TiO_2 颜料的主体，各项性能比较平衡，广泛应用于各种涂料中，有些牌号为通用型 TiO_2。③大粒径（$0.4\sim0.5\mu m$），一种用于平光乳胶漆的超 $CPVC$ 的配方中，有海绵状铝硅包膜（包膜量高达 $10\%\sim20\%$），吸油量和吸水量都很高；另一种用于金属罐用印铁油墨和某些家用电器，因为一次成膜，且涂层大多非常薄，为了达到最大遮盖力，PVC 必须很高，大粒径能避免颜料过分聚集。

4.5.1.2　其他白色颜料

① 氧化锌 ZnO 又名锌白。消色力和遮盖力都不好，但耐光、耐热（熔点 $1975℃\pm25℃$）和耐候性良好，不粉化，适用于外用漆，在硫化物环境中产生的硫化锌也是白色颜料。氧化锌有一定水溶性，潮湿环境中易起泡。氧化锌有碱性，可与脂肪酸生成锌皂变稠，但锌皂能够提高涂层的坚韧性。

② 立德粉又名锌钡白，生成反应为：

$$BaS+ZnSO_4 \longrightarrow ZnS\cdot BaSO_4$$

一般立德粉中 ZnS 含量为 $28\%\sim30\%$，有的品种高达 60%。立德粉的遮盖力只相当于钛白粉的 $20\%\sim25\%$，涂层室外寿命仅为钛白粉的 $1/3$，不用于高质量户外涂料。立德粉有化学惰性和耐碱性好，涂层致密和耐磨，广泛用于室内涂料中，也可用于氯化橡胶和聚氨酯的耐碱性涂料中。立德粉不耐酸，遇酸分解产生硫化氢。

③ 锑白 Sb_2O_3 价格高，主要用于防火涂料中，与含氯树脂作用能够阻止火焰蔓延。

4.5.2　有色颜料

4.5.2.1　氧化铁颜料

氧化铁颜料无毒、化学稳定性好、能吸收紫外线、色谱范围广和价格低廉，成为次于钛白粉的第二大无机颜料。品种有铁红 Fe_2O_3、铁黄 $FeO(OH)$、铁黑 $(FeO)_x\cdot(Fe_2O_3)_y$、铁棕 $(Fe,Cr)_2O_3$ 等。铁黄超过 $177℃$ 就脱水变成铁红。铁黄为低彩度棕黄色，能够强烈吸收蓝色和紫外线，保护高分子免于降解。铁黑为 $(FeO)_x\cdot(Fe_2O_3)_y$，涂层有韧性、无孔隙、高耐候性。铁黑有磁性，用于制造磁性油墨。铁棕由铁黄、铁黑、铁红机械混配而成，从浅棕色到深巧克力色。天然氧化铁用于中低档涂料。合成的纯度高、粒径均匀、色相好。

绿矾煅烧生产的铁红呈球形；沉淀生产的铁红是菱形，颗粒软而且易分散；铁黑煅烧生产的铁红是球形；铁黄煅烧生产的是针形铁红。它们的物理性能有很大差别。

铁红是红色粉末，色光范围从浅橘色到深蓝色，耐碱、耐稀酸、耐热 $1200℃$，对光稳定，并强烈吸收紫外线。铁红的遮盖力很强，除炭黑外它是最高的，着色力也比较好。铁红用 SiO_2-Al_2O_3 进行表面处理后，易分散，具有抗絮凝性，称为抗絮凝氧化铁。

透明氧化铁粒径 $10\sim90nm$，制漆时难分散，一般以预分散色浆供应，有红、黄、黑、棕等颜色，对紫外线吸收能力强，含 $2g/m^2$ 透明铁红就完全吸收紫外线。透明氧化铁有优异的耐候性，色彩比较鲜艳，价格相对便宜。透明性和分散性好的氧化铁可取代部分有机颜料，与铝粉或珠光颜料配合，制造有随角异色的汽车面漆。

4.5.2.2　黑色颜料

常用的是炭黑和铁黑。炭黑的遮盖力很强，着色力、耐候性优良，应用广泛。不同品种炭黑的尺寸差别大，最小粒径 50nm，最粗的 500nm。干燥时炭黑聚集在一起，形成不同松紧的堆积，制漆时被重新分散。炭黑有多少不定的分支小链，使炭黑结构复杂，吸油量增加。炭黑化学性能稳定，与碱和酸都不反应，能吸收紫外线并转化为热能，还能捕集自由基，阻止聚合物降解，提高涂层的耐光和耐高温性。

4.5.2.3　黄色颜料

无机黄色颜料中有镉黄 $CdS \cdot BaSO_4$、铁黄 $Fe_2O_3 \cdot H_2O$、铅铬黄 $xPbCrO_4 \cdot yPbSO_4$。

铬酸铅系以铬酸铅为主要成分，常用的有五种：樱草铬黄、柠檬铬黄、中铬黄、橘铬黄和钼铬红，为明亮的高彩度黄色料。中铬黄呈浅红相黄色，组成接近纯铬酸铅。柠檬铬黄（$PbCrO_4 \cdot xPbSO_4$）是一种浅黄色，即柠檬黄色。樱草铬黄（$PbCrO_4 \cdot xPbSO_4$），带浅绿色调的黄色。橘铬黄（$PbCrO_4 \cdot xPbO$）为橘黄色，为碱式铬酸铅。钼铬红（$PbCrO_4 \cdot xPbMoO_4 \cdot yPbSO_4$），从橘红色到红色，是一种明亮的橙红色。铬酸铅系颜料在暴露于大气中变暗褪色，耐光、热和化学性不好，需要表面包膜，如 SiO_2-Al_2O_3、SiO_2-ZrO_2、SiO_2-Sb_2O_3、Sb_2O_3-SiO_2-Al_2O_3 膜。包膜分为重包膜和轻包膜，重包膜改进程度大，但在颜色纯度和明度方面不如轻包膜。铬酸铅系颜料的粒径在 $0.8 \sim 1.5\mu m$，高湍动快速沉淀可使粒径降到 $0.50\mu m$。

铬黄颜色鲜艳、易分散和价格相对便宜，用于生产黄色和绿色涂料。中铬黄主要用于路标漆。重包膜的钼铬红具有优异的保色性和抗 SO_2 侵蚀的能力，用于汽车面漆和卷材涂料以及工业污染程度高的场合，如隧道、海洋设施等。

美国要求室内家具涂料的铅含量不超过 0.06%，这时的黄色要用钛白粉与有机黄混拼，如单芳基黄，或有机颜料与钛镍黄、钛铬黄混拼。另外还可用铋黄、安全黄等。

钛黄是将其他金属离子引入锐钛型 TiO_2 中，煅烧转化成金红石型结构，绿光黄色调加锑和镍离子；红光黄色调加锑和铬离子，耐户外暴晒，耐化学、耐热和溶剂性均佳，但黄色相当弱，颜色范围也受限制。铋黄（$BiVO_4 \cdot nBi_2MoO_6$，$n=0.2 \sim 2$），为嫩黄色，颜色亮丽，n 值大色调偏绿，着色力一般，耐光、耐候、耐化学品性能优异，耐热 $200℃$ 以上，颜料性能优异，但价格贵。安全黄是氮化立德粉颗粒作内核，外包改性汉沙黄，用于代替中铬黄。

双芳基黄PY13　　　单芳基黄PY74

镍偶氮黄PG10　　　异吲哚啉PY139

双芳基黄如 PY13 又称联苯胺黄，高着色力和高彩度，耐溶剂、热和化学性均优，对光相当稳定，但户外暴晒仍会褪色，尤其作浅色时用。由于着色强度高及密度低，制漆成本低，主要用于色调上需要有明亮黄色的内用漆，也用于浅色以及铅笔漆中。

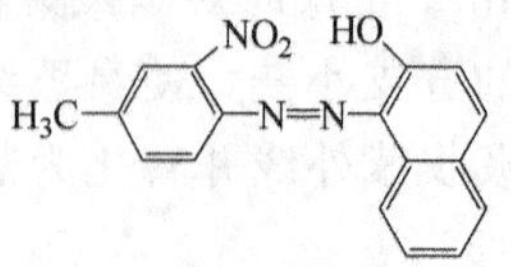

甲苯胺红PR3

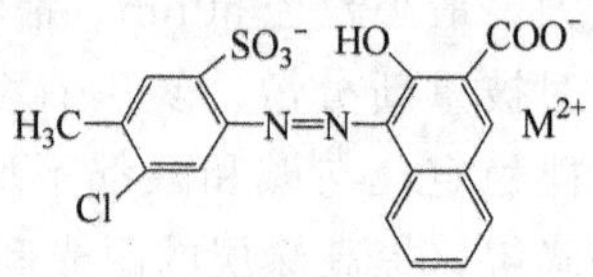

永固红PR48

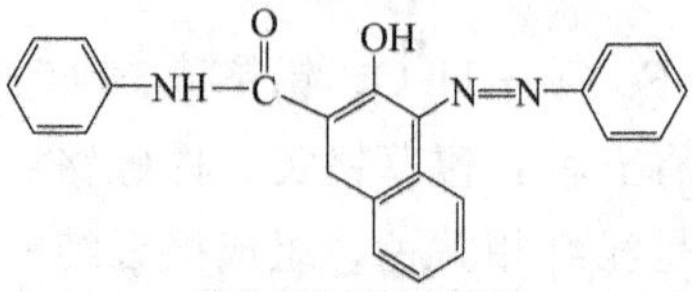

萘酚红的通用结构

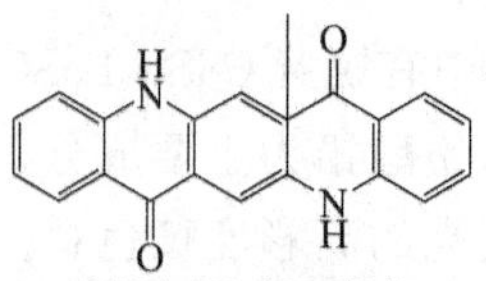

喹吖啶酮红的环结构

单芳基黄如 PY74 又称耐晒黄 G、汉沙黄 G、耐光黄，是略带红光的柠檬黄色，彩度高，着色力比铬黄高 4～5 倍，耐光坚牢度却要比双芳基黄好，但比无机颜料要差，用于户外有足够的耐光性，但高温时渗色并会升华，取代路标漆中的铬黄。

镍偶氮黄 PG10 是带很强绿光的黄色料，有优异的户外耐久性和耐热性，涂层透明，主要用于汽车闪光漆。还原黄颜料类如异吲哚啉黄 PY139 有优异的户外耐久性和耐热、耐溶剂性的透明颜料，价格高，只用在要求突出性能时（如汽车闪光漆）。

4.5.2.4　红色颜料

甲苯胺红 PR3，又名颜料猩红、吐鲁定红，呈鲜红色，价格中等，着色力高，户外耐久性、耐化学和耐热性好，可用于水性漆、气干或烘干磁漆中，但显示光雾和白化，对过度研磨敏感。甲苯胺红遇硝基漆等易渗色。

大红粉为萘酚红类，有不同取代（Cl、OCH₃、NO₂ 等），是常用的红色颜料，颜色鲜艳、耐光、耐酸碱、耐热都较好，有较好的遮盖力，有微小渗色问题。

永固红 2B 耐渗色高彩度，有钙盐、钡盐或锰盐。锰盐户外耐久性更高。偶氮颜料中的许多对碱敏感，不适用于某些乳胶漆中。

喹吖啶酮有橙色、栗红色、猩红色、桃红色和紫色，不渗色，耐热和耐化学性，且有突出的户外耐久性，然而价格高。立索尔红是蓝光色淀性红，是沉积在无机物（如氢氧化铝）上形成的。立索尔红分子结构中有负离子基团，Na 盐为橙红色，Ba、Ca、Sr 盐依次从暗红到蓝红。钠盐微溶于水，不溶于醇和油脂，对石灰不起作用，耐光性中等。钡盐的耐光性和耐热性比钠盐好，耐酸性较好，极难溶于水，吸油量较高，渗色性较小，适用于硝基漆及油基漆。苯并咪唑酮橙颜料呈现优异的耐光坚牢度和耐热耐溶剂性能，作钼橘橙替代物。

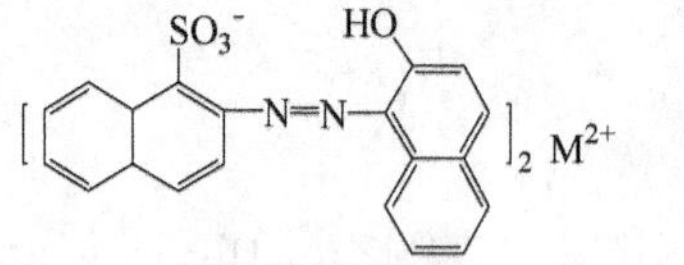

立索尔红PR49

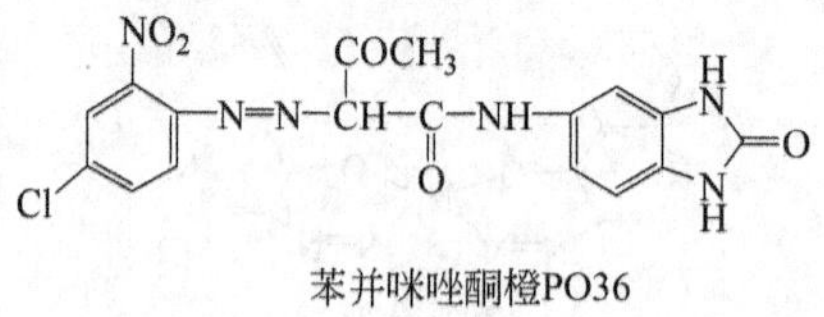

苯并咪唑酮橙PO36

4.5.2.5　蓝色颜料

群青是一种复杂的硅铝酸配合物。蓝色系列包括浅色 Na₆Al₆Si₆O₂₄S₂、中色 Na₇Al₆Si₆O₂₄S₃、深色 Na₈Al₆Si₆O₂₄S₄。紫色群青钠含量低一些，为 H₂Na₄Al₆Si₆O₂₄S₂。群青还有粉红色和绿色的。突出特性是颜色鲜艳，耐久性好，在溶剂型涂料中遮盖力都很弱，水性涂料中有遮盖力。设群青着色力为 1，酞菁蓝就为 14.5，铁蓝为 7.5。群青耐碱不耐酸，遇酸分解变黄。深色粒径 3～5μm，冲淡后呈红相；浅色粒径 0.5～1μm，冲淡后呈绿相。

铁蓝是深蓝色粉末，通式为 $K_xF_y[F(CN)_6]_x \cdot nH_2O$，$(NH_4)_xFe_y[Fe(CN)_6]_z \cdot nH_2O$，性能尚好，带强烈红相色调。不同比例的铁蓝和铬黄共结晶体称为铬绿。铁蓝主要用于油墨中和天蓝色的浅色漆中，但不能与碱性颜料如立德粉相配，也不能用于水性涂料等碱性涂料中。

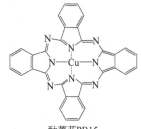

酞菁蓝 PB15

铜酞菁颜料通常称为酞菁蓝，呈现出突出的户外耐久性、耐渗色性和耐化学性，对热稳定，具有高着色力，使用成本中等。酞菁蓝外观是深蓝色粉末，有三种结晶形式：α 型、β 型和很少使用的 ε 型。涂料中最重要的是 β 型，有绿色调的蓝色。酞菁蓝在有机溶剂中结晶和在漆料中絮凝。β 型抗结晶性好，可在溶剂型涂料中应用。α 型较红，在涂料储存或烘烤期间可能变色和颜色强度变化，需要加入不同助剂，使其晶型稳定并将絮凝降低至最低。

4.5.2.6　绿色颜料

铬绿由带绿相的铬黄（如樱草铬黄）和铁蓝拼混而成，从很浅黄绿色（含铁蓝 2%～3%）到很深绿色（含铁蓝 60%～65%）。铬绿存在黄蓝分离的问题，涂层未干燥前有漂浮倾向，施工干燥过程中可能会产生条纹或色变，有时需要添加助剂。由于铬黄和铁蓝都不耐碱，铬绿应避免与碱性颜料如碳酸钙、立德粉等共同使用，也不能在 pH＞7 的水性涂料中应用。铬绿具有良好的遮盖力和着色力，耐久性也可以，能在 149℃ 下烘烤。尽管铬绿性能一般，铅又有一定毒性，但价格低，仍是绿色颜料中用量最大的颜料。

氧化铬绿（Cr_2O_3），呈浅绿色到深绿色，颜色不鲜艳，遮盖力不如铬绿，着色力较差，密度为 5.09～5.40g/cm³，吸油量 12%～14%，突出优点是色坚牢度和化学稳定性好，不溶于酸碱，耐光性很强，可耐 1000℃ 的高温，应用于耐热漆的制造。坚牢度是颜料对光、热、气候、溶剂和化学品呈现出的惰性。坚牢度高，惰性就大。

酞菁蓝的苯环上卤素如氯、溴取代氢，就生成酞菁绿，为深绿色至绿色，溴取代的数量越多，颜色越浅。酞菁绿与酞菁蓝一样具有优良的颜料性能，而且没有结晶问题，仍有絮凝问题，可加入苯甲酸铝解决絮凝问题。

4.5.3　体质颜料

体质颜料折射率均在 1.7 以下，与基料的接近，几乎不产生光散射，遮盖力、着色力都很差，但价廉，主要功能是在涂层中占有体积，同时调节涂料的流动性能、涂层的光泽和力学性能。常用的有：碳酸钙 $CaCO_3$，硫酸钡 $BaSO_4$，滑石粉 $3MgO \cdot 4SiO_2 \cdot H_2O$，高岭土 $Al_2O_3 \cdot 2SiO_2 \cdot 2H_2O$，硅灰石 $CaSiO_3$，云母粉 $K_2O \cdot 3Al_2O_3 \cdot 6SiO_2 \cdot 2H_2O$。

天然碳酸钙称为重质碳酸钙，为磨细的石灰石或白云石，用于腻子等。合成碳酸钙又称轻质碳酸钙，较白，价格较高，根据粒径分为普通沉淀 $CaCO_3$、微细 $CaCO_3$ 超细 CaCO 和活性 $CaCO_3$，主要用于平光漆和水性涂料，有光漆少量应用，中和漆料的酸性。碳酸钙一般不用于外用乳胶漆中，因水和二氧化碳可透过乳胶涂层，反应生成碳酸氢钙，溶于水并从涂层中渗透出来，水蒸发后起霜，起霜在暗色漆上特别显著。

硅酸铝类有膨润土、瓷土、云母（硅酸铝钾）等。瓷土又称高岭土、黏土、白土，质地松软、洁白，耐稀酸稀碱，多用于底漆、水性涂料等，可提高涂层硬度，使涂层不易龟裂，防止颜料沉底。云母具有片状结构，弹性大，在沥青漆和水性涂料中防止龟裂，改善涂刷性。

硅酸镁有滑石粉、石棉。滑石粉是片状和纤维状混合物，能减少蒸汽渗透，阻止颜料沉底结块，有消光作用，提高涂层硬度，多用于底漆和腻子。石棉为纤维状，增强涂层特别有效，但被吸入时会引起肺癌。天然二氧化硅有石英砂和硅藻土，耐磨性好，用于道路涂料。石英粉不易研磨，易沉底，应用有限。硅藻土在平光涂料中可以提高遮盖力。

重晶石（硫酸钡）能提高涂层的硬度，用于底漆、腻子、地板漆和防锈漆中。粉状聚丙烯是不溶性物，故起体质颜料的作用。高 T_g 的乳胶如聚苯乙烯乳胶，可用作乳胶漆的惰性颜料。合成纤维如像芳族聚酰胺纤维等可增加涂膜的机械强度。

随着颜料精制技术的发展（如超微细技术、表面处理技术、沉淀技术），体质颜料的粒径范围从小于 $0.1\mu m$ 到超过 $3000\mu m$，而通常的体质颜料粒径 $0.2\sim20\mu m$。超细型的，表面积高，吸油值也非常高，涂料的 $CPVC$ 越低，如超细 SiO_2（白炭黑），可用作消光剂，但在涂料配方中，应尽量避免使用，因为它们降低涂料的 $CPVC$，从而降低涂料的流动性。碳酸钙用于内墙涂料中，需要与其他的如瓷土、滑石粉或云母一起使用，以提高涂料的坚硬性和耐久性。

参 考 文 献

[1] ［瑞典］莱格拉夫（Leygraf C），［美国］格雷德尔（Graedel T）. 大气腐蚀（Atmospheric Corrosion）. 韩恩厚等译. 北京：化学工业出版社，2005.

[2] 赵金榜. 从几类涂料的变化看防腐蚀涂料的发展. 现代涂料与涂装，2007，10（9）：1-5.

[3] Sørensen P A, Kiil S, Dam-Johansen K, Weinell C E. Anticorrosive coatings: a review. Journal of Coatings Technology Research, 2009, 6（2）：135-176.

[4] 汪俊，韩薇，李洪锡，王振尧. 大气腐蚀电化学研究方法现状. 腐蚀科学与防护技术，2002，14（6）：333-336.

[5] ShunXing Zheng, JinHuan Li. Inorganic Organic sol gel hybrid coatings for corrosion protection of metals. Journal of Sol-Gel Science and Technology, 2010, 54：174-187.

[6] 周强. 涂料调色. 北京：化学工业出版社，2008.

[7] 何国兴. 颜色科学. 上海：东华大学出版社，2004.

[8] 王树强主编. 涂料工艺. 第三分册. 第2版（增订本）. 北京：化学工业出版社，1996.

[9] ［美］Zeno W. 威克斯等著. 有机涂料科学和技术. 经桴良，姜英涛等译. 北京：化学工业出版社，2002.

[10] 曹楚南，张鉴清. 电化学阻抗谱导论. 北京：科学出版社，2002.

[11] （英）兰伯恩，斯特里维著. 涂料与表面涂层技术. 苏聚汉等译. 北京：中国纺织出版社，2009，5.

[12] 虞胜安主编. 高级涂装工技术与实例. 南京：江苏科学技术出版社，2006.

[13] Lobnig R E, Bonitz V, Goll K. Progress in Organic Coating, 2007，60：1-10；77-89.

本 章 概 要

涂层的功能是通过主要成膜物质和颜料来实现的，PVC 和 $CPVC$ 对设计涂料配方是两个重要概念。颜料的装饰性要求颜料具有遮盖能力。白色颜料靠颜料散射才有遮盖力，黑色颜料靠高吸收有遮盖力，彩色涂料靠吸收和散射同时起作用。白色和彩色颜料为提高遮盖力，就需要达到最有效的散射作用，需要控制粒径 $0.2\sim0.4\mu m$。

颜色有三个坐标色相、亮度和彩度。涂料中经常使用色卡来交流对颜色的需要。CIE 1931-XYZ 色度系统是以 X、Y、Z 三刺激值为坐标。仪器测量颜色得到分光反射率，根据式（4-12）计算出 X、Y、Z。在 CIE 1931-xy 色度图上可以求主波长和兴奋纯度，判断这种颜色的色相和饱和度，Y 值可以判断明度。CIE 1976 $L^*a^*b^*$ 计算两种颜色的总色差，以及明度差、饱和度差和色调差。测量颜色仪器有分光光度和光电积分测色仪（色差计）。

面漆耐候性要好，底漆的保护性要好。避免涂层化学降解，就要求面漆层涂层的消耗速率要小，有适当的耐酸性。避免涂层自由基降解，就要求采用对光氧化作用稳定的高分子，避免酮类溶剂，选用紫外线吸收剂、位阻胺光稳定剂、炭黑等阻止高分子降解。

浸渍环境中发生吸氧腐蚀，阴极生成的 OH^- 造成涂层剥离和涂层起泡；氧气浓度不同造成差异充气腐蚀。涂层的屏蔽保护来自于阻止涂层中离子的渗透、移动，使界面电解质溶液的电阻提高，同时降低涂层的通透性。在防腐蚀要求较高的场合，屏蔽涂层下面通常采用阴极保护性涂层，以确保屏蔽涂层损坏后，整个涂层体系仍然能够起保护作用，最常用富锌底漆。钝化涂层在基体金属表面生成一层不溶的金属基配合物或复合物保护层（即钝化层），阻止腐蚀物质的渗透、通过。钝化涂层要求既具有良好的屏蔽功能，又能根据场合防腐蚀的要求释放出足量的钝化剂。

练　习　题

一、填空。

1. 黑色颜料靠对光的吸收形成遮盖力，而作为对比，白色颜料具有遮盖力的原因是＿＿＿＿＿＿＿。

2. 透明氧化铁和透明二氧化钛颜料没有遮盖力的原因是＿＿＿＿＿＿＿＿＿。碳酸钙遮盖性能不好的原因是＿＿＿＿＿＿＿。

3. 孟塞尔颜色系统表征颜色的三个坐标是＿＿＿＿、＿＿＿＿、＿＿＿＿。

4. 在测量涂层时，色度计采用的 CIE 标准照明体为＿＿＿＿，最常用 45/0 几何条件表示的意思为＿＿＿＿＿＿＿＿。

5. 一个涂层室外暴晒一年后，前后测量得到的色差 $\Delta E_{\text{CIE LAB}} \leqslant 3$，这说明该涂层＿＿＿＿。

6. 在涂料中遇到的所有混合颜色几乎都是＿＿＿＿法混合，该法的三原色是＿＿＿＿、＿＿＿＿、＿＿＿＿。

7. 涂层的光泽越高，在总的反射光中＿＿＿＿反射占的比例越大，而＿＿＿＿反射占的比例越小。

8. 当涂层表面具有相同平滑度时，光泽的高低和涂层的分子性质有关，特别是和成膜物的摩尔折射率（R）有关。一般含有＿＿＿＿的分子具有较高的 R 值。

9. 消光的原理是在涂层表面形成细致的粗糙面。常用的消光剂有＿＿＿＿、＿＿＿＿、＿＿＿＿。

10. 完整涂层保护金属，是通过提高涂层的＿＿＿＿，降低涂层的＿＿＿＿和＿＿＿＿实现的。

11. 在工业上广泛应用的钛白粉有＿＿＿＿型和＿＿＿＿型，涂料行业应用的主要是＿＿＿＿型。

12. 常见的 PVC 超过 $CPVC$ 的涂料类型是＿＿＿＿。

13. 某一色彩的孟塞尔坐标是 5Y9/14，该颜色是＿＿＿＿色。其明度是＿＿＿＿，给人的视觉感受是＿＿＿＿（明亮或灰暗）。

14. 在 CIE 1931-xy 色度图上，根据主波长基本对应颜色坐标中的＿＿＿＿，Y 值对应＿＿＿＿，兴奋纯度对应＿＿＿＿。

15. 防腐蚀涂层使用环境分为三类：＿＿＿＿、＿＿＿＿和水线区。

16. 涂膜中树脂的热膨胀系数一般是钢材的＿＿＿＿倍，加颜填料就使涂层的热膨胀系数与钢材比较接近，以更好地适应冷热环境的变化。

17. 暴晒造成涂层厚度减小的原因是＿＿＿＿＿＿＿＿＿＿＿＿。

18. 为防止涂层自由基降解，加＿＿＿＿可以减慢自由基的生成速度，加＿＿＿＿可减慢氧化降解的速率，而且能够有效清除涂层表面的自由基。

19. 屏蔽保护涂层常用于浸渍环境中，起作用的机理＿＿＿＿和＿＿＿＿。

20. 根据涂层防护机理，涂层可分为_____、_____和_____三类。

二、问答。

1. 涂料的颜料体积浓度是怎么影响涂料的性能的？

2. 影响颜料散射的因素有哪些？为什么着色颜料如钛白粉配漆时有一个最佳 PVC？

3. 解释孟塞尔颜色体系的三个坐标，它们在 CIE 1931-xy 色度图中是如何体现的？孟塞尔颜色体系在涂料配色中是如何应用的？

4. 仪器测量涂层颜色为什么要用均匀颜色空间？CIE 1976 $L^*a^*b^*$ 均匀颜色空间的色差、明度差和色调差在在涂料配色中是如何应用的？

5. 分光光度测色仪和光电积分测色仪测量颜色的原理分别是什么？描述利用仪器测色时，给涂料调色的步骤。

6. 如何增加涂层光泽？如何消光？为什么黑色轿车与白色轿车相比，更给人锃亮的感觉？

7. 闪光的原理是什么？如何使涂层具有闪光的效果？铝粉在涂层中有什么应用？

8. 大气中的硝酸、硫酸如何来的？大气干湿循环是如何影响金属腐蚀的？若干年后金属腐蚀减缓的原因是什么？

9. 从原理上解释如何防止面漆层的化学降解和自由基降解。

10. 分析丝状腐蚀、涂层剥离和涂层起泡发生的原因，并且归纳需要在涂料配方设计和涂装过程中采用的措施。

11. 屏蔽涂层、钝化涂层和阴极保护涂层的防护机理各是什么？它们分别应用在什么场合？

12. 列举涂料中常用的颜料，并说明其特性和应用。

三、解释名词：散射、光泽、平光、色料三原色、湿附着力、渗色、达克罗、色卡、鲜映性、闪光漆。

四、计算。

1. 计算下列颜料的 $CPVC$ 值。

颜　　料	碳酸钙	氧化锌	碳酸钡	二氧化硅	钛白粉
密度/(g/cm^3)	2.71	5.60	4.20	2.20	4.2
吸油值/(%)	16.4	16.9	19.6	196.0	24.0
$CPVC$					

2. 求由下列三种颜料组成的混合颜料的平均临界颜料体积浓度。［提示：根据式(4-5) 计算出每种颜料的 OA，再代入式(4-6) 计算］

颜　　料	体积分数/%	密度/(g/cm^3)	$CPVC$/%
钛白粉	45.45	4.16	57.8
滑石粉	9.10	2.70	49.5
碳酸钙	45.45	2.71	64.9

3. 采用 ACS 电脑配色系统测出两种天蓝色涂层的 CIE $L^*a^*b^*$ 值及 CIE $L^*C^*H^*$ 值。

	光源/视角	L^*	a^*	b^*	C^*	$H°$
颜色 1	D65/10°	45.41	−19.18	−39.93	44.30	244.34
颜色 2	D65/10°	45.64	−19.08	−40.43	44.70	244.74

求这两种颜色的 ΔL^*、Δa^*、Δb^*、ΔC^* 和 $\Delta H°$。

第5章 涂料生产和色漆制备

涂料生产是把树脂加入溶剂制成漆料，再配制成清漆或色漆。清漆是由漆料加适当助剂在常温下配制而成。色漆需要把颜料稳定地分散于漆料中。色漆是含有颜料的涂料，是涂料中生产量最大、品种最多的产品。颜料除遮盖和赋予涂层色彩外，还增加涂层强度，相当于颗粒增强高分子薄膜；涂料固化时常伴随有体积收缩，产生内应力，影响涂料附着，加入颜料可减少收缩，改善附着力；颜料反射、吸收或散射阳光，保护下面的树脂，改善耐候性；涂料中加入颜料可破坏漆膜表面的平滑性，降低涂层光泽；大多数颜料价格便宜，能降低涂料成本。

5.1 涂料生产概述

漆料是液态清漆和色漆的半成品。有的高分子树脂直接以漆料形式生产，如醇酸树脂、配制乳胶漆的乳液等。高分子树脂（环氧树脂、硝基纤维素、过氯乙烯树脂等）需要溶解于溶剂中成为漆料。将树脂加入溶解釜内，搅拌下既可常温也可升温使树脂溶解，然后经过滤净化，储存于储罐中备用。有些漆料需要由几种成膜物升温炼制，如酯胶漆料、酚醛树脂漆料和热法制沥青漆料，有配料、热炼、稀释和净化4个工序。树脂、植物油经计量装入热炼釜中，迅速升温至规定温度（一般270～280℃），保持一定时间（根据油度长短而定），达到规定黏度后迅速输送至稀释罐（用真空抽送或泵送）中，降温后用溶剂稀释，经净化后送至储罐。这种工艺特别强调快速升温和快速降温。

涂料树脂的生产工艺以醇酸、氨基、丙烯酸酯和乳液为代表。醇酸和氨基树脂的树脂生产工艺见第2章，丙烯酸酯和乳液生产工艺见7.1.1节。涂料树脂大多是在常压下分批制造，只有极少数采用大规模连续性工艺，有高温（180℃以上）和低温过程。低温过程因强烈放热，要考虑热平衡与安全，防止反应失控。高压釜用于制造含氯乙烯与乙烯的水乳液。

树脂以熔体、乳胶或溶液制造，树脂反应器单元有高效搅拌、精确加热与冷却控制、蒸馏的蒸汽-冷凝，与真空设备连接，用于气雾控制与真空蒸馏，还与稀释器或冷却器连接。乳液反应器由于乳液对剪切的固有敏感性，需要精心设计搅拌系统。计算机广泛用于控制大型树脂与涂料设备，能严格定时控制加工过程。

色漆是由黏性漆料、粉末状颜料及少量助剂组成的多相混合物，它们之间相互作用复杂、相界面多，导致体系不稳定，容易发生分离。色漆应该是相对稳定、分离现象被消除或极大延缓的液态黏性体系，而且施工后涂层颜色和各部位性能均匀一致。色漆生产不仅仅是把组分混合搅拌均匀，而是通过复杂过程将颜料"分散"在漆料中，形成稳定体系。

5.1.1 颜料在色漆中的用量

颜料在色漆中的用量在满足涂层颜色和光泽要求时，遮盖力越大越好，黏度要适宜，涂层孔隙和耐久性要好，成本适当。因此颜料在配方中有最佳PVC范围，见表5-1。

表 5-1　典型有光色漆中颜料体积浓度（PVC 值）范围

颜色	颜料名称	PVC 值/%	颜色	颜料名称	PVC 值/%	颜色	颜料名称	PVC 值/%
白色	钛白粉	15~20	红色	甲苯胺红	10~15	功能颜料	珠光颜料	3~5
	氧化锌	15~20		铁红	10~15		不锈钢粉	5~15
	氧化锑	15~20		Sicomin 红	10~15	绿色	氧化铬绿	10~15
	铅白	15~20		RKB70 红	10~15		铅铬绿	10~15
黄色	铅铬黄	10~15	防锈颜料	芳酰胺红	5~10		酞菁绿	6
	锌铬黄	10~15		红丹	30~35		颜料绿 B	5~10
	汉沙黄	5~10		磷酸锌	25~30		酞菁铬绿	10
	氧化铁黄	10~15		四碱式锌黄	20~25	蓝色	铁蓝	5~10
	Sicomin 黄	12		锌铬黄	30~40		群青	10~15
	镉黄	10~15		铝粉	5~15		酞菁蓝	5~10
黑色	炭黑	1~5		锌粉	60~70		阴丹士林蓝	5
	氧化铁黑	10~15						

　　在色漆生产过程中，原材料是以质量作为计量单位，涂料配方也是以质量作为单位，但设计时要分析涂料的 PVC 值，即体积百分比。表 5-2 以铁红酯胶底漆为例来说明。

表 5-2　铁红酯胶底漆配方

原　　料	用量/%	密度/(t/m³)	体积/m³	原　　料	用量/%
酯胶底漆料（固体分 55%）	30.5	1.00	16.78	环烷酸钴（3%）	0.09
氧化铁红	15.0	5.24	2.86	环烷酸铅（15%）	2.0
轻质碳酸钙	13.0	2.71	4.80	环烷酸锌（3%）	0.35
滑石粉	15.0	2.85	5.26	200# 溶剂汽油	9.06
沉淀硫酸钡	12.0	4.35	2.76	合计	100
含铅氧化锌	5.0	5.50	0.91	PVC	50

　　颜料和树脂密度都有一定范围，这里采用文献数据平均值计算。按总质量 100t 计，酯胶底漆料用量 30.5t，固体树脂 55% × 30.5 = 16.78t，树脂相对密度约 1.00，体积为 16.78m³。颜料总体积约为 2.86 + 4.80 + 5.26 + 2.76 + 0.91 = 16.59m³。树脂体积和颜料总体积基本相等，即 PVC ≈ 50%。50% 的 PVC 使涂层呈现半光毛面，有利于提高层间结合力。

　　表 5-2 是一种通用铁红酯胶底漆（头道底漆），酯胶中含有羟基和羧基，涂层对金属表面润湿性、附着力和机械强度都好。着色颜料选用铁红，遮盖力好，价廉。由于该产品遮盖力指标规定为 ≤60g/m²，依据表 5-2 中铁红 15% 的比例，60g 底漆需要铁红 9g，根据表 5-1 中铁红的用量范围，有其他颜料协助，配方中的铁红含量一道涂覆就能完全遮盖底面。

　　含铅氧化锌提高涂层防锈性能，不易使含油的漆料明显增稠，5% 是其允许用量 5%~15% 的底限，作为工业底漆就不需加其他防锈颜料了。体质颜料可增强涂层附着力、冲击强度等，降低成本。硫酸钡提高涂层坚实性，轻质碳酸钙防止涂层起泡，增加防霉性能。混合催干剂能使涂层底面协同一起干燥。该配方中还可以加入触变型防沉剂，如有机膨润土。

5.1.2　基础配方（标准配方）的拟订

以设计一种用于交通工具的户外常温干燥型涂料为例来说明。质量指标参照 C04-2 醇酸磁漆（Ⅰ）型国家标准，颜色为白色。配方拟订程序如下：根据标准要求，首先考虑选用哪种类型醇酸树脂，以哪种颜料为主；然后确定固含量，依次再选择颜料、溶剂、助剂等。

① 漆基。因户外用且为白色，要选用不易泛黄的干性油长油度醇酸树脂为漆基。考虑价格因素，豆油长油度醇酸树脂是首选。颜料选用抗粉化性的金红石型钛白粉。由于常温干燥，施工时能喷、能刷，应选用混合溶剂，把 200# 溶剂汽油和二甲苯或芳烃混配使用，并且二甲苯或芳烃用量应满足制漆工艺要求和成膜时涂层流平性的要求。助剂中催干剂是关键，量不宜过多，不能用显色明显的锰催干剂。

② 确定 PVC 值。有光醇酸磁漆的 PVC 在 3%～20% 范围内，这里选择钛白粉 PVC 为 15%，即得到颜料/漆基的体积比为 15/85，再换算成质量比（颜基比），则为 15×4.2（钛白粉密度）$/85 \times 1.1$（漆基密度）$=63/93.5=40.26/59.74$。确定颜基比后，先将漆基制成 50% 溶液，在实验室制小样，将钛白粉与部分醇酸液按一定比例配制成色浆，用研磨机分散到规定细度，然后将剩余漆基调入，混合搅拌均匀，加入规定量的催干剂，并用适量溶剂把黏度调整到规定要求，过滤得到初步样品。

③ 按照质量标准要求，对样品的质量和性能进行检测，判断是否符合标准要求。若有项目不达标，需进行调整，如调整颜基比和溶剂、催干剂等，直至满意为止。必要时还要和国内外竞争者的产品进行平行对比和综合评价。在产品质量评价时，除常规性能外，还应进行人工加速老化或天然暴晒试验，考查储存稳定性（结皮、沉淀等）。如果所选用的漆基及颜料等已掌握其户外耐候性数据，则可通过用紫外线灯管加速老化来考查。如果选用新漆基或新颜料，则必须通过人工老化试验。完成上述试验后，进行经济评价，确认能达到预先要求的质量成本时，完成基础配方的拟订工作，基础配方见表 5-3。

表 5-3　白色磁漆的基础配方

原材料名称	配方组成/kg	原材料名称	配方组成/kg
长油度豆油改性醇酸树脂液（50%）	187.0	环烷酸钙液（5%Ca）	0.41
钛白粉（金红石型）	63.0	环烷酸锌液（5%Zn）	0.41
环烷酸铅液（10%Pb）	0.51	防结皮剂液（25%）	2.0
环烷酸钴液（5%Co）	0.41	二甲苯	适量

色漆配方设计是一项很有挑战性的工作。首先要求涂料有高的性价比，既有合理利润，又保证涂料和涂层性能比较好。设计的产品要满足相应法规和标准的要求，通常需要对标准变动有超前考虑，如室内装修用亚光磁漆，就要满足 GB 18582—2001《室内装饰装修材料　内墙涂料中有害物质限量》和 GB 18581—2001《室内装饰装修材料　溶剂型木器涂料中有害物质限量》，令有害物质释放量低于国家限量，否则产品无法进入市场。

对色漆性能的要求是多方面的，有时有些性能指标又相互矛盾，彼此制约，这时就需要分清哪些性能是重要的，必须保证。哪些是次要的，尽量保证，或可以放弃。配方设计者要深入现场，与用户直接接触，交流对涂料产品的要求，而且产品性能与质量评价方法需要涂料供应商与用户共同确认。涂料配方是以各种原料的质量来计量，但在探讨各种颜料比例和色漆性能间关系，以及分析和评价实验数据时，要用体积关系而不是质量关系。

5.1.3　生产配方的拟订

经过试验后所拟订出的色漆基础配方称为标准配方。在投入生产时，还需根据所选色漆生产工艺，再拟订一个生产配方。为提高生产效率和制漆稳定性，根据所选用研磨分散设备的特点，找出最佳研磨漆浆配方，选好分散助剂。生产配方与基础配方的不同之处主要是：生产配方要确定研磨颜料浆中，颜料与漆基配比，助剂、溶剂加入方式，而最后涂料的 PVC 不变。

5.2　颜料的分散与稳定

颜料在漆料中的分散效果，不仅影响涂层的色彩和装饰功能，还影响附着力、耐久性、机械强度，以及高固含量涂料和水性涂料的化学性质。大多数颜料是从水中沉淀出来的，需要过滤，并将滤饼干燥。颜料颗粒大小是按规定要求控制的，但颜料的粒子在干燥期间颜料粒子凝集胶结在一起，成为聚集体。制漆过程就是把这些聚集体打碎。为兼顾生产效率和节省能源，分散终点并没有完全恢复为原有粒度，常以达到所要求的遮盖力、着色力、颜色强度和透明度等为止。

颜料分散过程要经过润湿、分散和稳定。这三者要同时兼顾，只要有一个过程效果不好，就会延长研磨时间，甚至达不到要求的分散程度，或者即使达到，储存中也会颜料返粗。

5.2.1　润湿

颜料表面的水分、空气被漆料置换，形成包覆膜的过程称为润湿。润湿要求漆料的表面张力低于颜料的。溶剂型漆能满足这个要求，润湿问题不大。水的表面张力较高，水性漆中有机颜料润湿困难，需要加润湿剂降低水的表面张力。

颜料制造时所形成的颗粒（初级粒子）粒径通常为 $5\mathrm{nm}\sim1\mu\mathrm{m}$，而聚集体由几万或几十万个初级粒子聚集组成，粒径可达 $100\mu\mathrm{m}$ 以上。润湿时首先要求溶剂渗入颜料聚集体中，溶剂黏度低，润湿速率很快，但黏性漆料润湿聚集体内部则需要时间。预混合好的漆浆通常搅拌升温到 $50℃$，静置过夜，次日再研磨分散，使颜料颗粒得到充分润湿。

浸湿（浸渍润湿）是把固体浸入液体（如颜料置入漆料）中，将固-气界面变为固-液界面的过程。A 为固体颗粒的表面积，γ 为表面张力，该过程的自由能变化是：

$$\Delta G_i = A\gamma_{SL} - A\gamma_{SG} = -A\gamma_{GL}\cos\theta = -W_i \tag{5-1}$$

$W_i = A\gamma_L\cos\theta$ 称为浸渍功，反映液体在固体表面上取代气体的能力。$W_i > 0$，固体可以被浸湿。根据图 5-1，当液滴在固体表面上平衡时：

$$\cos\theta = \frac{(\gamma_{SG} - \gamma_{SL})}{\gamma_{GL}} \quad 即\ \gamma_{SG} - \gamma_{SL} = \gamma_{GL}\cos\theta \tag{5-2}$$

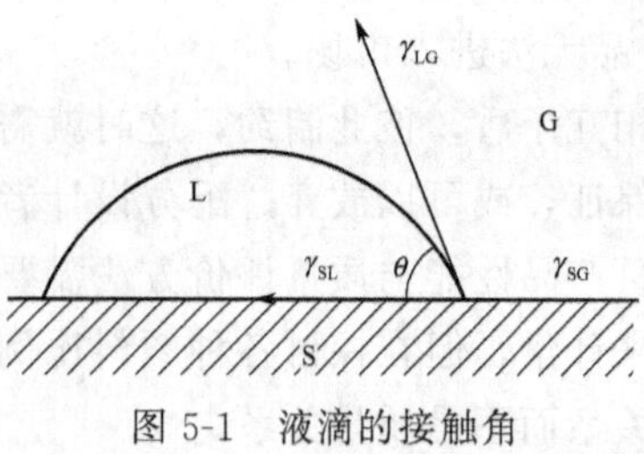

图 5-1　液滴的接触角

接触角 θ 能衡量液体润湿状况。根据图 5-1：$\theta = 180°$ 时，液体呈球形与固体表面相切，这时完全不润湿；$\theta > 90°$ 液体呈滚球形，不润湿；$\theta < 90°$ 时，液体呈凸透镜状，可润湿。θ 越小，润湿越好。$\theta = 0$，液体铺展成薄膜，完全润湿。

根据式(5-2)，$\theta < 90°$ 时，γ_{GL} 减小（即漆料的表面

张力降低）；θ 减小，有利于润湿。因 γ_{GL}（脂肪烃）$<\gamma_{GL}$（芳香烃），脂肪烃的润湿效果优于芳香烃。但一般无机物（如 TiO_2）都是高能表面，这时的 $\theta=0$，即接触角不再是影响润湿的因素了。γ_{GL} 增大使浸渍功 W_i 增加，这时芳香烃作分散介质有利，应选用芳香烃。如果加入表面活性剂，它吸附在固-气界面，能降低 γ_{GL}，吸附在固-液界面，降低 γ_{SL}，这两种情况下都有利于润湿。

颜料作为微细颗粒堆积在一起，有一定黏度的漆料要充分浸润，并不是容易的事。设固体颗粒之间的间隙是一个半径为 R 的毛细管，浸润某种液体后，毛细压力公式为：

$$F_A = -0.772\pi R\gamma \tag{5-3}$$

式中，R 为球形粒子的半径；γ 为浸润液体的表面张力。

【例 5-1】　某球形 TiO_2 粒子的半径 R 为 $1.0\mu m$，密度为 $4.16g/cm^3$。由于吸潮，粒子间为水所润湿，水的表面张力为 $72.8mN/m$，计算每个 TiO_2 粒子的重力和粒子间的毛细压力。

解： 对于每个 TiO_2 粒子：

重力 $F_W = \dfrac{4}{3}\pi R^3 \rho g = \dfrac{4}{3}\times 3.14\times(1.0\times10^{-6})^3\times4.16\times10^3\times9.8 = 1.71\times10^{-13}N$

毛细压力 $F_A = -0.772\pi R\gamma = -0.772\times3.14\times(1.0\times10^{-6})\times(72.8\times10^{-3}) = -1.77\times10^{-7}N$

这两个力相比较：$\dfrac{F_A}{F_W} = \dfrac{1.77\times10^{-7}}{1.71\times10^{-13}} = 1.03\times10^6$

半径 $1.0\mu m$ 的 TiO_2 粒子所受的毛细压力是其自身重力的 1 百万倍。

黏性液体靠毛细作用力，通过间隙渗进粒团内部。渗入速率可由 Washburn 方程来表达：

$$\frac{dl}{dt} = \frac{r\gamma\cos\theta}{4\eta} \tag{5-4}$$

式中，r 为毛细管半径；γ 为漆料表面张力；η 为漆料黏度；θ 为接触角。积分式(5-4) 得：

$$l = \left(\frac{r\gamma\cos\theta}{2\eta}t\right)^{\frac{1}{2}} \tag{5-5}$$

式中，l 为渗进深度；t 为时间。在粉末填充床中，使用"有效孔径"或"弯曲因子"，即用系数 K 代替式(5-4) 中的 $r/4$，对于一种颗粒的特定堆积来说，K 是常数，得到式(5-6)。

$$\frac{dl}{dt} = \frac{K\gamma\cos\theta}{\eta} \tag{5-6}$$

积分得

$$l = \left(\frac{K\gamma\cos\theta}{\eta}t\right)^{\frac{1}{2}} \tag{5-7}$$

式(5-7) 表明：要使粉末快速渗入液体，需要增大 $\gamma\cos\theta$，减小漆料黏度 η，K 越大越好，例如搅拌将颜料分散堆积。其他条件固定，粉末要彻底浸透，需要延长渗透时间。

【例 5-2】　将堆积紧密的颜料未经搅拌就倒入装聚合亚麻油的槽中。油可将颜料完全润湿（$\theta=0$），表面张力为 $25mN/m$，黏度为 $3.5Pa\cdot s$，颜料粒径 $2\mu m$。若将毛细管间隙也视 $2\mu m$，计算 1min 后聚合亚麻油的渗透深度。若颜料粒团的半径为 1cm，完全浸透需要多少时间？

解： 根据式 (5-7)，漆料 1min 后在颜料粒团的渗透深度为：

$$l=\left(\frac{r\gamma\cos\theta}{2\eta}t\right)^{\frac{1}{2}}=\left(\frac{(1\times10^{-6})\times(25\times10^{-3})\times1}{2\times3.5}\times60\right)^{\frac{1}{2}}=4.6\times10^{-4}\mathrm{m}=0.46\mathrm{mm}$$

若将半径为 1cm 的颜料粒团完全浸透，需要的时间为：

$$t=\frac{2l^2\eta}{r\gamma\cos\theta}=\frac{2\times(1\times10^{-2})\times3.5}{(1\times10^{-6})\times(25\times10^{-3})\times1}=2.8\times10^6s=7.8\mathrm{h}$$

预混合好的漆浆通常搅拌升温，降低漆料表面张力和黏度；静置过夜，提供润湿所必需的时间。进行研磨分散时，就能节省能源，提高效率。

颜料受潮后粘连形成附聚物，倒入大量漆料中时，漆料把附聚物中的空气封闭在颜料空隙中，结果外层被润湿，内部却进不了液体，处于"干核"状态。随着渗透进行，内部空气压缩产生的抵抗力逐渐增大，妨碍渗透。颜料要处于干燥状态，不能受潮。因为依靠毛细管作用进行润湿比较慢，研磨能使每个颜料颗粒的表面都被润湿。

5.2.2 颜料解聚

涂料制备时，需要施加外部机械作用打破聚集体，通常用剪切力或撞击力。撞击是垂直砸在颗粒上，高效率要求撞击速率高和漆浆黏度小，高速冲击磨（卡迪磨）就是采用这种方式。剪切是把力平行作用于颗粒上，采用抹式或刮式，如三辊研磨机和胶体磨，高效率要求漆浆黏度高。因为当剪切速率一定时，剪切力和黏度成正比 $\sigma=\eta\dot{\gamma}$。黏度高，剪切力大，研磨效率就高。常用的分散设备，如高速分散机、砂磨机和球磨机，同时采用剪切力和撞击力分散颜料，通常采用中等黏度漆浆。

研磨是色漆生产中能量消耗最大的工序，每吨磁漆需要电能 $100\sim500\mathrm{kW\cdot h}$。为了以最快速度分离聚集体，研磨料黏度应与设备最有效率操作时的黏度一致。因此，研磨设备确定，漆浆最适宜的黏度也确定了。为了充分利用分散设备，希望每批分散颜料的量要大，常采用多加颜料少加聚合物的方法。选用高效研磨设备，除节省研磨时间外，漆浆还能达到稳定分散状态，颜料发挥最佳性能。提高颜料分散程度，就能提高颜料的遮盖力、着色力，从而减少着色颜料用量，用体质颜料来替代，以降低涂料成本。

颗粒大小影响研磨料黏度。无机颜料颗粒大，随研磨进行，研磨料的黏度降低，即颜料对漆料"先吸后吐"，因为未研磨前，粒径大，颗粒间的间隙也大，在间隙中容纳的漆料多；研磨使粒径变小，间隙也变小，结果是漆料重新析出，黏度降低。有机颜料颗粒小，随着研磨的进行，间隙中容纳的漆料，用于润湿新形成的表面，导致漆料量不足，黏度提高。无论黏度降低或提高，都不利于控制分散质量和研磨效率，预分散可以减少这种黏度变化。

在轧片和挤出工艺中，颜料分散在无溶剂的树脂中。挤出时黏稠混合物在挤出机中挤压，颜料能得到很好分散。热塑性树脂如硝基纤维素或过氯乙烯与颜料混合后，在二辊机（炼胶机）或密炼机中高温混炼，形成面团状可塑物，颜料充分分散后再切片，因研磨料黏度极高，剪切力很大，短时间内就可将颜料分离，即使润湿不良的过氯乙烯树脂和难分散的高色素炭黑，也能分散开。切片制成的小薄片在树脂溶液中溶解制漆。

5.2.3 分散体系的稳定

絮凝是颜料分散后的再聚集。絮凝形成的松散聚集体，受外力作用时破裂，外力停止作用，立即或稍迟恢复为聚集体。絮凝发生时，仅剪切速率低时黏度大，体系剪切变稀。

絮凝是粒子间吸引力和排斥力共同作用的结果。当吸引力大于排斥力时，粒子间就絮凝，两者相差越大，絮凝程度就越大，涂料的遮盖力、光泽、流动性、流平性越差。当吸引力小于排斥力时，粒子之间就产生反絮凝，涂料生成明显硬性沉淀。兼顾各个方面性能，希望涂料处于轻微的絮凝状态。颜料在漆料中分散性好，会形成细密硬性沉淀，沉淀的体积小，而分散性不好则絮凝，成为松散沉淀，沉淀的体积大。沉淀体积大小能作为分散性好坏的判据。

颜料分散稳定是分散后的颜料在储存期内粒径和粒径分布不变。为避免颜料絮凝，需要将已分散的粒子，采用电荷相斥和熵相斥机理保护起来。

5.2.3.1 分散稳定机理

熵相斥又称颗粒外层相斥、位阻相斥和渗透相斥。颜料表面有吸附层，当吸附层达到一定厚度时（大于8~9nm），粒子之间的排斥力可保护粒子不聚集。当颗粒相互接近时，两个吸附层压缩使体系无规性减少，相当于熵降低。溶剂在吸附层中是平衡的，将溶剂逐出也导致熵降低。抗拒熵的降低就需要颗粒间相斥，故称为熵相斥。吸附层相当于相互接近的位阻。压缩吸附层时，层中溶剂减少，而溶剂有回复到平衡浓度的倾向，又称为渗透相斥。

在水性介质中，靠颜料表面带的电荷，把介质中的电解质吸附在表面附近，形成双电层。同一种颜料表面都带相同电荷，利用电荷排斥力，使相邻颗粒不能靠得太近，分散体系保持稳定。水性分散体系靠电荷相斥/熵保护来使分散稳定化。溶剂型涂料因为有机溶剂极性较弱，不足以形成有效的双电层，主要依靠熵保护机理。

5.2.3.2 溶剂型涂料的稳定

树脂和溶剂中的极性基团（—COOH、—OH等）吸附在颜料颗粒表面，形成一定厚度的吸附层。吸附层产生熵排斥力。这里讨论吸附层厚度和溶液中吸附竞争。

（1）吸附层厚度　颜料颗粒上树脂和溶剂的吸附层厚度小于9~10nm，分散体不稳定，易絮凝。没有树脂的混合溶剂吸附层厚度0.6~0.8nm，会发生絮凝。树脂的吸附层厚度不均匀，表面活性剂的较均匀，较薄表面活性剂吸附层就有稳定作用，如4.5nm就能抗絮凝。

在双酚A环氧树脂甲乙酮溶液中分散TiO_2。随环氧树脂分子量增大，吸附层厚度从7nm增大到25nm。7nm还不足以防止絮凝，只有在较高分子量的环氧树脂溶液中，分散的TiO_2才是稳定的。树脂链上带有大量极性基团，吸附点太多，吸附层就薄。树脂链上仅少量极性基团，极性基团间的长链段能被溶剂溶胀，吸附层就厚。极性基团间的链段与溶剂相互作用越强，则吸附层内的溶剂也越多，吸附层就越厚。

（2）吸附竞争　当树脂浓度足够高时，树脂优先吸附；浓度较低时，树脂和溶剂都吸附，就存在吸附竞争。磁性氧化铁在硝基纤维素、聚氨酯或酚氧树脂（高分子量环氧树脂）中，采用甲苯比四氢呋喃更有利。因为四氢呋喃与颜料作用强，而与树脂弱，四氢呋喃被优先吸附，影响吸附层厚度。树脂中分子量高的组分会被优先吸附。大多数的常规溶剂型涂料用树脂（常规醇酸、聚酯和热固性丙烯酸树脂）都能稳定颜料分散体。如果有稳定问题，就要使用高分子量树脂，或在研磨料中使用极性基团数更多的树脂。吸附竞争还是一个动态现象。有时将溶剂加入稳定颜料分散体中，也会发生絮凝，这因为颗粒由吸附树脂来稳定，加入溶剂后，溶剂取代部分树脂，降低吸附层厚度，使其到临界稳定水平以下，就发生絮凝。

当颜料/树脂-溶剂配合不能防止絮凝时，才用颜料分散剂。颜料分散剂可有效地稳定分散体，但也可能干扰其他性质，如影响附着力等。颜料分散剂属于表面活性剂，它的一端与颜料发生作用，另一端与高分子树脂和溶剂发生作用。颜料分散剂处理的颗粒在溶剂中体积大幅度增加，与溶剂接触面积更大、作用更强，能够促进颜料分散，阻止沉降。

颜料分散剂在湿涂层溶剂蒸发、树脂交联之后，仍需要与树脂相容。如果不相容就造成涂层失光，对金属或塑料的附着力不佳，以及涂层耐久性差等问题。高固体分涂料因为分子量较小，每个树脂分子上的官能团数目也较少，不能稳定颜料，就需要使用颜料分散剂。

钛白粉在光照下催化树脂降解，通常包覆一层氧化铝或二氧化硅薄膜来降低催化活性，再用长链的醇、胺或有机硅处理，改善其在涂料中的分散性。这样 TiO_2 在苯类溶剂中分散性差，形成疏松稳定的网络结构，极少沉降。

5.2.3.3　水性介质的分散

无机颜料（TiO_2、氧化铁和大部分惰性颜料）都有高度极性的表面，水能润湿，但水层不能抗絮凝。在水性涂料中，因为 pH 影响颜料表面的电荷，分散体稳定性取决于体系的 pH。如某金属氧化物颗粒 MOH：

$$MOH_2^+ \xrightleftharpoons{H^+} MOH \xrightleftharpoons{OH^-} MO^-$$

在低 pH 溶液中，颗粒表面带正电荷，在高 pH 溶液中，表面带负电荷。在某 pH 溶液中，表面电荷为零，该 pH 称为等电点（pI）。在等电点，表面电荷为零，颗粒不能吸附离子形成双电层。在体系 pH=pI±1 个 pH 时，因颗粒表面电荷量太少，分散体的稳定性最差。不同颜料的 pI 值不同，如高岭土为 4.8，$CaCO_3$ 为 9，金红石 TiO_2 为 5.7~5.8。

水性涂料中一般用多种颜料，常加入三聚磷酸钾，它的碱性可保证体系的 pH 处于所有颜料的 pI 以上，使所有颜料表面都带上负电荷，确保所有颜料稳定。仅三聚磷酸钾用于涂料，其钠盐用于洗衣粉，因为钾盐的干膜不易为水萃取出来而成表面上的浮污。

水会润滑无机颗粒的沉降途径，促进粒子沉降，产生细密沉淀，这时就要用颜料分散剂吸附在颜料表面，降低颜料表面极性，减小水与无机颜料过强的相互作用，使颜料分散稳定。水分散性涂料使用的颜料分散剂主要是聚电解质，如低分子量聚丙烯酸，使体系颜料含量高、黏度低，能在较宽 pH 和温度区间内赋予体系优良的流变控制。大批量生产的涂料品种常自行生产匹配的分散剂，即在相似结构的低分子量树脂上引进成盐基团，如羧基、磺酸基等，用胺成盐后使用。胺挥发引起 pH 漂移，需加三聚磷酸钾稳定 pH。采用这种方法，已经大量制备和使用 TiO_2 含量 80% 的水浆。

乳胶漆湿涂层中的水分逐渐挥发，颜料就由水相转入油相，双电层不起稳定作用，颜料絮凝。为此，需使用非离子型表面活性剂，增强熵保护作用。大多数乳胶漆配方中含有几种颜料，除加三聚磷酸钾外，还通常用非离子型与阴离子型表面活性剂配合。TiO_2 水性分散体若采用高分子量非离子型表面活性剂，无论分散或干燥，都有很好的抗絮凝性，这是熵稳定化在起作用，不受 pH 变动的影响。

有机颜料一般为微细晶体，易于团聚，要采用松香皂、胺类改性，以增强其表面极性。有机颜料还可在分子结构上引进少量所需的基团，形成具有新性能的颜料。酞菁类颜料性能好，但表面张力低，在水性涂料中易絮凝，造成雾影、光泽下降，复色漆产生浮色、发花，使用时需要进行表面处理，增加极性，以降低与水的界面张力。为降低其聚结沉淀，还需要使用高分子分散剂。在水性分散体中，许多有机颜料采用具有亲水亲油链段的嵌段共聚物来促进润湿和稳定。嵌段共聚物也可以稳定乳胶颗粒。涂料配方含有几种不同表面活性剂时，要注意加入次序，这也会影响体系是否絮凝。

5.2.3.4　颜料分散剂

液体与固体接触，是由液-气面和固-气转变为液-固界面的过程，当采用单位面积时，该过程的自由能变化是：

$$\Delta G_a = \gamma_{SL} - (\gamma_{GS} + \gamma_{GL}) = -\gamma_{GL} - (\gamma_{GS} - \gamma_{SL}) = -\gamma_{GL}(1 + \cos\theta) = -W_a \qquad (5\text{-}8)$$

W_a 称为黏附功。当 $W_a > 0$，过程可以自发进行。W_a 大表示固-液界面结合牢固。若将上述过程的固体改为同一液体，则可得另一公式：

$$\Delta G_c = 0 - (\gamma_{GL} + \gamma_{GL}) = -2\gamma_{GL} = -W_c \qquad (5\text{-}9)$$

W_c 称为内聚功，反映液体自身结合的牢固程度，表征液体分子间相互作用力大小。

当分散后的颜料颗粒在液体中相互靠近重新聚集，就产生絮凝。絮凝与固体的内聚相似，内聚功 $W_c = 2\gamma_{GL}$，同样定义絮凝功 W_F。因为液体已经润湿颗粒，$\theta = 0°$，$\cos\theta = 1$ 则：

$$W_F = 2(\gamma_{GS} - \gamma_{GL}\cos\theta) = 2(\gamma_{GS} - \gamma_{GL}) \qquad (5\text{-}10)$$

根据式(5-10)，推动颜料絮凝的是液体和固体的表面张力之差。如果液体和固体的表面张力相等，即两者的三维溶解度参数相等，则不会发生絮凝。

未经表面处理颜料的溶解度参数与一薄层水的相似，而与漆料的差别很大，因此颜料与漆料的相互作用弱，颜料表面不吸附漆料，沉降速率快。当涂料其他组成确定后，调整溶剂，能使漆料和颜料表面溶解度参数一致。另一种方法是使用颜料分散剂对颜料进行表面处理，改变颜料表面的溶解度参数，使与漆料的基本一致，延缓絮凝和沉降。

目前使用的分散剂主要有机和高分子类。有机类主要是非离子型表面活性剂，如聚氧乙烯烷基苯基醚、卵磷脂。卵磷脂是从豆油中提取的，能强劲地吸附在许多颜料表面，用量比大多数的表面活性剂少。

$$\begin{array}{l} CH_2OCOR^1 \\ | \\ CHOCOR^2 \\ \qquad\quad O \\ | \quad\quad \| \\ CH_2-O-P-O-CH_2CH_2-N^+ \begin{array}{l} CH_3 \\ \\ CH_3 \end{array} \\ \quad\quad | \\ \quad\quad O^- \end{array}$$

卵磷脂

在水或有机溶剂中，高分子表面活性剂都有良好分散效果，被称为超分散剂，极性基团有 $-NR_2$、$-NR_3$、$-COOH$、$-SO_3H$、多元胺、多元醇以及聚醚等，吸附于颜料表面，防止脱附；非极性基团与分散介质相容性好，在颜料表面溶解膨胀，形成空间屏障，使颜料分散稳定。最有效的高分子分散剂是链上有几个极性官能团，官能团间的非极性链要足够长，使吸附层至少 10nm 厚，通常使用嵌段或接枝高分子。

颜料分散剂的用量要恰当。过量时，未被颜料吸附的分散剂移向涂层表面，使涂层光泽等下降；不足时，颜料分散稳定性差。用量可先按颜料表面积估算，在估算值附近，用几个分散剂量作试验，以涂料最低黏度时的用量为最佳用量。因为当分散剂吸附量增加，就降低颗粒间吸引，降低研磨料触变程度，使涂料接近牛顿流体，在低剪切速率时黏度值最低。

配料时，颜料分散剂溶于溶剂中，加入颜料充分浸润，再加入树脂进行研磨。颜料分散剂能显著降低研磨浆的黏度，这样在研磨浆中就能使用较高的颜料浓度，而且分散快，提高生产率，分散得充分，提高涂层的颜色强度。

5.2.3.5　存放期间的稳定性

在存放期间要求颜料不能沉降，黏度不能明显增加。为防止颜料沉降，要尽可能使用粒径小密度低的颜料和高黏度漆料。粒子吸附层厚，既可防止絮凝，又可防止沉降。溶剂型涂料使用触变剂（氢化蓖麻油、有机膨润土等），来防止颜料沉降。触变性涂料静置时，成为胶冻状，黏度很高；施工时涂料快速动起来，黏度大幅度降低。低分子量醇酸树脂的极性基团较多，容易被颜料吸附，而高分子量树脂则留在溶液中，造成漆料黏度升高。酸性漆料（如植物油降解的脂肪酸）与碱性颜料或铝粉反应，都造成黏度增加。多聚磷酸盐作为水性涂料分散剂，能水解为正磷酸盐，成为絮凝剂，也造成漆料黏度升高。

储存过程中测量涂料的流变特性很棘手。因为在取样过程中，涂料结构已经被破坏了，需要直接在原容器中测量涂料。桶振动流变计（OSCAR）是一个圆形台绕其中心摆动，一个实心圆桶放到此圆台上，则圆台和驱动的相角差为零，而圆桶和圆台的振幅有差异，两者比为定值，作为仪器的内标。当装有涂料的圆桶放到圆台上，振幅比和相角差发生变化，这些变化值可用来计算涂料的动力黏度和弹性。

5.2.4　浮色和发花

涂层干燥过程中不同的颜料分布不均匀，就产生发花和浮色。发花涂层的颜色斑驳、不均匀。浮色涂层的颜色均匀，但比应该有的颜色深或浅。发花是不同颜料在涂层"表面"分离造成的，浮色是颜料在涂层中的"上下"分离造成的。

造成发花的原因有湿的涂层表面张力梯度、颜料絮凝、不同颜料粒度和密度相差太多。干燥过程中，溶剂挥发，浓度增大，温度降低，都使涂层表面的表面张力增加，而涂层下面的则基本不变，就形成了表面张力梯度，造成下面的涂料向上流，上面的涂料向下，形成对流。这种对流带有明显的湍动特征，图案近似圆形，与相邻流动的图案相遇，图案就被压缩了。最后图案是接近六角形的漩涡（Bénard cell），见图5-2。溶剂挥发使涂层黏度增高，密度高的大颗粒最先不随漆料流动，密度低的小颗粒流动时间长些，这样就造成颜料分离，产生发花。浅蓝色有光磁漆板发花就会在更浅的蓝色背景上，会出现近似六角形的深蓝色斑驳条纹图案，这是白颜料絮凝，蓝颜料颗粒细、不絮凝造成的。细蓝颜料的流动时间较长，就在六角形漩涡边界上富集，而漩涡中心富集较粗的白颜料。若蓝颜料絮凝而白的不絮凝，则在深蓝背景上形成浅蓝条纹。需要恰当地稳定颜料分散体，使两种颜料都不絮凝，就可减少发花。

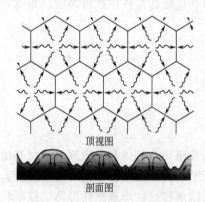

顶视图

剖面图

图 5-2　湿涂层中流动图

颜料在粒度和密度上相差太多，即使没有絮凝也会发花。用高色素炭黑和钛白制灰漆，TiO_2 粒径比炭黑大几倍，密度也大 4 倍，就容易发花。用粒径较大的灯黑能减少发花。

浮色是指表面颜色是一致，但与应有的不一样。颜料密度和粒度不同，在涂层中的沉降速率也不同，导致某种颜料在表面上富集，就产生浮色。湿膜厚、基料黏度低和溶剂挥发速率慢，使湿漆膜长时间处于低黏度状态，都加剧浮色。减少浮色就是不用密度很低粒径很细的颜料，要用挥发快的溶剂，基料黏度要高。

减少浮色和发花需要选择适当的颜料组合和混合溶剂组成，再配合适当助剂。颜料分散剂既有助于分散，又减少因絮凝而出现大粒子，确保涂层光泽和明亮度。流平剂在漆膜表面形成表面张力低的单分子层，阻止涡动，能防止发花。触变剂通过控制黏度，防止浮色和发花。为防止浮色和发花，有光漆要求颜料粒径不能超过 $5\mu m$，高质量高光泽的工业用漆不能超过 $3\mu m$，而且大粒子还降低涂层的明度和饱和度，使涂层灰暗。

有意识地利用发花，可制成美观的锤纹漆图案，就像圆头锤子在金属板上敲击出来的花纹。锤纹漆中使用大颗粒非浮型的铝粉和细颗粒透明颜料（如酞菁蓝），溶剂快速挥发，树脂（如苯乙烯改性醇酸树脂）快速干燥，不须喷溅溶剂，就可给出锤纹图像。施工操作也可获得锤纹漆图案：先喷涂蓝色铝粉漆，然后，喷溅少量溶剂，溶剂落点处的表面张力最低，导致发花，形成更蓝的条纹，而铝粉在中心富集，中心的蓝色较浅。过去曾经大量使用锤纹漆，在铸铁件上用来掩盖粗糙表面。现在用平滑模塑件替代过去粗糙金属铸件，锤纹漆的使用已减少。

5.3　工 艺 配 方

标准配方虽然决定了色漆产品的最终组成，但是却不能直接用它配制研磨漆浆（研磨料）。颜料分散机械是涂料工厂中最昂贵的机械，投资最大，运转成本最高，要在单位时间内分散尽可能多的颜料量。研磨料要在最适合的分散设备中，以最佳效率来分散颜料。

研磨料中颜料含量较高即意味着生产效率高。基料黏度尽可能低，就可提高 PVC。研磨料中单用溶剂时，体系黏度低、润湿快和颜料含量高，但不能形成稳定分散体，不能防止絮凝。在研磨料中必须含有树脂（或超分散剂），在稳定前提下，要用最稀的树脂浓度。

色漆生产首先要确定研磨漆浆的组成，用于研磨分散，标准配方中其余的组分在调色制漆时加入。这样就把标准配方中的物料分成研磨漆浆用和调色制漆用两部分，它们各自的配方都称为工艺配方或生产配方。只有工艺配方才是直接用于色漆生产的指令性技术文件。

研磨漆浆组成随着颜料、研磨分散设备和研磨制浆方式的不同，也相应变化。选择合理的研磨漆浆进行生产，能够节省能源、提高劳动生产率。

5.3.1　研磨漆浆的方式

以砂磨机为研磨分散设备时，制备研磨漆浆的方式有以下 3 种。

（1）单颜料磨浆法　颜料有的易分散，有的难分散，将它们混合在一起研磨，势必造成难分散的影响易分散的。用炭黑和重质碳酸钙制黑色漆时，分别将炭黑、碳酸钙与漆料预混合后研磨成细度为 $20 \sim 30 \mu m$ 的浆，再混合制黑色漆。如果将炭黑和碳酸钙一起与漆料研磨，涂料是深灰色的，这是由于难分散的炭黑受到大颗粒重质碳酸钙的影响，未能充分分散，着色力未充分发挥。单颜料磨浆法能选择适用的研磨设备和操作条件，也方便调色。但涂料品种及花色较多，需要大量漆浆储罐，计量及输送工作强度大，用于花色较多的生产场合。

（2）多种颜料混合磨浆法　将颜料和填料一起混合研磨，再补加剩余成分后，直接制成涂料产品。用少量调色浆配色，可制成复色磁漆。这种方法设备利用率高、辅助装置少点，但研磨分散效率和生产能力低，而且由于每批浆料的颜色都有波动，调色难度大，使不同批次产品间的色差大。该法用于生产底漆、单色漆或磁漆花色品种有限的场合。

（3）综合颜料磨浆法　对上述两种方法折中。将主色浆（可以是单一的着色颜料，也可以是着色颜料与填料的混合物）在一条固定的研磨分散线上研磨，将各种调色颜料在另一条小型研磨分散线制成调色浆，然后调色制备成品漆。目前这种方法已广泛应用，以白色颜料为主色浆，调入少量其他颜色的调色浆，能制备多种颜色系列的浅色磁漆。

5.3.2　颜料体积分数对研磨料黏度的影响

$$\lg \frac{\eta_v}{\eta_0} = \frac{KV}{U - V} \tag{5-11}$$

式中，η_v 为在无限剪切速率下指定颜料体积分数 V 的研磨料黏度；η_0 为漆料黏度；V 为颜料体积浓度；U 为终极颜料体积浓度（终极 PVC）；K 为常数（一般为 0.5）。

终极 PVC 是恰好用漆料充满堆积颜料空隙的颜料体积分数。U 与临界颜料体积浓度（$CPVC$）的概念相似，但 $CPVC$ 指的是树脂而不是漆料（树脂＋溶剂）。与 $CPVC$ 类似，可以用颜料吸油量来计算终极 PVC。在式(5-11) 中，$V＝0$，即无颜料，体系仅是漆料黏度，而 $U-V＝0$ 表示在终极 PVC 时，出现的黏度极大值。研磨料的有效黏度就处于两者之间。

设计研磨料的关键是组成要合理。研磨料的黏度是由漆料黏度和 PVC 决定的。

【例 5-3】 某醇酸漆料黏度为 0.4P，用 TiO_2/填料，它们的 PVC 为 25％，从吸油量测得颜料混合物的 $U＝45％$，计算在高剪切速率分散机中加工时，加颜料后研磨料的黏度。

解： $K＝0.5$，将数据代入式(3-19)　　$\lg \dfrac{\eta_v}{0.4} = \dfrac{0.5×0.25}{0.45-0.25}$　　$\eta_v＝1.7P$

计算结果表明：加颜料后体系黏度显著增大。利用过去经验，获得企业中使用研磨设备适宜的研磨料黏度，再用漆料黏度代入式(5-11)，可以建立新研磨料组成的起始配方。

5.3.3　研磨漆浆组成

不同研磨设备的研磨漆浆组成也不相同。图 5-3 是常见研磨设备的最佳研磨浆组成图。

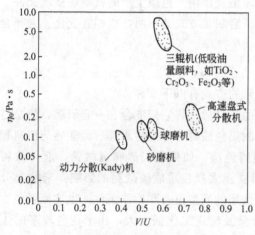

图 5-3　分散设备的最佳研磨浆组成图

竖坐标 η_0 是研磨浆中漆料的黏度；横坐标为 V/U。其中，V 是研磨浆中颜料的体积分数；U 是终极颜料体积分数。三辊机要求研磨漆浆中漆料的黏度高和颜料的 PVC 高。砂磨机、球磨机要求研磨漆浆中漆料的黏度低和 PVC 低。高速分散机则以低黏度漆料及高 PVC 组成研磨漆浆。

5.3.3.1　高速分散机的研磨漆浆

颜料含量高，高速分散机研磨时产生膨胀型流动，是其适宜的流变状态。为满足稳定性要求，树脂要在颜料颗粒周围形成一个连续永久性的包覆层，因此，采用中等黏度固含量较低的漆料。高速分散机通常采用较低固体份的中等黏度漆料和高颜料含量。实践表明漆料中树脂含量至少要 15％，一般在 20％～35％的范围内，选择标准为加入足够颜料，剪切速率 400s^{-1} 时，黏度为 30Pa·s。

Guggenheim 根据实际数据分析，导出漆料固含量（NV）、漆料黏度（η）和吸油量（OA）与最适宜的漆料（vehicle）-颜料（pigment）质量比（W_v/W_p）的关系。

$$\frac{W_v}{W_p} = (0.9 + 0.69 NV + 0.25\eta) × \left(\frac{OA}{100}\right) \tag{5-12}$$

随着漆料固含量（NV）、漆料黏度（η）的降低，研磨漆浆中 W_v/W_p 就降低，即颜料的含量提高。在树脂分子量固定的情况下，在固含量 20％～35％的范围内，任意选择几个数据（20％、25％、30％、35％）测出黏度，代入式(5-12) 计算，就可以求出研磨漆浆的组成。

【例 5-4】 将黏度 0.4Pa·s、固含量 35％的醇酸树脂漆料和吸油量 28 的颜料，用高速分散机分散，求适宜研磨漆浆的组成。

解： 把数据代入式(5-12)

$$\frac{W_v}{W_p} = (0.9 + 0.69 \times 0.35 + 0.25 \times 0.4) \times \left(\frac{28}{100}\right) = 0.347$$

研磨漆浆总量为 $1 + 0.347 = 1.347$；树脂量 $0.347 \times 0.35 = 0.121$，含量为 $0.121/1.347 = 9.0\%$；溶剂量 $0.347 \times (1 - 0.35) = 0.226$，含量为 $0.226/1.347 = 16.8\%$；颜料含量为 $1/1.347 = 74.2\%$。

采用固含量 50% 的醇酸树脂漆料配制 100kg 研磨漆浆，就需要 18kg 树脂溶液，需要补加的溶剂 $16.8 - 9.0 = 7.8$kg，加颜料 74.2kg。

5.3.3.2　砂磨机和卧式球磨机的研磨漆浆

（1）丹尼尔流动点法　采用该法能对特定颜料给出最适宜的树脂浓度，能有效设计研磨料配方，尤其用球磨和砂磨设备时。

先配制一系列不同浓度的树脂溶液。用其中一个溶液逐渐加到一定量的颜料中，用调墨刀捏合，树脂溶液量增大到颜料被漆料黏结成一个紧密的球体，且无多余树脂溶液存在，此点即为球点（ball point），类似于颜料吸油量测定的终点。到达球点后，再向其中滴加树脂溶液，则会有游离的液体存在。快速而连续滴加树脂溶液并用调墨刀搅匀，不时以调墨刀挑起漆浆并将调墨刀与水平呈 45°夹角，令漆浆自由滑落。当沿调墨刀要滴下的漆浆，在下滴一段时间后又收缩回来，回弹到调墨刀尖部，这就是测定终点，即丹尼尔流动点（flow point）。丹尼尔流动点的漆浆组成达到了塑性流动状态，颜料含量又最高，用这种漆浆研磨，砂磨机（或球磨机）的分散效率最高。调墨刀既作分散机械又作黏度计。图 5-4 丹尼尔流动曲线是将每个溶液到流动点所需的体积对溶液浓度作图。该曲线上的分散体有大致相同的黏度（剪切黏度约 10Pa·s），即是等黏度曲线。该曲线上有一最小值，就是求出的树脂溶液浓度最小与溶液用量。没有最小值出现，这个体系不能制得稳定的分散体。根据丹尼尔流动曲线可计算出研磨漆浆的适

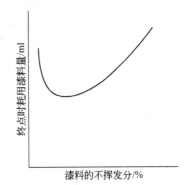

图 5-4　丹尼尔流动曲线图

宜组成，还可以根据颜料球点和流动点之间的树脂溶液量，判断该颜料分散的难易。两点间的数值差越小，颜料越易分散。

在接近最低树脂浓度的稳定分散体中再加溶剂，就会絮凝，因此，丹尼尔流动点法得到的研磨漆浆颜料含量高，工业生产中需要适当降低颜料含量以得到稳定的研磨漆浆。

丹尼尔流动点法测定烦琐。巴顿提出了"砂磨机研磨漆浆组成配方区域图"，又称为"三角坐标图"，见图 5-5，用于计算出研磨漆浆的组成，图中有 11 个区域。第 11 区包括柠檬黄、浅铬黄、中铬黄、深铬黄、钼铬橙、铬绿等多个品种。各区域的中点基本适合中油度醇酸，而润湿性较强的漆料，如长油度醇酸、天然树脂漆料，宜选择区域中偏上方的位置。环氧、丙烯酸酯等润湿性较差的漆料，宜选择区域中偏下方的位置。使用中需要多选几个点读数，最后由实验来确定研磨漆浆的配方组成。表 5-4 是根据"三角坐标图"中每个区域的中点求出的砂磨机研磨漆浆的配方组成。

（2）塑性流变仪法　塑性流变仪是转矩流变仪，记录剪切黏度-时间曲线的仪器。测试时，把待研磨料放进测试头中，开始研磨至黏度恒定，再漫漫滴加漆料至规定值，以便在同

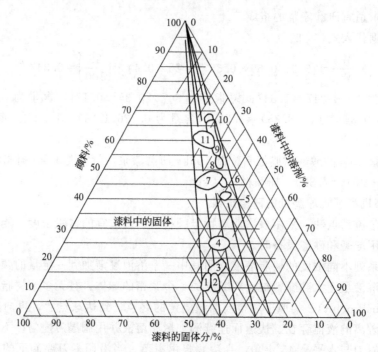

图 5-5　砂磨机研磨漆浆组成的实用配方区域图

1—酞菁蓝、酞菁绿；2—炭黑；3—铁蓝；4—甲苯胺红；5—镉红；6—氧化锌；
7—铁红；8—细填料；9—钛白；10—粗填料；11—铬黄、铬绿

表 5-4　砂磨机研磨漆浆的配方组成

颜料名称	颜料/%	固体树脂/%	溶剂/%	树脂固含量/%
酞菁蓝、酞菁绿	12	38	50	43
炭黑	12	35.5	52.5	40
铁蓝	17	33	50	40
甲苯胺红	25	27	48	36
镉红	41	17	42	29
氧化锌	46	16	38	30
铁红	46	20	34	37
细填料	52	15	33	31
二氧化钛	61	12	27	31
粗填料	67	10	23	30
铬黄	60	15	25	37.5
铬绿	60	15	25	37.5

一黏度下测定分散程度。黏度达到恒定值时，就达到研磨终点，继续研磨黏度不再有明显的提高，见图 5-6。从捏合点到黏度恒定的时间就是分散所需要的时间，峰下面积与分散所做的功成正比。根据需要的功来选择合适的研磨机械。采用不同的研磨料配方到黏度恒定值，以漆料不挥发分对漆料用量作图，得到的曲线与丹尼尔流动曲线相似。塑性流变仪法能比较研磨配方、研磨效率（时间）、分散效果（细度）和研磨成本，还能选择合适的颜料分散剂及其用量，这样就能全面评价分散工艺和研磨料配方。把达到恒定黏度作为分散过程结束的指标，延长研磨时间虽然黏度没有明显变化，但颗粒大小及其分布仍可变化，需要用研磨细度计测量粒度变化。

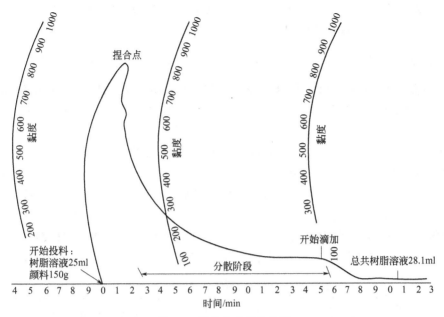

图 5-6　塑性流变仪的记录

需要用流变学技术研究颜料分散过程的各个方面，如表征流动性的方法，颜料分散程度，各种分散机械的有效性，分散剂在分散过程中的有效性，研究颜料颗粒的相互作用本质，有机颜料的晶体形态对研磨料流变的影响等。

5.3.3.3　研磨漆浆的配方计算

研磨漆浆有两个关键参数：颜料的体积分数（PVC）和树脂溶液（漆料）的固含量。漆料固含量有一个最佳值。如果实际使用的漆料固含量比最佳值低，研磨过程中树脂因为量不足，就可能会局部颜料重新聚集；如果比最佳值高，则为达到要求粒度，需要显著延长分散时间。不同的颜料、不同的漆料，润湿效率是不同的。表 5-4 也同时给出了树脂固含量。

对于混合颜料，首先找出最佳的 PVC 和漆料固含量，再进行计算。

【例 5-5】　用 40％醇酸溶液，质量比 20∶80 的 TiO_2 和 $BaSO_4$，计算共研磨配方。用塑性流变仪测出：TiO_2 的最佳 PVC 为 43.5％和漆料固含量为 15％；$BaSO_4$ 的 PVC 为 38.35％和漆料固含量为 20％。

解：　① 计算质量（单位见表 5-6，此处省略，以下同）：

TiO_2 的密度 4.1，在 100 份总体积中 TiO_2 为 43.5，质量＝4.1×43.5＝178.35；

15％漆料的密度 0.788，体积＝100－43.5＝56.5，质量＝56.5×0.788＝44.52

$BaSO_4$ 密度 4.1，质量＝4.1×38.35＝157.24；20％漆料密度 0.798，质量＝61.65×0.798＝49.20

② 混合颜料体积：

在 100 质量份中，TiO_2 为 20÷4.1＝4.88；$BaSO_4$ 为 80÷4.1＝19.51；

混合颜料总体积 4.88＋19.51＝24.39

③ 漆料质量和体积：

TiO_2 为 178.35∶44.52＝20∶x，解出漆料质量为 x＝4.99，15％漆料的体积为 4.99÷0.788＝6.34；

$BaSO_4$ 为 157.24：49.20＝80：y，解出漆料质量为 $y＝25.05$，20％漆料的体积为 25.05÷0.798＝31.37；漆料总体积 6.34＋31.37＝37.71

④ 混合颜料总体积 24.39，漆料总体积 37.71，$PVC＝\dfrac{24.39}{24.39＋37.71}＝39.28\%$

⑤ 15％漆料质量为 4.99，树脂 4.99×15％＝0.75；20％漆料质量为 25.05，树脂 25.05×20％＝5.01；树脂总量 0.75＋5.01＝5.76；平均含量（0.75＋5.01）/（4.99＋25.05）＝19.15\%

⑥ 溶剂：对于 15％漆料，0.75 质量份树脂需要 40％醇酸溶液质量为 0.75÷40％＝1.86，需要补加溶剂 4.99－1.86＝3.13；

对于 20％漆料，5.01÷40％＝12.52，补加溶剂 25.05－12.52＝12.53，补加溶剂总质量 12.53＋3.13＝15.66。

漆料体积（37.71）＋颜料体积（24.39）＝62.10，为得到 100 体积的研磨料，需乘因子 100/62.10＝1.61，结果见表 5-5。研磨料配方中 $PVC＝39.28\%$，漆料平均含量 19.15\%。

表 5-5　研磨料配方

原　　料	体积/cm^3	密度/（g/cm^3）	质量/g
TiO_2	7.86	4.10	32.2
$BaSO_4$	31.42	4.10	128.8
40％醇酸溶液	28.44	0.84	23.83
溶剂	32.28	0.78	25.18

5.3.4　调漆阶段的稳定化

研磨后的漆浆转移到调漆工序后，需要补加调漆料（漆料、溶剂和助剂），以符合标准配方的要求，这称为配方平衡。但这个阶段却可能破坏研磨漆浆稳定，使颜料或树脂析出。

① 树脂析出　漆料浓度在允许范围内，树脂可溶解，低于某一浓度时，树脂便会析出。67％（质量分数）的醇酸树脂溶液在 $200^\#$ 溶剂汽油中的稀释极限是 27％，低于该值树脂就会析出。

② 颜料析出　当大量溶剂或溶剂含量较高的漆料加入研磨漆浆中时，原来包覆在颜料表面的树脂就会溶解，使吸附层厚度下降，颜料聚集并可能沉淀。生产上有意提高研磨漆浆的树脂含量，以缩小与调漆料的差别，两者的温度和黏度要尽可能接近，调漆料在搅拌下缓慢加入研磨漆浆中。

③ 溶剂扩散　固含量高的漆料加到研磨漆浆中，溶剂就迅速从研磨漆浆扩散到漆料中，而颜料随体积减小被挤压靠近，导致絮凝。高沸点溶剂的扩散速率慢，研磨漆浆中尽量用高沸点溶剂。

5.4　分散设备和工艺

色漆生产工艺一般按研磨分散设备来划分，最常用的为砂磨、辊磨和球磨分散工艺，通常按所生产涂料的品种形成专业生产线，以避免不同品种间的干扰。

色漆生产既要经济又要高效，通常采用 4 个步骤。①预分散，将干颜料在带有搅拌器的设备中与部分漆料混合，并消除块团，制得拌和色浆，简称拌和浆。②研磨分散，将拌和浆用研磨设备分散，施加足够的力分离颜料聚集体，得到颜料色浆。③调漆，在带有搅拌器的调漆罐中，向颜料色浆中加入配方余下的漆料、助剂和溶剂，必要时调色以达到色彩要求。④净化包装，通过过滤设备除去机械杂质及粗粒，然后包装为成品。

5.4.1　分散设备

预分散以混合为主，并起粗分散的作用。过去色漆研磨主要使用辊磨机，预混合采用搅浆机。近年来主要使用砂磨机，与其配套的为高速分散机。

5.4.1.1　高速分散机

高速分散机是目前使用最广的预分散设备，主轴下端装有分散叶轮，在垂直放置的圆柱形桶中主轴带动叶轮高速旋转，进行混合和分散。高速分散机见图 5-7，（a）为落地式，适用于可移动漆浆罐；（b）为台架式，安装在操作台上。高速分散机装有液压升降和回转装置。回转装置可使机头回转 360°，一台高速分散机可配 2～4 个固定容器轮流使用。

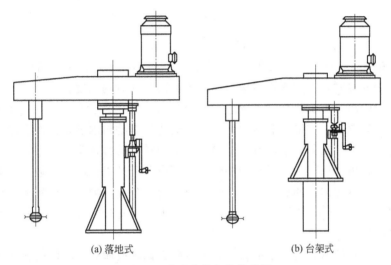

(a) 落地式　　　　　　　　　　(b) 台架式

图 5-7　高速分散机结构简图

高速分散机的关键部件是锯齿圆盘式叶轮。叶轮高速旋转使搅拌槽内的漆浆呈现滚动环流，并产生很大旋涡。位于漆浆顶部的颜料粒子，很快呈螺旋状下降到旋涡的底部。在叶轮边缘 2.5～5cm 处，形成一个湍流区，区内颜料粒子受到较强剪切和冲击作用，使其很快分散到漆浆中。区域外形成上、下两个流束，使漆浆得到充分的循环和翻动。叶轮直径大，改善物料循环，分散效果就好。图 5-8 上的尺寸数值预混合时取下限，调漆时取上限。

高速分散机在润湿操作时，颜料还堆在漆料上面，要慢速搅拌。颜料不要加到转轴和罐壁上，一旦粘上，应停止搅拌刮下，否则漆浆中会有粗颗粒。加入颜料使漆浆变稠，这时要提高叶轮位置，增加转速。加完颜料几分钟后，没有颜料漂浮于漆浆表面，就进入解聚阶段。

解聚使用高转速，转轴在罐中至罐壁之间移动，以提高分散效率，消除死角，但转速过高造成漆浆飞溅，叶轮暴露过多，混入空气，增加功率消耗。叶轮最高圆周速率为 25～30m/s。解聚大约需 15min。对于易分散颜料，降低速率后可直接投入剩下的配方组分，调稀成漆。生产乳胶漆时，大多数乳胶高剪切时会胶凝，就应在低速度调稀成漆阶段加入乳胶。

为了使叶轮下部区域达到层流状态，既不能过度提高叶轮的圆周速率，又要适当提高漆

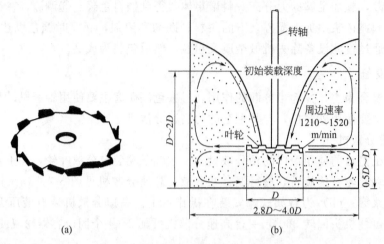

图 5-8　高速分散机结构的工作原理

浆的黏度，降低叶轮的位置。漆浆最低黏度要在 3Pa・s 以上。漆料黏度 $0.1 \sim 0.4$Pa・s，加颜料后漆浆的为 $3 \sim 4$Pa・s。黏度越高，分散越快，黏度应定在电动机的峰值功率上。乳胶漆颜料在水中分散时，常加入水溶聚合物，来提高分散时的黏度。

　　高速分散机的离心力将物料推向槽边。如果研磨料是牛顿流体，尺寸和操作条件适当，则整个物料能均匀混合。如果研磨料剪切变稀，槽边缘上物料因剪切低而黏度高，就在壁上粘住了，混合不充分。在分散槽内设置沿槽内壁上部转动的慢速刮板，来解决粘壁现象。

　　为提高效率，可采用双轴双叶轮型和快慢轴型高速分散机。高速分散机与其他分散设备相比，施加在颜料聚集体上的剪切应力较低，对于容易分离的颜料，调稀成漆可在同一槽内完成，但主要用于预混合，投资和操作成本最低，换色清洗较方便，加盖槽溶剂损耗低。

5.4.1.2　球磨机

　　球磨机是一个圆柱形容器，水平架着，部分装载钢球或卵石。将研磨料各组分加入球磨后，旋转时使球在一边抬起，然后向较低的一边瀑布似滚下，如图 5-9 所示。当球相互滚过它们间的研磨料薄层时，强劲剪切和冲击施加在颜料聚集体上。

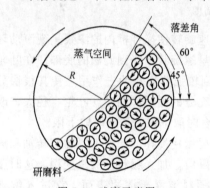

图 5-9　球磨示意图

　　球磨机有钢球磨和石球磨。钢球磨的球和内衬都是钢的。石球磨的球和内衬都是陶瓷的。钢球密度大，剪切也大，运转时间较短，但有磨损，如在钢球磨内分散 TiO_2，产物是灰色而不是白色。分散底漆有时用钢球磨，底漆一般是灰色。当要求不能变色时，使用石球磨。

　　球磨机直径大，球滚下路径长，效率高。球加到半满时，滚动距离最长。研磨料应在球磨机静止时刚盖没球，填满球的间隙。球径一致，半满时球占总体积的 32%，研磨料约 18%。球磨的投料量是不能变的。如果球径大小不一，研磨料的空间就减少了。

　　一般瀑流角为 45°。难分散的颜料适当提高转速，瀑流角可达到 60°，分散效率有所提高。转速太快则瀑流角超过 60°，球是坠下而不是滚下，就减少了剪切作用，并引起球破损。转速再快，球由于离心作用而贴壁运转，就没有分散作用。运动状态可以从噪声判断。

噪声过大说明球被甩出漆浆之外，而球上提不够、漆浆黏度太大或球贴壁运转，则几乎没有声音。研磨料黏度太低，球磨损厉害，太高则球滚动慢，效率下降。黏度通常在 1Pa·s 左右，球越大、密度越高则要求黏度越高。球磨时间常为 6～8h，即使难分离的颜料也不会超过 24h。如果时间更长，应该是配方不好或球磨填装不对造成的。

球磨投资虽较高，但运转费用低，不需预混合，运转时不需照管，没有溶剂挥发损耗。除了最难分离的颜料外，球磨都能分散。球磨不易清洗，故适宜只制一种分散体，一料出清就投下一料而不必清洗。如要制备一系列颜色，从最浅的开始逐一向最深的颜色进行。

球磨在出料后，还有相当量还留在磨内，这必须清洗，清洗后的料可加入下批料中。清洗不能单用溶剂，否则将会使分散体絮凝。清洗应使用不低于研磨料中所用的树脂溶液浓度。

实验室球磨与生产用球磨无直接联系，因为球磨效率与直径相关。生产用球磨机的直径为 1.25～2.5m。实验室用瓷罐磨的直径小于 30cm，转速比理想要求的低，与生产用球磨机相关性差。实验室用 Quikee 磨分散更快，并大致与生产用球磨机相似。Quikee 磨钢制容器，30mm 钢珠装半满，研磨料比盖住钢珠稍多些，然后在油漆振动机上振动，易分离颜料需 5～10min，难分离颜料需要 1h。在钢珠影响颜色时也可用瓷罐和玻璃珠、砂或瓷珠。

5.4.1.3　砂磨机

砂磨机是当前最主要的研磨分散设备。最初研磨介质用直径 0.7mm 的砂，故称为砂磨机，现在常用粒径 1～3mm 的玻璃珠。常规立式砂磨机由带夹套的筒体和分散轴、分散盘、平衡轮等组成，见图 5-10。筒体中盛有适量研磨介质。分散轴上安装 8～10 个分散盘。经预分散漆浆用送料泵从底部输入，流量可调节。底阀是单向阀，防止研磨介质流入管道和送料泵。

当漆浆送入后，启动砂磨机，分散轴转速在 800～1500r/min 之间，带动分散盘高速旋转，分散盘外缘圆周速率达到 10m/s 左右。靠近分散盘面的漆浆和玻璃珠随分散盘运转，抛向筒壁，又返回到中心区，形成双环形滚动方式，分散效果好，特别在靠近分散盘表面处，以及分散盘外缘与筒壁之间的区域，分散效果更好。漆浆在上升过程中，多次回转于两个分散盘之间作高度湍流。颜料粒子受玻璃珠的剪切和冲击作用，分散在漆料中。分散后的漆浆通过筛网从出口溢出，玻璃珠则被筛网截留。漆浆受分散盘和研磨介质激烈搅拌，会引起温度升高，筒体带有冷却水夹套冷却，一般操作温度 40～50℃。

砂磨机的效率比球磨要高出很多倍，原因有：①研磨介质速率很高，约 10m/s，离心力大，相互间碰撞产生很强的冲击和剪切作用；②研磨介质直径小（常用 1～3mm），数量多，碰撞接触点非常多。研磨料黏度越大，逗留在磨内的时间越长，分散程度越大。易分离颜料可用较低黏度（0.3～1.5Pa·s）快速度通过。难分离颜料需要磨两道或三道（或串联成一组磨），有的砂磨机也可将部分研磨料自动再循环。串联砂磨机中前面使用大粒径研磨介质，剪切力强，把粗颜料变细；后面砂磨机使用小粒径研磨介质，使颜料分散得更细，提高研磨效率。低黏度漆浆使用玻璃珠，高黏度漆浆中使用高密度的刚玉瓷珠。

砂磨机投资和运转成本较低，批量可大可小，但需预混合和独立的调稀成漆工序。一台砂磨机一般专用于相似的颜色，以尽量减少清洗。实验室砂磨与生产砂磨相关性很好。实验室砂磨是将预混合后研磨料从上面倒入而不是底部进入。

砂磨机是高效分散设备，生产能力高、分散精度好、能耗低、噪声小、溶剂挥发少、结构简单、便于维护、能连续生产，在多种类型的磁漆和底漆生产中获得广泛的应用。

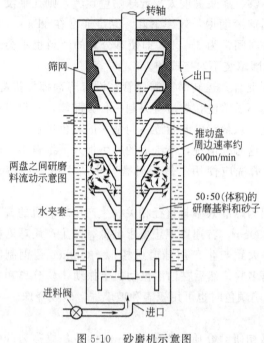

图 5-10　砂磨机示意图

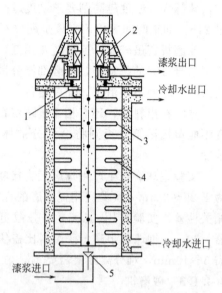

图 5-11　棒销式立式单室砂磨机简图
1—缝隙式分离器；2—唇形密封；
3—转子棒销；4—定子棒销；5—底阀

砂磨机主要分立式和卧式两大类。立式砂磨机的研磨介质装填量为筒体容量的 60%，卧式的为 85%。图 5-10 是立式砂磨机。卧式砂磨机的主轴和研磨筒体水平安装，出料系统用动态分离器代替筛，密闭操作，应用日趋广泛。现在还出现新型砂磨机。

（1）篮式砂磨机　研磨漆浆置于搅拌筒中不动，将装有研磨介质和搅拌刀的篮子深入漆浆中进行研磨。预混合、研磨分散、调漆在同一个罐中进行，适用于小批量多品种生产。

（2）棒销式砂磨机　如图 5-11，转子棒销在定子棒销间高速旋转，能量密度高，分散效果好，适合高黏度漆浆，能获得较高的分散精度。有效容积小，清洗换色方便。

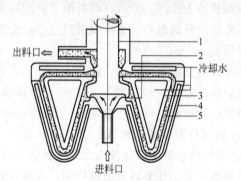

图 5-12　双锥形砂磨机示意图
1—主轴；2—隔板；3—转子；
4—定子；5—研磨介质

（3）双锥形砂磨机（Coball 磨）见图 5-12，在缝隙中研磨，缝隙宽度是研磨介质直径的 4 倍，研磨介质粒径 1.5～2.5mm，分散能力强，产量大，特别适用于高黏度漆浆，以及研磨精度较高的产品。

5.4.1.4　三辊机

三辊磨为安装在机架上的 3 个辊筒（见图 5-13）。3 个辊筒可平放、斜放或立放，以平放居多。两个辊筒间的距离可以调节，一般中辊固定不动，前辊和后辊在导轨上前后移动，进行调节，可以手动调节（用手轮和丝杠），也可以用液压调节。3 个辊筒以不同的速率做相反方向转动。前辊为快辊（也叫刮漆辊），后辊为慢辊（也叫加料辊），前辊、中辊与后辊的速率比过去采用 1∶2∶4，现代大多采用 1∶3∶9。研磨料的黏度比其他所讨论过的方法高，在

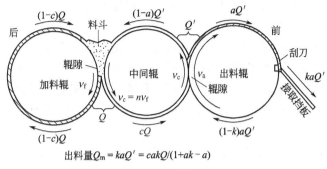

出料量 $Q_m = kaQ' = cakQ/(1+ak-a)$

图 5-13　三辊磨示意图

5～10Pa·s 或更高，经受辊间剪切而将聚集体分离。由于研磨料暴露在辊上，溶剂必须蒸气压低，以尽量减少挥发。

　　开动机器并在后辊与中辊中间加入漆浆后，由于辊筒向内转动，漆浆被拉向加料缝处，间隙越来越小，大部分漆浆都不能通过，被迫回到加料沟顶部中心，然后再一次被向内转动的辊筒带下去，在加料沟内不断翻滚，做循环流动，这种循环流动产生混合和剪切作用。因为加料缝的间隙小（约 $10～50\mu m$），而且相邻两辊筒间有速率差，强烈剪切作用发生在通过加料缝的瞬间。通过加料缝的漆浆，小部分黏附在后辊上，并回到加料沟。大部分黏附在中辊上，进入中辊与前辊之间的刮漆缝。刮漆缝的间隙更小，前辊与中辊的速率差更大，漆浆受到的剪切作用更强烈。通过刮漆缝的漆浆，小部分回到中辊，大部分转向前辊，最后被刮刀刮至刮刀架（出料斗），流入漆浆罐。若细度未达到要求，可再次循环操作。

　　三辊机投资和运转成本较高，需要熟练操作工。需要预混合，调稀成漆要另外进行。优点是剪切速率高，可操作难以分离的颜料，批量随意，容易清洗。目前大多用在无溶剂或含挥发性小溶剂并且黏度高的分散中，三辊机在实验室使用很方便。

　　二辊机投资和运转成本很高，剪切速率比三辊机更大，用于无溶剂体系，分离最难分离的聚集体，用于贵重颜料的分散，以节省颜料。二辊机特别适宜分散透明色漆的颜料，这要将所有颜料聚集体分离到或接近原始粒度，以消除光散射。另一用途是分散炭黑颜料以达到需要的乌黑程度，因为这只在实质上完全分离后才能达到。挥发物完全逸出，需要预混合，并且需要制成液态分散体才能进入涂料。仅有几个涂料公司操作二辊机，对于只能采用二辊机来制取的颜料分散体，大多数情况下是购自专业生产厂。

5.4.2　分散程度评估

　　评价分散程度是建立标准配方、最佳操作方法和品质控制的关键。评估分散程度要看聚集体分离是否完全，分离后是否絮凝。分离是否完全最有效的评估方法是比较着色力。

　　(1) 分散效果　分散白色颜料样品时，与标准有色分散体如蓝色混合来，衡量分散效果。取白色样品与标准的白色分散体以相同比例，分别与标准蓝混合，然后在白纸上把两者相邻放置，用刮刀一起下刮，比较它们的颜色。样品比标准的颜色深，则样品着色力低，分散程度不好。对有色颜料如蓝色，用相同步骤，只是标准蓝和产品蓝都与相同比例的标准白混合。同样方法也评估汽车金属色颜料，将标准和样品在玻璃板上相邻并排刮，目测或仪器测量来评估雾影程度或与标准的差别。

　　(2) 絮凝　快速有效判断方法如下。①将用于测定着色力的浆流涂在马口铁板上，用食指轻刮。如果被刮处颜色有变化，则分散体絮凝。一个白和蓝颜料混合物，被刮处变得更蓝,则蓝颜料絮凝;变得更浅,则白颜料絮凝。②稳定良好的分散体流动是牛顿型的,如果配方不含剪切变稀组分,但分散体剪切变稀,则发生絮凝。③离心分离时,颜料分散好、稳定好的分散体沉降慢,沉降物量少。颜料分散好、稳定差的沉降快,沉降物多,因絮凝物沉降较快,又裹着连续相,形成体积庞大的沉降物,搅拌或摇动后,易恢复到均匀悬浮。分散未完全时,因颜料聚集体较大,沉降更快,离心形成一个结实层。用于产品开发和质量控制时,离心沉降能够给出足够的定性或半定量信息。研究时需要定量数据,用离心速率来计算絮凝程度。

絮凝梯度技术用 $2.5\mu m$ 红外光测定散射程度与膜厚的关系。颗粒对较长波长光的散射比可见光更强,颜料与基料间折射率差在 $2.5\mu m$ 时更显著。以反散射对漆膜厚度作图给出一直线,斜率随絮凝增大而增大,能定量准确测量液态和干漆膜中各种颜料的絮凝。

刮板细度计在涂料工业中应用广泛,将分散体样品放在板的零读数之前,用刮刀往下刮,然后举起板,立即横着刮的样品找,在某刻度上开始见到凸出的颗粒或颗粒条纹。刮板细度计测试快速,但仅能表明大颜料聚集体是否破碎,是否有杂物颗粒存在等,而数据不能用来评估分散程度和絮凝。

5.4.3　设计工艺配方的程序

工艺配方才是直接用于色漆生产的指令性技术文件,是具体生产操作的技术依据。在标准配方的基础上设计工艺配方,可依以下程序进行。①选择研磨分散设备,确定生产工艺过程,以及配料罐、调漆罐等容器的规格。②选择研磨漆浆方式,有单颜色磨浆法、多种颜(填)料磨浆法或综合颜料磨浆法。③综合考虑研磨制浆方法、原料分配方式及设备容量大小,把标准配方规定的原料量,按投料量进行扩大计算。④确定研磨漆浆和调色漆浆的组成。⑤计算出调色制漆加料数量。⑥确定哪些助剂加入研磨漆浆中一起研磨,哪些助剂在调色制漆阶段加入混合,然后把助剂量分别列入"研磨漆浆加料"及"调色制漆加料"中。

研磨分散设备本身就确定了色漆生产工艺过程的基本模式。设备由下面4个因素决定。

(1) 研磨漆浆流动状况　①易流动的,如磁漆、头道底漆等;②膏状的,如厚漆、腻子及部分厚浆型美术漆等;③色片,如硝基、过氯乙烯及聚乙烯醇缩丁醛等为基料的高颜料组分,在 $20\sim30℃$ 下为固体,受热后成为可混炼的塑性物质;④粉末状态的,如各类粉末涂料,颜料是在熔融态树脂中进行分散,而最终产品是粉末状态。

(2) 分散难易程度　①原始粒径小于 $1\mu m$,容易分散,如钛白粉、立德粉、氧化锌及大红粉、甲苯胺红等;②原始粒径小,但由于其特殊结构及表面状态,却难以分散,如炭黑、铁蓝等;③原始粒径约 $5\sim40\mu m$,或更大,如天然氧化铁红(红土)、硫酸钡、碳酸钙、滑石粉等;④原始粒径 $1\sim10\mu m$,或更小,如经超微粉碎的天然氧化铁红、沉淀硫酸钡、碳酸钙、滑石粉等;⑤磨蚀性颜料,如红丹及未微粉粉碎的氧化铁红等。

(3) 漆料的湿润性　①湿润性能好的,如油基漆料、天然树脂漆料、酚醛树脂漆料及醇酸树脂漆料等;②湿润性能中等的,环氧漆料、丙烯酸酯漆料和聚酯漆料等;③湿润性能差的,如硝基纤维素、过氯乙烯树脂等。

(4) 加工精度　①低精度产品细度大于 $40\mu m$;②中等精度 $15\sim20\mu m$;③高精度小于 $15\mu m$。

砂磨机适用于易流动漆浆,生产能力高、分散精度好、能连续生产,但不适用于膏状或厚浆型漆浆,对炭黑等难分散颜料的效率低,对磨蚀性颜料易磨损。砂磨机分散工艺首先在高速分散机中预混合,再在砂磨机中研磨至细度合格,输送到制漆罐中调色制漆,过滤净化后包装入库，见图 5-14。研磨漆浆黏度较低，易于流动，大批量生产时以机械泵通过管道输送，小批量多品种生产也可用容器移动的方式进行漆浆转移。

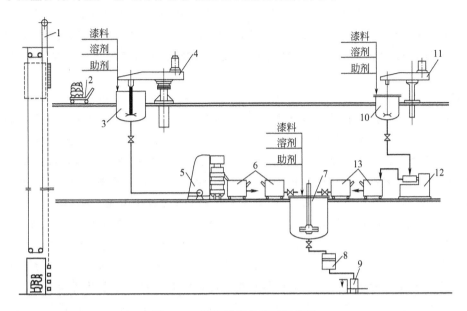

图 5-14　砂磨机工艺流程示意图

1—载货电梯；2—手动升降式叉车；3—配料预混合罐（A）；4—高速分散机（A）；

5—砂磨机；6—移动式漆浆盒（A）；7—调漆罐；8—振动筛；9—磅秤；

10—配料预混合罐（B）；11—高速分散机（B）；12—卧式砂磨机；

13—移动式漆浆盒（B）

　　球磨机适用于易流动漆浆，适用于分散任何颜料，对粗颗粒、磨蚀性颜料和细粒难分散颜料都有着突出的分散效果，但研磨细度难以达到 $15\mu m$ 以下，清洗换色困难，不适于高精度漆浆和经常调换花色品种的场合。球磨机的预混合与研磨一并进行。

　　三辊机适用于高黏度或厚浆型漆浆，用于细颗粒难分散的颜料及细度 $5\sim10\mu m$ 的高精度产品，用来生产高质量的面漆。由于清洗换色方便，也常和砂磨机配合，制造复色磁漆用的少量调色浆。因三辊机的漆浆较稠，只能以活动容器运送漆浆，手工操作劳动强度大，而且生产能力低、结构复杂，敞开操作溶剂挥发损失大，故应用受到限制。

　　双辊机仅在生产过氯乙烯漆及黑色、铁蓝色硝基漆的色片中应用，溶解色片来制漆。

参 考 文 献

[1]　刘引烽.涂料界面原理与应用.北京：化学工业出版社，2007.

[2]　王树强主编.涂料工艺，第三分册.第 2 版（增订本）.北京：化学工业出版社，1996.

[3]　[美] Zeno W.威克斯等著.有机涂料科学和技术.经桦良，姜英涛等译.北京：化学工业出版社，2002.

[4]　倪玉德.涂料制造技术.北京：化学工业出版社，2003.

[5]　Charles M Hansen. 50 Years with solubility parameters—past and future. Progress in Organic Coatings, 2004, 51 (1)：77-84.

[6]　姜英涛.涂料基础.第 2 版.北京：化学工业出版社，2001.

[7]　Hall J E, Benoit R, etc. J Coat Technol, 1988, 60 (756)：49.

本 章 概 要

　　颜料在涂料配方中有最佳 PVC 范围。标准配方是经过实验研究确定色漆各组分的组成用量。生产配方要研磨分散设备的特点，找出最佳研磨漆浆配方，选好分散助剂进行生产。

颜料分散即打破颜料聚集体，恢复原有粒度，并在涂料中稳定存在。润湿要求预混合好的漆浆搅拌升温，静置过夜。不同的研磨分散设备，颜料分离解聚的机理不同。高速分散机、砂磨机和球磨机采用中等黏度漆浆，三辊磨漆浆黏度高，二辊机（炼胶机）或密炼机无溶剂高温混炼，用于轧片。无机颜料随研磨进行，研磨料黏度降低，而有机颜料则黏度提高。

溶剂型涂料主要依靠熵保护，吸附层要厚，树脂和溶剂存在吸附竞争，当体系本身不能防止絮凝时，需用颜料分散剂。水性体系靠电荷相斥/熵保护来使颜料分散稳定，加入三聚磷酸钾，使所有颜料表面都带上负电荷。水分散性涂料用颜料分散剂形成吸附层，乳胶漆则用非离子型与阴离子型表面活性剂。涂料在存放期间要求颜料不能沉降，黏度不能明显增加。减少浮色和发花要求颜料粒度和密度不能相差太多，溶剂挥发要有快有慢，再配合适当助剂（颜料分散剂、流平剂、触变剂）。利用发花可制成锤纹漆图案。

砂磨机制备研磨漆浆的方式有单颜料、多种颜料混合和综合颜料磨浆法。颜料体积浓度增加，研磨料黏度显著增大。高速分散机的研磨漆浆可由漆料固含量、漆料黏度和吸油量来计算。砂磨机和卧式球磨机的研磨漆浆组成可由丹尼尔流动点法、三角坐标图法和塑性流变仪法来确定。配方平衡要求研磨漆浆中尽量用高沸点溶剂，研磨漆浆的树脂含量、温度和黏度与调漆料的要尽可能接近，调漆料在搅拌下缓慢加入。色漆生产一般采用预分散、研磨分散、调漆和净化包装四个步骤，生产工艺有砂磨工艺、辊磨工艺和球磨工艺。

练 习 题

一、填空。

1. 颜料分散要经过＿＿＿＿、＿＿＿＿和＿＿＿＿三个过程。润湿要求漆料表面张力＿＿＿＿于颜料的。

2. 涂料常用的高速分散机、砂磨机和球磨机，打破聚集体的力为＿＿＿＿力和＿＿＿＿力，采用漆浆的黏度＿＿＿＿。三辊研磨机和胶体磨要求漆浆黏度＿＿＿＿。

3. 生产上有意缩小研磨漆浆与调漆料各方面差别的原因是＿＿＿＿＿＿＿＿＿＿。

4. 无机颜料研磨时的"先吸后吐"是指＿＿＿＿＿＿＿＿＿＿。

5. 水性涂料中靠＿＿＿＿和＿＿＿＿机理使颜料分散稳定，溶剂型涂料则靠＿＿＿＿机理。

6. 水性涂料中为保证体系的 pH 值处于所有颜料的等电点以上，常加入＿＿＿＿。

7. 熵相斥就是在颜料表面形成吸附层，吸附层一般要大于＿＿＿＿nm，可保护粒子不聚集。

8. 乳胶漆常用非离子型与阴离子型表面活性剂配合稳定颜料，目的是＿＿＿＿。

9. 絮凝功要求颜料和漆料的＿＿＿＿＿＿＿＿＿＿相等，就不会发生絮凝。

10. 终极 PVC 与临界 PVC 的差别在于＿＿＿＿＿＿＿＿＿＿。

11. 对于一个特定体系，研磨料的黏度是由＿＿＿＿和＿＿＿＿决定的。

12. 球点和丹尼尔流动点之间的差小，颜料的分散性＿＿＿＿。

13. 高速分散机通常与＿＿＿＿配套作预混合，旋转叶轮下部区域的流动状态为＿＿＿＿，要求既不能过度提高叶轮的圆周速率，又要适当提高漆浆＿＿＿＿，降低叶轮的位置。

14. 砂磨机研磨效率比球磨要高很多的原因是：①＿＿＿＿；②＿＿＿＿。

15. 根据研磨漆浆的流动状况选择研磨分散设备：①易流动的漆浆选用＿＿＿＿和＿＿＿＿；②膏状漆浆＿＿＿＿；③色片＿＿＿＿。

16. 某高质量面漆要求颜料细度 $5 \sim 10 \mu m$，可选择的研磨分散设备为＿＿＿＿和＿＿＿＿。

17. 颜料聚集体分离是否完全最有效的评估方法是比较＿＿＿＿。

18. 从实验室研究与生产的相关性上看，球磨机相关性_____，砂磨机_____。

19. 色漆生产通常有四个步骤：①_____；②_____；③_____；④_____。

二、名词解释： 生产配方、标准配方、轧片工艺、絮凝、浮色、发花、调漆料、研磨漆浆。

三、问答。

1. 为什么色漆在涂料中能得到大量应用？描述涂料的标准配方制定流程。

2. 结合第 4 章相关内容，解释为什么颜料在涂料中有最佳 PVC 值。

3. 漆料渗进颜料粒团内部的影响因素有哪些？生产上通常如何操作保证颜料彻底浸透？

4. 树脂与溶剂在颜料表面的吸附竞争对涂料有什么影响？

5. 为什么颜料分散剂在最佳用量时的黏度最低？

6. 以砂磨机为研磨分散设备时，制备研磨漆浆的方式有哪几种？各用于什么场合？

7. 砂磨机和卧式球磨机研磨漆浆配方的确定和评价有哪几种方法？各有什么特点？

8. 配方平衡阶段哪些因素能破坏研磨漆浆稳定，原因是什么？

9. 比较砂磨机、球磨机、三辊机的工作原理和适用对象。

10. 塑性流变仪测量研磨漆浆的图上能得到哪些信息？

四、计算。

1. 一个氨基漆配方（质量分数，%）为：

44%油度豆油醇酸树脂(50%)	高醚化度 MF 树脂(60%)	钛白	1%甲基硅油溶液	丁醇	二甲苯
56.5	12.4	25	0.3	3	2.8

注：括号内为溶液浓度，醇酸树脂的溶剂为二甲苯，MF 树脂的为丁醇。

回答：①根据涂料的四个组成部分，把该配方中的物质分类。②该配方是工艺配方还是标准配方？能否直接用于涂料生产？写出该涂料生产需要的大致的工艺流程。③该漆膜固化需要什么条件？④计算氨基比和混合溶剂组成。二甲苯的密度为 0.865g/ml，丁醇的密度为 0.808g/ml。⑤该漆膜的大致性能是什么？光泽如何？

2. 粒径为 $20\mu m$ 的 TiO_2 粒子在潮湿空气中吸附水，TiO_2 密度为 $4.16g/cm^3$，水的表面张力为 $72.8mN/m$，计算每个 TiO_2 粒子的重力和粒子间的毛细压力。

3. 将粒子间隙为 $3\mu m$ 的密堆积粉末颜料直接倒入液体漆料中，已知该漆料的表面张力为 $30mN/m$，黏度为 $2.8Pa \cdot s$。该漆料能润湿颜料，接触角为 0。计算 1 昼夜后，漆料在颜料中的渗透深度；若颜料在槽中有 7cm 厚，完全润湿需要多长时间？

4. 以黏度 $0.5Pa \cdot s$、固含量为 40%的某漆料和吸油量 25 的颜料，用高速分散机分散，求适宜研磨漆浆的组成。

5. 用 40%醇酸溶液，用塑性流变仪测出 TiO_2 的最佳 PVC 为 43.5%和漆料固含量为 15%，计算研磨料配方。

第6章 水性涂料和粉末涂料

6.1 水 性 涂 料

发展水性涂料主要是经济和生态的原因。有机溶剂价格贵，排放到空气中污染环境，各国政府都立法限制排放。常规溶剂型涂料中有机溶剂含量约50%，国外规定水性涂料中VOC含量<250g/L。水性涂料分为水溶性、水乳化和水分散三类。一般用树脂粒子的尺寸界定：粒子尺寸在$0.001\mu m$（1nm）以下者是水溶性涂料，粒子尺寸在$0.1\mu m$以上者称为乳胶涂料，粒子尺寸介于两者之间（1~100nm）的称为水分散涂料（或水稀释涂料），也称微乳胶。乳液和水稀释性有时因尺寸接近，难以清晰区分。微乳液聚合技术制备的微乳液，粒径为10~100nm，从制备方法上来看是乳胶涂料，按粒子尺寸应该是水分散涂料。

乳液涂料和水稀释涂料在微观上都分相。乳液涂料是在表面活性剂帮助下，树脂以乳胶颗粒分散在水中。水稀释涂料是树脂先溶于有机溶剂中，再加水分散，不用表面活性剂。

乳液涂料和水稀释涂料的黏度与树脂分子量无关，水稀释涂料黏度随水的加入，黏度还有特殊规律。溶剂型涂料随树脂分子量增大，溶液黏度增大，这是与水性涂料最显著的区别。

水性涂料大幅度降低有机溶剂用量，水也无毒无味不燃，但在涂装流水线上：①水挥发比有机溶剂要慢得多，而且受大气相对湿度的影响，对施工工艺的控制要求较高；②水会加速设备的腐蚀，需要使用耐腐蚀设备。静电喷涂时，因水能导电，需要特种适配器。这都增加了设备投资。

6.1.1 乳胶漆

目前使用的乳胶漆树脂主要是热塑性的，分子量很高，无需交联即可提供极佳的机械性能，乳胶黏度与分子量无关。制备乳胶漆时首先乳液聚合制备乳液，但乳液与颜料不能一起研磨，如果将乳液与颜料直接混合研磨，乳液中的水分会被颜、填料吸收，造成破乳和颜料絮凝。目前大多采用色浆法，即将颜料高速搅拌预分散，加入分散剂通过研磨设备制成颜料浆，再与乳液调成涂料。

建筑物装修大量使用乳胶漆，树脂是热塑性，室温干燥成膜。工业面漆使用羟基官能树脂乳液，汽车漆和修补底漆用核/壳结构乳胶。乳液还大量用在黏合剂和纺织工业上。

6.1.1.1 乳液聚合的原料

乳液聚合是采用乳化剂（即表面活性剂）把单体乳化于水中，用水溶性自由基引发聚合。甲基丙烯酸甲酯和丙烯酸丁酯是不溶于水的单体，加入水中搅拌分散成悬浮体系，在乳化剂（如十二烷基硫酸钠）作用下，得到比悬浮体更细的乳胶粒子。乳化剂分子的亲水性基团在乳胶液滴表面，亲油性基团在液滴内部，液滴不易碰撞而结合，整个体系形成稳定乳液。乳胶粒子中的单体由液体聚合后变成黏稠状，甚至成为硬颗粒。

乳液要形成连续涂层，有温度限制。一个乳液形成连续膜的最低温度叫作最低成膜温度（MFFT或MFT）。将乳液样品放在有温度梯度的金属条上，条上形成连续透明薄膜和白垩化部分，两者分界处的温度即 MFFT。水分挥发后，温度高于 MFFT，乳胶粒子才能融在一起形成有强度的涂层，而低于 MFFT 时，乳胶粒子不能融在一起，仍以颗粒状存在，不能形成膜。聚甲基丙烯酸甲酯（PMMA）的 T_g 为 105℃，室温不能从 PMMA 乳液形成有用的膜，而是得到一层极易成粉的材料。决定 MFFT 最主要的因素是乳液聚合物的 T_g，影响因素还有乳液中的表面活性剂和水等。

（1）单体　乳液聚合用单体要求能自由基聚合，并且不与水反应，常用不溶或稍溶于水的单体，水溶的共聚单体仅少量使用。硬单体有乙酸乙烯酯、甲基丙烯酸甲酯、苯乙烯以及氯乙烯气体；软单体有丙烯酸丁酯、丙烯酸-2-乙基己酯、叔碳酸乙烯酯、马来酸酯以及气态单体乙烯与偏二氯乙烯。甲基丙烯酸（MAA）和丙烯酸（AA）可提供羧酸基作为交联点，降低表面活性剂用量。丙烯酸羟乙酯（HEA）和甲基丙烯酸羟乙酯（HEMA）提供可交联的羟基。脲基单体（如 N-乙基乙烯脲甲基丙烯酰胺）使

$$H_2C=CHCNHCH_2CH_2-N\underset{\quad}{\overset{O}{\parallel}}NH$$

N-乙基乙烯脲甲基丙烯酰胺

乳胶漆能够很好地附着在木材和旧的有光漆上。叔碳酸乙烯酯单体改善涂层的耐碱性和水解性。根据所要求聚合物的 T_g 来选择共聚单体的种类和用量。涂料用聚合物乳液的 T_g 在 15～25℃ 之间。

热固性聚合物制备时需要有交联官能团，如用含羟基或丙烯酰胺的单体，而甲氧基硅烷官能单体可用于室温交联，乙酰乙酸的酯类单体提供许多反应可能性。

（2）引发剂　使用水性引发剂：过硫酸盐-硫酸氢盐体系、过氧化氢-铁盐体系、有机过氧化氢-铁盐体系、过硫酸盐-硫醇系及氯酸盐-亚硫酸氢盐体系等。

过硫酸盐在水中热分裂成硫酸离子自由基而引发聚合。硫酸离子自由基还能夺取水的氢，形成羟基自由基，而硫氢酸离子会使 pH 值下降，需加缓冲剂。

$$^-O_3S-O-O-SO_3^- \longrightarrow 2\,^-O_3S-O\cdot$$

$$^-O_3S-O\cdot + H_2O \longrightarrow HSO_4^- + HO\cdot$$

过硫酸盐在水中热解成自由基

使用亚铁盐、硫代硫酸盐和过硫酸盐的混合物比单独用过硫酸盐反应更快，因可用还原剂加速产生自由基。用这种氧化还原体系可室温引发聚合，反应热可加热反应物到达期望温度（常是 50～80℃），并需要冷却以免过热。为了提高单体的转化率（＞99％），通常在最终阶段加入第二种亲油引发剂，如叔丁基过氧化氢，因为此时大部分未反应单体已经溶入聚合物粒子中，需用亲油引发剂。即使这样，粒子仍有一些未反应单体。

（3）表面活性剂　作用是保持胶粒分散稳定，防止在储存时胶凝。一般用阴离子和非离子表面活性剂，如十二烷基硫酸钠、壬基酚多乙氧基化合物。乳液聚合通常使用混合的阴离子与非离子表面活性剂。由于环境毒性，壬基酚乙氧基化合物逐渐被淘汰，而用烷基乙氧基化合物取代。表面活性剂在水中的浓度超过其溶解度后，亲油端相互缔合成簇，称为胶束。胶束含有 30～100 个表面活性剂分子，分子亲油部分取向中心，亲水部分向外与水接触。刚开始形成胶束时的浓度称为临界胶束浓度（CMC），不同表面活性剂 CMC 在 $10^{-7}～10^{-3}\,g/L$ 之间。

用阴离子表面活性剂形成刚性乳胶颗粒，高固含量时乳胶的黏度低，乳胶粒子较小，粒径分布较宽，价格较低，用量为聚合物的 $0.5\%～2\%$。非离子表面活性剂在乳胶颗粒表面形成较厚溶胀层，黏度较高，能剪切变稀，乳胶粒子大，粒度分布窄，用量是聚合物的 $2\%～6\%$，非离子表面活性剂对稳定乳胶、防止在冻融循环时发生凝胶有效，对抗盐（特别

是多价阳离子盐）的凝胶作用好，对 pH 值改变不敏感。所有表面活性剂都会使乳胶漆膜有水敏感性，如建筑物在施工乳胶漆后，未干燥前受雨淋，漆膜有水渍。

"无皂"乳液是不用常规表面活性剂，而是用亲水性共聚单体，如（甲基）丙烯酸或丙烯酸羟乙酯硫酸铵，这些单体共聚到树脂中，起表面活性剂的功能。"无皂"乳液降低了由表面活性剂引起的水敏感性。用含烯丙醇、环氧丁烷、环氧乙烷和磺酸盐端基的表面活性剂，制取醋酸乙烯酯/丙烯酸丁酯乳液，表面活性剂结合进树脂中。

非离子表面活性剂可被夺去的氢原子，形成接枝共聚物，起增塑作用，降低聚结温度。

加入少量易接枝的水溶性聚合物（有些称为保护胶体），可使乳胶粒子稳定性更好。保护胶体为水溶性聚合物，如聚（甲基）丙烯酸或其共聚物、聚乙烯醇（部分水解的聚乙酸乙烯酯）或被取代的纤维素（如羟乙基纤维素），常用的如聚乙烯醇（PVA）。

PVA 有许多可被自由基夺去的氢，单体在此进行接枝聚合，平均一个 PVA 分子上这种接枝可多于 1。当接枝链较长时，就变得疏水，与胶粒中的树脂缔合，而亲水 PVA 处于胶粒表面，形成熵稳定层。加保护胶体减少水溶表面活性剂用量，就降低了漆膜的水敏感性。羟乙基纤维素（HEC）也发生接枝，能形成大颗粒、宽粒度分布的乳液，并且乳胶具有触变性。

6.1.1.2　乳液聚合

乳液聚合大多是分批加料或滴加加料，单体和引发剂按比例、根据聚合反应速率逐渐加入，保证在任何时间单体浓度都很低，即在"单体饥饿"条件下进行聚合。这种聚合方法使共聚物组分与投入单体组成大致相同，而与单体的相对竞聚率无关，在聚合进程中还可改变投入单体的组成，得到期望性能的乳胶粒子。这种供料方式还容易解决聚合热的散发问题。分批加料或滴加加料的设备如图 6-1 所示。

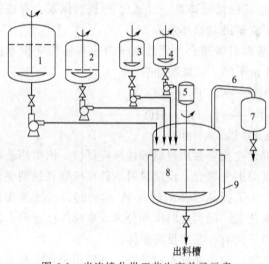

图 6-1　半连续分批工艺生产单元示意
1—主要单体投料槽；2—辅助单体投料槽；
3,4—引发剂投料槽；5—搅拌电动机；
6—冷凝器；7—受热；8—反应釜；
9—冷、热夹套

（1）乳液聚合机理　乳液聚合分为四个阶段：在加入引发剂前，在乳化剂和机械搅拌下，单体以珠滴的形式分散于水相中，成为乳状液，称为乳化阶段。加入引发剂后，开始聚合，到胶束耗尽这段时间，生成大量乳胶粒，称为成核阶段。由胶束耗尽到单体珠滴消失，这个阶段乳胶粒不断长大，称为乳胶粒长大阶段。由单体珠滴消失到达所要求的单体转化率，为聚合完成阶段。

① 乳化阶段　一个胶束的直径为 5～10nm，在正常乳液聚合体系中胶束浓度的数量级为 10^{18} 个胶束/cm^3 水。搅拌使单体分散成液滴，部分乳化剂吸附在单体液滴表面上，来稳定液滴。单体液滴平均直径为 1～2μm，浓度约 10^{12} 个/cm^3 水。单体在水中的溶解度一般很小，尽管如此，仍会有少量单体分子溶解水中，称作自由单体。还有一部分单体被吸收到胶束内部，这部分胶束叫作增溶胶束，增溶可使胶束体积增大一倍。在增溶胶束中单体的量

可达单体总量的 1％。乳化剂和单体在水相、单体珠滴和胶束之间建立起动态平衡，见图 6-2。

② 乳胶粒成核阶段　当水性引发剂加入后，分解出自由基。这些自由基有三个去向：扩散到胶束中、在水相引发聚合、扩散到珠滴中。在胶束中单体聚合称作胶束成核机理。在水相聚合，当聚合度约 50 时，低聚物会从水相中沉析出来，并从水相中吸附乳化剂分子到其表面上，同时还会从水相中吸收自由基和单体到其内部，不断进行聚合，形成一个新乳胶粒，称为低聚物沉淀成核机理。若自由基由水相中扩散到单体珠滴中，也生成乳胶粒，称作单体珠滴成核机理，而且只有极少量是通过这种机理生成的大粒子。

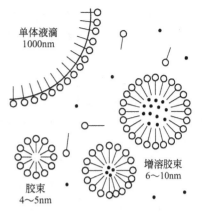

图 6-2　乳液聚合体系示意图
○表示乳化剂分子；●表示单体

多数情况下，乳胶粒主要按胶束成核机理生成，而按低聚物沉淀成核和单体珠滴成核的乳胶粒则很少，甚至可以忽略不计。但单体在水中溶解度大（25℃时，丙烯腈为 7.35％，丙烯酸甲酯为 5.2％，醋酸乙烯酯为 2.4％，甲基丙烯酸甲酯为 3.59％，丙烯酸乙酯 1.5％），按低聚物机理生成的乳胶粒数目增多，某些情况下甚至会成为主要成核方式。

随成核过程的进行，越来越多的胶束转化成乳胶粒，乳胶粒内的单体聚合，并不断从水相中吸收更多的单体，乳胶粒不断长大，表面积增大，会吸附更多乳化剂，越来越多的乳化剂通过水相转移到乳胶表面。形成一个乳胶粒大约要破坏 100 胶束，胶束逐渐被耗尽。

③ 乳胶粒长大阶段　胶束耗尽后就进入此阶段，胶束成核停止。由于乳胶粒表面积巨大（$10^5 \sim 10^6 \mathrm{cm}^2/\mathrm{cm}^3$ 水），在水相中生成的低聚物分子还没来得及增长到临界链长，就被乳胶粒捕集。乳胶粒数目要比单体珠滴数目大得多（约大 10^4 倍），乳胶粒数大约为常数，在 10^{16} 个/cm^3 水的数量级。引发剂分解成自由基，由水相扩散到乳胶粒中，引发聚合，乳胶粒逐渐长大。单体珠滴则是单体的"仓库"，随聚合逐渐减少，直到单体珠滴消失，此阶段结束。

乳液聚合的一个重要特征是在乳胶粒成核和长大阶段，乳胶粒中单体和聚合物的比例保持定值。这是由热力学决定的，单体溶混使单体和聚合物的混合熵增大，导致混合自由能减少，是溶混的推动力；乳胶粒吸收单体体积增大，表面能就要增大，是单体扩散进乳胶粒的阻力。这两者之间的平衡就决定了乳胶粒中单体和聚合物的体积比保持定值。

聚合反应速率随时间略有提高。乳胶粒随聚合进行，内部黏度增大，一个乳胶粒中两个自由基扩散到一起，需要一段时间，因此平均一个乳胶粒中的自由基数大于 0.5，并随转化率的提高而增大，致使聚合反应的速率越来越大。因乳胶粒表面积不断增大，却没有足够乳化剂覆盖，或乳化剂覆盖率小时，乳液稳定性下降，容易破乳，需要此时补加适量乳化剂，以确保体系稳定和乳液聚合正常进行。

④ 聚合完成阶段　此阶段胶束和单体珠滴都不见了。乳胶粒中单体浓度逐渐降低，聚合物浓度升高，黏度增大。当到达乳胶粒的 T_g 时，单体分子运动受阻，聚合反应速率突然大幅度下降。乳液聚合配方中单体用量大多数情况下在 40％～50％，室温使用的乳液涂料，需要其最低成膜温度低于室温。室温交联型乳液又可分成自动氧化型和金属离子螯合型两类。自动氧化型是聚合时加入桐油或亚麻仁油醇酸树脂。螯合型是加入钴、锰、铅、锌等的醋酸盐，干燥后在大分子链间形成金属离子螯合桥式的交联结构。

为了得到 MFFT 低的聚合物乳液，应将 T_g 较低的乳胶粒置于壳层，使胶粒内硬外软。若希望得到硬度、强度均较大、弹性好的涂层，则用内软外硬的乳液。

（2）其他乳液聚合工艺

① 种子乳液聚合 先制备小颗粒的种子乳胶，固含量为 10%～20%，或制大批量的种子乳胶，将其稀释成 3%～10% 固含量而分批用于许多批中。在种子乳胶中慢慢地加入单体和引发剂，聚合主要发生在种子颗粒中，能得到颗粒数目恒定的乳胶。增大种子颗粒数，则得到平均粒度较小的乳胶。

② 顺序聚合 在单体饥饿条件下制乳胶时，改变投入单体的组成，得到不同性能的乳胶颗粒。核-壳形态的颗粒中，核的组成反映前期投入单体的组成，而近表面的壳反映后期投入单体的组成。在聚合时连续改变投入单体的组成，能制得渐变梯度形态的乳胶颗粒。丙烯酸酯聚合后性能好，而醋酸乙烯酯价格低，用顺序聚合制成核-壳乳胶，丙烯酸酯为壳而醋酸乙烯成为核，能降低成本而不降低涂层性质。

③ 微乳液聚合 乳胶粒子直径为 $0.05～0.5\mu m$（50～500nm）。因为粒径小，表面张力低，微乳液有极好的渗透性、润湿性、透明性、流平性，能得到高质量高光泽涂层。

微乳液的珠滴直径在 10～100nm 范围内，可连续地从 W/O（油包水）型结构向 O/W（水包油）型转变。体系内富含水时，油相小液滴分散在水中，形成 O/W 型正相微乳液。富含油时，水珠滴分散在连续相的油中，形成 W/O 型反相微乳液；水和油的量相当时，水相和油相同时为连续相，两者无规连接，为双连续相结构。O/W 型微乳液体系的表面活性剂浓度很高，需助乳化剂。而 W/O 型微乳液中，单体部分地分布在油-水相界面上，起乳化剂作用，制备反相微乳液比正相微乳液容易。

④ 气态单体 使用气态单体时，需要压力设备。乙烯能降低产品价格，但乙烯单体太软，要掺进硬单体，如氯乙烯以及乙酸乙烯酯。含有氯乙烯和偏二氯乙烯的聚合物用于抗腐蚀底漆。最后乳液要从产物中除去全部残留的游离单体。

（3）乳胶的结构 现在已经发展出了多种技术控制乳胶粒子的结构。制备较大的乳胶粒子，粒子内含有颜料与充满空气的空穴，使涂层不透明。乳胶粒子制备成类似橡胶的"微凝胶"，用于改善涂层的力学性能。制备成溶剂型微凝胶，用于液体流变控制。

① 在进料阶段改变单体组成，制备核壳结构的乳胶粒子，使内核交联，外壳为带羟基与羧基的丙烯酸聚合物。这种涂料有触变性，喷涂时黏度低，涂后黏度高，能防止流挂，能保证片状铝粉排列，用于汽车的水性金属闪光底涂层。

② 分批和半连续分批工艺制得乳胶的分子量一般很高，常超过一百万，分子量分布较宽。尽管分子量很高，但并不影响乳胶黏度，可配制高固含量的乳胶漆。不仅如此，乳胶漆通常还需要加增稠剂提高黏度，阻止颜料沉降。

③ 聚合后的乳胶粒子一般是球状颗粒。几个颗粒相互融合形成非球形凸角状大颗粒，在同一浓度下其黏度比球状颗粒的高。非球形凸角状颗粒会剪切变稀，即在低剪切速率下，剪切黏度高，可减少增稠剂用量，降低成本，而且对粉化表面附着更好。

6.1.1.3 乳液聚合物类型

应用最多的是丙烯酸乳液和醋酸乙烯乳液。同醋酸乙烯乳液相比，丙烯酸乳液对颜料的黏结力大，耐水性、耐碱性、耐光性比较好，施工性良好，而且弹性、延伸性能好，特别适用于温度变化剧烈和膨胀系数相差很大的场合。丙烯酸乳液和醋酸乙烯乳液用于室外建筑涂料时，共聚单体为丙烯酸异辛酯和含叔碳原子的羧酸乙烯酯，在共聚物中，调节硬和软单体的比例达到积累尘土最少，涂层有足够韧性。乳胶粒细且 MFFT 低，涂层的抗白垩能力好。丙烯酸酯抗碱性和抗白垩能力好。

（1）丙烯酸类乳胶　包括全丙、苯丙和乙丙乳胶。全丙乳胶中主要由硬单体甲基丙烯酸甲酯（34%～37%）和软单体丙烯酸丁酯（62%～64%）共聚而成，具有良好的耐候性、保色性、抗水解性及物理机械性能，但抗粉化性能较差。苯乙烯较甲基丙烯酸甲酯便宜，玻璃化转变温度相近，代替甲基丙烯酸甲酯，得到苯丙乳胶。醋酸乙烯酯价格更便宜，乙丙乳胶性能比纯醋酸乙烯酯乳胶要好得多，用于室内涂装可满足使用要求。乙丙乳胶有良好的抗粉化性，但耐碱性与抗水解性很差。户外建筑涂料一般配成低光泽，对抗粘连性要求中等，乳胶的 T_g 值约 5～15℃。这种乳胶漆含有大量颜填料，颜填料有助于提高抗粘连性。

丙烯酸乳液存在"热黏冷脆"现象，耐溶剂性、耐湿擦性和耐磨性都较差，可用聚氨酯或环氧树脂改性。聚氨酯改性综合了两者的优点，得到性能更优良的乳液。用 2% 的 TMI 单体参与共聚得到稳定的乳液。该乳液成膜温度较低，而玻璃化转变温度较高，涂膜力学性能提高了近 50%，磨耗性提高 10 倍，硬度、干燥性能、光泽等也得到提高。

（2）醋酸乙烯酯乳胶　醋酸乙烯酯（VAc）比（甲基）丙烯酸酯单体价廉，但 PVAc 乳胶在光化学稳定性和耐水解方面比丙烯酸类乳胶差，主要用于不暴露高湿度下的户内涂料，如平光内墙漆。乙烯-醋酸乙烯共聚物（EVA）乳液中 VAc 含量在 70%～90%，需要在中、高压力下反应，涂层具有永久的柔韧性，较好的耐酸碱性、耐紫外线老化，混溶性、成膜性、黏结性良好，主要用于制造水分散黏合剂、涂料等，如室内乳胶漆。所得防水涂料涂于黄麻、无纺布和玻璃纤维布基材上，具有较好的防水效果。

（3）其他乳胶　乳胶漆膜比醇酸漆膜更透水，用于木材有利于木材内水分的挥发，可减少涂层起泡，但作为金属用漆不利于防腐蚀。用于金属的乳胶需要有低潮气透过性，降低透水性可用偏氯乙烯作为共聚单体。虽然潮气透过性大大降低，但含氯共聚物易发生光降解。

① 氯磺化聚乙烯　把氯磺化聚乙烯 30 在有机溶剂中配成 15%～25%（质量分数）的胶液，加乳化剂、水搅拌制备乳液，然后减压脱去有机溶剂。该类涂料一般为双组分，A 组分为树脂，B 组分为固化剂。A 组分以氯磺化聚乙烯为主，添加改性树脂如环氧树脂、酚醛树脂、丙烯酸树脂等。B 组分常用的有氧化铅、氧化镁、环氧树脂胺加成物等。将 A、B 两组分按一定比例混合，固化交联成膜。水性氯磺化聚乙烯涂料近年在我国得到迅速发展，应用于温热、潮湿、易长霉、易腐蚀环境下建筑防护，如地下洞库、军事地下工程、石油化工建筑等。

② 偏氯乙烯共聚物　偏氯乙烯、氯乙烯、丙烯酸丁酯乳液聚合制得的三元共聚水乳胶，作地板漆，喷涂或刷涂于地板表面，光色泽均匀，耐水性、耐磨性、防潮性、阻燃性都很好。用氯乙烯和偏二氯乙烯改性，能提高抗碱性，水蒸气通透性要比其他乳胶膜低 1～2 个数量级，但 pH 低于 2，影响了与其他乳胶的兼容性。

（4）热固性乳胶　现在产量还远不能与热塑性乳胶相比，本书未特别指明，仅针对热塑性乳胶。热固性乳胶通常是双组分的，用于工业涂装。因为乳胶的 T_g 较低，不需加成膜溶剂，成膜需要交联，获得所需的抗粘连性。

热固性丙烯酸乳胶液含有羟基、表面活性剂，不用保护胶体，被称为"无胶体乳胶"。氨基-丙烯酸酯涂料由于保光保色性优良，用于装饰性要求较高的汽车、家电等。欧美国家采用羟基丙烯酸乳液和 HMMM 热固成膜，但氨基树脂渗入乳胶颗粒慢，涂层交联不均一。为此，聚合前先将氨基树脂溶解在混合单体中，pH≥5，可减少早期交联，MF 树脂还有增塑作用，降低成膜温度。该涂料加入催化剂后的使用期 1～2 天。

羧基丙烯酸酯乳胶是用（甲基）丙烯酸单体制成，用锌或锆的铵复盐交联，成膜时氨挥发，就形成盐交联。碳化二亚胺类可用作羧基的交联剂，和羧酸反应较快，而和水反应相当慢。室温下交联在几天内发生，60～127℃下固化时间 5～30min，温度越高，漆膜性能越好。

$$RN\!=\!C\!=\!NR+R'COOH \longrightarrow R'\overset{\underset{\displaystyle O}{\|}}{C}\!-\!\overset{\underset{\displaystyle R}{|}}{N}\!-\!\overset{\underset{\displaystyle O}{\|}}{C}\!-\!NHR$$

碳化二亚胺　　　　　　　　　　　N-酰基脲

氮杂环丙烷和三羟甲基三丙烯酸酯加成产物用作羧基交联剂，适用期为 48～72h，但氮杂环丙烷毒性较高。

$$CH_3CH_2C(CH_2O\overset{\underset{\displaystyle O}{\|}}{C}CH_2CH_2\!-\!N\!\triangleleft)_3$$

氮杂环丙烷与丙烯酸酯的加成物

$$\underset{\underset{\displaystyle R}{|}}{N}\!\triangleright + R'COOH \longrightarrow \begin{array}{l} R'\overset{\underset{\displaystyle O}{\|}}{C}\!-\!NHCH_2CH_2OR \\[2pt] \text{或} \\[2pt] R'\overset{\underset{\displaystyle O}{\|}}{C}\!-\!OCH_2CH_2NHR \end{array}$$

环氧硅烷也与羧酸官能乳胶交联，如 β-(3,4-环氧环己基) 乙基三乙氧基硅烷，116℃、10min，显著提高涂层硬度和抗溶剂性。催化剂可用 1-(2-三甲基硅烷基)丙基-$1H$-咪唑。引进官能化三烷氧基硅烷就是制备有机无机杂化涂层，见 2.3.6 节。

热固乳胶用甲基丙烯酸三丁氧硅烷基丙酯作为共聚单体制备，因丁氧基比乙氧基水解稳定性好，可用于乳液聚合。乳胶储存稳定性一年以上，有机锡催化可在一周内交联。

甲基苯乙烯异氰酸酯（TMI）与水反应缓慢，可用于热固乳胶。乙酰乙酯乳胶可与多胺交联，但适用期短。用烯丙基单体制得的乳胶，能室温交联并长期储存稳定，施工后暴露于空气氧化交联，用于建筑涂料。干性醇酸树脂溶于丙烯酸类单体乳液聚合，制成醇酸/丙烯酸类杂化乳胶，醇酸树脂接枝在丙烯酸类主链上，加入催化剂可室温交联。

工业上热固性乳胶漆的局限性为：①流水线及烘道中水分的蒸发，会引起腐蚀；②涂层易爆泡；③流平性不好。目前趋势是乳胶漆与水稀释树脂结合起来，改善涂层性能和流平性。

6.1.1.4 乳液干燥成膜

（1）成膜机理　细小的乳胶粒子在粒子与水界面，靠表面活性剂作用均匀分散在水中，当水和水溶性溶剂蒸发后，乳胶粒子紧密堆积变形，形成大致连续柔软的膜。随后缓慢凝结，粒子间的树脂分子相互扩散，跨越粒子边界，缠卷成连续膜。一个粒子表面的高分子只需扩散到另一个粒子表面内非常小的距离，就能形成高强度膜。这个距离比乳胶粒子的直径小得多。这种成膜机理称为粒子凝聚成膜机理。

粒子凝聚成膜机理不仅用于乳胶漆，还能用于水性聚氨酯分散体、有机溶胶、粉末涂料。水性聚氨酯分散体是由极细聚氨酯粒子分散在强极性溶剂中，形成透明状分散体，可用水稀释后涂装。有机溶胶是聚氯乙烯细微颗粒分散在增塑剂中形成的分散体系。粉末涂料在加热时粉末颗粒熔融凝结成膜。

（2）乳液的最低成膜温度　加入增塑剂能降低树脂的 T_g 和最低成膜温度。因为不挥发性增塑剂永久性地降低漆膜的 T_g，大多数乳胶漆使用挥发性增塑剂。挥发性增塑剂又称为成膜助剂，它溶解在聚合物粒子中，降低 T_g，使漆膜在较低温度时形成，成膜后缓慢地从漆膜中扩散挥发出去。

建筑涂料通常最低成膜温度为 2℃，这就要求乳液的 T_g 低。但若要求在 50℃ 下漆膜不发生粘连，乳液的 T_g 应大于 29℃。这显然是一个矛盾。因此，设计一个在 2℃ 能施工成膜且在 50℃ 抗粘连的建筑涂料，需要解决树脂 T_g 的问题。成膜助剂使高 T_g 乳液也能成膜，涂层有要求的抗粘连、耐擦洗和抗沾污性能，但增加涂料的 VOC。要选择最有效成膜助剂，用量尽可能少，如 2,2,4-三甲基-3-戊二醇单异丁酸酯（Texanol），简称 22413 异丁酸酯，用量为乳液的 2%～5%。为减少成膜

$$CH_3-CH-CH-C-CH_3-O-C-CH-CH_3$$

2,2,4-三甲基-3-戊二醇单异丁酸酯

助剂用量，将丙烯酸在共聚后期投入反应中，因为水与羧酸盐缔合，能增塑颗粒表面，可降低成膜助剂用量。把不同 T_g 及粒度的乳胶混合使用，或者采用具有梯度 T_g 的乳胶，都可降低成膜助剂用量。高 T_g 和低 T_g 乳液混合物须是透明的，两者折射率差要小，高 T_g 乳液粒径要小，才能获得好漆膜。热固性乳胶用低 T_g 树脂，交联后产生抗粘连性。常用成膜助剂的性质见表 6-1。

表 6-1　常用成膜助剂的性质

成膜助剂	沸点/℃	挥发速率[①]	水溶解性/%
1,2-丙二醇	187.5	—	100
乙二醇丁醚	170.2	0.06	100
苯甲醇	230.0	0.004	100
二乙二醇丁醚	205.4	0.009	3.8
Texanol	244.0	0.002	0.2
丙二醇苯醚	242.7	0.002	1.1

① 指的是相对于乙酸丁酯（＝1）的比值。

单组分乳胶漆中带有烯丙基的树脂能自动氧化交联，醇酸/丙烯酸杂化乳胶采用干性醇酸树脂溶解在聚合的单体中来制备。带有三烷氧甲硅烷基团的聚合物可以水解交联。

疏水改性的聚丙烯酸铵盐类缔合型增稠剂改善了耐冻融稳定性，但降低了漆膜的耐碱性。在交联型乳液中采用这些缔合型增稠剂，能得到具有较低 VOC 的满意有光磁漆。

（3）成膜性能　乳胶漆以水作为分散介质，黏度通常都较低，涂料在储存中颜料易沉降，在立面墙壁上施工还会发生流挂，需加入一定量的增稠剂，还要加颜料分散剂和润湿剂、防腐剂、防霉剂和消泡剂。国外大多是大公司生产乳胶和助剂，中小厂经营乳胶漆。生产设备有高速搅拌机（无级变速）；砂磨机（立式，开启式）；配漆罐若干；与配漆罐配合的低速搅拌机；筛网过滤、研磨抽料用齿轮泵。如自制色浆，最好有三辊磨，用来制备各色色浆。

① 光泽　乳胶漆不易获得高光泽，因为体系中有树脂和颜料粒子两个分散相，水挥发过程中，分散相粒子随机分布。它不会像醇酸磁漆那样能在表面形成含极少颜料的清漆层。乳胶漆中有颜料分散剂、表面活性剂等各种助剂，很难让它们都完全均匀混溶。成膜时一个液态组分不溶解于树脂中，它会以小滴形式从漆膜中分离，来到表面，漆膜变得凹凸不平，这是起霜，起霜会降低漆膜光泽。把霜擦掉，但起霜通常会再出现。许多无颜料乳胶涂层因为雾影，也不透明。雾影是由于某组分在聚合物中不完全溶解造成的。乳胶漆流平性也较差，造成涂层表面粗糙，这些都使涂层光泽减小。

为提高光泽，制造乳液时尽可能降低表面活性剂用量，或使表面活性剂聚合到乳胶中，选择相容性好的颜料分散剂。乳液粒径细可以降低漆膜表面的颜基比，稍微提高光泽。把相

互混溶的水溶性树脂和乳液混合起来，涂层光泽高。高光泽乳胶漆的 PVC 通常为 8%～16%。

最初用醇酸磁漆作建筑涂料，后被乳胶漆代替。醇酸磁漆的漆膜初期光泽高，户外暴晒 1～2 年后，光泽消失。乳胶漆膜开始光泽较低，但它几年后光泽变化不大，即保光性好。

② 流平　乳胶漆流平往往比溶剂型的差，通常用缔合型增稠剂解决流平问题，它使乳胶漆在高剪切速率时黏度较高，施工得到较厚的湿膜；低剪切速率的黏度低，改善流平性。缔合型增稠剂是沿主链有非极性烃基作为空间阻隔的中低分子量亲水聚合物，如疏水改性的乙氧基聚氨酯、苯乙烯-顺丁烯二酸酐共聚物乳液等。

③ 附着与通透　乳胶漆的湿附着力随漆膜时间延长而提高，需要几个星期甚至几个月的时间。乳液树脂中引入少量氢键，如甲基丙烯酰胺亚乙基脲类共聚单体，能提高湿附着力和耐擦洗性。乳胶漆涂层的通透性高，还有结露和闪锈问题，不用于防腐蚀要求高的场合。闪锈是在刚涂上的涂膜还是湿的时候，金属立即锈蚀，新鲜金属表面更易闪锈，亚硝酸钠可减缓闪锈。在潮湿环境中金属上结露，因涂层通透性高，易使金属锈蚀。住宅和轻工业建筑物上的一般金属维护，可使用丁苯乳液、丙烯酸酯改性氯偏共聚物及醇酸乳液，因这些地方温暖干燥，水易挥发。

6.1.2　水稀释涂料

水稀释树脂在有机溶剂中聚合，引进大量羧基，加胺中和，能用水稀释，树脂是否交联根据需要而定。①高酸值树脂用胺中和，能用水稀释。涂层干燥慢，胺的存在使涂层发黏，为克服这些缺点，需加氨基树脂在 150℃、2h 固化。②在树脂骨架上引进非离子的亲水性基团（如聚氧乙烯链），但涂层干后对水敏感，附着力差。需要控制亲水性基团含量，并用氨基树脂高温交联。③水分散聚氨酯涂料，根据需要交联。水稀释涂料适合于浸涂施工，可避免发生火灾。所有电泳涂料都是水稀释涂料。

用水代替有机溶剂，树脂中结合进水溶性基团，或掺入表面活性剂，或两者兼有来稳定体系，得到乳液或水分散体。亲水基团在固化时参与反应，涂层就不会有水敏感性。整个体系的表面张力提高，涂层易产生表面缺陷，还有流动问题。醇酸乳胶漆、水分散双组分聚氨酯及环氧树脂漆的有机溶剂用量大幅度减少，涂层性能与溶剂型涂层一样。

6.1.2.1　水稀释性丙烯酸树脂

水稀释丙烯酸涂料由（甲基）丙烯酸、丙烯酸酯等在有机溶剂中聚合，加胺形成胺盐溶液，施工时用水稀释到要求黏度。用六甲氧甲基三聚氰胺（HMMM）交联固化（140℃左右），形成抗水性坚韧漆膜。树脂中丙烯酸比例较高，其他的与传统热固性丙烯酸树脂很接近。

一个典型水稀释性丙烯酸树脂由 MMA/BA/HEMA/AA 组成，质量比为 60：22.2：10：7.8。$\overline{M}_w/\overline{M}_n$ 分别为 35000/15000。树脂的 $T_g=52℃$，羟值为 43mgKOH/g，酸值为 60.5mgKOH/g。聚合用偶氮引发剂，单体滴加方式加入，用链转移剂控制分子量的大小和分布。该树脂的每个分子上平均有 10 个羟基及 5 个羧基，与 MF 树脂交联，涂层性能和固化窗口都与常规溶液型丙烯酸磁漆相当，由于有机溶剂含量仅 20%，VOC 的 NVV 相当于 60%溶液的排放量。

要得到具有理想的物理性能、光泽及平整度的漆膜，就必须使胺中和的树脂在水及有机助溶剂的混合物中，能很好地溶解，并保持其互溶性直至烘干为止。助溶剂要能与水混溶，在助溶剂中制备树脂，而且助溶剂能够调节涂料的稳定、干燥和流变性能。

水稀释性丙烯酸树脂中最常用的是醇醚类和醇类，如 1-(n-丙氧基)-2-丙醇、2-丁氧基乙醇和丁醇。

$$CH_3CH_2CH_2OCH_2CHCH_3 \qquad C_4H_9OCH_2CH_2OH$$
$$|$$
$$OH$$

　　1-(n-丙氧基)-2-丙醇　　　　　　　　　2-丁氧基乙醇

　　水稀释性丙烯酸树脂的酸值一般在 40～60 之间，先蒸馏除去部分溶剂和残留单体。制色漆时，先用含有适量助溶剂的树脂研磨制备色浆，然后加胺、水。加胺量比理论中和所有羧基所需胺量要少，其比值称为中和度（EN）。当胺用量为羧基理论值的 75%，EN＝75。

　　树脂采用水分散体状态，能使固体分最高而黏度最低。制备羧基或氨基含量高的树脂，用挥发性胺或酸中和成盐溶解，盐在水中电离，树脂分散体表面就带电荷，稳定分散体。树脂中和度 60%～85%，能达到最佳黏度、最佳稳定性、最佳施工性能，且不沉降。树脂中的羧基或氨基要参与交联反应。

　　丙烯酸树脂配方的关键是选用单体，通过单体组合来满足漆膜的技术要求。

　　① 含丙烯酸 10%～20%（摩尔分数），酸值在 50～100mgKOH/g 之间，并含有一定比例的羟基，共聚树脂就具有足够水溶性和交联官能团，漆膜的物理性能良好。

　　② 树脂分子量较小，需要交联。由于含有亲水基团和润湿分散剂等较多，涂膜的耐水性和耐溶剂性能下降。要达到或接近溶剂型涂料的水平，需要提高涂膜的交联度。

　　三聚氰胺-甲醛（MF）树脂是最常用的交联剂，Ⅰ 类和 Ⅱ 类甲醚化氨基树脂都与其混溶，与羟基和羧基反应，交联密度取决于羧基和羟基的总和。一般通过改变羟基的量来调整交联密度。尽可能少用羧基能减少中和所需要的胺。胺的价格较高，且属于有机挥发物。

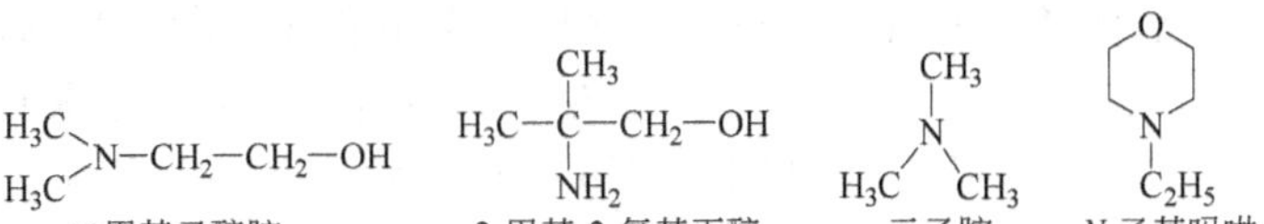

$$H_3C-N-CH_2-CH_2-OH$$

　　二甲基乙醇胺　　　　　2-甲基-2-氨基丙醇　　　　三乙胺　　　　N-乙基吗啉

　　③ 胺在成膜过程中会挥发掉，对漆膜无不良影响。在储存期间，胺降低氨基树脂的反应，提高涂料的储存稳定性。普遍使用带羟基的胺，如二甲基乙醇胺（DMAE）。常用中和度（EN）在 70～85 之间，就能形成稳定分散体。尽量降低胺的用量，胺含量越低，完全稀释体系的黏度就越低，即在施工时固体分就越高。稀释水加太多时，涂料黏度降得过低，可加入少量胺，使黏度回升。

　　(1) 水稀释过程中的异常现象　图 6-3 为一个水稀释性丙烯酸树脂黏度的对数值随浓度发生变化的曲线。为便于比较，将水稀释性丙烯酸树脂在叔丁醇中的稀释曲线以及乳胶漆稀释曲线也列在图中。

　　水稀释丙烯酸树脂采用甲基丙烯酸丁酯与丙烯酸（90：10）的共聚物，配成 54% 的叔丁醇溶液，用二甲基乙醇胺中和到 EN＝75，然后用水稀释，测溶液黏度随浓度的变化。水稀释丙烯酸树脂溶液用叔丁醇稀释的曲线几乎是线性的，是典型的树脂良溶剂中的黏度对数与浓度的关系。水稀释性树脂用水稀释时，黏度变化出现异常。

　　① 黏度异常　稀释初期阶段，水稀释涂料的黏度下降速率比用叔丁醇稀释下降得还要快。因为稀释前不同分子上离子对的缔合，使体系黏度较高。用水稀释时，水与离子对发生强烈缔合，把树脂分子间的离子对分开，使黏度迅速降低。继续用水稀释后，黏度在一个小区间内变化很小，然后回升，达到一个最高值。进一步稀释黏度快速下降。施工黏度为 0.1Pa·s 时，固含量在 20%～30%（体积分数）。

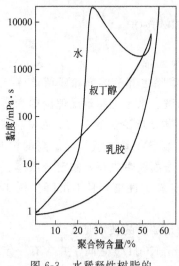

图6-3　水稀释性树脂的
典型稀释曲线

继续加水，有机溶剂在混合溶剂（水＋叔丁醇）中所占的比例降至某一点，使部分树脂分子不再溶于混合溶剂。这些树脂分子中的非极性部分缔合成聚集体，聚集体外围是羧酸盐基团。一旦聚集体形成，体系便从均匀分散状态变成了聚集体分散液。继续稀释时，愈来愈多的分子加入到聚集体中。当聚集体数量增多、体积增大时，黏度上升。黏度最大时，体系主要是以高溶胀聚集体形成的分散液。进一步稀释时，黏度快速下降，加水使聚集体在体系中所占的体积分数降低，而且溶胀聚集体中的叔丁醇进入水相的就越多，使聚集体收缩，这都使黏度下降。在水稀释曲线的峰值中间区域，体系高度剪切稀化，溶胀聚集体易变形，剪切速率高时，体系黏度下降。当叔丁醇从聚集体中进入到水相时，体积变得很小，难以发生扭曲变形，体系黏度降低，施工黏度时仅发生很轻微的剪切稀化现象。

稀释曲线形状随条件而变化，有时稀释黏度峰值高于原始黏度，而有时仅一个肩部。分子量对黏度的影响在不同稀释阶段是不同的。分子量大，聚集体内的黏度高，难以扭曲变形，剪切稀化不明显，但黏度峰值高，稀释困难。这就需要限制树脂的分子量，这样涂料能充分搅拌均匀，完成整个稀释循环。最后用水稀释至施工黏度时，黏度才与分子量无关。

② pH值反常　水稀释性树脂的另一个异常现象是中和羧酸所用胺的用量低于理论值，但体系的pH值仍大于7（一般为8.5～9.5）。在水稀释过程中形成了聚集体，其表面的羧基被水溶性胺中和。在聚集体内部羧基则不能被中和。即使中和度只有75%，也足以中和聚集体表面的羧基。在连续相中测得的pH值反映的是连续相的酸碱性，而且加入的胺使连续相构成缓冲溶液，pH值变化不明显，不适合作为质量控制指标。

（2）水稀释性环氧接枝丙烯酸树脂　20世纪70年代前，食品罐头内壁涂料都是使用溶剂型涂料，美国J.Woo等人利用接枝共聚在环氧树脂分子上接枝含羧基单体，形成C—C键连接，再用碱中和，得到稳定的水分散体。现在该涂料不但已成功地用于铝罐头内壁涂装，还能用于其他金属表面作底漆，以及ABS树脂、聚烯烃、聚酯和尼龙等塑料表面。

用双酚A环氧树脂（$\overline{M}_n = 4000 \sim 10000$），单体必用甲基丙烯酸和苯乙烯。包装不同的饮料食品，单体配比也不同。选用甲基丙烯酸、苯乙烯和丙烯酸乙酯为混合单体时，比例可为65∶34∶1，此配比可在较大范围变化。混合单体占树脂总量的20%～30%。接枝共聚物酸值为80～90mgKOH/g，以确保树脂水分散性。用醇醚类溶剂，过氧化苯甲酰引发，130℃反应。

自由基既引发单体聚合，又从环氧树脂上夺取氢。氢的夺取使环氧主链上的自由基成为与乙烯单体共聚的引发点，得到羧基取代的丙烯酸/苯乙烯接枝共聚物。最终产品是丙烯酸接枝共聚物、未接枝丙烯酸共聚物和未反应环氧树脂的混合物，用二甲基乙醇胺中和，加入水溶性或水分散性的氨基树脂作交联剂，得到水分散体涂料。有时用乳液和分散体混拼以降低成本。高分子量环氧树脂与聚丙烯酸支链虽以共价键相连，但两者并不相容，形成微观非均相混合物，它们不但保留了各自主要性质，而且具有协同效应，提高漆膜的综合性能。

体系里有羟基、羧基、环氧基和氨基等，在高温烘烤时这些基团发生反应使漆膜交联固化，大于140℃烘干的漆膜耐水性好，而且硬度、附着力和柔韧性等性能很好。

6.1.2.2 水稀释性聚氨酯

聚氨酯本身疏水，靠保护性胶体和乳化剂强力搅拌分散在水中，树脂粒径粗，稳定性差。最好的方法是在聚氨酯上引进亲水性基团，如二羟甲基丙酸（DMPA），用三乙胺等碱中和，这样就可在温和条件下分散，粒径细，体系稳定，而且涂层的耐水性和耐溶剂性好。

直接由异氰酸酯和多元醇反应生成的聚氨酯因分子量低，软硬链段没有微观相分离而物理性能差。需要用扩链剂增加硬链段的长度，促使发生微观相分离，以提高聚氨酯的模量和 T_g，获得极好的物理性能。扩链剂有芳香族二胺和二醇、脂肪族二胺和二醇，脂肪族扩链涂层比芳香族的要软。

（1）自乳化法　聚氨酯由软链段和硬链段交替构成，硬链段由异氰酸酯反应构成，软链段是端羟基长链低聚物（$\overline{M}_w = 500 \sim 5000$），如聚醚、聚酯、聚丁二烯、聚合烃类。聚氧化乙烯亲水性太强，而聚氧化丙烯成本低，亲水性适当降低得到广泛应用。离子基团可结合进软链段或硬链段中。

工业上聚氨酯分散体主要由丙酮法、预聚物乳化法制备，举例说明。

① 预聚物乳化法　把端羟基聚间苯二甲酸己二酸丁醇酯、二羟甲基丙酸混合升温到70℃，搅拌下加入总量12%（质量分数）的 NMP（N-甲基吡咯烷酮）溶剂混匀，滴加 IPDI 和催化剂 DBTDL，搅拌下反应30min，升温到80℃保温3h，生成端异氰酸酯基预聚物，检测 NCO 值，达到理论 NCO 值为终点。然后冷却到60℃用2%的三乙胺 NMP 溶液中和羧基，持续搅拌30min。该预聚物中加水和总固体分4%的表面活性剂，急剧搅拌（750r/min）20min 形成分散体，然后在30min 内加入20%的己二氨水溶液扩链，反应1h，加消泡剂，搅拌（250r/min）5min。

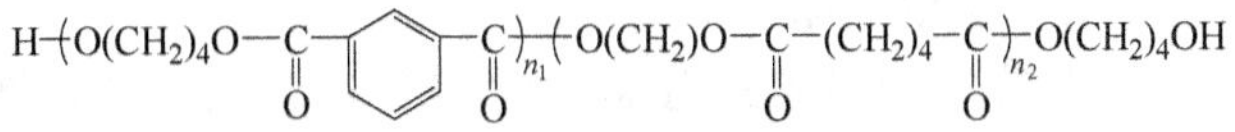

聚间苯二甲酸己二酸丁醇酯

预聚物乳化法

② 丙酮法　聚酯二醇与二羟甲基丙酸在丙酮中混匀，加入 IPDI 和催化剂 DBTDL 在60℃下搅拌反应，达到理论 NCO 值后，用丁二醇扩链，反应2h，然后加三乙胺中和，55℃搅拌30min。形成的预聚物在40～45℃搅拌（600r/min）下缓慢加水，持续30min。在旋转蒸发器中35℃抽真空完全除去丙酮，得到没有有机溶剂的水性聚氨酯。参考文献［8］对固含量、中和度、扩链效果、纳米粒子增强，以及涂层结构性能进行了详细讨论。参考文献［2］对水分散聚氨酯涂料的化学改性有详细论述。丙酮法也可以采用 $H_2NCH_2CH_2NHCH_2CH_2SO_3^- Na^+$ 扩链

和离子化。

为提高水分散聚氨酯涂层的耐磨损性和耐化学性，需要用交联剂进行交联，交联剂除 HMMM、水分散异氰酸酯外，还可用氮杂环丙烷、碳化二亚胺和环氧硅烷，涂料和涂层性能各有特点。羧基聚氨酯采用氮杂环丙烷，如 aziridine CX-100，给出机械和耐溶剂综合性能都好的涂层。另外，还可以用碳化二亚胺（—N＝C＝N—），如 CDS-43 或 XL-29SE，以及环氧硅烷偶联剂 MAGAS 进行交联。

（2）水分散双组分（2K）聚氨酯涂料　水分散双组分聚氨酯用于汽车清漆，性能和溶剂型 2K 聚氨酯汽车清漆基本一样。NCO 组分本身不含水，但含亲水基团，与羟基组分混合后易于乳化分散，尽量在使用前混合。涂装生产线上需要两个组分强烈混合的装置，缩短与水接触时间。

① 原理　NCO 与水反应的速率要远小于水的蒸发速率。涂覆后大多数 NCO 来不及和水反应，水就蒸发了。TMXDI 与水混合后，$40 \sim 60^{\circ}C$、15min 内没发现明显反应。$H_{12}MDI$ 与 H_2O 在 $24^{\circ}C$、4h 内，NCO 在水中反应的只有 5％，20h 也只有 25％。

要得到实用价值的涂料，还要求：①端羟基组分对端 NCO 预聚物起乳化作用，粒径要尽可能小，以利于两个组分在水中更好混合；②端 NCO 预聚物的黏度要尽可能小。

② 普通水分散 2K 聚氨酯　羟基组分可以是聚氨酯水分散体，也可以是水性丙烯酸树脂。前者对端 NCO 预聚物的乳化分散效果好，但不用 DMPA 引入离子中心，因为 DMPA 使水能扩散进入端 NCO 预聚物组分中，导致交联。后者发展的聚碳酸酯改性丙烯酸树脂，配制双组分聚氨酯汽车涂料，不仅漆膜外观质量提高，还改善了漆膜的耐候性。

端 NCO 预聚物可采用低黏度的 HDI 二聚体及三聚体混合物，也可用 HDI、IPDI 等来制备。芳香族异氰酸酯与水的反应速率比脂肪族和脂环族异氰酸酯快得多，它配制的 2K 涂料使用寿命短，只适用于双口喷枪喷涂。

③ 大分子单体技术　水分散的羟基组分制备时需要除有机溶剂，增加能耗，而且需用足够量的亲水基团，给涂膜性能带来负面影响。为此，近年来发展了大分子单体技术。

大分子单体中用氨基代替羟基，NH_2 与 NCO 的反应活性比与 OH 的大几倍，减少 NCO 与 H_2O 的反应。大分子单体是含氨基的接枝或嵌段丙烯酸多元醇酯，用乙烯基封端，既可和不饱和单体共聚合，又起表面活性剂的作用。端 NCO 预聚物采用憎水性的 HDI 或 IPDI 三聚体，要用高剪切力将它们分散于水中。大分子单体和三聚体相容性较好，不用高剪切力分散，可得到透明漆膜，漆膜硬度和耐溶剂性优于溶剂型聚氨酯涂料。

有机锡催化剂有毒性，人们希望新型催化剂使体系有较长的适用期及较快的固化速率。二酮酸锆催化 NCO 与羟基反应，而不催化与水的反应，选择性非常高，与二丁基二月桂酸锡相比，起泡较少（即与水反应生成的 CO_2）、活化期较长和光泽较高。水分散 2K 聚氨酯施工中尽量控制好湿度与温度，使涂膜中水快速蒸发。两组分喷涂前，混合要很好。

6.1.2.3　水性醇酸

水性醇酸树脂中包括醇酸乳液和水稀释醇酸树脂。醇酸树脂环境友好化最初是提高树脂中的羧基含量，然后用胺中和，成为水分散体涂料，但仍需要 20％～30％的有机溶剂，胺也污染环境。不仅如此，氨还延缓干燥速率和涂层的透干性质，涂层易泛黄，而且由于黏度异常，施工也易出现问题。pH 高（通常＞8）造成酯键缓慢水解，影响涂料储存稳定性。因此，这些涂料只在工业场合应用。

（1）醇酸乳液　在乳胶漆干燥过程中随着水分挥发，乳胶粒子相互接触，粒子开始凝聚，体系从"水包油"乳液转变为"油包水"乳液，这时水珠呈球形，树脂成为连续相。如果丙烯酸乳胶漆树脂黏度高，由于乳胶粒子外表面是亲水性的壳，内部是亲油性的核，涂层中水分挥发产生的毛细管压力挤压，使粒子形成多面体的核壳结构，并不能凝聚在一起，通常需要大量加入成膜助剂来降 T_g。醇酸树脂分子量低，T_g 也极低，树脂黏度比丙烯酸树脂的低几个数量级，能够不受阻碍地完成从"水包油"到"油包水"，形成连续涂层，与从溶剂型醇酸涂料得到涂层的结构相同。这样，醇酸乳液既降低了有机溶剂用量，但并没有降低涂层性能。

现在醇酸乳液能够达到完全不用有机溶剂的水平，能气干，在工业维修中获得了广泛应用，涂层性能达到同类溶剂型醇酸的水平。从生命周期评价来衡量，醇酸乳液要优于高固体分醇酸涂料和传统热塑性乳胶漆。

（2）醇酸杂化树脂　醇酸与丙烯酸及聚氨酯形成杂化物在商业上非常成功。但如果混溶性不好，会影响涂层的形成和性能，装饰性能可以靠调整乳胶粒径和折射率来解决，而物理不相容性难解决。

① 醇酸-聚氨酯杂化　端羟基醇酸与二异氰酸酯反应，得到预聚物，溶于低沸点溶剂如丙酮中，再用 DMPA 扩链，形成亲水性无规醇酸链，分子量非常高。涂层干燥性能与传统短油度醇酸相当或更好，因分子量足够大，可不需要催干剂，但制备后要蒸发大量丙酮。

② 醇酸-丙烯酸杂化　醇酸树脂有良好的润湿性和柔韧性，丙烯酸树脂有良好的硬度、耐化学性和耐久性，通过混杂，把它们结合起来。最简单的是把硬丙烯酸树脂与短（或中）油度醇酸树脂直接混合喷涂，丙烯酸树脂快干、低黏、硬度和耐久性好，醇酸树脂氧化干燥后可提高涂层的耐溶剂和耐化学性能，但这种涂料混溶性有限，而且干燥时间延长。

醇酸-丙烯酸杂化是把丙烯酸树脂接枝到醇酸树脂上，用胺中和的丙烯酸作为乳化剂，而醇酸树脂的植物油链在乳胶粒子内部。具体方法如下。a. 把甲基丙烯酸及苯乙烯类单体接枝到脂肪酸的不饱和键上，形成大分子单体。为促进接枝，可使用乙烯基甲苯，脂肪酸要有共轭双键，如脱水蓖麻油。这些单体再与高羟基含量的醇酸树脂反应，这时要小心操作，不要凝胶。这个方法的好处是羧基基团通过 C—C 键连在树脂上，耐水解。选择适当单体，就能够形成梯度结构或核壳结构的粒子：亲水性的丙烯酸在壳上，而相对亲油性的醇酸在核内。但这种方法消耗了醇酸的不饱和度，不利于氧化干燥，而且反应效率也很差。b. 使用含有被夺取氢原子的聚酯骨架，聚合时使丙烯酸链连接在上面，然后用脂肪酸来改性聚酯。c. 把不饱和单体反应（如顺丁烯二酸酐、反丁烯二酸、四氢苯酐和降冰片烯二酸酐）结合在聚酯骨架上，再用脂肪酸来改性。

降冰片烯二酸酐

③ 三元杂化物　采用二异氰酸酯把硬的丙烯酸与氧化聚合干燥的醇酸连接起来，方法既可靠又容易，而且体系相容性好，能得到高光泽高性能的涂层，见参考文献 [9]。

6.1.2.4　水稀释环氧树脂涂料

（1）水稀释环氧酯　应用最广的是顺丁烯二酸酐与脱水蓖麻油脂肪酸进行加成反应引入羧基，加叔胺（如二甲基乙醇胺），在水中酸酐开环生成胺盐，助溶剂有丙二醇乙醚、丙二醇丁醚、正丁醇等。水解稳定性比相应醇酸的好，可用于电泳底漆，也可用于喷涂底漆、浸渍底漆，也可作二道底漆，性能和溶剂型的底漆相当。

为作为面漆使用，采用丙烯酸酯改性环氧酯，环氧酯与丙烯酸酯单体接枝共聚可得到丙烯酸改性环氧酯。还可制成核壳结构：把环氧树脂、二聚脂肪酸和巯基丙酸反应制成含—SH端基的环氧酯作为核，然后在自由基引发剂作用下，通过—SH的链转移，与（甲基）

丙烯酸等单体形成接枝共聚物作为壳，最后用胺中和，得到水分散性树脂，其清漆与色漆具有优异的漆膜性能。含羧基与双键的水分散性丙烯酸酯改性环氧酯树脂，能用光固化，固化速率快，可用于卷钢、铝材等金属表面的涂装。

（2）水性环氧-胺　水分散体环氧-胺体系由两组分组成，一个是疏水性的液体或固体环氧树脂，另一组分是水可稀释的胺类固化剂。这类涂料种类多，其中以表面活性剂和环氧树脂或聚酰胺反应制造的"自乳化"环氧树脂和聚酰胺，可达到或接近溶剂型涂料的性能。

环氧树脂都需引入亲水基团，如用聚乙二醇、醇醚化合物或非离子表面活性剂改性，使其具有自乳化性能。固化剂中的氨基在有机溶剂中以盐酸中和，在水中形成聚集体。当环氧树脂溶液混入时，由于环氧基和氯化氨基隔离，容许有几天的活化期。涂料施工后，水和溶剂蒸发，氯化铵和环氧基反应生成氯醇和胺，胺再和另外的环氧基反应。BPA环氧树脂每个分子中环氧基少于1.9个，约1/3被转化为氯醇，因此需要用多官能团的酚醛环氧，使平均环氧基数目大于2。环氧树脂和固化剂都是水分散体，两组分混合后是相互分离的。当干燥成膜时，两者的黏度都比较低，匹配性又比较好，就能均匀混合，漆膜固化均匀。树脂和固化剂都要有一定的疏水性，能显著改进漆膜的耐水性。将非离子表面活性剂连接到树脂和固化剂分子中，能降低表面活性剂用量，不需再用酸中和使其成盐，也降低了涂层对水的敏感性。这种涂料的干燥速率快，24h面漆硬度可达到HB，底漆硬度可达到1H，抗冲性和耐溶剂性等性能都得到改进，漆膜均匀光滑，达到溶剂型涂料的水平。

为减少漆膜中氯离子，可使用弱酸性的溶剂硝基烷烃，形成铵盐，使环氧-胺乳液稳定并能以水稀释。施工后硝基烷烃蒸发，产生游离胺。胺-硝基烷烃组合物起过渡性乳化剂作用。氨基转化为盐延长了活化期，因为极性盐的基团向水定向，而环氧基是在乳胶粒子内部。

$$RNH_2 + R_2CHNO_2 \rightleftharpoons RNH_3^+ R_2C{=}NO_2^-$$

酮亚胺与环氧树脂不会胶凝化，水解能释放两个伯氨基，用于增加环氧体系的氨基数。环氧树脂与仲胺反应，用乙酸溶解，用MF、酚醛或封闭异氰酸酯交联，用于金属底漆。

环氧的溶胶-凝胶体系是以水性环氧涂料为基础，在成膜过程中实现纳米无机粒子和环氧树脂、氨基的复合交联，形成杂化涂膜。在航空器（如飞机）的铝合金底材，传统涂装是磷化底漆＋环氧系底漆＋面漆，而采用环氧的溶胶-凝胶杂化体系，只需涂两层，涂层间实现无层间界面的交联，性能优于传统的涂层。

双酚A环氧树脂与二乙醇胺进行开环反应，然后用乙酸中和，所得的水分散性阳离子树脂可以用封闭型异氰酸酯交联，广泛地应用于阴极电沉积涂料，特别是用作汽车的底漆。

6.1.2.5　水稀释树脂涂料存在的问题

（1）施工时固含量低，受湿度影响　采用喷涂、辊涂或淋涂施工时，固含量约20～30NVV。固含量低意味着为达到相同的干膜厚度，湿膜厚度需要更厚。在汽车金属闪光涂料中，固含量低是个优点，能使铝粉颜料在漆膜中达到较好的取向，获得好的闪光效果。

空气湿度影响涂料中余留的水与溶剂的比例。临界相对湿度（CRH）是在该RH（相对湿度）时，水和溶剂以与涂料组成中相同的比例挥发，即水和溶剂在挥发过程中都不富集。当环境RH大于CRH时，水因挥发慢而富集，涂膜黏度过低而流挂。相对分子质量为82000的树脂在低于60%的RH时就不流挂，而相对分子质量为42000的树脂则在低于50%的RH时才不流挂，分子量高的树脂可在高RH下使用。施工时如果RH超过70%，水的挥发速率极低，RH为100%时，水就不挥发。如果湿度极高而又必须施工时，需要冷却空气，使空气中的水冷凝出来一些，然后重新加热空气，再施工。工厂施工涂料一般要求涂料 CRH 较高，如 60%。

（2）起泡和爆孔　漆膜近表面处形成气泡称为起泡（blistering）。湿膜表层黏度很高，溶剂气泡上升到表层而不破裂就是起泡。气泡在漆膜表面破裂却未流平，称为爆孔（popping），细小爆孔称为针孔。爆孔和起泡发生在湿漆膜开始干燥时。表层溶剂挥发快，黏度比底层的高，烘干时底层溶剂形成的气泡不能到达表层，就起泡。爆孔时湿膜黏度已太高，不能靠流平来消除爆孔。低 T_g 乳胶漆膜因表面聚结得更好，阻止水挥发，易爆孔。

起泡和爆孔是由水性涂料的特性引起的。水的汽化热为 2260kJ/kg（即 40.8kJ/mol），乙二醇丁醚的为 373kJ/kg。水汽化热较高，湿膜升温速率慢，使涂层表面干燥而内有溶剂，增加爆孔的可能。水与树脂极性基团、铵盐基团形成较强的氢键，不易挥发，高温度氢键破坏，就释放出来水，这也增加爆孔的可能。

① 薄涂层　在标准条件下制备样板、晾干和烘烤，然后测定其不发生爆孔的最大膜厚，该膜厚称为爆孔临界膜厚。水性烘漆的临界膜厚较低，爆孔比相应溶剂型涂料的严重。爆泡可通过喷涂更多的道数，即每次的湿涂层更薄来减少。

② 分区间加热　湿漆膜进入烘道前要晾干时间要长，烘道要分区间加热，即烘道前部温度较低，水能挥发出去，也可使用红外加热驱逐水，再加热固化时就可减少起泡和爆孔。

③ 调整助溶剂　挥发慢的良溶剂（如醇醚类）可将低黏度表层持续的时间足够长，让气泡穿过并流平，但常引起流挂。潮湿环境施工时，易流挂，这时要加入挥发性快的溶剂，如仲丁醇。涂装场所相对湿度控制在 30%～70%，再调整助溶剂与水的比例，以防止流挂。

④ 空气泡　爆孔也会由陷入湿膜的空气泡造成，如机械搅拌生成的气泡，喷涂时也易陷入空气泡。为确保所有施工部位有足够的涂料，喷涂的实际漆膜厚度会比平均膜厚要厚。高压无空气喷涂时，更易产生空气泡。超临界二氧化碳喷涂可以减少爆泡。辊涂或帘涂施工的薄涂层很少有爆泡问题。晾干时间较长，帘涂较厚涂层也不出现爆泡。

6.1.2.6　水性涂料小结

用水代替有机溶剂，树脂中结合进水溶性基团，或掺入表面活性剂，或两者兼有来稳定体系，最终得到乳液或水分散体，整个体系的表面张力提高，使涂层易产生表面缺陷，还存在流动问题。亲水基团固化时要参与反应，降低涂层的水敏感性。水的蒸发热高，烘干涂层时需要的能量多，但因有机溶剂挥发量少，而烘干设备换气量显著减少，总能耗并未显著增加，也不影响干燥时间。乳胶漆不易获得高光泽，流平较差，涂层通透性高，还有结露和闪锈问题，不能用于防腐蚀要求高的场合，主要用于建筑物装修。水稀释树脂涂料施工时固含量低，涂层易起泡和爆孔。施工时水挥发比有机溶剂要慢得多，受大气相对湿度的影响，因水加速设备腐蚀，需用耐腐蚀设备。静电喷涂时，需特种适配器，增加设备投资。

水溶性聚合物如聚氧化乙烯、聚乙烯基吡咯烷酮、聚丙烯酰胺，以及这些单体含量高的共聚物都在涂料中使用。聚氧化乙烯是许多表面活性剂的水溶性部分，也用作制备水溶性或可分散性醇酸树脂的反应物。聚乙烯醇、羧基含量高的丙烯酸树脂和改性纤维素在乳液聚合中作为保护胶体。HMMM 与某些酚醛树脂是水溶性的，在水性涂料中用作交联树脂。

树脂采用水分散体状态，能达到固体分最高而黏度最低。制备羧基或氨基含量高的树脂，用挥发性胺或酸中和成盐溶解，盐在水中电离，树脂分散体表面就带电荷，稳定分散体。树脂中和度为 60%～85%，能达到最佳黏度、最佳稳定性、最佳施工性能，且不沉降。树脂中的羧基或氨基要参与交联反应。水性树脂可自交联（如醇酸、热固性聚丙烯酸酯），或加水溶性的 MF 树脂、UF 树脂和酚醛树脂交联。树脂的羧基可用 β-羟烷基酰胺、碳化二亚胺与氮丙啶化合物交联，碳化二亚胺与氮丙啶化合物用于聚氨酯分散体，β-羟烷基酰胺用于水性和粉末涂料中。

6.1.3　电泳涂装

电泳涂装的原理发明于 20 世纪 30 年代，但这一技术获得工业应用是在 1963 年以后。美国福特汽车公司首先研究阳极电泳底漆，并于 1963 年建成第一代电泳涂装线，生产汽车车轮、整体车身，以及大量汽车模型、工具和标准件。目前美国约有 1500 条电沉积涂装生产线，世界其他各国约有 1500 条生产线。电泳涂装是近 30 年来发展起来的一种特殊涂膜形成方法，是对水性涂料最具有实际意义的施工工艺。

电泳涂装是采用水分散性树脂，在水中两电极通直流电，一个电极附近的聚合物不稳定地沉积到电极上，逐渐积聚成绝缘层，最后被限制进一步沉积，只能达到一定的厚度。电泳涂装又称为电沉积涂装，因为电泳所起的作用很小。同传统涂装方法（如浸涂）比较，这种工艺能够得到非常均匀的覆盖率，并且涂料能够沉积到内表面（"泳透"），沉积薄膜电阻要高，以提高泳透力；涂料的利用率高；过程几乎完全自动化。

6.1.3.1　电泳涂料

电泳涂料几乎都是热固性涂料，需要加热烘烤固化。根据被涂物在电泳涂装过程中所处的电极不同，电泳漆可分为阳极电泳漆和阴极电泳漆两种。

（1）阳极电泳涂料　树脂分子中含有羧基，用弱碱（常用 N,N-二甲氨基乙醇、一乙醇胺、二乙醇胺、三乙醇胺等）中和成盐。树脂先溶于有机溶剂中，借机械方法分散在水中。在直流电场作用下，带负电荷的树脂包裹着颜料，一起向阳极泳动，并沉积在阳极表面。

早期的阳极电泳涂料是以马来酸（顺丁烯二酸）接枝亚麻仁油为基料，稳定性好，但对钢铁的附着力差。马来酸化环氧酯对钢铁附着力优良，使用甲乙醚化 I 级 MF 树脂交联，电泳时交联剂能以恒定比例沉积，附着力和防腐性能较好，但只适合用作底漆。

1,2-聚丁二烯低聚物顺酐化后，因为分子中都是 C—C 键，在槽中不会水解，涂料快干，耐水性及抗化学腐蚀性较好，泳透力（即电泳涂装中背离对电极的工件表面上涂上漆的能力）高，但由于分子中含大量双键，易泛黄老化，也只用于底漆。

环氧酯和纯酚醛电泳漆稳定性差、漆膜易返粗、泳透力低、耐腐蚀性和耐盐雾性低，现在主要采用聚丁二烯阳极电泳涂料，工件磷化后涂装，漆膜的耐盐雾性达 $240\sim400h$，价格低于环氧阴极电泳漆，得到广泛应用。

阳极丙烯酸电泳漆采用高浓度的丙烯酸单体制备，可作面漆使用，但阳极产生 Fe^{3+}，与树脂上的羧酸形成不溶性盐，变成红棕色。在磷酸锌膜上涂装可降低变色性。

阳极电泳涂料用于铝表面，不会变色，而且对铝氧化物层的保护性比阴极电泳涂料好。铝罐头内壁就采用环氧树脂接枝丙烯酸电泳漆。

（2）阴极电泳漆　树脂骨架中含有大量氨基，用有机酸（乙酸或乳酸）中和为弱酸弱碱盐，由于膜的碱性高，与 MF、酚醛的交联反应缓慢，但能和封闭异氰酸酯有效交联。

双酚 A 环氧树脂与胺作用，末端为仲胺、叔胺、季铵或季铵盐，它们的碱性较弱，树脂分散效果不好。端伯氨基分散效果好，可用过量的二元伯胺与环氧树脂作用生成，或用酮封闭伯氨基以得到伯氨端基。该涂料只能作底漆，用 2-乙基己醇封闭的 TDI、MDI 交联。

丙烯酸树脂用甲基丙烯酸 2-（N,N-二甲基胺）乙酯和甲基丙烯酸羟乙酯共聚引进氨基；用甲基丙烯酸缩水甘油酯作共聚单体引进环氧基，再与有机胺反应产生氨基。该漆用封闭脂肪族二异氰酸酯作固化剂，作为底面合一漆，有良好色彩，用于耐腐蚀性要求不高的场合。

阴极电泳漆的槽液呈酸性，就要求磷化膜能耐酸腐蚀，要使用锌-铁磷化膜，镀锌钢材用锌-锰-镍磷酸盐处理。在电场作用下，季铵阳离子树脂连同颜料，沉积到阴极工件上。由于工件是阴极，金属不溶解。树脂中含有的大量氨基本身就具有抑制腐蚀的作用。阴极电泳漆膜的防腐能力比阳极电泳漆膜的高 3～4 倍，而且泳透力强，广泛用于车辆（尤其是轿车）的底漆涂装，也用于一些防锈性要求较高的机电产品。

6.1.3.2　电泳涂装原理

电泳涂料中树脂分子的尺寸处于胶体（10^{-9}～10^{-7} m）范围内，而颜料尺寸处于微米级，是一个复杂的体系。电泳涂装过程大致通过电解、电泳、电沉积、电渗四个过程实现的。

（1）电解　电泳时因为阴阳极间的电压相当大（250～350V），阴、阳极上同时发生电解水的反应。在阴极上放出氢气（$2H^+ + 2e = H_2$），使阴极表面的 pH 上升。阳极上放出氧气，使阳极表面的 pH 下降，钢铁阳极也会溶解（$4OH^- - 4e = O_2 + 2H_2O$；$Fe - 2e = Fe^{2+}$）。

水的电解反应改变电极表面的 pH，才使树脂沉积成为可能。槽液电导越大，电解就越剧烈，生成的气泡就越多，而气泡多造成电泳漆膜针孔和粗糙。

（2）电泳　树脂胶体粒子在直流电场作用下，移向带异种电荷的电极。胶体粒子受水的阻力，移动速率慢，如在水中泳动，称为电泳。

（3）电沉积　电泳涂料在电极上沉积析出称为电沉积。阳极电泳槽液的 pH 为 7.5～8.5，电解时阳极表面 pH 下降到 3～4。因为羧酸根的溶解度很大，羧酸的溶解度很小，阳极表面的 H^+ 与电泳来的 $RCOO^-$ 结合成羧酸而沉积（$H^+ + RCOO^- = RCOOH\downarrow$）。

在阳极上还发生 $Fe - 2e = Fe^{2+}$ 的反应，Fe^{2+} 与 $RCOO^-$ 生成铁皂，使漆膜颜色变深，降低漆膜的耐腐蚀性。但阳极电泳漆膜的耐腐蚀性不如阴极电泳漆膜的，根本原因在于阳极电泳漆树脂的稳定性差。阴极电泳槽液的 pH 为 5.5～6.5，电解时电极表面 pH 上升到约 12，铵离子在水中的溶解度很大，而有机胺则很小，pH 上升使铵离子析出成为胺而沉积，阳极材料可选用石墨、不锈钢或镀氧化钌薄膜的不锈钢，以防止金属离子析出污染槽液。

在电泳涂装过程中，当工件某处沉积膜较厚时，此处导电性下降，沉积速率也大幅度下降，而漆膜较薄或没有漆膜的部位可继续沉积，最后整个涂层厚度基本均匀一致，而且涂层边缘覆盖性好，尤其是阴极电泳涂装的泳透力高，形状较复杂的工件（如汽车内腔表面焊缝、边缘及小轿车车门内最凹的地方）也能沉积成膜，而这些地方用喷涂、浸涂等方法涂装不到。阴极电泳很容易调整电压，使膜厚控制在 10～35μm 范围内。

（4）电渗　刚沉积到工件表面的涂膜是多孔疏松结构，含水量很高。在电场持续作用下，电极反应产生的离子（H^+ 或 OH^-）通过膜向槽液移动，在表面与树脂反应，生成新沉积膜。同时，漆膜内的水与离子（即 H^+ 或 OH^-）一起从膜中渗出来，使涂膜脱水，形成致密的漆膜（含水 5%～15%），这种现象称为电渗。电渗性好的涂料，泳涂后用手触摸湿膜时，不粘手。随工件带出的槽液用水冲洗掉，湿膜直接烘烤，得到结构致密、平整光滑的涂层。

6.1.3.3　电泳设备

电泳涂装设备分为连续式和间歇式。连续式组成流水线，适合大批量生产。间歇垂直升降式用于批量较小的涂装作业，用微机控制各工序，工艺过程可灵活变化。

电泳涂装设备一般由电泳槽、储备槽、槽液循环过滤系统、超滤（UF）装置、电极和极液循环系统、调温系统、纯水制备系统、直流电源及供电系统、涂料补给装置、电泳后的清洗装置、电泳室（防尘罩）、电气控制柜等组成，与输送工件的设备、烘干室、强冷室等组成电泳涂装生产线，见图6-4。

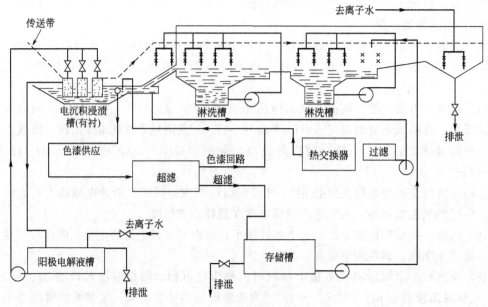

图 6-4　阴极电泳涂装车间

电泳槽体的大小及形状需根据工件大小、形状和工艺确定。在保证一定极间距离条件下，应尽可能设计小些。槽内装有过滤装置及温度调节装置，以保证漆液温度恒定，除去循环漆液中的杂质和气泡。搅拌装置多采用循环泵，漆液每小时循环 4～6 次，使工作漆液保持均匀一致。当循环泵开动时，槽内液面应均匀翻动。还需要补充调整涂料成分，控制槽液的 pH，用隔膜电极除去中和剂，用超滤装置排除低分子量成分和无机离子。采用直流电源，用硅整流器或可控硅整流。电泳涂装后工件表面附漆要冲洗，常用带螺旋体的淋洗喷嘴。烘烤可采用电阻炉、感应电热炉和红外线烘烤设备。烘房要有预热、加热和后热段。

（1）电泳槽及电泳室　船形电泳槽适于连续式生产线，矩形电泳槽适用间歇式生产线。槽底都采用圆弧过渡，避免死角造成的沉淀。槽体与溢流辅槽相连，两者之间有一个调堰，用于调节主槽液面高度并排除槽液表面泡沫。溢流辅槽的体积通常为主槽的 1/10，槽底为锥形，锥顶接循环管道，保证漆液的循环。辅槽上安装 40～80 目过滤网，以滤去泡沫和杂质。储备槽用于主槽清理、维修时存放槽液。槽液因有少量有机溶剂，需排风换气，生产时换气 15～30 次/h。直流电是由交流电经整流器转换成的。车身阴极电泳的直流电源电压应能在 0～500V 间可调，涂装零部件的电压可适当低些。一般采用工件接地的方式。

（2）循环搅拌及过滤系统　阴极电泳漆槽液的固体分为 18%～20%，阳极的为 10%～15%。槽液黏度很低，颜料极易沉淀，槽液循环起搅拌的作用。槽液液面流速为 0.2～0.3m/s，底部流速最低为 0.4m/s。电泳槽液配后，就应连续搅拌，因故障停止搅拌时间不应超过 24h，月累计停搅拌不应超过 72h。循环搅拌系统要采用不间断电源，可用双回路供电或采用备用发电机。过滤器要安装在超滤液循环回路中，以除去尘埃颗粒，及时排除工件表面产生的气体。常用过滤器有滤袋式和滤芯式两种。滤袋式过滤器安装在金属结构的支撑桶中。槽液流速和压力低，涂料易沉淀，过滤效果就差，而流速太高、压力太大，易使过滤器堵塞。所以，要控制通过过滤器槽液的流速和压力，以确保稳定正常运转。

（3）温控系统　槽液温度的高低会影响槽液的稳定性和漆膜质量。在相同电压下，槽液温度升高，黏度下降，泳动加快，析出效率提高，漆膜增厚。温度过高也加速电解，使漆膜变粗，产生橘皮与针孔，而且溶剂易挥发，涂料易变质。反之，槽液温度过低会使漆膜变薄，不丰满。要将槽温控制在规定温度±1℃。阴极电泳槽液工作温度一般为 27～28℃。厚膜阴极电泳为 29～35℃。不锈钢热交换器被安装在槽液循环管路中。在气温较高或连续生产时，槽液温度会明显上升，须用冷水进行冷却，冬季则需要 40～45℃ 的热水加热。

（4）电极装置　阳极电泳极板用普通钢板或不锈钢板制作，而阴极电泳极板用不锈钢、石墨板或钛合金板制作。极板一般是数块设置在主槽两侧。若涂汽车车身等较大工件时，需在底部和顶部布设阳极。阴极电泳的极板面积：工件面积＝1：4；阳极电泳的极板面积：工件面积＝1：1。现在阴极电泳采用盒板式或管式阳极，既可设置在槽两侧，又可设置在槽底和顶部，更换方便。电极与工件之间的距离为极间距。极间距过近，使极间电阻下降，局部电流过大，得不到厚度均一漆膜；极间距过大，则得不到完整漆膜，一般极间距为 10～80cm。

（5）原漆补加　电泳涂料分为单组分和双组分，按供应状态有高固体分（65％～75％）、低固体分（约40％），按中和度分完全中和及未完全中和。配制高固体分、高黏度和未完全中和的电泳涂料时，要用涂料补加装置（补漆槽、电动搅拌机、过滤器以及输送和内循环泵等），先在补漆槽中与槽液（或去离子水）充分混合，必要时补加中和剂，调 pH，连续搅拌 20～30min 后，通过过滤器将调好涂料泵入电泳槽。另一种方法是直接用泵分别将颜料浆和漆液注入两条槽液循环管路中，注入颜料浆的速率要≤38L/min，注入漆液速率≤76L/min。

（6）冲洗和超滤　工件离开电泳槽时会带上浮漆，最好在 1min 内冲洗掉。冲洗设备有浸渍式、喷淋式和喷浸结合式。汽车车身内部较复杂，装饰性要求高，需喷浸结合清洗：电泳→槽上超滤液冲洗→循环超滤液喷洗→超滤液浸洗→新鲜超滤液喷洗→循环去离子水洗（浸或喷）→新鲜去离子喷洗。车架线等装饰性要求不高，洗 1～2 次就行。喷淋冲洗压力过大，涂层会被冲脱落，冲洗液易起泡，选择喷淋压力 0.08～0.12MPa，要选用产生泡沫最少的喷嘴，如莲蓬头形或螺旋形。喷嘴与工件距离为 250～300mm，喷嘴间距离为200～250mm。

超滤是将槽液在 0.3～0.5MPa 压力下通过有特定孔径的半透膜，使槽液中颜料、高分子树脂（相对分子质量大于 5000）不透过半透膜，而水、有机溶剂、无机离子和低分子树脂部分通过半透膜被滤去。超滤能将冲洗工件的漆液浓缩回收，除去槽液中大部分离子，维护槽液稳定，延长槽液的使用寿命。槽液通过泵增大压力，通过过滤器和超滤装置，其中一部分漆液直接进入电泳槽，另一部分进入超滤液储槽，用于冲洗从电泳槽中出来的工件。

6.1.3.4　电泳涂装工艺

铸件一般用喷砂或喷丸除油除锈，用棉纱清除工件表面的浮尘，用 $80^\#$～$120^\#$ 砂纸清除表面残留杂物。钢铁需要除油和除锈，对漆膜表面要求高时，要磷化和钝化，具体工艺见 8.2.1。黑色金属工件如果不磷化处理，漆膜粗糙，耐腐蚀性差。磷化膜太厚，增大电阻，电泳漆膜薄。磷化膜不均匀，漆膜厚也不均匀。磷化膜结晶粗糙，电泳漆膜也粗糙，附着力下降。锌盐磷化膜的防腐蚀效果较好，磷化膜厚 $1\sim2\mu m$，要求结晶细致均匀。

(1) 槽液组成　阴极电泳的槽液固体分为 $18\%\sim20\%$，阳极的为 $10\%\sim15\%$。固体分过高，电沉积速率加快，漆膜厚且臃肿。固体分低，电沉积性变差，漆膜变薄，泳透力降低，槽液稳定性变差。颜基比为槽液中颜料与树脂之比。市售电泳涂料的固体分约 50%，施工时需用蒸馏水稀释至 $10\%\sim15\%$，颜基比 $1:2$。高光泽涂层的颜基比可控制在 $1:4$。

阳极电泳时，树脂包裹着颜料一起向阳极泳动，沉积到工件上的颜基比与槽液中的颜基比有差异，沉积过程中颜基比在变化。70% 树脂和 30% 颜料的槽液，沉积涂层中含有 68% 树脂和 32% 颜料。槽液中颜料含量逐渐下降，须随时添加颜料含量高的涂料来调节。

(2) pH　阴极电泳槽液的 pH 为 $5.5\sim6.5$，不同品种的 pH 范围不一样。pH 过高（即中和用的小分子羧酸量太少），树脂水溶性和电沉积性变差，漆膜附着力不好。pH 过低会使再涂层溶解加剧，漆膜变薄，丰满度差。

以醋酸根为例，阴极电泳时阳极上发生的反应：$4Ac^-+2H_2O\Longrightarrow O_2+4HAc+4e$

生成的 HAc 使槽液酸性增强，须经常调整 pH，一般采用隔膜极罩法或补加低中和度涂料。大型阴极电泳涂装线上常用阳极隔膜极罩法。

同样，阳极电泳的阴极上发生的反应（以氨为例）：$2NH_4^++2H_2O\Longrightarrow O_2+2NH_3$

NH_3 使槽液呈碱性，pH 在 $7.5\sim8.5$。pH 过低，影响树脂水溶性，轻则电泳液变成乳浊状，重则树脂从电泳液中析出，无法电泳涂装。pH 过高会使水解加剧，气泡增多，涂层外观质量差，泳透力下降，用隔膜极罩法调整 pH。

隔膜极罩是由不导电的半透膜制作，将其裁成长方形，固定在绝缘栅架内，在罩内注入去离子水，将工件的对电极插入其中。阳极（或阴极）生成的 HAc（或 NH_3）在罩内聚集，加入新去离子水定期冲洗罩内液体，以除去 HAc（或 NH_3），维持槽液 pH。

(3) 电压　阴极电泳电压比阳极电泳的高得多。阳极电泳电压在钢铁工件上为 $40\sim70V$，铝和铝合金 $60\sim100V$，镀锌件 $70\sim85V$。G1083 阴极电泳漆的电压为 $250\sim350V$。

电压过高使电流增大，电解反应加剧，电极表面产生大量气体，漆膜粗糙甚至被击穿。涂层击穿时的电压叫破坏电压或击穿电压。电压过低，泳透力差，背对着电极的表面泳不上漆，此时的电压叫临界电压。工作电压应在临界电压与破坏电压之间，在此范围内，漆膜厚度随电压升高而增厚。生产上应通过实验选用对漆膜外观和涂装质量最适宜的电压。

(4) 电泳时间　从通电开始到电沉积终止的时间。电泳开始时，电流值很大，随时间增加漆膜厚度增加，电流逐渐下降，最后变得很小。电泳时间过短得不到均一完整的漆膜，太长则生产效率低，漆膜过厚，外观不平整。表面形状复杂的工件可适当提高电压和延长电泳时间。电泳时间 $1.5\sim2min$ 就可，为保证漆膜更完整，工业上一般采用 $2\sim4min$。

(5) 泳透力　泳透力是电泳涂装中背离对电极的工件表面上涂上漆的能力。阴极电泳涂料的泳透力较阳极电泳涂料的强得多。泳透力高的涂料不用辅助电极时，也能确保内腔与缝隙涂上漆。提高泳透力可采用较高的电泳电压；槽液导电要好，有利于电流传输到工件凹处；增大空腔的进口及增加开口的周长；狭缝比圆孔更能增加泳透力。

6.1.3.5　电泳涂装的特点

(1) 优点　电泳涂装是水性涂料体系，优点突出。①易于自动化生产，整体上容易实现从漆前表面处理到电泳底漆、烘干自动化流水线生产，减轻劳动强度，提高劳动生产率。②涂层覆盖性好，厚度均匀。③漆膜外观好，电沉积后湿膜可直接烘烤，烘烤过程中不会产生流痕、积漆，展平性好，涂膜外观好于其他涂装方法。④涂料利用率高，槽液黏度低，工件带出涂料损耗少。超滤循环系统把水冲洗得到低浓度涂料回收利用，涂料有效利用率高达95％。⑤安全环保，溶剂主要是水，有机溶剂含量很低。与其他水性涂装方法相比，电泳涂装采用超滤循环和封闭式水洗，能大幅度减少废水处理量。

（2）局限性　①设备投资大，尤其阴极电泳槽液的 pH 在弱酸范围内，腐蚀设备，需用不锈钢制作，费用高。②生产管理要求高，涂料要不断补充，且要控制涂料组成；要调整槽液的 pH；搅拌、超滤、调温等装置均须连续稳定运转，否则槽液参数不合格，影响生产。槽液和设备的管理比较严格。③工艺本身的局限性，电泳涂装不便换色，漆膜颜色单一，而且底漆本身耐候性差，不能用作面漆；烘干温度高（180℃），不能耐高温（160～185℃）的工件不适合电泳涂装；不同金属制品不宜同时电泳涂装，因为它们的破坏电压不同；挂具需要进行经常清理以确保导电性；工件不导电、小批量生产、箱形等漂浮工件都不适合电泳涂装。

6.2　粉末涂料

粉末涂料是以粉末状态进行涂装，加热熔融流平后固化成膜，突出的特点是易实现自动化涂装，不用有机溶剂，过喷粉末能回收，一道涂覆就能得到厚涂层，涂层性能优异。

粉末涂料早期主要是用在容器、管道的防腐蚀方面和电绝缘方面。现在扩展到国民经济的许多领域，诸如家用电器、建筑、交通、金属构件、汽车、农用机械、电信设备、管道等。粉末涂料除应用于金属外，还拓展到木材、塑料和纸张上。我国家用电器用粉量占70％。

6.2.1　粉末涂料的基料

粉末涂料通常分为热塑性和热固性两大类。热塑性粉末涂料中有些对金属有黏合力，但大多数附着不好，需要浸涂或喷涂液体环氧树脂底漆打底，再涂布粉末。另一缺陷是涂层可熔可溶。热固性树脂分子量低，对金属附着力好，不需要打底，通常只需要一道涂布。

热塑性中应用较多的是聚乙烯和聚氯乙烯粉末，因分子量较高，耐化学性、柔韧性和弯曲性好，但烘烤时熔体黏稠，流动和流平不好；难以粉碎成细粒度，仅能施工为较厚涂膜；与金属的附着力差，需要涂底漆或用其他树脂来改性。目前使用的主要是热固性粉末涂料。

热固性粉末涂料由于树脂分子量低，有较好的流平性、润湿性，能牢固地黏附于金属工件表面，固化后涂层的装饰性和防腐蚀性较好。品种有环氧、环氧聚酯、聚酯/TGIC、聚氨酯、聚丙烯酸树脂、UV 固化树脂和氟树脂等粉末涂料，其中聚氨酯、丙烯酸树脂和氟树脂是耐候性粉末涂料。在这些品种中，环氧/聚酯粉末涂料产量最大，其次是聚酯/TGIC 和环氧粉末，再其次是聚氨酯粉末，丙烯酸和氟树脂粉末涂料用得很少。

粉末涂料有三个独特的温度要求。①基料（树脂＋交联剂）的最低 T_g 为 45～50℃，这样 40℃ 下不软化、不熔结，以便储存时保持粉末流动。②大多数粉末是熔融挤压粉碎得到的，组分要能经受得住熔化工艺，顺畅流出，颜料就是在这一过程中加入的。③施涂后在较高温度固化。一个典型粉末基料的 T_g 为 50℃，能 40℃ 以下输送和储存，80℃ 熔融。烘考加热时，黏度快速地降至 10Pa·s 左右，使涂层流平。130～200℃ 加热 15min 交联。UV 固化粉末涂料能低至 100℃ 固化。

（1）环氧类　环氧类粉末涂料常用 E-12 双酚 A 型（BPA）环氧树脂。要求装饰性时，涂料的流动性要好，需用较低分子量环氧树脂，n 值低到 2.5，而保护性涂料的 n 值可高达 8。

官能度高（环氧值高）的环氧树脂，交联密度大，涂膜具有较高的光泽和优良的耐溶剂、耐化学品及耐沸水等性能；反之，粉末的储存稳定性较好，涂膜柔韧性与耐冲击性提高，而硬度与附着力差别不大。酚醛环氧的官能度高，与 BPA 环氧拼混能提高交联密度。

① 双氰胺类交联剂　环氧粉末常用双氰胺，常温下是固体，相当稳定，充分粉碎的双氰胺分散在液体树脂内，储存可达 6 个月。双氰胺对漆膜不着色且不易泛黄，价廉易得，使用很普遍。双氰胺在 145～165℃使环氧树脂 30min 内固化。100 份 E-20 树脂＋2.5～4 份双氰胺粉碎，制成粉末涂料。双氰胺的熔点高，在 130℃以下不与环氧树脂反应，而且与环氧树脂的混溶性差。用芳香族化合物对双氰胺改性，更易溶于环氧树脂，降低固化温度。

双氰胺　　　　　　　　改性双氰胺

2-甲基咪唑　　　　苯氨基甲酰基咪唑

双氰胺环氧粉末常需加少量固化促进剂，如 2-甲基咪唑，以降低烘烤温度。苯氨基甲酰基咪唑加到环氧/聚酯粉末涂料中，烘烤温度降到 120～140℃，储存期半年以上。

② 其他交联剂　酚醛树脂作交联剂，能增强涂层的耐腐蚀性能。热塑性酚醛的酚羟基能和环氧基进行加成反应，2-甲基咪唑作催化剂，无挥发性物质产生，适宜制造一道涂覆膜厚 300μm 以上的粉末涂料，涂层具有优良的抗化学品性能、耐热性和电绝缘性。

酸酐交联环氧粉末涂层的电绝缘性能很突出，而且交联密度高、耐热性良好，用于电子、电器绝缘。但大多数酸酐易升华，有刺激性气味，储存稳定性差。升化性小的有四氢苯二甲酸酐、甲基四氢苯二甲酸酐。聚壬二酸酐固化物有韧性、耐热冲击、电绝缘性优良。

二酰肼除了单独作环氧粉末涂料的固化剂外，还可作为环氧/双氰胺的固化促进剂。己二酸酰肼-BPA 型环氧粉末涂料的稳定性好，涂层致密度高，无针孔，用于钢管内壁涂覆。

环氧类粉末涂层的力学性能非常优越，缺点是耐候性不理想、烘烤后涂膜有泛黄性，所以不宜制作浅色漆膜，也不适合在户外应用。

（2）聚酯　粉末涂料用聚酯的 T_g 高于 55℃，软化点在 100～120℃之间，和颜料的相容性良好，分为端羧基和端羟基两种，环氧树脂固化端羧基，封闭异氰酸酯或 MF 固化端羟基聚酯。

端羧基聚酯 $\overline{M}_n$ 在 2000～8000 之间。中、高酸值（45～85mgKOH/g）聚酯用 BPA 环氧固化。低、中酸值（20～45mgKOH/g）聚酯用 TGIC 作固化剂，涂层耐候性很好。羟基聚酯和封闭异氰酸酯配合，制耐候性和耐腐蚀性优良的薄涂层，应用在汽车和建筑上。

$$R^1COOH + H_2C\!-\!CH\!-\!CH_2OR^2 \longrightarrow R^1COOCH_2CHCH_2OR^2$$
$$OH$$

① 环氧/聚酯粉末　由聚酯与双酚 A 环氧配合制备，环氧基与羧基反应，两种官能团等物质的量配比，其优点为：a. 制造简单，成本较低；b. 涂膜流平性好、光泽高，过烘泛黄性小；c. 耐候性比环氧粉末好；d. 静电喷涂性好，涂覆效率高，边角覆盖好，其他性能与环氧粉末类似，但铅笔硬度稍差（典型为 H～3H），耐碱性与耐溶剂性比环氧粉末稍差，目前应用最广泛。

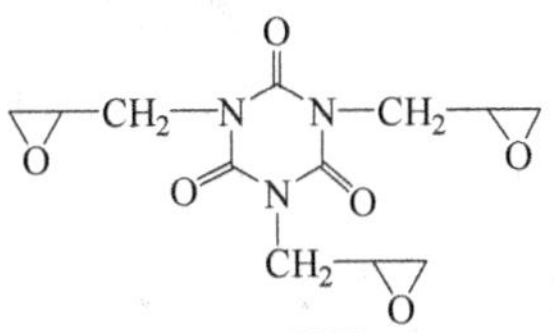

TGIC

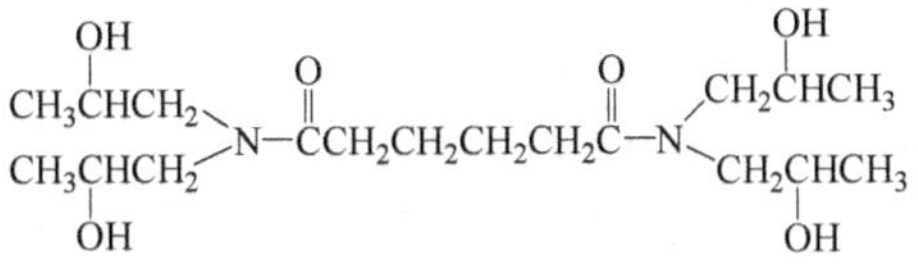

HEDA

② 聚酯/TGIC　羧基聚酯用异氰脲酸三缩水甘油酯（TGIC）固化，涂层耐久性优良，颜色稳定性、耐候性较氨基烘漆和聚氨酯粉末涂料好。TGIC 是白色结晶，相对分子质量 298，有 3 个反应官能团，使用量少，典型粉末为 4%～10% TGIC 和 90%～96% 端羧基聚酯。TGIC 分子中含氮量高达 14%，故有一定的自熄性和阻燃性，使用更安全。TGIC 能和氨基、羧酸反应，交联密度大，母体为三嗪杂环，涂层的耐热性、耐燃性和硬度很高。因交联时没有小分子放出，涂膜较厚也不产生针孔。聚酯/TGIC 粉末长期储存易产生橘皮，涂膜流平性稍差。TGIC 能诱导有机体突变，允许下限浓度低，可用羟烷基酰胺代替。

③ 聚酯/HAA　羟烷基酰胺类（HAA）的典型品种是四（N-β-羟乙基）己二酰胺（β-HEDA）。

β-羟烷基酰胺是多羟基化合物，由于羟基处于 β 位，受 N 原子影响，活性很高，易与羧基起酯化反应，即使不加催化剂，仍能很好地与聚酯交联。β-羟烷基酰胺与 TGIC 一样，都可用于酸值 30～35mgKOH/g 的羧基聚酯，涂膜耐候性接近 TGIC，流平性和耐冲击性更好。β-羟烷基酰胺毒性非常低，无刺激性，固化温度最低为 150℃，20～25min；而 TGIC 的为 190～200℃，15～20min。缺点是交联时有小分子释出，故不能厚涂。

④ 聚酯/氨基树脂　氨基树脂交联羟基聚酯。HMMM 是用甲苯磺酰胺、环己醇或苯酚等改性得到的固体化合物，固化条件 170～180℃、20～15min，涂膜力学性能、耐溶剂性、耐污染性以及耐酸碱性能都比较好，但烘烤固化时产生副产物，厚涂易出现气泡和针孔，而且粉末储存稳定性也不理想。四甲氧基甲基甘脲作羟基聚酯交联剂，价格低廉。因有副产物甲醇，漆膜不能太厚。

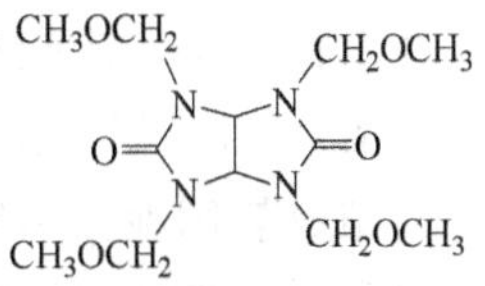

四甲氧基甲基甘脲

⑤ 聚氨酯　用己内酰胺封闭脂肪族异氰酸酯作交联剂，户外耐久性与聚酯/TGIC 相当，力学性能和耐磨性优良，因为解封闭释出的己内酰胺是良好的增塑剂，涂层流动性好，光泽高，但耐污染性差，表面硬度较低。

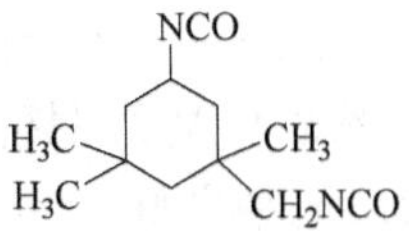

IPDI　　　　H₁₂MDI　　　　TMXDI

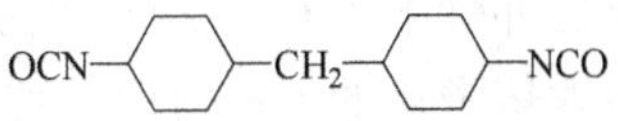

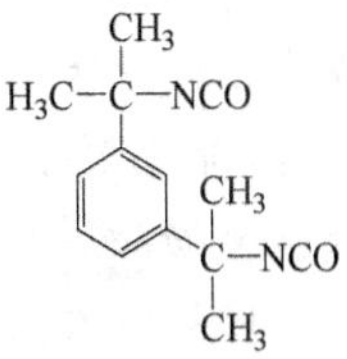

异氰酸酯用 IPDI、H₁₂MDI、TMXDI 的低分子量预聚物。TMXDI 空间拥挤，解封闭温度比较低。己内酰胺解封闭温度也较高，烘烤时挥发，蓄积在烘道内。

$$2R-N=C=O \; \Longrightarrow \; R-N \underset{二氮丁二酮}{\overset{O}{\underset{O}{\bigcirc}}} N-R$$

用 IPDI 和二元醇制造的低聚二氮丁二酮，热分解产生异氰酸酯交联羟基聚酯，无挥发性封闭剂。这种二聚体固化剂简称 U 固化剂。用 U 固化剂，能生产从高光到无光、从清漆到色漆的各类粉末涂料。固化条件为 180℃，15min。

采用 U 固化剂，将羟值 30mgKOH/g 聚酯与羟值 300mgKOH/g 聚酯拼混，利用两者活性上的差别，产生相分离，涂层表面粗糙无光。羟值 300mgKOH/g 聚酯在拼混物中占 25% 时，光泽水平最低，但流平性和力学性能好，耐丙酮性好。羟值 300mgKOH/g 聚酯在拼混物中占 90% 时，得到高光泽平滑涂层，柔韧性和耐紫外线性好。这类涂层薄且平滑，光泽范围在 5%～90%，用于汽车和建筑物上。

户外用粉末涂层降解主要由聚酯主链分解来控制。超耐候性聚酯中用间苯二甲酸代替对苯二甲酸，能很显著提高耐候性。超耐候性聚酯和异氰酸酯交联剂混合，得到有优异耐候性的色漆、清漆及无光漆，涂层在佛罗里达暴晒 5 年后，能保持至少 50% 的光泽，而这是丙烯酸或氟碳粉末涂层才有的性能，但丙烯酸或氟碳粉末涂料与其他传统粉末涂料的相容性不好。当粉末施涂时，它们稍微污染其他粉末，就造成涂层缩孔等表面缺陷。

（3）丙烯酸和氟碳粉末涂料　这两种粉末涂料最大的缺陷是与其他粉末的相容性不好，变换涂料类型时要小心，防止污染其他粉末，否则造成涂层缩孔。

丙烯酸粉末涂层的耐候性好、硬度高、耐擦伤性好，有极好的耐化学、耐腐蚀、耐清洁剂、耐污物性，涂层平滑、高光泽、清晰度高，但储存稳定性差，颜料分散性差，用于汽车、高层建筑外部，以及厨房用具。羟基丙烯酸树脂能用封闭异氰酸酯或甘脲交联。羧基丙烯酸树脂用环氧树脂、羟基酰胺或碳化二亚胺交联。甲基丙烯酸缩水甘油酯（GMA）作共聚单体的丙烯酸酯，可用二羧酸如十二烷二酸 $[HOOC(CH_2)_{10}COOH]$ 或羧酸官能树脂交联。汽车用二道底漆丙烯酸树脂由 GMA 15%～35%、甲基丙烯酸丁酯（BMA）5%～15%，以及甲基丙烯酸甲酯（MMA）和苯乙烯制备，$\overline{M}_n$ 低于 2500，T_g 高于 80℃，在 150℃时熔融黏度低于 40Pa·s，而汽车清漆用树脂的 $\overline{M}_n$ 为 3000，$\overline{M}_w/\overline{M}_n$ 为 1.8，T_g 为 60℃。

热塑性聚偏氟乙烯的熔点高（180℃以上），固化时需要高温烘烤。现在采用含有羟基、羧基氟烯烃-烷基烯基醚交替共聚物（FEVE）（熔点 100℃），用氨基树脂或封闭多异氰酸酯交联，制成热固性氟树脂粉末涂料，可在已有粉末涂装线上使用，涂膜具有非常优良的耐阳光照射和耐化学药品性能。

（4）紫外线（UV）固化粉末涂料　传统粉末涂料固化温度为 180～220℃，低温固化也要 150℃。紫外线（UV）固化只需 100～120℃，涂层流平期间不交联，充分流平后在熔融状态照射 UV，才引发聚合。

用无定形树脂和结晶单体混合作为漆基。结晶成分能在室温下保持良好储存稳定性，加热时降低熔融黏度，而无定形树脂能避免熔融时出现流挂。自由基固化时使用丙烯酸酯化环氧树脂和/或丙烯酸酯化聚酯或不饱和顺丁烯二酸聚酯，装饰效果好。阳离子固化时用 BPA 环氧树脂。粉末静电喷涂后，在红外灯下 100～120℃熔融，然后 UV 灯照射，涂膜在 1s 或更短时间内固化。控制红外灯照射熔融后的流平时间，使涂层流平良好。

美国 Baldor 公司静电喷涂 UV 固化粉末色漆，120℃固化，涂装装配好的摩托车，车内热敏感部件不受损坏。DSM 树脂公司的 UV 固化顺丁烯二酸不饱和聚酯和乙烯基醚聚氨酯粉末涂料，固化时顺丁烯二酸和乙烯基交替聚合。摩擦静电喷涂于木材或塑料上，红外辐射

30s，温度低于 80℃，涂层熔融流平，UV 在 5s 内固化，涂层平整光滑，边缘覆盖良好，膜厚 50～100μm。为提高耐候性，涂料中加 UV 吸收剂和位阻胺光稳定剂。

因为颜料可吸收 UV，干扰固化，加颜料限制了涂膜厚度。UV 固化粉末涂料大多无颜料，用于热敏底材，如木材、部分塑料、热敏合金等。

（5）热塑性粉末涂料　热塑性粉末涂料有氯乙烯共聚物、尼龙和热塑性聚酯。PVC 部分结晶性增加抗结块性。氯乙烯共聚物的 T_g 可高于环境温度，加稳定剂和少量增塑剂（常是苯二甲酸酯）制备粉末涂料。氯乙烯系粉末通常以流化床施工为 0.2mm 或更厚的漆膜。

尼龙 11 和尼龙 12 粉末涂料显示出特殊的耐磨性和耐洗涤剂性，用于减摩涂料和需要常清洗或杀菌的涂层上。含氟聚合物如聚偏氟乙烯和乙烯/三氟氯乙烯共聚物具有特殊户外耐久性，也用于耐环境腐蚀的场合。聚烯烃粉末涂料用于如地毯背衬，用于金属则附着力较差。乙烯/丙烯酸（EAA）和乙烯/甲基丙烯酸共聚物涂层有优异附着力。

热塑性聚酯可使用聚对苯二甲酸乙二醇酯碎片或回收料制造，成膜速率快，仅需要熔融，为加快成膜速率，宜选用部分高分子量聚酯。热塑性聚酯用于罐头焊缝涂装。

6.2.2　粉末涂料的性能

粉末涂料要求：生产时基本不交联；储存时不结块、稳定性好；在尽可能低温度和尽可能短时间内交联；用尽可能低的烘温脱气和流平，要平衡流动性和流平性。因为交联前易流动，能形成平整涂层，但边角加热快，黏度低，会使它们从边角流掉。一个典型粉末涂料配方为：①50%～60%基料（树脂和固化剂）；②30%～50%颜料；③2%～5%流平剂和其他助剂。

（1）熔融流动

① 树脂 T_g 和反应性　粉末涂料需要控制树脂的 T_g 和反应性。为防止粉末结块，就要 T_g 足够高，而为在尽可能低的温度熔融流平，就要 T_g 足够低。树脂反应性高，能低温短时间烘烤交联，但熔融挤出生产粉末时会发生交联，这时就可用超临界 CO_2 作溶剂，在低温下生产粉末。一个粗略的经验法则是：最低烘烤温度要高出生产粉末时的熔融挤出温度 50℃，高出未固化粉末的 T_g 70～80℃。这样，T_g 为 55℃ 的粉末最低烘温约 125～135℃。靠改变树脂的化学组成和分子量来控制树脂的 T_g。在 T_g 相同时，应选用分子量较高、链柔韧较大的树脂，因为分子量高，储存稳定性好，链柔韧较大，烘烤时流动性更好。

② 熔融黏度　粉末熔融后，黏度立即升到很高，但随温度升高，黏度又急剧下降。交联反应开始后，分子量增加，黏度趋于稳定，随涂料接近胶化，黏度又快速增加。涂层流动性取决于最低黏度下停留时间的长短，这叫作流动窗口。低熔融黏度促进流平。

黏度-温度关系不遵循 Arrhenius 关系式，而是取决于漆膜的自由体积，而控制自由体积最重要的因素是 $(T - T_g)$。动态机械分析（DMA）表明环氧-聚酯、TGIC-聚酯、封闭异氰酸酯-聚酯漆膜的 T_g 在 89～92℃ 范围内，固化后交联点间的平均分子量 M_c 为 2500～3000。改性双氰胺-环氧粉末固化膜的 T_g 为 117℃，M_c 为 2200。它们与液体涂料相比，T_g 高，但交联密度低。TiO_2 对 T_g 基本上没有影响，表明粉末涂料中的颜料-基料相互作用较弱。

苯偶姻

③ 脱气助剂　许多粉末涂料含有 0.1%～1% 的苯偶姻（熔点 133～134℃），起抗针孔和脱气助剂的作用。苯偶姻（又称安息香）能在粉末熔融时熔化，起固态溶剂的作用，能使涂膜保持足够长时间的开通，空气有充裕的时间释放出去，但有黄变倾向。其他增塑剂，如

硬脂酸铝，分散在固体 SiO_2 上的乙炔二醇表面活性剂，效果和苯偶姻类似。

(2) 流平剂　本节讨论的有关内容，参见 7.6 节。由于粉末涂料熔融后黏度大，涂层对底材的湿润性较差，缩孔也会由于对底材的润湿不足而形成。流平剂通过降低或改变表面张力，促进固化过程中表面张力平均化，来控制表面缺陷。好的流平剂降低体系熔融黏度，提高对底材的湿润性，改善涂层流动、流平，消除涂层表面缺陷，使空气释出。粉末粒子愈小，可较快熔融成膜流平，产生较好外观，而大粒子熔融所需时间较长，产生橘皮的概率也较大。

常用流平剂有丙烯酸酯均聚物、共聚物及改性聚硅氧烷。聚丙烯酸酯类有较好的综合效果，在消除橘皮、抗缩孔，增加涂层平整性、提高表面光泽、耐黄变性以及价格上有优势，液态用量为总粉量的 0.7%～1.5%（一般为 1%），固态是由吸收剂（载体）吸收液态制成的，用量为总粉量的 3%～5%（一般为 4%）。流平剂用量太少会造成缩孔、橘皮、缩边等表面缺陷，用量太多则会产生雾影、失光及层间附着力下降。不同的体系流平剂用量也不同。

流平剂与树脂有一定的不相容性，在涂膜固化过程中迅速向涂层表面迁移，往往会对涂膜光泽造成负面影响。为此，近年来新开发了两类功能性流平剂，即带有活性官能团的高分子和聚脂肪酸酯。前者如带有羟基和羧基的丙烯酸酯共聚物，能同时促进流平和润湿，而且在分子中是几个活性基团，用来与树脂键合，链上的其他部分仍能自由伸展，向涂层表面迁移而起流平作用。其中羧基既亲水又电离，使粉末易带上负电荷，能大幅度降低了静电喷涂时所需的电压（20kV），提高喷涂上粉率。后者如聚蓖麻油脂肪酸通过降低体系黏度来流平。由于它可使体系的黏度降得很低，可以制得厚度小于 $40\mu m$ 的漆膜（通常粉末漆膜厚度 $60\mu m$），但它不能消除缩孔，还必须使用普通的流平剂。

(3) 光泽　与液体涂料相比，粉末涂料很难得到低光泽的涂料，生产中很难通过控制得到重复性好的中等光泽。因为无溶剂，粉末的颜料体积浓度等于最终涂膜的 PVC。当 PVC 接近 $CPVC$ 时，熔融粉末的黏度太高，漆膜不能流平。即使 PVC 为 20% 左右，漆膜的流平问题也由于熔融黏度增加而明显增多。低光泽和半光粉末涂料不是靠增大 PVC 的办法，而是加入聚乙烯超微蜡和对流动性影响较小的惰性颜料。在环氧/聚酯粉末中，既可使用伴有蜡的有机金属催化剂，又可使用远超过化学计算量的环氧树脂和高酸值聚酯并高温固化，这都可降低漆膜光泽。

拼混有明显不同反应性或不良相容性的两个树脂或两个不同的交联剂可降低漆膜的光泽。四甲氧基甲基甘脲（TMMGU）交联聚酯粉末，通过选择催化剂如环己基氨基磺酸和甲烷磺酸亚锡，能得到平整无光面漆。使用胺封闭催化剂，例如 2-甲氨基-2-甲基丙醇封闭的对甲苯磺酸，也能用 TMMGU 交联剂配制出皱纹粉末涂料。

6.2.3　粉末涂料的制造

喷雾干燥法生产流程长，成本高，仅用于丙烯酸粉末和水分散粉末，例如生产 GMA 丙烯酸酯/二羧酸粉末时，把树脂和交联剂制成水分散体，蒸馏去除溶剂后离心处理，水洗和干燥，粉末粒径分布比常规粉碎的狭窄得多，可用于汽车清漆。

熔融混合法是国内外制造粉末涂料采用最多的方法，工艺为：预混合→熔融挤出混合→冷却→粗粉碎→细粉碎→分级过筛（见图 6-5），其中熔融挤出混合和细粉碎是关键步骤。

(1) 熔融挤出工艺　使用的液体助剂，要加入到固体组分中制造母料，然后轧碎。轧碎组分、树脂、交联剂、颜料在预混合设备中要混合得均匀、完全，得到预混合物。将预混合

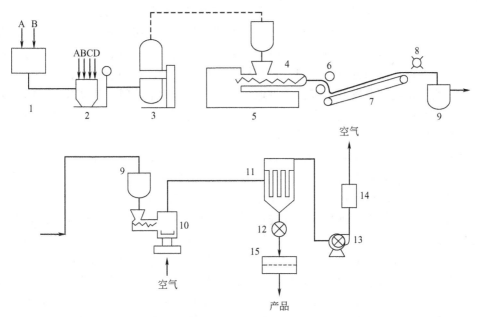

图 6-5　熔融挤出混合法制造粉末涂料的工艺流程图

A—树脂；B—固化剂；C—颜料；D—添加剂；

1—粗粉碎机；2—称量；3—预混合；4—加料漏斗；5—挤出机；6—压榨辊；

7—冷却带；8—粗粉碎机；9—物料容器；10—粉碎机；11—袋滤器；

12—旋转阀；13—高压排风扇；14—消声器；15—电动筛

物通过料斗连续供料给挤出机，挤出机料筒的温度适度高于基料 T_g，通过挤出机，树脂和其他低 T_g 的组分熔融，其他组分分散在熔体中。挤出机在高剪切速率下运转，有效分离颜料聚集体。为减少热暴露，熔体一般通过有较大孔径的型板，以"香肠"挤出到冷却辊筒，压成平板冷却，在传送带上进一步冷却。在传送带末端，是脆性未交联固体，进行粗碎。

挤出机有单螺杆和双螺杆两种类型，靠强有力的转动螺杆，将料送至料筒。螺杆和料筒能充分混合物料，并可对物料施加高剪切速率。单螺杆挤出机除螺杆径向旋转外，还往返动作，以充分混合分散。双螺杆挤出机由螺杆段和捏合段组合而成。单螺杆和双螺杆型都能将大多数颜料良好分散，配方黏度较高，转速快，有效分离颜料聚集体。在分离颜料聚集体和生产速度之间取得平衡。物料在挤出机内停留时间短，10s 或更少，生产速度快，但颜料分散不好，造成不良显色和颜色易变。目前螺杆挤出机朝着高效、自洁型的方向发展。

针盘研磨机和锤式破碎机以快速转盘上的销钉或落锤，敲击粉碎气送颗粒。对向气流粉碎机使颗粒相互高速撞击粉碎，能得到小粒径（<12μm）粉末，用于薄层涂膜。热固性挤出物是脆性的，较易粉碎。热塑性的通常坚韧，难以粉碎，需要把温度降至基料 T_g 以下，可用液氮冷却粉碎机，或者和干冰一起研磨，即使如此，通常也仅能得到大粒度粉末。

粒径分级通常需要过筛或用空气分级器。空气分级磨（ACM 粉碎机），转子速率高达140m/s，机后采用双旋风分离器，能获得较小粒度和较窄粒度分布的粉末，满足薄层涂装要求。粗粒部分送回粉碎机进一步粉碎。过细粉收集在袋式过滤器返回，通过挤出机重新加工。最后把分级的粉末大批均匀地拼混。

（2）新工艺　超临界 CO_2 作溶剂与粉末原材料在压力下混合，送入挤出机，挤出机在低温度下操作，减少机内过早交联。当物料从挤出机中出来时，CO_2 迅速蒸发，降温并粉碎大部分物料，然后产品分级，粒径较大部分以常规方式粉碎。此法颜料分散优良。

超声驻波雾化工艺是将挤出料直接送入谐振超声波场中，超声交变压力将挤出料雾化成细小球形粒子，就不需要挤出料轧片、冷却、破碎了。这种球形粒子在喷涂输送时，粉末云波动低，粒子表面上电荷分布较均匀，在底材上沉积更均匀，有利于薄涂。

为快速响应市场，要发展能够很经济地一次生产少量粉末涂料（如 20kg）的生产线。

（3）注意事项　为保持粉末质量均匀一致，就要确保树脂的分子量及其分布不发生显著变化。生产热固性粉末时，原料经过挤出机的速率应尽可能地快，同时颜料又要达到必要的混合和分散。生产时应尽量减少返工，因返工导致树脂分子量增加，施工后粉末不熔融或流平不良，极端情况是物料在挤出机内胶化，返工还特别影响配色。如果需要返工，返工料要在几个新批次中分别有限量地加入。超临界 CO_2 工艺可减少返工对分子量的影响。

粉末涂料配色不能几批粉末拼混进行配色，要在挤出机使用适当的颜料比，得到要求的颜色。需要在实验室试配，可用计算机配色程序，减少工作量。生产上混合料要求配比正确，先少量生产，并且核对粉末涂层颜色。批次之间有些颜色变化是不可避免的。对于精密配色的粉末涂料，要求颜料制造厂提供可选择的、具有狭窄公差限度的几批料。为平衡不同批次间的颜色差别，在粉碎前将几个批次拼混。薄漆膜（$<50\mu m$）需要降低粒径，控制粒径分布。粒径分布用一组分级筛，把各个筛子中的部分称重获得，或以激光衍射粒径分析仪测量获得。

6.3　粉　末　涂　装

粉末涂料涂装始于 20 世纪 40 年代，当时使用火焰喷涂法、流化床法，这些方法涂装必须在高温下进行，不容易控制膜厚，批量生产中不能保证漆膜质量，而且返修麻烦，仅用于保护性厚膜施工。60 年代法国 SAMES 公司发明粉末静电涂装技术，粉末可冷涂装，几乎所有粉末薄涂层都用这种方法施工。粉末涂装分为流化床法和静电喷涂法。如果使用流化床法，粉末就用流化床级别的。如果用静电喷涂，粉末就要用静电喷涂级别的。

6.3.1　电晕静电喷涂

喷枪接负高压，工件上接正高压，在工件和喷枪间形成高压静电场。当电场强度足够高时（50～100kV），喷枪针尖端的电子便有相当大动能，冲击附近空气，使空气分子电离成电子和离子，形成电离空气区，这即电晕放电。电晕放电局部破坏空气绝缘层。继续升高电压，空气绝缘层被彻底破坏，形成很强离子流，就是火花放电。涂装时火花放电会造成火灾。

工件接地带正电，粉末涂料由供粉器通过输粉管进入喷粉枪。喷枪头部装有金属环或极针作为负电极，金属环有尖锐边缘，接通高压电后，尖端产生电晕放电，在电极附近形成电离空气区。粉末通过电离空气区获得负电荷，成为带电粉末，在气流和电场作用下飞向工件，吸附在工件表面上。这就是电晕静电喷涂，又称高压静电喷涂。

粉末带电量 Q 与电场强度 E、粉末在电场中时间 t 和粉末表面积 C 之间的关系为：$Q=0.5CEt^2$。粉末绝缘电阻很高（体积电阻 $10^9 \sim 10^{13} \Omega \cdot cm$），最初到达工件表面的粉末把电荷释放出去，而随后到达的带电粉末由于有最初粉末层的阻挡，其所带电荷不能释放，正负电荷吸引使带电粉末附着在工件上。靠这种静电吸引，粉末能达到很高的堆积密度，在随后烘烤时涂层内的气泡少，能得到平滑涂层。涂层增厚，工件上正负电荷的吸引力减小，直到带电粉末由于同性相斥而不再附着，就不再继续增加厚度，这样能够得到厚度均匀的涂层。未附着的粉末回收，与新粉末拼混再使用。工件表面的粉末经加热后，就熔融成均匀、连续、平整、光滑的漆膜。在非导电工件（如塑料、橡胶、玻璃等）上不能用这种方法沉积粉末。

这种方法可在室温涂装；粉末利用率高达 95% 以上，漆膜均匀、平滑、无流挂，即使工件尖锐边缘和粗糙表面也能形成连续、平整、光滑涂层，便于流水线生产。

6.3.1.1　粉末静电喷涂设备

粉末静电喷涂设备有：静电粉末喷枪、喷粉室、供粉和粉末回收装置，见图 6-6。

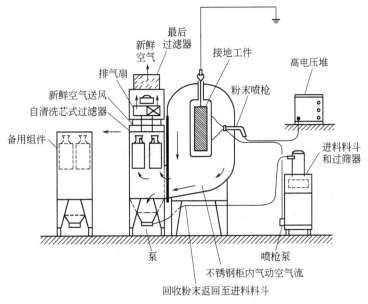

图 6-6　粉末涂料静电喷涂施工生产设备

（1）高压静电发生器和喷粉枪　粉末静电喷涂用的高压静电发生器一般采用倍压电路，输出高电压和低电流，电压为 50~100kV，最大允许工作电流为 200~300μA。枪内供电将高压静电发生器微型化，置于枪内，设备体积小，喷枪使用灵巧，操作安全，减少高压泄漏。

枪外供电将高压通过电缆输送到喷枪内的放电针上，电缆通过限流电阻和放电针连接。限流电阻起短路保护作用，当枪尖与工件表面接近，若没有限流电阻，短路电流太大，会损坏静电发生器，易引起喷枪与工件间打火，造成火灾和爆炸。采用液体电缆供给高压静电，电压能均匀分布于电缆上，电极对地的电位差很小。即使液体电缆外套管破损，导电液泄漏，能自动切断高压，不会发生触电事故，这种方式供给高压静电安全、可靠。

枪内供电和枪外供电的喷枪都要接地。枪内供电使粉末通过枪身内的极针与环状电极之间的空气电离区带电，电场强度约为 6~8kV/cm，而喷枪与工件间外电场强度较小，仅为 0.3~1.7kV/cm，法拉第屏蔽效应也小，当喷涂形状复杂、有凹角工件时，应采用内带电式喷枪。枪外供电的外电场强度高达 1.0~3.5kV/cm，涂覆效率较高，适用性强。目前已研制出枪内带电和枪外带电结合的双电极组合式喷枪。静电喷粉枪有手提式和固定式，喷粉量 50~400g/min，图案直径为 150~450mm，沉积效率大于 80%，环抱效应好。静电喷粉枪可喷涂任何类型的粉末，能喷出不同的图案，膜厚容易控制，效率高。

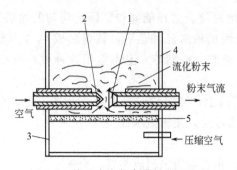

图 6-7 抽吸式流化床供粉器示意图

1—集粉嘴；2—射嘴；3—气室；

4—流化槽；5—微孔透气隔板

（2）供粉器 供粉器给喷枪提供连续、均匀、定量地粉流。供粉器有压力式、抽吸式和机械式。压力式的容积为 $15\sim25$L，粉末不能连续投料，多用于手提静电喷粉枪，不适合于自动生产线。机械式供粉器能精确地定量供粉，可用于连续生产线。抽吸式利用文丘里原理，使粉斗内粉末被空气流抽吸，形成粉末空气流，粉斗内积粉少，便于清扫和换色，适应性强。生产中应用最多的是抽吸式流化床供粉器，见图 6-7。气室通入压缩空气，由微孔透气隔板喷出，使槽内粉末处于沸腾悬浮状。由射嘴喷出的高速空气流，使射嘴和集粉嘴处产生负压，周围粉末就被吸入管道中，从管道中送至喷枪，粉末流速率为 $0.8\sim1.3$m/min。

"SFC"（超级供料控制体系）是螺杆式供料器，依靠探杆转速来调节涂料的吐出量，而与向枪内输送的空气量和粉末吐出量无关，供料量能自由地设定。"SFC"供给体系适用于摩擦带电枪和电晕放电枪，但成本较高，换色时清扫较费时间，一般不用于多色小批量涂装。

（3）喷粉柜 喷粉柜又称粉末喷涂室，用金属板或塑料板加工而成，是由四面墙、天花板和地面构成的小房间。柜中空气流通方式有三种。①空气向下吸走，底部制成漏斗状的吸风口，适用于大型喷粉柜。②空气水平方向吸入，背部抽风，粉末通过工件后作为排气吸出，用于直线传送带上喷涂板状工件。③前两种方式组合，从底部和背部两个方向排风，空气流通较为均匀。控制风速，风不能将工件表面的粉末层吹掉，也不能让粉末从喷粉室开空口处飞扬出来。柜内粉末浓度应低于粉末爆炸极限的下限值。喷粉柜窗口风速以 0.5m/s 为宜。

目前已有设计独特的粉末喷房（如 sure clean），结构紧凑、高效、换色速度快（可在 10min 内快速换色）、粉末浪费少，可适应小批量和无定色喷涂的要求。

（4）粉末回收装置 粉末静电喷涂的上粉率为 $50\%\sim70\%$，其余粉末飞扬在喷涂室空中或散落在底面，这些粉末要回收利用。回收方法有两种：

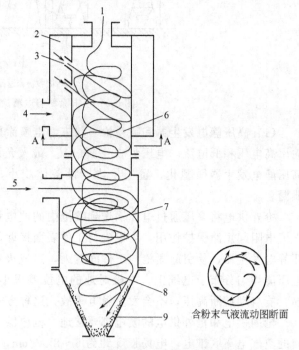

含粉末气液流动图断面

图 6-8 改进型二次旋风分离器

1—干净空气出口；2—二次空气室；

3—二次空气喷嘴；4—二次空气入口；

5—未涂着的粉末和空气；6—二次

旋风分离室；7—一次旋风分离室；

8—挡板；9—回收粉末室

①利用喷室底部下的抽屉存储回收,该法多见于小型喷室;②借助于压缩空气,造成喷室底的积粉呈紊流状态,然后被气流吸走回收,该法多见于大、中型喷室。粉末回收装置使用的有下面几种。

① 旋风布袋二级回收器 该回收器的旋风分离器与喷粉柜相连接,收集了大部分的回收粉末,占粉末回收总量的70%~90%。当高速气流通过旋风分离器的倒锥形分离器上部圆筒部分时,气流就在圆筒内部高速旋转,产生离心力。粉末涂料借助离心力沉积于倒锥形筒的底部回收。过细粉末随气流从上部带出(见图6-8)。从旋风分离器出来的细粉末气流进入布袋回收器,将旋风分离器回收不到的细粉全部回收,总回收效率可达99%以上。

在生产线大喷柜作业时,散落在喷室内的粉末量很大,有的生产线不得不人工从喷粉室中回收清理粉末。为了强化这部分粉末的回收,开发了滤带式回收器。自动流水线上目前多采用旋风分离器和袋滤器或集尘筒相结合的回收体系。

② 滤带式回收器 在整个喷室的底部,有一条用滤布制成的作快速循环运动的传送过滤带。含有粉末的空气流(粉末含量在安全线下)被抽吸到织物滤带上,粉末被截留在滤带表面。清洁过滤带粉末的回收系统可以是集粉筒和静电鼓风机,也可以是旋风分离器。

③ 龙卷风除尘器 又名旋流式除尘器。含粉末的气流作为一次风被送入反射型龙卷风除尘器的一次分离室中,向下旋转,旋转气流下旋到达反射板,反转成为上升气流。在此处,旋转气流中所含的粗粉末由于离心力和重力作用,从气流中分离出来,而上升气流中的细粉末向旋转气流的外周汇集。在二次分离室外周,由二次风喷嘴以60m/s的速率喷入二次风,向下旋转,在上升气流外侧同方向旋转,粉末并被二次风强制带到灰斗,见图6-9。二次气流加速了气流的旋转速率,增强分离尘粒的离心力,分离粒径可小于$5\mu m$,而且气流湍流扰动影响小,消除了旋风除尘器的返混、紊流等缺点,除尘效率比一般旋风除尘器要高。

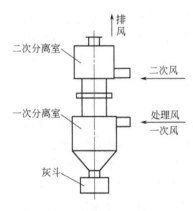

图 6-9 反射型龙卷风除尘器示意

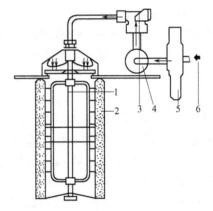

图 6-10 转翼式脉冲反吹滤芯工作原理
1—转动喷嘴;2—滤芯;3—电磁阀;
4—储气包;5—减压阀;6—压缩空气

④ 滤芯技术回收器 脉冲滤芯式回收是目前比较流行的粉末回收方式(见图6-10)。由于布袋除尘器中的布袋容易吸水,使得布袋纤维膨胀,降低了通风量。采用羊皮纸代替布袋做成的滤芯,并配以5Pa以上的脉冲反吹装置,可以大大提高粉末回收率。

滤芯中的羊皮纸做成扇形,增加了通风面积,通风量可达800m³/h。每个芯的顶端都有一个连通储气罐的喷气口，储气罐内净化的压缩空气通过脉冲控制器可使每个滤芯有均等被高压空气反吹的机会，这样就可以保证清除滤芯外表面的积粉，使它保持畅通回收能力。

6.3.1.2 高压静电粉末喷涂工艺

完整的高压静电粉末喷涂流水线见图 6-11，需要有表面前处理（除油→磷化→烘干）、静电粉末喷涂和烘烤设施。表面前处理在第 8 章、烘烤干燥在第 7 章叙述。

（1）粉末涂料　球状粉末的涂布效率最理想，因粉末粒子间存气量最少。粒度小、密度小的粉末受重力影响小，涂布效率较高。未荷电的粉末不可能被涂到工件上，但荷电量过高，会使涂膜变薄。粉末电阻小，越易放出电荷，吸附力减小，易脱落，而电阻大，粉末不易带上负电荷，涂覆效率不高，一般粉末的体积电阻为 $10^9 \sim 10^{13} \Omega \cdot cm$。

粉末粒径应比膜厚稍小，最大粒径应不大于两倍膜厚。粉末粒子带电后受静电场、空气流动和重力的影响。大粒径粉末是重力在起作用，而很细粒子受空气流动影响大，在料斗和供给线上不能正确流动。$20 \sim 60 \mu m$ 的粉末很有效地被涂布，过喷粉末涂料中含有很多粒径在 $20 \mu m$ 以下和 $60 \mu m$ 以上的粉末。施工膜厚为 $30 \sim 60 \mu m$、粒径 $20 \sim 60 \mu m$ 最好。直径小于 $10 \mu m$ 的粉末一般占 $6\% \sim 8\%$，小于 $1 \mu m$ 的粒子尘吸入时对人体有危害。小粒子的表面积/体积比大，其电荷/质量比高。粉末粒径细且粒径分布较狭窄，能形成平整性最高的汽车清漆层。

细粒径（平均 $10 \mu m$）粉末需要在供料体系中控制温度和湿度，并安装搅拌器来达到进料稳定。喷嘴也需要重新设计使粉末聚集体减至极少。在近工件处增设一个带中等电荷的电极，以增强电场强度，提高涂覆效率。工件的接地电阻要小。如果接地不良，工件表面积聚由粉末带来的电荷，降低涂装效率，甚至涂不上。

（2）喷涂操作　使用手提式静电喷粉枪时，先开静电发生器，再开供粉装置的开关。设定静电电压和喷粉量，并保证粉末连续不断地喷到工件上。喷涂大工件时，根据工件形状，尽量使枪头与工件表面保持等距离，进行往复连续的喷涂动作。形状复杂的工件要上下、左右交换，再喷涂一遍，才能喷涂均匀。当机电产品喷涂壳体内壁时，应将专用喷枪头部伸进壳内腔，同时要防止边角和台阶堆积过多的粉末。自动喷枪安装在自动往复喷涂机上，能自动平稳运行。装饰性涂层一般较薄，而防腐性能要求高的工件涂膜要厚。一次喷涂不宜太厚，否则涂膜容易出现麻点和流挂现象，可多次喷涂，以获得适当厚度的涂膜。喷涂次数一般不超过两次。增加涂膜厚度要采用火焰喷涂法或流化床法。静电粉末喷涂生产线示意图见图 6-11。

喷枪与工件之间的距离为 $150 \sim 300mm$。喷涂电压为 $60 \sim 80kV$。喷涂工件时最好转动，使涂层均匀。供粉气压指供粉器中输粉管的空气压力为 $0.05 \sim 0.15MPa$，喷涂形状复杂工件及边角时，压力可适当大些，但压力过大粉末沉积效率下降。喷粉量是指单位时间内喷枪口的出粉量，一般为 $70 \sim 120g/min$。目测供粉状况以喷出粉末呈均匀雾状为合适。

（3）涂层固化　涂层固化通常采用常规对流烘房或红外（IR）灯加热，其中 IR 最经济，并且固化速率较快。近红外加热采用 $0.76 \sim 12 \mu m$ 的波长，卤素灯丝温度 3500K，辐射密度和深度高，只需 5s 即可使涂层均匀加热到固化温度，底材受热极大降低，可用于热敏材料（木材和塑料等）。某些快速固化粉末涂料（又称节能型粉末涂料）在热喷涂后，可以利用工件的余热固化，不必进入烘炉，只要工件储存的热量能满足此种粉末要求的固化条件即可。

烘箱内工件与工件之间要留有足够的空隙，以保证热空气流通，防止固化不均匀，而且要使整个烘箱或供道内温度均匀。工件喷涂完毕后，通过传动设施自动进入烘道，要避免工件间相互碰撞。工件在固化后要冷却，可气冷、水冷和油冷，工件自然冷却或随炉冷却为气

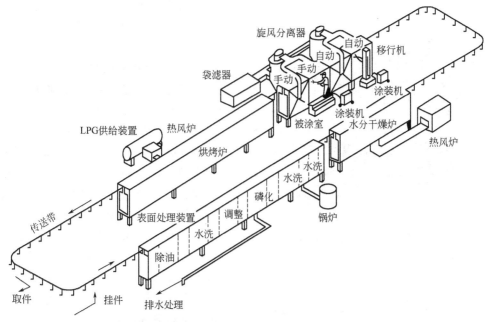

图 6-11　静电粉末喷涂生产线示意图

冷，放到水中或油中冷却称为水冷或油冷。应根据粉末品种和工件规格来选择相应的冷却方法。有些粉末品种冷却不宜过快，如果急剧冷却，漆膜边缘会收缩变形，影响外观质量。

6.3.2　其他粉末涂装方法

6.3.2.1　摩擦静电喷涂

该方法不需要高压静电发生器。粉末在压缩空气推动下与枪体和输粉管内壁发生摩擦，使粉末带正电荷，飞向工件并吸附于工件表面。枪体通常使用强电阴性材料（如聚四氟乙烯等），枪体内壁则产生负电荷，枪体接地消除负电荷，见图 6-12。

由于粉末带电过程是在喷枪里进行的，没有电场的电力线，粉末颗粒就不会在喷涂工件的边缘堆积，基本消除了"肥边现象"。由于喷枪和工件都接地，它们间电势差小，屏蔽效应很少，涂装不规则工件空心处时，能得到平滑涂层，适宜涂装外形复杂且对外观要求较高的物品。缺点是因荷电量一般比电晕喷枪的少，生产率较低，可延长粉末通过喷涂设备的路径能增大荷电量。空气流使粉末易飞散，而且需要严

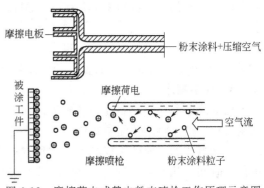

图 6-12　摩擦荷电式静电粉末喷枪工作原理示意图

格控制粉末粒径。能摩擦静电喷涂的粉末有环氧和聚酯/环氧，而其他粉末涂料，尤其聚乙烯的带电效果不理想。摩擦起电和电晕充电相结合的喷枪也已商品化。

6.3.2.2　电场云粉末涂装

空气吹动的粉末送入两个垂直排列的电极之间，使粉末带电，见图 6-13。通过电极之间的工件吸附粉末而完成涂粉过程。电极之间使用低电压。工件棱角部位不会出现涂膜过厚现象。这种方法比静电喷枪喷涂的效率高，粉末层致密，漆膜薄而平整，涂料利用效率高，

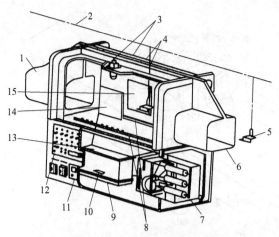

图 6-13 电场云粉末涂装装置示意图

1,6—排风罩；2—传送带；3—涂料喷嘴；
4—带缝隙的气室；5—被涂物；7—集尘装置；
8—产生对流喷射器；9—流化床槽；10—喷射器；
11—传送带控制板；12—涂装体系控制柜；
13—粉末涂料；14—电极 B；15—电极 A

比喷涂法少用 1/3～1/2 的粉末，设备成本低，占地空间小，但不能适应大型工件。

6.3.2.3 流化床涂装

流化床设备是一个浸渍槽，槽底部是多孔板。压缩空气通过多孔板吹起粉末，使粉末悬浮在浸渍槽中。工件通过温度远高于粉末 T_g 的烘道加热，进入流化床槽。悬浮粉末碰到工件，熔融在工件表面。当熔融粒子达到一定厚度时，成为热绝缘层，涂层表面温度降低，粒子不再黏附。最后附着的粒子没有完全熔融，须将工件送入另一烘房完成熔融。这方法最常用于热塑性涂料施工。涂膜厚度取决于工件的预热温度和粉末的 T_g，但不能得到薄漆膜。

静电流化床与此相似，但加热不是必需的，在流化床内增加了电极，使悬浮粉末带上负电荷，工件接地，粉末以静电力吸附到工件。需要厚膜时，工件可加热。这方法可施工热塑性和部分热固性粉末，如电绝缘涂料。静电流化床粉末损耗最小，换色容易，能施工较薄涂膜，但难以施工很薄涂膜，屏蔽效应强，难以均匀涂装大工件。

流化床涂装工艺主要应用于机电产品，涂覆小电机的绝缘涂层和防腐涂层。目前已能设计 2m×2m 以上的大型流化床，用于涂覆高速公路隔离栅、商场货架及各种钢制家具、钢结构件等。高速公路隔离栅浸塑用的主要是聚乙烯、聚氯乙烯等粉末，工艺流程：金属隔离栅或立柱——预热——浸粉末流化床——塑化——冷却——修整——检查——包装。涂层厚度在 0.4～0.7mm 范围内，外观平滑有光泽。

卷材粉末涂装有时静电喷涂，也有用静电流化床法。静电流化床法能涂装多孔或压花金属，无 VOC 排放，基建成本较低，但流水线速率比常规卷材涂装稍低。

6.3.2.4 火焰喷涂

火焰喷涂最常用于热塑性涂料施工。在火焰喷枪里，将粉末推送通过火焰，在那里停留到刚刚熔化。然后将熔化粉末喷向工件。火焰加热和熔融粉末，并加热底材到高于树脂熔融温度，使涂料流到表面的不规则点。这种方法必须小心综合平衡火焰温度（800℃上下）、火焰里停留时间（几分之一秒）、涂料 T_g、粒径分布和底材温度。粒径分布要狭窄，因在较大粒子熔融前，很小粒子已在 800℃ 焦化。火焰喷涂允许现场施工，不只是在工厂里。因为不靠静电施工，可施工到不导电底材上，如混凝土、木材和塑料。涂层不需烘烤，因此只要能经得起喷涂温度的底材，都能用此法涂装，而且损伤处可修补。缺点有工件要耐温，需要小心控制施工变量，而且钢铁上附着力也受施工变量影响。

6.3.3 粉末涂装的特点

涂料不用有机溶剂，改善劳动条件，减少火灾的危险，有利于保护环境。

（1）厚膜易得　一道涂覆厚度 100～300μm，需要溶剂型涂料 4～8 道涂覆。过喷粉末能回收再利用，而溶剂型涂料过喷产生的淤渣需要处理。

（2）降低能耗，不需要大量换空气　尽管粉末烘温高于大多数溶剂型涂料，因为只有很少挥发物排放到烘房中，烘房几乎不需补充新空气。溶剂型涂料烘房空气中溶剂的浓度必须远低于爆炸下限，需要大量补充热的新空气稀释，冬季加热费用很高。

（3）机械成本高　悬浮的粉末会爆炸，制造和施工设备须防止粉末爆炸。摩擦起电系统不像电晕充电喷枪那样易爆炸。

（4）装饰性有限　低和中等光泽粉末制造较难，精确配色也比常规型涂料困难。粉末边角覆盖好，流平性就差，会产生橘皮，需平衡流平性和边角覆盖性。涂膜越薄，这个问题就越突出。液体涂料能达到的外观装饰性，有时粉末难以达到，如高品质闪光涂层。

（5）换色清洗很费时　如需换色，须停止操作，清理喷漆柜和过喷回收装置。用玻璃喷涂柜代替传统的塑料或金属喷涂柜，不吸附粉末，光滑且较易清洗。

（6）可用原料范围小　涂膜 T_g 低且力学性能又好的热固性粉末涂料品种有限。常规热固性粉末几乎完全应用在金属底材上。UV 固化粉末涂料能用于热敏底材上。

6.3.4　新型粉末涂层

（1）复合粉末涂料技术　将特殊的热固性环氧粉末与特殊的热固性丙烯酸粉末混合，涂覆于钢铁上，当烘烤温度 100℃ 时，丙烯酸层与环氧层开始分离，铁红色环氧树脂移向钢铁，而蓝色丙烯酸树脂移向涂层表面，在 155℃ 时分离停止，20min 后涂层彻底固化。这样一道涂覆就能得到具有两种特性的涂层。在很多基材上也可以先涂环氧粉末，再涂丙烯酸粉末，然后一起加热固化，这称为 P/P 粉末涂装技术（powder on powder）。

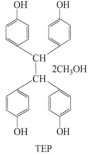

TEP

在金属表面上将热喷铝与聚酯/TGIC 粉末涂料相结合，形成超耐蚀涂层体系。将阴极电泳漆与丙烯酸粉末涂层相结合，形成户外耐候性和耐蚀性俱佳的复合涂装优质涂层。

（2）潜固化剂　低温固化除 UV 固化粉末外，还使用潜固化剂。1,1,2,2-四(4-酚基)乙烷与甲醇形成复合物（简称 TEP），能和胺、咪唑类形成潜固化剂，在 113℃ 以上解封闭。原本 180℃ 固化的环氧粉末，使用 TEP 封闭催化剂后，固化温度下降到 130℃。

6.4　涂料成膜原理总结

按照主要成膜物质的成膜原理，可把涂料分为四大类：自由基聚合反应成膜、缩合聚合成膜、聚合物粒子凝聚成膜和溶剂挥发型成膜。

（1）自由基聚合成膜　有以下几种成膜方式。

① 氧化聚合　植物油吸收空气中的氧气，形成过氧化氢基团，分解生成自由基，引发植物油中的双键聚合，形成交联结构。室温干燥的长或中油度醇酸、酯胶、松香改性酚醛、纯酚醛、环氧酯、氨酯油都采用这种机理。这类涂料价格低，应用广泛，但烘烤保色性较差，户外耐久性有限，气干时间长，即使加入催干剂室温下也需要较长时间才能彻底干燥。

② 自由基聚合　不饱和聚酯树脂和溶剂苯乙烯中都含有双键，引发剂分解产生的自由基引发双键聚合，形成交联涂膜。

③ 能量引发聚合　采用紫外光或电子束能引发聚合。紫外光固化涂料中的光敏剂分解产生自由基或阳离子，使含双键单体聚合。

（2）缩合聚合成膜　有以下几种成膜方式。

① 小分子逸出　氨基树脂用于氨基漆、饱和聚酯漆和热固性丙烯酸漆，需要烘烤固化，生成的小分子从膜中逸出。封闭型聚氨酯涂料加热释放出封闭剂交联成膜。

② 无分子逸出　环氧-胺和双组分聚氨酯涂料。潮气固化聚氨酯涂料涂布后吸收水反应成膜。

（3）树脂粒子凝聚成膜　聚合物粒子随溶剂挥发紧密堆积，粒子发生变形，树脂分子跨越粒子边界，缠卷形成高强度的膜。该机理用于水性聚氨酯分散体、有机溶胶、乳胶漆、粉末涂料。有机溶胶、乳胶漆不需要交联，水性聚氨酯和热固性粉末涂料需要交联。

（4）溶剂挥发成膜　为得到满意性能的漆膜，热塑性聚合物的分子量通常很高，要达到施工所要求的溶液黏度，需要加入大量的有机溶剂，有机溶剂挥发到空气中，既造成大气污染，又浪费大量资源。这类涂料主要用于室外施工、不能烘烤，而且对漆膜性能有特殊要求的场合。主要品种有硝基漆、卤化聚合物漆（如氯化橡胶漆、过氯乙烯漆、氯醋共聚树脂漆、偏二氯乙烯共聚树脂漆、有机氟漆）、热塑性丙烯酸树脂漆。

参 考 文 献

[1]　[美] Zeno W. 威克斯等著. 有机涂料科学和技术. 经桴良，姜英涛等译. 北京：化学工业出版社，2002.

[2]　刘国杰主编. 水分散体涂料. 北京：中国轻工业出版社，2004.

[3]　耿耀宗. 现代水性涂料：工艺·配方·应用. 北京：中国石化出版社，2003.

[4]　郑顺兴. 涂料与涂装科学技术基础. 北京：化学工业出版社，2007.

[5]　冯素兰，张昱斐编. 粉末涂料. 北京：化学工业出版社，2004.

[6]　陈振发. 粉末涂料涂装工艺学. 上海：上海科技文献出版社，1997.

[7]　Samy A. Madbouly, Joshua U. Otaigbe. Recent advances in synthesis, characterization and rheological properties of polyurethanes and POSS/polyurethane nanocomposites dispersions and films. Progress in Polymer Science, 2009, 34: 1283-1332.

[8]　Ad Hofland. Alkyd resins: From down and out to alive and kicking. Progress in Organic Coatings, 2012, 73: 274-282.

[9]　Overbeek A. Polymer heterogeneity in waterborne coatings. J Coat Technol Res, 2010, 7 (1) 1-21.

[10]　Vilas D Athawale, Ramakant V Nimbalkar. Waterborne Coatings Based on Renewable Oil Resources: an Overview. J Am Oil Chem Soc, 2011, 88: 159-185.

[11]　Ron Farrell. Powder coatings. Metal Finishing, 2010, 108 (11-12): 100-107.

本 章 概 要

乳胶漆树脂主要是热塑性的，在建筑物装修中大量使用，粒子凝聚成膜。乳液聚合制备乳液，颜料要先制成颜料浆，再与乳液调成涂料。应用最多的是丙烯酸乳液（全丙、苯丙和乙丙）和醋酸乙烯乳液。乳胶漆要2℃成膜，50℃抗粘连，需加成膜助剂，流平差，要加缔合型增稠剂。醇酸乳液不用有机溶剂，能气干，性能与溶剂型相似。

水稀释树脂在有机溶剂中聚合，引进羧基，加胺中和，能用水稀释，树脂是否交联根据需要而定。介绍了水稀释的丙烯酸酯、环氧接枝丙烯酸、醇酸与丙烯酸及聚氨酯杂化物、环氧酯、环氧-胺和聚氨酯涂料（单和双组分）。水稀释涂料大幅度减少有机溶剂用量，水稀释过程中黏度、pH值反常，施工受湿度影响，干燥时涂层易起泡和爆孔。

电泳漆需要烘烤固化，分为阳极和阴极电泳漆。阴极电泳漆膜的防腐能力高，泳透力强。电泳涂装通过电解、电泳、电沉积、电渗来实现的，易自动化生产，涂料利用率达

95%，涂层覆盖性好，但设备投资大，生产管理要求高。

热塑性粉末涂料需要打底，涂层可熔可溶。热固性不需要打底，一道涂布即可。环氧粉末涂料除用双氰胺交联剂外，还用酚醛树脂和酸酐。端羧基聚酯用 BPA 环氧树脂、TGIC、羟烷基酰胺交联。端羟基聚酯用 U 固化剂、己内酰胺封闭异氰酸酯、氨基树脂交联。丙烯酸和氟碳粉末涂料与其他粉末的相容性不好，污染其他粉末造成涂层缩孔。紫外线（UV）固化粉末涂料在 100～120℃交联，可用于热敏底材。粉末涂料主要采用熔融混合法制备。

薄层及装饰性粉末涂装采用电晕静电喷涂法，粉末通过电离空气区获得负电荷，飞向接地工件并吸附。摩擦静电喷涂时粉末与枪体内壁摩擦，使粉末带正电荷，仅用于环氧和聚酯/环氧粉末。流化床用于热塑性粉末和厚膜施工。

练　习　题

一、填空。

1. 乳液型和水稀释型涂料在微观上都_____。乳液是在表面活性剂帮助下，树脂以_____分散在水中。水稀释型是树脂先溶于_____中，再加水分散，不用表面活性剂。

2. 微乳液在制备方法上来看是_____，按粒子尺寸应该是_____。

3. 将乳液与颜料直接混合研磨，乳液中的水分会被颜料吸收，会造成_____和颜料_____。而水稀释性色漆是先用含有适量_____的树脂研磨，然后加胺成盐。

4. 乳胶漆流平往往比溶剂型的差，为改善流平性，通常加_____剂。建筑乳胶涂料中的丙烯酸酯共聚物，要调节硬和软单体的比例达到_____最少，而且涂层有足够_____，乳胶粒细且 MFFT 低，涂层的抗_____能力好。

5. 粒子凝聚成膜机理不仅用于乳胶漆，而且也适用于_____、_____、_____。

6. 水稀释型涂料在水稀释过程中_____、_____出现异常现象。为降低涂层的水敏感性，涂料的中和剂要用_____性的胺或酸，树脂上的羧基或氨基要参与固化反应。

7. 直接由异氰酸酯和多元醇反应生成的聚氨酯因分子量低、物理性能差，需要用_____增加硬链段的长度，促使发生微观相分离，以提高树脂的模量和 T_g。

8. 与丙烯酸乳胶漆相比，醇酸乳液完全不用_____，涂层性能达到同类溶剂型醇酸的水平。

9. 电泳涂装过程是通过_____、_____、_____、_____四个过程实现的。

10. 为保证电泳漆膜更完整，工业上采用的电泳时间一般为_____分钟。

11. 电泳涂装的超滤循环水系统除了能把用水冲洗工件得到的很低浓度的涂料也能够回收利用外，还能够除去体系中的_____。

12. 中、高酸值聚酯用_____固化。低、中酸值聚酯用_____作固化剂，涂层耐候性很好。羟基聚酯用_____作固化剂，制耐候性和耐腐蚀性优良的薄涂层。

13. 几乎所有用粉末涂料薄膜都是采用_____技术施工的。粉末厚涂膜采用_____法和_____法等粉末热熔施工方法涂布。

14. 粉末静电喷涂时，随着粉末沉积层不断加厚，当_____的时候，粉末不再附着。

15. 粉末静电喷涂时，粉末带_____电荷，工件接地带_____电荷。摩擦静电喷涂时粉末带_____电荷，而聚四氟乙烯枪体内壁则产生_____电荷，需接地消除。

16. 按照主要成膜物质的成膜原理，涂料分为四大类：溶剂挥发型成膜、自由基聚合反应成膜、_____成膜、_____成膜。

二、解释：核-壳结构乳液、微乳液、最低成膜温度、成膜助剂、缔合型增稠剂、扩链剂、隔膜极罩、超滤、泳透力、U 固化剂、粉末电晕静电喷涂、电场云粉末涂装。

三、问答。

1. 乳液聚合的机理是什么？常用乳胶漆有哪几类？

2. 乳胶漆的成膜机理是什么？为什么醇酸乳液不需要成膜助剂？

3. 为什么乳胶漆不容易得到高光泽的漆膜？如何提高其光泽？

4. 为什么水稀释型涂料采用水分散形态而不是溶液？水稀释型涂料是如何获得水溶性的？

5. 高羧基树脂常用的交联剂有 β-羟烷基酰胺、碳化二亚胺与氮丙啶化合物，用化学反应方程式表示它们之间的反应。

6. 水稀释型涂料在用水稀释的过程中有什么异常现象？如何克服涂层起泡和爆孔？

7. 电泳涂装的原理是什么？超滤和隔膜极罩各起什么作用？

8. 热塑性和热固性粉末涂料各有什么特性？比较常用热固性粉末涂料交联机理和涂层特点。

9. 聚酯类粉末涂料所用的固化剂有哪几类？各有什么特点？

10. 比较电晕静电粉末喷涂、摩擦静电粉末喷涂、流化床和静电流化床涂装的原理和特点。

11. 静电粉末喷涂是如何供给喷枪涂料的？如何回收过喷的粉末？

12. 四类涂料的成膜机理各是什么？并各列举两个例子。

第7章　涂料施工干燥和成膜过程

涂装由漆前表面处理、涂料涂布、涂料干燥三个基本工序组成。漆前表面处理对能否成功涂装至关重要。漆前表面处理能够形成无缺陷涂层，显著增强涂层性能，如附着力、耐蚀性等。基材不同，采用的漆前表面处理方法也不同。第8章结合涂装工艺，介绍金属（尤其是钢铁）的漆前表面处理。第9章介绍木材、塑料和混凝土。本章介绍涂料涂布、干燥和成膜过程。涂料施工技术的发展分为三个时期。

（1）古典涂装期　这时的涂装主要是手工刷涂油性漆。尽管手工艺类型很多，有的装饰效果也很好，如各种漆器，但涂装效率低下。

（2）涂装工程期　随着汽车工业的发展，20世纪初硝基漆被开发出来用于涂装汽车。硝基漆通常十几分钟内就干燥，手工刷涂不行，就只能采用空气喷涂法涂装，硝基漆当时被称为汽车喷漆。后来随着高分子树脂涂料不断被开发出来，静电喷漆、高压无空气喷涂、电泳涂装、各种烘干技术（热风对流烘干、辐射烘干、远红外烘干、光固化）获得大量应用。涂装的手工艺色彩逐渐淡薄，变成具有完整工艺流程的流水线。这一时期还研究了涂料和涂装配合问题，即花费最小成本，取得最大涂装效果，如延长漆膜使用寿命、缩短涂装时间、减轻劳动强度等。

（3）涂装社会化时期　随着现代工业的高速发展，资源紧张和三废污染成为世界性问题。涂料生产和涂装过程中都涉及这两个问题。涂装的目标是高效率利用资源，尽量减少有机溶剂的应用，就发展了水性漆静电喷涂、厚膜阴极电泳涂装、薄层静电粉末喷涂等技术。在不降低涂层性能的前提下，水性涂料和粉末涂料不仅对涂料研制提出新要求，同时也对涂装设备和工艺提出新要求。

涂料涂布向机械化、自动化和连续化的方向发展，依据工件材料、大小、形状，涂层质量和现有条件来选择。先进的涂布方法能提高涂层质量、涂料利用率和施工效率，改善劳动条件和强度，方法分为：①手工工具涂漆，刷涂、擦涂、滚筒刷涂、刮涂、丝网涂和气雾罐喷涂等；②机动工具涂漆，主要空气喷涂、无空气喷涂等；③器械设备涂漆，它与漆前表面处理、干燥工序连接起来，形成专业流水线，有浸、淋、辊、抽涂，静电喷涂和自动喷涂、电泳涂装、粉末涂装等。

7.1　手工施工方法

（1）刷涂法　适用于任何形状的工件。溶剂挥发性涂料干燥快，新刷涂料中的溶剂溶掉半干漆膜，黏度骤增，产生严重刷痕，甚至粘住漆刷，不适合刷涂，其他涂料都可刷涂。现在有背负式手泵装置，手泵打气，将罐中的漆由软管压送到刷子上，刷端装有控制阀，手指控制供漆量。工件先接触漆刷的部位涂料多，再刷别的地方涂料就少，须横向和竖向交叉重复刷将涂料刷匀。形状复杂工件要用漆刷戳，漆刷上的涂料就不会被刮下来，造成堆漆或流挂。湿漆膜的刷痕是由漆刷对湿膜施加作用力而产生的，涂料要有足够好的流平性，使刷痕在漆膜干燥前消失。刷涂的涂料很容易渗透进金属表面细孔中，可加强对金属表面的附着力，但生产率低、劳动强度大，有时留有刷痕，装饰性差。

（2）擦涂　涂饰木器家具硝基清漆、虫胶清漆等溶剂挥发型涂料时即采用此法。把棉花球或尼龙丝团裹上纱布成一棉团，浸漆后手工擦涂。擦涂器是在泡沫上包上尼龙绒面，泡沫固定在带柄的平整塑料上，涂料倒在浅盘中，用擦涂器蘸着涂料施工。擦涂器持有的涂料量比漆刷多，涂装速率快，涂层也比刷涂的光洁。带长柄的擦涂器还可以减少搬动梯子。

（3）滚涂法　房屋建筑用乳胶漆和船舶漆可滚涂。滚筒是一个直径不大的空心圆柱，表面粘有长绒毛，圆柱中心带孔，弯曲手柄由孔中通过。使用时先将辊子浸入漆中浸润，然后滚涂。现在有用空压机压送涂料的滚涂装置。

（4）刮涂法　使用刮刀，手工刮涂各种厚浆涂料和腻子。

（5）丝网法　将刻印好的丝筛（包括手工雕刻、感光膜或漆膜移转法等），平放在要涂刮的表面，用硬橡胶刮刀将涂料在丝网表面涂刮，涂料渗透到下面，形成图牌、标志等。丝网法适用于涂饰文具、日历、产品包装、书籍封皮以及路牌、标志等。

（6）气雾罐喷涂法　将涂料装在含有气体发射剂（如 CCl_3F 或 CCl_2F_2）的液化气金属罐中。使用时揿按钮后，雾状漆液从罐中喷出。这种方法仅适于家庭用小物件，以及交通车辆车体的修补等。

7.2　喷　涂

喷涂是将液体涂料全部雾化成液滴，施工到工件表面上，与其他涂料施工方法区别的核心是雾化。喷涂是工业上广泛应用的涂料施工方法，涂布速度比刷涂或手工辊涂快得多，适用于各种形状的工件，既可以喷涂于平面上，也适用于形状不规则的工件。

硝基漆发展起来后，因为干燥太快，就发展起了空气喷涂技术，但空气喷涂法的涂料损耗大，涂料利用率最高仅达到 $50\%\sim60\%$，小件只有 $15\%\sim30\%$，飞散的漆雾造成作业环境空气恶化。为提高涂料的利用效率，发展了静电喷涂法。因为空气喷涂法要求的涂料黏度低，稀释剂用量大，为使用高黏度涂料，就发展了高压无气喷涂方法。根据它们的原理还引申出加热喷涂、双口喷枪喷涂、机器人喷涂、HVLP 喷涂、空气辅助无气喷涂、超临界液体喷涂技术。

7.2.1　空气喷涂

空气喷涂发明于 1888 年的美国，在此一百多年间，空气喷涂除喷枪外形略有改变外，其原理并无多大改进。空气喷涂虽然涂料利用率不高，但设备简单，操作方便，目前使用很多，尤其对涂膜质量要求高的产品，如高级轿车和家具等，均采用空气喷涂或空气静电喷涂。

7.2.1.1　空气喷涂原理

空气喷涂是用压缩空气作动力，将涂料从喷枪的喷嘴中喷出，压缩空气的气流高速从空气喷嘴流过，使喷嘴前端形成局部真空，涂料被压缩空气吸入真空空间，在气流冲击混合下雾化，漆雾在气流带动下射向工件表面沉积，形成均匀涂膜。

空气喷涂时，涂料雾化颗粒细，雾化效果就好，漆膜外观质量就好。雾化程度表示为：

$$d = (3.6 \times 10^5 / Q)^{0.75} \tag{7-1}$$

式中，d 为漆雾的平均粒径，μm；Q 为空气耗量与出漆量的比值。

当 Q 较小时，空气耗量与出漆量的比值对雾化效果影响很大，提高空气耗量或降低出漆量明显改善雾化效果。增加空气量可通过提高空气压力来实现，但高空气压力使漆雾飞散严重，因为压缩空气在工件表面的反冲作用增大，反冲空气带动细小漆雾"反弹"，涂料损失更多。由于压缩空气是与涂料一起喷向工件的，当压缩空气中有油和水时，就会在漆膜上产生缩孔等缺陷，因此压缩空气必须无油无水。空气喷涂设备简单，操作容易，维修方便。

7.2.1.2　空气喷涂装置

空气喷涂装置（见图 7-1）包括：①喷枪；②压缩空气供给和净化系统（油水过滤器、储气缸、空气压缩机），供给清洁、干燥、无油压缩空气；③输漆装置（涂料加压缸、涂料加压缸内桶），储存涂料，连续供漆；④胶皮管；⑤喷漆室，室内通风，相对湿度小于 70%。

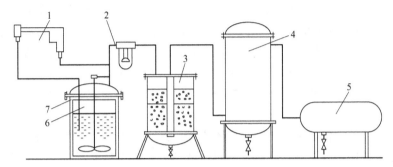

图 7-1　空气喷涂系统示意图

1—喷枪；2—二级油水分离器；3—一级油水过滤器；

4—储气缸；5—空气压缩机；6—加压缸内桶；7—涂料加压缸

大批量施工需要在喷漆室中进行。喷漆室将飞散的漆雾、挥发的溶剂限制在一定区域内，并进行过滤处理，确保环境中的溶剂浓度符合劳动保护和安全规范的要求。

（1）空气压缩机　空气压缩机又称气泵，最大气压为 0.7MPa（空载）。用于涂装的空气压缩机一般分为气泵型和螺旋型（或称旋转型）。螺旋型空气压缩机的噪声、能耗和油水杂质均较低，而且大多带有压缩空气冷却、除油水功能，它的一级油水分离器和储气缸可以省略。气泵型则需要加油水分离器。大型空气压缩机由气泵活塞产生压缩空气，温度较高，内含的油水杂质较多，需要通过储气缸降温，使高温时溶解在空气中的油、水、杂质析出并沉到缸底。储气缸还能起稳压的作用，但造成气压上升慢，下班后储气缸内的压缩空气要放空，浪费能源。小型空气压缩机（0.6m³、1m³ 以下）在非连续作业时，可不用储气缸。

储气缸内的压缩空气先进入一级油水过滤器滤去油、水，再进入二级过滤器进一步除去油、水以及杂质微粒，然后进入喷枪。二级过滤器一般采用冷冻式压缩空气干燥器。经二级净化后的压缩空气，含油量要小于 10^{-5}%，$0.03\mu m$ 以上的灰尘都被除去。

（2）喷枪

① 分类　喷枪使涂料和压缩空气混合后，将涂料雾化和喷射到工件表面，分为吸上式、重力式和压送式。三种方式的优缺点见表 7-1。

表 7-1　空气喷枪的特点

类型	结构特点	优点	缺陷	主要用途
吸上式	涂料罐安在喷嘴的下方，漆罐的容量一般 1L 左右	操作稳定性好，涂料颜色更换方便	水平面的喷涂困难，受涂料黏度的影响大	小面积物面的施工
重力式	涂料罐安在喷嘴的上方，漆罐的容量一般 250～500ml	喷枪使用方便，黏度影响小	稳定性差，不易仰面操作	小面积物面的施工
压送式	另设增压箱，自动供给涂料	可几支喷枪同时使用，涂料容量大	涂料更换快，清洗麻烦	连续喷涂大面积物面

压送式喷枪的涂料供给方式有三种：从外置的压缩空气增压罐供给涂料，常用20～100L的压力罐；靠小型空气压力泵从涂料罐压出涂料；由调漆间将涂料黏度调好，用泵向涂料管道内输送，形成循环回路，涂料不停地在管道内循环返回供漆罐，喷枪用接头与管路接好即可使用。涂料用量大、颜色变化少的场合，宜选用压送式喷枪，由增压罐或输漆系统供漆。

喷枪体轻小巧，涂料喷出量和压缩空气喷出量也随之减小，作业效率下降，不适于大批量流水线。在大批量流水线上采用大型喷枪，而凸凹很悬殊的工件宜用小型喷枪。

② 喷枪的结构　常用喷枪由枪头、调节部件和枪体三部分组成。枪头由空气帽（空气通道）、喷嘴（涂料通道）和针阀等组成。空气帽、喷嘴、针阀是套件，不能随意组合，应整套更换。针阀对涂料流量进行控制。喷嘴为同心圆结构，内圆出涂料，外圆出空气，将涂料导流至气流中雾化。空气帽产生空气射流，将涂料雾化并冲向工件表面。

根据涂料与压缩空气的混合方式，喷枪分为内混式和外混式，见图7-2。内混式的涂料与空气在空气帽内侧混合，适用于较高黏度、厚膜型涂料，也适用于黏结剂、密封胶等，喷雾图形仅为圆形，漆雾较柔和，生产能力不大，仅适用于小物件和多彩涂料喷涂。外混式的涂料与空气在空气帽外侧混合，喷雾形状可以调节，适用于黏度不高、易流动雾化的涂料及各种形状的工件。生产上一般采用外混式喷枪。

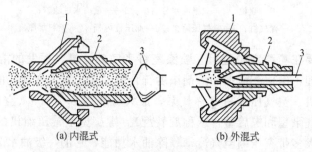

(a) 内混式　　　　　　(b) 外混式

图7-2　空气喷枪雾化方式

1—空气帽；2—涂料喷嘴；3—针阀

a. 枪头　因容易磨损，用合金制造。喷嘴的口径有多种，根据涂料黏度、雾化要求和喷涂作业量来选择，常用喷嘴口径为0.8～1.6mm。口径0.5～0.8mm仅适用于着色剂等易雾化的低黏度涂料。面漆1.0～1.6mm。底漆、中涂等雾化颗粒稍粗和黏度稍高的涂料2.0～2.5mm。塑溶胶、防声涂料等粒粗黏稠涂料3.0～5.0mm。喷修补漆时采用0.5mm的圆形喷嘴。喷涂小面积，口径1～1.5mm，喷涂大面积2.5～3mm；喷涂各种图案、文字，0.2～1.2mm。工件小或形状复杂，雾化性能要求高的场合，宜选用小口径。

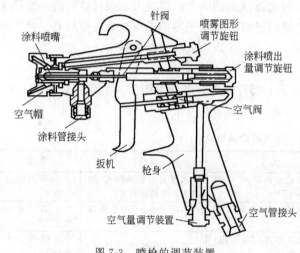

针阀
涂料喷嘴
喷雾图形调节旋钮
涂料喷出量调节旋钮
空气帽
涂料管接头
空气阀
扳机
枪身
空气量调节装置
空气管接头

图7-3　喷枪的调节装置

b. 调节装置　喷枪的调节装置如图7-3所示。喷枪前的空气管路上装有减压阀，用于调整到合适的喷涂空气压力。喷枪手柄下部还有空气调节螺栓，可以调节空气喷出量和压力。空气喷枪可调节空气量、涂料量。旋转枪针末端的旋钮就可调节涂料喷出量。扣动扳机，枪针后移，移动距离大，喷出的涂料就多。旋转喷雾图样旋钮，就可调节空气帽侧面气孔中空气流的流量。关闭侧面空气孔，喷雾图样呈圆形；打开侧面空气孔，喷雾图样就变成椭圆形。随着侧面空气孔的空气量增大，喷雾图样由圆形到椭圆形，再到扁平形。如图 7-4 所示，空气帽有中心孔、侧面孔、辅助空气孔。中心孔用于雾化涂料。侧面孔改变漆雾图案的形状（见图 7-5），两个侧面孔喷出的空气对圆形喷雾图样起压扁作用。辅助空气孔使漆雾更细，粒径分布更均匀，喷幅更宽。

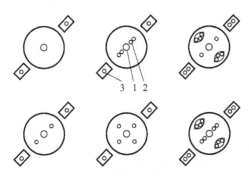

图 7-4　空气帽种类
1—中心孔；2—辅助空气孔；3—侧面空气孔

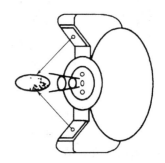

图 7-5　空气帽侧面孔

空气帽分为少孔型和多孔型两种。少孔型的有一个中心孔，两角部各有一个侧面孔。中心孔与涂料喷嘴是同心圆，它们之间的间隙为 0.15～0.30mm，经此间隙喷出的压缩空气形成负压区，使涂料喷出雾化，并形成圆形喷雾图样。

多孔型空气帽有多个对称布置的辅助空气孔，协助调节喷雾图样大小并保持稳定，涂料雾化较细且分布均匀，喷嘴周围不易积存涂料。空气孔数有 5、7、9、11、13、15 个等多种。

无雾喷枪是在空气帽的外沿有一圈小孔（气幕空气孔），压缩空气从这些小孔喷出，形成环状气幕，防止漆雾飞散，提高涂料利用率，见图 7-6。

为适应不同用途，还有特殊形状的喷枪。长枪头喷枪的枪头长 0.2～1m，喷雾方向向前为 45°、90°，向后为 25°、45°，雾化方式为外混式，适用于管道内壁及其他窄腔内壁涂布。长柄喷枪的手柄 1～2m，在扳机上安装一根操纵杆操纵扳机，用于建筑、桥梁和船舶等高空作业。

③ 喷枪操作　喷嘴内壁呈针状，与枪针组成针阀。当扣动扳机使枪针后移，喷嘴即打开，涂料喷出。喷嘴与枪针闭合时应配合严密，涂料才不泄漏。手扣压扳机，压缩空气通道首先开放，继而涂料通道开放（见图 7-7）。在喷枪移动时开启扳机，同样也应在移动时关闭喷枪扳机，可避免工件表面涂料堆积。喷涂完毕后，将多余可回收涂料倒回原有的涂料桶，然后将喷枪清洗干净，不允许喷枪内残余涂料。清洗喷枪时，将涂料稀释剂倒入漆罐中，扳动扳机，溶剂由喷枪口喷出，清洗输漆管道，然后关闭压缩空气，取下喷枪用溶剂擦拭干净。用带溶剂的毛刷仔细洗净空气帽、喷嘴及枪体。当空气孔被堵塞时，需用软木针疏通。

7.2.1.3　空气喷涂的操作方法

喷漆施工质量主要取决于涂料的黏度、工作压力、喷枪与被涂面的距离及操作者的技术

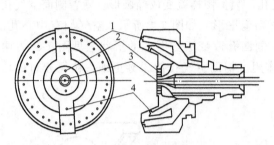

图 7-6　无雾喷枪枪头构造

1—气幕空气孔；2—辅助空气孔；

3—中心孔；4—侧面空气孔

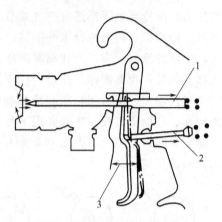

图 7-7　扳机的分段喷出机构

1—针阀阀杆；2—空气阀阀杆；

3—扳机移动间隙

熟练程度。为了获得光滑、平整、均匀一致的涂层，喷漆时必须掌握正确的操作方法。

（1）喷枪准备　选择喷枪并调整到合适工作条件，包括喷枪类型、喷嘴口径、喷雾图样等。涂料喷出量大，喷雾图样也大。喷雾图样调节装置可将喷雾图样从圆形调到椭圆形。由于椭圆形涂装效率高，应用于大物件和流水线涂装。圆形用于较小被涂物和较小面积上的涂装。

（2）喷涂压力　空气压力过高，雾化虽细，但涂料飞散多；若压力不足，喷雾变粗，漆膜产生橘皮、针孔等缺陷。在达到要求的条件下，压力应尽可能低。雾化程度通常靠观察刚喷湿漆膜的干湿来判断，过干表明雾化过度，过湿表明雾化不充分，漆膜是带麻点粗糙面时，表明雾化程度太差。黏度高的涂料采用较高压力，如喷涂腻子时压力为 0.35MPa；高黏度涂料为 0.25～0.30MPa；低黏度涂料为 0.1～0.15MPa。

（3）喷涂距离　喷枪与被涂物面的距离太近，湿漆膜太厚，易产生流挂、橘皮等现象；距离太远，漆膜变薄，涂料损失大，漆膜易脱落，不平整，严重时大大降低光泽。喷涂距离一般为 200～300mm，小口径喷枪为 150～250mm，大口径喷枪为 200～300mm。

（4）喷枪运行　喷枪要匀速运行，且与被涂物面呈直角。喷枪移动速率 30～60cm/s，速率低于 30cm/s 时，膜太厚，易流挂；当运行速率大于 60cm/s 时，漆膜太薄，不易流平。如果喷枪呈圆弧状态运行或不垂直于被涂物面，膜厚度不均匀。开关枪时不应朝向工件，即使喷枪 0.1s 的停顿也会造成严重流挂。

（5）喷雾图案搭接　喷雾图案中间厚，外围薄。喷涂幅度边缘应当在前面已经喷好的幅度边缘上重复，圆形搭界 1/2，椭圆搭界 1/3，扁平搭界 1/4，而且搭界宽度应保持一致。如果搭界宽度多变，膜厚不均匀，可能产生条纹或斑痕。在喷涂第二道时，应与前道漆膜纵横交叉，即若第一道横向喷涂，第二道就应纵向喷涂。喷涂顺序为：先内表面，后外表面；先次要面，后主要面。最重要的地方最后喷，可防止涂层喷毛和擦伤，因为已干燥漆膜表面再有少量漆雾喷上时，这些漆雾不能流平。

（6）涂料准备　涂料应在喷涂前准备妥当。原桶装的涂料必须搅拌均匀，使用前涂料需过滤。双组分涂料应混合均匀，有半小时的活化期。涂料黏度需用稀释剂调整。黏度过大，雾化不好，漆膜粗糙无光，喷出量少；过稀，则产生流挂。涂料适宜黏度为 16～35s（涂-4杯），不同涂料的喷涂黏度也有差别。装入储漆罐时，不要过满，以 2/3 为宜，把松紧旋钮拧紧。

常用涂料的适宜喷涂黏度见表 7-2。

表 7-2　常用涂料的适宜喷涂黏度

涂料种类	黏度(涂-4 杯,20℃)/s	黏度/cP(1cP=10^{-2}Pa・s)
硝基漆、热塑性丙烯酸等挥发性涂料	16～18	35～46
氨基漆、热固性丙烯酸涂料	18～25	46～78
自干型醇酸涂料等	25～30	78～100

（7）试喷　喷涂压力既影响喷雾图案大小，又影响雾化效果。为找到合适的喷涂压力，可采用试喷图形法。

① 最大喷雾图案　在墙上贴一张白纸，把起始压力调整为 0.3MPa（约 30psi），喷枪固定在距纸 15～22.5cm 的位置，并保持稳定，针阀全开，与纸垂直喷 2～3s。然后，压力提高 0.034MPa（约 5psi），再喷一次。重复上述动作，每次压力都提高 0.034MPa，直到提高压力喷雾图案也不增大为止。从纸上找出获得最大喷雾图案时的最小压力。

② 雾化效果　采用上面类似的方法，以极快速度喷涂，使漆雾颗粒充分散布在纸上，提高压力再喷，直到漆雾颗粒不再降低为止。找出达到最细漆雾颗粒的最小压力。最后，根据施工需要确定喷涂压力。图 7-8 是试喷图形，喷涂压力在 40～45psi（0.27～0.23MPa）时能获得最大的喷雾图案和最细的漆雾颗粒，生产中应选用 40psi 的喷涂压力。

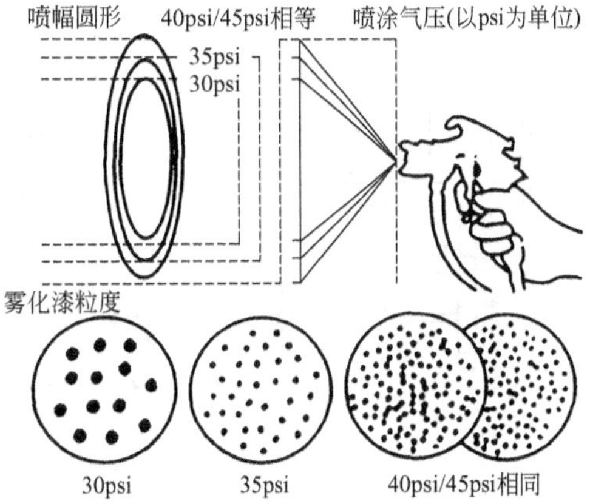

图 7-8　试喷图形及评判基准

7.2.1.4　空气喷涂的特点

① 涂装效率高，每小时可涂装 150～200m² （约为刷涂的 8～10 倍），适用于大面积涂装。

② 正确操作，空气喷涂能够获得美观、平整、均匀的高质量涂膜。

③ 适应性强，对缝隙、小孔及倾斜、曲线、凹凸等各种形状的物体均可施工，而且各种涂料和各种材质、形状的工件都适用，不受场地限制，但环境中不允许有灰尘，要有电源，设备操作和维护容易，但涂料损耗大。

④ 可调控性，有经验的操作者能控制喷涂图案，从细小斑点到各种大图案，不必更换喷枪和喷嘴能大面积或小面积喷涂；雾化程度可调控，能达到手工喷涂最细雾化程度。

7.2.2　高压无气喷涂

高压无气喷涂机最早产于美国，20 世纪 50 年代中期在美国得到迅速发展，并被广泛应用。50 年代末期，日本引进高压无气喷涂机制造技术，此后成为负有盛名的高压无气喷涂机制造国。60 年代中期，我国研制成功高压无气喷涂机，迅速得到应用。

7.2.2.1　高压无气喷涂的原理和特点

"无气"就是"无空气"，这里指的是空气不起雾化作用，"高压"起雾化作用。

高压无气喷涂是使涂料通过加压泵（10～40MPa）被加压，通过特制的硬质合金喷嘴

（口径 1.7～1.8mm）喷出。当高压漆流离开喷嘴到达大气后，冲击空气和高压急剧下降，使涂料中的溶剂剧烈膨胀而分散雾化，射到工件上。高压无气喷涂与空气喷涂的区别在于压力大，没有压缩空气所带来的油、水、灰尘等，而且喷射力强。高压无气喷涂具有如下特点。

（1）喷涂效率高　喷枪喷出的完全是涂料，施工效率约是空气喷涂的 3 倍。每支枪喷 3.5～5.5m²/min，最多可供 12 支喷枪同时操作，适用于各种厚浆涂料。

（2）涂料回弹少　空气喷涂机喷出的涂料含有压缩空气，碰到被涂物面时会产生回弹，造成漆雾飞散，而高压无气喷涂喷出的漆雾因没有压缩空气，就没有"回弹"现象，减少了因漆雾飞散而形成的喷毛，提高了涂料利用率和漆膜质量。

（3）可喷涂高、低黏度的涂料　喷涂涂料黏度高达 80s（涂-4 杯）。选用压力比较大的无气喷涂机，甚至可以喷涂无流动性的涂料或含有纤维的涂料。黏度高涂料的固体分高，一次喷涂的涂层厚，干膜厚度可达 300μm 以上，能减少喷涂次数。

（4）形状复杂工件适应性好　由于涂料的压力高，能进入形状复杂工件表面的细微孔隙中，在缝隙、棱角处也能形成良好的漆膜。

（5）高压无气喷涂的漆雾直径为 70～150μm，而空气喷涂的为 20～50μm，漆膜质量比空气喷涂的差，不适用于薄层装饰性涂装；喷漆速率非常高，需有保护措施。

7.2.2.2　高压无气喷涂装置

无气喷涂装置的类型一般有以下 3 种：①固定式，应用于大量生产的自动流水作业线上；②移动式，用于工作场所经常变动的地方；③轻便手提式，用于喷涂工件不太大并且工作场所经常变换的场合。图 7-9 是常用高压无气喷涂设备示意图。

（1）高压无气喷枪　高压无气喷枪的外形与普通喷漆枪相似。空气喷枪有输气和输漆两个通道，而高压喷枪则只有一个

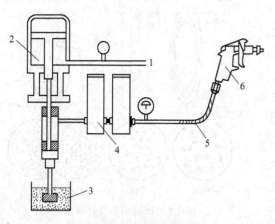

图 7-9　无气喷涂设备的组成
1—动力源；2—高压泵；
3—涂料容器；4—蓄压过滤器；
5—涂料输送管道；6—喷枪

输漆通道，没有输气通道。高压喷枪有普通式、长柄式和自动高压喷枪。高压喷涂由于工作压力较高，涂料流过喷嘴时，产生很大的摩擦阻力，使喷嘴容易磨损，故一般采用硬质合金钢。涂料喷嘴有圆形和橄榄形，大型平面工件用橄榄形，复杂形状工件用圆形喷嘴。喷嘴分为标准型、圆形、自清型和可调型。标准型的开口为橄榄形，使用普遍，喷雾图案也为椭圆形，涂料喷出量一般为 0.2～5L/min，高的可达 10L/min 以上。圆形喷嘴的涂料喷出量一般为 0.26～3.6L/min，主要用于管道内壁和其他狭窄部位。当需要改变喷雾图案和孔径大小时，需要更换喷嘴。小口径喷嘴适用于黏度小的涂料，大口径适用于黏度高的涂料。喷嘴孔径为 0.17～2.5mm，喷射角度在 30°～80°之间可调，喷雾图案在 8～75cm 之间变化。使用最多的有大孔径大扇形喷嘴和小孔径小扇形喷嘴。为获得薄涂层，要用孔径小、扇形角度大的喷嘴。自清型喷嘴有换向机构，当喷嘴堵塞时，可旋转 180°将堵塞物冲掉。可调型喷嘴有调节塞，在不停机的情况下能调节涂料喷出量和喷雾图案。

（2）高压泵　高压泵根据高压产生方式分类。

① 电动　见图 7-10。电动机驱动比压缩空气驱动少一次能量转换，能源利用率高，适用于有三相交流电源的地方，能较低气温工作，但容量小，喷出最高压力 25MPa 仅 1.3L/min。

② 气动　使用压缩空气驱动，泵的体积小、操作容易、安全性高、使用期长，但噪声大、动力消耗大，目前广泛应用。

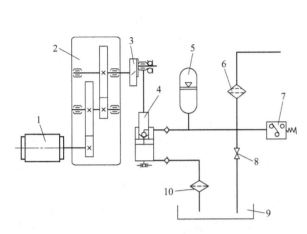

图 7-10　电动高压无气喷涂机工作原理图
1—电动机；2—齿轮减速箱；3—曲柄；4—高压泵；
5—蓄压器；6—过滤器；7—压力继电器；
8—球阀；9—涂料桶；10—过滤器

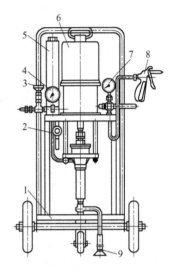

图 7-11　气动高压无空气喷涂设备的结构
1—小车；2—放泄阀；3—高压阀；4—高
压表；5—蓄压过滤器；6—高压泵；7—压
力表；8—吹屑枪；9—吸漆器

图 7-11 为 GP2A 型气动高压无空气喷涂设备的结构，由高压泵、高压过滤器、高压喷枪等组成。压缩空气压力在 0.4～0.6MPa，最高达 0.7MPa。利用压缩空气驱动活塞杆做往复运动，活塞杆带动高压泵内的活塞往复运动。根据需要的工作压力，来选择活塞有效面积与高压泵内活塞的有效面积之比，涂料压力与输入气压之比称为压力比。常用的压力比有 16∶1、23∶1、32∶1、45∶1、56∶1、65∶1 等多种，一般在（26∶1）～（32∶1）之间，这是理论压力，实际压力受具体工艺参数的影响。通过减压阀调整压缩空气压力，来控制涂料的输出压力。

③ 油压泵　动力利用效率高，噪声小，但需专用油压源，若油混入涂料，影响涂层质量。

（3）蓄压过滤器　蓄压过滤器稳定由高压泵输入的高压涂料，使之保持恒定喷涂压力，同时还过滤杂质，避免堵塞喷嘴。蓄压器为一筒体，涂料由底部进入，进口处为单向阀，进漆压力低于筒内压力时，阀门关闭，见图 7-12。当高压喷枪开启时，涂料再通过 100 目的滤网过滤，进入高压管，到达高压喷枪。

（4）高压软管　涂料通路上使用的软管必须耐压。它是由钢丝网或纤维织物加强管壁的尼龙或聚四氟乙烯管，常用内径为 6mm 或 9mm，耐工作压力在 300×10^5 Pa 以上。高压软管长度应尽可能短，以免产生较大的压力损失。加涂料前须以溶剂清洗漆路，升压到 150×10^5 Pa 左右时，要检查蓄压过滤器软管及喷枪接头连接处有无泄漏现象，一切正常方可喷涂。短时间中断施工时，应停止加压泵运转，并排出管路中部分涂料以降低管路内压力，同

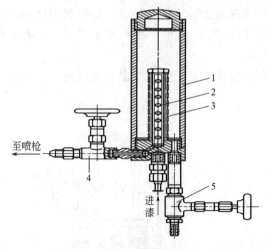

图 7-12　蓄压过滤器构造
1—筒体；2—网架；3—滤网；
4—出漆阀；5—放泄阀

时将枪头浸入溶剂中。排放余漆后，吸入溶剂作循环清洗，以免喷枪发生故障。

（5）高压无气喷涂机分类

① 喷涂机按涂料输出压力分类　分为低压型（＜10MPa）、中压型（10～20MPa）、高压型（20～30MPa）和超高压型（30～40MPa）喷涂机。

② 喷涂机按涂料输出量分类　分为小型（＜5L/min）、中型（5～15L/min）、大型（15～25L/min）和超大型（＞25L/min）喷涂机。

③ 喷涂机按功能分类　a. 普通型，涂料不需要预加热，适用于单组分普通涂料。b. 热喷型，有加热装置，升高涂料温度来降低涂料黏度，用于高固体含量及高黏度涂料。c. 高黏度型，将压入高压涂料缸中的涂料，再通过安装在活塞上的单向阀增压，同时，压缩空气接入特制喷枪，涂料和喷枪中的空气流混合雾化喷出，适用于喷涂无流动性涂料、超高黏度涂料及含有短纤维或细颗粒状物的涂料。d. 双组分涂料专用型，专用于喷涂双组分涂料。

7.2.2.3　高压无气喷涂法的方法及技巧

① 对某一型号无气喷涂设备，涂料黏度不变、作为动力的压缩空气压力一定时，涂料流量增大，喷涂压力降低；空气压力升高，喷涂压力和流量便相应增加。

② 涂料黏度越高，需要的喷涂压力越大。各种涂料施工说明书上都注明了涂料黏度和无气喷涂施工所需的压力比。低黏度涂料的压力比选择 23∶1 和 32∶1，而高固体分涂料为 45∶1。

③ 涂料喷出量与喷嘴口径、涂料压力和涂料密度有下列关系：

$$Q=kd^2(P/S)^{1/2} \tag{7-2}$$

式中，Q 为喷出量，L/min；d 为喷嘴口径，mm；P 为压力，MPa；S 为密度，g/cm³；k 为常数。

式（7-2）表明：喷嘴口径决定涂料流量的大小，而喷嘴形状则决定喷雾幅度。涂料黏度较高，施工面积较大时，应选择口径大的喷嘴。薄涂层应选小口径喷枪。提高涂料压力能增加涂料喷出量，但降低设备使用寿命。达到所要求的雾化效果时，应使用最低喷涂压力，以延长喷嘴使用寿命。调整喷出量主要靠调整喷嘴口径来实现。

④ 喷涂时喷枪与被涂表面垂直，喷流幅宽 8～75cm，喷流射角 30°～80°。喷涂大平面时，选喷流幅宽为 30～40cm；物件较大、凹凸表面选用 20～30cm；一般小物件选用 15～25cm。相同喷幅宽度，孔径越大，成膜越厚。喷嘴孔径相同，喷幅宽度越大，成膜越薄。

⑤ 喷枪操作。喷枪应与工件相距 30～40cm，以 30～40cm/s 均匀移动，并与工件表面平行，以免产生流挂和涂层不匀。喷枪与物面的喷射距离和垂直角度由身体控制，喷枪移动同样要用身体来协助肩膀移动，不可移动手腕，但手腕要灵活。每一道喷漆作业与前一道喷漆搭接约 50%，以获得完整、均匀涂层。喷拐角时，喷枪对准拐角中心，以确保两侧能得

到均匀喷涂。喷涂时先水平移动，然后再垂直移动，有利于涂层完整覆盖，减少流挂。每次喷涂时应在喷枪移动时开启和关闭喷枪扳机，以避免工件表面涂料堆积流挂。

几乎所有涂料都可以采用高压无气喷涂，非常适合防腐蚀涂料和高黏度涂料，如各种富锌底漆、厚浆涂料、氯化橡胶漆、环氧树脂漆等，喷涂触变性厚浆涂料，膜厚数百微米，用于重防腐蚀场合，用厚浆涂料满足涂层厚度要求。用 PVC 车底涂料高压无气喷涂汽车底盘：涂料密度 $1.55 \sim 1.65 \mathrm{g/cm^3}$，细度 $50 \mu \mathrm{m}$，黏度 $0.25 \mathrm{Pa \cdot s}$。选压力比 $45:1$，空气压力（进气压）$0.3 \sim 0.6 \mathrm{MPa}$，喷嘴口径 $0.17 \sim 0.33 \mathrm{mm}$，图幅宽 $10 \sim 12 \mathrm{cm}$，耗漆量约 $4 \mathrm{kg/min}$，涂膜厚度 $1 \sim 2 \mathrm{mm}$。

7.2.3　静电喷涂

空气喷涂和高压无气喷涂都存在涂料利用率低的问题。静电喷涂技术就是为提高涂料的利用率而开发的，是 20 世纪 60 年代兴起且被大力推广的技术，效率高、涂层质量好、环保、易自动化。静电喷涂又称为高压静电喷涂，是利用高压电场的电晕放电，使漆雾带电，涂覆到带异性电荷的工件上。静电喷涂应用从大型铁路客车、汽车、拖拉机，到小型工件、玩具以及家用电器等，是目前家用电器如电冰箱、洗衣机、电风扇等的重要涂装手段。

7.2.3.1　静电喷涂的原理和特点

在静电喷涂施工中，几乎都将电喷枪体作为阴极，被涂工件作为阳极。这是因为阴极放电的临界电压低，不容易产生电火花，生产较安全。高压静电发生器产生的负高压加到喷枪有锐边或尖端的金属放电电极上，依靠电晕放电，放电电极的锐边或尖端处激发，产生大量电子，形成电离空气区。带正电的工件接地，使喷枪与工件之间形成高压静电场。漆雾进入电离空气区，与带负电荷的空气分子接触获得电子，成为带负电荷的漆雾微粒。每个漆雾带若干个负电荷，在运动中分离成几个更小的漆雾而进一步雾化，在电场力和惯性作用下，迅速移向工件的表面，成为湿漆膜。除正负电荷的相互吸引外，环抱效应也增加涂料附着。以链索栅栏为例，通过金属栅栏孔眼的漆雾被静电吸引，能重新回到栅栏背面附着。这种环抱效应可使涂料只从一面喷涂，就能涂装到栅栏的两个面，减少涂料过喷造成的损失。

静电喷涂有如下优点：①由于漆雾很少飞散，大幅度提高涂料利用率，可达 80%～90%；②适用于大批量流水线生产，成倍提高劳动生产率；③漆膜均匀丰满，附着力强，装饰性好。

缺点在于：由于静电屏蔽作用，工件凹陷部位不易涂上漆，不适于喷涂复杂形状的工件；对涂料电性能有一定要求；使用高电压，火灾危险性较大，必须具有可靠的安全措施。

静电喷涂法可很方便地组成连续生产流水线，可与电泳涂装配套应用，即以电泳涂底漆，再静电喷涂面漆，实现涂装作业连续化、自动化生产，已在汽车和自行车制造业中采用。

7.2.3.2　静电喷涂涂料

提高涂料利用率，并且环抱效应好，就需要漆雾多带负电荷，而漆雾荷电性能受涂料电阻率控制。涂料电阻过高，漆雾带电困难，荷电效果差；电阻过小，则带电后漆雾的电荷消失太快，易漏电，危害喷枪且不利于安全。溶剂型涂料电阻在 $5 \sim 50 \mathrm{M\Omega \cdot cm}$ 较为适宜，生产上需要实验来确定，可结合现场试验及喷枪供应商的建议来确定。涂料的电阻可用电导率仪或旋转欧姆表来测定。调整涂料电阻值的方法有两种：靠溶剂调整或生产专用静电喷涂涂料。因为调整涂料配方涉及涂料其他方面的性能，采用溶剂调整有时很必要。

电阻过高，可适当加低电阻溶剂，如二丙酮醇、甲乙酮、乙酸乙酯、乙酸丁酯等。酮类与醇类的导电性最好,酯类次之,烃类差。烃类特别是脂肪族烃类作溶剂的涂料,难带上充足的电荷,需要用硝基烷烃或醇类溶剂取代部分烃类。氨基漆大量用于静电喷涂,所用混合溶剂由不同比例的二甲苯和丁醇配成,其中就考虑到电阻的要求。

实际工作中经常遇到不易带电的涂料,可分为两类:第一类不易接受静电荷,这类涂料要加入极性溶剂,改变电性能以适合静电喷涂;第二类是电阻值特别高或特别低,这类涂料要加入适当溶剂,将电阻调整到合适范围。通常是使用非极性溶剂为主,加入少量极性溶剂。A04-9氨基烘漆的电阻为100MΩ·cm,加入少量二丙酮醇(纯度92%以上的二丙酮醇电阻值为0.12MΩ·cm,92%以下的为0.4MΩ·cm),使其电阻调整到5~50MΩ·cm,然后用二甲苯调整到喷涂黏度施工。因降低电阻需要加入大量极性溶剂,可改用加入量很少(0.5%~3%)的季铵化合物(80%的丁醇溶液),就可获得很低电阻,而且对漆膜性质(均匀性、总体外观、硬度、防腐蚀性等)影响极小。季铵盐与多数涂料相溶,不必改变涂料配方,在涂料中能快速溶解,不会造成漆膜泛黄。

涂料黏度33~40s(涂-4杯),黏度越高,喷涂效果越差。在不影响涂装质量的前提下,黏度应尽可能高些,可增进漆膜的光泽和丰满度。各种树脂和溶剂的带电能力不同,三聚氰胺甲醛树脂的导电性较好,醇酸树脂次之,环氧树脂较差。目前国内广泛使用的静电喷漆有硝基、过氯乙烯、氨基、沥青、丙烯酸漆等品种。

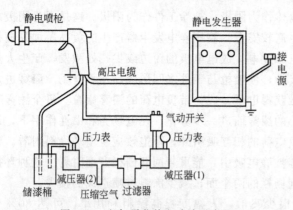

图 7-13　空气雾化静电喷涂示意图

7.2.3.3　静电喷涂设备

静电喷涂的主要设备是静电发生器和静电喷枪。附属设备有供漆系统、传送装置、烘干设备以及给漆管道、高压电缆等。图7-13给出了空气雾化静电喷涂示意图。

(1) 静电发生器　目前较为常用高频静电发生器,由升压变压器、整流回路、安全回路等组成,输出直流电压为40~120kV,消耗功率200W,具有体积小、质量轻、成本低、安全可靠等特点。由于空气电阻大,高压放电电流在$100\mu A \sim 5mA$之间,对人体很安全,因为在高压电下,电流大于15mA才会造成触电死亡。当电流过高时,喷枪的安全保护装置就自动降低电压或切断电源。

高压静电发生器有内置式和外置式两种。手提式空气雾化静电喷枪均采用内置式。固定式静电喷枪则采用功率较大的外置式。静电发生器正向微型化发展,美国GRACO公司推出的静电发生器装在手提式喷枪内,外接12~20V电源即可,它采用微型汽轮机带动摩擦轮发电,安全可靠,其中PRO3500型空气静电喷枪由压缩空气带动内藏式涡轮发电机,经不断放大整流成65kV直流电,还装有排除涡轮发电机多余废气并冷却发电机的排气管。

(2) 静电喷枪　静电喷枪与工件间电场强度过大,就产生火花放电;过小则电晕放电量少,涂料利用率仍然差。通常电压在80~100kV时,极距25~30cm。极距小于20cm时,有火花放电的危险;大于40cm时,涂料利用率差。小工件取极距的低值,大工件取高值。

① 离心式静电喷枪　这类喷枪有旋杯式和旋盘式,既能使涂料分散雾化,又使漆雾带上负电荷。靠高速旋转杯形或盘形喷头产生离心力,使涂料分散成细漆滴,见图7-14。漆

滴通过喷头电晕锐边附近的电离空气区时，得到负电荷，进一步雾化。随后在电场作用下，沿离心力和静电引力合力的方向飞向接地工件表面上。这种类型的喷枪可使用较高电压（150kV）和电阻较大的涂料，而其他类型喷枪则不超过 90kV。

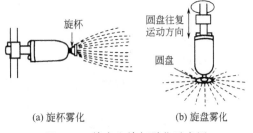

图 7-14　旋盘和旋杯雾化示意图

a. 旋盘式喷枪。喷头是盘状，涂料从高速旋转盘的圆周边上靠离心力甩出。圆盘转速一般为 4000r/min，最高的达 60000r/min。旋盘安置在上下往复升降的装置上。涂装时，工件围绕喷盘四周通过，运输链围绕旋盘式喷枪弯曲成"Ω"形。旋盘式喷涂适用于中小型工件自动化、大批量生产，适用于常规涂料、水性涂料和高固体分涂料，是工业上广泛应用的一种装置。图 7-15 给出了圆盘式静电喷涂示意图。

PJQ-1 型圆盘式静电自动喷涂装置的主要技术参数如下：圆盘直径有 135mm、200mm、300mm；行程＜1500mm；升降速率为 0～30m/min；静电电压为 80kV；耗气量为 60m³/h；静电电流为 150～250μA；喷涂直径为 2000mm。

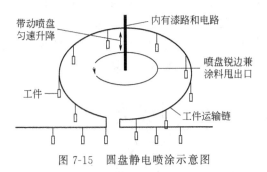

图 7-15　圆盘静电喷涂示意图

喷盘直径大，喷出的漆量也大，漆膜厚，但漆膜均匀性不易控制。为了能够充分喷涂工件的上下两个端面，喷盘上下行程必须大于工件高度，通常每端应超出工件 90mm，至少也要超出 40mm。调节行程是通过调节限位电磁阀的距离来实现的。喷盘升降速率越快，往复次数就越多，漆膜也就越细密均匀。但升降速率过快，喷盘喷漆的稳定性降低，造成漆膜不均匀。喷盘升降速率常用 15～20m/min，不宜超过 25m/min。喷盘和工件的距离影响电场强度，在保证安全和质量的前提下，尽量使两者的距离近些，以 25～30cm 为宜，超过 40cm 时涂覆效率显著下降。

b. 旋杯式静电喷枪。旋杯的杯口尖锐，作为放电电极电子密度高，使漆雾容易荷电。涂料离开旋转喷头的锐边时，漆滴的离心力与静电力方向不一致，带电漆滴沿两者合力的方向（呈抛物线）飞向并涂着在工件上，形成中空漆雾图案（环状），飞散的漆雾比盘式多。

为改进中空漆雾图案，可设置四个辅助正电极，使漆雾向中心压缩。同样，也可旋杯上下安装带负电的铁丝网。在旋杯后设置二次进风雾化装置，调节图案并抑制漆雾飞散。生产上还精心布置多把旋杯式喷枪同时喷涂，不同口径的旋杯组合使用，使漆膜厚度均匀。

静电喷枪的喷头正在向小型化和高转速化方向发展。采用涡轮风动发动机，旋杯转速可达 (3～6)×10⁴r/min，负荷时为 4×10⁴r/min。常规圆盘式和旋杯式静电喷枪使用涂料的黏度为 0.05～0.15Pa·s。旋杯式喷枪的转速不小于 1000r/min，而 60000r/min 的旋杯，容许涂料黏度 1.5～2Pa·s，但涂装色漆时，漆膜光泽较低，且高速产生离心效应，导致漆雾中颜料分布不均匀，漆膜中颜料分布也不均匀。

旋杯静电喷枪开机程序：先开旋杯电动机，使旋杯转动，观察旋杯转速是否正常；开高压静电发生器低压开关，然后开高压开关，这时高压指示灯亮，高压发生器中绝缘油有轻微震动。喷枪上的高压目前都不能测量，根据经验，若需要判断喷枪是否有高压，操作者可手持一良好的绝缘棒，在棒的一端绕上接地电线，当电线逐渐靠近喷枪时，即产生火花放电，拉弧 1cm 估计电压为 10kV，拉弧一般为 8～12cm；打开高压发生器后，人不要进入喷漆室，以免电击，开动输漆泵，这时旋杯上就有漆雾喷出，判断一切正常后可关掉输漆泵，待工件进入时再打开输漆泵。停机程序：先关掉输漆泵，停止输漆；关闭高压发生器；将输接管接到稀料筒上，灌入稀料清洗管道；关闭旋杯的动力。

② 空气辅助静电喷枪　这种喷枪的涂料雾化主要靠压缩空气，高压静电仅起促进雾化的作用，枪体由绝缘塑料制成，枪头前端有与高压静电相接的针状放电极。由于压缩空气的向前冲力，使其荷电效率和涂料利用效率较离心力静电雾化喷枪低。它的涂料利用效率介于空气喷涂和离心力静电喷涂之间。这种喷枪适应性强，轻便耐用，多用于中、小批量或外形复杂工件的喷涂。

③ 高压雾化式静电喷涂　这种方法是将高压喷涂和静电喷涂结合。由于涂料压力高，涂料从枪口喷出的速率很高，漆雾的荷电率差，雾化效果也差，因此这类静电喷涂效果不如空气，但它适合于复杂形状工件的喷涂，且涂料喷出量大、涂膜厚、涂装效率高。高压加热静电喷涂把涂料加热温度到约 40℃，涂料压力约 5MPa。由于涂料压力大幅度降低，涂料荷电率得到提高，静电喷涂效果得到改善，漆膜外观质量较好。

④ 空气辅助低压无气静电喷涂　该设备是在高压雾化式静电喷涂设备的基础上，在喷幅外缘加辅助空气，辅助空气对漆雾形成包裹状态，防止漆雾飞散。技术参数：涂料喷涂量 0.15～2.5L/min，输出电压 0～75kV，喷幅宽度 10～30cm，涂料压力 3.5～18MPa，工作电流 95～100μA，辅助空气压力 0.1～0.35MPa。各种静电喷枪示意图见图 7-16。

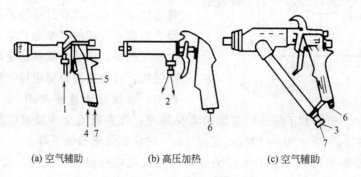

(a) 空气辅助　　　　　(b) 高压加热　　　　　(c) 空气辅助

图 7-16　静电喷枪

1—涂料；2—高压加热涂料；3—高压涂料；4—电缆；
5—静电发生器在枪柄中；6—高压电缆；7—空气

7.2.3.4　静电喷涂工艺

静电喷涂的操作方式分为固定式和活动式。固定式静电喷涂是在固定静电喷涂室中，被涂工件通过传动装置以一定传动速率通过喷涂室，完成喷涂过程。喷枪的排列布置、喷枪与工件的距离确定、工件移动速率、离地尺寸、涂料黏度、涂料供给量以及喷涂室的通风装置等，都需要精心设计。活动式主要是手提式静电喷枪，灵活性大，适应性强，但涂料利用率较低，需手工操作，除可单独使用外，也可与固定式配合用于补漆。

根据被涂物的形状、大小、生产方式、涂装现场的条件、所用涂料品种、漆膜质量要求等因素，选择和设计好静电涂装设备。为保证涂装效率，需要注意以下几个工艺参数。

(1) 静电场的电压　电压高，涂覆效率就高，即涂料利用率高，一般选择电压 60～90kV。提高电压，涂料利用率虽有所提高，但对设备绝缘性能也要提高，投资大。通常固定式静电涂装设备采用 80～90kV，手提式采用 60kV。

（2）工件悬挂 在工件转动或爬坡运行过程中，要求工件相互不碰撞，而且还要尽量缩短挂具间的距离，这样可降低涂料损耗。工件距离地面和喷漆房传送带的距离至少在 1m 以上。工件距离地面过近，会使雾化涂料部分吸向地面，距传送带过近，会使传送带滴漆，影响产品质量。传送带的移动速率为 0.8～1.8m/min。

（3）静电喷枪的布置 在同时使用几只静电喷枪喷涂时，喷枪之间的距离十分重要，应以两支电喷枪的漆雾喷流及其图案相互不干扰为原则，因为带同性电荷的漆雾相遇会产生相斥，使漆雾乱飞，影响涂布效率和漆膜质量。因此，两支喷枪的距离至少要有 1m。

在喷枪对面，安装上用漆包线绕成的电网，并把电网接上负高电压，大部分穿过工件的漆雾接近电网时被弹回工件，但电网与喷枪不宜太近。

7.2.3.5 特殊静电涂装

（1）水性涂料 因环保要求，水分散性涂料得到大量使用。除电泳涂料外，其他水分散性涂料均可喷涂。喷涂时因水蒸发得慢，容易产生流挂。水挥发后使喷漆室湿度急剧增大，相对湿度 90% 以上时，涂好的漆膜也会滴滴答答流下来，因此需要吹风除湿。在 15～30℃，不产生流挂和流淌的湿度为 60%～80%。理想气温为 23℃±3℃，湿度为 60%±5%，风速 0.4m/s，晾干时间 10min。

水性涂料的导电性比溶剂型涂料的高，有两个问题：电荷易散逸，漆雾荷电少，电击危险高；高压会通过输漆系统中的水性涂料与接地的储漆罐，形成放电回路，无法实现静电雾化。采用以下方式解决这两个问题。

① 外部荷电 旋杯喷枪不带电，在旋杯四周安放多只放电针，进行电晕放电，旋杯甩出的漆雾通过这一区域时带上电荷，见图 7-17。这种方法的涂料输送系统不需要绝缘，但漆雾荷电性较差，涂覆效率较低，易污染喷枪，即集尘污染大，需经常清洗。电晕放电采用恒电流（约 450μA）工作，输漆系统和高转速雾化器均需要接地。

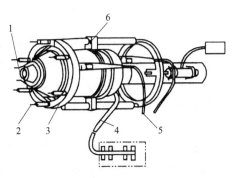

图 7-17 外部荷电方式喷枪结构
1—旋杯；2—高压电极；3—电极绝缘
支架；4—涂料输入管；5—高压
电缆；6—喷枪本体

② 内部荷电 使储漆罐和涂料的输送回路与地面绝缘，整个设备带高压电，补充涂料或换色时，需要切断电源，设备接地释放残余电荷，否则引起电击事故。频繁换色场合不适合采用这种方式。图 7-18 为本田开发的旋杯静电喷枪，内部荷电，喷枪内有独特的绝缘装置，不使高压电泄漏，而且提高涂料的利用率。

③ 部分绝缘 喷枪和输漆系统中的一部分设定为绝缘区，储漆罐可接地，涂料间歇供给绝缘区，见图 7-19。涂料连续通过绝缘区时，就自动切断高压。采用换向开关，当向供漆槽 B 供漆时，开关接地；向供漆槽 A 供漆时，开关切换到高压。这样就避免因直接添加涂料导致的漆流导电短路。这种方法涂料利用率高，集尘污染小，操作安全，但换色困难，仅适宜于换色少的水性中涂、水性罩光涂料。图 7-20 是一个典型的水性静电喷涂装置。

（2）塑料工件的静电喷涂 导电性材料产生的静电电荷可以自由移动，静电电荷分布于整个表面而不是集中到某一点，因此电荷密度低，电压也低，而且材料的任何一部分与大地

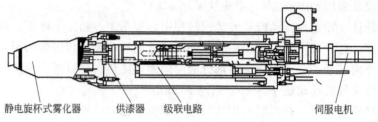

图 7-18　本田喷涂水性涂料用的内荷电式杯形电喷枪的结构示意

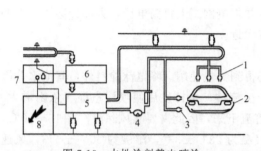

图 7-19　水性涂料静电喷涂

1—顶喷机；2—车身；3—侧喷机；4—泵；5—供漆槽 A；6—供漆槽 B；7—换向开关；8—高压电源

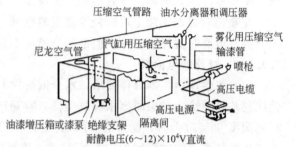

图 7-20　典型的水性静电喷涂装置

接触，电荷立即导入大地。塑料通常是绝缘体，表面不导电，静电喷涂最大的问题是表面某些部位静电荷积累。静电荷积累一方面使喷嘴处静电压下降，涂料荷电和雾化不良，而且静电荷还使某些涂料根据其分布而发生极化，在干后的漆膜上出现不希望的花纹，另一方面静电荷对漆雾产生反电场作用力，使漆雾沉积率下降，静电荷分布不均匀，造成涂膜厚度均匀性差。

静电荷易吸附灰尘，在喷涂前要除尘，擦、刷、洗涤的过程中都产生静电，需要用离子化空气吹风机把空气裂解为正离子和负离子，吹向塑料表面，中和塑料表面的电荷。

要解决塑料表面电荷积累问题，就必须提高静电荷的消散速率。漆雾从喷枪到达塑件表面的时间，旋杯式静电喷涂为 0.1s，空气辅助静电喷涂（手提式）为 0.01s，一般认为松弛时间 $Q(t) < 10^{-4}$ s 可防止静电荷积累。电荷松弛释放的关系式：

$$Q(t) = Q_0 \exp(-t/\tau) \tag{7-3}$$

式中，τ 为松弛时间，其中 $\tau = \rho \varepsilon_0 \varepsilon_\tau$，s；$\rho$ 为电阻率，$\Omega \cdot cm$；ε_0 为空气介电常数，8.8×10^{-14}；ε_τ 为塑料介电常数，2～10，大部分 $\varepsilon_\tau \approx 2$。

松弛时间 $\tau = 10^{-4} \sim 10^{-6}$ s 时，电阻率 $\rho = 10^5 \sim 10^7 \Omega \cdot cm$，因此，需要降低塑料表面的电阻。反应注射聚氨酯、塑料表面涂导电底漆、或涂表面活性剂，都能使 $\rho = 10^5 \sim 10^7 \Omega \cdot cm$，这样才能静电喷涂。塑件要采用静电喷涂，要先涂覆 1%～2% 的表面活性剂异丙醇溶液。有些是用无机盐溶液，使塑料表面导电，但要求对附着力无影响。导电涂料可浸涂或喷涂。当被涂件上同时有塑料和金属时，即使塑料上涂有导电底漆，涂料沉积也不均匀，因为金属能使接近塑料-金属界面的静电场扭曲。

7.2.3.6　设备维护和安全措施

① 涂装作业完成后，应用棉纱蘸溶剂将放电极擦拭干净，定期清洗喷嘴及内部，但严禁将内部装有保护电阻的喷枪浸在溶剂中。

② 涂装室内所有物件都必须良好接地，工件接地是涂装的必备条件，要求大地与被涂物之间的电阻值不得超过 1MΩ。但喷涂导电性涂料时，采用整个系统绝缘喷漆方式时，输漆系统不能接地。

③ 电喷枪的高压部位、高压电缆等高电压系统离接地物体的距离，应保持在大于该产品制造厂所指定的间隔距离。

④ 进入涂装室内人员必须穿导电鞋（电阻值 $10^5\,\Omega$ 以下），操作手提式静电喷枪时须裸手。

⑤ 涂装室内不应积存废涂料、废溶剂，地面清洁。喷漆室内的电灯应为防爆式或罩灯式。

⑥ 涂装作业停止，应立即切断高压电源。作为安全保证程序，在检查、维修、安装、清洗及中断喷涂作业时，必须卸压，即关闭静电开关，切断空气和涂料供应，扣动扳机，向可靠接地物释放残余的涂料和空气。

7.2.4 其他喷涂方法

空气、高压无气方法和静电喷涂方法是基本喷涂方法，根据其原理还发展了新方法。

7.2.4.1 加热喷涂

加热使涂料黏度降低。热喷涂装置使涂料加热至较高温度（一般 70℃），用 0.5～0.6MPa、30℃ 的压缩空气，采用空气喷涂法或静电喷涂法施工，见图 7-21。加热喷涂用于稀释剂用量多的硝基漆、乙烯系、氨基树脂系及高固体涂料，但不适合双组分涂料等热温定性差的涂料。加热喷涂时，稀释剂的消耗量比一般喷涂方法减少 1/3 左右；一次喷涂漆膜的厚度增加，可减少涂装道数；漆膜的流平性得到改善，光泽提高，不易泛白；施工不受季节的影响，不同季节无须调整涂料黏度。家用电器面漆使用圆盘式静电喷涂施工时，用加热器加热，涂料固体分可从 55% 增

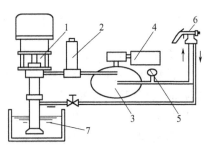

图 7-21 涂料加热喷涂装置
1—涂料泵；2—过滤器；3—加热器；
4—温度调节器；5—温度计；
6—喷枪；7—涂料罐

加到 65%。热喷涂中高固体分涂料的黏度一般比常规型涂料下降得更明显。涂料离开喷枪口和到达工件之间，温度下降，黏度增加，可减少流挂。

7.2.4.2 双组分喷涂

双组分涂料在小批量的情况下，可混合后采用普通的空气喷涂或高压无气喷涂。在大多数情况下，使用的是专用双组分高压无气喷涂设备，这种设备可避免涂料的两种组分在短时间内发生化学反应而凝胶。

双组分高压无气喷涂设备分为内混合式和外混合式两大类。内混合式应用较广泛。

（1）内混式 把两个组分的质量比换算成体积比，分别压送到混合器内进行混合，由喷枪喷出，见图 7-22。适宜的混合比为 (1:1)～(1:5)。图 7-23 为混合器，内有一导管，装液流分割器。液流分割器是由板材扭转 180° 形成的螺旋状，分为右扭转和左扭转两种，它们交替排列在导管内。当液体通过导管，发生分割、变向、转移作用，使液体混合。

（2）外混式 外混式采用双口喷枪，两组分在雾化过程中混合。适宜的涂料混合比为 (1:20)～(1:100)。启动扳机后，固化剂就会与来自漆管的涂料在枪外预混，用量可以按比例计量。在喷出过程中混合，并发生化学反应，涂层在工件表面固化。各种催化固化型涂

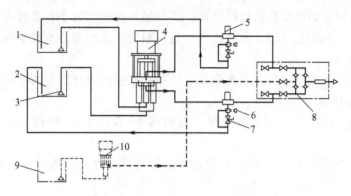

图 7-22　双组分无气喷涂设备系统

1—固化剂罐；2—主剂罐；3—过滤器；4—双组分泵；5—过滤器；

6—减压阀；7—球旋阀；8—混合器；9—清洗剂罐；10—清洗泵

图 7-23　双组分液流混合器内部流态示意图

料、胺固化环氧、不饱和聚酯、聚脲、双组分聚氨酯及酸催化氨基树脂漆等，均可使用双口喷枪进行喷涂。

设备有双组分涂料专用高压喷涂设备、富锌涂料专用高压喷涂设备、水性涂料专用高压喷涂设备等。富锌涂料由于锌粉沉降快，易结块，需要采用带搅拌装置和更耐磨损的设备及更大口径喷枪。水性漆高压喷涂设备采用抗腐蚀良好的不锈钢制造。

7.2.4.3　空气喷涂进展

通常空气喷涂的压力为 0.4MPa 左右，最大空气流量为 500L/min。由于气流的反弹作用，漆雾沉积率低。空气喷涂时涂料雾化程度的公式 $d = (3.6 \times 10^5 / Q)^{0.75}$，$Q$ 为空气耗量与出漆量的比值。在降低涂料压力的情况下，要想获得细的雾化颗粒，就需要增大空气量。因此，采用减压增量控制器，在低压下产生高容量气流，空气压力仅为 0.07MPa（为表压，表压＝实际压力－大气压力），就大大减弱气流的反弹作用，该喷涂方法用 HVLP 表示，其中 HV 代表高空气量，LP 代表低雾化压力，也把该方法称作"精细喷涂"。

HVLP 雾化是利用大容量、低压力＜0.07MPa 的空气将液体雾化成软而低速的雾束。因为漆雾前冲力小，容易在工件上凹陷部位沉积。比起常规喷雾方法 0.3～0.5MPa 的空气压力，这种低空气流速使雾束容易控制，减少漆雾反弹，减小了涂料损耗。HVLP 空气喷涂的涂着效率为 75%～80%，气源功耗减少 50%，设备磨损减轻；室内清洁工作量减轻。

HVLP 系统是由大容量空气源、涂料供给系统和 HVLP 喷枪组成的。空气源能为单个或多个喷枪服务。涂料通过常规的供给系统来提供。HVLP 空气供给装置有三种。①由涡轮发生器产生空气流。涡轮发生器轻便，可随意移动，易于操作，空气供给量能得到保证，但空气温度控制不方便，压力也不大，需要较高水平维护。②用空气转换设备把压缩空气压力降到 0.07MPa 或更小。当装有空气加热器时，能调节热量或排出热量。这种装置比涡轮发生器更可靠，但需要较大内径的空气软管和转换装置。③在喷枪内将空气压力降低至 0.07MPa 或更小，能控制气体压力，而且省去空气转换设备，易于操作，成本低。

喷枪有手动和自动两种，适合水性和溶剂性涂料施工。这种喷涂方法能使钢圈、散热器、发动机等形状复杂工件的死角部位很容易均匀地涂上漆，特别适合施工闪光漆、氟涂料等薄涂层，要获得厚涂层也方便。HVLP 的涂层质量不如常规空气喷涂。如果涂层质量要求高，就需要抛光处理。涡轮机供气的 HVLP 设备价格较贵，操作要求较高。喷枪体内装有降压装置的 HVLP 空气喷涂装置需要的压缩空气量很大。在大批量生产线上采用 HVLP 空气喷涂生产效率低。因为漆雾颗粒速率较慢，HVLP 喷枪与被涂物的距离保持在 15～25cm，而常规喷枪与被涂物之间的距离是 20～25cm。HVLP 喷枪产生的噪声比空气喷枪小得多。

HVLP 尽管能将涂料利用率提升至 65%，但也存在如下问题。①无法雾化高黏度涂料，一般来说，喷涂黏度超过 18s（涂-4）便无法将涂料完全雾化，就降低了 HVLP 的适用性。②相对于传统空气喷涂 230～480dm³/min 的耗气量来说，HVLP 的 340～710dm³/min 明显大许多，这须用更大空压机，如在中央供气系统厂房内使用，则需更换大尺寸空气管路，增加投资。

基于 HVLP 的缺陷，欧洲喷涂设备制造商于 1998 年设计出了低空气量低雾化压力空气喷涂（Low Volume Low Pressure，简称 LVLP），其雾化压力与 HVLP 相差不大，但空气消耗量少，且可喷涂涂料黏度也较 HVLP 高出许多，加上 65% 的高涂料利用率，使得 LVLP 摇身成为 20 世纪末最出色的空气喷涂技术。但由于 LVLP 是以低压低空气量进行雾化，故其喷涂时速率比传统空气喷枪慢许多。2000 年美国 DEVILBISS 公司发明了低空气量中雾化压力空气喷涂（Low Volume Medium Pressure，简称 LVMP），通过独特的空气帽及枪体结构设计，使 LVMP 不但喷涂时的速率及雾化效果都优越于 HVLP 与 LVLP，且空气消耗量也少，漆雾过喷极少，有效降低了能源的损耗。LVMP 利用传统空气喷枪一半不到的雾化空气压力，来达到比传统空气喷枪更完美的雾化效果，过喷极少量，有 72% 的涂覆效率。几种空气喷涂方法的优缺点比较见表 7-3。

表 7-3　几种空气喷涂方法的优缺点比较

空气喷涂方法	涂料黏度（涂-4）/s	压缩空气压力/kPa	消耗空气量/(L/min)	涂覆率/%	发明年代
传统空气喷涂	16～35	276～620	230～480	35	1888
高空气量低雾化压力（HVLP）	≤18	69～130	340～700	65	20 世纪 90 年代中期
低空气量低雾化压力（LVLP）	25	69～145	340～480	65	1998
低空气量中雾化压力（LVMP）	16～35	200	255～340	72	2000

7.2.4.4　空气辅助高压喷涂

空气喷涂雾化效果好，控制供漆压力和供气压力可对喷雾图形实行全面控制，但涂料利用率较低。高压无气喷涂虽然涂料利用率有所提高，但喷涂压力高，改变喷雾图形需要换喷嘴。因此，一些涂装设备公司综合两者的优点，研制出一种空气辅助无气喷枪（即混气喷涂技术）。首先用较低的漆液压力（1～5.5MPa）将漆液从喷嘴中心孔喷出进行预雾化，从空气喷嘴和空气帽上喷出的空气完成对预雾化的涂料进一步雾化并控制喷雾图形，见图 7-24。

混气喷涂技术一方面具有无气喷涂的优点，可以喷涂高黏度的涂料，喷涂效率高，能获得较厚的漆膜，抑制漆雾飞散；另一方面雾化效果好，漆膜质量好。混气喷涂技术用两个过程来完成雾化，由于压力低（1～5.5MPa），涂料速率低（0.7m/s）。压缩空气通过空气帽上的精细小孔进一步雾化，提高雾化效果，同时辅助空气将喷涂界面包裹起来，抑制漆雾飞散，减少 80% 过喷。一些公司又将无气喷涂与 HVLP 喷枪结合，研制出带有 HVLP 雾化效果的空气辅助无气雾化系统，称为液压辅助 HVLP。它具有空气辅助无气喷涂的输漆速率、

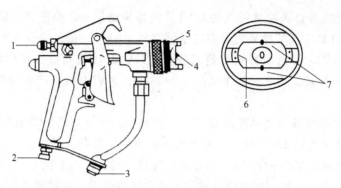

图 7-24　空气辅助无气喷涂喷枪的构造
1—喷雾图形调节装置；2—空气管接头；3—涂料管
接头；4—涂料喷嘴；5—空气帽；6—雾化空气孔；
7—调节喷雾图形空气孔

HVLP 的雾化和涂着效率。

空气辅助无气喷涂的雾化压力低，涂层在装饰性上接近空气喷涂，而没有过量漆雾返弹，涂着效率比空气喷涂提高约 30%，但高压无空气喷涂喷嘴易堵塞的问题仍然存在，对操作者要求更高。与高压喷涂相比，空气辅助高压喷涂有以下特点。①涂料压力低，施加到涂料上的压力一般 $4\sim6MPa$，远比 10MPa 以上的高压低得多，提高设备使用寿命。②雾化效果好，高压喷涂的漆雾粒径约 $120\mu m$，空气辅助高压喷涂漆雾粒径仅为 $70\mu m$，涂膜外观装饰性更好。③漆雾利用率高，混气喷涂的涂着效率达 81%，而无气喷涂为 60%。④喷雾图形可调，针对大小和形状不同的工件，可及时调整图幅。

7.2.4.5　超临界液体喷涂

超临界液体是用临界温度为 31.3℃、临界压力为 7.4MPa 的 CO_2 作溶剂。CO_2 的溶解性能类似烃类溶剂。施工时用双口进料喷枪，其中一口进低溶剂含量的涂料，另一口用超临界 CO_2 流体，必须控制温度，压力须在 7.4MPa 以上。该工艺已用于多种溶剂型涂料，可减少 VOC 30%～90%而无需改变树脂分子量，水性涂料也可采用此工艺。

超临界液体喷涂使用高压喷枪。当涂料离开喷枪口时，CO_2 迅速汽化，打碎雾化液滴，漆雾粒径更小，粒径分布变窄，液滴大小与空气喷枪的类似。喷涂图案是扇形，类似于空气喷枪的图形。二氧化碳在漆雾液滴到达工件前已挥发，湿涂膜黏度高，使流挂降至最低程度。这种涂装方法还提高涂覆效率，减少过喷和废物处理。

7.2.4.6　喷涂方法比较

几种常用空气喷涂方法都有各自的优缺点，根据需要选择。涂覆效率是漆雾离开喷枪后实际沉积在工件上涂料的百分比。影响涂覆效率的因素中，除涂装方法外，手工喷涂时操作工的技术很重要，而自动化喷涂中系统设计是关键，如喷枪与工件之间的距离、喷枪的角度、喷枪运行速率的均匀性、搭接程度和一致性、喷枪开关的精确性。ASTM（美国材料试验学会）对比较不同喷涂方法的涂覆效率有一个标准程序 D 5009—96。根据该方法测的典型涂覆效率如表 7-4 所示。

涂装大面积工件时这些涂装方法的涂覆效率都很高。为减少有机溶剂的排放，美国规定喷涂方法的涂覆效率要高于 65%，这里只有 HVLP 和静电喷涂才能满足要求。很多情况下，无气喷涂不能满足漆膜质量要求。气助式无气喷涂不能满足涂装效率的要求。

表 7-4　不同喷涂方法的典型涂覆效率

喷枪类型	涂覆效率/%	喷枪类型	涂覆效率/%
空气喷枪	25	HVLP 喷枪	65
高压无气喷枪	40	静电空气喷枪	60～85
空气辅助无气喷枪	50	静电离心喷枪	65～94

7.2.5　喷漆室

　　喷漆室是涂装作业的场所。在喷涂过程中，若不及时排除飞散的漆雾和溶剂，影响被涂表面质量，危害操作工人健康，易产生火灾爆炸的危险。喷漆室需要将飞散的漆雾、溶剂限制在一定区域内过滤处理，确保环境中的溶剂浓度符合劳动保护和安全规范的要求。用排风系统在喷漆室中形成风速，将漆雾和溶剂带走，手工喷漆室风速为 0.4～0.6m/s，自动静电喷漆区为 0.25～0.3m/s。带有过滤送风装置的喷漆房还能确保空气高度净化。喷漆室内应具备良好的照明和适宜的温度，有足够的灭火、防爆器具，确保工作人员和设备的安全。

　　喷漆室属非标准设施，按生产情况分为连续式和间歇式。连续式喷漆室为通过式，用于大批量工件连续喷涂，由悬挂输送机、表面处理设备、喷涂设备和烘道等组成喷漆生产线。间歇式喷漆室分为台式、死端式和敞开式。台式是把工件直接放到位于喷漆室内转盘的台上喷漆，适宜于较小工件。死端式和敞开式都是将工件放到台车或单轨吊车上，送入喷漆室内。死端式开口较小，一般只有一个工件进口，用于中小型工件喷涂。敞开式喷漆室只有送风、抽风和漆雾过滤装置，而无室体，用于大型工件（如车厢）的喷涂。

　　喷漆室的空气流动方向与工件移动方向平行称为纵向抽风，垂直称为横向抽风。底部抽风常用上送风下抽风方式，与工件移动方向垂直。喷漆室的室体由围壁、顶棚和地方面格等组成，把漆雾限制在其范围内，再由通风装置使漆雾流至过滤装置进行处理。

　　漆雾过滤装置分为干式和湿式。干式漆雾过滤装置主要采用折流板或过滤网除去漆雾。折流板改变空气流动方向，漆雾碰到折流板上被捕集。湿式漆雾过滤装置靠漆雾与循环水产生的水帘或水雾碰撞、吸附、凝聚，使漆雾捕集在水中。干式过滤不用水，没有废水产生，运行费用低，但过滤漆雾不彻底，设备污染严重，火灾隐患大，目前应用较少。湿式设备较复杂，运行成本较高，需要循环水装置和漆渣过滤处理装置，但得到广泛应用，大批量生产基本上都采用湿式喷漆室。喷漆室的通风装置可分为普通型和带送风型。普通通风装置用在不带送风装置的喷漆室中。带送风的通风装置用于顶部送风、底部抽风的喷漆室中，提供没有灰尘的喷漆环境，以满足装饰性要求高涂层的喷漆要求。

7.2.5.1　干式喷漆室

　　干式喷漆室由室体、排风装置和漆雾处理装置组成，属于侧抽风型（见图 7-25），一般为台式、死端式。根据漆雾处理方式分为折流板型、过滤网型、两者混合型和蜂窝过滤型。

　　（1）折流板型　折流板设置在喷漆室排气口前面，含漆雾的空气通过时，折流板改变空气流动的方向，漆雾碰到折流板被捕集，见图 7-26。折流板的板面用黄油粘贴纸张，使黏附的废漆容易剥落，以便定期清理。折流板过滤装置间隙的空气流速为 5～8m/s，

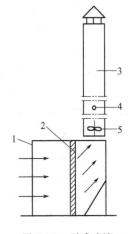

图 7-25　干式喷漆室截面示意图

1—室体；2—过滤器；3—排气管；4—调节阀；5—通风机

间隙宽度为 30～50mm，压力损失为 60～120Pa。折流板结构简单，但对失去黏性的漆雾过滤效率很差，如硝基漆、热塑性丙烯酸等，常与滤网型结合起来用。

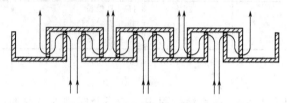

图 7-26　折流板过滤装置结构

（2）滤网型　把滤网固定在柜架两面，吸入面网孔的目数较大。滤网能过滤黏性的和非黏性的颗粒，但滤网孔会因为过滤量增加而被阻塞，需要更换新网。设计时可将过滤网空气流速定为 1m/s，滤网压力损失为 100～150Pa。过滤材料更换频率较高，漆雾捕集效率比折流板型高。

（3）折流板和过滤网混合型　漆雾先通过折流板后，再通过过滤网，这样过滤网更换频率较低，也降低运行成本。漆雾捕集效率在 90％以上。

（4）蜂窝滤纸型　蜂窝形滤纸是专用的漆雾过滤材料，防火、抗静电、空气阻力小、容漆量大、使用周期长。漆雾捕集率 92％以上。

干式喷漆室结构简单、通风量小、能耗小、运行费用低，但排风管道和折流板易积漆，需要经常清理，过滤材料消耗多，仅适用于小批量生产和试验室涂装。喷漆环境达不到要求或漆膜质量要求较高时，需将喷漆室放在隔离间内，将处理过的空气送入隔离间内使用。

7.2.5.2　湿式喷漆室

湿式喷漆室的漆雾与循环水产生的水帘或水雾碰撞、吸附、凝聚，被捕集在水中。根据漆雾捕集方式分为侧抽风型和上送风下抽风型。侧抽风型包括水帘洗涤型、无泵型等，适用于流水线上的中小型工件涂装。上送风下抽风型有文丘里式、水旋式等，送的风通常经过除尘、调温、调湿步骤，防止漆雾飞扬效果好，用于汽车等大中型工件。

（1）水帘洗涤型　过滤装置分为两级。第一级为溢流装置，第二级在清洗室内，用喷淋式或水帘式除漆雾。最后气流在风机抽吸下排出。溢流装置设置在漆雾清理室的正前上方。图 7-27 的 1、2、3、4 是溢流式水帘装置。由水泵把水注入溢流槽，水沿溢流槽上沿向外溢出，沿淌水板向下流淌，形成水帘。水帘厚度一般为 4mm。为确保水帘均匀，溢流槽上沿要保持水平。淌水板用光滑不锈钢板制成。溢流槽内设有隔板，既防止溢流槽溅水和漂浮物溢出，又使液面平稳，确保水幕均匀。

清洗室为壳体结构，喷水系统与喷漆室的宽度相等。为方便维护清洗，在壳体上开有维修门。在清洗室壳体内设置 2～3 排喷嘴，每排喷嘴用挡板隔开，进行多级清洗。喷水方向和漆雾流动方向相反时，清洗效果较好。为了使相邻喷嘴所形成的水雾相重叠，喷嘴之间的距离为 150～200mm，喷管之间距离不大于 350mm。喷淋式过滤装置容易堵塞，清理工作量较大，但结构较为简单。单独采用水帘系统的漆雾捕集效率在 80％以上，喷嘴喷水洗涤的漆雾捕集率为 95％以上，适用于较大批量生产。

多级水帘过滤器用密实水帘来清洗漆雾，见图 7-28。同喷淋式相比，结构简单，不需要喷嘴和管道，不会堵塞。但安装水平度要求较高。多级水帘过滤器由水帘装置和漆雾冲洗槽组成。漆雾冲洗槽是由固定在外壳上的四个半圆弧筒相对构成，在圆筒上部设置溢流水槽，注满水后就在半圆筒间隙形成四级密实的水帘。半圆筒的圆弧能减少气体流动的阻力。

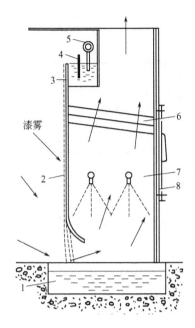

图 7-27　溢流式水帘装置

1—水槽；2—淌水板；3—溢流槽；

4—隔板；5—供水管；6—气水分

离器；7—清洗室；8—维修门

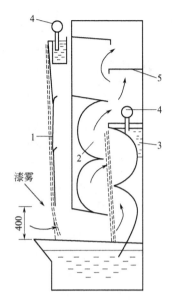

图 7-28　多级水帘过滤器

1—水帘板；2—漆雾冲洗槽；

3—溢流水槽；4—供水管；

5—挡水板

槽内的气体流速为 5~6.5m/s，含漆雾的空气通过时，先经过吸风口处的水帘冲洗，然后到冲洗槽内，再经过四级水帘冲洗。多级水帘过滤器处理漆雾效率 90%~95%，高度尺寸较大，适用于除纵向抽风之外的喷漆室。当用于上送风下抽风及敞开式喷漆室时，可去掉水帘装置。

　　湿式喷漆室借助大量循环水来洗涤排气，捕集漆雾。喷射式水洗 1m³ 排气需 1.2~2.0L 水，水帘式水洗需 2.0~4.0L 水。

　　(2) 无泵型喷漆室　无泵喷漆室是新型湿式喷漆室，见图 7-29。在风机引力作用下，水槽液面与壁板间的狭缝处形成高速气流，高速气流靠冲击，将水卷起并雾化。含漆雾的空气边旋转边以很高速率（20~30m/s）进入清洗室，大部分漆雾被挡板水膜捕集。其余的漆雾与水雾形成含漆雾的水滴，落入清洗室下部的水槽中，空气由风机排出室外。无泵喷漆室没有循环水泵，仅用风机将水卷起来雾化，所以风机的静压高（1.2~2.5kPa）。这种喷漆室结构简单，漆雾捕集率在 95% 以上，废水量少，但噪声高，用于小批量涂装。

　　(3) 文丘里喷漆室　文丘里喷漆室如图 7-30 所示。含漆雾的空气被气流携带，被送到喷漆室格栅板的下面。溢流槽中溢出的水在抽风罩表面上形成流动水帘，部分漆雾落入该水帘中，部分漆雾随空气和水一同流向抽风罩的间隙中。抽风罩的间隙处有高速气流，气流在经过槽下水面与折流板的间隙时，又将水卷起形成水雾。从抽风罩间隙处被抽进的漆雾与水雾经过多次碰撞、吸附，凝聚成含漆雾的水滴，再经折流板作用，含漆雾的水滴被分离落入水槽，净化了的空气经排风管道排出室外。文丘里喷漆室的漆雾捕集率在 97% 以上，送入的空气要经过预先除尘、调温、调湿处理，使喷漆室的温度、湿度、洁净度达到工艺要求，能够满足装饰性要求较高的大型工件涂装，如汽车车身。文丘里喷漆室通常采用三层厂房结

图 7-29 无泵喷漆室工作示意图

1—水槽；2—锯齿状板；3—卷吸收；
4—挡板气水分离器；5—返回
水路；6—清洗室

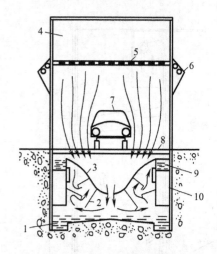

图 7-30 文氏管型喷漆室的
结构示意图

1—水槽；2—折流板；3—喇叭形
抽风罩；4—给气室；5—滤网；
6—照明灯；7—工件；8—栅格板；
9—溢流槽；10—排气管道

构，第一层安排漆雾捕集循环水系统、抽风系统、废漆清除系统等；第二层为喷漆室、烘箱、打磨室等涂装作业空间；第三层安装空调供风装备。

(4) 液力旋压喷漆室 液力旋压喷漆室分为水旋喷漆室和 E.T 喷漆室，如图 7-31 所示。水旋喷漆室是英国 20 世纪 70 年代后期由 Drysys 涂装设备公司开发的。地面上部的结构与文丘里喷漆室相似，差别在于漆雾捕集循环水系统由水旋器承担。水旋器由溢水底板、管子、锥体和冲击板等组成，见图 7-32。溢水底板上面流动的水是收集漆雾的一

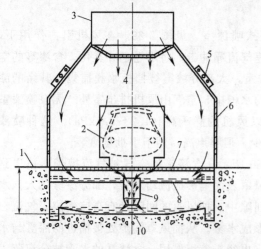

图 7-31 液力旋压喷漆室的原理图

1—车间地坪；2—工件；3—供气室；4—曲面给气顶棚；
5—照明装置；6—玻璃窗；7—栅格工作面；8—洗涤板；
9—液力旋压器；10—冲击板

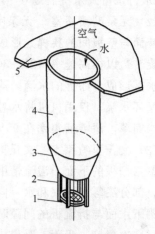

图 7-32 水旋器

1—冲击板；2—冲击板支架；
3—锥体；4—管子；5—洗涤板

道水帘，初步收集落到上面的较大漆粒。在抽风机作用下，水和空气按一定比例同时进入水旋桶，形成螺旋柱水面，水雾化与空气中的漆雾接触、凝聚，漆雾被捕集在水中，通过除渣装置，收集水中的废漆。通过溢水底板上的水帘和中间的水旋器将漆雾收集后，把废气排出，捕集效率达 98% 以上，结构简单，地坑浅（1~1.4m），用水量小。E.T 喷漆室由美国 Binks 公司开发，与水旋喷漆室的工作原理相似，主要区别是水旋器的水幕不是溢流形成的，而是用喷嘴喷出的伞形水幕。E.T 喷漆室能保证每个水旋器的漆雾捕集率都很高，达到 99% 以上，而水旋喷漆室的溢水波动和每个水旋器口的水平精度都影响漆雾的处理效果。

（5）移动式喷漆室　移动式喷漆室适用于列车车厢外表面喷漆。将纵向抽风的抽风柜置于小车上，相对于工件做平行移动，操作者在抽风柜内喷漆。漆雾捕集装置是由安装在底部的多层隔板和喷水装置组成。漆雾通过排风机抽入底部，与喷射的水雾及多层隔板形成的水帘作用，漆雾被捕集。这种喷漆室能减少漆雾扩散和空气用量，但不能遮蔽已喷漆的工件表面，溶剂扩散在周围的环境之中。工件外形复杂时，会降低漆雾处理效果。

7.2.5.3　喷漆室的其他系统

（1）室体结构　喷漆室的室体由围壁、顶棚和地方面格栅等组成。①围壁用普通钢板或不锈钢板制作。小型喷漆室不需要骨架，中、大型的喷漆室则用型钢焊成骨架，骨架焊在钢板的外部，让内壁保持平整，以便在喷漆室内壁张贴防粘纸、塑料膜，使内壁黏附的漆雾能方便地除去。②顶棚设置在围壁之上。对悬挂链输送的生产线，为减小漆雾污染悬链，一般在顶棚的轨道处设置保护罩。为了便于采光，顶棚上可安装较大的玻璃窗。玻璃与顶棚宜用橡皮条作防震固定，以防因风机震动而损坏。③地面栅格多用于底部抽风的室体，设置在地下水槽之上，使漆雾及操作者带入的尘土直接掉入水槽，保持操作地面清洁。栅格间隙为 40~60mm，焊接或铸造制成拼装结构，以便取出清理。

（2）通风装置

① 普通通风装置　由气水分离器、通风机、风管等组成，见图 7-33。气水分离器是用来防止清洗漆雾的水滴吸入通风管道的，设置在通风装置的吸口处，有挡板器和折流板分离器两种形式。当水雾和空气在折板缝隙间曲折流动时，水雾被凝聚成较大的水滴从折板流下来。折板弯曲角度为 30°~45°，折板之间距离为 25~50mm。分离器的高度不小于 250mm。

② 空调供风系统　向喷漆室提供经过调温、调湿、除尘的洁净新鲜空气，送风量的大小取决于喷漆室内所需风速和喷漆室的大小等。温度、湿度和除尘程度取决于所喷涂料的品种，涂层质量和喷涂环境等。高档喷漆室空气温度 15℃ 以上，恒湿〔相对湿度 60%~70%，无尘（3μm）以上的尘粒 95% 以上被除去〕。图 7-34 是某汽车厂喷漆室空调供风系统。

固体尘埃落在湿膜上都使漆膜产生缺陷，这就要求喷漆场所清洁：喷涂室供应的空气和喷枪必须清洁；烘道应经常仔细清洁；操作工穿无毛保护衣，用无毛揩布。如果注意事项无法执行，就要用快干涂料。尘埃不仅指粗粒，还包括影响漆膜外观的各种有机物，要得到优良涂膜必须采取适当的防尘措施。现代化涂装车间在工艺设计时不仅按温度分区布置，还按所需的清洁度等级分区布置，并要求清洁区维持微正压，以防止外界含尘空气进入。操作人员进入高清洁度工作区前，先风浴除去身上的灰尘，而且不允许穿戴易脱落纤维的服装。为保证工作区为微正压，供风量要大于排风量。涂装车间尘埃许可程度见表 7-5。

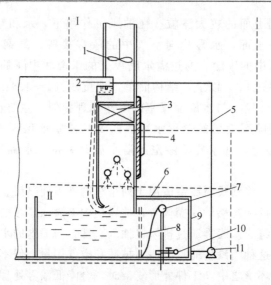

图 7-33　水槽通风系统示意图

Ⅰ—通风装置；Ⅱ—水槽；

1—风机；2—注水管；3—气水分离装置；4—维护门；

5—水泵出水管；6—水槽盖；7—溢水孔；8—过滤器；

9—水槽壳体；10—放水孔；11—水泵

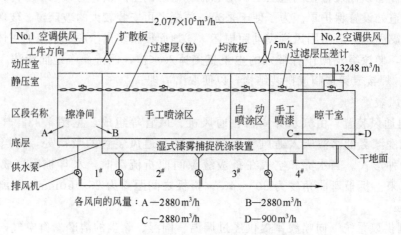

图 7-34　某汽车厂的中涂、面漆喷漆室系统供风概要

表 7-5　涂装车间尘埃许可程度

涂装类型	实例	粒径/μm	粒子数/(个/cm³)	尘埃量/(mg/m³)
一般涂装	建筑、防腐涂装等	10 以下	600 以下	7.5 以下
装饰性涂装	公共汽车、重型车辆等	5 以下	300 以下	4.5 以下
高级装饰性涂装	轿车等	3 以下	100 以下	1.5 以下

　　表 7-6 是国外某汽车厂对轿车车身涂装车间各区提出的含尘粒（粒径小于 3μm）量的基准，而且对不同洁净区域划分不同的要求。

　　涂装车间要求气温最高不超过 35℃，最低不低于 15℃，停产时最低温度 12℃。为排除有害气体的积聚，创造一个安全、卫生的工作环境，涂装车间内必须通风换气，适宜通风换气量为室内总容积的 4～6 次/h，而调漆间为 10～20 次/h。

表 7-6　轿车车身涂装车间各区的含尘粒量的基准

级别		区域范围	尘粒含量上限/(万个/m³)	正压状况①
1	超高洁净区	喷漆室内	158.6	++++
2	高洁净区	喷漆室外围	352.5	+++
		调漆间		+
	洁净区	中涂、面漆前的准备区	881	++
	一般洁净区	烘干室、前处理区等	2819.6	+
	其他区	仓库、空调排风设备间	4229.4	0

①正压就是指比常压（或当地大气压）高的气体状态。正压状况表示相对压力（绝对压力－当地大气压），＋越多，表示相对压力越大，0 表示相对压力为 0。

典型喷漆室空调供风系统安装在通道式镀锌板制成的室体内，组成顺序：防鸟栅栏（进风口）→吸风调节百叶窗→初过滤器→预加热器→水洗段及挡水板→后加热器→风机→后过滤器→消声器。图 7-35 是喷漆室中应用的一种空调器的功能示意。喷漆室内的风速可通过调节风道内百叶窗的开启角度来控制。加热器一般只有加热升温功能，而不设降温装置。加热采用热水或蒸汽通过加热器加热，装有自动温控装置，通过调节热水或蒸汽量把空气温度保持在规定范围内。水洗段增加空气湿度。挡水板是将喷淋的水雾挡住，防止水滴进入送风管道和喷漆室的顶部。去湿、增湿段一般不设置，特殊环境下或要求特别严格的情况下才配置。过滤除去空气中的灰尘。高级涂装设置粗过滤、中过滤直至精密过滤，中档涂装配置粗过滤和中过滤。一般用涤纶无纺布织成袋式过滤器，通风面积大，存储灰尘量大，更换周期较长。过滤器前后装有压差计，当压力差达到一定数值时，应该更换过滤袋。空调吸风口一般选择在厂房外及风沙少的场所，要远离喷漆室排风口，以防吸入喷漆室排出的废气。吸风口处要安装金属网，防止吸入异物。为减少噪声，风机后的风道内可装消声器。

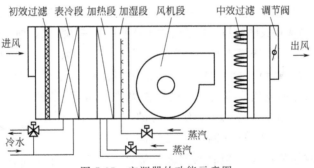

图 7-35　空调器的功能示意图

送风系统送来的风进入动压室，室内设有一定数量的导流板，使气流和气压均匀分布。风通过动压室下部的多元调节阀和袋式过滤器进入静压室，靠调节多元调节阀满足喷漆室各工段对风速的不同需求。袋式过滤器不仅再次净化送入的空气，而且使静压室的气流均匀分布。静压室与喷涂操作室之间（即喷漆间的顶棚上）是用镀锌铁网制成的框架结构，铺有一层涤纶无纺布，进行最后一次过滤。室顶过滤无纺布要求厚度均匀，透气量一致，底面不易掉纤维，铺放要严实夹紧，不能有漏缝，以保证喷漆室内空气的净化程度和均匀程度，见图 7-36。

当工件进入喷涂操作室内，靠近工件附近的空气流速增加，这些气流能够保证飞散漆雾

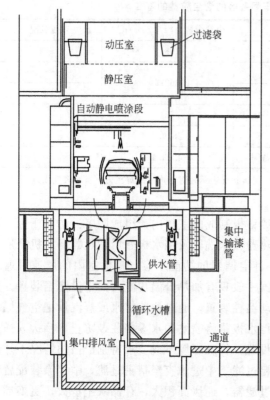

图 7-36　D公司的轿车车身面漆
喷漆室的结构、工作原理

被带走,限制漆雾的飞扬,保护室壁、照明装置、室顶及消防探头等不被漆雾污染。但如果工件周边的气流速率太小,漆雾飞散严重,达不到室内空气卫生要求;若气流速率太大,又会带走太多漆雾,增加涂料消耗,要控制适当气流速率。喷漆室两侧装有向外开的门。大型喷漆室还装有自动关门装置,靠近喷漆室的顶部一般装有自动灭火装置的温感和烟感探头,灭火用喷头。喷漆室的底部是格栅板和驱动工件运行的传递机构。喷漆室上部、玻璃窗的下部外侧都装有日光灯,光通过密封的玻璃照射到室内。

（3）废漆清除装置　在喷漆室循环水系统中需要加入漆雾凝集剂,它能很快破坏涂料黏性,使漆雾凝集为疏松的漆渣,便于打捞与清除。漆雾凝聚剂分为上浮型和下沉型。上浮型凝聚过程快,除渣系统体积小。下沉型下沉过程非常慢,需要较长时间,槽的体积大,很难完全沉降,须使用消泡剂;槽体内的湍流要低。漆雾凝聚剂的作用如下。①"捕捉"进入循环水的过喷漆。漆雾凝聚剂电荷高,分子量较大,对漆滴能产生很强的吸引力,当漆滴被吸附后将漆滴完全包裹,并通过化学作用穿透和破坏漆滴中的功能团,使其消除黏性,并带动漆滴上浮或下沉。②聚集漆滴和杂质成较大的颗粒,在系统中上浮或沉降速率加快,便于机械脱水。

循环水装置用来保证清洗漆雾水正常循环,由水槽、水泵组成。水槽储存循环所需要的水,并将水中的涂料淤渣沉淀过滤除去。侧向抽风和纵向抽风喷漆室的水槽设置在漆雾过滤装置下的地坪上。底部抽风喷漆室的水槽设置在喷漆室体下部的地坪下,槽沿铺设栅格板。水槽中有溢流管和过滤网,分为 2～3 级过滤漂浮的漆渣,第一级用 15～20 目的网,第二级网目适当增大。过滤网结构简单,但容易堵塞,需要经常更换。为确保循环水和放出水清洁,进水口、放水口、溢流口和水泵吸口在水槽的一边,都必须经过滤网。

废漆清除装置是为除去喷漆室中的漆渣,分为简易式和自动式。简易式是在喷漆室附近或室外设置废漆沉淀槽,浮渣过滤后水被泵回喷漆室循环使用,废漆浮渣人工打捞处理。自动式漆渣处理系统多用英国海登公司生产的,见图 7-37。它有漆雾充分混合池、反应浮凝装置、自动滤渣

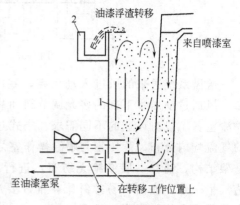

图 7-37　常压式废漆清除装置
1—蓄水器;2—收集器;3—含处理剂循环机

装置，浮渣干挤装置组成，分为常压式和真空式。从喷漆室流到混合池中的含漆污水通过泵打至浮凝装置，经与漆雾凝聚剂充分反应，废漆达到一定高度后，通过电气控制自动将渣排至过滤装置。当过滤装置装满漆渣后，便自动挤压过滤将漆渣排掉。过滤后的清水经水泵重新返回喷漆室使用，去渣率达 95% 以上。收集的废漆渣可再生为涂料，用于要求不高的场合，或作为刨花板等的黏合剂。

（4）涂装中的"三废"　在整个涂覆过程中产生的大量废水、废气和一定量的废渣，见表 7-7。废水、废气和废渣不仅造成材料的浪费，同时也造成了对环境的严重污染，危及人们的健康。

表 7-7　涂装作业中的有害物质的种类及来源

种　类	主　要　来　源	主　要　成　分
废水	脱脂、酸洗、磷化等前处理 喷涂底、中、面漆时喷漆室排出废水 浸涂、打磨腻子等冲洗水	酸液、碱液及重金属盐类 颜料、填料、树脂、有机溶剂 颜料、填料、树脂、有机溶剂
废气	喷漆室和烘干室排出	均含有甲苯、酯类、醇类、酮类等 有机溶剂、涂料热分解产物
废渣	磷化后沉渣 水溶性涂料产生淤渣 废旧漆渣，漆料变质	金属盐类 树脂、颜料、填料 树脂、颜料、填料

工业涂装有害物质的处理有两个途径。其一是改变产品的结构和施工方法，如生产无害和低毒涂料，逐渐减少污染环境严重的溶剂型涂料。开发生产水性涂料、粉末涂料、高固体分涂料、非水分散涂料和光固化涂料等。采用高效涂装工艺，提高涂料附着效率，减少涂料飞散。采用高效低毒前处理剂及工艺，取代钝化工序以消除六价铬离子的污染等。其二是对涂装作业中产生的有害物质进行有效、科学、经济的处理，具体处理方法见有关著作。

涂装废气指除去漆雾后的含溶剂空气，除溶剂常用固体表面吸附法、液体吸附法、催化燃烧法和直接燃烧法。直接燃烧法将含有有机溶剂的气体加热到 700～800℃，使其直接燃烧。溶剂浓度低，可加燃料，由燃烧炉处理后的燃烧气体温度约 500～600℃，用热交换器回收热能。福特汽车公司在密歇根州的工厂把 VOC 通过燃气发电机转化为电能。

涂装车间废气以活性炭作为吸附剂已有许多年的应用经验。采用粒径在 5mm 左右的活性炭在吸收塔内做成厚度为 0.8～1.5m 吸附炭层，来自喷漆室和烘干室的废气，经过滤器和冷却器后，除去漆雾，并降低到所需温度。由吸收塔下部进入吸收塔，吸收废气中的溶剂，净化后的空气被排放到大气中。活性炭吸附达到饱和状态后，需要脱附，恢复活性炭的活性。

治理涂装废气时，高浓度小排量的废气燃烧比较适宜，而从喷漆室、挥发室和烘干室排出的废气，因换气量大，所含有机溶剂浓度极低，采用活性炭吸附法或液体吸收法适宜。

⑤ 油帘式喷漆室　采用油帘-油洗式喷漆室，将捕集漆雾介质由水改为机油，就不用排放污水，且机油保护室体不腐蚀。机油黏度较高，闪点在 180℃ 以上。机油经专门装置过滤处理后，可以多次重复使用。

7.3　自动涂装系统

自动喷涂实现喷漆作业连续化、程序化生产，节约人力和涂料，提高涂漆质量和效率，改善作业环境，减少公害，实现安全生产，但一次性投入较大，适用于大批量生产。

自动涂装系统能在同一生产线上多品种、小批量涂布工件，能够自动识别和跟踪工件，能在15～20s内自动换色，生产线不需要停工。采用计算机记忆的最佳喷涂要素生产，保证喷涂质量均匀稳定，提高喷涂效率，大幅度提高涂料利用率（75％～95％），减少废气排放。

7.3.1　自动涂装机

工件形状识别系统能识别不同形状和大小的工件，对其进行喷涂。它分为五个部分：电眼、工件位置传感器、喷漆位置传感器、控制喷漆元件和电气控制单元。

电眼有光电管识别系统和摄像识别系统。光电管识别系统采用多组光电管排列，对其照射方向上的各个点进行工件"有""无"的识别，配合工件输送机速度识别数据，确定工件的形状和大小。摄像识别系统使用图像摄影机接受投光器投出的图像，利用电子技术把图像信号分割转化为电信号，确定工件的"有""无"。这种方法识别精度高，可靠性好，控制简单，见图7-38。由连续输送机送来的工件经识别后，计算机利用这些信号控制多轴自动喷涂机工作，使喷枪或喷杯离工件表面保持一定的距离，对工件进行静电喷涂，见图7-39。自动换色就是在换不同颜色的涂料时，原色漆的阀门关闭，通入清洗剂把喷枪和管路清洗干净，再打开所需要色漆的阀门喷涂。图7-40为自动喷枪，喷枪针阀尾部安装有气动活塞，利用空气压力来调控出漆量，类型有空气雾化大负荷高上漆率喷枪、高流量低压力大负荷连续生产喷枪、高压无气喷枪、空气雾化静电喷枪和静电旋杯喷枪。

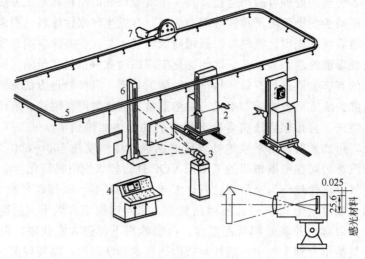

图 7-38　摄像识别系统（单位：mm）

1—往复机；2—喷枪；3—摄像机；4—控制台；5,7—输送机；6—投光器

涂装机分为普通喷涂机和汽车喷涂机。普通喷涂机喷涂简单工件，有垂直和水平往复两种。水平往复喷涂机可喷涂由传送带送来的钢板、胶合板等平板式工件，喷枪与工件表面垂直。该喷涂机与传送带的运动轨迹结合，形成"W"的喷涂轨迹。旋转喷涂机与水平往复喷涂机的操作方式相同，但传送带速度更快。垂直往复喷涂机产生垂直的喷涂行程，与吊悬式传送链配合。汽车喷涂机专门用于汽车，喷头能摆动，有顶喷机和侧喷机。涂装机器人能进行复杂轨迹的喷涂，能对工件内表面根据预置程序扫描，静电旋杯喷涂机（ESTA）把试喷获得的最佳结果存储，进行操作。

多轴自动喷涂机能侧喷和顶喷，喷头能摆动或升降，保持最佳喷涂方向，而且也可以仅

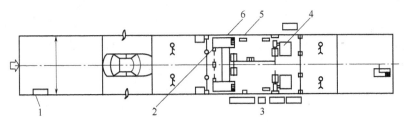

图 7-39 自动跟踪涂装系统平面配置

1—车型、车色控制单元；2—光开关；3—PC 机控制单元；

4—侧喷机；5—换色系统；6—顶喷机

对工件需要的部位进行喷涂。例如，对汽车车轮不喷，对车身曲面通过调整喷头，始终处于最理想的方向和位置。干涂层厚度如果不均匀，可修改计算机数据库，确保厚度差小于 $5\mu m$。这种自动跟踪涂装系统还能控制雾化质量（雾化空气压力、旋杯转速或高压静电压）、雾幅大小、涂料黏度和流量等，使用高质量喷枪，就能得到高装饰性涂层。图 7-39 为自动跟踪涂装系统平面配置，能使用黏度较高的涂料，一道喷涂形成 $35\sim40\mu m$ 厚的涂层，干涂层的厚度差小于 $5\mu m$，涂层鲜映性可大于 1.0（PGD）。作为比较，空气喷枪喷涂涂层厚度约 $20\mu m$，涂层鲜映性仅 $0.2\sim0.4$（PGD）。计算机还可以按日或月记录和统计工件的分类和数目、涂装面积汇总、涂料消耗量、涂着效率和工作时间。

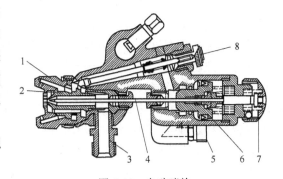

图 7-40 自动喷枪

1—空气帽；2—涂料喷嘴；3—涂料管接头；

4—针阀；5—空气管接头；6—活塞；

7—涂料喷出量调节装置；8—喷雾图形调节装置

7.3.2 涂装机器人

涂装机器人是 20 世纪 70～80 年代发展起来的，首先流行于日本，由执行操作系统、驱动系统、控制系统、检测系统和防爆系统组成，由计算机控制，用电气或液压驱动，在生产线上能喷涂任意位置和方向，灵活性大，完成非常精确的喷涂工作，在危险场合代替人，但结构复杂。因涂装环境有溶剂，机器人要有可靠的防爆措施，目前在汽车行业广泛应用。

涂装机器人有以下常见功能。

① 示教功能　机器人能适应不同工件的喷涂。对于新工件，要编制新的运行程序来适应喷涂要求，这就是对机器人的示教。示教有两种方式：在线示教可由熟练工人握住安装有固定喷枪机器人的前臂，进行喷涂操作，告诉机器人手一条轨迹，机器人记录存储这些信息，然后形成它自己的动作程序。在线示教也可由操作者用示教盒上的控制按钮发出各种运动指令，进行示教。离线示教是利用汽车车体模型数据，通过计算机间接对机器人控制器 XRC 进行示教。需要改变喷涂途径或参数时，允许操作员在机器人运动中离线编程，生成的喷涂途径或参数需要下载到控制系统中执行，才能成为机器人的运行轨迹。

② 示教记录修正功能　为完善示教记录，优化喷涂途径或参数，在操作板上可方便地

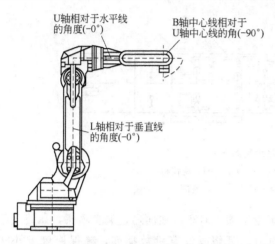

U轴相对于水平线的角度(-0°)

B轴中心线相对于U轴中心线的角(-90°)

L轴相对于垂直线的角度(-0°)

图 7-41　YASNAC 型机器人外形示意图

对喷涂再现过程的缺陷进行分析，喷涂位置可变更、插入、消除，喷漆、运行速率等参数可调整。有的机器人拥有 256 种以上示教数据记忆容量，以适应小批量、多品种喷涂。

③ 故障诊断功能　能故障自诊断和故障显示。这方面软件发展很快，使机器人能发挥更多功能。较早的涂装机器人是采用空气喷涂，现在多采用静电喷涂。图 7-41 是 20 世纪 90 年代 YASNAC 型机器人外形示意图。

7.3.3　自动涂装生产线

自动涂装生产线是在一条生产线上完成漆前表面处理、底漆、中涂、面漆和后处理等工序，上道工序完成后，工件被自动送到下一工位，进行下道工序。典型车身涂装车间为三层结构，主要工序和设备在二层，一层是辅助设施（输漆间、污水间、加料工位等），三层为排风系统和空调机组。也有将所有涂装设备布置在一个平面上的。

在电气控制方面，常采用可编程序控制器（PLC）、比例-积分-微分控制器（PID）和变频技术、现场总线控制技术，实现对生产过程的自动化控制，见图 7-42。这些技术的原理和应用参见自动化方面的书籍。自动涂装生产线使用的输送设备有地面运输链、升降机、转运车、转台和悬链等。生产线一般有快链和慢链。工件在工序间运行用快链，速度快。工件进入相应工位上操作时用慢链，运行慢。汽车车身涂装时，从白车身到成品车身整个过程均可自动运行，运输线总长度达 6500m。为缩短长度，解决滴水污染车身问题，开发了车身翻转技术，用于前处理、电泳各工序间的强力冲洗和浸渍过程的输送。典型代表有 Ro Dip-3 和多功能穿梭机（Vario Shuttle）。采用翻转式输送系统的槽子是长方形的，与常规的 45°入槽相比，每个浸槽的长度缩短约 6m。由于车身旋转出槽，车身不兜液，节省了处理液，冲

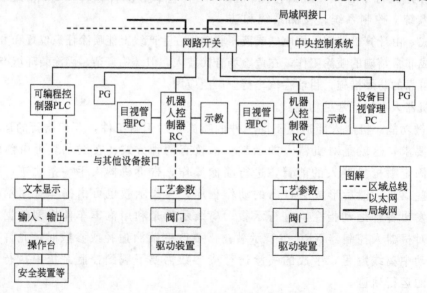

图 7-42　机器人喷漆站控制系统示意图

洗水量也减少 25%。Ro-Dip 输送技术就是全旋反向浸渍输送,全旋是指车身可以 360°自由旋转,反向浸渍是指车身入槽时旋转 180°后底部向上,尾部向前反向前进,再旋转 180°出槽。VarioShuttle 输送技术可根据不同车型来分别优化不同的浸入角度、翻转方式和前进速度,车身可灵活地以不同的位置和朝向通过槽体。它是将带有车身的滑橇固定在摆动手上,旋转臂可以转动,通过摆动手和旋转臂的运动组合,实现车身在各种位置上的旋转。

Ro Dip 或 VarioShuttle 技术主要用在预处理和电泳涂装生产线上,车身能以不同角度入槽浸渍,又可在槽子上面喷淋,还可让车身跑空不处理。这样,一条生产线就适应多种车型的要求。

7.4 其他机械施工方法

浸涂主要用于小型的五金零件及结构比较复杂的器材或电气绝缘材料;淋涂主要用于平面材料;辊涂适用于织物、卷材、塑料薄膜、纸张等。它们可与机械化、自动化生产配套,进行连续生产,最适宜单一品种的大量生产。

7.4.1 浸涂

浸涂就是将被涂物浸没于涂料中,再取出,让多余漆滴落,干燥后形成涂层。

浸涂的优点:①涂料利用率高,达 90%~100%;②除上、卸工件外,过程可全部自动化,能连续生产,生产效率高,设备与操作简便,最适宜单一品种的大量生产;③在同一浸涂生产线上,可同时施工外形差别很大的工件;④涂布区域和未涂布区域之间的分界线清楚。浸涂特别适用于小型的五金零件、钢质管架、薄片及结构比较复杂的器材或电气绝缘材料等。这些物件喷涂会损失大量涂料,刷涂费工费时,浸涂则省工省料。

局限性:①工件所有暴露在外的表面都被涂布,湿漆膜经常有泪滴、流痕、淌流。按照涂料滴落情况来仔细考虑吊挂方式,控制好涂料的黏度和温度,以及从槽中取出工件的速度,可最大限度减少上述缺陷;②工件不宜过大,不应有积存漆液的凹面,不能在漆液中漂浮;③表面仅能浸涂同一颜色。浸涂主要用于热固性涂料,自干型涂料也有应用实例。挥发型或快干型涂料不宜采用,由于溶剂挥发等,漆液黏度增加较快,不易控制槽液黏度。含有重质颜料的涂料由于颜料易沉底,引起漆膜颜色不一致,也不宜应用。双组分涂料因有一定的活化期,不宜采用浸涂。

离心浸涂法适用于形状不规则的小部件如螺管、弹簧、手轮等。将零件放在金属网篮,并将它浸入涂料储槽中,取出后立刻送入离心滚筒,经短时间高速旋转(约 1~2min,转速约在 1000r/min 左右),甩去多余涂料,然后干燥。大型浸漆槽装有加热或冷却设施、连续循环泵和过滤器等附属设备。漆膜厚度主要取决于工件提升速度以及漆液黏度。

(1) 从槽中取出速度慢,溶剂迅速挥发,就可以形成厚度基本均一的漆膜。实际生产中因为兼顾效率,取出的速度不会太慢,上下部的涂层有一定的厚度差。浸涂有时造成工件下边缘出现肥厚积存,小批量浸涂时可用刷子手工除掉多余积存的漆滴,也可用离心除去这些漆滴。提升速度快,漆膜薄;速度慢,漆膜厚,由实验确定合适的提升速度。

(2) 浸涂总要求是涂层厚度均匀、涂料配方合适、生产过程稳定。

① 涂料配方。涂料用混合溶剂,把高、中、低挥发速度不同的溶剂复合起来,以得到外观光滑、均匀涂层。色漆要加入触变剂以防止颜料沉淀和流挂,这些弊病常见于工件的角落和直角处。浸涂槽还需加消泡剂,消除因搅拌或工件浸入产生的气泡,浸漆时不能搅拌,

以免涂料中出现气泡。生产时，要抑制涂料组分间发生的化学反应，中长油度涂料要加入抗氧化剂，以避免在槽中形成漆皮，抗氧化剂烘烤期间要挥发出去。对丙烯基邻甲氧基苯酚就是浸渍用醇酸涂料的抗氧化剂。

② 黏度和厚度。浸涂温度为 15～30℃，涂料黏度控制在 20～30s（涂-4 杯）或 20～100mPa·s。每班要测定 1～2 次黏度，若黏度增高超过原黏度的 10%，就应及时补加溶剂。添加溶剂时，要停止浸涂作业，搅拌均匀后，测定黏度，然后再继续作业，涂料黏度过稀，漆膜薄；黏度过高，余漆滴不尽，漆膜外观差。一次浸涂的厚度为 20～30μm，干燥不易起皱的热固性涂料厚度可到 40μm。

③ 工件在浸涂时，最大平面应接近垂直，其他平面与水平呈 10°～40°角，使余漆尽量流尽，不产生兜漆或"气泡"。

④ 木制品浸的时间不能太长，以免木材吸入过量的溶剂，造成慢干和浪费。

⑤ 大型物件浸涂后，需等溶剂基本挥发后，再送入烘房。检查时以较厚涂装部位的涂料不粘手、无手指印为准。

⑥ 为防止溶剂扩散和尘埃落入漆槽内，浸漆槽应保护起来。作业以外时间，小的浸漆槽应加盖，大的浸漆槽需将涂料排放干净，同时用溶剂清洗。浸漆槽上需要有通风设备，防止溶剂蒸气的危害。

7.4.2　淋涂

淋涂也称流涂或浇涂，是将涂料喷淋或流淌过工件表面，是浸涂法的改进。淋涂系统封闭生产。淋涂适用于大批量流水线生产，是一种经济和高效的涂装方法。工件通过流涂机带上涂料，再通过蒸汽隧道时，使涂层流平，并且不断地转动工件，使涂层厚度均匀，再经过烘道干燥。淋涂的涂层表面没有泪滴、淌流和流痕等缺陷。

7.4.2.1　淋涂的特点

淋涂有许多优点。①涂料利用率达 90%～95%。在同一线上可涂布各种形状不规则的工件，因漂浮而不能浸涂的中空容器，对大型物件、长管件和结构复杂的物件特别有效。②淋涂设备自动操作，装置简单，停机时间少。③淋涂槽中的涂料无需浸没工件，涂料用量一般比浸涂少 15%。④淋涂设备系统封闭生产，带有过滤装置，和浸涂相比更加清洁。⑤能得到比较厚而均匀的涂层，膜厚偏差可控制在 1～2μm 以内。⑥双组分和快干涂料也可用淋涂施工，双组分涂料需要前后设置两个涂料幕，快干涂料可缩短干燥设备长度。

淋涂的缺点为：不适合经常更换涂料的多品种小批量作业；用于平面涂装，不能涂装垂直面；软质物件，如纸、皮革等需绷在钢板或胶合板上才能施工；难以形成极薄漆膜，特别适合厚涂、帘幕涂的膜厚在 30μm 以上；需要完善的安全防火设施。触变涂料和金属涂料较难操作，因铝粉易泛色和浮色而使色泽不均匀。植物油氧化聚合类涂料由于涂料在空气中连续循环使用，易形成凝胶颗粒，需要多加抗结皮剂，但抗结皮剂太多，漆膜又不易干。

7.4.2.2　喷淋淋涂

由淋漆室、滴漆室、涂料槽、涂料泵、涂料加热或冷却装置、自动灭火装置等组成，工件靠运输链运送，循环系统包括储槽、泵、过滤器、涂料收集器及管道。在淋涂室侧壁、底部、上部安装喷嘴，喷出涂料压力为 0.15～0.35MPa，喷嘴直径为 1.5～2.5mm，一般采用扇形、圆形或扁平形喷头，尽可能使涂料不要雾化，以减少溶剂损失。涂料经过喷嘴后得到一个平稳、低压、连续的涂料流，淋在工件表面。工件通过蒸汽隧道，使涂料滴落均匀，回收过量涂料，隧道内的溶剂防止生成漆皮。这样涂层表面没有泪滴、淌流和流痕。在炉内预热也可防止较厚涂层产生针眼。工件通过流涂机和蒸汽隧道时，不断地转动，可使涂层均匀。较小工件按一定角度在架上悬挂起来，使过量涂料滴落，然后再置于旋转轮上。

7.4.2.3 帘幕淋涂

帘幕淋涂适用于各种平板、自行车前后挡板、金属家具、仪表零件等，由涂料槽、涂料循环装置、涂料帘幕头和带式输送机组成，见图 7-43。涂料槽采用夹套通换热介质，维持涂料温度恒定，容积为 40～50L。涂料循环装置设置溢流调节阀，使帘幕头内涂料压力恒定，高

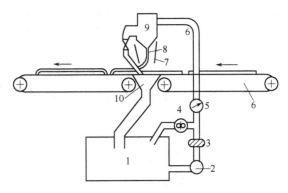

图 7-43　帘幕淋涂设备
1—涂料槽；2—泵；3—过滤器；4—调节阀；
5—压力表；6—输送机；7—防风玻璃；
8—狭缝；9—帘幕头；10—涂料接收器

黏度涂料需要加压形成连续的涂料幕。帘幕头由两条高精度的刃形锐边构成，一边固定，另一边可调，以便形成一条狭缝，宽度 0.1～2mm。防风板防止气流对帘幕的干扰。①涂料太稀时，帘幕易断开，30～150s（涂-4 杯）涂料才有稳定帘幕的作用。硝基漆的黏度为 25～30s，聚酯高固体分涂料为 30～50s。金属表面应采用 30～50s 的涂料；多孔性木材表面应采用 70～100s 的涂料，以保持良好的外观装饰性。②狭缝的可调范围为 0.3～1.2mm，要根据涂料黏度调节狭缝宽度，涂料压力恒定时，狭缝宽，帘幕降落速度慢，与快速输送机速度不相适宜，造成涂层不均匀。狭缝过窄，涂料流出量少，造成帘幕断开。狭缝一般为 0.5～0.8mm。③帘幕头内涂料压力一般 10～20kPa。④输送机在 0～150m/min 内无级可调，速度过快涂膜不连续，太慢涂膜太厚，一般在 70～90m/min 内进行调节，对应的涂布量在 100～70g/m^2。

帘幕涂工艺参数按调整程序：根据涂层质量要求选定涂料品种→依涂膜厚度及材质确定涂料黏度→确定狭缝宽度→适当提高涂料压力，保证帘幕连续→调节输送机速度，使之有适宜的涂布量。帘幕涂必须配备干燥设备，特别适合快干涂料，这可大大缩短输送链长度。淋涂主要选择靠烘烤干燥成膜的涂料。双组分涂料可预先混合均匀，也可前后设置两个涂料格，使双组分涂料在先后落下的两层漆膜混合后反应固化。淋涂涂料黏度高，溶剂挥发较快，应加强黏度检测，注意添加溶剂。淋涂的漆液温度全年保持在 20～30℃，需要对涂料冬季加热和夏季冷却。淋涂室内充满溶剂蒸气，一定要加强通风，注意防火防爆。

帘幕涂淋涂，速度快，为缩短生产线长度，一般不留溶剂挥发段，最好选用紫外光固化涂料，应用于机车车辆顶板、公共汽车车辆顶板、拼装家具的侧板及门板等。

7.4.3 辊涂

辊涂是用蘸有涂料的转动辊筒涂覆涂料，易自动化流水生产，特别适用于大批量、大面积平板件，胶合板、金属板几乎都采用辊涂法涂装，可涂一面，也可双面同时涂布。辊涂法要求涂料固含量高，溶剂不易挥发，流平性好，否则漆膜会起毛刺，可适用于各种黏度涂料，涂膜可厚可薄，厚度均匀。工件运行速度一般为 5～25m/min，预涂卷材 40～100m/min。

辊涂法分为手工辊涂和自动辊涂。手工辊涂用来涂装墙壁和天花板上的建筑涂料。自动辊涂适用于板材、卷材、塑料薄膜、胶合板、纸张等，高效、低耗、成本低、漆膜质量好。

自动辊涂有单面辊涂机和双面辊涂机，辊涂线由前处理、辊涂机和烘烤设备组成。辊涂机则由涂覆机构（取料辊、涂覆辊和涂料盘）、转向支撑机构和驱动电机组成。①同向辊涂机（见图7-44）用于低黏度涂料薄涂，干膜厚度$10\sim20\mu m$，线速度不超过$100m/min$。②逆向辊涂机（见图7-45），用于高黏度涂料厚涂，湿膜厚度$50\sim100\mu m$，涂料黏度可在120s以上。高黏度涂料易造成取料不足，采取顶部供料，靠涂料自身重力保证有充足的供料量。

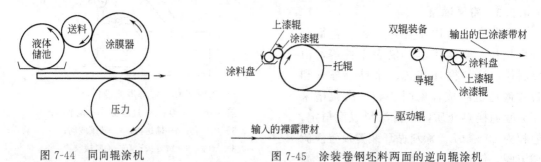

图7-44　同向辊涂机　　　　　　　图7-45　涂装卷钢坯料两面的逆向辊涂机

涂膜厚度通过调节转辊之间间隙来调整。涂布效果靠涂覆辊和支持辊之间的转速比来调节。同向辊涂时，涂覆辊与支持辊的转速比应小于1，提高漆膜外表质量。逆向辊涂时，转速比应稍大于1，以便涂覆辊涂料均匀地转移到卷材上。

7.4.4　涂布过程的分析

涂布分为三个阶段：将涂料从容器转移到涂布器；从涂布器转移到物体表面，生成薄而均匀的膜；膜在表面流动，溶剂挥发出去。实际上后两个阶段是合在一起的。

（1）涂料转移　刷涂时要求漆刷在容器中带上足够的涂料量而不滴落，这需要提高涂料黏度或使涂料有触变性。提高黏度或赋予触变性，都减慢储存时由重力引起的颜料沉淀现象。提高黏度会增大涂料铺展所需要的作用力。触变性涂料在刷子浸入涂料时，剪切力变低，涂料附着或渗透过程更容易，但黏度又必须尽快恢复，以防止涂料下滴和流挂。

喷涂时涂料的黏度必须足够低，施工时需加稀释剂降低黏度，颜料沉淀问题不大。涂料黏度太低，漆雾液滴小，涂料损耗太多；黏度太高，漆雾粗，形不成美观涂层。漆雾颗粒大小也影响溶剂挥发，从而影响湿涂层的黏度，但现在还不清楚颜料和聚合物对漆雾大小及其分布的影响。辊涂时涂料很黏稠，能下流或泵送到上漆辊表面，在上漆辊上由刮漆刀或另一个辊子作用，铺展为均匀涂层。辊涂涂料只有黏稠，才能阻止它流掉或被离心力从辊子上甩出。喷涂和辊涂时，涂料的流速很高，操作速度很快，涂料的应力和形变速率就很高，如高速辊涂机剪切速率可达$100000s^{-1}$。涂料在喷枪的喷口或辊子间的缝隙停留时间太短，不足以达到稳定状态，这时的流变参数只有瞬时（高频振荡）测量才能得到。

无论是喷枪口的射流，还是辊涂机的漆膜分离，如果涂料中有相对分子质量高于10000的组分，拉伸黏度就显著增高。因为简单液体的拉伸黏度是剪切黏度的三倍，涂料中只要有百分之零点几的高分子量树脂，拉伸黏度就增加到剪切黏度的几万倍。高拉伸黏度会干扰射流及形成雾滴的过程。高拉伸黏度的乳胶漆影响涂层的抗电弧及溅涂等施工性能。

（2）湿涂层形成和流动　表面张力和重力推动涂料流平和流挂，而黏结破裂和溶剂挥发影响成膜过程，阻碍流平。

① 黏结破裂　刷涂时，手对漆刷施加压力，造成刷毛的剪切与压缩，将涂料推出刷毛间隙，在底材和后退刷子的边缘间涂料裂开，在漆膜表面形成不规则条痕。同样，辊涂时，

辊子的剪切与压缩将涂料推出橡胶泡沫或纤维毡的间隙。喷涂和辊涂时，高速剪切完全破坏涂料施工之前的结构。在喷枪出口或辊子后退边缘，涂料发生黏结破裂，过程都只需几分之一秒。湿漆膜的黏弹性，以及涂膜器从底材迅速离开时产生张力，都阻止黏结破裂。在喷枪口处或漆膜和涂布工具后移边缘的界面处，因剪切速率高、过程时间短，涂料的弹性和拉伸流动都导致产生不稳定流体，湿涂层不平整，需要流平。涂料必须有足够时间保持低黏度，流平到一个可接受的程度，而流平程度取决于对涂层光泽和保护性的要求。

②溶剂挥发　溶剂从涂层表面挥发，从湿涂层表面到基材溶剂的含量由低到高，产生浓度梯度，并由此产生密度梯度和温度梯度，因溶剂挥发需要吸热。浓度梯度和温度梯度又产生表面张力梯度。这些浓度、密度和表面张力梯度在汽车金属闪光漆成膜过程中，使随机排列的片状铝粉变为定向排列，产生随角异色的效果。但这些梯度也形成六角形旋涡（Bénard cell），造成涂层表面凹凸不平。重力和表面张力产生剪切应力，而剪切应力控制了流平、流挂，剪切速率取决于剪切应力，也就取决于重力和表面张力，与具体的流动过程无关。因此，表面张力和重力推动和决定涂料的流平和流挂。典型漆膜表面的流平作用力在 $3\sim5\text{Pa}$ 范围内，流挂作用力约为 0.8Pa。漆膜流平过程中的剪切速率估计为 $0.001\sim0.5\text{s}^{-1}$。

（3）研究方法　湿漆膜是黏弹性的，施涂时剪切速率高，流变特性（如黏度）不但是高度非线性的，且随时间变化。把湿漆膜作为牛顿型液体或假塑性液体看待，去模拟其流平性就过于简单了。可采用的方法是：使涂料在平面底材上展开成均匀的涂层，用适当方法在涂层表面产生一系列有规则的条纹，就可以观察干燥期内的流动过程，用光干涉技术或条纹技术测量作为时间函数的条纹的振幅和波长。条纹技术的灵敏度不如干涉法，但它有更好的灵活性，可参考文献［10］。

7.5　漆膜的干燥

本节首先介绍涂料的干燥方式和干燥过程，以及漆膜干燥程度的测量方法，烘干室的构造，随后重点介绍对流干燥和辐射干燥的原理、特点和设备。

7.5.1　干燥的方式、过程和分类

7.5.1.1　干燥方式

（1）自然干燥　也称为气干，指漆膜室温干燥，$15\sim35℃$，相对湿度不大于 75%。溶剂挥发型涂料、氧化聚合型涂料、室温固化型涂料、乳胶漆等都采用这种方式。室内施工时要加强通风，加速溶剂挥发，约 $6\sim10$ 次/h。室外风速宜在 3 级（$3.4\sim5.5\text{m/s}$）以下。气干涂料用于建筑用漆和工程维护用漆，如汽车修理、船舶、桥梁、港埠建筑等，及不宜烘烤的纸张皮革、塑料等。露天作业时不要使表面未干的漆膜过夜，防止潮气侵袭漆膜。

（2）加速干燥　为了缩短施工周期，常将自干型涂料在 $50\sim80℃$ 加速干燥。例如，醇酸磁漆常温完全干燥需 24h，而 $70\sim80℃$ 仅需 $3\sim4\text{h}$，催干剂用量也可减少。由于加速干燥的漆膜固化彻底，涂层在硬度、附着力等力学性能方面比自然干燥更好。酚醛磁漆、酯胶磁漆和醇酸漆等自干漆都可采用加速干燥的方法。

（3）烘烤干燥　这是工业涂饰中经常采用的方法，许多高质量涂层是不能自然干燥的，而必须采用烘烤固化，如氨基漆、有机硅耐热漆等都需在 $120\sim130℃$ 固化。烘烤干燥涂层在硬度、附着力、耐久性、耐油、耐水、耐化学药品等方面，比自然干燥的涂层要好得多。

烘干时间是从被烘干物升到预定温度算起。在烘干前要有充分的晾干时间,让溶剂挥发掉。

(4) 辐射干燥　用紫外线或电子束进行快速引发聚合,固化速率很快,紫外线固化在木材、塑料、纸张、皮革等上得到应用。电感应式干燥的能量直接加在金属工件上,涂膜是从里向外被加热,溶剂能快速彻底逸出,粘接强度很高,在粘接领域应用。微波干燥是特定分子在微波 (1mm~1m) 作用下振动而获得能量加热,只限于非金属表面的漆膜,这一点正好与高频加热相反。微波干燥设备投资较大,干燥均匀、快速,时间仅为常规方法的1/10~1/100。

7.5.1.2　干燥过程

涂料往往要求一定的干燥时间,才能保证成膜后的质量。干燥时间短,就可以避免涂饰工件沾上雨露尘土,并可缩短施工周期。干燥过程依据黏度变化分为不同阶段,习惯上分为表面干燥、实际干燥和完全干燥,由于涂料完全干燥时间长,一般只测定表面干燥(表干)和实际干燥(实干)。表面干燥(或表干燥)又称触指干燥,即涂膜从可流动状态干燥到用手指轻触涂膜,手指上不沾漆,此时涂膜还感到发黏,并且留有指痕的干燥程度。

半硬干燥是用手指轻按涂膜,在涂膜上不留有指痕的状态。从触指干燥到半硬干燥中间还有不同的称呼,如不沾尘干燥、不黏着干燥、指压干燥等,在不同地区或行业中使用。

完全干燥:用手指强压漆膜也不残留指纹,或用手指急速捅漆膜也不留有伤痕的状态,也有用硬干(漆膜能抗压)、打磨干燥(漆膜干燥到能够打磨)等描述。不同工件对漆膜完全干燥有不同要求,如有的要求能经受打磨,有的要干燥到能经受搬运、码垛堆放,因此它们完全干燥的程度也就不同,涂料性能规定的干燥时间并不表示这种实际要求。标准方法是测试漆膜力学性能(如硬度)来判断涂层的干燥程度,达到规定指标就可认为完全干燥。美国 ASTMD 1640—69 (74) 把干燥过程分成 8 个阶段,见表 7-8。

表 7-8　漆膜干燥程度

编号	名　称	干燥程度
1	触指干燥	发黏但不粘指
2	不粘尘干燥	漆面不粘尘
3	表面干燥	漆面无黏性,不粘棉花团
4	半硬干燥	手指轻捅漆膜不留指痕
5	干透	手指强压漆膜不留指痕,手指急速捅漆膜不留
6	打磨干燥	干燥到可打磨状态
7	完全干燥	无缺陷的完全干燥状态,漆膜力学性能达到技术指标
8	过烘干(烘烤温度过高或时间过长)	轻度过烘干,漆膜失光、变色、机械强度下降 严重过烘干,漆膜烤焦、机械强度严重下降

涂层的干燥时间分为表面干燥时间和实际干燥时间,测量方法如下。

(1) 表面干燥时间　常用吹棉球法、指触法 [GB 1728—79 (88)] 和小玻璃球法 (GB 6753·2—86)。吹棉球法是在漆膜表面上放一脱脂棉球,用嘴沿水平方向轻吹棉球,如能吹走而膜面不留有棉丝,即认为表面干燥。指触法是以手指轻触漆膜表面,感到有些发黏,但无漆粘在手指上,即认为表面干燥或称触指干。小玻璃球法是将约 0.5g 直径为 125~250μm 玻璃球于 50~150mm 的高度倒在漆膜表面上,玻璃球能用刷子轻轻刷离,而不损伤漆膜表面时,即认为达到表面干燥,记录其时间。

（2）实际干燥时间　常用压滤纸法、压棉球法、刀片法和厚层干燥法。我国国家标准 GB 1728—79（88）有详细规定。在 ISO 9117—1990 标准中用对涂层施加负载以测定完全干燥程度的方法。压滤纸法是在漆膜上用干燥试验器（图 7-46）压上一片定性滤纸，经 30s 后移去试验器，将样板翻转而滤纸能自由落下，即认为实际干燥。同样，压棉球法采用 30s 后移去试验器和脱脂棉球，若漆膜上无棉球痕迹及失光现象，即为实际干燥。刀片法使用保险刀片，用于厚涂层和腻子层。厚层干燥法主要用于绝缘

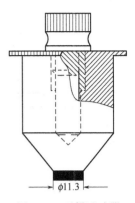

图 7-46　干燥试验器

漆。涂料干燥涂膜是一个缓慢的和连续的过程，为了能观察到干燥过程中的整个变化，可以用自动干燥时间测定器。利用电机通过减速箱带动齿轮，以 30mm/h 的缓慢速度在漆膜上直线走动，全程共 24h。随着漆膜逐渐干燥，齿轮痕迹逐步由深至浅，直至全部消失。另一种是利用电机带动盛有细砂的漏斗，在涂有漆膜的样板上缓慢移动，砂子就不断地掉落在漆膜上，形成直线状的砂粒痕迹，以测定不同干燥阶段所需要的时间。较先进的有利用针尖缓慢地在漆膜上画出半径 5cm 的圆，画一圈需 24h，这样就可在较小的试板面积上，观察漆膜随时间而变化的干燥程度。

7.5.1.3　干燥分类

（1）设备结构　分为室式（烘房）、箱式（烘箱）、通道式（烘炉）。烘干室分为连续式和间歇式。连续式又称为烘道，分为直通式和桥式两种。连续式干燥室适宜大批量流水作业生产，涂漆工件置于传送装置上，由干燥室一端以一定速度通过干燥室，从另一端出来。这种干燥设备的利用率较高。间歇式一般称为烘箱、烘房，适用于单件或小批量生产，干燥时用人工或传送装置将工件送入烘房内，干燥完全后再取出。间歇式烘干室用于连接清洁室与外室，在外室将工件水磨清洁后，通过烘干室干燥，再送入清洁室，在清洁室喷好漆后，重新进入烘干室烘烤，干燥后的工件送到外室进行检查，然后包装或返工。在连续式烘干室，工件是在传输链上边运动边烘干。为了有足够干燥时间，烘干室往往是很长的通道，往往设计为双行程或多行程。为了防止热空气溢漏，设计成为桥式的或半桥式的，因为热空气较轻，聚集在烘道上部不易外溢。图 7-47 为各种连续式烘道的结构示意图。图 7-47 中（a）、（b）、（c）均为普通式烘道，其中图 7-47(a) 为单程式，工件分别由烘道的两端进出；图 7-47(b) 为双程式，工件的进口和出口均在烘道的同一端，而另一端则是封闭的；图 7-47(c) 为三程式，工件的进出口在烘道的两端。图 7-47(d) 和图 7-47(e) 均为半桥式，由于半桥式烘道烘干段的位置较高，有利于保持热量，因此半桥式烘道的另一端往往为封闭的，而工件的进出口均在同一端，故是双程或是四程的；图 7-47(f) 和图 7-47(g) 均为桥式的，桥式烘道的两端均低于烘干室底部，热量的溢出较少，桥式烘道的工件出入口一般在烘道的两端，设计为单行程、三行程等；图 7-47(h) 和图 7-47(i) 是双层式，图 7-47(h) 是桥式双层式，图 7-47(i) 则是三行程双层式。

（2）传热方式　借热空气加热的对流式；借热辐射加热的热辐射式，即红外线干燥设备，借电磁感应加热的感应式，以及紫外光固化和电子束固化。

7.5.2　对流式干燥

对流式干燥是以对流方式传递热量。对流是加热后流体的流动。热源首先加热传导的介质——空气，然后靠自然对流或强制对流将热量传递给工件，称为热风烘干，热源为热水、

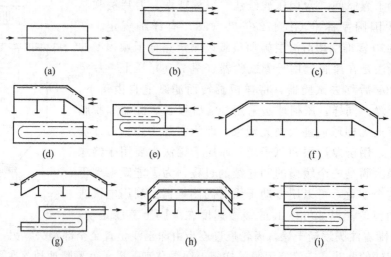

图 7-47　各种连续式烘道

蒸汽、电热燃油、燃气，普遍采用蒸汽、电热。对流式干燥最简单经济，加热均匀，适用范围广，但升温速度慢、热效率低、设备结构庞大，占地面积大，温度不易控制。

7.5.2.1　对流式干燥的特点

①　热量传导方向和溶剂蒸发方向相反。漆层表面受热后，干燥成膜，使漆层下面的溶剂蒸气不易跑出，干燥速率变慢，如果溶剂蒸气压力克服不了漆膜阻力，就留在里面，使漆膜起泡或不干。溶剂蒸气压力大于漆膜阻力，就冲破漆膜表面产生针孔，因此，漆膜的质量受到影响。

②　烘干时，必须将烘房内空气加热，热消耗量大。

③　由于空气和漆层的导热性差，故对流式干燥速率不快。

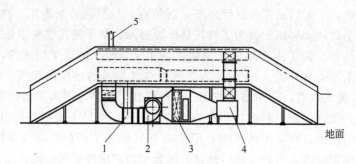

图 7-48　对流式热风循环烘干室
1—排风分配室；2—风机；3—过滤器；4—电加热器；5—排风管

7.5.2.2　对流式干燥设备

热风循环法以空气为加热介质，加热均匀，适合于各种形状和尺寸的工件，目前应用最广。图 7-48 是对流式热风循环烘干室的结构示意图，设备由室体、加热器、空气幕和温度控制系统等部分组成（见图 7-49）。

（1）室体　隔绝烘干室内的热空气，使室内温度维持在一定范围内。室体是由骨架（槽轨）和护壁（护板）拼装成的箱式封闭空间结构。骨架是用钢板做成槽轨式，护板是预先制好的，一般用双层铁皮制成，中间填充矿渣、石棉等保温材料，在安装现场拼装。

（2）加热系统　将进入烘干室的空气加热至一定温度，通过风机将热空气引入烘干室，并在有效加热区内形成热空气环流，连续加热工件。为使室内溶剂蒸气浓度处于安全范围内，烘干室需要排除部分热空气，同时吸入部分新空气来补充。空气加热器用来加热室内的循环空气和补充新空气，有燃烧式、蒸汽（或热水）式及电热式，其中电热式加热可控性好、结构紧凑、应用较多。热空气中的尘埃影响涂层质量，污染室壁，影响传热效果，要用空气过滤器除尘净化，过滤器主要使用干

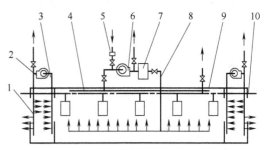

图 7-49　对流式热风循环烘干室

1—空气幕送风管；2—空气幕送风机；3—空气幕吸风管；4—循环回风管道；5—空气过滤器；6—循环风机；7—空气加热器；8—循环空气过滤器；9—室体；10—悬挂输送机

式纤维和黏性填充滤料。干式纤维过滤器由内外两层不锈钢（或铝合金）网和夹在中间的玻璃纤维或特殊阻燃滤布组成，过滤层通过接触、阻留、撞击、扩散、重力及静电作用进行滤尘，过滤精度较可靠。黏性填充滤料过滤器由内外两层不锈钢（或铝合金）网和中间填充带黏性油的玻璃纤维、金属丝或聚苯乙烯纤维制成，当含尘空气流经过填料时，沿填料的空隙通道进行曲折运动，尘粒碰到黏性油上被黏住捕获。黏性油要求能耐烘干室的工作温度，不易挥发和燃烧，一般用于烘干温度低于 80℃ 的涂料，如氧化聚合型、溶剂挥发型或双组分聚氨酯涂料，温度过高黏油易挥发。

（3）风管　用离心式通风机，要求防爆耐高温，外壳要求保温。风管引导热空气在烘干室内对流循环，由送风管和吸风管组成。进出风口位置应能促使热空气强烈循环，并使之均匀分布。送回风管在烘干室内布置的方式有下送上回式、侧送侧回式和上送上回式。风管各种布置方式的特点见表 7-9。

表 7-9　风管各种布置方式的特点

送回风管布置方式	布置位置	特　点	适用范围
下送上回式	送风管沿烘干室底部设置，送风口一般设在工件下部；回风管利用烘干室上部空余空间设置；利用热空气的升力，送风风速低，送风温差较小	①送风经济性好，气流组织合理，工件加热较均匀；②烘干室内不易起灰，可保障质量；③需占用烘干室底部的大量空间，烘干室体积相对较大	工件悬挂式输送，涂层质量要求较高，桥式烘干室更适用
侧送侧回式	单行程烘干室送、回风管沿保温护板设置；多行程烘干室送、回风管沿保温护板和工件运行中间空间布置	①送风经济性好，工件加热较均匀；②烘干室内不易起灰，可保证涂层质量；③气流组织设计要求较高	涂层质量要求较高，多行程烘干室可使其体积设计得较小
上送上回式	送、回风管均设计在上部，送风口侧对工件送风；一般送风风速较高，射程长，卷入的空气量大，温度衰减大，送风温差也大	①烘干室体积相对较小，热损耗较小；②风机能耗较大；③送风风速较高以防止气流短路，烘干室内容易起灰	不能在烘干室下部布置风管的场合，桥式烘干室应用较少

为调节进出风量，进风口设置为插板式、格栅式、条缝式、孔板式和射流式。插板式的送风量可由风口闸板调节，多用于下送上回式送风。格栅式用格栅板引导调节气流，需要增加烘干室空间，用于下送上回式、侧送侧回式送风。条缝式的风速较高，但风压损失较大。孔板式是在送风面上开设小孔，小孔即送风口，用于下送上回式，风速均匀，但风速衰减快。射流式是一个渐缩的圆锥形短管，风的紊流小，射程长。插板式、格栅式和孔板式的风

速为 2～5m/s，条缝式和射流式的风速为 4～10m/s。

（4）空气幕系统　连续通过式烘干室的进出口始终是敞开的。为了减小热量损失，烘干室要设计成桥式或半桥式，在烘干室进出口处分别设置两个独立通风系统的空气幕。空气幕是用风机喷射高速气流而形成的，风速为 10～20m/s。空气从空气幕出口射出的方向与门洞横截面的夹角为 30°～45°，向门洞内吹。粉末涂层烘干室进出口处不设置空气幕。

（5）温度控制　电热空气加热器的电热元件分为常开组、调节组和补偿组。常开组和补偿组在开关烘干室时，由手工启闭接触器开关，在非常情况下也能通过电气线路连锁切断，通常要求常开组单独开启，烘干室的升温量为设计总升温量的 50%～70%。调节组需通过温控仪自动控制，温控方法有开关法和调功法。

① 开关法　采用带控制触点的温度控制仪表，当被控参数（烘干室温度）偏离设定值时，温控仪输出"通"或"断"两种输出信号启闭接触器，使调节组电热元件接通或断开，使烘干室温度保持在一定范围内。

② 调功法　调节组接线完成后，调节组电热元件的电阻是一个固定值。这时调整电热元件的输入电压，可以方便地调整它的输出功率。现在采用智能控制技术，能快速加热，控制温度精度和稳定性。

7.5.3　辐射式干燥

辐射式干燥是从热源射出来电磁波，在空气中传播，工件后接收后转换成热能，使涂膜和基材同时加热。波长 0.35～0.75μm 的辐射是可见光，0.75～1000μm 的属红外线。目前在涂料干燥设备中广泛使用远红外线辐射加热。远红外的波长为 5.6～1000μm。绝大部分有机材料、高分子、水和金属氧化物在 3～4μm 及 6μm 以上的远红外区域，都有强烈吸收带。涂料对 6μm 以上远红外线的吸收率高达 50% 左右，反射率低于 5%，其余能量被基材吸收。

7.5.3.1　辐射式干燥的原理和特点

黑体辐射的波长与热力学温度的积为一个常数 $[\lambda T = 2.8976 \times 10^{-3} (m \cdot K)]$，即发射长波时，辐射器的温度低。远红外辐射器的表面温度低于近红外辐射器，表面升温快，自身耗能也低，干燥效果要比近红外辐射好。干燥过程中挥发的水及有机溶剂形成蒸气，吸收和散射红外辐射能，使涂层实际得到的辐射能显著减少，因此，需要通风除去这些蒸气，辐射器表面也需要定期清理。辐射器的辐射能力与其表面热力学温度的 4 次方成正比 $[即 E = C (T/100)^4，C 为常数]$。表面温度稍微增加，就显著提高辐射能量，但热力学温度越高，辐射波长越短，向近红外线和可见光方向移动。任何辐射烘干室都有对流传热，而对流传热量与辐射器表面温度与烘干室内温度之差成正比，因此，要提高涂层吸收辐射热的比例，不能将辐射器表面温度升得过高，使波长在远红外线范围内，又要尽可能升高表面温度，以提高对流传热量和辐射器的辐射能力。辐射器的表面温度为 350～550℃。

辐射式干燥靠电磁波传递热量，被吸收后转变为热能，具有升温速度快、热效率高和烘干效率高的优点，但有照射盲点，温度不易均匀。远红外线干燥有以下特点：①干燥速率快，由于自内层向外干燥，溶剂易于挥发，可大大缩短干燥时间，可提高效率 1～2 倍；②漆层干燥均匀，可避免或减少由于溶剂蒸发而产生的针孔、起泡现象；③升温迅速，缩短烘干设备的占用时间；④远红外线干燥设备结构简单，效率高，节约设备投资和占地面积；⑤远红外线辐射具有方向性，用于局部加热；⑥远红外线以直线运行，工件表面受到直接照射，干燥效果才好。远红外线干燥可节约电力 30%～50%，产量提高 2 倍以上，缩短干燥时间 50%左右，大大提高和改善劳动条件。

7.5.3.2　远红外线辐射

远红外线辐射设备由烘干室的室体、辐射加热器、空气幕和温度控制系统组成，室体、空气幕与热风烘干室的相似。辐射材料选用辐射率大、单色辐射率高的材料，如氧化铬、氧化钴、氧化锆、氧化钇、氧化钛、氧化镁、氧化铁红及碳化铬、碳化硅和碳化钛等，以及其氧化物和硼化物。将一种或数种材料和高温黏结剂混合磨细烧结，就成为辐射源的涂料。

（1）辐射加热器　辐射加热器根据热源分电热式和燃气式。电热式又分旁热、直热和半导体式。

① 旁热式　电热体的热能经过中间介质传给远红外线辐射层，辐射层向外辐射远红外线，分为管式、板式和灯泡式，见图 7-50。管式辐射器是在不锈钢管中装镍铬电阻丝，用导热性及绝缘性好的氧化镁粉填充电阻丝与管壁之间的空隙，管壁外涂覆一层远红外线辐射涂料。通电加热后，管子表面温度 500～700℃，涂层发出远红外线。若采用陶瓷管，电阻丝与管壁间可不填充导热绝缘材料。陶瓷管由碳化硅、铁锰及稀土金属氧化物烧结而成，其中铁锰稀土金属氧化物在远红外线区有非常高的辐射能力，可显著提高效率。管子背面安装抛物线形反射装置，抛光铝板的黑度小（0.04 左右），反射率较高。烘干室内的尘埃及挥发物影响反射效率，要经常清理。板式辐射器是用涂有远红外线辐射涂料的碳化硅板，板内有安装电阻丝的沟槽回路，板厚 15～20mm，板的背面是绝缘保温材料，温度分布较均匀，适用于平板状工件，但背面热能不能充分利用，而且电阻丝直接暴露在空气中，容易氧化损坏。

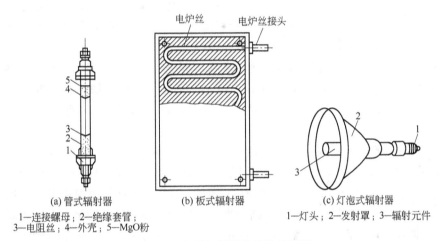

(a) 管式辐射器　　　　　(b) 板式辐射器　　　　　(c) 灯泡式辐射器
1—连接螺母；2—绝缘套管；　　　　　　　　　　　　1—灯头；2—发射罩；3—辐射元件
3—电阻丝；4—外壳；5—MgO粉

图 7-50　各种辐射器的结构示意图

灯泡式辐射器由电阻丝嵌绕在碳化硅或其他金属氧化物的复合烧结物内制成，远红外线通过反射装置汇聚，照射距离 200～600mm 处的温差小于 20℃，适用于较大和形状相对复杂的工件，在同一个烘干室内能够处理大小不同的工件。

② 直热式　目前采用较多的是电阻带直热式远红外线辐射器。电阻带厚度 0.5mm，在其表面等离子喷涂或搪瓷釉涂远红外线涂层进行烧结，有灯式、带式、板式和异形等，升温速度快，适用于间歇加热场合，但电阻带热变形大，涂层易脱落易短路，需要经常检修。

③ 半导体式　基体为高铝质陶瓷，中间为半导体层，外表面涂覆远红外涂层，不用电阻丝，发热层为几微米厚的半导体薄层，功率密度分布均匀，无可见光，热效率高，对高分子以及含水涂料加热非常有利，特别适用300℃以下的烘干室，但基体的机械强度没有金属管的高。煤气远红外辐射器可用煤气火焰加热辐射器，也可用高热烟气在辐射器内流动来加热。

(2) 通风系统　通风系统有三个作用：①保持室内溶剂蒸气浓度在爆炸下限以下；②加速水和溶剂蒸气排出；③在通过式烘干室的两端开口处不能外逸，即使少量外逸，也应使溶剂浓度符合劳动卫生要求。通风系统可分两类：一类为自然排气，不用机械强制通风，而是利用排气烟囱排出，用于水性涂料、低溶剂涂料及干燥水分的烘干室；另一类为机械强制通风系统，由主风机、主风管、支风管及蝶阀组成，用于有机溶剂型涂料。工件进入烘干室5～8min，溶剂急剧挥发，10min后95％的溶剂已挥发。支风管在进入烘干室后5～8min的长度内适当多些，吸风口风速0.8～2.3m/s，过大影响室内温度的均匀。每个支风管上可设置插板式调节装置，以控制风量及风速。支风管与主风道连接，主风道在室体做成变截面，使各支风管流量均匀，主风管风速为4～6m/s。要采取适当措施防护风机噪声（80～100dB）。高温烘干室的排气温度为80～120℃，为减少对车间散热，排气管表面应包一层绝热材料。

(3) 温度控制系统　温度控制系统要保证室内各段温度场达到工艺要求，由测量、显示及控制仪表组成。测量仪表大多采用热电偶感温或热电阻感温，简易低温烘干室也有采用玻璃温度计的，目前多用热电偶感温元件。温度检测点要根据工艺对升温段及保温段的温度要求来设置。横断面较小的烘干室可在中部设一个检测点，横断面较大时，最好在每节的上、中、下部均设温度检测点。热电偶不应装在辐射器、烘干室进出口、支风管附近。热电偶的接线盒距室体侧壁约200mm，太近影响测量精度。热电偶插入室体深度须大于其保护管外径的8～10倍，热端应尽量接近工件又不致被碰撞。

(4) 应用和工艺　远红外线不仅被涂层吸收，也很容易被金属吸收，转化为热量，促进涂层干燥，比对流式干燥缩短干燥时间1/3～2/3。远红外线板式加热器与电冰箱外壳白色丙烯酸粉末涂层的距离为250mm时，照射6min即能干燥，而在热风炉中则需180℃、20min。

除要选择适当的辐射器外，还要注意以下方面。①使涂层各个面受热均匀。高度超过1.5m的烘干室沿垂直方向分三个区：下区辐射器的功率为总功率的50％～60％，中区为30％～40％，上区为5％～15％，因上部有对流热，不需要太高的辐射能量。辐射加热器由下而上数量递减。②辐射强度与辐射距离的平方成反比。距离太远辐射能利用率低，太近加热不均匀。烘道的辐射距离为125～500mm，平板工件为80～100mm，形状复杂工件为250～300mm。③因红外线直射，异形工件要与加热元件进行合理匹配造型，使照射距离尽量一致。安装抛物线形反射装置，其辐射能力较反射平板要高出30％～50％。④用可控硅元件调压来控制温度。为防爆，将接线端头安放在炉体外面。支架及接头部分要用耐热绝缘材料。

7.5.3.3　高红外辐射

远红外辐射器产生的热量低，对流干燥效果不好，元件启动时间也太长，实际干燥效率低。高红外辐射中有远、中、近红外线，可瞬间提供高强度、高能量、高密度的全波段红外辐射，几分钟内就达到要求的干燥温度。不同波长红外辐射比较见表7-10。

表 7-10　不同波长红外辐射比较

辐射线	波长/μm	辐射体温度/℃	元件启动时间	视觉效果
远红外线	4~15	400~600	约 15min	暗
中波红外线	2.5~4	800~900	60~90s	亮
近红外线	0.75~2.5	2000~2200	1~2s	亮

通电后，2200~2400℃的钨丝发出短波高能近红外线；钨丝外罩石英管，管外表温度约800℃，辐射中波红外线；背衬定向反射屏，温度 500~600℃，辐射低能量远红外线。各波段红外线的比例并不均等，以达到对工件吸收的最佳能量匹配。高红外加热元件的表面功率为 15~25W/cm²，启动时间仅 3~5s，热惯性小，而远红外辐射元件的表面功率是 3~5W/cm²，启动时间需 5~15min。因此，高红外加热瞬间快速加热到烘干温度。钨丝产生红外线几乎全部透过透明石英管向外辐射，近红外线波段（0.75~2.5μm）辐射能量76%，中（2.5~4.0μm）、远红外线（4~15μm）辐射能量仅占 24%，高能量的近红外线穿透涂膜直接对底材加热，升温时间只需几十秒钟，比对流加热的升温时间（约十几分钟）短得多。若用乳白色石英管，热源产生的红外线几乎被石英玻璃吸收而产生二次辐射，管表面温度仅 450℃，这样，近红外线辐射能量仅 4%，远红外线占 96%。石英管规格分为 φ12mm 和 φ20mm 两种，长度 1.0m、1.2m 和 1.5m，功率 3~5kW，使用寿命 5000h 以上。

高红外加热干燥水性漆时，为防止急速升温时而产生爆孔，需要用低辐照能量密度。形状复杂或厚薄悬殊的工件也应降低辐照密度，防止局部过烘烤。在保温段，由于对流热的存在，上部辐照密度应比下部低，最好能适当配置循环风。高红外加热烘道内可用 8~12μm 红外光导纤维传感器来接触测量工件表面温度，或用铂薄膜测温仪直接测量，精心调整各部位的辐照密度，保证烘道内温度均匀一致。高红外加热干燥对于形状复杂工件有照射阴影，可采用热风对流和辐射结合的方法，如德国杜尔公司的 Ecocure IR 车身烘干室。

不同种类涂料的红外线辐照密度如下：水性涂料 10~15kW/m²；溶剂性烘漆 15kW/m²；粉末涂料 35kW/m²。辐射元件与工件距离 250~300mm。高红外加热目前已在粉末涂层、电泳涂层和聚氯乙烯塑溶胶涂层干燥中应用。钢瓶生产线上每分钟单产 1 只，按传统加热方式，烘干时间 20min，加热区要 20m，引桥为 7m，烘道总长 27m，占地总面积 400m²，装机功率要 120kW；采用高红外加热，烘烤时间 55~58s，加热区 1.7m，引桥为 2m，烘炉总长 3.7m，占地面积仅 35m²，装机容量为 80.5kW。

7.5.3.4　辐射对流式干燥

辐射对流烘干是将辐射和对流两种传导方式结合，兼有辐射烘干和对流烘干的优点，并克服彼此的缺点，是较理想的烘干方法，适用于各种底材和形状的被涂物，尤其适用于形状复杂的大型被涂物及水性涂料。按能源不同分为电加热和燃气加热两类。辐射和对流的电源控制分开设置，当用于平板或结构复杂工件时，可分别作辐射或对流固化设备使用，但设备价格较贵，结构复杂。

7.5.4　电感应和微波干燥

电感应干燥又称高频加热，将涂有涂膜的金属物件放入线圈内，线圈通 300~400Hz/s 的交流电，产生电磁场，电磁能在导电物件内部转化为热能，使金属物件本身先受热，然后把热能传向涂层，使涂层干燥。干燥过程是由底部开始的，所以能促进涂层中溶剂完全蒸发，并且加快化学交联的进行。干燥后的涂层具有较好的性能。电感应烘炉的最高温度可达

250～280℃，以电流强度来调节温度，但耗电多。

感应加热已用于粉末涂料和液态涂料的施工，突出的特性是工厂的规模紧凑，并大幅度缩短固化反应时间，即从传统的 20min 缩短为几秒钟。一个传统烘炉约占 200m² 的加热区，而感应加热区只占约 0.5m²，固化周期约为 17s。感应加热工艺十分灵活，工件可在涂料施工之前、之中和之后来加热。流化床施工热塑性粉末涂料时，导电性工件能在流化床涂装室内用感应法加热，工件只在表面上受热，对不导电的粉末材料没有什么影响。

微波炉加热利用高频振荡产生微波，使有机涂层干燥，能量利用率高，干燥速率快，但仅用于非导体表面，如塑料、木材、皮革、纸张等，一次性投资较高。

7.5.5 紫外线固化干燥

紫外线固化的时间短，几十秒至几分钟，常温固化，占地面积小，设备价格及维护费用低，但有照射盲点，只适合形状简单的工件。紫外线固化仅适用于光固化涂料，目前使用较多的是光固化清漆。固化速率取决于照射强度。一般紫外线灯泡功率中紫外线占 20%、可见光占 10%、红外线和热能占 70%。紫外线会损害皮肤和眼睛，需要防护，而且会产生臭氧，臭氧对呼吸系统有影响。紫外线固化设备由光源、反射板、电源、冷却装置、传感器、工件输送机、换气装置、防紫外线遮挡帘组成。反射板是为提高照射效率。冷却装置是为降低灯管表面温度，延长使用寿命。传感器能够根据光照强度，自动调节输送机的传输速度。紫外线固化装置例图见图 7-51。

汞灯有荧光灯和水银灯。它们都是在石英灯管内封入少量水银，管两端的电极上加上电压，水银蒸气发光。荧光灯的管壁涂有荧光物质，能得到合适波长的紫外线，但强度小，仅适合表面固化。水银灯的水银量不同，发射的光谱也有变化，分为低、中、高压汞灯。目前使用的主要是中压汞灯。低压汞灯波长短，易产生臭氧，很少使用。中压汞灯（我国称为高压汞灯）一般采用 0.1～0.3MPa 的水银灯，在紫外区的主要波长为 365nm，其次有 313nm、303nm，寿命 1000～1500h。目前线功率多为 80W/cm 和 120W/cm，最高线功率 240W/cm。高压汞灯（我国称为超高压汞灯）输出功率是中压汞灯的十倍，灯管温度达 600℃，需要冷却，寿命 75～100h，线功率多为 50～1000W/cm。图 7-51 为紫外线固化装置图，先荧光灯表面固化，再高压汞灯彻底固化。无极灯不用电极，用高频感应系统来激发汞蒸气放电，价格高，寿命达 8000h，紫外线输出功率占 36%，最高线功率 240W/cm。

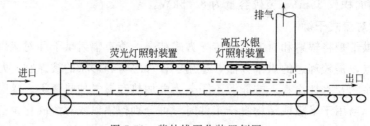

图 7-51 紫外线固化装置例图

摩托车油箱罩光通常使用双组分聚氨酯清漆或紫外线光固化 UV 清漆罩光，UV 清漆涂装工艺为：油箱底面涂→烘干→打磨→除尘→喷 UV 清漆→（红外）流平→UV 固化→检验。

喷涂 UV 涂料时，手工空气喷涂黏度为 18～22s（涂-4 杯黏度计，25℃），静电喷涂为 14～16s。UV 涂料原则上不加任何稀料，需要加时，只能用 5% 以下的专用活性稀释剂，而且需要 3min 的流平时间。流平时间过短，稀料挥发不完全，影响涂膜硬度和耐候性，涂层易出现气泡和针孔。喷漆室须净化空气，地面保持一定湿度，以免空气中尘埃沾上工件，造成表面麻点。

7.6　漆膜形成过程

7.6.1　成膜过程中的流动

流平和流挂是涂料施工中非常重要的问题，影响涂层的厚度、外观和光泽。

7.6.1.1　流平

流平性是指涂料施工后，漆膜由不规则、不平整表面流展成平坦而光滑表面的能力。大多数施工方法得到的湿漆膜是粗糙的，需要流平。涂层流平性不好，刷涂时会出现刷痕，喷涂时出现橘皮，辊涂时产生滚痕。因为喷涂在工业上很重要，橘皮就显得重要。漆膜表面由漆雾颗粒形成的隆起，有些像橘子皮，称为橘皮。含有高挥发性溶剂的涂料在喷涂中最易出现橘皮。涂料流平性差时，人眼就可以看出涂层表面的不平。未流平时，湿涂层上某点凸起为半球形，如一个波，如图 7-52 所示，x 为平均膜厚，λ 为刷痕间的距离（波长），a_0 为振幅。当 $2a_0$ 低于

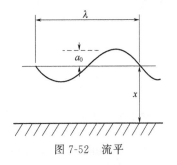

图 7-52　流平

1μm 时，人眼就看不出差别来，即漆膜是平的。在平面上重力也可以促使涂层流平，但不是流平主要推动力。

【例 7-1】　某涂料的表面张力为 0.05N/m，涂装时表面凸起近似半球形，其半径为 0.01cm（=10^{-4}m）。求表面张力和重力所产生的压力。

解：表面张力产生附加压力：$\Delta P = \dfrac{2\gamma}{r} = \dfrac{2 \times 0.05}{10^{-4}} = 1000$（Pa）

重力产生的压力：$\Delta P' = \rho g h = 1 \times 9.8 \times 10^{-4} = 0.98$（Pa）

表面张力产生的附加压力是重力的 1000 倍，凸起半球形半径越小，表面张力起的作用越大。推动漆膜流平的动力是涂料的表面张力，因此，在天花板上倒挂的湿涂层同样可以流平。假定涂料表面张力不随时间而变化（或变化很小），根据图 7-52 可推出流平方程：

$$\ln \frac{a_0}{a_t} = \frac{16\pi^4 \gamma x^3}{3\lambda^4} \int \frac{\mathrm{d}t}{\eta} \tag{7-4}$$

湿涂层黏度随溶剂挥发在持续不断地变化，但在某个极短时间段 Δt 内，湿涂层的 η 视为常数，积分式（7-4）得到：

$$\Delta t = \lg \frac{\lambda^4 \eta}{225.6 \gamma x^3} \lg \frac{a_0}{a_t} \tag{7-5}$$

式中，γ 为表面张力；a_0 表示起始时的振幅；a_t 为 t 时的振幅；Δt 为流平到 a_t 时所需时间。

式（7-5）表明：涂料的表面张力 γ 大，黏度 η 低，湿涂层的表面粗糙 λ 小，厚度 x 值高时，Δt 小，即涂层的流平好。其中，黏度 η 和厚度 x 受流挂的制约。

湿涂层表面粗糙 λ 受底材粗糙度的影响。底材粗糙度太小，涂料与底材接触面积小，影响涂层的附着力。粗糙度与采用漆前表面处理方法有关，见第 8 章。

溶剂挥发过程中涂料表面张力越来越高，涂层越易流平。水稀释涂料含挥发快的溶剂，如异丁醇，异丁醇比水挥发快，就使水富集，因为水的表面张力大，异丁醇的小，涂层表面张力逐渐增大，促进流平。含挥发慢的溶剂（如乙二醇单乙醚）时，水在混合溶剂中的比例逐渐降低，表面张力也相应降低，对流平不利。溶剂型漆的溶剂挥发是逐步的，黏度逐步增加，流平性较好。乳胶漆是胀流体，在低剪切力情况下黏度高，流平性就较差。当乳胶漆涂刷多孔基材时，水可以迅速进入孔隙中，而乳胶粒子不能进入，体系黏度更高，更不利于流平。水挥发到一定程度，乳胶粒子碰到一起，则形成半硬结构，也不利于流平。

流平度标准板分为 9 个等级。流平度最好的 $a_t = 0.5\mu m$，人眼观察不到表面的不平整性。

【例 7-2】 湿涂层的 $\gamma = 35\text{dyn/cm}$，$a_0 = 0.0080\text{cm}$，$\lambda = 0.1\text{cm}$，$x = 0.01\text{cm}$ 时，①求半衰期 $t_{1/2}$ 与黏度 η 的关系；②达到流平终点时需要半衰期 $t_{1/2}$ 的次数，以及完全流平时间与黏度 η 的关系；③若 $\eta = 10\text{dPa·s}$ 和 1000dPa·s 时，分别计算半衰期和流平时间。

解： ① $t_{1/2} = \lg\dfrac{\lambda^4\eta}{225.6\gamma x^3}\times\lg 2 = \dfrac{0.1^4\eta\lg 2}{225.6\times 35\times 0.01^3} = 0.0038\eta$

② $\dfrac{a_0}{a_t} = \dfrac{0.0080}{0.5\times 10^{-4}} = 160$，需要半衰期的次数：$n = \dfrac{t}{t_{1/2}} = \dfrac{\lg(a_0/a_t)}{\lg 2} = \dfrac{\lg 160}{\lg 2} = 7.32$

完全流平时间：$t = \lg\dfrac{\lambda^4\eta}{225.6\gamma x^3}\times\lg\dfrac{a_0}{a_t} = \dfrac{0.1^4\eta\lg 160}{225.6\times 35\times 0.01^3} = 0.028\eta$

③ $\eta = 10\text{dPa·s}$ 时，$t_{1/2} = 0.038\text{s}$，$t = 0.28\text{s}$；$\eta = 1000\text{dPa·s}$ 时，$t_{1/2} = 3.8\text{s}$，$t = 28\text{s}$。可以看到，随湿涂层黏度增加，达到半衰期或完全流平的时间越来越长。

7.6.1.2 流挂

流挂是湿漆膜受自身重力作用向下流，即湿漆膜的向下流淌。流挂是由重力引起的流动，见图 7-53。在垂直表面上有密度为 ρ 的湿涂层，总厚度为 x，把它看作由很多薄层组成。每个薄层的面积为 A，厚度为 $\mathrm{d}y$。距离该湿涂层外表面 y 处的薄层，受到它外面相邻薄层流挂的影响，产生一个对抗向下流动的应力：

$$\sigma = \rho(yA)g/A = \rho yg$$

相邻薄层间的流挂速率差为 $\mathrm{d}v$，流动的速率梯度为 $\dot{\gamma} = -\dfrac{\mathrm{d}v}{\mathrm{d}y}$，黏度表达为 $\eta = \dfrac{\sigma}{\dot{\gamma}} = \dfrac{\rho yg}{(-\mathrm{d}v/\mathrm{d}y)}$，则相邻薄层间的流挂速度差为：

$$\mathrm{d}v = -\left(\dfrac{\rho g}{\eta}\right)y\mathrm{d}y \tag{7-6}$$

当 $y = x$（湿涂层的总厚度）时，即在基材表面的薄层，该薄层不能流动，速率为 0，积分式（7-6），得到涂层流挂速率的公式：

$$v = \dfrac{\rho g}{2\eta}(x^2 - y^2) \tag{7-7}$$

当 $y = 0$ 时，最外薄层的流挂速度为：$\quad v = \dfrac{\rho g x^2}{2\eta} \tag{7-8}$

在给定的横截面上，涂层的宽度为 L，经过时间 t，积分求出流挂涂料的总体积为：

$$V = \dfrac{\rho g L t}{2\eta}x^3 \tag{7-9}$$

从式（7-8）和式（7-9）看，流挂涉及两个可控量：涂料黏度 η 和湿涂层厚度 x。流挂量随 x 的增加而呈三次方指数增加，但涂层厚度是由遮盖力和涂层性能来决定的，如果湿涂层薄，就需要多道涂覆来达到要求厚度。

从涂料黏度和涂层厚度上看，式（7-5）中流平要求涂层黏度要低，涂层要厚；而式（7-8）中流挂要求涂层黏度要高，涂层要薄，它们是相互对立的，在实践中通常采用折中的办法，使涂层达到满意的流平而又不流挂。采用多道涂覆，能达到要求厚度又不流挂。

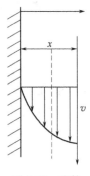

图 7-53 流挂

涂料有一定的屈服值 σ_0，不会出现流挂现象，而是涂层作为一个整体向下滑，称为滑挂。滑挂厚度为 $y = \dfrac{\sigma_0}{\rho g}$。当屈服值 σ_0 足够大，使 $y = x$ 时，就不会发生滑挂。假塑性涂料具有屈服值，能够一定程度上控制流挂。这是厚浆涂料利用的原理。

7.6.1.3 流动性测试

涂料施工性能包括将涂料施工到被涂表面上形成涂膜的过程，如施工性（刷涂性、喷涂性或刮涂性），双组分涂料的混合性能、活化时间、使用量和标准涂装量，湿膜和干膜厚度，流平性和流挂性，以及干燥时间等。电泳漆、粉末涂料各有其特定的施工性能。过去大多手工施工，对涂料施工性能要求不高。现代化流水线对涂料施工性能要求的项目多，而且规定也严格，这方面的测试就很重要。

（1）施工性　施工性用来检测涂料产品施工的难易程度。施工性良好是指涂料用刷、喷或刮涂等方法施工时，施工容易，涂膜又很快流平，没有流挂、缩边、起皱、渗色或咬底等现象。

施工性分为刷涂性、喷涂性或刮涂性（腻子刮涂）等，用实际施工效果给出定性结论，最好与标准样品比较得出结果。国家标准 GB 6753.6—86《涂料产品的大面积刷涂试验》规定的方法，用于评价在严格规定底材上大面积施涂色漆、清漆及有关产品的刷涂性和流动性，观察凸出部位和锐角部位涂料收缩的倾向。试板面积较大，钢板的尺寸不小于 1.0m×l.0m×0.00123m；木板尺寸不小于 1.0m×0.9m×0.006m；水泥板尺寸不小于 1.0m×0.9m×0.005m。对刷子尺寸和刷涂工艺有具体规定。与标准样品相比较，涂料施工性能的差异和涂膜刷痕消失、流挂、收缩等现象。

（2）流平性测试　国家标准 GB 1750—79（88）《涂料流平性测定法》中规定流平性的测定方法分为刷涂法和喷涂法两种，以刷纹消失和形成平滑漆膜所需时间来评定，以分钟表示。

刷涂法是按《漆膜一般制备法》中的规定，将试样调至施工黏度，涂刷在马口铁板上使之平滑均匀，然后在涂膜中部用刷子纵向抹一刷痕，观察刷痕消失并恢复成平滑表面的时间，合格与否由产品标准规定，一般流平性良好的涂膜在 10min 之内就可以流平。喷涂法则观察涂漆表面达到均匀、光滑、无皱、无橘皮的时间，以产品标准规定评定是否合格。

美国 ASTMD 2801—69（81）测定涂料流平性中规定，使用有几个不同深度间隙的刮刀，将涂料刮成几对不同厚度的平行条形涂层，观察完全和部分流到一起的条形涂层数，与标准图形对照，用 0～10 级表示，10 级表示完全流平，0 级则流平最差，适用于白及浅色漆。

（3）流挂性测试　液体涂料涂刷在垂直表面上，受重力影响湿膜的表面有向下流坠的趋势，导致漆膜上部变薄、下部变厚的现象，严重时形成球形、波纹形。漆膜流挂有三个原因：涂料的流动特性不合适；涂层过厚；涂装环境和施工条件不合适。

我国国家标准《GB 9264—88 色漆流挂性的测定》规定，采用流挂试验仪对色漆的流挂性进行测定。在试板上涂上一定厚度的涂膜，将试板垂直放置，观察湿膜的流坠现象，进行记录，检查是否符合产品标准规定。

7.6.2　流挂控制

涂膜流平性要好，就要求在足够长的时间内，涂膜黏度低，才能充分流平，但这样会出现流挂问题。触变性涂料能够兼顾流平和流挂的要求。颜料絮凝能使涂料获得触变性，但絮凝程度大，涂层的遮盖力、光泽、流动性、流平性变差，现在不采用颜料絮凝法，通常控制颜料处于轻微絮凝状态。目前用流变助剂来使涂料获得触变性。

流变助剂能使流挂和流平达到适当的平衡，即施工时涂料黏度暂时降低，在黏度回复期间黏度逐渐缓慢增大，使涂膜有时间流平。流平后黏度很大，防止了流挂。高效流变助剂能恰到好处地控制黏度回复速度，使漆膜流平性良好，并有效控制流挂。

7.6.2.1　流变助剂

流变助剂有下列体系。①氢化蓖麻油系，触变性强，易受温度影响。溶解时能重结晶，造成粗粒，有些产品拼入酰胺蜡来改进。②氧化聚乙烯系，分散入非极性溶剂里。触变性较弱，对基料选择性少。③有机膨润土系，在低级醇、酮、酯类溶液中溶胀性下降。④气相二氧化硅，分散应进行完全，最好用母料法。⑤酰胺蜡系，加后即有触变性。⑥超微沉淀$CaCO_3$，表面以脂肪酸处理，粒径 $25\sim50\mu m$，结构黏度高，过量要影响光泽。⑦二亚苄基山梨醇，山梨醇和苯甲醛的反应物。⑧金属皂系，硬脂酸铝、锌和钙盐。结构黏度是由于在非极性溶剂中形成的胶束造成的。溶液极性和添加温度不同，效果大不相同。⑨共聚油系，干性油和共聚单体进行共聚，再与胺或二聚酸的缩合物和多元醇反应。对颜料有选择性。⑩表面活性剂系，蓖麻油的硫酸或磷酸酯。

（1）氢化蓖麻油　由蓖麻油加氢制得，熔点 $85\sim87℃$，粒径小于 $10\mu m$。氢化蓖麻油分子中含有羟基，而脂肪酸结构在非极性溶剂中又很容易溶剂化。靠羟基的氢键形成触变结构。

氢化蓖麻油适用于脂肪烃和芳香烃溶剂体系，不宜在醇系极性溶剂中使用，因在极性溶剂中易溶解，低温下析出白色的晶粒。用于氯化橡胶、乙烯型、环氧和醇酸漆等，不与涂料其他组分反应，不影响涂层的抗水性和耐久性，不泛黄。使用时先将它与溶剂和树脂在要求温度下搅拌形成预凝胶，调漆时加入，也可在研磨前加入，与颜料一起研磨。

（2）有机膨润土　膨润土是亲水的层状结构黏土，上下两层为硅氧四面体，中间一层是八面体，用高价阳铝或镁离子中和电荷，若它们被低价阳离子取代，就正电荷不足，负电荷过剩，吸附其他阳离子来补充。这些低价阳离子用有机阳离子（如带长链的季铵盐）交换，就能使亲水性黏土变成亲油的。使用时须把有机膨润土薄片分散在涂料中。片状结构的边缘含有氧和羟基，分散在漆料中的薄片借助这些基团能够形成氢键，在涂料中形成触变结构。在不同极性溶剂中，使用不同种类的有机膨润土。一些有机膨润土因薄片较难分离，需在分散时加少量的极性添加剂，如 95％的甲醇溶液。

（3）聚乙烯蜡　由乙烯和其他单体在高压下经自由基聚合制得，有的也采用高分子量聚乙烯降解生产，相对分子质量大多控制在 $1500\sim3000$ 左右，在制造时氧化引入羧基、羟基、醛基、酮基和过氧化基等极性基团，这些极性基团定向吸附在颜料表面，碳链伸展在漆料中，形成触变结构。粉状的蜡可加入一部分溶剂中，共同加热溶解，待冷却到 60℃ 左右，再加入其余的溶剂，迅速搅拌制成糊状分散物。若是糊状物，可直接加到研磨色浆中。这种蜡对涂料黏度影响小，不易受颜料和漆基的影响，可用于大多数涂料中。其改性产品可用作消光剂。

（4）超细 SiO_2　又称气相 SiO_2，粒径 7～14nm，属于胶体粒子，比表面积 50～380m^2/g，表面有硅醇基。将 SiO_2 加入漆中，经充分搅拌分散，硅醇基间形成氢键，具有触变性。在烃类、卤代烃类的非极性溶剂中，黏度恢复极快。在极性溶剂，如胺类、醇类、羧酸类、醛类、二醇类中，黏度恢复时间相当长，甚至达数月之久。为降低极性溶剂的影响，可使用含有 16% 氧化铝的 SiO_2。分散不好容易产生沉淀，可选用有机物处理过的 SiO_2，或者根据树脂类型及分散设备，选择适当浓度的气相 SiO_2 制成母料，再将母料分散到涂料中去。气相 SiO_2 可用于防锈材料、厚浆涂料、装饰涂料、塑溶胶等，用量在 0.5%～3% 之间，但在储存中有黏度和触变性下降的趋势。

7.6.2.2　厚浆涂料

重防腐蚀涂层能忍受恶劣环境，如海上石油钻采平台的柱脚、深水码头钢桩、船舶压载水舱等。这些部位维修十分困难或不可能，建造时要求达到较长保护期，如 5～10 年。

重防腐蚀涂料包含防锈底漆和厚浆型涂料。底漆为正硅酸酯富锌漆或环氧富锌底漆。无机富锌底漆干漆膜厚度过大，会产生附着力差的"泥裂"现象，但也不能太薄，因锌粉含量与膜厚成正比，一般干膜厚度在 70μm 左右，环氧富锌底漆没有这方面的问题。

荷兰造船学会制订的船舶各部位漆膜厚度要求如表 7-11 所示。

表 7-11　船舶各部位的漆膜厚度

部位	涂料	厚度/μm	部位	涂料	厚度/μm
水下部位	环氧煤焦沥青涂料	≥250	水线	环氧煤焦沥青涂料	≥250
	氯化橡胶涂料	≥200		纯环氧树脂涂料	≥250
	氯醋共聚体涂料	≥200		氯化橡胶涂料	≥200
饮水舱	纯环氧树脂涂料	≥250		氯醋共聚体涂料	≥200
甲板	纯环氧树脂涂料	≥200	压载水舱	环氧煤焦沥青涂料	≥250
	氯醋共聚体涂料	≥200	船壳	氯化橡胶涂料	≥200

漆膜对钢铁表面的防护性能有三个因素：①底材表面处理的方法与程度；②干膜总厚度；③涂层性能。厚浆型涂料就是根据后面两个要求而设计的。

船舶压载水舱干漆膜要求为 250μm 以上，若采用一般涂料，每道干膜仅 30μm 左右，需 8 道方可达到要求的厚度，耗时费力。厚浆型涂料湿膜厚至 300μm 而不流挂，两道可达到要求厚度。超厚浆型可喷至 1000μm。因厚度大时，涂层允许轻微橘皮状。

触变性涂料中加入少量触变剂，一般在 2% 以内。常用的触变剂为有机膨润土、酰胺改性氢化蓖麻油和气相二氧化硅。氯化橡胶、环氧煤焦沥青、纯环氧树脂、氯醋共聚树脂能做成厚浆涂料，湿漆膜厚度较常规漆厚一倍以上。但漆膜过厚，有少量溶剂残留在漆膜内，影响漆膜性能，残留溶剂向低层渗透，造成漆膜附着性差，严重的整张漆膜能撕起来。超厚浆涂料仅用于涂装条件差、要求一次涂装的场合。

7.6.2.3 涂料施工中的流挂

(1) 溶剂型涂料 喷涂施工时，只要控制溶剂挥发速率并正确使用喷枪，可达到足够的流平而不流挂。热喷涂有利于控制流挂。漆雾颗粒碰到冷的底材表面温度下降，黏度提高，减少流挂。超临界二氧化碳喷涂对控制流挂特别有帮助，因为漆雾在飞行途中二氧化碳几乎全闪蒸掉了，故黏度大幅度增大。高速静电旋杯施工时可用较高黏度的涂料，也有助于控制流挂。

刷涂和辊涂涂料的溶剂挥发要慢，涂料要有触变性，需要加流变助剂。乳胶漆具有触变性，比溶剂型涂料较少发生流挂。

(2) 高固体分涂料 溶剂挥发较慢，原因如下。①树脂分子量较低，浓度较高，降低了溶剂的挥发速率。②表面张力较高，漆雾较大，挥发掉的溶剂也就较少。操作者能通过调节而获得较小颗粒的漆雾。③T_g 随浓度变化快，溶剂稍挥发后，溶剂挥发速率就受控于扩散，挥发速率大幅度降低。高固体分涂料因溶剂挥发较慢，易发生流挂，不仅如此，还易发生烘道流挂（也称为热流挂），因为进入热烘道后，黏度下降幅度比常规涂料的大，在烘道内发生流挂。烘道要分区，在低温区挥发时间长，并部分交联；进入高温区前，就提高了固含量和分子量。调整溶剂组成不足以控制许多高固体分涂料流挂时，必须使用触变剂，如用气相二氧化硅、有机膨润土或聚酰胺等。流挂程度小，白色上显示不出来，但会影响漆膜中金属片的取向。高固体分汽车金属色涂料不能使用 SiO_2 来获得触变性，因为 SiO_2 散射影响漆膜的随角异色效应（flop），通常使用聚丙烯酸酯来获得触变性，其折射率很接近交联的丙烯酸聚合物，对随角异色没有干扰。

(3) 水稀释树脂涂料 溶剂是水和有机溶剂的混合物。水-乙二醇丁醚作溶剂，在某个 RH（相对湿度）下，水和乙二醇丁醚的相对挥发速率相等，使残余溶液的组成不变，这个 RH 称为临界相对湿度（CRH）。乙二醇丁醚在树脂颗粒内富集，水相中乙二醇丁醚很少，而水从水相中挥发，它们的相对挥发速率取决于在水相中的浓度，含 10.6% 乙二醇丁醚涂料的 CRH 为 65%，而没有树脂时的 CRH 是 80%。水稀释树脂溶于有机溶剂而不溶于水，在 CRH 以下，水挥发得快，有机溶剂富集，涂料黏度下降而易流挂。

7.6.3 表面张力

不管用什么方法施工，湿涂层都有一个流动和干燥成膜的过程，然后逐渐形成平整、光滑、均匀的涂膜。在涂料施工中或施工后会产生许多缺陷或不完整，要避免这些缺陷，就需要在理论指导下加入相应的助剂。在温度、压力和组成恒定时，涂料可逆地增大表面积 dA，则自由能的增加量 $dG = \gamma dA$。比例常数 $\gamma = dG/dA$ 就是涂料的表面张力。

7.6.3.1 表面张力的作用

自发过程要求 $dG < 0$，对于 $dG = \gamma dA$，可减小表面积或降低表面张力。液体有自行缩小表面的趋势。固体降低表面张力就吸附杂质，液体降低表面张力就把低表面张力的成分移动到气-液界面上去。低表面张力分子移向表面，表面总的表面张力也相应变化，这就是动态表面张力。只有多组分的液体才有动态表面张力。涂层干燥过程中动态表面张力逐步减小，然后到达定值。表面张力是由分子相互作用引起的，是由分子内部的官能团和结构决定的。表面张力是物质的特性，与所处的温度、压力、组成，以及另一相的特性有关。

温度增加时，大多数液体的密度降低，分子间作用力下降，有利于克服液体内部分子的吸引，表面张力下降。当温度增加到临界温度 T_c 时，气-液界面消失，表面张力也就不存在了。温度与表面张力的经验公式为：

$$\gamma = \frac{k}{V^{2/3}}(T_c - T - 6.0) \tag{7-10}$$

式中，V 为液体的摩尔体积；T_c 为临界温度；k 为常数，非极性液体的 $k = 2.2 \times 10^{-7}$ J/K，极性液体的 k 要小得多。金属及其氧化物、玻璃、陶瓷等的表面张力大，容易被润湿，也容易被污染，它们通常会吸附一层水膜或有机杂质，转变为低能表面。

表面张力随温度下降而增大，溶剂通常比树脂的表面张力低，可用于分析涂层缺陷。例如，湿漆膜某处 A 点，A 点溶剂挥发快，树脂浓度提高，A 点的温度就因溶剂挥发吸热而显著下降，A 点的表面张力就大，与周围低表面张力的溶液形成表面张力梯度，周围的溶液就向 A 点流动，来覆盖 A 点。因湿涂层黏度阻止流动，还要考虑黏度因素。

7.6.3.2　回缩

涂料施工时的机械作用力能把表面张力高的涂料，涂覆于表面张力较低的底材上，但涂料并不能润湿底材，湿涂层倾向于收缩成球状，但在被拉成球状之前，因溶剂挥发造成黏度增大，流动基本停止，就形成厚度不均的漆膜，这种行为称为回缩。

油的表面张力很低，有油污的钢材上涂漆会造成漆膜回缩。大多塑料的表面张力很低，在塑料上涂漆就容易出现回缩。在含有硅油或氟碳表面活性剂的漆膜上重新涂漆时，其疏水端排列在漆膜表面上，使新涂湿膜产生回缩。为消除漆膜回缩，得到厚度均匀一致的漆膜，涂料涂布前通常需要对工件进行预处理。金属等材料的表面张力大，需要清除其表面的有机污物（油污，包括工件加工后涂的防锈油），这称为除油。塑料等本身的表面张力小，需要在表面上引进极性大的基团（如羟基、羧基等），以增加其表面张力。常用金属（钢铁、铝、锌等）的表面实际上覆盖的是它们的氧化物，这些自然形成的氧化物性质不均匀一致，通常磷化处理可生成均匀的磷化膜。磷化膜表面张力高，涂料的表面张力低，涂料能润湿底材，这样就避免了回缩。喷涂平板时，涂层边上最厚，稍离边处则较薄，这就是厚边现象。在边上，空气流速大，溶剂挥发快，导致边上树脂浓度大，温度降幅大，表面张力增大，邻近低表面张力的涂料流过来，产生厚边现象。

高固体分涂料为降低树脂分子量，就需要增加交联官能团的数量，如羟基和羧基，这类官能团极性高，表面张力也更高。为降低黏度，不用烃类溶剂，而使用氢键受体型溶剂。氢键受体溶剂包括醇、醚、酯、酮类，表面张力高。高固体分涂料的树脂和溶剂表面张力都高，易回缩，需要加表面活性剂以降低表面张力。

7.6.3.3　缩孔

缩孔是由低表面张力的小颗粒或小液滴产生的，它们存在于底材上、涂料中、或飞落在刚涂布好的湿膜上。低表面张力处液体要流动，去覆盖周围高表面张力处，而溶剂挥发增大了黏度，阻碍了流动，最终低表面张力处形成凹缩孔，外观是小圆形，像火山口。在缩孔中心一般可看到杂质颗粒。喷涂时空气中的飞散物落在湿膜上，如飞散物的表面张力比湿膜的低，产生缩孔；比湿膜的高，邻近低表面张力的湿膜流过来，就产生橘皮。

在大多数工厂中，总有杂物颗粒存在，要避免缩孔，可采取下列措施。①湿漆膜厚，不会形成明显的缩孔。②添加触变剂提高湿漆膜的黏度，能防止缩孔。③采用低表面张力涂料，因为比这种涂料更低，表面张力的杂物少，很少形成缩孔。醇酸等氧油基涂料的表面张力就很低。聚酯涂料的高，缩孔问题较大。④储存中树脂反应，产生不溶于溶剂的颗粒，干燥过程中溶解性差的树脂析出，都可能造成缩孔。表面活性物质与涂料不相溶，或干燥过程中浓度超过了它的溶解度，都产生不相溶液滴，就产生缩孔，因此，涂料配方要合理。

漆膜装饰性要求越高，涂装场所的清洁度就要求越高。现代化涂装车间通常按清洁度等级分区布置，以保证需要的清洁度。幕帘淋涂时，漆幕须完整，要用低表面张力的涂料。高固体分涂料的表面张力高，易产生回缩和缩孔。粉末涂料很容易回缩和缩孔，需使用流平剂。流平剂降低涂料的表面张力，促进流平，也防止回缩和缩孔，又称为防缩孔流平剂。

7.6.3.4 流平剂

传统油基涂料的表面张力较小，很少出现漆膜缺陷。聚氨酯涂料、环氧-胺涂料、粉末涂料、水稀释涂料、高固体分涂料等的表面张力大，要提高这些涂料的流平性，克服缩孔：首先需要对涂料配方、制造工艺等进行优选；其次采用防缩孔流平剂。防缩孔流平剂的作用是：①在涂膜表面形成均匀的极薄单分子层；②降低涂料表面张力，使涂料与杂物之间不形成表面张力差；③溶剂挥发速率均匀，降低涂料黏度，延长流平时间。

防缩孔流平剂有两类：高沸点混合溶剂和有限混溶树脂，两者作用机理不同。

高沸点混合溶剂是采用芳烃、酮类、酯类等的高沸点溶剂混配而成，溶解力强，始终保持对成膜物质的溶解，靠降低涂料黏度来改善漆膜的流平性，但使涂料固含量下降，流挂，且延长干燥时间。常温干燥涂料用这种混合溶剂作流平剂是很有效的，如 F-1 硝基漆防潮剂、F-2 过氯乙烯漆防潮剂都不仅具有流平作用，同时也是颜料良好的润湿剂。

有限混溶树脂包括醋丁纤维素类、聚丙烯酸酯类和硅树脂，它们移向湿漆膜表面，因为混溶性小，在湿漆膜表面富集形成了一层"壳"，阻碍溶剂挥发，延长流平时间，同时还减弱了涂膜表层流动，减弱了流动的"痕迹"，使涂层更光滑。但延长湿膜流动时间，也加剧了流挂，而且有限混溶树脂也影响漆膜的力学性质和光泽，故通常采用最小用量。

醋丁纤维素的丁酰基含量越高，流平效果越好，用于聚氨酯涂料和粉末涂料。

聚丙烯酸酯是共聚物，平均分子量 6000～20000，$T_g \leqslant -20℃$，树脂常温下能流动，表面张力很小，在 $(2.5～2.6) \times 10^{-5} N/cm$ 范围，65℃时黏度为 4～12Pa·s。如果黏度更高，涂膜不能流平；黏度过低，聚丙烯酸酯就迁移到漆膜表面，改变涂膜性能。聚丙烯酸酯用量增加，表面张力达到一个最小值，随后基本恒定；用量太大，涂层表面会产生雾状，降低漆膜表面的再涂性，故不宜过量。聚丙烯酸酯在环氧涂料中为树脂的 0.5%～1.0%（质量份），聚酯树脂约 1.0%，丙烯酸树脂 1.0%～1.5%，可用于粉末涂料、溶剂型涂料和水性涂料中。

硅油及有机硅改性树脂是涂料行业使最广泛的一种流平剂。硅油有聚甲基硅氧烷、聚甲基苯基硅氧烷。二甲基聚硅氧烷与涂料树脂的相容性差，苯基能增加相容性，但效果有限，目前多使用有机树脂改性聚甲基硅氧烷，如聚醚或聚酯改性。m 越大，与树脂的亲和性越好，用 n 控制流平性。这种流平剂能够迁移至涂膜表面，降低表面张力。聚醚改性有机硅应用广泛，但不用于高温和有水场合，因易降解，这时需用聚酯改性有机硅。为了均匀地将流平助剂混入粉末涂料中，常将它载在二氧化硅等载体上，或与树脂制成母粒应用。

R=聚酯或聚醚

7.6.3.5 混合溶剂与流平

喷涂用烘漆常用挥发快和挥发慢的混合溶剂，目的是获得既有合理平整度、又没有很薄处的漆膜。溶剂挥发性太低，湿漆膜长时间低黏度，充分流平得到平滑漆膜，但粗糙底材的凸处漆膜太薄。溶剂挥发性太高，在漆雾滴外围的溶剂迅速挥发，雾滴表面温度迅速降低，浓度显著提高，增大了表面张力，但雾滴中心的黏度仍然低，表面张力也低。雾滴中心涂料流动去覆盖高表面张力处，如没有涂料的地方，或涂层太薄已接近干燥的位置。这种流动使漆膜厚度均匀，但漆膜随底材表面凹凸而相应凹凸，涂层不平滑。

喷涂时，漆雾到达工件前，挥发快的溶剂大多已挥发掉，降低流挂的可能。挥发慢的溶剂使湿漆膜有足够时间流平，混入湿漆膜的空气也能逸出，烘烤时爆孔的可能性减小。

7.6.4　泡沫和消泡

乳胶漆中广泛应用消泡剂。传统溶剂型涂料的泡沫问题不很突出，但也用消泡剂，特别是木器漆中必须加消泡剂。消泡剂在目前涂料助剂的销售中占很大的比重。

（1）泡沫形成　泡沫形成会产生大量的表面积，表面张力越低，产生一定量的泡沫所需能量就越少。水的表面张力高，本身不容易产生泡沫。表面活性剂分子中同时含有亲水性和亲油性基团，分子量又不太大，在水溶液中能自由运动，亲油性基团在水溶液表面取向，就降低了水的表面张力，促进泡的形成，表面活性剂移动到气泡表面取向，能稳定气泡。乳胶漆中因有表面活性剂残留，易产生气泡，聚集在液面上就形成泡沫。溶剂型涂料产生多为单个球形的微小空气泡，很少见到泡沫。因为木材或水泥上有大量微孔，涂装时孔隙内的空气自湿漆膜内部上溢，气泡上升不到表面，留在漆膜中形成鱼眼，气泡上升到表面，就形成针眼。

（2）消泡的机理　表面活性剂吸附于液膜表面，能反抗液膜表面的扩张或收缩，这种稳定液膜表面的能力称作表面弹性，又称吉布斯弹性。当外力（机械力或热冲击）作用于泡沫时，表面活性剂便移动，迅速改变泡沫膜的表面张力，以抵消该外力。由于重力作用，泡沫膜内液体向下流动，使膜不断变薄。但液体流动也带动表面活性剂下移，膜下部表面活性剂浓度大于膜上部的，下部的表面张力低于上部的，下部的液体就沿膜壁向上移动，使上部变薄的泡沫膜又恢复厚度，这称为 Marangoni 效应。消泡剂可分消泡剂（defoamer）和抑制泡沫产生的抑泡剂（antifoamer）。消泡剂（defoamer）在已形成泡沫的膜面上，形成低表面张力点，这个点的液体就流向邻近较高表面张力处，液体外流使泡壁变薄破裂。抑泡剂分子不规则地分布于泡沫表面，破坏膜壁弹性，抑制泡沫形成。

形成泡沫膜的乳化剂分子链越长，分子间力越大，膜的弹性越好，泡沫就越稳定。离子型乳化剂使泡膜壁带电，阻止气泡聚集，有利于泡沫稳定。乳胶漆黏度太低不易施工，使用增稠剂后也增大泡沫膜的表面黏度，膜壁能保持一定的厚度，气泡就难以破裂。涂料黏度高，消泡剂不易分散，且小气泡会长期悬浮其中不破灭。泡沫越稳定，黏度越高，消泡越不容易。

（3）消泡剂　消泡剂的表面张力低，不溶于发泡液体中，但能以极细颗粒均匀分布于发泡液体中。消泡剂既要表面张力小，又要在膜内迁移速率快。能起消泡作用的物质非常多，分为低级醇、极性有机物、矿物油、有机硅四大类。实用消泡剂大多数是由几种混合而成。乳胶漆中可用矿物油消泡剂，溶剂型涂料需要聚硅氧烷消泡剂。

① 矿物油　乳胶漆中可用矿物油消泡剂，由矿物油、憎水颗粒和少量乳化剂、杀菌剂和其他增强成分组成。矿物油能取代泡沫膜上的表面活性剂，减弱泡沫壁的弹性和内聚力，还作为载体，将憎水颗粒输送到泡沫壁上，吸收捕捉泡沫壁上的表面活性剂。憎水颗粒为气相二氧化硅或脂肪酸金属盐。少量乳化剂使消泡剂易均匀混入涂料中。矿油消泡剂不适用于溶剂型涂料，因为它在这类膜壁上的迁移速率不快。

② 聚硅氧烷　聚硅氧烷的分子链短，在涂料中混溶性好，起的是稳定泡沫而不是消泡作用；聚硅氧烷的链太长，混溶太差，虽会消泡，也产生缩孔等缺陷，用有机基团改性聚硅氧烷以控制在涂料中的混溶性，既起消泡作用，又不会产生缩孔；聚醚改性可提高其亲水性，全氟有机改性，表面张力极低，能强力消泡，但氟化合物通常价高。

消泡剂除不仅能保证涂料施工时不产生泡沫外，还能保证生产顺利进行，因泡沫使生产困难，泡沫中的空气不仅会阻碍颜料分散，使设备利用率不足，装罐时也需多次灌装。

生产乳胶漆时，消泡剂分两次添加，即分别在颜料分散时和调漆时加入。生产高光泽乳胶漆时，研磨时加入强消泡剂，调漆时加弱些的消泡剂。溶剂型涂料只需在调漆时加入。消泡剂与流平剂配合使用会获得相辅相成的效果，但应分别添加，不能混合后添加。

7.6.5 平滑面和粗糙面

7.6.5.1 粗糙度

液体表面受表面张力的作用，要保持最小表面面积，经过流动可达到平滑，但固体不同，固体表面的粗糙是被固定的，以 i 表示其粗糙程度：$i = A/A_L$，A 是固体表面的实际面积，A_L 是其投影面积或平滑面积。液体的 $i=1$，固体的 $i \geqslant 1$。固体实际表面积可用气体吸附法、染料吸附法、双层电容法等测定，平滑面积可根据固体的体积、密度计算。当液体完全和固体表面接触时，平滑面和粗糙面上的粘湿功 W_a、浸湿功 W_i、铺展系数 S 与接触角 θ 之间的关系见表 7-12。

表 7-12　平滑面（$i=1$）和粗糙面（$i>1$）上的接触角

粘湿 $W_a = \gamma_{GL}(i\cos\theta+1)$		浸湿 $W_i = \gamma_{GL}i\cos\theta$		铺展 $S = \gamma_{GL}(i\cos\theta-1)$	
平滑面	粗糙面	平滑面	粗糙面	平滑面	粗糙面
$\theta \leqslant 180°$	$\cos\theta \geqslant -1/i$	$\theta \leqslant 90°$	$\theta \leqslant 90°$	$\theta = 0°$	$\cos\theta \geqslant 1/i$

【例 7-3】　一液体在固体表面上的接触角 $\theta = 60°$，为了使液体在固体上自发铺展，固体表面应有何种程度的粗糙度？

解：令 $S = \gamma_{GL}(i\cos\theta-1)=0$，则 $(i\cos\theta-1)=0$，$i = \dfrac{1}{\cos\theta} = \dfrac{1}{\cos60°} = 2$

该题表明：光滑表面上不能自发铺展的液体，当表面粗糙度大于 2 时，就可铺展，即粗糙度能"放大"润湿性，使液体的润湿性更强。

7.6.5.2 超级疏水性涂层

一个液滴在固体表面上可以用仪器测量接触角。在粗糙表面上，当液体能够彻底润湿时，设表观接触角为 θ^a（即实际测量得到的接触角），这时与接触角 θ（平滑表面上的接触角）的关系可用 Wenzel 方程表达：

$$\cos\theta^a = i\cos\theta \tag{7-11}$$

因为 $i \geqslant 1$，$\theta < 90°$，粗糙度能够"放大"润湿性，使 θ^a 变得更小，该液体的润湿性更强。$\theta > 90°$，不能润湿表面的液体，θ^a 变得更大，疏水性更强。

当液体不能润湿粗糙表面时，液滴下面存在气-液界面，这时用 Cassie-Baxter 方程表达：

$$\cos\theta^a = -1 + \phi_{GS}(1+\cos\theta) \tag{7-12}$$

式中，-1 表示空气表面接触角为 $180°$（因 $\cos180° = -1$）；ϕ_{GS} 表示固体与液体实际接触面积所占完全润湿时面积的分数，粗糙度增大，ϕ_{GS}则变小，θ^α变得更大。

无论液体能否润湿表面，增大粗糙度，都使表面的疏水性增强。参考文献［11］采用含二甲基硅氧烷涂料形成疏水涂层，随粗糙度增大，涂层更加疏水，成为超级疏水性涂层（$\theta \geqslant 150°$）。超级疏水性涂层要求涂层表面化学成分疏水，而且微观粗糙度要大。超级疏水性涂层是目前研究的热点，更多文献见参考文献［12］。

参 考 文 献

［1］　冯立明，牛玉超，张殿平著.涂装工艺与设备.北京：化学工业出版社，2004.
［2］　张学敏著.涂装工艺学.北京：化学工业出版社，2002.
［3］　张茂根著.涂料与涂装.南京：南京航空航天大学（自编教材），1993.
［4］　孙兰新等.涂装工艺与设备.北京：中国轻工业出版社，2001.
［5］　杨生民著.涂装修理.哈尔滨：黑龙江科学技术出版社，1995.
［6］　曹京宜著.实用涂装基础及技巧.第2版.北京：化学工业出版社，2008.
［7］　陈治良主编.现代涂装手册.北京：化学工业出版社，2010.
［8］　虞胜安主编.高级涂装工技术与实例.南京：江苏科技出版社，2006.
［9］　［美］Zeno W. 威克斯等著.经桴良，姜英涛等译.有机涂料科学和技术.北京：化学工业出版社，2002.
［10］　［英］兰伯恩，斯特里维森.苏聚汉，李权功，汪聪慧译.涂料与表面涂层技术.北京：中国纺织出版社，2009.
［11］　Chang Kuei-Chien, Chen Yu-Kai, Chen Hui. Journal of Applied Polymer Science, 2007，105（3）：1503-1510.
［12］　黄月文，刘伟区，罗广建.高分子材料科学与工程，2008，24（11）：13-16.

本 章 概 要

本章主要介绍了工业上常用的涂料施工方法和设备。空气、高压无气方法和静电喷涂方法是基本的喷涂方法。喷涂的涂装效率高，能够获得高质量涂膜，适应性强，在工业上得到广泛应用。为提高涂料的利用效率，发展了静电喷涂的方法。为在喷涂中能够使用高黏度的涂料，减少有机溶剂的用量，就发展了高压无气喷涂方法。根据喷涂基本原理发展的有加热喷涂，双组分涂料喷涂，还有从空气喷枪发展出来的 HVLP、LVLP 和 LVMP 喷枪，超临界液体喷涂法，以及空气辅助高压无气喷涂法。目前自动涂装系统逐步得到应用，介绍了自动涂装机、涂装机器人和自动涂装生产线的基本原理和设备。

喷漆室属非标准设施，将飞散的漆雾、挥发的溶剂限制在一定的区域内，并进行过滤处理，确保环境中的溶剂浓度符合劳动保护和安全规范的要求。一般配置给排风系统，将漆雾和挥发出的溶剂带走。用于轿车等涂层质量要求高的产品，使用空调送风，风要除尘调温调湿。常用的湿式喷漆室是漆雾与循环水产生的水帘或水雾通过碰撞、吸附、凝聚，被捕集在水中。涂装中产生"三废"（废水、废渣、废气）都需要处理。

在流水生产线上，浸涂适用于小型的五金零件及结构比较复杂的器材或电气绝缘材料等的涂装；淋涂主要用于平面材料的涂装；辊涂适用于织物、卷材、塑料薄膜、纸张等的涂装。

干燥过程依据涂膜黏度变化可分为表面干燥、实际干燥和完全干燥。根据传热方式分为：对流式干燥，辐射式干燥，感应式或微波式干燥，紫外光固化干燥。常用的是对流式（即热风烘干）和辐射式干燥。辐射式干燥使用的有远红外辐射和高红外辐射。涂料干燥设备按外形结构可分为室式（烘房）、箱式（烘箱）、通道式（烘炉）。连续式通道式干燥室适宜大批量流水作业生产，烘箱、烘房，适用于单件或小批量生产。

练 习 题

一、填空。

1. 空气喷涂法的涂料利用率低。为提高涂料的利用效率，发展了_____。因为空气喷涂法要求的涂料黏度低，为能喷高黏度涂料，就发展了_____。

2. 空气喷涂时，涂料的雾化程度取决于_____之比，要想漆雾颗粒细，就需要该比例_____（高或低），漆雾"反弹"的原因主要是_____。

3. 空气喷涂压缩空气的压力高，雾化细，涂料飞散多的原因是_____。

4. 高压无气喷涂漆雾"回弹"少的原因是_____，与空气喷涂相比，高压无气喷涂没有空气喷涂中由_____所带来的油、水、灰尘等杂质的影响。

5. 高压无气喷涂时涂料的黏度越高，施工时需要的喷涂压力越大。根据涂料黏度的不同，需要调节喷涂机的相应参数一般是_____。

6. 静电喷涂的高压静电发生器靠电晕放电，形成一个_____。漆雾从该处获得电子，成为带负电荷的漆雾微粒。

7. 离心式静电喷枪雾化涂料通过两步：_____；_____。

8. 静电喷涂时需要控制溶剂型涂料的电阻。涂料电阻值过高，造成_____；涂料电阻值过小，造成_____。

9. 双口喷枪喷涂法使涂料雾化的原理是_____。

10. 喷漆室将_____、_____限制在一定的区域内，并进行过滤处理，确保环境中的溶剂浓度符合劳动保护和安全规范的要求。

11. 湿式漆雾过滤装置靠漆雾与循环水产生的水帘或水雾，使漆雾捕集在水中，水中需要加入_____，能破坏涂料黏性，使漆雾凝集为漆渣，便于打捞与清除。

12. 空调供风系统是向喷漆室提供经过_____、_____、_____的新鲜空气，送风量的大小取决于喷漆室内所需风速和喷漆室的大小等。

13. 为排除有害气体的积聚，创造一个安全、卫生的工作环境，涂装车间内必须进行适当的通风换气。涂装车间适宜的通风换气量为室内总容积的_____次/h，调漆间为_____次/h。

14. 大批量车辆顶板等平板型零件适宜采用的涂装方法是_____；大批量、大面积平板件适宜采用的涂装方法是_____。

15. 漆膜的干燥过程一般分为以下三个阶段_____、_____和_____。

16. 涂料的干燥方式可分为_____、_____、_____和_____四类。

17. 根据传热方式可把涂料干燥设备分为三类：_____、_____和_____干燥设备。

18. 热风循环固化设备由_____、_____、_____和_____等主要部分组成。

19. 高红外辐射由钨丝发出短波近红外线；钨丝外罩石英管辐射_____；背衬定向反射屏辐射_____。高红外加热的最大特点是_____。

20. 高分子、溶剂和无机物在远红外区域，都有吸收带，它们吸收的能量转化为_____。辐射器的发射长波辐射，要求表面温度_____，而辐射能力高，要求温度_____。

21. 电感应干燥又称高频加热，先加热的材料是_____。微波加热利用高频振荡产生微波，先加热的材料是_____。

22. 刷涂和辊涂涂料采用的溶剂挥发要_____，涂料要有_____，需要加流变助剂。淋涂系统封闭生产，工件通过流涂机带上涂料，再通过_____时，使涂层流平，转动工件使涂层厚度均匀，再经烘道干燥。

23. 涂层流平好，要求涂料表面张力_____，黏度_____，厚度_____，表面粗糙度_____。流挂要求涂料的黏度_____，湿涂层厚度_____。为达到满意流平而又不流挂，通常采用_____涂覆。

24. 厚浆涂料能湿涂层较厚而不流挂是因为涂料有_____。

25. 高效流变助剂使涂料获得_____性，能恰到好处地控制黏度_____，使漆膜流平性良好，并有效控制流挂。

26. 防潮剂属于_____混合溶剂，防止涂层发白的原因是_____，促使涂层流平的原因是_____。

27. 超级疏水性涂层获得疏水性的两个因素为①_____，②_____。

二、解释：HVLP、LVLP、LVMP 喷涂、空气辅助无气喷涂、超临界液体喷涂、回缩、缩孔、漆雾凝聚剂。

三、问答。

1. 比较空气喷涂、高压无气喷涂、静电喷涂的原理和特点，并比较它们对涂料的要求。

2. 图 7-3 中，喷枪的哪些地方可以在喷涂中调整？起什么作用？如何调整空气喷枪才能得到适当的漆雾粒径和喷雾图案？

3. 空气喷涂时，如何操作才能得到厚度均匀、光滑、美观的漆膜？

4. 比较旋盘、旋杯、空气、高压无气静电涂装的特点。

5. 空气喷涂法中发展出哪些新方法？这些方法的原理是什么？各有什么特点？

6. 湿式喷漆室是如何除去漆雾的？上送风下抽风型喷漆室分几类？

7. 比较浸涂、淋涂和辊涂的特点、适用对象。

8. 比较对流式干燥和辐射式干燥的原理、特点。

9. 热风循环烘干室由哪几部分构成？采用什么措施使室内安全、加热均匀，而又节省能源？

10. 如何提高远红外辐射的加热效率？

11. 分别列出常见流平剂和防流挂剂的类型，叙述它们起作用的原理和各自的特点。

第8章 涂装工艺

涂料和涂装的共同目的是为了得到具有要求性能的涂膜。为了保证涂层质量，同时又能取得最大的经济效益，需要精心设计。优质涂料和先进涂装设备是获得优质涂层、实现高效经济涂装的保证，但涂层的最终质量要靠工艺和管理来实现。涂料仅是半成品，工业上通常涂装比涂料本身的价值高得多。被涂材料主要是金属（尤其是钢铁）、木材、塑料和混凝土。第9章介绍木材、塑料和混凝土的涂装工艺。本章介绍涂装生产的基本概况、金属表面预处理、复合涂层及涂层质量检测，并具体介绍卷材涂装（速度快）、船舶涂装（防腐蚀要求高）和轿车涂装（装饰和保护性要求高）。根据涂层装饰性要求，金属采用化学和机械处理两条路线。没有一种涂料能同时满足防锈、填嵌、装饰等各方面的要求，需要由底漆、中间层和面漆构成复合涂层。下面主要介绍各层的原理和施工方法，涂装过程中的关键因素和涂层质量评价。

8.1 涂装工艺概述

设计涂装工艺的依据是涂层的性能要求和质量，要明确涂装目的、选择涂料、选择涂装方法、确定涂装工艺（即编制工艺过程及有关技术文件）四步。现代涂装工艺过程相当复杂，有的多达几十道工序，工序间有最佳配合方式。涂料施工的工艺条件、技术参数都需要反复实验，精心选定。涂装工艺的首要问题是：如何交流对涂层的要求，如何设计涂装工艺过程，以及企业如何管理涂装工艺，下面首先对其进行概述。

8.1.1 涂装技术标准

涂装作为通用技术，各个国家和国际组织都制定和颁布了大量的专业标准，既有重要工序（如磷化）应采用的材料、工艺和检测方法，又有各类产品质量的具体要求。汽车、轻工产品、建筑、电器、飞机、船舶等都有统一的涂装技术要求（见表8-1），这些标准都可以在因特网上搜索到。但有些产品可能还没有制订相应的标准，应根据产品功能和使用条件，借鉴类似产品的标准，来确定涂装的工艺过程和质量要求。

表 8-1 一些涂装技术标准

标准号	名 称	标准号	名 称
QC/T 484—1999	汽车油漆涂层	ZBJ 50012—1989	出口机床涂漆技术条件
GB 11380—1989	客车车身涂层技术条件	CB-T 231—1998	船体涂装技术要求
JT 3120—1986	客运车辆车身涂层技术条件	QB/T 2183—1995	自行车电泳涂装技术要求
TBT 1527—2004	铁路钢桥保护涂装	GB/T 3324—1995	木家具通用技术条件
JB/T 5946—1991	工程机械涂装通用技术条件	JB/T 4328.9—1999	电工专用设备 涂漆通用技术条件
ZBJ 50011—1989	机床涂漆技术条件	QB 1551—1992	灯具油漆涂层

这里以汽车涂层（QC/T 484—1999 行业标准）为例，来说明涂装技术标准的内容和应用方法。按 JB/Z 111—86 行业标准，汽车涂层分成 10 个组，其中 TQ1 为卡车车身涂层，TQ2 为轿车车身涂层。汽车零部件包括车架、底盘、发动机、车轮等采用 TQ4～TQ10 的

标准，不要求装饰性，但要求防护性。TQ2 有高级和优质装饰保护性涂层，而 TQ1 有优质和一般装饰保护性涂层两个等级。表 8-2 给出了 TQ2 和 TQ1 涂层性能的部分要求，但表中未列涂层耐水、耐油和耐化学性。TQ 1 分为有光和平光涂层，要求不同，仅列出有光涂层的要求。

表 8-2　汽车车身涂层的主要性能指标

涂层分组、等级		TQ2(甲)	TQ2(乙)	TQ1(甲)	TQ1(乙)
应用		高级轿车车身	中级轿车车身	卡车、吉普车车身、客车车厢	卡车、吉普车车身、客车车厢
耐候性(天然暴晒)		2 年失光≤30%	2 年失光≤30%	2 年失光≤30%	2 年失光≤60%
耐盐雾/h		700	700	700	240
涂层厚度/μm	底漆	≥20	≥20	≥15	≥15
	中涂	40~50	≥30		
	面漆	60~80	≥40	≥40	≥40
外观		平整光滑、无颗粒，光亮如镜，光泽大于90	光滑平整无颗粒，允许极轻微橘纹，光泽大于90	光滑平整无颗粒，允许极轻微橘纹，光泽大于90(平光<30)	光滑平整无颗粒，允许极轻微橘纹，光泽大于90(平光<30)
力学性能	冲击强度/(kg·cm)	≥20	≥30	≥30	≥40
	弹性/mm	≤10	≤5	≤5	≤3
	硬度	≥0.6	≥0.6	≥0.5	≥0.4
	附着力/级	1	1	1	1

在表 8-2 中，TQ2（甲）、TQ2（乙）、TQ1（甲）涂层的耐盐雾性都在 700h 以上，这个指标很高，大批量流水线生产选用阴极电泳涂料；小批量生产时宜选用环氧烘漆；若不具备烘烤条件，可选用双组分环氧底漆。TQ1（乙）卡车涂层 240h 的耐盐雾性，只需采用聚丁二烯阳极电泳底漆就可。轿车涂层外观上要求涂层光亮如镜、镜像清晰（鲜映性≥0.8），这就要求在涂面漆前平整度要高，须有 1~2 道中间层，打磨获得高平整度。中间层涂料主要是溶剂型或水性聚酯、聚氨酯、环氧酯，也可采用氨基、热固性丙烯酸涂料。封底漆涂在面漆之前，还可消除底涂层对面漆漆基的吸收，提高面漆的光泽和丰满度。

汽车面漆层的耐候性和外观装饰性要求很高，主要用氨基烘漆、热固性丙烯酸烘漆和双组分脂肪族聚氨酯漆。通常流水线生产用漆量大，宜采用烘漆；小批量或修补作业宜采用双组分脂肪族聚氨酯漆，免去固化设备投资，减少固化能耗。TQ1（乙）卡车组涂层的耐候性和硬度要求较低，可采用自干醇酸磁漆或硝基漆、过氯乙烯漆。自干型醇酸漆干燥性差，硝基和过氯乙烯漆的丰满度较差，小批量生产时使用较适合。大量生产时用氨基烘漆。

农机产品涂装按 JB/T 5673—1991《农林拖拉机及机具涂装通用技术条件》的分类标准选择涂料。拖拉机、收获机、农用车的车身、机罩、挡风板等的要求几乎与载重汽车相同。

涂装技术标准涉及的内容很多，力学性能、防腐蚀性要选择适当的涂料来保证，涂层厚度施工时进行控制等。作为大多数产品的共性要求，通常把涂层外观装饰性分为五种类型，前四种代表涂层外观装饰性的四个等级，确定等级后，为达到涂层质量要求（即检测标准），就要有相应的工艺过程来保证。因此，确定涂层等级就确定了涂层检测标准和基本工艺过程（见表 8-3）。第五种是特种保护性涂层，用于有特殊要求的涂层，如绝缘、耐酸、耐碱、耐油、耐汽油、耐热、耐化学药品、防污、防霉以及水下、地下防腐蚀等。它的工艺过程和质量要求根据需要来制定。这种涂层通常由多道涂膜组成,装饰性参考以上四级涂层。

表 8-3　涂装等级及其质量要求、工艺过程

涂装等级	装饰性质量要求	工艺过程
高级装饰性涂层（Ⅰ涂层）	漆膜面平滑,光亮如镜,无细微颗粒,无擦伤,无裂纹,不起皱,不起泡及其他肉眼可见的缺陷,并有足够的机械强度,外观美丽	表面处理→涂底漆→局部或全部填刮腻子→打磨→涂装 3～9 层面漆→抛光→打蜡
装饰性涂层（Ⅱ涂层）	漆膜平滑,光泽中等,中等机械强度,外观美丽,允许有细微的擦伤、轻微的刷纹及其他极小缺陷	表面处理→涂底漆→局部填刮腻子→打磨→涂装 2～3 层面漆
保护装饰性涂层（Ⅲ涂层）	有一般装饰作用,且防金属腐蚀。漆膜不应有皱皮、流痕、露底、杂质污浊等,允许有轻微擦伤和刷纹	表面处理→涂底漆→涂装 1～2 层面漆
一般综合性涂层（Ⅳ涂层）	供一般防腐蚀用,对装饰性无要求;适用于使用条件不十分苛刻(室内、机内)的制品或部件涂装	涂 1～2 层漆,厚度在 20～60μm

表 8-3 给出的工艺过程不是必需的,如采用新工艺和新技术,达到同样质量标准就可大幅度减少工序;另外,这五个涂层等级也不适用于美术涂层、一些特种功能性涂层。

8.1.2　涂装设计

涂装工艺的设计步骤包括明确涂装目的、选择涂料、选择涂装方法、确定涂装工艺(即编制工艺过程及有关技术文件)四步。

8.1.2.1　明确涂装目的

明确涂装标准或类型;查清被涂物的使用条件(包括使用目的、使用环境条件、使用年限、经济效益等)、生产方式(单个生产、批量生产、大批量流水线生产);明确被涂物的自身条件(材质、大小及形状、被涂物的表面状态等)。

8.1.2.2　选用涂料

选用涂料时,涂层性能应当满足被涂产品的设计要求,如果是复合涂层还应考虑涂层的配套性,即从工艺与管理的角度,考查涂料在涂装过程中的配套性和作业性,涂料是否容易施工管理。如果涂料配套性存在问题或作业性差,涂层质量难达预期要求。

① 选用原则　涂料的颜色、外观和涂层机械强度满足产品设计要求;涂层附着力优良;涂料的施工性、干燥和涂装性能等与所具备的涂装设施相适应;选用价廉物美的涂料品种;尽可能选用毒性小、低污染或无污染的涂料。涂装设计人员应熟知各种涂料的特性、用途、配套性和施工性能,才能正确合理地选用好涂料。

② 复合涂层　采用底漆、中间层及面漆等组成复合涂层,各层之间配套要合理,否则,会产生漆层脱落、起泡、咬底等弊病。配套性要求层间结合力要好,面漆不能咬起底漆,后者主要取决于面漆溶剂的强弱。底漆和面漆采用同类溶剂的涂料可以互相配套,但它们所用溶剂的强弱反差不能太大,否则涂层间结合不牢。溶剂根据溶解能力由弱至强的排列顺序为:脂肪烃→芳香烃→醇→酯→酮→醇醚。表 8-4 列出了溶剂型涂料常用的有机溶剂。

表 8-4　不同品种溶剂型涂料常用的有机溶剂

涂料品种	溶　剂
油脂涂料	松节油,200# 溶剂汽油,芳烃溶剂
天然树脂涂料	松节油,200# 溶剂汽油
酚醛涂料	松节油,200# 溶剂汽油,煤油,二甲苯,X-6
沥青涂料	二甲苯,200# 煤焦溶剂,重质苯

涂料品种	溶　剂
醇酸涂料	松香水,二甲苯,松节油,X-6
硝基涂料	X-1 和 X-2 硝基漆稀释剂,刷涂用硝基漆稀释剂
过氯乙烯	X-3 过氯乙烯稀释剂,过氯乙烯稀释剂(醋酸丁酯 30:丙酮 60:二甲苯 10 或丙酮 15:二甲苯 85)
乙烯树脂涂料	醋酸酯类,二甲苯,X-3 过氯乙烯稀释剂,其中聚醋酸乙烯酯溶于甲醇、乙醇、二甲苯中
丙烯酸树脂涂料	醋酸丁酯、二甲苯、丁醇和酮的混合溶剂,丙烯酸树脂稀释剂(醋酸丁酯 20:二甲苯 60:环己酮 20),X-5 丙烯酸树脂稀释剂
聚酯树脂	甲苯、二甲苯等芳烃混合溶剂
环氧树脂	环己酮,丙酮,酯类等,环氧树脂稀释剂(甲苯 80:丁醇 20 或二甲苯 70:丁醇 30 或丁醇 20:乙基溶纤剂 30:甲苯 50)
聚氨酯	甲苯、二甲苯与环己酮的混合溶剂,X-10 聚氨酯稀释剂(二甲苯 60:醋酸丁酯 25:环己酮 15)
有机硅料	芳烃、酯类和高沸点芳烃混合溶剂
氯化橡胶	二甲苯,200# 煤焦溶剂,高沸点芳烃
氨基涂料	X-1 氨基稀释剂(二甲苯 70:丁醇 30)

注：1. 200# 溶剂汽油即松香水；200# 煤焦溶剂,属于芳烃混合溶剂；重质苯为苯同系物(C_9、C_{10}、C_{11} 等,如二甲基萘)的混合液,有特殊臭味,沸点 160~200℃；乙基溶纤剂即乙二醇乙醚,其中溶纤剂指乙二醇乙醚、丁醚等,有一定毒性,现在用丙二醇醚类代替。

2. 常用商品混合溶剂的组成：X-1 硝基漆稀释剂为醋酸丁酯 50:乙醇 10:丁醇 20:甲苯 20；X-2 硝基漆稀释剂为醋酸丁酯 10:丙酮 7:乙醇 10:丁醇 15:乙基溶纤剂 8:二甲苯 50；刷涂用硝基漆稀释剂为丁醇 20:乙基溶纤剂 30:二甲苯 50；X-3 过氯乙烯稀释剂为醋酸丁酯 12:丙酮 26:甲苯 62 或醋酸丁酯 30:丙酮 30:二甲苯 40；X-5 丙烯酸稀释剂为二甲苯 70:丁醇 30；X-6 为松香水 70:二甲苯 30。

挥发型涂料溶剂的溶解力很强,容易溶解油基涂层。虽然铁红环氧酯底漆干透后与大部分面漆可配套,但实际施工中往往会因干燥不彻底,喷涂强溶剂面漆时易"咬底"。底漆层涂层很软,面漆层硬脆,这样的复合涂层会由于气温变化而龟裂。

底漆用强溶剂的涂料,如环氧类、聚氨酯类,面漆用弱溶剂涂料,如氯化橡胶、沥青、醇酸、酚醛等,就不会产生咬底现象。过氯乙烯漆用含醇量较多的溶剂稀释时,过氯乙烯树脂会析出。硝基漆因使用醇作助溶剂,过氯乙烯漆喷在硝基涂层上,会产生大面积脱落,而硝基漆喷在过氯乙烯涂层或过氯乙烯腻子层上,有时也会产生脱层现象。

增加复合涂层的层间结合力方法：①采用"湿碰湿"工艺,即涂第一道漆后,晾干一段时间,接着涂第二道面漆,然后一起彻底干燥；②创造粗糙度,干燥后平滑的底漆层要打磨起毛后,再涂下一道；③增加中间层,氯化橡胶涂层就是溶剂型涂料常用的优良中间层。

8.1.2.3　选择涂装方法

涂装设备不仅要求高效价廉,还应安全可靠,操作维护简便。如果设备的安全性和可靠性差,就易发生事故；如果设备操作繁琐,技术要求高且苛刻,质量管理的可行性就差,涂层质量难以保证。涂装工艺和管理存在问题,就使产品返修率和废品率居高不下,增加运行费用和成本。涂料施工的方式虽然较多,但各有其优缺点,应根据具体情况来正确选用施工方法,以达到最佳涂装效果,施工方法见表 8-5。

表 8-5 各种涂装方法适用的涂料及特征

涂装方法	溶剂挥发速率	黏稠度	涂料种类	涂装特性	适用范围	作业效率	设备费用
刷涂	挥发慢的好	稀稠均适用	调和漆、磁漆其他水性漆	一般	一般都适用	小	小
刮涂	初期挥发慢的好	塑性流动大的涂料	腻子	一次能涂得较厚	平滑的物体	小	小
空气喷涂	挥发快的好	触变性小的涂料	一般涂料都可以	膜厚均匀，稀释剂用量大	一般都适用	大	中
高压无气喷涂	挥发稍慢的好	触变性小的涂料	一般涂料都可以	喷雾返弹少	一般都适用	大	中
高压无气热喷涂	挥发稍慢的好	加热时流动好的涂料	一般涂料都可以	能厚膜涂装节约稀释剂	中型物体	大	中
热喷涂	挥发稍慢的好	加热时流动好的涂料	一般涂料都可以	能厚膜涂装白化少	一般都适用	大	中
淋涂	挥发稍慢的好	有塑性流动的涂料	磁漆、底漆沥青漆	涂料用量比浸涂小，涂层易厚薄不均	中型物体	大	中
幕式淋涂	挥发较快的好	触变性小的涂料	磁漆、硝基漆	涂料损失少	平面被涂物，如胶合板	大	大
静电涂装	挥发慢的好	触变性小的涂料	磁漆	涂料损失少突出角、锐边的涂层厚	金属制品	大	大
电泳涂装	无关系	无关系	电泳涂料	涂料损失少涂层特别完整	金属制品	大	大
浸涂	挥发稍慢的好	塑性流动的涂料	磁漆、沥青漆	作业简单、有流痕	复杂工件，小型物体	大	中
抽涂	挥发慢的好	塑性流动稍大、高黏度	硝基漆、清漆	膜厚均匀	棒状被涂物，如铅笔	小	小
转鼓涂装	挥发快的较好	低黏度、有塑性流动性	磁漆	均匀地厚涂	形状复杂的极小型工件	中	小
滚筒涂装	挥发稍慢的好	较大的黏度	磁漆	涂料损失少膜厚均匀，两面同时涂装	胶合板、彩色镀锌钢板	大	大
粉末涂装	无关系	加热时有流动性	粉末涂料	能厚膜涂装涂料损失少	金属制品	中	大

　　涂料施工方法既有刷涂、辊涂、擦涂、刮涂、浸涂、淋涂、喷涂等传统工艺，又有流化床、静电喷涂、电泳涂装等现代技术。采用适当的施工方法能对任何尺寸的工件进行涂装：既可对工件整体一次涂装，又可多道涂装形成性能优异的复合涂层；既可以工厂化集中高效涂装，又可在施工现场就地涂装。选择涂装方法时需要注意以下事项。

　　① 产品形状　形状简单的零件涂装适应性好，能采用的涂装方法也多，如电风扇叶片涂层要求耐摩擦性好，可选择粉末涂装来满足其产品性能要求。形状复杂的零件，特别是箱式结构的产品，要特别注意选择合适的施工方法。喷涂汽车驾驶室时，门板夹缝处不容易喷上漆，使用一年后，车身门板就会从里往外烂。采用电泳涂装能保证这些夹缝处不腐蚀，经解剖车身后测量，车身外表面电泳涂层厚度 $16\mu m$ 以上，内表面 $13\mu m$ 以上，门板夹层处也达到了 $9\mu m$ 以上。

　　② 生产批量　大批量生产多采用静电喷涂或电泳涂装。小批量生产可喷涂、浸涂等。

奥地利斯太尔公司生产重型汽车的驾驶室，因产量小，不宜采用电泳涂装，而用半浸半淋的方式浸涂水性漆，以保证涂层的完整性。

③ 底材 常见材质有钢板、镀锌钢板、铝合金、塑料、木材、混凝土等，它们要求的漆前表面处理方法不同，底漆也不同。锌铝工件采用锌黄底漆起防腐作用，若喷涂红丹底漆，反而会加速腐蚀。

④ 涂层配套性 轿车涂层多选用金属闪光漆，如静电喷涂，片状铝粉在静电场作用下，铝片呈垂直状态，与空气喷涂时呈水平铝片的颜色不同，从车辆修补考虑出发，最后一道金属色漆不允许静电喷涂。

8.1.2.4 确定涂装工艺

漆前表面处理、涂料涂布操作在整个涂装工程费用中所占的比例很大，一般比涂料本身的费用高一倍以上，设计涂装工艺时要考虑涂装施工总成本核算。选择工序和设备时，要经过多种方案比较和价值工程计算，最后确定涂装工艺。同一品种涂料采用不同的施工工艺，涂装效果也不同。现代涂装工艺过程相当复杂，有的多达几十道工序，而每种工序又有很多种操作方法，涂装工序间的配合、涂料施工的工艺条件、参数等都需要实验选定。设计涂装工艺的依据是涂层性能要求和质量。涂装质量标准制定见 8.4 节。

8.1.3 制定涂装工艺

涂装工艺集中体现涂装设计的结果，是工厂设计和涂装施工的技术依据。涂装工艺是由若干道工序组成，工序多少取决于涂层的装饰性及功能，要求高时多达几十道，但从工序的内容和实质来看，可分为三个基本工序：漆前表面处理、涂料涂布和涂层干燥。

编制工艺过程的步骤：①零件划分为工艺组；②每个工艺组的零件按输送机、挂具或按小车配套；③计算每个工艺组总的涂装面积；④确定每个工艺组的工艺过程顺序；⑤选择涂装工艺和设备；⑥选择干燥工艺和设备；⑦确定每个工序的时间定额。涂装工艺通过下列技术文件来表示：涂装零件（或部位）的设计图纸、涂装工艺卡和操作规程。

8.1.3.1 涂装零件（或部位）的设计图纸

在涂装零件（或部位）的设计图纸上，通过涂覆标记来标明需要涂装的部位、使用的涂料和涂装等级要求。涂料涂覆标记详见 GB/T 4054—2008，主要内容如下。

涂覆标记有涂覆符号、涂料及颜色的代号或名称、外观等级、使用环境四部分，每部分之间以圆点分开，排列如下：第 1 部分为涂覆符 $\boxed{1}\cdot\boxed{2}\cdot\boxed{3}\cdot\boxed{4}$ 号，以字母"T"表示。第 2 部分为涂料颜色（代号）和型号（或名称）。涂料颜色可用汉字表示，也可用代号表示，见 GB/T 3181—1995《涂膜颜色标准样本规定》。涂料型号见 GB/T 2705—2003《涂料产品分类和命名》的规定。第 3 部分为外观等级，即上述的涂装等级，用Ⅰ、Ⅱ、Ⅲ、Ⅳ表示。第 4 部分为涂层的使用环境，用 Y、E、H、T 分别表示一般、恶劣、海洋、特殊四类。

一般（Y）——常指室内及室外非曝露条件下的工作环境。

恶劣（E）——常指室外曝露条件下的工作环境。

海洋（H）——常指海水及海洋气候条件下的工作环境。

特殊（T）——常指上述工作环境中有特殊要求和特殊作用的涂覆层，如耐酸碱、耐高低温、绝缘、耐油等。

外观等级和使用环境条件的规定详见 GB/T 4054—2008《涂料涂覆标记》。

例1：一般环境条件下使用的制品，表面涂深绿色（G05）A04-9 氨基烘干磁漆，并按

Ⅳ级外观等级加工。标记为：T·深绿 A04-9·Ⅳ·Y。

例2：外表面涂层处于一般环境条件，内表面涂层需要耐油的制品，外表面涂淡灰色（B03）G04-9 过氯乙烯磁漆，Ⅱ级外观等级加工，内表面涂铁红色（RO1）C54-31 醇酸耐油涂料，并按Ⅳ级外观等级加工。标记为：

$$T \cdot \frac{\text{淡灰 G04-9} \cdot \text{Ⅱ} \cdot \text{Y}}{\text{铁红 C54-31} \cdot \text{Ⅳ} \cdot \text{T}}$$

例3：用于一般环境条件下的制品，表面涂淡黄色（Y0 6）C04-42 醇酸磁漆，外表面按Ⅱ级外观等级加工，内表面按Ⅳ级外观等级加工。标记如下：

$$T \cdot (\text{Y06}) \text{C04-42} \cdot \frac{\text{Ⅱ}}{\text{Ⅳ}} \cdot \text{Y}$$

例4：海洋环境下使用的制品，内外表面均涂天蓝色（PB10）G52-31 过氯乙烯防腐漆，并按Ⅲ级外观等级加工。如前处理采用喷砂并必须加以表示时，其标记为：

$$PS/T \cdot (\text{PB10}) \text{G52-31} \cdot \text{Ⅲ} \cdot H$$

例5：使用于恶劣环境下的制品，内外表面均涂奶油色（Y03）B04-9 丙烯酸磁漆，用B01-3 丙烯酸清漆罩光，并按Ⅱ级外观等级加工。其标记为：

$$T \cdot (\text{Y03}) \text{B04-9/B01-3} \cdot \text{Ⅱ} \cdot E$$

8.1.3.2 涂装工艺卡

涂装工艺卡是记载涂装工艺操作顺序的技术文件，包括以下内容：①漆前表面处理的技术要求（即验收质量标准）；②按工序顺序编写的操作内容，包括工艺参数，用料名称及规格，涂装工具和设备型号，辅助用料名称，对操作人员的技术等级要求；③技术检查工序，包括检查方式、检查数量（全检或抽检）、质量标准等。在关键工序前后要设中间技术检查工序和最终验收检查。工艺主管部门按照生产要求制定适合的工艺，并按规范格式填写工艺卡，作为指导生产的工艺文件和岗位责任指标。涂装工艺卡的格式和编写实例参见后面的表8-14，这是国内外汽车涂装普遍采用的涂装工艺卡，适用于中级轿车和轻型载重汽车车身涂装，其质量标准介于一、二级涂层之间，内容和编写方式有代表性。

8.1.3.3 操作规程

操作规程是涂装工艺卡的补充文件，详细记述了某关键工序或设备的工作原理、操作顺序、注意事项，以确保该工序的操作质量和安全生产，并指导使用和维护关键设备。漆前清洗、磷化处理、电泳涂漆、喷漆、烘干等工序及其主要设备，一般都编操作规程。

8.1.3.4 涂装工艺管理

工艺管理人员定期或不定期地对涂装工艺文件及其执行情况、车间技术状况和涂装质量进行检查，一般由工艺主管部门、涂装车间工艺人员、质检人员和生产现场管理人员负责。

① 工艺文件　工艺文件是否齐全、编写质量、更动情况及审批程序是否合法。

② 工序　按工艺文件对工序逐道对照检查，工艺参数是否合格及合格率。在检查中发现的问题和返修率高的工序进行技术分析，制定改进措施，限期解决。如果是操作者主观原因造成的，应将检查结果作为奖惩依据。

③ 涂层质量　现场目测或仪器测试，还应取样送到实验室或有关检测机构全面检测。每次检查后应写出报告，进行评分，作为涂装车间考核依据，总结经验，分析并解决出现的问题。

8.2　漆前表面处理

涂层是一层很薄的膜，要牢固附着在被涂物表面上，才能发挥其功能。因此，涂层附着力是涂装中要解决的首要问题。本节首先讨论影响涂层附着力的因素，根据讨论结果，采取必要措施以保证涂层附着力。这些措施通常在涂料涂布前进行，又被称为漆前表面处理。

（1）理论分析

① 润湿　涂层与基材的附着力主要靠分子间力。在极小间距内（约 0.5nm），分子间力才发挥作用。工件与涂层间没有分子水平的接触，对附着力就没有贡献。涂层要润湿工件，才能形成附着力。润湿要求涂料的表面张力比工件的低，但润湿好并不能保证涂层的附着就一定好，如涂料用十二烷基苯磺酸作催化剂时，它的线型碳氢链在钢板表面向空中伸展，形成一个脂肪烃表面，表面张力更低，影响涂料对钢板的附着，因此，涂料中常用催化剂是无长烃链的对甲苯磺酸。乳胶涂膜附着力也同样受涂层中表面活性剂的影响。

② 粗糙度　粗糙能增大底材与涂层的接触面积，附着力更好，但涂料要完全润湿，彻底渗透和覆盖工件，否则水透过涂层，到达涂层未覆盖处，就在那里聚集，引起金属腐蚀。

③ 涂料渗透　涂料渗进工件微孔缝隙的行为，与液体渗入毛细管的行为类似。这里借助毛细管公式来分析影响渗入的因素。在时间 t（s）内，液体进入管半径为 r（cm）的毛细管，管长度为渗透值 L（cm），γ 为液体表面张力（mN/m），θ 为接触角，η 为黏度（Pa·s）：

$$L = 2.24 \left[(\gamma/\eta)(r\cos\theta)t \right]^{\frac{1}{2}} \tag{8-1}$$

毛细管半径 r 可比作工件微孔缝隙尺度，即工件的粗糙度。所有增大渗透值 L 的因素都能提高液体渗进微孔和缝隙的程度。涂层表面张力 γ 高可增大 L，但 γ 也影响 θ 和涂层的其他性能。如果涂料的表面张力小于工件的时，接触角 $\theta=0$，其余弦为 1，因此 γ 要尽量高，但要低于底材的表面张力。通常采用的方法是调整黏度，涂料黏度尽可能低，渗透性才好。涂层中颜料颗粒一般比微孔缝隙的尺寸要大，不能进入微孔缝隙中，起决定作用的是基料黏度，而不是涂料的总体黏度。基料黏度越低，渗透就越快。施工后基料黏度随溶剂挥发而增大，湿涂层要保持足够长时间的低黏度，才能彻底渗透。树脂溶液黏度随分子量增大而增大，较低分子量的树脂黏度小，能够彻底渗透，涂层附着力优异。烘烤涂层通常比室温干燥涂层的附着力好，在烘炉中温度上升，基料黏度下降，增加了对工件不规则处的渗透。因此，涂料的黏度低、溶剂挥发慢，而且交联速率低、需要烘烤涂层的附着力更好。

（2）金属漆前表面处理　漆前表面处理的质量决定能否得到合格涂层，涂层能否发挥最佳效果。漆前表面处理要使工件达到平整洁净，即无油、无水、无锈蚀、无尘土等污物。

① 在潮湿或浸渍环境中，水逐渐透过涂层进入钢铁和涂层界面，形成腐蚀电池，由于涂层下未除尽的氧化皮、铁锈等的电极电位比钢铁的要高 0.15～0.26V，就成为阴极，钢铁本身为阳极，这样就开始发生吸氧腐蚀。锈蚀越多，腐蚀速率就越快，见表 8-6。同样，涂层下有盐类（如 $FeSO_4$、$FeCl_2$）、污物等，也加速腐蚀过程。

表 8-6　氧化皮去除程度对钢铁年腐蚀速率的影响

去除氧化皮面积/%	钢铁平均腐蚀速率/(mm/a)	去除氧化皮面积/%	钢铁平均腐蚀速率/(mm/a)
5	1.140	50	0.200
10	0.840	100	0.125
25	0.384		

② 增大表面粗糙度也就增大了涂层的接触面积，提高附着力。如果粗糙度太大，会导致波峰处涂层薄，易破损，一些波谷处截留空气，涂料没有润湿，这都影响性能。最大粗糙度应控制在干涂层总厚度的 1/3 以下。防腐涂层的厚度通常为 $250\sim300\mu m$，合适粗糙度 $40\sim75\mu m$，最大不得超过 $100\mu m$。在金属表面形成合适粗糙度常用的方法是喷砂抛丸和磷化。

③ 当工件表面有油、水等时，它们与涂料的相容性差，难以形成连续涂层，或涂层附着力大幅度下降。金属经过氧化、磷化、钝化等化学处理后，能够形成具有适当粗糙度的结构，显著增加涂层附着力。磷化层还具有显著的防腐蚀功能。

钢铁具有优良的力学性能，生产量占目前金属材料总产量的 90% 以上。普通碳钢在大气中容易腐蚀，在湿热、海洋环境中更容易腐蚀，在这些场合普通钢铁如果不保护，并没有应用价值，但事实上人们通过在普通钢铁上涂装，不仅可以制造陆地使用的汽车、机器设备，而且还能够制造漂浮在海洋上的轮船、海上石油钻井平台等。因此，从这个意义上说，涂层所起的作用不仅仅是简单意义上的保护，而是使钢铁及许多金属以可接受的成本，在工业上获得广泛应用，构成现代工业文明。金属表面的油、锈，分别指有机和无机污染物，目前采用化学处理和喷砂抛丸两大类方法处理。喷抛除锈的表面太粗糙，不适合装饰性要求高的场合。装饰性高的场合只能用化学处理。本节先介绍钢铁化学处理、浸渍和喷射设备，再介绍喷抛方法和设备。

8.2.1　金属表面的化学处理

金属表面化学处理通常指除油、除锈和磷化三道工序，生产上常用浸渍和喷射法来进行。卷材涂装的表面清洗和处理速度很快，所用全部时间大约为 1min 或更少，具有挑战性，本节就以此作为例子来介绍卷材涂装的工艺过程。

8.2.1.1　钢铁的化学处理

尽管有把前处理工序合在一起的"二合一"、"三合一"商品处理剂，但除油、除锈、磷化通常是分步进行的，这样便于生产过程控制，能够保证产品质量以及质量的稳定。

（1）除油　清洁金属表面（通常是金属氧化物）的表面张力比涂层的高，但金属表面常被油脂沾污，表面张力就变得非常低，涂料不能润湿，因此，涂料施工前需要除油。除油方法一般为有机溶剂清洗、水基清洗剂清洗和碱液除油。流水线上主要采用水基脱脂剂和有机溶剂除油。

① 碱液除油　碱液除油是用碱（氢氧化钠）和碱性盐（碳酸钠、偏硅酸钠和磷酸氢钠）的水溶液，使油脂皂化或乳化，以除去工件表面的油脂。提高溶液浓度能加快除油速度，碱液温度控制在 $50\sim80℃$，该类设备都有加温和搅拌装置。槽液处理一段时间后，油污上浮于槽液表面，处理后的工件会重新黏附油污，降低除油效果。除去上浮油污可用活性炭或活性硅藻土吸附。碱液除油价格低廉，简单，仍然在广泛使用，但效率不高。

② 水基脱脂剂除油

a. 水基脱脂剂。又称水基清洗剂、净洗剂、清洗剂等，是利用表面活性剂的湿润、乳化、增溶、分散等能力，去除工件表面上的油污和尘垢。这种方法高效、价廉、安全。

表面活性剂分子上既具有亲水基团，又具有亲油基团。亲水和亲油的相对强度用亲油亲水平衡值（HLB）来表示。HLB 越大，亲水性越强；HLB 越小，亲油性越强。清洗剂的 HLB 值要求在 13～15 之间。良好清洗必须同时具有润湿、渗透、增溶、乳化、分散作用，单一表面活性剂不可能同时具有这些功能，因为这些功能对分子结构的要求有些是正好相反。润湿剂的 HLB 值要求 7～9，亲油性较强；增溶剂的 HLB 值 15～18，亲水性较强，这就需要把具有润湿和乳化分散增溶的两种表面活性剂进行复配。因 HLB 值具有加合性，复配后的 HLB 应为 13～15。0.25％润湿剂聚氧乙烯脂肪醇醚（JFC，HLB 值为 12）和 0.25％增溶剂聚氧乙烯脂肪醇醚磺酸盐（AES，HLB 值＞15）对机油的清洗能力分别是 68.2％和 9.6％，清洗能力的总和是 77.8％。复配后清洗能力达 99.9％，显示出较强的协同效应。表面活性剂复配可以清除多种类型污垢，而且低泡、稳定和防锈。

加入助洗剂能增加去污能力，它们的作用如下。（a）三聚磷酸钠对钙离子有络合作用，软化水质，提高在硬水中的去污能力。络合剂 EDTA 可软化水质，有助洗能力。（b）三聚磷酸钠、硅酸钠、偏硅酸钠都呈胶体状态，胶团带负电荷，能在污垢微粒上吸附，使污垢微粒带电荷，微粒同性排斥而分散。正硅酸钠和偏硅酸钠对铝有较强的缓蚀性。（c）氢氧化钠的碱性太强，使铝腐蚀，对钢铁的磷化处理产生不良影响，一般不用。多使用碳酸钠来皂化油脂。

b. 应用工艺。水基脱脂剂通常采用浸渍或喷洗的方式除油。浸渍法适用于复杂形状的工件，设备构造简单，槽液允许有稍多泡沫，但清洗效果较差，需要较高的浓度和处理温度。连续生产线由于生产量大、清洗时间短，就采用喷洗，喷射时的冲击力（0.1～0.2MPa）有助于污垢脱落，除油效果较好，处理时间也短，但不适合复杂形状工件，不允许有很多泡沫。为了降低泡沫，须选用不含阴离子表面活性剂的低泡清洗剂，并在 60℃左右清洗。

有些部件上油污黏附量较大，应人工擦洗预除油；内腔清洗需要先喷洗，后浸渍。

铝在 pH＞9、锌在 pH＞10 都会腐蚀，应选用由弱碱碳酸钠、磷酸钠和偏硅酸钠等配成的清洗剂，pH 要在 10 以下，否则，应加缓蚀剂并控制碱度。

第二汽车制造厂车身厂引进的 Haden 公司阴极电泳涂装线，前处理部分工艺为：（a）手工擦洗（水基清洗剂）；（b）喷脱脂液（55℃，含量为 1％，0.1～0.2MPa 压力喷 60s；槽液每周更换）；（c）浸脱脂液（55℃，2.5min，前后设置 0.1～0.15MPa 压力喷洗，以免槽面油污沾在附工件上；槽液两个月更换一次）；（d）水浸洗（每周更换）；（e）水喷洗（0.1MPa，1min）（每周更换）。

汽车涂装前处理使用的水基脱脂剂，除要求低泡外，脱脂液还要求 pH≤10（低碱度）、中温（≤60℃），先喷射后浸渍。脱脂液碱性过高，使后面磷化时结晶粗大。

为减小除油废水对环境造成的影响，应采用适当的表面活性剂，喷浸结合来提高除油效果；应采用低碱除油溶液替代高碱液，以减少碱的消耗；把除油废水循环使用，可大幅度减少废水排放量。用过滤器把悬浮固体除去，再用超滤技术实现清洗废水回收循环使用。除油溶液在使用过程中补充一些有效成分，仍可以继续使用。

③ 溶剂除油　溶剂除油首先可以用有机溶剂润湿的布揩拭，常用汽油、煤油、200 号溶剂汽油。手工除油因溶剂是易燃易爆品，使用时必须严格注意消除火灾隐患。流水线上用于除油清洗的主要是三氯乙烯、四氯乙烯，除油装置见图 8-1。三氯乙烯是当前除油清洗的主要溶剂，价格低、难燃、溶解油污力强；沸点（87℃）较低，易汽化冷凝；蒸气密度较大，不易扩散。

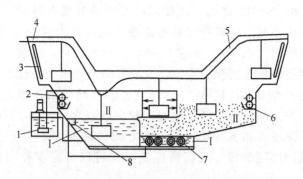

图 8-1　三氯乙烯除油设备系统示意图

Ⅰ—液相区；Ⅱ—工作区

1—喷射装置；2—冷凝装置；3—通风装置；4—槽体；
5—输送器；6—积液槽；7—加热装置；8—溢流槽

将工件挂在传送装置中，传送至密闭充满三氯乙烯蒸气的空间。当溶剂蒸气与工件接触后，在工件表面冷凝成液体，将油脂、污垢溶解冲洗掉。工件接受溶剂蒸气传递的热量，温度逐渐上升，达到与蒸气温度相同时，冷凝停止。冷凝在工件上的溶剂将油脂溶解后，流回加热槽，再汽化为蒸气，如此不断循环使用，与工件接触的都是清洁三氯乙烯。

油脂不断溶在三氯乙烯中，沸点升高。当沸点超过 92℃时，就要蒸馏再生三氯乙烯。再生回收装置由蒸馏釜、冷却器、液水分离器和储存箱组成。三氯乙烯受到光、热、水汽、潮湿空气和金属的催化，能分解成光气和盐酸，腐蚀工件和设备，因此需要加入微量稳定剂，如加 0.01%~0.02% 的三乙胺、二苯胺等。铝、镁等最好使用四氯乙烯。四氯乙烯沸点高（121℃），汽化耗热量大，溶脂能力更强，可去除高沸点的油污（如蜡等），或用于高精度复杂工件。

有机溶剂除油采用气相清洗、浸渍和喷射清洗三种方式。气相清洗适用于清洗一般油脂污垢；液浸渍-气清洗型适用于清洗形状较为复杂的工件；气清洗-液喷射型适用于黏附力较强的油脂污垢；液浸渍-液喷射-气清洗可提高清洗质量，并可循环组合使用。有机溶剂除油效率高、适合各种油污，但不能同时除去无机盐。

(2) 酸洗除锈　酸洗除锈是利用强酸对金属及其氧化物的溶解作用，产生的氢气对锈层、氧化皮也有剥离作用，最常使用盐酸、硫酸、磷酸。硝酸产生有毒的二氧化氮气体，很少用。盐酸挥发性酸，适合室温（不宜超过 45℃）用，含量 10%~20%，溶解速率快，成本低，生产上广泛应用。硫酸宜在中温（50~80℃）使用，含量 10%~40%，除重锈和氧化皮时用硫酸。磷酸不会产生腐蚀性残留物（如盐酸、硫酸酸洗后残留的 Cl^-、SO_4^{2-}），生成的磷化膜有防腐蚀性，但成本较高，酸洗速率较慢，有特殊要求时才用磷酸。其他酸不单独使用，柠檬酸、酒石酸等能络合铁离子，大幅度增强溶锈能力。有钝化膜的铝和锌需加氢氟酸辅助溶解。

工件在酸液中经过浸泡除锈后，再经冷热水冲洗，用弱碱中和（主要是碳酸钠或氢氧化钠溶液，含量在 2% 以下），再用水冲洗干燥。化学除锈不适合局部作业，维修时只有零部件整体需要除锈时，才能使用此法。

酸洗槽中须加入适量缓蚀剂，抑制金属过量腐蚀，防止"氢脆"。氢脆是生成的氢原子渗入金属原子间隙中，金属在使用过程中受较大力时，会发生突然断裂。选择缓蚀剂应小心，因为某些缓蚀剂（如 $AsCl_3$、$SbCl_3$ 等）抑制 $2H \longrightarrow H_2 \uparrow$ 的反应，提高金属表面氢原子浓度，增强渗氢。缓蚀剂分为无机物和有机物。无机物如 $AsCl_3$、$SbCl_3$ 等阳离子化合物，在阴极区被还原，还原产物（As、Sb）沉积于阴极区，使氢离子还原难以进行，也使阴极的共轭反应——铁溶解放慢。有机缓蚀剂中需要含有孤对电子的原子（S、N 等）或不饱和 π 键（炔基）基团，硫、氮的孤对电子和炔基的不饱和 π 键，能与金属原子的 d 轨道形成 d-d、d-π 配位键，吸附于金属表面，而有机缓蚀剂的疏水性基团在金属表面指向溶液做定向排列，形成单分子层疏水薄膜，隔离酸液，抑制金属溶解。缓蚀机理如下。

① 吸附屏蔽　有机胺类、硫醇、炔醇等在酸中吸附于阴极区域；硅醇、乙炔醇都呈弱酸性，电离后带负电荷的基团将吸附于阳极区；有些缓蚀剂在阴极和阳极区域都能吸附。

② 形成钝化膜　酸性介质中的 $K_2Cr_2O_7$、$KClO_3$ 等强氧化剂，能在金属表面反应，形成不溶膜（钝化膜）。

③ 还原成膜　$AsCl_3$、$SbCl_3$ 等，还原产物（As、Sb）沉积于阴极区，但因促进渗氢，有一定毒性，一般不用。

不同的酸选择不同的缓蚀剂。盐酸，有数百种商品缓蚀剂，一般用乌洛托品（六亚甲基四胺）、若丁（硫脲类缓蚀剂）等。硫酸，卤素类有缓蚀作用，硫酸酸洗时可用 1% HCl 作缓蚀剂，或添加 4% NaCl。用若丁、硫脲及其衍生物酸洗后，会引起金属发脆。

酸洗后，钢铁表面难以磷化成膜，或者磷化膜晶粒粗大，需要增加草酸洗涤工序，进行表面调整，然后再磷化。酸洗后若不充分水洗，则易涂膜下会发生早期腐蚀。有缝隙的工件，如点焊件、铆接件或有盲孔的工件，酸洗后浸入缝隙和孔穴中残余的酸，难以彻底清除，若处理不当，将成为腐蚀隐患。因此，最好是避免生锈或加强工序间防锈，如涂防锈油。后面表 8-14 中就要求白车身无锈，除油后直接磷化，没有酸洗步骤。

（3）磷化　用磷酸和磷酸二氢盐（如锰盐、锌盐、铁盐）溶液在一定温度下处理金属工件时，金属与氢离子反应，消耗工件表面的氢离子，使工件表面 pH 上升，沉积一层磷酸盐覆盖层，称为磷化膜，该过程称为磷化。实施磷化处理的金属有钢铁、锌和铝合金等，磷化处理剂分为钢铁用、锌用及铝合金用。磷化主要用于钢铁和镀锌板。作为涂层基底，要求磷化膜细致、均匀、孔隙率低。磷化膜孔隙率为金属表面积的 0.5%～1.5%，膜厚 0.1～50μm。

磷化可分为铁盐、锌盐和锰盐磷化。铁盐磷化析出磷酸铁/亚铁膜，涂层附着力可明显提高，但防腐蚀性只有轻微改进。锌盐磷化共同沉积形成磷酸锌/铁膜，附着力和防腐蚀性都得到了提高。锰盐磷化膜主要起减摩润滑作用。磷化自从 20 世纪 30 年代以来，作为涂料底层在工业上广泛应用。锌盐磷化能够显著增加涂层的附着力和防腐蚀性能：微孔磷酸锌膜层与金属、有机涂层都结合很好；磷化膜能减小有机涂层下的腐蚀电流，抑制氧气和水的扩散，而氧气和水是吸氧腐蚀的必要条件，磷酸锌膜层本身具有耐化学药品性。

锌盐磷化因能提高使涂层的附着力和防腐蚀性，得到广泛应用。根据处理液槽中 Zn^{2+} 的浓度，可沉积出不同的晶体：Zn^{2+} 的浓度较高，则以水合磷酸锌[$Zn_3(PO_4)_2 \cdot 4H_2O$]为主；Zn^{2+} 的浓度低，析出的为 $Zn_2Fe(PO_4)_2 \cdot 4H_2O$。磷化膜薄，涂层附着力好；膜厚，耐蚀性好。现在采用低锌磷化，在膜中引进 Ni^{2+}、Fe^{2+} 或 Mn^{2+}，能够大幅度提高涂层的耐蚀性，即使采用普通钢板代替镀锌钢板，耐腐蚀性不降低。

涂装所需膜层的厚度：锌盐磷化膜 $1.0 \sim 4.5 g/m^2$，铁盐磷化膜 $0.2 \sim 1.0 g/m^2$。与阴极电泳涂层或粉末涂层配套的磷化膜 $1 \sim 3 g/m^2$。磷化分为喷磷化、浸磷化和涂覆磷化。喷磷化成膜快，膜薄且细致，主要用于涂漆。浸磷化成膜慢，膜可薄可厚，晶粒可细可粗，能满足各种应用。涂覆法为免水漂洗，其中刷涂法用于大型结构件，辊涂法用于卷材高速生产线。用磷化液喷或浸钢板，有轻微酸蚀作用，钢板锈蚀不明显时，不需酸洗除锈，可直接磷化。

磷化过程一般为：脱脂→水洗→表面调整→磷化处理→水洗→封闭→去离子水洗→干燥，其中重点是水洗、表面调整和封闭。

① 脱脂后的水洗　脱脂后水洗时的漂洗性较差。5％溶液用循环水漂洗干净的次数大致为：Na_2CO_3 2～4 次，Na_2SiO_3 5～7 次，NaOH 9～10 次。常用的聚氧乙烯辛基酚醚（OP-10）较难漂洗。先喷后浸的漂洗效果最好，简单形状工件也采用喷-喷漂洗。为了能够漂洗干净，需要控制漂洗水的水质。第一道漂洗水的电导率约 $2000 \mu S/cm$，相当于水中含 10％的脱脂液。第二道漂洗水的约 $200 \mu S/cm$，相当于含 1％脱脂液。第三道 0.1％脱脂液，接近自来水的电导率。漂洗时间约 10s，但沥水时间需 30s，以防滴落到下道工序槽液中。

漂洗水一般为常温。当需要提高漂洗性或减少泡沫时，第一道漂洗水可用 60℃热水，希望加快工件干燥时，最后一道漂洗水温度为 60～80℃。

② 表面调整　金属表面用化学整理剂（如磷酸钛胶体溶液）调整，使磷化膜晶粒细且致密，用机械方法（如砂纸打磨、擦拭）可提高成膜速率，且膜细致。

脱脂后的金属采用钛胶表面调整。钛胶是由 K_2TiF_6、多聚磷酸盐和磷酸一氢盐组成的，$10^{-5} g/cm^3$ Ti 的磷酸钛胶体溶液。采用滴加泵补充，以维持其浓度。磷酸钛沉积于钢铁表面，作为磷化膜增长的晶核，使磷化膜细致。钛胶表面调整液浓度很低，胶体稳定性差，故将溶液 pH 控制在 7～8 之间，并采用去离子水配制。尽管如此，该液的老化周期为 10～15 天。表面调整剂主要用于锌盐磷化，用钛表面调整剂处理，再锌镍锰磷化处理，效果非常好。

金属酸洗后，表面难磷化成膜，需要用草酸进行调整，形成的草酸铁结晶作为磷化膜增长的晶核，加快成膜速率。酸洗后有时也用吡咯衍生物处理，能明显提高磷化成膜速率。表面调整也可用相应的磷酸盐悬浮液浸渍处理，如锰盐磷化前常采用磷酸锰微细粉末的悬浮液浸渍，使磷化膜晶粒细且致密。

③ 磷化处理　磷化膜外观应结晶细致、连续、致密、均匀。磷化配方属于商业秘密，表 8-7 给出了参考的磷化工艺。磷化过程中不需要通电，从电极反应的角度看，阳极为 $Fe - 2e \Longrightarrow Fe^{2+}$，阴极为 $2H^+ + 2e \Longrightarrow H_2 \uparrow$。阴极析氢，极化严重，因此，只要有利于阴极去极化，增大阴极区的物质，都能提高磷化速率。氧化剂和还原剂都可用作磷化促进剂。工业上广泛应用氧化型促进剂，如硝酸盐、亚硝酸盐、氯酸盐、硝基有机化合物等，它们与磷化过程中释放的氢原子反应，减少由氢造成的极化，而且把氢脆降低到最低程度。氧化剂含量很少时，快速形成 $Fe_3(PO_4)_2 \cdot 8H_2O$ 作晶核，随后沉积 $Zn_3(PO_4)_2 \cdot 4H_2O$，磷化速率快，但膜粗糙、附着力差、孔隙率高。氧化剂含量适中时，Fe^{2+} 被部分氧化为 Fe^{3+}，同时

形成无定形 γ-Fe_2O_3 和结晶的 $Fe_3(PO_4)_2 \cdot 8H_2O$，而 γ-Fe_2O_3 抑制晶核形成，能生成细致磷化膜。氧化剂过量时，Fe^{2+} 被大量氧化为 Fe^{3+}，生成大量无定形 γ-Fe_2O_3，很少形成晶核，随后的磷化结晶层不完善，孔隙率大，产生浮灰（无附着力的近白色胶质沉淀）。氧化剂含量更高时，生成极薄彩色膜，没有结晶磷化膜。

单独使用硝酸盐时，浓度要高，温度要高于 $75℃$，磷化膜结晶粗、疏松。目前最常用 NO_3^--NO_2^-，中低温下可得到均匀致密的磷化膜。亚硝酸盐在酸性溶液中易分解，30min 不补充，含量就减半，需要不断单独添加。氯酸钠在 $55\sim75℃$ 效果好，但生成的 Cl^- 影响磷化膜性能。芳香族硝基化合物得电子成为羟胺，促进作用与亚硝酸根相当，稳定性好得多，但使槽液变为酱色，限制其应用。亚硝酸盐会自行分解生成有致癌作用的亚硝胺。目前上海大众 Polo 涂装生产线采用过氧化氢作为磷化促进剂。磷化铝合金时，需加 NaF，因 Al^{3+} 抑制磷化膜生成，F^- 与其生成 Na_3AlF_6，除去 Al^{3+}。

锌系磷化膜呈灰白色到灰黑色，不应出现红色或彩色。铁系磷化膜为灰黑色，可以带彩色。磷化膜表面有光亮斑点，是裸露金属，说明磷化不完全，孔隙率高；如果有色斑，说明磷化膜不均匀；如果磷化膜粗且疏松，则膜表面暗淡。磷化膜结晶细致，膜就有光泽，尤其是磷酸铁无定形膜有较高光泽。GB 11376—1997《金属的磷酸盐转化膜》和 GB 6807—2001《钢铁工件涂装前磷化处理技术条件》给出了磷化膜应达到的标准。金属磷化处理工艺见表 8-7。

表 8-7　金属磷化处理工艺

磷化液	铁盐磷化液		锌盐喷磷化液		锌盐磷化液	
组分及含量/(g/L)	NaH_2PO_4 FeC_2O_4 $H_2C_2O_4$ $NaClO_3$ $K_2Cr_2O_7$	88 7.9 39.7 5 10.5	ZnO 85% H_3PO_4 $NaNO_3$	0.6 7.8 9.4	$Zn(H_2PO_4)_2$ $Zn(NO_3)_2$	$4.0\sim5.0$ $8.0\sim10$
处理温度/℃	50		$50\sim55$		$50\sim70$	
处理时间/min	$10\sim15$		2		$10\sim15$	
总酸度及游离酸度(点)	pH＝2		pH＝3.4±1 总 $10\sim12$		总 $50\sim80$ 游 $5\sim7$	

生产上以 0.1mol/L NaOH 标准溶液滴定 10ml 磷化液来检测溶液中磷酸及磷酸二氢盐的消耗，同时加甲基橙和酚酞两种指示剂。甲基橙变色表示游离酸度，酚酞变色表示总酸度，每消耗 1ml NaOH 溶液称为 1 个"点"。

生产上还常用 $CuSO_4$ 点滴试验定性测量磷化膜的孔隙率和厚度。点滴液由 40ml 0.25mol/L 的 $CuSO_4$ 溶液、20ml 10%NaCl 和 0.8ml 0.1mol/L HCl 混合而成。滴 1 滴点滴液于磷化膜表面，记下析出红色金属铜的时间，以时间长短来表示孔隙率和厚度。GB/T 12612—2005《多功能钢铁表面处理液通用技术条件》规定了磷化膜的检测方法和规则。

④ 封闭处理　磷化膜的孔隙率为 0.5%~1.5%，孔隙深处"裸露"的金属容易因腐蚀介质渗入而腐蚀，磷化后还需封闭处理，填充这些空隙。早期采用铬酸溶液氧化金属表面，形成钝化层，孔隙则被 $CrPO_4$ 充填封闭，但在磷化膜表面会残留铬酐，铬酐易吸水，在高湿环境中水渗入，造成涂膜起泡。为了解决这个问题，可采用 $Cr^{3+}/Cr_2O_7^{2-}/H_3PO_4$ 浸渍

封闭，$Cr_2O_7^{2-}$ 用于形成钝化层，Cr^{3+}/H_3PO_4 用于填充孔隙。

由于含铬废液对环境污染很大，现在尝试用非铬处理剂对磷化膜封闭。这类处理剂由氧化剂、络合剂、水溶性树脂封闭剂组成，如亚硝酸钠-三乙醇胺、亚硝酸钠-水溶性聚丙烯酸树脂、单宁-水性氨基树脂等。磷酸锌结晶用含有 0.5% 甲基三甲氧基硅烷液（用足够的 H_2ZrF_6 将 pH 值控制在 4）封闭，比铬酸封闭具有更好的性能，上海大众 Passat 和 Polo 涂装生产线均采用这种钝化液，钝化效果好，废水处理容易，但磷酸铁用硅烷＋H_2ZrF_6 封闭效果比铬酸封闭的差。

8.2.1.2　化学处理用设备

除油、除锈、磷化及钝化等工序可使用浸渍设备或喷射设备。浸渍式是将工件浸渍在有槽液的槽中处理。喷射式是用水泵将处理液用喷嘴喷射到工件表面，借助于机械冲刷力量，加速溶解（溶剂除油时）和化学作用（碱液除油、化学除锈、磷化、钝化时）。浸渍和喷射设备及其他设备，在选择和使用中有一些重要参数需要计算，作为工程技术人员，这些计算很重要，但本书并未涉及，请见参考文献 [1]。

（1）浸渍式设备　浸渍式设备分为通过式和固定式。通过式的槽体容积大，仅适用于大批量生产。固定式的槽体容积小，生产效率较低，适用于中小批量生产。通过式浸渍设备是用悬挂输送机将工件连续输入浸渍槽处理，易实现流水化生产，一般不单独使用，而是和涂装车间的其他设备共同组成涂漆作业流水线。图 8-2 为目前常用通过式浸渍设备结构示意图，由槽体、槽液加热、搅拌、温度控制装置组成。磷化还需槽液配料和过滤沉淀装置。

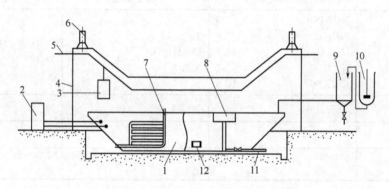

图 8-2　通过式浸渍设备结构示意图

1—主槽；2—仪表控制柜；3—工件；4—槽罩；5—悬链输送机；6—通风装置；
7—加热装置；8—溢流槽；9—沉淀槽；10—配料装置；11—放水管；12—排渣阀盖

固定式浸渍设备通常是用单轨电葫芦（手动遥控器），通过手工操作将工件间歇输入浸渍槽进行表面处理。为了减轻劳动强度，也可采用悬臂式或垂直升降式设备，还可采用自动程序控制，实现机械化操作。该设备大多单独组成间歇式漆前表面处理生产线，有时也和其他设备共同组成间歇式生产线。

（2）喷射设备　喷射设备分为单室多工序式、垂直封闭式、垂直输送式和通道式。通道式最常见，分为单室清洗机和多室联合清洗机组。单室清洗机是联合机组的基本单元。多室联合清洗机组占地面积小、热能损耗小、设备投资低，将各表面处理工序合并在同一设备内，但酸洗工序宜单独分开，以防止酸雾污染其他槽液，腐蚀设备。通道式六室联合清洗机原理参见图 8-3。设备主要结构大致相同，包括壳体、槽体、喷射系统、槽液加热和过滤沉淀装置、通风装置、悬链保护装置等。此外，还有设备控制装置，供操作管理者使用。

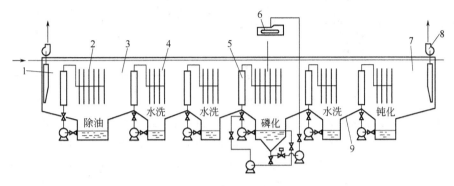

图 8-3 通道式六室联合清洗机原理图

1—工件入口段；2—喷射处理段；3—泄水过渡段；4—喷管装置；5—外加热器；
6—磷化液过滤装置；7—工件出口段；8—抽风装置；9—淌水板

在每个处理区内均设有独立的喷射系统和水槽，它们的基本结构相同，但喷嘴和水泵的型号、加热方式及配料过滤等可以不同。喷管是根据工件的外廓尺寸组成环形管道，在管道上安装若干喷嘴，将工件包围，经过喷射区的工件能被槽液充分喷洗。喷嘴种类很多，根据用途不同，需要选用不同的喷嘴，见表 8-8。

表 8-8 常用喷嘴的结构及适用范围

名称	喷嘴结构简图	材料	性能特点	使用说明
V 形喷嘴		不锈钢、尼龙	喷口为 V 形条缝，射流呈带状，冲刷力较强，不易阻塞，但扩散角度较小，雾化差	用于酸洗、综合除油、除锈、碱洗
强射流喷嘴		铸铁	射流呈圆锥形、锥角较小，冲刷力强	用于油腻污垢清洗
扁平喷嘴		铸锡青铜	喷嘴出口为扁形条缝，射流呈带状，扩散角较大，制造较困难	用于碱洗、水洗
扁平可调喷嘴		铸锡青铜	安装角度可调，其他同扁平喷嘴	用于碱洗或水洗
Y-1 型雾化喷嘴		不锈钢、尼龙	射流呈圆锥形，锥角大，水粒细密、均匀，雾化好，容易清理	用于磷化、钝化、表调等

名称	喷嘴结构简图	材料	性能特点	使用说明
莲蓬头喷嘴		不锈钢尼龙	射流呈圆锥形,水粒粗,喷水量大,安装角度、喷水量可调	用于工序间的热水和冷水喷洗

泄水过渡段是两相邻喷射区之间的区域,要足够长,以防止各区槽液串水相混。在泄水过渡段安装槽液补充和加料装置,要便于更换污染的槽液或补偿其损耗。水洗工序直接补充新鲜水。化学溶液定期补充新的浓缩液。磷化液要用独立配料装置进行定期补充。根据测定的槽液浓度,一般手工加料补充。补充槽液可采用自动加料控制系统,该系统利用槽液污染或消耗后浓度或 pH 的改变,通过浓度调节器和污染程度监测仪输送信号,使新鲜槽液或浓缩液自动补充,以保证槽液浓度恒定。

淌水板是焊接在泄水过渡段下部的两块斜板,向两喷射区倾斜,使工件带出及从挡板出入溅出的槽液能够流回原来的槽中。由于槽液只能沿工件移动方向带出,第一段淌水斜板的长度应大于第二段的,比值为 1.5~2。斜板的最小倾角为 6°~10°。

用 0.3~0.4MPa 饱和水蒸气加热,分为直接加热(即用热蒸汽直接加热槽液,冷凝水进入槽液)和间接加热(用套管式、列管式加热器,冷凝水不会进入槽液)。间接加热可在槽内进行,也可在槽外进行。浸渍式采用槽内加热。酸、碱液喷射处理工艺中多用槽外加热。加热磷化液时,在外加热器的进出口处,还需要设置常闭式进出口,供循环清理沉淀物时使用。

设备抽风系统要防止槽液蒸汽扩散到车间,而并不是将其全部排除,常用上吸风式、外吸风式抽风罩及风幕。①上吸风式抽风罩的 1/3 在设备外。抽风时,将出入口和设备外的部分空气同时抽走。设备外的空气能阻碍槽液蒸汽逸出。这种方法结构简单,对于低矮门洞有效。②外吸风式抽风罩安装在工件出入口的两侧。抽风时将设备外部空气较多吸入门洞,以阻碍槽液蒸汽逸出,减少槽液蒸汽的排出量。③风幕装置在工件出入口。由风机经空气喷管喷出压缩空气,形成空气幕,将槽液蒸汽封闭在喷射区内。风幕的吸风口设置在出入口处,可将少量槽液蒸汽的空气混合气排出。有渣的、需配料的、腐蚀性溶液还需要配料搅拌装置、溶液沉淀槽、槽液过滤装置和悬挂输送机保护装置。处理批量较大的多室联合清洗机一般采用悬挂输送机,与涂漆烘干设备组成流水生产线。不便吊挂的小型工件可采用网式输送带。较重工件的处理批量不大而工序又较少时,可采用辊道输送。

浸渍式除油设备简单,复杂工件、有空腔结构的工件均能清洗干净,但占地面积大,处理时间长。喷淋式除油由于机械力的作用,温度可降低到 40~50℃,处理时间一般为浸渍式处理时间的 1/10~1/3,外表面清洗效果好,内表面清洗效果较差,特别是内腔、箱体等不易清洗干净,仅适于形状简单的工件。喷淋室体要求密封好,不漏水,不串水。喷淋式设备管路多、喷嘴多,维护工作量大。要使喷淋式清洗达到最佳效果,须加强管理。

8.2.1.3 其他漆前表面处理方法

(1)硅烷新技术 磷化技术的缺点有:需要控制游离酸、总酸、促进剂、锌、镍、锰含量和温度等参数,操作复杂;产生磷化废渣,污染环境,需较高温操作,能耗高。我国从

2006 年 12 月 1 日起开始执行汽车制造业清洁生产和涂装标准，对磷化液做了各种限制，如不含亚硝酸盐和重金属污染物、低温低渣等，这些都为采用新技术创造了条件。目前国内涂装普遍采用磷化技术，硅烷表面处理技术已在欧洲和美国获得广泛应用，有望替代传统磷化处理。

硅烷技术采用超薄涂层替代传统的结晶型磷化保护层，在金属表面吸附了一层超薄网状结构涂层，与金属底材和涂层均有良好的结合力。有机无机杂化涂层不需要磷化处理，就能得到优异的附着力，适用于钢铁、不锈钢、铝和镁的合金，可参考文献 [14]。

等离子处理作为一种新方法正探索用于对冷轧钢表面的清洗和处理。在等离子室中导入了三甲基硅烷，用等离子放电使之聚合成一层薄薄的聚合物层。与传统方法处理过的镀锌钢板相比，等离子方法处理的冷轧钢对电沉积漆具有更为优异的附着力，而且冷轧钢比电镀锌钢板更便宜、更易于回收循环，且伴随电镀和磷化而来的废弃物问题能得以解决。

活性有机硅烷加入到涂料中提高对钢材表面的附着力。氨基有机硅烷的氨基能优先吸附在钢铁上，三烷氧基甲硅烷基能与钢铁表面羟基反应，但与玻璃和铝等其他金属相比，活性有机硅烷与铁之间形成的化学键稳定性较低，没被用于提高涂层与钢材之间的附着力。

双（三烷氧基甲硅烷基）烷烃与钢铁表面反应用于提高对钢材表面的附着力。用水冲淋干净钢板，再将湿钢板浸入双（三甲氧基甲硅烷基）乙烷（BTSE）的水性溶液中，BTSE 在水中水解，吸附于钢板上，与羟基反应并与其他甲硅烷基乙烷分子交联成涂层，即使浸入水中该涂层也十分稳定。然后，表面用能与硅醇基反应的活性有机硅烷处理，同时也提供了与涂料反应的活性基团。在有水的情况下，这种涂层也具有优异的附着力和良好的防腐蚀性。用含有能与铁生成配位络合物的树脂来提高对钢材表面的附着力，如可用乙酰醋酸酯来合成树脂，这种树脂能烯醇化，并能与包括铁盐在内的金属离子配位（络合），改善涂层的附着力和防腐蚀性能。由于乙酰醋酸酯潜在的水解性，这个方法生产上是否可行还需要评估。

（2）铝　铝材表面附着了一层薄、密、牢的氧化铝，一般只需清洗除油而不需要其他处理就可涂装，但是长时间风化会有盐类沉积，应当除去。暴露在盐分的涂层需要加强表面处理，大多用铬酸盐。酸性槽液中含有铬酸盐、氟化物和作为催化剂的铁氰酸盐，形成膜的组成为 $6Cr(OH)_3 \cdot H_2CrO_4 \cdot 4Al_2O_3 \cdot 8H_2O$。现在已开发出与含铬层性能相当的无铬、无氰化物专有铝转化涂层。铝合金底漆工业上用铬酸锌，家居环境用磷酸锌颜料。

当铝和铁组合成一个组件时，通常在普通的磷化液中加入适量的氟化物，同时在铁铝表面生成磷化膜层，常用浸渍法处理。铝的磷化层中只有 $Zn_3(PO_4)_2 \cdot 4H_2O$，而 Al^{3+} 并不在磷化层中出现。氟化物控制 Al^{3+} 的浓度，通过生成 Na_3AlF_6 沉淀，除去磷化液中的 Al^{3+}。

（3）锌　建筑业和汽车行业中广泛采用镀锌钢材，镀锌钢材表面会形成碱性的 ZnO、$Zn(OH)_2$ 和 $ZnCO_3$，镀锌钢板上直接涂漆时，底漆要用抗皂化的树脂。涂料产生的酸性物质能使锌溶解，生成可溶性盐类，导致涂层缺陷，在醇酸涂料中就需要用硼酸钙颜料。

汽车车身上的镀锌钢材在涂覆阴极电泳底漆前，都经过磷化处理，磷化时由于镀锌层腐蚀严重，形成的磷化膜粗糙。为减少磷化时镀锌层侵蚀，得到细的磷化膜，应采取喷磷化处理，磷化后应铬酸钝化。为了降低电泳时磷化膜电阻分布不均匀的影响，磷化膜宜薄不宜厚。

（4）超声波清洗　超声指频率高于 20kHz 的声波，用于清洗和粉碎固体。超声波清洗由超声频电源、换能器和清洗槽组成。换能器把超声频电能转换成机械振动，通过清洗槽壁，向清洗液辐射超声波。超声波是一系列压力点，即一种压缩和膨胀交替的波。当声压达到一定值时，液体中的微气泡在声波膨胀阶段迅速增大，压缩阶段突然闭合，然后瞬间爆裂，在气泡周围产生 $10^{12} \sim 10^{13}\,Pa$ 的冲击压力和局部高温，这就是超声波的空化作用。超声波用于化学前处理的除油、酸洗和磷化过程中，清洗效率高，在超声波作用下只需 $2 \sim 3min$，能达到很高的清洁度，适用于产品表面质量要求高的场合。

超声波直线传播，工件应尽量接近波源，清洗液的流动要慢。水在 $60\,℃$ 时空化作用效果最好。金属、玻璃等对波反射强，清洗效果好，而橡胶、布料等吸波，清洗效果差。形状复杂工件要分别在几种不同频率下清洗。超声波频率低，空化需要的功率就越小，压缩和膨胀的间隔越长，气泡能长到较大尺寸再爆裂，有利于清洗，但噪声大。涂装行业一般使用 $20 \sim 50\,kHz$ 的频率，用于大工件、污物与工件结合强度高的场合，但不适合表面光洁度高的工件。超声频率高，同样功率下产生的气泡多，穿透力强，但清洗效率低，适合形状复杂或有盲孔的工件。高频超声清洗（$50 \sim 200\,kHz$）用于计算机、微电子元件的清洗，工件不受损害。

8.2.2 卷材涂装

卷材是由轧钢厂或轧铝厂运出的金属带材，厚 $0.2 \sim 2.0\,mm$，宽 $0.6 \sim 1.8\,m$，长 $600 \sim 1800\,m$，质量最高可达 $25000\,kg$。卷材涂装金属作墙板、活动百叶窗、雨水槽和落水管、荧光灯反光板、家电产品外壳、水果和蔬菜用听盖和罐体等，可代替塑料、木材等材料。

8.2.2.1 卷材涂装的特点

（1）时间短　由于金属卷材以 $100 \sim 200\,m/min$ 速率移动，表面清洗和处理所用的全部时间约 $1min$ 或更少（见图 8-4），这对表面前处理和卷材涂料都提出了新的挑战。

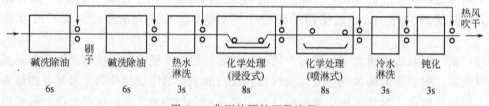

图 8-4　典型的预处理段流程

（卷板速率 $65\,m/min$；预处理段长 $31.4\,m$）

（2）配色和涂层性能　卷材涂料本身需要极严密的配色，要保证 $400\,℃$ 空气 $30s$ 固化时对涂层颜色不产生影响。卷材金属还要机械加工，涂层柔韧性要好，不能发生断裂或脆裂。

（3）耐蚀性　预涂卷材主要是钢板和铝板。钢板的耐蚀能力为：冷轧钢板＜镀锡钢板＜TFS（tin free steel，无锡钢板，即镀铬钢板）＜电镀锌钢板＜热浸镀锌钢板。

冷轧钢板因耐蚀性差，使用越来越少。目前使用最多的是热浸镀锌钢板和锌合金冷轧钢板。热浸镀锌钢板锌层厚，耐蚀性好。热浸镀锌后 $510 \sim 560\,℃$ 保温，使 Zn 和 Fe 相互扩散，表面层变为铁锌合金（Zn_7Fe），得到合金化的热浸镀锌钢板，表面粗糙度提高，耐腐蚀性和焊接性好，但热浸镀锌钢板消耗锌量太多。目前在钢板上使用含铝 55% 的 $Zn-Al$ 合金层，厚度 $20\,\mu m$，膜厚 $150\,g/m^2$，约为锌层质量的一半，在潮湿海洋和大气条件下保护作用比热浸镀锌钢板好，但能源消耗大，对划伤、切口阴极保护能力不足，由于含脆性合金层，加工成型、焊接和涂装性能不如镀锌钢板。含铝 5% 的 $Zn-Al$ 合金层，耐蚀寿命比热浸镀锌钢板提高 $1 \sim 3$ 倍，焊接和加工成型性能都好，但表面平整度不好，影响在轿车和家电行业的应用。

（4）优势　卷材涂料辊涂施工，涂料利用率基本达 100％。涂层固化烘烤时，挥发的溶剂能收集并引入燃烧炉焚烧，将热能再利用，涂装总能耗只有成品涂装的 1/6～1/5。烘炉废气经焚化后，溶剂含量小于 $5×10^{-5}$，VOC 排放很低。

8.2.2.2　预涂卷材生产流程

卷材涂装包括四段：引入段、预处理段、涂装段和引出段。

① 引入段：将原料卷松开，把它们相互之间焊接起来，以便连续、匀速地为机组供应。

② 预处理段：清洗金属板，并进行化学处理，以提高防腐蚀性和涂层间结合力。

③ 涂装段：采用逆向辊涂施工，可得到各种厚度的涂层。通常采用正、反两面同时涂装的二涂二烘工艺，即涂底漆-烘烤-涂面漆-烘烤。因为是双面涂装，涂漆后的金属板在炉内不能有支撑，一般用悬垂式或气浮式烘炉。当然还可以一涂一烘或只涂单面。除涂装涂料外，在面漆烘炉后加上层压设备，就可热压上塑料薄膜，这时可用面漆辊涂机和烘炉来涂布和活化黏合剂。附加其他辅助装置后，可在涂层上印花或压花。为防止涂层在运输、加工、安装过程中被损坏，在板上还要加一层可剥性保护膜或上一层蜡。

④ 引出段：将产品分卷或按要求尺寸，重新切成单张。

8.2.2.3　卷材预处理

金属卷材在轧制过程中表面有润滑剂，有的在出厂前还涂防锈油脂。预处理时首先要除去大量的油脂及其他黏附物，用尼龙刷刷除黏附物，镀锌板必须经过刷洗，而铝板则不刷洗。除油一般用热碱液加压喷淋，用 60℃ 含少量多聚磷酸钠的 0.5％～1.5％ 氢氧化钠水溶液，以 $3×10^5$ Pa 的压力喷淋，也有电解除油的。

铝板用氟化物和钼酸盐作促进剂的铬酸溶液处理，生成黄色无定形转化膜 $Cr(OH)_2HCrO_4$，控制膜厚 0.25g/m²，膜中含有六价铬离子，不能用来制造食品和饮料罐。上述转化液加入磷酸，形成从无色到绿色的转化膜 $CrPO_4 + AlPO_4$，膜厚 0.3g/m²。

冷轧钢板一般用铁盐磷化，膜厚约 0.3g/m²，涂环氧富锌涂料，钢板表面可以植绒、贴木膜，或做成夹心板。镀锌钢板常用复合氧化物型和磷酸锌型转化液处理。①复合氧化物转化液是含铁、钴或镍等螯合物的碱性溶液，锌受碱蚀，并形成由氧化钴、氧化锌、氧化铁等螯合物组成的转化膜，控制钴或镍含量为 0.005～0.01g/m²。这种转化膜对锌表面没有屏蔽作用，但它本身十分稳定，对涂层也有很好的附着性。建材用预涂镀锌板多用这种转化液。②磷酸锌型转化液主要用来处理制造家用电器的镀锌板，膜厚约 0.2g/m²。磷酸锌转化膜有很好的防腐蚀性，但对涂层的附着性较差，并随时间而下降。

预处理工艺要求严格控制处理液的各项指标，并使用中不断调整。"不淋洗型"转化液，含有少量氟化物、硅酸盐和多种金属的铬酸盐，适用于钢板、镀锌钢板、铝板等多种底材。用辊涂法将转化液涂在底材上，烘干即成为转化膜。处理后不需淋洗，也不产生含铬废水。由于铬酸盐的毒性，现正发展无铬酸盐的转化液。

8.2.2.4　烘炉

在生产线上，底板行进速度很快，由于不能有支撑，烘炉又不能太长（50m 左右），涂料在炉内烘烤时间很短，就要求涂料在底板温度 260℃ 以下 30～60s 内完全固化。卷材在烘炉中经过的时间大多在 15～40s，有些情况下可低至 10s。温度高达 400℃ 的热空气高速度吹在涂料表面上，涂层温度可高达 270℃。涂料烘烤后，卷材带就通过出口储存器，到达重绕装置上。重绕辊中心的压力极高，涂料的 T_g 必须很高并进行适当交联，以避免涂层粘连。

涂漆机的排气罩处排放的空气含有溶剂，用于燃烧加热烘炉空气。

8.2.2.5　卷材涂料

溶剂型涂料黏度以 40～150s（涂-4 杯）为宜，水性涂料以 28～35s 为宜。辊涂时涂料受到很大的剪切力，就要求涂料黏度不受或很少受剪切力的影响，否则，涂料黏度随剪切力增加而明显下降，使辊上不能附着要求的涂料量。涂漆后的晾干时间很短，约 20s，要选用挥发速率合适的溶剂，以免起泡、有针孔或流平性不好。

钢材上广泛使用的是底-面漆系统，铝材上往往是单涂层。钢材上的底漆是双酚 A 环氧、环氧酯和环氧/MF 树脂，但聚氨酯、聚酯和水性乳胶底漆的使用在不断增长。

面漆中聚酯-MF 基料广泛使用，特别是可作为单涂层，户外耐久性和防腐蚀性优于氨基漆。聚酯-封闭型异氰酸酯涂料用在耐磨性和韧性特别重要的场合。热固性丙烯酸-MF 树脂常用在底漆上面。背面用涂料要含有少量不相容蜡，可避免因摩擦卷材而产生涂层印痕。氨基漆成本最低，有时用于卷材背面，也用作耐腐蚀性和户外耐久性要求不高的涂层。

为了获得较好户外耐久性，可使用有机硅改性聚酯或丙烯酸树脂。30% 有机硅改性聚酯用少量 MF 交联，用作高性能住宅或工业墙板用着色面漆基料。用氟碳涂料在暴晒于户外超过 25 年之后，只显出略有变化的迹象。卷材涂料还使用有机溶胶和塑溶胶。低黏度有机溶胶层厚约 $25\mu m$，高黏度塑溶胶膜厚 $50\mu m$ 或更高，涂层有较好的户外耐久性和优良的加工性能，且不需要交联，在烘炉中只停留 15s，可用于饮料容器罐盖的卷材金属上。乳胶漆作卷材涂料正在增加，分子量高而且不需要交联，但不能制成高光泽涂层，且有流平问题。

粉末涂料可采用自动喷枪静电喷涂，但流水线速率慢。另一工艺是带电荷粉末粒子"云"吸附在卷材上，再通过一台感应加热炉熔融固化，由于滚筒与卷材不接触，可涂装压花或多孔金属，流水线速度也比常规卷材涂料的更高。

卷材涂层性能可有高耐候、耐高温、自熄性、不粘雪和自洁型等。为防止高温烧毁涂层，尽量避免焊接，通常用咬合、铆接、卡接的方式连接。需焊接时，不用普通电气焊，而用无损焊接。

8.2.3　机械方法处理

金属表面物理除锈指用机械（如冲击、砂磨、铲力）方法将铁锈或其他污物除去，可用手工和机械方式进行，这种方法同时除油除锈。手工方法（用 St 表示）是指用砂纸、凿子、锤子、刮刀、钢丝刷、砂轮等除锈，还包括小型电动或风动除锈工具，成本低廉，能同时除去其他污物、胶黏剂等，但劳动强度大，除锈效率低。

机械方法（用 Sa 表示）有喷砂、抛丸、高压水或高压水磨料除锈，使用压缩空气或机械动力将丸料高速喷（抛）到工件表面刮削，形成麻面，并获得需要的粗糙度。图 8-5 是除锈方法和程度对涂层耐久性的影响，0 表示未除锈，Sa3 喷砂比 St1 手工除锈，涂层耐久性延长 4 年。喷砂、抛丸、高压水或高压水磨料除锈的劳动强度较低、机械化程度高、除锈质量好，可达到适合涂装的粗糙度，被广泛采用。

8.2.3.1　喷砂

喷砂是以 0.4～0.6MPa 的压缩空气为动力将砂粒或钢丸加速，经喷嘴喷射到钢铁表面。钢丸或砂的出口速率为 50～70m/s。喷砂可以除锈、除旧涂层，处理焊缝，去毛刺、飞边和氧化皮，不锈钢、铝合金可进行亚光处理，混凝土、石雕表面污垢处理，还消除应力使表面强化。喷砂广泛用于船舶、桥梁和槽罐等钢结构上，但用于汽车及家用电器上，就过于粗糙了。

喷砂装置是由喷砂和喷枪组成。喷砂器是储存丸（砂）料，并通过压缩空气给丸

（砂）以喷射能量，分为连续式的双室喷砂和间隙式的单室喷砂器。双室式喷砂器的结构见图 8-6。

当三通阀处于图 8-6（a）的位置时。带孔滑块下移，上室通大气（无压缩空气的作用），加丸漏斗中丸料的重量使上伞形阀的内支撑弹簧被压缩，阀门打开，丸料漏到上室。同时，下室处于压缩空气之中，压缩空气顶住丸料，使丸料保持在上室。

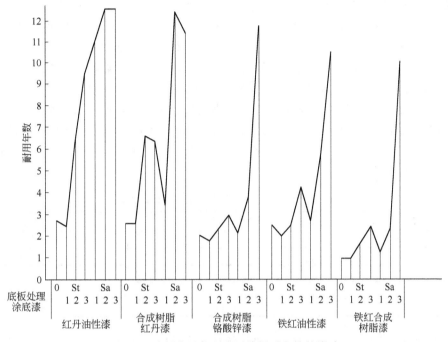

图 8-5　除锈方法和程度对涂层耐久性的影响

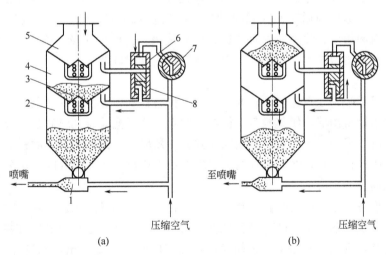

图 8-6　双室式喷丸（砂）器结构图

1—混合室；2—下室；3—伞形阀门；4—上室；5—加丸漏斗；
6—带孔滑块；7—三通阀；8—转换阀

当三通阀逆时针转至图 8-6（b）的位置时，滑块被压缩空气顶起，同时滑块的另一通道与压缩空气接通，使上、下室均处在同一压缩空气气压之下。此时，下伞形阀受丸料重量作用呈开启状态，弹丸从上室漏到下室。而上室由于压缩空气的作用将上伞形阀关闭。因此，靠旋转三通阀，弹丸由上室流至下室，使下室永远有丸料，可供连续喷射。

单室喷砂则没有下伞形阀门和转换阀。当室内通入压缩空气时使伞形阀关闭可喷砂。当关闭压缩空气阀门时，室体与大气相连，则伞形阀受砂重量的作用而下压，使伞形阀打开，可补充丸料。一般单室喷砂器都有料位指示器，用于指示缸内弹丸的位置。

喷枪是用来将喷丸器中的弹丸（砂）进一步加速，并导向所需清理的部位。软管连接喷枪和喷丸器，连接段连接软管和喷嘴，喷嘴将丸流集成束状喷向工件。喷嘴现在采用钨钢、碳化硼、耐磨纳米陶瓷等，寿命 1000～2000h，如直径 8～9mm 的喷嘴，磨损扩大到 13～14mm，就需更换了。喷嘴口径与磨料直径有关，见表 8-9。分段喷砂室常用 0.5～1.0mm 的钢丸。喷砂常用石英砂、黄砂等，价格便宜，但沙尘浓度高，达 200～300mg/m³。喷丸采用结实的钢丸，污染较小，价格较高。铝之类的软金属可喷射塑料丸。敞开式喷砂设备由高压喷砂罐、喷枪、空气压缩机、磨料回收装置组成，用于敞开式工作环境，如油罐、船体，操作简单，但噪声大、工作环境恶劣、磨料回收率低，因粉尘飞扬，需要遮蔽其他相邻物体，已被限制使用。

表 8-9　喷砂时喷嘴口径与钢丸直径的关系

钢丸直径/mm	喷嘴口径/mm	工作对象
0.3～0.5	7～8	3mm 以下钢板
0.8～1.0	8～9	4mm 以下钢板
1.0	10	6mm 以下钢板
1.5	12	厚板构件
2.0	14	铸件

密闭型喷砂室有喷砂系统、粒料回收系统和除尘系统，并且操作人员戴装有空气分配器的安全帽，喷砂室有效工作面积有从 2m×2m 的操作台到能容纳大型船体分段的空间。

真空喷砂机又称自动循环回收式喷砂机，由喷砂系统和自动回收系统组成，见图 8-7，用抽真空吸粒料和粉尘，除去粉尘后，粒料循环使用，无砂尘飞扬。真空喷砂机操作方便，除锈质量高，与密闭型喷砂室相比，不受场地限制，效率较低。

8.2.3.2　抛丸

抛丸除锈是靠叶轮在高速转动时的离心力，将磨料（砂、丸、钢丝段）沿叶片以一定的扇形，高速抛出撞击锈层，使其脱落。机器内的吸尘器气流能将丸料和粉尘分开，丸料重新使用。抛丸机施工无尘、无污染。常用球形弹丸，效率高，冲击力大，除锈质量高，能耗较省，容易实现生产自动化，在船舶分段和钢板除锈中广泛应用。抛丸除锈也分为现场用抛丸机和大型抛丸间。

（1）抛丸设备　抛丸器由叶轮、叶片、分丸轮、定向套等组成。叶轮、叶片、分丸轮紧固在主轴上，并随主轴一起高速旋转（2200～2400r/min），定向套固定在抛丸器罩壳上。弹丸经过进丸管，流入分丸轮中，预加速后，经定向套窗口处飞出，到达叶片上，再以 60～80m/s 的高速抛向工件。见图 8-8。进丸方式有机械式和鼓风式，鼓风式见图 8-9。

大型抛丸间有清理室体、辊道系统、弹丸循环系统、抛丸器、尾吹系统、气动系统、电气系统和除尘系统。室体是由钢板焊接而成的箱式结构。抛丸清理区布置有多台抛丸器，室内衬有铸造高锰钢护板。在入料端区，设有若干道橡胶密封帘，交叉密封飞散的弹丸。

辊道用于运载工件，为链传动结构，由输入辊道、室内辊道、输出辊道组成。抛丸主室

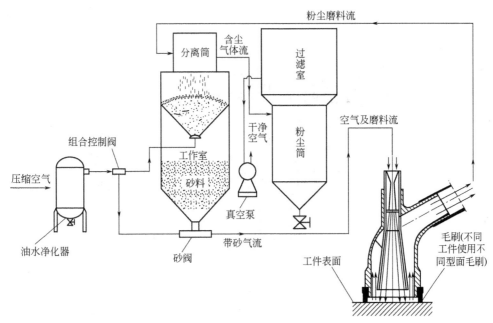

图 8-7　循环式自动回收喷砂机工作流程

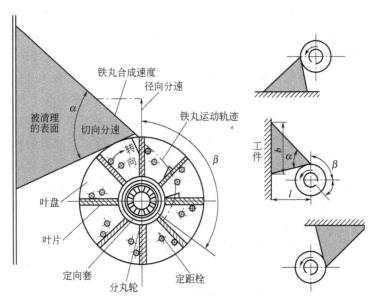

图 8-8　抛丸机工作原理

α—铁丸射流扇形角度；β—定向套出口与铁丸离开叶轮的夹角；

l—抛头与工件的距离；b—清理宽度

内的辊道需要用高耐磨护套防护。弹丸循环系统输送和分离净化弹丸，由螺旋输送器、提升机、分离器、储丸斗、弹丸闸门组成。螺旋输送器可收集并运送弹丸至提升机下部。提升机为提升弹丸至分离器上部。分离器利用气流风选，将弹丸和杂质分离，保证合格弹丸进入储丸斗，杂质进入废料斗而被排除。

尾吹系统是指由地坑内高压离心风机产生的高压空气，经管道送入尾吹区并由其中的多个喷头吹出。喷头为多角度可调式设计，确保吹净工件表面的残留弹丸。除尘系统由除尘管

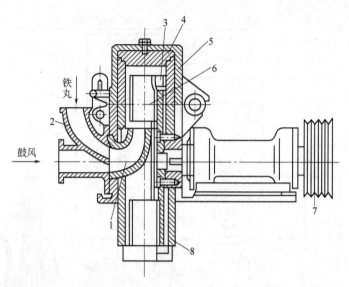

图 8-9 鼓风进丸式抛丸器结构示意图

1—喷嘴；2—进丸管；3—叶片紧固螺钉；4—耐磨衬板；
5—泵；6—叶片；7—带轮；8—叶轮

道、调风闸门、集尘箱、回转反吹双扁袋除尘器和通风机组成，保证工作环境洁净，粉尘排放不超过国家标准。在清理室外装卸工件，输送辊道将工件送进抛射区，区内 4~8 台处于不同坐标方位的抛丸器，抛射强力密集弹丸，冲削工件表面，获得洁净表面和要求的粗糙度。工件离开抛射区后，由刮板机构将残留的弹丸刮除，并由吹扫机构的上喷头和侧喷头，将散落的弹丸吹净，输出辊道将工件运出。弹丸锈尘混合物由室体漏斗和纵横向螺旋输送机，汇集于提升机下部，提升到机器上部的分离器中，分离后的纯净弹丸落入分离器料斗，供循环使用。抛丸清理中产生的尘埃，由抽风管送向除尘系统，尘埃被捕捉收集，净化后排放到大气中。

图 8-10 是渔轮抛丸间剖面图，布置 6 个抛丸器，可船舶移动或抛丸间移动。抛丸除锈过程为：高压水冲洗污物→帆布遮盖非除锈部位→抛丸除锈→质量检查→对抛不到的部位和质量不合格处，进行人工补抛。

（2）抛丸处理的应用 抛丸处理设备调控三个参数：丸料大小和形状、设备行走速度、丸料流量大小，以上三个参数互相配合，可以得到不同处理效果，得到要求的粗糙度。

丸料常用铸铁丸、钢丸和钢丝段。丸料直径 0.5~1.5mm。铸铁丸应用最广泛，但易碎，且设备磨损快，虽然价格低，但综合经济指标不如钢丸。钢丸能长期使用，但价格较高。钢丝段是用废旧钢丝绳经除油、切割后的钢质磨料，有棱角，磨削力强，除锈效率高。

总的清理效果不仅要看每次打击力量的大小，而且还要看总的打击次数。弹丸直径越大，打击力也越大，清理作用也越强，但工件表面弹痕深，造成工件表面不平，单位时间内对工件的打击次数也较少。理想的弹丸应是大、中、小粒度弹丸的组合，可采用 1mm 和 1.5mm 粒径的丸料混合使用。大弹丸用来击碎坚硬的皮层，小弹丸用于清扫工件的表面。这样，单位重量的弹丸才具有最多的打击次数和最大的打击力。

表面锈蚀越严重，则要求弹丸的粒度越大。为防止变形，当钢丸直径超过 1mm 时，钢板厚度不能小于 6mm。根据渔轮抛丸经验，直径 500mm 的抛丸器，射程在 5m 以内，除锈

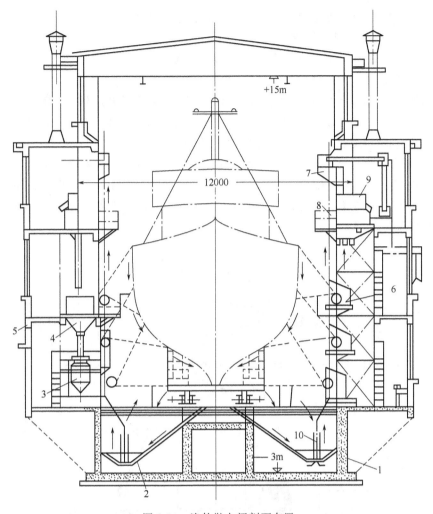

图 8-10　渔轮抛丸间剖面布置

1—水泥基坑；2—集丸地坑及网格地板；3—喷丸缸；4—喷丸砂箱；

5—房屋结构；6—抛丸器；7—容积分离器；8—抛头储丸箱；9—滚筒筛；10—吸嘴

质量良好，抛距增加，抛射速率小，当抛射速率小于 50m/s 时，就不能很好除去氧化皮。抛距在 5m 以内，行走速率 0.5m/s，基本可满足船体除锈需要。锈蚀严重，抛距增加，需降低行走速率。抛丸量增加，可提高行走速率。

抛丸适用于严重氧化皮和铁锈零件清理，但设备结构复杂，易损件多，维修费用高，不适用于精细件的清理。由于喷抛丸清理工艺以切削为主，因此对尺寸精度要求较高的零件慎用。由于局部存在着较大的冲击力，因此对薄壁工件（钢铁、铝件<1.0mm）应该慎用。

使用抛丸工艺处理钢铁表面，可以达到 SA2.5/SA3 的钢板清洁度要求，并且可以控制粗糙程度，满足涂装要求。整个操作过程无尘，而且移动方便。

采用水平移动式抛丸设备，能处理混凝土表面、船舶甲板金属表面、沥青路面，其应用扩展到公路养护、桥梁施工和机场维护等领域。

在混凝土桥面铺装中需要使用防水层，能减少因渗水而造成的混凝土疏松、脱落，钢筋锈蚀等损坏。抛丸处理一次就能将混凝土表面的浮浆、杂质清理干净，同时对混凝土表面进行了打毛处理，使其表面均匀粗糙，大大提高防水层和混凝土基层的黏结强度。抛丸处理能提高转弯处沥青路面的粗糙度和摩擦系数，保证了行车安全。

8.2.3.3　高压水及其磨料射流除锈技术

高压水及其磨料射流除锈技术由于彻底改变了喷砂粉尘污染的问题，除锈效率提高了3～4倍，得到越来越广泛的应用。

（1）高压水射流　纯高压水要达到除锈的目的，要求压力达到70MPa以上，通常为70～250MPa，典型的产品为140MPa。设备主要由高压泵、高压管和喷枪组成。

为解决水等的喷溅，目前有全回收水射流除锈设备，见图8-11。在高压水喷嘴周围设一个废液真空回收罩，可抽真空除去废液、固体残渣，然后送到水处理拖车上，进行过滤分离，水重新利用。废渣集中排出。由于高压水冲击产生的升温和抽真空作用，除锈面水分迅速蒸发，呈现出一个洁净干燥的表面，适合涂装。仿形运动清洗器引导喷头，具有自动贴合不同表面轮廓船体的能力。

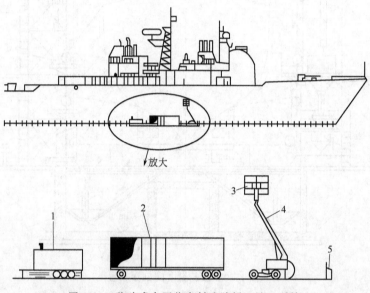

图 8-11　移动式全回收水射流除锈（漆）系统
1—高压泵车；2—水处理拖车；3—仿形运动清洗器；
4—机械臂；5—遥控操纵台

（2）高压水磨料射流　当高压水中加入磨料后，除锈能力大约可提高10倍，压力只需10～35MPa就可达到除锈目的。通常采用30MPa的高压泵以及磨料输送系统、高压管、喷枪，见图8-12。高压水磨料射流技术又称为湿喷砂。

采用高压水磨料射流除锈，比使用纯高压水的效果好，但需要清理砂，可采用的磨料很多，如河砂、海砂、石榴石、刚玉（金刚砂）、钢丸、玻璃珠等。刚玉、钢丸硬度大，除锈效果好；石榴石和河砂价廉。如果能回收，可采用效果更好的金刚砂、碳化硅。磨料以30～60目（250～600μm）的粒子最好。

磨料首先通过泥浆泵获得初速率，然后用高压水将其二次加速，冲击金属表面，除旧涂层或锈。由于海边通常淡水缺乏，HJSS-1型船用高压水磨料除锈机可用海水或河水进行操作，但处理效果与涂层防腐蚀性能、耐久性的关系目前还缺乏研究。

水磨料射流除锈比干喷砂费用低，但除锈后易返锈、表面及环境湿度大，对普通涂料影响较大。为此，①可加入1%的亚硝酸钠等缓蚀剂解决返锈问题；②返锈后重新用砂布磨掉

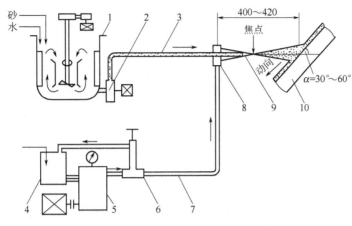

图 8-12　高压水磨料除锈机设备示意

1—搅拌桶；2—泥浆泵；3—浓浆胶管；4—水箱；5—高压泵；

6—节流阀；7—高压胶管；8—喷嘴；9—射流；10—除锈物体

锈；③使用适当的涂料作底漆，如双组分环氧-胺类涂料，不但能带锈、带湿涂装，而且具有很好的防锈性能，可以代替原配套用的底漆。国内的带湿带锈双组分环氧防腐涂料，采用聚酰胺固化剂。

8.2.3.4　喷抛工艺

① 磨料入射角度是指磨粒射向工件时与工件表面形成的夹角。当入射角＞30°时，磨料主要起锤击作用；当入射角＜30°时，则主要起切削和冲刷作用；而当入射角等于90°时，因垂直投射磨粒与反射磨料碰撞的机会最多，磨粒的锤击作用被部分抵消，降低除锈效率。较坚硬的氧化皮层用70°或大于70°的入射角，清理效果好，一般锈层采用小于70°的入射角。

② 喷砂时，磨粒直径大，初速度就小，清理能力低，小直径磨料仅用于近距离清理工作。抛丸时，磨粒速率因空气阻力而下降，磨粒质量越小，速率降低越快。空气阻力对带棱角磨粒的影响较圆形磨粒的大。磨粒飞行距离每增加 1m，动能损失 10%，当磨粒速率小于 50m/s 时，便不能有效清除工件的氧化皮。大型抛丸器常选用粒径较大的磨粒。抛丸器叶轮直径 500mm，铁丸离开叶轮的初速率为 80m/s 时，用 12mm 的铁丸，有效射程可达 5m，在此射程内，能获得良好的除锈效果。

③ 喷管内径小，风速高；喷管长，管内阻增加，压缩空气的压力损失大，管磨损也大，喷管要合理选择，尽可能短，使喷嘴附近维持较高的压力。喷嘴有多种，除普通的外，还有超声喷嘴、高速喷嘴，用来清理管形工件内壁的喷嘴，如 90°弯头喷嘴、可旋转喷嘴等。

8.2.3.5　表面前处理效果的评价

（1）除油程度检验　国家标准有 GB/T 13312—91《钢铁涂装前除油程度检验方法（验油试纸法）》。该法需要采购试剂和验油试纸。将 0.1ml 由有机酸和金属硫酸盐组成的溶液，均匀摊在水平钢材表面，直立表面用 0.5ml，覆盖面积不小于 20mm×40mm，然后将 A 型验油试纸紧贴溶液膜上，1min 后观察，验油试纸出现连片完整红色，表明油污已除净。有油污的地方不会存在极性溶液，仅出现稀疏点状或斑块状红色。该法操作灵敏，能检出表面残余含油量不大于 0.12g/m²，适用于钢铁、铜、铝等金属表面除油。

其他除油效果的评价方法很多，如水润湿法，观察 45°倾斜面上的水膜是否完整，但有 NaOH 或表面活性剂时，可能会判断失误；擦拭法，用白布或纸擦拭，若依然洁白无污，表明除油效果好等。

（2）除锈质量等级　表面除锈处理质量标准，其中最有名的是瑞典的 SIS 055900—1967 标准，用一系列彩色照片来表示锈蚀等级和除锈等级。钢材原始锈蚀程度分为 A、B、C、D 四级，依次加重，手工除锈等级分为 St2、St3 二级，喷射除锈分为 Sa1、Sa2、Sa2.5、Sa3 四级，除锈程度依次提高。造船在涂底漆前，通常要求 Sa2.5 的喷砂除锈等级。

我国有自己的标准，喷砂抛丸除锈 Sa、手工除锈 St3、火焰除锈 F1 等的除锈等级参照 GB 8923—88《涂装前钢材表面锈蚀等级和除锈等级》，而且该标准还根据钢材表面氧化皮 覆盖程度和锈蚀状况将原始锈蚀程度分为四个等级，分别以 A、B、C、D 表示。

A——全面地覆盖着氧化皮而几乎没有铁锈的钢材表面。

B——已发生锈蚀，并且部分氧化皮已经剥落的钢材表面。

C——氧化皮因锈蚀而剥落，或者可以刮除、并且有少量点蚀的钢材表面。

D——氧化皮已因锈蚀而全面剥落，而且已普遍发生点蚀的钢材表面。

各类涂层依其性能要求选择相应除锈等级，该标准对喷抛除锈、手工和动力工具除锈、火焰除锈后的钢材表面清洁度规定了相应的除锈等级，分别以字母 Sa、St、F1 表示，字母后的阿拉伯数字则表示清除氧化皮、铁锈和涂层等附着物的程度。钢铁表面除锈等级见表 8-10。

表 8-10　钢铁表面除锈等级

等级符号	除锈方式	除　锈　质　量
Sa1	轻度的喷射或抛射除锈	钢材表面应无可见的油污，没有附着不牢的氧化皮、铁锈和涂料涂层等附着物
Sa2	彻底地喷射或抛射除锈	钢材表面应无可见的油污，并且氧化皮、铁锈和涂料涂层等附着物基本清除，残余的附着物应牢固附着
Sa2.5	非常彻底地喷或抛射除锈	钢材表面应无可见的油污、氧化皮、铁锈和涂料涂层等附着物，仅残留点状或条状轻微色斑的可能痕迹
Sa3	使钢材表面洁净地喷或抛射除锈	钢材表面应无可见的油污、铁锈、氧化皮和涂料涂层等附着物，表面应显示均匀的金属色泽
St2	彻底的手工和动力工具除锈	钢材表面应无可见的油污，无附着不牢的氧化皮、铁锈和涂料涂层等附着物
St3	非常彻底的手工和动力工具除锈	钢材表面应无可见的油污和附着不牢的氧化皮、钢材表面应无可见的油污和附着不牢的氧化皮、铁锈及涂料涂层；除锈比 St2 更彻底，部分表面显露出金属光泽
F1	火焰除锈	钢材表面应无氧化皮、铁锈和涂料涂层等附着物，任何残留的痕迹应为表面变色

磨料不同，除锈后表面外观也有差异，ISO 8501—3 提供了不同磨料处理后，钢材表面外观差异的典型样板照片。除锈后的钢材涂上车间底漆，再机械加工建造。一部分车间底漆破坏而重新锈蚀，需要二次除锈。全国船舶标准化技术委员会发布了专业标准 CB * 3230《船体二次除锈评定等级》，并有照片。国际标准化组织制定了 ISO 8501—2 用于评定涂装过的钢材在局部清除原有涂层后的除锈等级。ISO 8501—4 为《涂有车间底漆的钢材表面处理等级》。ISO 8501—5 为《钢质工件焊缝和切割边表面处理等级》。

高压水磨料除锈与其他除锈方式，在钢材表面外观和表面状态上有差别，美国国家腐蚀工程师协会（NACE）和钢结构涂装协会（SSPC）对此联合提出一套标准 NACE No.5，SSPC-SP-12。它除了考虑除锈效果（用 WJ 表示）外，还考虑水溶性离子的含量（用 SC 表示）。WJ-1、WJ-2、WJ-3、WJ-4 对应 Sa3、Sa2.5、Sa2、Sa1。SC-1 表示现场使用仪器检测不出水溶性离子。SC-2 表面的氯化物小于 $7\mu g/cm^2$，可溶性铁盐 $10\mu g/cm^2$，硫化物小于

$17\mu g/cm^2$。SC-3 表面的氯化物和硫化物小于 $50\mu g/cm^2$。

（3）表面粗糙度　表面粗糙度也称为表面轮廓，指零件经过加工后，在零件表面上产生的较小间距和微小峰谷所组成的微观几何形状特征。表面粗糙度参数有：①轮廓算术平均偏差 R_a，即在取样长度内，轮廓点与基准线偏离距离绝对值的算术平均值；②微观不平度十点高度 R_z，在取样长度内，5 个最大轮廓峰高平均值与 5 个最大轮廓谷深平均值之和；③轮廓最大高度 R_y，在取样长度内轮廓峰顶线与轮廓谷底线之间的距离。一般用 R_a 表示。

机械加工时一般接触面 $R_a = 6.3\mu m$ 时，稍微可见加工痕迹；$R_a = 1.6\mu m$ 时，就看不见加工痕迹。工件表面粗糙度 $R_a < 0.8\mu m$ 的表面时称镜面，机械加工要求最高的镜面 $R_a = 0.006\mu m$。因此，常见的表面都有一定的粗糙度。

ISO 8503 用于评定喷射除锈后钢材表面的粗糙度。我国参照 ISO 8503，制定了 GB/T 13288《涂装前钢材表面粗糙度等级的评定（比较样块法）》。基准样块由四个不同粗糙度的部分组合而成，见表 8-11，其中，"S" 样块表示由喷射丸类磨料获得的粗糙度，"G" 样块表示由喷射棱角砂类磨料获得的粗糙度。根据 ISO 8503 的规定，为便于表达，把涂装前钢材表面粗糙度分为"细级"、"中级"、"粗级"，更细的"细细"和更粗的"粗粗"工业上一般不用，见表 8-12。涂料达到最好防护效果的表面粗糙度为 $40\sim70\mu m$。

表面粗糙度的测量方法有下述四种。①比较法是车间常用的方法。将被测表面对照粗糙度样板，用肉眼判断或借助于放大镜、比较显微镜比较；也可用手摸、指甲划动的感觉来判断被加工表面的粗糙度。此法一般用于粗糙度参数较大的近似评定。②光切法是利用"光切原理"来测量表面粗糙度。③干涉法是利用光波干涉原理来测量表面粗糙度。④针描法是利用触针直接在被测表面上轻轻划过，从而测出表面粗糙度的 R_a 值。这些测量仪器的原理和使用可见机械加工方面的著作。

表 8-11　ISO 比较样块各部分的表面粗糙度　　　　　　　　　　单位：μm

部位	"S"样块粗糙度 R_y		"G"样块粗糙度 R_y	
	公称值	允许误差	公称值	允许误差
1	25	3	25	3
2	40	5	60	10
3	75	10	100	15
4	100	15	150	20

表 8-12　表面粗糙度等级划分

级别	代号	定　义	粗糙度 $R_y/\mu m$	
			丸状磨料	棱角状磨料
细细		小于样块区域 1 所呈现的粗糙度	<25	<25
细	F	介于样块区域 1 和区域 2 之间	25～40	25～60
中	M	介于样块区域 2 和区域 3 之间	40～70	60～100
粗	C	介于样块区域 3 和区域 4 之间	70～100	100～150
粗粗		大于样块区域 4 所呈现的粗糙度	≥100	≥150

（4）可溶性盐分　ISO 8502—1 对于铁离子规定测量方法。用清水洗待测表面，2,2-联吡啶作指示剂，通过比色法进行测定。铁离子含量小于 $15mg/m^2$，对涂层影响不大。

ISO 8502—1 对于氯化物是以二苯苄巴腙-溴苯酚蓝作指示剂，用硝酸汞滴定测量。Elcometer130 SCM400 金属表面盐分含量测量仪，可在 2min 内测量一个样品的氯化物含量。

硫化物检测是用浸 5% 铁氰化钾或氯化铁溶液的吸水纸，贴在钢铁表面上，数分钟后揭开，含硫部位出现蓝色。

8.2.4　船舶涂装

船舶和海上建筑物（如钻机、近海平台和水下管道）共同的特点是：涂层对保护性要求严格，漆前表面处理非常重要，采用常温干燥。它们使用的涂料相似，即"重防腐涂料"，都要多道涂装。海上建筑物最初的涂装是在海岸上进行，在服役过程中，涂层仅修整或修复。船舶和海上建筑物分为"大气区"、"水线区"和"浸入海水区"，不同部位需要的保护也不同，图 8-13 表示其防护要求，船舶要求与其相似，腐蚀机理及控制见 4.4 节。

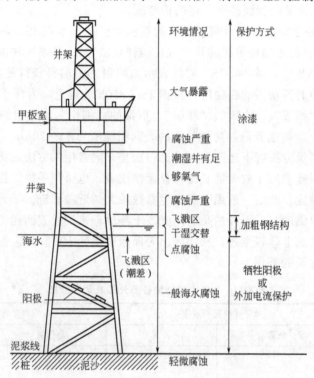

图 8-13　海上固定平台钢结构腐蚀分区图

8.2.4.1　船舶涂装工艺

在第二次世界大战前，当时船舶还是以龙骨和框架铆接而成，通过花费一年多时间风化，脱除钢铁氧化皮。战后采用焊接技术制造船舶，表面前处理采用酸洗、火焰净化、喷抛处理。其中喷抛处理效果最好，目前普遍采用。喷抛处理后，应尽快涂保护涂层，以防止洁净的表面锈蚀。预涂底漆使钢材在装卸时不会对涂层造成很大的破坏，不能影响焊接，且为接下来的涂装提供适宜表面。

新造船舶时，钢材的表面处理方法有抛丸（喷砂）和酸洗，以水平抛丸应用最普遍。抛丸分段涂装工艺：钢材抛丸流水线预处理→涂装车间底漆→钢材落料、加工、装配→分段预舾装→分段二次除锈→分段涂装→船台合拢、舾装→船台二次除锈→二次涂装→船舶下水→码头二次除锈、涂装→交船前在坞内涂装。其中，舾装是船体的主体结构完成后，安装锚、桅杆、电路等设备和装置。涂装作业贯穿了造船的全过程。

（1）涂装车间底漆　为了在相当长的船舶建造周期内保护钢材，首先要对钢材进行表面处理，并涂车间底漆，然后在涂上保养底漆的钢材上进行放样、下料、钻孔等，加工成分段船体。

薄钢板通常化学除锈：在碱液槽中将钢板除油，经过热水冲洗后放入酸洗槽中除锈干净后，水洗、中和后进行磷化，最后涂上防锈漆。近年来钢材除锈采用流水线作业，即自动抛丸除锈流水线，工艺如下。

① 将钢板上的水分、污泥及疏松氧化皮，钢丝刷除去浮锈，吹风、加热，获得干燥、较清洁的表面。在几分钟内抛丸法除去铁锈与氧化皮。抛丸等级为 Sa2.5，粗糙度 $45\sim75\mu m$。

② 用自动高压喷枪涂上一层防锈漆，即车间底漆，涂层厚度在 $20\sim25\mu m$，具有 6 个月以上的防锈能力，具有优良的可焊性、重涂性和与阴极保护的适应性。

③ 经过烘箱加温干燥，钢板离开流水线滚轴时，就可以吸吊。流水线设计要求车间底漆 3min 内干。干燥慢造成车间底漆在滚道上移动时或吸吊时损伤涂层，但干得过快，形成不连续涂层，影响保护性能。车间底漆又称钢材预处理底漆、保养底漆。目前世界各国采用以下三个类型：a. 环氧富锌底漆（三罐装或两罐装）；b. 正硅酸乙酯锌粉漆（两罐装）；c. 不含锌粉的底漆，如磷化底漆（两罐装）、冷固化环氧底漆（两罐装）、醇酸酚醛底漆（一罐装）。锌粉类底漆具有最全面的保护性能，但锌的腐蚀产物是水敏性的，在涂其他底漆前，需要用高压清水清除。焊接时产生 ZnO 烟雾，吸入引起"锌热病"。

船舶涂装采用多道涂覆，形成一定厚度的膜，使腐蚀降到最低。目前入干坞时间间隔为 $24\sim30$ 个月，即 20 万吨级以上船舶的坞修间隔期为两年。船体部位采用高压水清洗以及电动风动工具，船底人工处理或自动遥控除锈机。

新目标是使入干坞时间间隔达 5 年，复合涂层每道干膜厚度至少 $100\mu m$，采用无气喷涂。每把喷枪每小时能喷 $50\sim80L$ 涂料，$150\sim400m^2$。为了避免流挂，采用触变性涂料（加蒙脱土或聚酰胺等触变剂），即剪切速率是 $10000s^{-1}$ 时，允许的黏度范围为 $0.5\sim1Pa\cdot s$；而剪切速率为 $0.01s^{-1}$ 时，黏度为 $100Pa\cdot s$。许多高性能涂料系统都是双组分的，其防腐性能主要依靠厚涂层的隔离作用，而不是防锈颜料。尽管底漆都含有防锈颜料如磷酸锌。

（2）小合拢修补　涂有保养底漆的钢板与型钢经过机械处理后，进行小合拢，焊接成小分段。原有的保养底漆涂层表面在加工过程中受到破坏，需要立即用风动工具进行表面处理，并修补保养底漆。小合拢分段通常在室内建造，补涂底漆也在室内进行。

（3）二次除锈和涂防锈漆　小合拢修补后，分段焊接在一起，进行中合拢后的船体分段，需进行"二次除锈"。二次除锈的目的包括清洁油污，去除电焊飞溅物、焊渣、烧坏的涂层，除去新产生的锈蚀、垃圾等，增加表面粗糙度。全国船舶标准化技术委员会发布有船舶专业标准 CB/T 3230—2011《船体二次除锈评定等级》。二次除锈最好是在喷丸房内处理，不具备条件的只好用风动打磨工具除锈。风动工具打磨的船壳、下层建筑外部和主要舱室的除锈标准应达到瑞典标准 St3 级。二次除锈要求当天除锈当天涂漆。露天涂漆应在下午 3 时以前，避免晚间结露而影响涂装质量。涂漆主要应用高压无空气喷涂。涂装具体要求如下。

① 钢板前处理要严格达到二次除锈的有关标准，并尽快涂漆，避免再度氧化锈蚀。

② 根据船舶不同部位和不同的使用要求，选择合理的涂料品种及配套方案。各道涂料应按照产品使用说明书的要求进行施工。涂装前核对涂料品种、颜色、规格和型号，检查涂料的质量及储存期限，超过储存期的须由具备检验资格的单位检验，合格后方可使用。

③ 按照要求使用稀释剂，一般不超过涂料用量的 5%，使用时应调配均匀，并根据施工

方法的要求进行过滤。双组分涂料，要按比例加入固化剂，并搅拌均匀，要在活化期内用完。

④ 可采用刷涂、辊涂、有气喷涂、无气喷涂以及刮涂等方法，一般用高压无气喷涂。狭小舱室要采用辊涂或手工刷涂。流水孔、角铁反面以及不容易喷涂到的部位，需要用刷子或弯头刷等预涂。不同金属相互接触部位，以及铆钉、焊缝和棱角处应先刷涂一遍，再喷涂。

⑤ 喷涂前要试喷，选择合适的喷嘴，调整适当的压力。涂装过程中要测量湿膜厚度，估计喷几道才能达到所规定的干膜厚度。

⑥ 涂防锈涂料时，每道最好采用品种相同而颜色不同的涂料，以防止漏涂，也便于质量检查。涂装完成后，要依照相应标准检验总干膜厚度，并进行涂层检漏试验。

⑦ 禁止在不宜涂漆的表面涂漆，如牺牲阳极、不溶性辅助阳极、参比电极、测深仪的接受器和发射器、螺纹、标志、橡胶密封件、阀门、钢索、活动摩擦表面等。这些不宜涂漆的表面可用胶带纸覆盖后再涂漆，涂装后揭去胶带纸。

⑧ 防污漆和水线漆不能直接涂装在裸露金属表面或舱室内壁。

⑨ 分段涂装时严禁明火作业。高压无气喷涂必须严守操作规程，保证施工质量。防止喷雾对环境污染，要安装适当的通风设备，避免溶剂蒸发对人体的毒害和火灾。狭小舱室涂装时必须人工通风，施工人员应戴防毒面具，且连续作业不应超过 0.5h。

⑩ 涂装施工温度 5～30℃，相对湿度低于 85%。下雨、有雾或船体蒙有水汽及霜雪时，不应在室外涂装。大风、灰尘较多时也不宜涂装。钢板温度应高于露点 3℃以上，气温不低于涂料干燥所规定的最低温度。

⑪ 铝、镀锌表面应选用专用涂料，如锌黄底漆，不允许用含有铜、汞、铅颜料的底漆。

⑫ 船体的焊缝、铆钉在水密试验前，周围 10mm 内不涂漆；焊接前焊缝边 50mm 内不涂漆，涂装时应用纸或塑料薄膜掩蔽起来，涂装后清除。

⑬ 为了保证涂层质量，待漆膜充分干燥后，分段才能移动。移动时避免磨损涂层。

⑭ 涂料施工前，施工单位要根据船舶各部位涂装面积、施工方式、基材等情况，并参照以往的施工资料，概算出所需涂料量，并制定详细的施工方案。

(4) 分段合拢涂漆和交船最后涂漆　分段合拢到船舶下水前，船体分段焊缝部位及有损伤处，要进行除锈和修补涂装，全部涂上防锈漆，广泛使用厚浆触变型涂料，以环氧、氯化橡胶和乙烯树脂类为主，大型船舶底部防锈涂层的厚度约为 $250\mu m$。船壳在防锈漆上面再涂上第一道面漆，自然干燥后，临时性涂装船名和吃水标记。船体外壳全面用清水冲洗，修补损伤部位后，全面喷涂面漆，完成标记的涂装。船壳涂层一般总厚度为 $250～300\mu m$。

8.2.4.2　船舶不同涂装部位

船舶种类很多，船舶上各个部位的防护要求不同：船底、水线和甲板要用特殊保护性涂层；船壳及生活用舱的涂层要求具有装饰性和保护性；货舱和机舱则根据用途不同，需要不同的保护性。船舶涂料成为多品种的专用涂料。船舶建造和维修的涂装工艺也不同。

(1) 水线漆　水线漆的树脂为环氧酯型、酚醛型、氯化橡胶型和环氧-胺型。高性能水线漆可采用与船舷漆相同的基料。氯化橡胶性能优异，因涂层间附着力极好，因为护舷板和码头间的摩擦与撞击会破坏涂层，需要频繁重涂。巨型油船水线区防污要使用船底防污面漆。

水线部位的面漆使用年限较短，要不断清洁和维修保养，底漆完好时，只需涂装 2～3 道面漆即可。面漆干透后才能下水，一般是在涂装完成 1 星期后。若水线部位与船底采用相同的涂料配套体系，可简化涂料品种，在造船时，分段上不必划分，便于施工和维修。

（2）甲板漆　甲板漆是涂装在船舶甲板部位的面层涂料，分为一般甲板漆和甲板防滑漆。甲板漆要具有良好的附着力、耐海水、耐暴晒及耐洗刷性，由于人员走动和设备搬运较为频繁，甲板漆还应具有良好的耐磨性和抗冲击性能。

高性能聚氨酯防滑甲板涂料作面漆使用，第一道面漆实干后（一般 6h 实干），24h 之内涂装第二道面漆，并加防滑粒料（金刚砂、塑料胶粒、橡胶胶粒等），边涂面漆边适当地多抛撒防滑粒料，常温下 3～4h 后可以扫除多余防滑粒料，24h 后再涂装最后一道面漆，涂毕，需经 72h 才能投入使用。普通甲板防滑漆是指醇酸、酚醛、过氯乙烯类甲板防滑涂料，所加防滑粒料是水泥和黄砂，用于小型船只和防滑要求不高的场所。

（3）船壳漆　船壳漆在日光暴晒等大气环境中要有耐老化性能，长期在户外使用涂层不变色、粉化、生锈、脱落。目前较为常用的船壳漆有氯化橡胶、过氯乙烯、丙烯酸、聚氨酯、醇酸等，以及它们的拼用涂料，如氯化橡胶-醇酸、丙烯酸-醇酸、过氯乙烯-丙烯酸等，这些拼用涂料汇集各树脂的性能优势，同时又降低了涂料的价格。各单组分涂料可在 0.5h 内表干，但涂装间隔最短不应少于 6h。过氯乙烯、氯化橡胶等涂料完全硬化需要 14 天时间，干燥期间涂膜表面应避免刻画碰撞。

用于船舷和船上层的传统涂料与建筑场用涂料相近，由底漆、二道底漆和面漆组成，室温固化。传统上底漆一般选择含防锈颜料的油性树脂漆料（油改性酚醛类）。二道底漆选用中油度的亚麻油醇酸树脂。面漆主要用长油度醇酸树脂或苯乙烯改性醇酸树脂。

现代使用高性能的环氧树脂、聚氨酯和氯化橡胶漆。船舷使用的典型环氧干膜总厚度大约 300μm，包括两层厚浆底漆、二道底漆及环氧磁漆。环氧树脂的固化剂使用环氧胺加成物时，树脂与固化剂比例为 2∶1 或 3∶1，而不是使用二乙基三胺或三乙基四胺的 10∶1。船舷涂层要求有良好光泽和保光性时，使用双组分聚酯型聚氨酯磁漆。

以氯化橡胶和乙烯基树脂为原料可配成高性能厚浆涂料。氯化橡胶比乙烯基树脂得到更广泛的认可。氯化橡胶底漆的增塑剂是氯化石蜡，触变剂是氢化蓖麻油，在研磨过程中将其混入，当升温超过 40℃时展现触变性，超过 55℃没有触变效果。环氧丙烷是罐内稳定剂，储存时可将由氯化橡胶逐渐产生的 Cl^- 消耗干净。铝粉浆不能与其他颜料一起研磨，要在冷却后将其搅入其中。为了提高氯化橡胶面漆光泽度，减少颜料用量，使用有机膨润土触变剂，提高固态氯化石蜡用量。即使如此，光泽度还是比环氧或聚氨酯漆的要低。无空气喷涂时，典型涂层为一道底漆（50μm）、两道二道底漆（200μm）、一道面漆（50μm）。

（4）船底漆　船底漆由船底防锈漆和船底防污漆组成，它们的漆基一般为氯化橡胶、沥青、环氧沥青类。防锈漆提供一层屏障以防止船底钢板生锈，而防污漆则渗出毒料以驱逐或抑制微生物的附着。船底防锈族是防污漆的底层涂料，直接涂装在钢板上或用作中间层，能防止钢板的锈蚀；船底防污漆防止船舶不受海洋微生物的附着，在一定时间内能保持船底的光滑与清洁，以此提高航速并节约燃料。目前广泛使用长效的船底防锈漆，使用期限在 5 年以上，而船底防污漆的期效一般 3 年以下。在船舶定期维修时，防锈漆依然完好时，只需用高压水冲掉残存的防污漆和微生物附着，只要重涂防污漆即可，可大大减少维修费用和周期。

环氧煤焦涂层成本低性能好，煤焦油含量占基料总量的 60%～65%。与固化剂混合后，用无空气喷涂，每道干膜厚度要为 $125\mu m$。环氧沥青类涂料实干要 24h，冬季更长，涂装间隔时间一般为 24h，最短可为 14h，最长不要超过 10 天。

含有沥青类的防污漆，过长时间的暴晒和干湿交替可能造成涂层出现龟裂和网纹等缺陷，应在涂完防污漆后 40 天之内下水，如果时间长，要适当浇水保养，最好在涂完末道防污漆后 1～2 天下水。

海洋生物附着在船壳的侧面、水下区域靠上的部分，它们造成的阻力，增加了船舶航行所需的推动力，就使用了船底防污涂料。Cu_2O 是传统配方中使用的毒剂，现在使用三丁基锡类，如三丁基氧化锡 $[(CH_3)_3SnOSn(CH_3)_3]$、三丁基氯化锡等，这些重金属毒剂都对环境造成影响。涂料企业在开发无三丁基锡的防污涂料，如使用自然界生物上提取的毒料。

控制污物可使用低表面能涂层，如交联的硅氧烷树脂，能形成一层光滑柔韧可变形的涂膜。静止时，海洋生物会附着，但航行时，这些附着物被冲掉。这种系统称为 "Intersleek" 系统，已经在以铝为船壳的快艇和海军舰船上成功应用。因为铜、铝两金属间存在电化学作用，新的环保铜基防污涂料不能在这些船舶上使用。但 "Intersleek" 系统应用于油船时，还存在抗破坏性差和成本问题。同样，热固性有机氟加 35%～40%（体积分数）的聚四氟乙烯颗粒形成的涂层，涂层上的松散污物用低水压冲洗或用海绵和尼龙刷即可清除，但成本较昂贵。

MGPET-200（利用电解技术防止海洋生物生长系统）是以导电涂料为基体。导电涂层与船壳间有一层不导电涂层。船壳和导电涂层间保持微小电位差。根据施加正负极间隔变换的电压，导电涂层或为阳极，或为阴极。电解产生的氯气和 OH^-，生成 ClO^-。当 ClO^- 浓度在 0.05～0.1mg/kg 时，海洋生物的生长受到抑制。此系统已经应用于 500t 的船舶上。

8.2.4.3 检测

(1) 厚度 为了达到船舶各部位的防腐要求，需要保证相应涂层厚度。既考虑到涂装费用，又使总体上全船的防腐蚀能力相当，根据所采用的涂料，给出涂层厚度的具体规定。船舶漆生产厂的使用说明书上，对所有船舶漆的涂层厚度都做了规定，以保证涂层的使用期。荷兰的标准见 7.6.2.2 节。测定干涂层的厚度须待涂层干燥或固化后才能进行，如涂层厚度不足，就需要补涂。在涂装过程中需随时测量湿涂层的膜厚，以保证干涂层达到规定的厚度。湿涂层测厚仪有滚轮式的轮规、卡板式的梳规等。干膜测厚仪中的杠杆式千分尺或千分表携带方便，磁性电子测厚仪适宜于涂层很薄的车间底漆。

(2) 针孔 涂料在干燥过程中往往由于温度不当等原因，会产生肉眼难以发现的穿透漆膜的针孔。针孔引起腐蚀，使漆膜达不到预期的防腐效果。一般涂料要经过数道涂装才能达到规定的膜厚，即使每道漆膜都有个别针孔产生，经数道涂层叠加，针孔贯透整个漆膜的概率就很小，不必做针孔检查。厚浆型涂料的膜厚（单道涂层在 $100\mu m$ 以上），干燥比较困难，产生针孔的可能性大，因一道或二道就能达到规定的膜厚，这样针孔贯透整个漆膜的概率就比较大，需要用针孔检查仪检查。针孔检查仪有低频高压脉冲式和直流高压放电式。仪表直接或间接与基体接触，当电极移过涂层表面，针孔让电流形成通路，仪表发出信号，高电压会出现电火花。

8.3 复合涂层

涂层等级（见表 8-3）按涂层装饰性要求来划分，装饰性要求高，需要的工序就多。最高要求的复合涂层施工程序为：涂底漆，刮腻子或涂中间涂层、打磨，涂面漆和清漆，抛光打蜡，本节对其分别介绍。复合涂层对各层的要求不同。底漆既要对基材有适当的附着力，又要对后道涂层有结合力，因此基材要表面预处理，底漆的颜料含量要高，要采用具有良好附着力和防锈性能的涂料。腻子或其他中间层填平工件表面不平整处，要能打磨，刮涂打磨后获得均匀平整的表面。面漆抵抗外界作用，保护下面涂层，要求有良好的装饰性和稳定性。

8.3.1 复合涂层的组成

涂料施工前，需要做准备工作，包括以下 5 步。

(1) 核对检查　各种不同包装的涂料在施工前，要核对名称、批号、生产厂和出厂时间。双组分漆料应核对其调配比例和适用时间，准备配套用稀释剂。涂料及稀释剂还需要测定其化学和物理性能是否合格。最好在需要涂装的工件上进行小面积试涂，以确定涂料性能。此外，还要准备好施工中必要的安全措施。

(2) 搅拌准备　涂料储存日久，颜料容易沉淀、结块，涂装前要充分搅拌均匀。双组分包装的涂料，要根据产品说明书上规定的比例进行调配，充分搅拌，经过规定的停放时间，使之充分反应，然后在活化期内使用。调漆时先将桶内大部分倒入另一容器中，桶内余下的颜料沉淀搅匀之后，再将两部分合在一起充分搅匀。涂料批量大时，可机械搅拌。

(3) 调整黏度　在涂料中加入适量稀释剂，调整到规定的施工黏度。喷涂或浸涂时涂料黏度比刷涂时的要低。稀释剂（也称为稀料）是一种挥发性混合液体，由一种或数种有机溶剂混合组成。优良的稀释剂应符合如下的要求：液体清澈透明，与涂料容易相互混溶；挥发后，不应留有残渣；挥发速度适宜；不易分解变质，呈中性，毒性较小。

稀释剂的品种很多，没有"通用的"稀释剂，选用时要根据涂料中树脂组成加以配套。如果错用了稀释剂，往往会造成涂料中某些组分沉淀、析出，或在涂装过程中涂层出汗、泛白，干燥速率减慢，造成涂层附着力不良、光泽减退、疏松不坚牢。

(4) 净化过滤　小批量涂料施工时，手工用 80～200 目的铜丝网筛漏斗过滤。大批量涂料时用泵将涂料压送，经过金属网或其他过滤，滤去杂质。

(5) 涂料颜色调整　一般不需要施工时调整颜色。大批量连续施工时，涂料生产企业应保证供应的涂料颜色前后一致。以涂料施工为专业的企业中，涂料颜色可能需要调整。颜色调整是以成品同种涂料调配，而且要尽量用色相接近的涂料。配色时要用干膜对比检查，可目测配色，现在向用色差仪测定、微机控制的方向发展。

8.3.1.1 涂底漆

涂底漆是紧接着漆前表面处理进行的，两工序的间隔时间应尽可能短。对底漆有如下要求：①在工件表面上有良好的附着力；②有适当弹性，能随基料膨胀和收缩而不脆裂脱落；③有一定填充性能，能填没工件表面的细孔、细缝、洞眼等；④形成无光泽的细致毛糙面，使上面的涂层易于附着；⑤要便于施工。正确选择底漆品种及其涂布、干燥工艺，能提高涂层性能，延长寿命。各种基材都有专门适用的底漆，同一基材底漆也从通用型向专用型发展。

(1) 底漆类型

① 常用底漆　铁红醇酸、铁红酚醛和纯酚醛底漆能与大部分面漆配套使用。环氧类底漆通常用于防腐蚀要求高的场合，锌黄/铁红环氧酯底漆干后与大部分面漆都可配套使用。铁红过氯乙烯底漆和铁红硝基底漆由于高温易分解，不能与烘烤面漆配套使用。铁红酯胶底

漆不宜与烘烤和强溶剂挥发涂料配套使用。氨基底漆可与氨基面漆或其他需烘烤的面漆配套。

② 磷化底漆　又称洗涤底漆，适用于钢铁、铝、锌、铜、锡等的表面。在海洋性气候中使用，甚至海水长期浸泡的工件，用磷化底漆打底，都能赋予优良的耐腐蚀性能。光滑的铝（如飞机蒙皮）、铬、锌等表面，因不宜喷砂，普通底漆的附着力不好，而用磷化底漆打底，再涂普通底漆，就有优异的湿附着力。

磷化底漆由两个部分组成，甲组分主要由聚乙烯醇缩丁醛的乙醇溶液和碱式铬酸锌组成，还含有滑石粉、异丙醇、丁醇等，称为漆基。乙组分主要是磷酸溶液，还含有异丙醇等，称为磷化液。施工时甲乙两组分按 4：1 的比例混合调匀。磷化液不是稀释剂，用量不能任意增减。调节黏度要用乙醇与丁醇3：1比例的混合液。漆基与磷化液混合 30min 后即可使用，现配现用，并应在 12h 内用完，否则变色变质，不能使用。磷化底漆可刷涂或喷涂，膜厚 8～12μm，在空气中 15～20min 干燥后，即可涂覆其他底漆。磷化底漆不能代替一般的底漆，须再涂一道与面漆相配套的底漆。磷化底漆施工环境要干燥，在潮湿环境施工涂层易泛白而影响防锈性能。磷化底漆不能放入金属容器中，以免磷酸与金属作用而影响性能。

③ 带锈底漆　能直接涂于带锈的钢铁件表面。只适用于不重要或腐蚀不严重的场合。大型工件使用带锈底漆效率高、投资少。带锈底漆分为转化型、渗透型和稳定型三种。

a. 转化型含有铁氰化钾或亚铁氰化钾、磷酸等，能与铁离子反应生成不溶物。有些配方中使用单宁，单宁酸分子上的邻羟基可与 Fe^{3+} 络合，生成不溶的蓝黑色螯合物。这种底漆对薄锈工件有一定的防锈效果，但不很理想。

b. 渗透型带锈底漆的渗透性很好，漆料通常使用植物油（如鱼油）及环氧酯等油基树脂，非离子表面活性剂作渗透剂，加少量醇、醇醚溶剂等用于排除锈中的水。鱼油能渗进锈层内部（最深达 125μm），把锈层内的湿气、空气置换排除，把疏松多孔的锈层密封。颜料常用红丹、铁红、钙铁粉（$Ca_4Al_2Fe_2O_{10}·2CaO·Fe_2O_3$）等。常用的亚麻油红丹防锈漆，适合于腐蚀不严重的大气暴露和潮湿环境金属表面。

c. 稳定型带锈底漆，常用油基树脂如醇酸等基料，磷酸锌、铬酸二苯胍、铬酸盐等颜料，成膜后颜料能水解与铁锈形成难溶的杂多酸络合物，使铁锈处于稳定状态，适用于要求不高的场合。

（2）底漆施工

① 施工方法　通常有刷法、喷涂、浸涂、淋涂或电泳涂装等。刷涂效率虽低，但单个生产的工件或大型结构件、建筑物等仍在使用。喷涂效率虽高，形状复杂的工件不易喷匀。浸涂用于形状复杂的工件，淋涂多用于平面板材。电泳涂装是近年来金属工件大批量流水生产中最广泛应用的涂底漆方法，世界各国的汽车车身打底，几乎全部采用阴极电泳涂装。

② 注意事项

a. 底漆颜料含量高，易发生沉淀，使用前和使用过程中要注意充分搅匀。

b. 膜厚根据底漆品种确定，应均匀、完整，不应有露底或流挂。

c. 遵守干燥规范，防止过烘干。用强溶剂面漆时，底涂层要干透，这时最好用烘干型底漆。

d. 涂底漆与表面前处理，以及底漆干燥后与下道涂布之间的时间间隔要严格遵守，既不能提前，也不能超过。

e. 底漆干燥后，一般要打磨再涂下一道，使之结合力更好。使用无需打磨底漆，可省去打磨。

8.3.1.2　涂中间涂层

中间涂层在底漆与面漆之间。腻子、喷涂腻子、二道底漆、封底漆都是中间层。涂过底漆的工件表面，不一定很均匀平整，往往留有细孔、裂缝、针眼以及其他凹凸不平的地方，中间层可使涂层修饰得均匀平整，改善整个涂层的外观。中间涂层的厚度应根据需要而定，一般干膜厚 $35\sim40\mu m$。底漆层不能太厚，否则损害附着力。当需要涂层很厚时，可增加中涂层厚度。中涂层可用厚浆涂料，采用高压无气喷涂，一次施工就可得厚膜。

（1）刮（喷）腻子　腻子颜料含量高，超过 $CPVC$，腻子层弹性差，虽能改善外观，但容易造成涂层收缩或开裂，缩短涂层寿命。刮涂腻子效率低，劳动强度大，且一般需刮涂多次，不适宜流水线生产。目前金属等工件提高加工精度，改善外观，就可不刮或少刮腻子，并喷涂中间层来消除表面轻微缺陷。但腻子在铸造件、混凝土等粗糙表面上还需要使用。

腻子要有良好涂刮性和填平性，厚腻子层要能干透，收缩性要小，既坚牢又易打磨，对上层涂料吸收较小。腻子品种多，金属、木材、混凝土和灰浆等分别有不同品种，有自干型和烘干型，分别与相应的底漆和面漆配套使用。刮腻子时要用力按住刮刀、使刮刀和工件表面倾斜成 $60°\sim80°$，顺着表面刮平，不宜往返涂刮，以免腻子中的漆料被挤出而影响干燥。硬刮具（如钢皮、嵌刀、胶木、刮板等）使腻子层易于达到平整。软刮具（如橡胶刮板、油漆刷等）使腻子容易黏附于工件表面，虽不易刮涂平整，但适合施工曲面。

腻子按使用要求可以分为填坑、找平和满涂。填坑多为手工刮涂，填坑腻子要求收缩性小，干透性好，刮涂性好。找平腻子用于填平砂眼和细纹。满涂腻子稠度要小，机械强度要好。局部找平或大面积满涂时，可手工刮涂或稀释后用大口径喷枪喷涂。

精细工程要涂刮多次腻子。每刮完一次，均要充分干燥，并用砂纸干或湿打磨。腻子层刮涂一次不宜过厚，一般应在 0.5mm 以下，否则容易不干或收缩开裂。刮涂多次腻子时，应按先局部填孔，再统刮，最后刮稀。为增强腻子层，最好刮一道腻子，涂一道底漆。腻子层在烘干前，应有充分的晾干时间。烘干时宜采取逐步升温烘烤，以防烘得过急而起泡。

（2）常用的腻子

① 醇酸腻子由醇酸树脂、颜料及大量填充料、适量的催干剂及溶剂等研磨制成。腻子层坚硬，耐候性较好，附着力较强，不易脱落、龟裂，易于刮涂，用于车辆、机器等金属或木材铁红醇酸底漆层上。醇酸腻子可用 200 号溶剂汽油、松节油或二甲苯调黏度。

醇酸腻子可自干，也可烘干。烘干时严禁直接高温烘烤，以免造成腻子层起泡。涂刮后室温晾干 30min，进入 $50\sim60℃$ 烘干室 30min，最后升温到 $100\sim110℃$ 烘 1h 即可。如需刮几道腻子，每道腻子均需照此法烘干。自干时，25℃下间隔 24h，再涂下一道腻子，最后一道干燥后，湿打磨平滑，揩去浆水后，在 60℃ 时烘干 30min 或在室温下干燥 12h，再涂一层底漆，干燥后用水砂纸打磨平滑，干燥后方可涂面漆。

② 环氧腻子是由环氧酯与颜填料等混合研磨而成，可刮涂，也可喷涂。喷涂时用二甲苯调节黏度。环氧腻子与底漆结合力良好，易于刮涂，腻子层牢固坚硬，不易打磨，打磨后表面光洁，适合涂有底漆的金属等的表面。有自干型和烘干型，烘干型的干燥方法同醇酸腻子，自干型适宜刮涂面积较大或无条件烘烤的工件，室温完全干燥的时间较长。

③ 过氯乙烯腻子由过氯乙烯、增塑剂，颜填料和溶剂等组成，干燥快、结合力好，但不宜多次重复涂刷，用在车辆、机床等钢铁或木质的醇酸底漆或过氯乙烯底漆上。

④ 不饱和聚酯腻子（原子灰）由不饱和聚酯树脂、多种体质颜料及适量助剂配制而成。此腻子为双组分，固化剂用量为腻子的 2%～4%，使用时需按比例加入固化剂调配均匀，常温 2h 即干燥。因用参与聚合反应的苯乙烯作溶剂，干燥快、收缩性小，几乎可填补任意厚度，特别适用于补缺陷，如填平机床、汽车等表面。

（3）二道底漆 二道底漆又称二道浆，颜料含量比底漆多，比腻子少，常呈白色或灰色。腻子层打磨后，表面有许多针孔、磨痕，而二道底漆就涂在腻子层上，补救这些缺陷。二道底漆的附着力较差，须把大部分二道底漆层磨去，否则会影响后层涂料的附着力，并造成浮脆、起泡。喷涂用腻子颜料含量较二道底漆的高，可喷涂在底漆上。

硝基二道底漆用于儿童玩具、木或金属制品的底涂或中涂，以增加涂层丰满度。铁红酯胶二道底漆适用于自行车车架和其他高温烘烤金属部件的打底。醇酸二道底漆作建筑装饰涂料，填平腻子层的砂孔、纹理，硬干后打磨平滑与醇酸面漆及醇酸罩光漆配套使用。

（4）封闭底漆 金属封底漆涂于二道底漆层上，它颜料含量较低，用于填平打磨痕迹，给面漆层提供最大的光滑度，并防止涂层失光或产生斑点。封底漆层有一定光泽，可显现出底层划伤等小缺陷，既充填小孔，又比二道底漆减少对面漆的吸收，提高涂层丰满度、耐久性与面漆相仿，又比面漆容易打磨。封底漆大多采用与面漆相近的颜色和光泽，减少面漆道数和用量，有些工件内腔可以省掉面漆。封底漆通常用与面漆的漆基相同，可采用"湿碰湿"工艺喷涂。

墙壁封底漆的目的是防止上层乳胶漆的剥落。它能抗拒新墙的高碱及潮湿性，渗透至墙内从而提高粘接力。水性封底漆有水性丙烯酸酯共聚乳液。油性封底漆有环氧聚酰胺漆、氯化橡胶漆等，环氧地坪封底漆渗透性好，易渗入水泥地坪的孔隙内，排除底材内空气，避免产生气泡。使用封底漆时，涂漆表面须平整、清洁、坚固，旧墙疏松表面及破损漆面应彻底清除，墙面不平处应刮腻子并打磨平整，待干燥后再涂饰。

木器封底漆是木器清漆的配套产品，典型的是硝基漆。木材表面有细孔洞，根据孔眼的大小，调出不同稠度的腻子进行封闭。整件家具喷涂一道腻子，用布垫强烈擦拭，将腻子"填坎"入木孔，过量的腻子被抹去，干燥并打磨，再涂封底漆（封固漆），就能减少面漆用量，还能有效封闭胶合板、密度板内存留的甲醛等有害物质。木器封底漆具有良好的附着力、打磨性和施工性，可用于各种木、竹、藤器表面的封闭。

8.3.1.3 打磨

打磨能清除工件表面上的毛刺及杂物；清除涂层表面的粗颗粒及杂质；平滑涂层或底材表面打磨，能得到需要的粗糙度，增强层间附着性。除腻子层外，也打磨底漆层和面漆层。但打磨费工时，劳动强度很大。在流水线上用不需打磨涂料，能减少或去掉打磨工序。

（1）磨料 腻子干燥后必须打磨，才能光滑平整细腻。打磨磨料常用的有水磨石、砂皮等。砂皮是将磨料用黏合剂粘在纸或布上制成的。磨料粗细直接影响砂磨效果。磨料粒度用"目"表示。"目"是指筛内每平方英寸上的孔数。120 目指通过 120 目筛磨料的细度。目度相同的磨料制成不同形式的打磨材料，砂磨效果是相似的。

砂皮根据应用场合分为三种。①木砂纸，将玻璃屑粉粘于浅黄色纸上制成，用于木制品表面磨光。②水砂纸，用刚玉（氧化铝）作磨料，耐水醇酸清漆作黏合剂，粘于纸上制成。习惯上用墨绿至灰色纸作基材。蘸水（或肥皂水）砂磨，主要用于较精细的施工。水砂纸要先用温水泡软后，才能折叠。③铁砂布，由氧化铝颗粒、黏合剂和布制成，习惯上使用棕褐色棉布或化纤织物，用于砂磨底层腻子或底漆层，也用于清除铁锈和旧涂层。砂皮的规格见

表 8-13。

表 8-13　砂皮的规格

木砂纸	代号			3/0	2/0	0		1/2	1	1½	2	2½	3	4
	粒度/目			180	160	140		120	100	80	60	56	46	36
水砂纸	代号	150	180	200	220	240	260	280	300	320	360	400	500	600	700	800	900	1000
	粒度/目	100	120	140	150	160	170	180	200	220	240	260	320	400	500	600	700	800
铁砂布	代号	4/0	3/0	2/0	0	1/2	1	1½	2	2½	3	4	5	6
	粒度/目	200	180	160	140	120	100	80	60	46	36	30	24	18

（2）打磨方法

① 干打磨　采用砂纸、浮石、细石粉，适用于硬脆涂层或装饰性要求不太高的表面。操作过程中产生很多粉尘，影响环境卫生，打磨后要打扫干净粉尘。简易打磨机适用于打磨小且形状规则的表面，如电表罩壳、小五金零件等，在能自由弯曲的弹簧连杆头上连接一个软的泡沫轮，由砂纸包起来供旋转打磨，当砂纸磨平后，随时更换。

② 湿打磨　比干打磨快，质量好。在砂纸或浮石表面蘸清水、肥皂水或含松香水的乳液进行打磨。浮石可用粗呢或毡垫包裹。精细表面可用少量细浮石粉或硅藻土，沾水均匀摩擦。打磨后所有表面用清水冲洗干净，擦干再干燥。

③ 机械打磨　生产效率高。采用电动打磨或在抹有磨光膏的电动磨光机上进行操作。

（3）腻子层　头道腻子层水磨时用 180 号水砂纸，干磨可用 2～2½ 号铁砂布。磨后腻子层要基本平整，棱角分明。砂磨时工件隆起处由于腻子层较薄，常磨穿见底，须补涂底漆。最好在头道腻子砂磨干燥后，喷一层底漆，以封闭腻子和补涂底漆。

二道腻子用 220～240 号的水砂纸水磨或用 1～1½ 号铁砂布干磨。打磨后腻子层须平整，边角清晰，保持工件几何形状。三道腻子可用 320～360 号水砂纸水磨，同时对不涂腻子处也一并打磨，磨后表面应平整光滑细腻，分界线清晰，不应有不平、缺损、磨穿见到下层腻子的现象。砂磨后应洗净腻子浆水，揩净擦干，干燥后涂二道底漆。

（4）注意事项　①砂磨前，要把非涂饰面黏附的腻子或底漆清除干净。非涂饰区的镀铬层、发黑层（即 Fe_3O_4 层）以及经磨床加工或钳工刮削的表面，不准砂磨。②涂层完全干燥后，方可砂磨。③腻子层打磨后，发现有疏松脱落处，要铲除后再局部重新补嵌腻子。④打磨后不允许有肉眼可见的大量露底。

8.3.1.4　面漆

面漆是制品的外衣，应符合产品对涂层外观的要求，具有较好耐环境侵蚀能力，起保护底漆的作用。面漆层优劣直接影响制品的商品价值、装饰性和使用寿命。常用面漆如氨基漆、醇酸漆、丙烯酸酯漆、硝基漆、聚氨酯漆、氯化橡胶漆、乳胶漆等。

工件经过涂底漆、刮腻子、打磨修平后，就要涂面漆。面漆应涂在确认无缺陷和干透的中间涂层或底漆层上，要求薄而均匀。当面漆遮盖力差时，要多涂几次，常用施工方法有空气喷涂、无空气喷涂、静电喷涂，建筑上常用刷涂、滚涂。

面漆可涂在底漆上，也可直接涂在底材上。最好用底漆/面漆系统，能保护和装饰作用同时兼顾。面漆直接涂在底材上的单道涂层，用于不要求防腐蚀和湿附着力的产品。当外观和户外耐久性要求不高时，如工件内表面，可使用具有优异防蚀性能的底漆而不用面漆。

涂面漆常用"湿碰湿"工艺，即在涂第一道面漆后，晾干数分钟（通常 5min 左右），接着涂第二道面漆，然后一起烘干。"湿碰湿"在多层涂装中常用，能增强层间结合力，节省能源并大大缩短工时，用于面漆、中涂层施工。"湿碰湿"适用于缩合型烘漆，如环氧、氨基和热固性丙烯酸漆等，但不适用于醇酸漆等氧化聚合型涂料。

为达到高级装饰性的要求，消除面漆层的橘皮、颗粒，使漆面达到光亮如镜、平滑清晰的效果，有时采用"溶剂咬平"和"再流平"技术。"溶剂咬平"适用于热塑性面漆（如硝基磁漆），喷完最后一道面漆并干燥后，用 400 号或 500 号水砂纸打磨，擦洗干净，然后喷一道溶解力强、挥发较慢的溶剂，或用这种溶剂调配极稀的同一面漆（一般 1 份面漆加 3 份溶剂），晾干展开流平，能显著减轻抛光工作量。

"再流平"技术又称"烘干，打磨，烘干"工艺，先使热塑性或热固性丙烯酸面漆硬化，随后湿打磨消除涂层缺陷，再在较高温度熔融彻底固化。热塑性丙烯酸涂料典型"再流平"工艺：涂面漆（干膜厚度 $\geqslant 50\mu m$），晾干 1min，干燥 107℃、15min，用 600 号水砂纸和溶剂汽油打磨掉橘皮、颗粒，检查修补，最后 135～149℃烘 15～30min 彻底固化。

涂层装饰可采用印花和划条。印花又称贴印，是把胶纸上带的图案或说明，转印在工件表面（如缝纫机头、自行车车架等）。先涂一薄层颜色较浅的罩光清漆（如酯胶清漆），待表面略感发黏时，将印花胶纸贴上，然后用海绵在纸片背面轻轻摩擦，使图案粘在酯胶清漆层上，用清水充分润湿纸背面，一段时间后小心地把纸片撕下即可。如发现表面有气泡时，可用细针刺小孔，用湿棉花团轻轻研磨表面，使之平坦。为了使印上的图案固定下来，可再喷涂上一层罩光清漆保护。某些装饰性器材需要绘画各种图案或彩色线条，可采用长毛细画笔人工描绘，或用可移动画线器描绘，其他的步骤同印花。

贴花以油箱为例来说明：涂完面漆后，用 800～1000 号水砂纸细打磨，打磨后应平整、光滑，不允许有砂纸纹和露底。打磨合格的油箱用专用画线板，在油箱两侧指定位置画线，线条要清晰、准确，不允许划伤涂膜。将贴花彩条一端的硬纸揭开，涂有胶黏剂面对准油箱画线位置，边揭边贴，贴完为止。彩条位置须粘贴正确，不允许有皱纹、气泡，否则应重新贴或用钢针修正，然后用双组分聚氨酯清漆或紫外线光固化 UV 清漆罩光。

在色漆层、印花图案或贴花彩条上，喷一道清漆保护，同时提高涂层光泽，即罩光。为了增强光泽、丰满度，可最后一道面漆中加入同类型清漆。

8.3.1.5　抛光上蜡

抛光打蜡是高装饰性面漆彻底干燥后进行的修饰作业，包括磨光、抛光和打蜡三个步骤。未经磨光的涂层表面均有不同程度的加工痕迹和微粒，磨光后呈无光的暗色；然后抛光使涂层表面取得实光；最后打蜡使涂层更光亮，并持久保持。经常抛光上蜡可使涂层光亮耐水，延长涂层寿命。汽车面漆中能抛光的有氨基漆、硝基漆、丙烯酸漆、聚酯漆和过氯乙烯漆等。

① 磨光　磨光前用 400 号水砂纸手工湿打磨，消除涂层的纹浪、橘皮、垂流，然后先用清洁软布擦净，干燥后再用法兰绒擦净。手工磨光是用易被溶剂润湿和软化的布，包裹绒线丝或泡沫塑料等制成棉团，手握棉团，蘸少许磨光膏（也称砂蜡），平缓连续，有规律有顺序地从漆面一端到另一端，一行挨一行磨光。大的表面可用旋转圆盘来磨光。用砂蜡磨光之后，涂层表面基本上平坦光滑，但光泽还不太亮。

砂蜡是一种有溶剂气味的软膏状物，供磨平涂层凹凸用，可消除橘皮、污染、泛白、粗粒等。砂蜡由氧化铝粉末、凡士林、蓖麻油和水等组成，或硅藻土、铝土、矿物油、蜡、乳化剂、溶剂和水组成。磨料中不能有磨损涂层表面的粗大粒子，也不能使涂层着色。

② 抛光 抛光与磨光程序完全一样，不同的是采用比磨光膏更细的抛光膏，使涂层呈现出镜面光泽。机械抛光时采用布质或绒质的抛光球、抛光盘或抛光辊。

③ 打蜡 打蜡能增强涂层光亮度，使光亮持久，并防潮、防水、防污染。打蜡操作类似磨光，比磨光操作更细致更轻巧。打蜡后表面应光亮如镜。

上光蜡为石蜡、蜂蜡、硬脂酸铝等溶于 200$^\#$ 溶剂汽油或松节油制成，冷凝成胶冻，很像猪油。上光蜡的质量主要取决于蜡的性能。新上光蜡是含蜡质的乳浊液，分散粒子较细，加少量乳化剂或有机硅，抛光时可以帮助分散、去污，得到较光亮的效果。

工件表面涂装完毕后，须注意保养，避免摩擦、撞击以及沾染灰尘、油腻、水迹等，根据涂层性质和气候条件，应在 3～15 天以后方能出厂使用。砂蜡或上光蜡都使用蜡，蜡在涂料中还起消光等作用。这里介绍蜡发生作用的机理。

(1) 蜡的定义和分类 1975 年德国技术协会对蜡的定义为下面 6 个性质中至少满足 5 个才能称为蜡：①20℃时为可捏合固体至硬脆性固体；②粗晶至微晶，半透明至不透明；③40℃以上融化，但不分解；④稍稍高于熔点以上的温度时，具有相对较低的黏度；⑤温度变化对黏度和溶解性影响大；⑥较小压力下可以被抛光。蜡本身分子量较小，抛光时能受热或摩擦变形，填充表面的凹陷处，且把磨料粘在一起，形成膏状。

动物蜡有动物产生的副产品，如蜂蜡，由长链脂肪酸和长链伯醇组成，还有动物脂肪，如 C_{16} 和 C_{18} 甘油酯。植物蜡由烷基酯类组成，如叶蜡（有时指棕榈蜡）。巴西棕榈蜡是烷基（C_{24}～C_{34}）醇、烷基（C_{18}～C_{30}）酸酯类和大量双酯和羟基酯，呈膏状，能形成微乳液。蓖麻油蜡是蓖麻油双键加氢后得到的氢化蓖麻油。矿物蜡来源于石油和煤炭，如石蜡、微晶蜡、褐煤蜡。石蜡来自石油。微晶蜡是石蜡中较高分子量的馏分，具有微晶结构，称为微晶蜡。

聚乙烯蜡的分子链与聚乙烯的相似，但相对分子质量低（2000～10000），氧化后可制成乳化产品。聚丙烯蜡由丙烯控制聚合制备。通用合成蜡有 Fischer-tropsch 蜡、聚乙二醇蜡和氧化烃类。聚乙二醇蜡是有氧化乙烯链的高分子量产品。氧化烃类（石蜡、微晶蜡和聚乙烯蜡）是氧化（一般鼓入空气）制得，能乳化。Fischer-tropsch 蜡由 CO 与氢气反应制得。

(2) 蜡在涂料中的作用 蜡的功能基于两个机理："滚珠轴承机理"和"迁移"机理。前者指蜡粒子从涂膜表面渗出，避免涂层与磨蚀介质接触，当其他物体滑过时，对涂层的损伤很小。后者是蜡向涂层表面迁移，因蜡有可塑性，能填充由溶剂蒸发或树脂固化形成的微孔，形成有光泽表面。

① 上光 利用蜡迁移机理可获得高光泽涂层，但不能过量。少量（固含量 0.5%～2%）蜡可改进涂层表面，但过量的蜡会在表面形成蜡粒，使涂层暗淡无光，需要抛光才能获得高光泽。大多数情况下抛光并不理想，因蜡迁移数日或几周后，表面又会重新变暗淡。

② 消光 消光要求蜡过量，涂层表面渗出的蜡粒，使光发生漫散射，光泽减弱。光滑的丝光平光涂层（摸上去不觉得粗糙，看上去既不暗淡又不眩目）对蜡粒尺寸要求苛刻，而且在漆料中分散性要好。气相二氧化硅作消光剂，因密度高，会沉降结底。折射率不同的复合消光剂可增强消光效果。二氧化硅与蜡联用可达到最优效果。

③ 润滑 蜡从涂层中渗出形成光滑表面，提高润滑能力，减小摩擦系数，提高涂层耐磨性。软微晶蜡或聚硅氧烷能在涂层表面上形成光滑的摩擦膜，但涂膜抗划伤和防粘性较差。

④ 抗粘接性　加入硬蜡颗粒可减少涂层接触，来减少涂层粘连，但常降低光泽。一些硬蜡减少粘连是靠吸收油性物质，减少其向表面转移来实现。

⑤ 防沉降/防流挂剂　许多蜡使涂料具有触变性，具有防沉降和防流挂功能。

（3）蜡在涂料中的使用方法　蜡加入方式影响产品最终性能。蜡颗粒大小和分散均匀性至关重要。加入方法取决于蜡的种类和期望的最终性能。①蜡在适当溶剂（最好是与涂料的相同）中加热，高速搅拌快速冷却至室温，得到浆料。迅速冷却和高剪切在于防止大晶体形成。细微生产条件变化会导致颗粒分布明显变化。由于对制备条件敏感，大多数用户外购而不自己生产。②通过空气粉碎和分级，得到蜡超微细粉。生产超微细粉要用坚硬高熔点蜡，如聚乙烯蜡、聚酰胺和聚四氟乙烯。聚四氟乙烯不是蜡，但与蜡的用处相似。③粗粉末蜡可与颜料一起研磨。这种方法成本最低，但需要占用时间和设备。④乳化仅限于水基系统，常用可乳化氧化乙烯蜡和改性蒙坦蜡。

8.3.2　汽车车身涂装

汽车车身涂装既要求外观装饰性，又要求防腐蚀性及其他保护性能，因此其涂装工艺要求较高，具有代表性。自行车、家用电器等各种钢铁制备的轻工产品的涂装工艺通常比汽车的涂装工艺简单，熟悉和理解汽车涂装工艺后，就很容易理解很多工业产品的涂装工艺。

表 8-14 是国内外汽车涂装普遍采用的涂装工艺卡实例，适用于中级轿车和轻型载重汽车车身涂装，其质量标准介于一、二级涂层之间，内容和编写方式在工业涂装中具有代表性。

表 8-14　涂装工艺卡举例

厂序	分厂 _____ 车间 _____ 组（或线）_____		工艺卡组号 车漆艺 1#	更改	工序号	
				更改依据	
				签名日期	

工序号	涂装及检验工序内容	设备、夹具和工具			材料		备注
		名称	图号	数量	名称	型号	
	进入涂装车间的白车身表面应无锈、无坑凹等						
1	将验收合格的白车身挂到漆前表面处理专用的运输链上	悬挂式运输链		1			
		气动升降台		1			
2	手工擦洗不易清洗掉的拉延油、密封料、富锌底漆等				溶剂汽油		
3	进行去油、磷化处理	7室联合磷化机		1			
	去油：用60℃的清洗液冲洗或浸洗1.5～4min				清洗剂		
	温水洗：用40℃的温水冲洗 0.4～0.5min						
	水洗：用室温水冲洗 0.4～0.5min						
	磷化：用50～60℃的磷化液喷射（或浸喷结合）处理1～2min，浓度为 12～17 点				磷化液	2#	
	水洗：用室温水冲洗 0.5min						

续表

厂序	分厂_____ 车间_____ 组(或线)_____	工艺卡组号 车漆艺 1#	更改	工序号		
				更改依据		
				签名日期		
3	水洗:用室温水冲洗(或浸洗)0.5~1min					
	纯水洗:用室温的去离子水冲洗 0.1min					
4	热风吹干:气温 100℃,3min	热风 吹干室	1			
5	自然或强制冷却					
6	用电泳法涂底漆	电泳槽	1	阴极电 泳底漆	U-30 型	备有超 滤装置
	电泳时间:3min;电泳电压:200~350V; pH 值 6.4~6.7	直流电源	1			
	固体分 18%~20%;槽液温度 27℃± 1℃;	调温装置	1			
7	电泳后水洗,分四次清洗:	四段水洗室	1			
	(1)在槽上用循环超滤液清洗,流入溢流 槽中;					
	(2)用循环超滤液第二次清洗;					
	(3)用新鲜的循环超滤液第三次清洗;					
	(4)用去离子水淋洗	去离子 水装置	1			
8	在 170~180℃烘干 15~25min	烘干室	1			
9	冷却,用目测法检查表面缺陷					
10	修正缺陷				水砂纸	240#
11	车身底板下表面喷涂防声、耐磨、耐腐蚀 涂料,在车身焊缝处压涂密封胶	喷漆室 高压无气 大口径喷枪	1 1	防声涂料 密封胶		11 工序后 车身转放 在地板式 运输链上
	擦净车身外表面	压涂枪	1			
12	在车身外表面喷涂二道浆,黏度(20℃) 22~24s(涂-4 杯)	静电喷漆室 电喷枪	1 4	环氧-胺 二道浆		
13	在 140℃下烘 25~30min	烘干室	1			
14	冷却后进行湿打磨(手工和机动结合), 擦净	旋转打 磨机			水砂纸	360#~ 400#
15	用去离子水清洗	水洗装置	1			
16	烘干水分,140℃,7min					
17	擦净待涂面漆的表面	擦净室	1	能粘灰 的砂布		
18	采用"湿碰湿"工艺喷涂面漆 本色氨基面漆两道,黏度(20℃)22~24s (涂-4 杯),膜厚 30~40μm 金属闪光丙烯酸面漆三道(两道色漆加 一道罩光清漆)膜厚 50~60μm	上送下抽 风喷漆室	1	各色氨基 磁漆或闪光 丙烯酸磁漆		
19	晾干 5~10min	晾干室	1			

续表

厂序	分厂＿＿＿＿＿ 车间＿＿＿＿＿ 组(或线)＿＿＿＿＿		工艺卡组号 车漆艺1#	更改	工序号				
					更改依据				
					签名日期				
20	在140℃烘25～30min		烘干室		1				
21	自然或强制冷却								
22	最终技术检查								
	(1)不允许有尘埃、流痕、颗粒、凹坑、色不均匀等缺陷;目测法								
	(2)涂层硬度和厚度应符合技术要求,合格品发往装配内饰车间。外观不合格品返回或送往修补涂漆线返修,工艺为:湿打磨消除缺陷→烘干水分→修补部位补喷面漆→最终技术检查								
	拟定	技术科长		检查科长		厂长		共　　页	
								第　　页	

中级轿车和轻型载重汽车由于产量大、质量要求高,都采取大批量的流水线方式生产。整个生产过程,由一整套机械化运输系统实施工件在各工序中的传送和在各工段间的调剂,保证流水线的正常有序进行。采用自动喷涂设备,减轻工人劳动强度,保证涂膜厚度的均匀性和优良外观。车间洁净度高,特别是在喷漆室、闪干区和烘道中,为高洁净区,防止涂层表面产生颗粒。各工段的工艺条件实施自动化控制和管理,保证整个涂层质量最佳。

汽车涂层是复合涂层。高级轿车一般采用4C4B（"C"代表coat,"B"代表bake即烘干）或5C5B涂层体系,即分别涂底漆、中涂漆、面漆和罩光清漆共4～5次,并烘4～5次;一般轿车则采用3C3B涂层体系,分别涂和烘底漆、中涂和面漆;卡车、吉普车车身和覆盖件及客车车厢采取2C2B涂层体系,无中间层。厚度40μm的面漆都采用"湿碰湿"工艺,喷二道后一并烘烤。对于厚度50μm的中涂层,可采取喷一道、烘干、打磨再喷-烘-打磨工艺,使之表面有足够平整度,也可采用湿碰湿工艺方式,减少烘干能耗。

汽车车体一般由钢材制成。冷轧钢因引起腐蚀的因素多而不适合用于汽车车体。冷轧钢腐蚀主要的因素是退火引起的。钢冷轧时需要用油作润滑剂,冷轧后退火。退火工艺有两种:一种是将钢卷材放入退火炉并加热至500℃,以消除在轧制期间所引起的应力,如果钢卷材卷得紧,油不能从钢材表面上挥发出去,而是部分分解,形成碳化物嵌在钢表面内,清洗除不去,造成涂层不均匀。另一种为带材退火,即将钢材作为一单层经过退火炉,油会被烤熔结在钢材表面上,尤其在卷材退火工艺中更甚。为使腐蚀降低到最低程度,通常选用镀层钢,如电镀锌、电镀镍-锌合金以及镀铝-锌合金层的钢,用作汽车车体。

8.3.2.1　漆前表面处理

制成车身后,将门、发动机罩和行李箱盖固定上,然后将车身除油,锌盐磷化,磷化层约2g/m²,厚度约5μm。磷化后须充分漂洗,除去残留可溶盐和疏松结晶,因为可溶性盐促进腐蚀。最后的漂洗水含有铬酸,能沉积出少量铬酸盐,起钝化剂的作用。

8.3.2.2　电泳底漆

绝大多数汽车都用阴极电泳漆打底,因漆能均匀完整覆盖,凹入部位如车门下,通常喷涂喷不上。电泳漆厚度约为 $25\mu m$，虽然具有优良防腐蚀性能，但缺乏对粗糙表面的填平能力，且面漆与电泳涂层之间的附着力不好。

8.3.2.3　中间层

采用底漆二道浆（也称为过渡层、底漆）来解决面漆在电泳底漆层上附着力不好的问题。二道浆用聚酯或环氧酯，比丙烯酸面漆和环氧电泳底漆之间的附着力好。有时用双组分聚氨酯二道浆，它比电泳底漆的交联密度低，面漆溶剂渗入到二道浆涂层中以提高附着力。二道浆的 PVC 一般要比 CPVC 高，面漆中少量漆料能渗入到二道浆涂层中，增进面漆附着，过分粗糙部位可打磨光滑。现在某些汽车上使用粉末二道浆，可减少 VOC，改善抗碎裂性。电泳底漆和粉末二道浆通常采用 150℃ 的烘烤。在电泳底漆表面上涂封闭底漆可改进面漆附着力。封闭底漆是一种强溶剂低固体分面漆，其溶剂可使底漆表面略微软化，以增强附着力。现行趋势是使用色彩协调二道浆，当面漆较薄遮盖力不好时，能改善涂层外观，但这种二道浆须具有良好户外耐久性，否则紫外线辐射会使之降解，加入紫外线吸收剂和 HALS（位阻胺）稳定剂，能改善耐紫外线性能。

抗碎裂性底漆也称为防石击漆，抵抗道路上抛来石子对车体的冲击，涂装在汽车整个外部壳体的电泳底漆上。防石击漆为有机溶胶或封闭型异氰酸酯交联的聚氨酯。

电泳漆的主要作用是防腐蚀，色漆满足用户对不同颜色的需求，清漆能耐候、耐紫外线以及提高光亮度。中涂要求能防石击，对电泳涂层有良好填充作用，有一定紫外线隔绝性能以保护电泳涂层，但中涂需打磨、擦净和烘干，增加人力和物质消耗。

（1）中涂面漆湿碰湿工艺（3C1B）　电泳涂装后，湿碰湿喷中涂、金属色漆和罩光清漆，并一次性烘干，即 3C1B 工艺。与传统工艺相比，3C1B 取消了中涂烘干，不需中涂打磨、擦净和烘干。3C1B 涂料采用特殊丙烯酸树脂和高韧性聚酯，通过调整树脂结构及溶剂，优化溶剂挥发速率，使之与面漆有良好的湿碰湿性能，尽可能增大涂料黏度和触变性，保证溶剂挥发时产生的湍流不影响铝粉片定位取向。3C1B 工艺对喷漆室环境温度和湿度的要求较高。该技术趋势是采用高固体分中涂、色漆和清漆，降低各涂层间的混溶性。

（2）替代中涂技术　取消中涂后，紫外线会使传统电泳漆层光氧化、分解和粉化，造成电泳与面漆结合力降低，导致面漆层剥离。取消中涂就需要电泳涂层具有中涂层的功能。

PPG 公司开发的耐紫外线电泳漆 Dura-Prime 在防腐蚀和防石击方面与目前使用的（电泳＋中涂）体系相同，耐紫外线与粉末中涂相似，外观质量与目前使用的常规体系接近。Dura-Prime（电泳漆＋面漆）体系在层间附着上完全能达到 PPG（常规电泳＋中涂＋面漆）体系的水平。Dupont 的 Ecoconcept 工艺用双组分水性聚氨酯色漆替代中涂，涂料内加对紫外线起阻断作用的颜料（如钛白粉和炭黑），以及位阻胺光稳定剂，防止紫外线的影响。

Dura-Prime 技术和 Ecoconcept 技术由于取消了中涂，对于板材和电泳缺陷的遮盖力相对较弱，对于整个涂层丰满度有一定影响。因此，实施这两种技术的前提是提高车身表面质量，减少板材打磨；优化电泳工艺，改善其流平性，减少表面缺陷；色漆和清漆加强流平，优化涂层外观；降低 PVC 密封材料的烘干温度等。

8.3.2.4　面漆

面漆的外观装饰性要好。高光泽面漆须能长期保持其光泽。涂料用树脂要耐光氧化和耐水解，颜料要耐久。实际应用中还要求耐洗刷性、耐鸟粪、耐酸雨、烈日下耐暴雨、耐砾石块对汽车的冲击、耐汽油溅落等。在 20 世纪 80 年代初，所有面漆均为单种涂层，即以几道涂装单一组分。现在大部分由底涂层-清漆系统所取代，即含有着色颜料底涂层覆以透明清漆层，底涂层-清漆系统比单种涂层具有更高的光泽和保色性。

(1) 单种涂层　大多数单种涂层采用热固性丙烯酸和三聚氰胺甲醛（MF）树脂配制。为了达到高光泽，颜料含量要低，PVC 为 8%～9%；金属色时 PVC 仅 2%～4%。由于颜料含量低，遮盖就需要厚涂膜（约为 $50\mu m$）。一些部位干膜厚度超过 $50\mu m$，如风挡与前门开口之间的部位。

20 世纪 80 年代初，日本把粉末涂料用作非金属光泽的单种涂层。现在主要研究粉末清漆层，细粒径粉末能使清漆层达到所需的光洁度，如平均粒径 $10\mu m$ 且粒径分布狭窄的环氧官能丙烯酸树脂，用粒径为 $3\mu m$ 的十二烷二酸配成粉末涂料，表面光洁度良好。高性能溶剂型单种涂层的最高固体分大约为 45%。

(2) 清漆复合涂层

① 复合涂层　清漆层因缺乏颜料遮盖吸收，户外耐久性不好，需要采用耐光性好的基料，并加入光稳定剂（HALS 与紫外线吸收剂合用），清漆层才有长效户外耐久性。

底涂层-清漆复合涂层总的涂层厚度略大于单种系统。底涂层的 PVC 比单种涂层的高一倍，干膜厚 $20\sim30\mu m$ 就可达到 $50\mu m$ 单种涂层的遮盖力。清漆层厚 $40\sim50\mu m$，因为薄清漆层（$30\sim35\mu m$ 以下）尽管外观满意，但耐久性不足。

清漆在高固含量时能喷涂而又不流挂，就须加触变剂。常规型触变剂由于光散射而降低了光泽，使涂料起雾，因此就要设计与丙烯酸基料具有相同折射率的触变剂，如丙烯酸微凝胶，它略微交联且能高度溶胀，不溶于涂料中。

采用湿碰湿工艺，清漆层涂在湿底层上，只需烘烤一次。湿底涂层溶剂闪干后，再喷下一道，闪干时间一般 2min。为缩短闪干时间，有时需加入少量蜡、硬脂酸锌或醋丁纤维素，这也有助于铝片定向，并使涂层变形降到最低，加太多就影响层间附着力。

② 底涂层　一般用 MF 交联热固性丙烯酸树脂或羟基聚氨酯改性聚酯，还可使用水性底涂层与高固体分清漆层。水性底涂层较薄，晾干时间较长，这都减少了爆孔，但需除水烘烤。水性底涂层固含量低（15%～20%），铝粉容易定向，品种有水稀释丙烯酸树脂、水稀释聚酯-聚氨酯和丙烯酸乳胶，从流变性与铝片定向来看，宜用丙烯酸乳胶。

(3) 清漆层　除要求高光泽外，清漆层还要考虑 VOC、耐环境腐蚀、耐磨损性和费用等。大多数清漆层均为采用不同交联剂的丙烯酸树脂，但不能获得很高固含量，现在研究用低分子量聚酯和聚氨酯多元醇与丙烯酸树脂混合提高固体分。

在酸性条件下经过几天或几星期后，MF 交联清漆层出现浅薄而隐蔽的麻坑，因为活化醚基耐水解性较差。MF 交联丙烯酸树脂涂层的摩擦系数低，改善了耐擦伤性，而异氰酸酯交联丙烯酸树脂一般具有优良的耐环境腐蚀性，但耐擦伤性不好。由二异氰酸酯与二元醇（如新戊二醇）制备的低分子量羟基聚氨酯，用 MF 树脂交联，可得到性能良好的清漆层。MF 交联聚氨酯也能获得高固体分，如用氨基甲酸羟丙酯与 IPDI 制备异氰酸酯预聚体，与 MF 树脂和催化剂配成涂料，固体分含量为 85%，涂层具有优良耐环境腐蚀性和耐擦伤性。

潮气固化三烷氧基硅烷丙烯酸树脂耐环境腐蚀性优良，加辅助交联剂如封闭型多异氰酸酯类和/或 MF 树脂，可增强其性能，其中以 3,5-二甲基吡唑或 1,2,4-三唑封闭多异氰酸酯最佳，它们可在稍低温度固化，没有甲乙酮封闭异氰酸酯的泛黄问题。

将聚氨酯和 MF 结合在一起，并用辅助交联剂交联的硅烷基丙烯酸树脂，同时具有耐擦伤和耐环境腐蚀性。丙烯酸树脂中加入丙烯酸氟化烷酯减少摩擦系数，提高耐擦伤性，由于降低水在涂层中溶解度能增加耐环境腐蚀性,高氟化度树脂能改善耐环境腐蚀性,但价格贵。

羧酸交联环氧官能丙烯酸树脂的耐擦伤性不好,但耐环境腐蚀性优良。封闭型异氰酸酯一般固化温度太高,而用三(烷氧基羰基胺)三嗪(TACT)在常规烘烤温度下反应并达到耐环境腐蚀性。水性清漆层如 H_{12}MDI 封闭异氰酸酯交联羟基苯丙乳胶也在使用。

塑料和橡胶用作汽车外部的零件时,有时在装配之前就已涂漆,有时在涂装面漆之前已打底并固定在车体上。

(4)金属闪光色　面漆无论是单种涂层还是底涂层-清漆复合涂层,大多都采用金属闪光色或其他彩色。金属闪光涂层的颜色随视角变化而变化,当以接近法线的角度观察时,颜色明亮;而以较大角度观察时,颜色较暗。要达到好的金属闪光效果,就要求除铝片外,涂层的光散射最低,且铝片平行于表面产生定向作用。为降低光散射,就要在无铝片情况下,其他颜料分散后的涂膜是透明的,且涂料中所有树脂和助剂相容性好,确保无混浊。涂料的固体分越低,铝片排列一般就越好,雾化条件、溶剂挥发速率、喷涂距离都会对铝片排列产生实质性影响。静电喷涂不易获得有良好表面光洁度及金属定向的涂层。

8.3.2.5　工厂修补程序

在汽车装配期间,涂层受到损坏或由污物引起沾污,都需要修补,但要减少修补次数和费用。修补通常在这几个环节:底漆二道浆涂车体后;底涂层和清漆层涂装后;装配后及装运到销售商处后。一旦玻璃、蒙皮材料、轮胎等安装后,汽车就不能高温烘烤,但整车可在80℃烘烤或在修补区用红外灯略高于80℃下加热。

汽车用热塑性丙烯酸挥发漆涂装时,修补简单,因为溶剂可溶面漆,不存在附着力问题。热固性磁漆则较难修补,交联涂层表面附着困难,损伤的整个表面需要重涂。除去涂层,将裸露金属打底,用专门修补底漆和清漆涂装。MF 树脂交联涂层须加强酸催化剂,在较低温度固化,催化剂留在漆膜里,引起水解,修补涂层就不及原来的涂层好。电泳漆层在修补过程中被磨穿,修补部位耐腐蚀性也下降。推荐使用双组分聚氨酯涂料,它不影响涂层长效耐久性。

8.4　涂装管理和质量评价

在企业生产中,需要对工艺过程进行检测和评价,才能组织生产。涂装质量评价体系包含:①先进的涂装质量标准;②先进的测试方法和检测规则;③完善合理的涂装生产操作规章制度;④质量监控管理队伍与测控体系。其中③、④属于企业组织生产方式,即企业管理的问题。这里主要介绍质量标准制定和测试方法。

8.4.1　制定涂装质量标准

涂料生产和施工都需要检测,这是建立质量保证体系,推行全面质量管理的需要。涂料本身检测主要是考察产品质量的一致性。涂料性能是通过涂膜体现的,成膜过程中和成膜后的性能是质量评判的基础,也是考核的主要内容。检测尽量模仿涂层实际制备或应用条件,大多是在相应底材上进行,而涂膜制备工艺和质量又影响测试结果。世界各国制订独自的检验方法和标准,如美国 ASTM 标准、德国 DIN 标准、日本 JIS 标准中都有多项涂料检测方法和标准。国际标准化组织 1SO 也制订了许多检测方法,向各国推荐实施,以求标准的国际化。我国陆续制订和多次修订了涂料检测方法的国家标准、行业标准,并颁布实施,其中有些标准等同、等效或参照 ISO 标准，可参考涂料方面的标准汇编。粉末、电泳涂料及特种涂料有企业标准级的检验方法。企业生产标准需要既有先进性又有可操作性。先进性就是标准能够为用户所接受，按此标准生产又有适当的利润空间，如果要参与国际贸易，就须采用国际标准生产。可操作性就是要有广泛通用性和互换性，能满足企业内不同产品需要。在制定过程中，可根据产品应用层面的差异，制定不同等级的标准，这就要搜集以下技术资料：①用户对本企业产品的涂装质量要求；②国家标准或行业标准与规定；③国际标准与国外先进标准；④本企业的涂装设备；⑤有关标准编写的基本规则。

涂装质量标准应包含以下几个方面的内容：①漆前处理质量要求，如清洁度、表面粗糙度、化学转化膜的要求等；②涂层质量要求，包括外观质量、光泽、色彩、厚度、附着力、硬度等；③涂料涂装要求，如涂料品种与配套性、施工性与施工条件（如涂装方法、涂装温度、湿度与涂装间隔及干燥条件）；④检验方法与检测规则，检测规则是指对某项性能进行抽检还是全检，检查范围与检查频率，判断合格或不合格的规定等。

涂料施工可供参考的标准如下：GB 8923—1988《涂装前钢材表面锈蚀等级和除锈等级》；GB/T 13312—1991《钢铁件涂装前除油程度检验方法》；GB 6807—2001《钢铁工件涂装前磷化处理技术条件》；GB/T 11376—1997《金属的磷酸盐转化膜》；GB 11380—1989《客车车身涂层技术条件》；QC/T 484—1999《汽车油漆涂层》；GB/T13492—1992《各色汽车用面漆》；GB/T 13493—1992《汽车用底漆》；JB/T 5946—1991《工程机械涂装通用技术条件》；GB 6745—2008《船壳漆》；GB 6748—1986《船用防锈漆通用技术条件》；ZB J 50011—1989《机床涂漆技术条件》；ZB J 50012—1989《出口机床涂漆技术条件》；HG/T 2243—1991《机床面漆》；G/T 2244—91《机床底漆》；HG/T 2005—1991《电冰箱用磁漆》；HG/T 2006—1991《电冰箱用粉末涂料》。涂料在购进入库之前，应对其进行相应的检查和验收，以避免在涂装过程中可能产生的质量事故，按 GB 3186—1988 和 HG/T 2458—93《涂料产品检验、运输和储存通则执行》。

企业中最常使用的检测仪器有：①温度计，包括空气温度计和表面温度计；②湿度计；③表面轮廓仪或比较仪；④涂料黏度计；⑤测厚仪，包括湿膜厚度仪和干膜厚度仪；⑥闪光灯和小型放大镜；⑦涂膜光泽、颜色检测设备；⑧附着力试验仪。表面轮廓测量仪利用光学干涉原理扫描工件表面，得到工件表面状态及三维形貌图，属于非接触、非破坏性测量，有粗糙度、直接轮廓和形状三维的测量系统，可以测量评估粗糙度和直接轮廓参数，还可以测量角度、圆弧半径、相互位置等形状参数。

8.4.2　涂装质量管理

有了涂装质量标准，涂装工艺设计确定了涂料和涂装方法，以及涂装工艺流程。在实际生产中，工序间配合、工艺条件和参数等都需要实验选定。为了保证涂装质量，从技术管理角度强调以下五个基本要求：严格完善的表面预处理、达到要求的涂覆道数和涂层厚度、科学制定和严格执行工艺、创造适宜的涂装环境和保持适当的涂装间隔。

① 涂装前基材都必须进行严格而完善的表面处理，否则达不到预期涂装效果。

② 涂装道数是根据涂层质量标准确定的。如果达不到要求的道数和厚度，就降低涂层的使用寿命。例如船底防污漆：先涂底漆，后涂防锈漆，再涂防污漆。每种漆均需两道，6道涂层总厚度 $150\sim200\mu m$。在各种腐蚀环境中使用的涂层要达到必要的厚度，才能有效地发挥防腐蚀作用。防腐蚀涂层的厚度一般为 $150\sim200\mu m$。耐磨蚀涂层应在 $250\sim300\mu m$。

表 8-15　不同用途的涂层应控制的厚度

涂层用途	应控制的厚度/μm	涂层用途	应控制的厚度/μm
一般性涂层	80～100	有盐雾的海洋环境涂层	200～300
装饰性涂层	100～150	含侵蚀液体冲击的涂层	250～350
保护性涂层	150～200	超重防腐蚀涂层	300～500
厚浆涂层	350 以上	耐磨蚀涂层	250～350

如何控制涂层厚度？以前人们习惯上总是凭涂料使用量来控制漆膜厚度，但往往因施工方法不同，尽管涂料用量相同，但漆膜厚度却相差甚远。所以需测定干燥漆膜的厚度，不过其值只能统计地反映漆膜的厚度而不能用来控制漆膜的厚度。为了准确地控制漆膜的厚度，在施工中可测定湿膜的厚度。它是用湿膜测厚仪直接测定的，若发现其厚度不够，可再涂上一道漆直至达到要求的厚度。为了确保防腐蚀工程的涂层质量，可采用涂层探伤仪检查涂层是否有微细的空隙。不同用途的涂层应控制的厚度大致如表 8-15 所示。

在施工应用时，由于涂装的涂层厚薄不匀或厚度未达到规定要求，均将对涂层性能产生很大的影响。因此如何正确测定涂层厚度是质量检验中重要的一环。选用测定涂层厚度方法时，应考虑待测涂层的场合（实验室或现场）、底材（金属、木材、玻璃）、表面状况（平整、粗糙、平面、曲面）和涂层状态（湿、干）等因素，以合理使用检测仪器和提高测试的精确度。

③ 在涂装流水线（如电泳涂装、淋涂、浸涂、辊涂等）运行过程中，涂料是在不断消耗与不断补充的，并且长期使用，要使涂层品质保持稳定，涂装管理就非常重要。涂装管理中要强化关键工序的工艺条件、工艺参数和操作规程的制定和执行，加强质量检测和监督。漆前快速磷化和电泳涂装等特别要求严格控制工艺参数，执行操作程序，否则就极易产生严重的质量问题，影响涂层使用寿命。

④ 涂装环境对涂装效果有相当大的影响。一般要求涂装场所环境条件要明亮、不受日光直晒，温度和湿度合适，空气清洁，风速适宜，防火条件好。在烈日下施工效果不好，很易造成涂膜缺陷。室内涂装应具备一定照度，特别是高级装饰性涂层施工时，光照度要高于 300lx 以上。大气的温湿度与涂料的施工和干燥性能关系很大，涂料施工性能中应规定施工时大气温湿度的限制条件，一般当温度在 5℃ 以下，相对湿度在 85% 以上时，施工效果都不太理想。各种涂料各有其最佳施工温湿度，在施工时应严格遵守，雨天施工效果往往很差。

空气中尘埃对涂装效果的影响特别严重，须采取防尘措施，不同的涂层要求不同的防尘标准。通风效果既影响涂层质量，也影响施工的安全与卫生。室外涂装应避免在风力 3 级以上时施工。溶剂型涂料在涂装时，必须特别注意防火。

⑤ 涂完一层后到涂另一层的时间称为涂装间隔。每种涂料均各自具有一定的涂装间隔，时间短于此间隔，下层涂膜未干到适当程度，可能被上层涂料的溶剂溶解；间隔太长，下层涂膜太硬，层间附着性降低。环氧涂料、焦油环氧涂料、聚氨酯涂料、醇酸涂料和油性涂料等经过交联反应固化的涂料，涂装间隔过长时间，层间附着力明显下降。间隔时间在高温下缩短，低温时延长。涂装间隔时间不仅与涂料品种、具体涂料有关，还与施工时的温度、湿度等气候条件有关，冬季可适当延长，夏季适当缩短。

最佳涂装间隔是指达到涂膜最佳性能时，最为适合的涂漆间隔时间。有些品种，如单组分依靠溶剂挥发的氯化橡胶、过氯乙烯、热塑性丙烯酸类涂料，在实际使用时没有最长涂装间隔的限制，只规定最短涂装间隔。涂装间隔时间过长，可在涂层表面用砂纸等打磨。为了达到最好涂装效果、应尽可能在最佳涂装间隔内施工。常用涂料干燥时间和涂装间隔见表 8-16。

表 8-16　常用涂料干燥时间和涂装间隔

涂料类型	干燥时间(23℃±2℃)		最佳涂装间隔(23℃±2℃)	
	表干/h	实干/h	最短/h	最长/d
沥青漆	2	24	14~24	5
氯化橡胶漆	0.5	2	9	7
环氧沥青漆	8	24	20	5
醇酸漆	4	24	14	7
环氧漆	4	24	9	5
乙烯漆类	1	4	6	3
酚醛漆	5	24	9	3
聚氨酯漆	2	6	14	5
热塑性丙烯酸漆	0.5	4	6	5
硝基漆	0.4	4	4	2
过氯乙烯漆	0.5	4	6	1
无机漆	4	24	2	2

8.4.3　涂层厚度测定

涂层最佳厚度是由涂层的颜色、遮盖力和涂层的防护性要求决定的。实际操作中通过现场控制湿膜厚度，来控制干燥后的涂膜厚度。

8.4.3.1　湿膜厚度测定

湿膜的测量必须在涂层制备后立即进行，以免由于挥发溶剂的挥发而使涂层发生收缩现象。目前使用的湿膜厚度计有下面三种。

（1）轮规　由 3 个圆环组成，外侧两圆环直径相同且同心（即导轮），中间圆环与外侧圆环通常偏心 $75\mu m$，且直径较短（$150\mu m$），使 3 个圆环在某一半径处相切，该处的间隙为零，在相反的半径方向上，间隔即为最大。在圆盘外侧有刻度，以指示不同间隙的读数。使用时，用拇指和中指捏住导轮，让圆环的最大刻度值接触到湿膜，然后滚动至零点，观察湿膜首先与中间圆环接触地方的刻度值，此即所测得的湿膜厚度。测试时须注意仪器必须垂直于被测表面，不能左右晃动，否则将得出不正确的结果；另外仪器在表面上的滚动，若是由零开始，则由于湿膜被挤压而把漆推向前，厚度读数将大于实际湿膜厚度，使结果产生一定的误差。

（2）梳规　梳规通常由铝材或不锈钢板材制成，可放在口袋里随身携带，形状为正方形或矩形，如图 8-14 所示。在其 4 边都切有带不同读数的齿，每一边的两端都处在同一水平

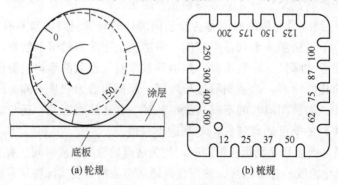

(a) 轮规　　　　　　　(b) 梳规

图 8-14　轮规和梳规

面上作为基准线，而中间各齿距基准线有依次递升的不同高度差。

使用时将其垂直压入湿涂层，直到测厚仪两端与基体紧密接触为止，这样将有一部分齿被涂层所沾湿。湿膜厚度为在沾湿的最后一齿与下一个未被沾湿的齿之间的读数。梳规是一种低值易耗的简便测量仪器，特别适用于在施工现场使用。

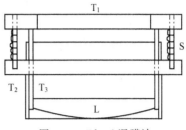

图 8-15 Pfund 湿膜计

（3）Pfund 湿膜计 仪器由一个凸面透镜 L（曲率半径为 250mm）和 2 个金属圆管 T_1 和 T_2 组成，见图 8-15。使用时用手缓慢地将管 T_1 往下压，以使装在底部的透镜 L 通过湿膜触及底板表面，量取涂料在透镜上黏附部分的直径，按下式计算即可得出湿膜厚度 h，以 μm 表示。

$$h = \frac{D^2 \times 1000}{16r} = 0.25D^2$$

式中，D 为黏附部分直径，mm；r 为透镜的曲率半径，为 250mm。

涂膜在镜面上由于表面张力的缘故，所测得的湿膜厚度与实际的湿膜厚度稍有差别，公式是在假设这两者完全相等的情况下成立的。为使结果更可靠起见，尚需引入修正系数，详见美国 ASTM D1212—79。

从实际应用来看，以轮规较为理想，既能在实验室使用，也能在现场进行测定，使用简便，读数准确。Pfund 湿膜计虽然也较为精确，但操作和计算较烦琐。梳规成本低廉，携带方便，但误差较大，只能用于施工现场对湿膜厚度做粗略测定。

8.4.3.2　干膜厚度测定

干膜厚度的测量目前已有不少种方法和仪器，但每一种方法都有一定的局限性，能适用于所有类型样品和环境的则仅仅是少数。根据工作原理分为两大类：磁性法和机械法。

（1）磁性法 分为磁性测厚仪和非磁性测厚仪。磁性测厚仪主要是利用电磁场磁阻的原理来测量钢铁底板上涂层的厚度；非磁性底材（铝、铜等）测厚仪则利用涡流测厚原理来测量诸如铝板、铜板等不导磁底板上涂层的厚度。国内外有多种型号，测量范围一般在 $0 \sim 600\mu m$，最高可达 1.5mm。需注意的是某些涂料品种由于含有铁红、铝粉等，将对测试结果有一定的影响。磁性法目前已成为干膜厚度测定的主要方法。

操作方法为：将探头放在样板上，使之与被测涂层完全吸合，随着指针（数字式旋钮）测定膜厚值的不断变化，当磁芯跳开，表针（数字式旋钮）数字稳定时，即可读出涂层厚度（μm）。干膜测厚仪在每天使用前、后要进行校正，在使用过程中须保持仪表的精确度，发现异常时，可随时校正。校正时将探头直接置于经相同处理的基体上，将相应的旋钮旋到"0"位，以校正 0 点；将仪器带有的标准膜厚的校正片置于基体上，调整相应的旋钮，使标尺的读数等于标准膜片的厚度。测厚仪是数字显示式，直接读出数据，并发展成适合多种形状表面测厚的多用式仪器。国外精密的干膜厚度测定仪的校正和测量极为简便，只需将探头压在待测涂膜上，等数字稳定即可。

（2）机械法 使用杠杆千分尺或千分表测定涂膜厚度的方法，使用较久，不受底材性质的限制和涂层中导电或导磁颜料的影响，仪器本身精度可读到 $\pm 2\mu m$，但只能对较小面积的样板进行测试，为了消除误差，必须多次测量，手续烦琐，不如磁性法测厚仪简便。

ISO 2808—1974 漆膜厚度的测定标准中的显微镜法，已被推荐为漆膜厚度测定的仲裁方法。该法是用一定角度的切割刀具将涂层做一个 V 形缺口直到底材，然后用带有标尺的显微镜测定 a' 和 b' 的宽度。标尺的分度已通过校准系数换算成相应微米数，因此可从显微镜中直接读出涂层的实际厚度（a、b），见图 8-16。此法最大的优点是除能测定总涂层厚度外，尚能测定多层的复合涂层的涂层厚度，同时可以在任何底材上进行，但需要局部破坏涂层。

8.4.4 涂层力学性能

涂层要求耐用而不能轻易损坏。涂层中树脂的性能是由其结构决定的，通常根据涂层性能要求选择具有适当结构和组成的聚合物。

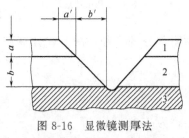

图 8-16 显微镜测厚法
1—面漆；2—底漆；3—底材

8.4.4.1 涂层黏弹性

高分子瞬时或短时间内受到外力，链段没时间相对移动，只能改变键长和键角，外力移去后恢复原来的形态，释放储存能量，犹如弹性体，用模量来表示对形变的阻抗。外力作用时间长发生链段移动，外力逐渐耗散于聚合物链段的相对移动中，不能恢复为原来的形态。聚合物分子量越大，链就越长，对链相对移动的阻碍也越大。高分子既有弹性体性质，又有黏性体性质，具有黏弹性，破坏有塑性失效（屈服）和脆性破坏（开裂）两种方式。力施加的时间很短，如打击或碰撞，超过极限值，就发生脆性断裂。从键强度和分子间力推算出的极限脆裂强度，比实际值要高几个数量级，这是由于聚合物结构不规则（如断裂和裂纹、外界物体嵌入、材料降解等），导致应力集中而破坏。施加力的时间足够长，断裂前发生屈服和变形。温度和时间影响涂层的屈服和开裂，涂层颜料含量影响更大，见 4.1 节。

施加力后，材料内部对抗外力，就产生应力。如果应力正弦式交变，应变也同样变化，但应力滞后应变一个相位角（δ），这时应力分为两个分力，一个与形变同相，即 $\tau\cos\delta$，另一个与形变成 90°，即 $\tau\sin\delta$，由此分为同相模量或实数模量（E'）及滞后 90° 的虚数模量（E''）。实数模量是黏弹体的"弹性"部分，又称为储存模量。虚数模量是"黏性"部分，又称为消散模量。相角与它们的关系是：$\tan\delta=E''/E'$。$\tan\delta$ 是黏弹体的"黏"与"弹"之比，常称为消散正切、内部摩擦，或阻尼。

涂层是附着在底材上的薄膜，不同于一般高分子材料，力学性能受底材影响大。底材吸收外来冲击的能量，减少对涂层的作用，薄涂层更耐冲击，但涂层薄，遮盖力也差。预涂外墙板常折中采用 $20\sim25\mu m$ 厚涂层，硬度高且不开裂。为减少鱼罐头内壁涂层被鱼油溶胀，就用高交联度酚醛漆，涂层很脆，为加工预涂板时不开裂，膜厚为 $5\mu m$ 或更薄些。

涂层的柔韧性随时间而变差。气干涂料的溶剂有增塑作用，溶剂挥发，T_g 增大，涂层柔韧性下降。烘烤交联涂层随时间而硬化。聚合物加热高于 T_g，再快速冷却（淬冷），它的密度比逐渐冷却的小。快速冷却使更大的自由体积被冻住，随后淬冷涂层中的分子渐渐移动，使自由体积缩小，密度增加，涂层柔韧性降低，后加工时易开裂。金属上的聚酯/MF涂层 180℃ 烘烤，淬冷到 30℃，随后发现模量逐渐增大，增大速度随时间而下降。重新在 180℃ 加热并淬冷至 30℃，模量重新回到较低值，模量再增大。

8.4.4.2 涂层力学性能测试方法

根据测试目的选择测试方法。原位测试要好于剥离漆膜测试。涂层力学性能取决于温度、时间标度（频率、时间、应变速率等），还常常取决于湿度。如果这三个条件没有控制好，评价结果就不准确可靠。预测和评价涂层的耐久性需要破坏性测试。

（1）动态测试方法　从研究涂层的角度来看，涂层力学性能有四种基本动态测试方法：①自由振动式扭摆法；②谐振式强制振动法；③非谐振式强制振动法（纵向变形）；④超声阻抗法。方法①是一种低频单值法，在 1Hz 左右进行操作。方法②和③在 1～10000Hz 进行操作，单一频率仅适用于谐振式方法。方法④利用几十万赫兹到 10MHz 的高频率。

① 自由振动式扭摆法　又称为扭辫分析。将样品一端系在上面的夹具上，另一端系于下面可加重物的圆盘上，扭转圆盘做扭摆，测量这种连续摆动频率和振幅的减少量，便可计算出剪切弹性和损耗模量。扭摆大多不用剥离涂层，而用纤维辫浸涂料，跟踪液态涂料交联过程中的动态性质，但这种方法不一定能精确反映涂层的性质。

② 谐振式强制振动法　将一正弦力施加于涂层样品上，测量样品的响应振幅。振幅是频率的函数。谐振频率是最大振幅或峰值振幅所对应的频率。测量谐振频率以及"峰宽"，就可以计算出模量。但除非涂层能量耗散低，即涂层是硬的或是玻璃态的，否则这种方法很难精确测出剥离涂层的谐振频率峰值。如果使用原位涂层（即不剥离的涂层），结果就和无涂层基材的测量值没有明显区别。

③ 非谐振式强制振动法　本法除测量频率函数的振幅（像谐振法一样）外，还测量应力或应变与响应波形之间的相位差。本法允许恒定温度在宽频率范围内测试，更准确测定 T_g，也允许恒定频率在宽温度范围内测试，研究涂料固化进程。这两种方法合称为动态力学分析法（DMA）。DMA 既能控制温度，又能控制频率。

④ 超声阻抗法　一个产生于平面涂层的剪切波，横穿它与另一涂层的交界面，与对应的剪切阻抗成比例。用一个传感器来探测反射能量，则回声衰减正比于底材的阻抗。在液体向固体转化的过程中，对衰减监测可得到衰减-固化时间曲线。但用一套设备不能检测整个固化过程，100～150kHz 设备适合在干燥初始使用，而高频设备则适合干燥后期。

（2）常用的仪器分析法

① 动态力学分析法（DMA）　动态力学分析仪（DMA）最通用的是在广阔温度范围下测定涂层性质。用电脑分析实验数据，能给出储存和损耗模量，以及 tanδ 数值，以及它们对温度的曲线。即使在铝箔底材上用非常薄的软柔涂层，仪器也有足够灵敏度测定出涂料的模量值。对 DMA 进行改进，使振幅尽量小，以降低底材干扰，就能原位测量底材上涂层黏弹性。

用动态力学分析仪可测得动态力学图（如图 8-17），在高温侧有一个峰（α 峰），该峰值温度相当于 T_g，是许多性质的突变点。α 峰低温侧有 β 峰，处于玻璃态区内，是链段局部运动的响应。β 峰显示玻璃态的应力松弛，有 β 峰的涂层在玻璃态时要比没有 β 峰的柔韧性好。柔韧性和抗冲击性优良的涂层可见到 β 峰的出现。α 峰对涂层微细结构有很强分辨力，用来指导成膜高分子合成和涂料配方。热塑性涂料中有两个互不混溶聚合物时，会显示出两个 α 峰，每个峰值即各自的 T_g。两个聚合物相互混溶时，会显示出一个比两个单独峰中任何一个更宽的 α 峰。无规共聚

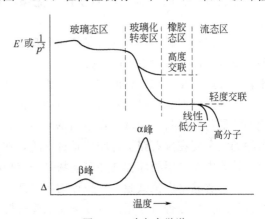

图 8-17　动态力学谱

物有一个宽 α 峰。嵌段或接枝共聚物会显示出两个 α 峰，表示相同链段聚集成微细相域，分散在连续相中。两种不混溶聚合物以梯度滴加工艺制成乳液，只显示一个 α 峰，而分段滴加则显示两个 α 峰。

消声减振涂料要用消散模量与储存模量比值最大的 α 峰段，也就是放宽 α 峰，使之覆盖整个使用温度范围。可用几种不同 T_g 相互混溶的聚合物共混，或使用具有适当交联密度，并能覆盖整个使用温度范围的橡胶类物质作涂层。

某一轿车面漆在不同温度下烘烤 15min，涂层做动态力学谱。130℃烘烤涂层的 T_g 很低，储存模量也很小，硬度等也很低。这是交联密度过低的表现。140℃烘烤的 T_g 提高，储存模量也增大。150℃烘烤的 T_g 和储存模量，与 140℃的基本相同。160℃烘烤，T_g 和储存模量大大下降，这是过烘烤而降解的表现。最佳烘烤温度为 140℃。

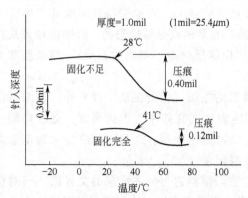

图 8-18　固化不足和充分固化的丙烯酸卷材涂层的针入深度对温度的 TMA 曲线

② 热机械分析仪（TMA）　TMA 可测定压痕深度与时间和温度的关系，既可测量剥离涂层，又能直接测试底材上的涂层。TMA 测定的软化点，与涂层固化交联的程度相关。图 8-18 是采用固化不足和固化完全的 $25\mu m$ 厚丙烯酸卷材涂层探头针入深度与温度的关系。软化点数据表示在图上。软化点常用作为柔韧性指数，与 T_g 相关，但不是 T_g。

③ 声发射技术　该技术已经用于检测应力作用下工程结构（高压、飞机机翼、舰船和海上石油平台）的裂纹。目前用它来研究应力作用下的涂层，预测涂层在环境模拟实验（加速老化、盐雾实验等）中的耐久性，评价各种因素对涂层破坏性能（屈服或开裂）的影响。

声发射技术原理和人耳能听到物体内部强烈的断裂声音一样。物体内任何突然的变动（如裂纹产生和延伸）都会发射声波。声波从波源发出后，被材料和界面折射和发射，最后到达物体表面，被传感器（通常用压电式或电容式）探测，信号被放大分析。

8.4.5　涂层测试

涂层测试目的是预测实际使用性能和质量控制，有户外暴露、实验室模拟和经验性测试。

（1）户外暴露测试　在大量使用中观察是了解涂层性能的可靠途径，但大量使用前，需要预测其性能。一般在严酷条件下实际使用、加速损坏来观察涂层的使用性能。试验范围越小，数量越有限、加速程度越大，预测可靠性就越差。

多种道路标志漆可同时涂在较短的道路上，经受同样车辆行驶来对比涂层性能。已知性能的涂层与新涂料一起试，在不同季节中试，在不同材料（混凝土或沥青）的路上试。涂有新漆的汽车要在碎石路上行驶、越过水滩，在不同气候条件下来评估新涂层。罐头漆要在储存中检验内壁涂层损坏程度和罐装物是否有异味。

（2）实验室模拟试验　模拟评估涂层已知性能时，需要建立评估标准，还要检验实验中所得到的信息是否可应用，以及重复试验的置信度如何。模拟试验大多用于性能预测而不是质量控制，因为生产中产品检测要在非常短的时间内完成。模拟试验一般只能检验一个或几个性质，预测涂层全面性能还需其他试验协助。用汽车抗石击仪来评估涂层的抗石击性，用压缩空气在标准条件下将标准砾石或弹丸喷射在涂层表面上。试验结果与实际结果对比，可给出合理的实际性能预测。精密抗石击仪可改变冲击角度、速度和温度。

（3）经验性试验　经验性试验大多用于质量控制，测试结果仅能部分反映涂层性能，具体讨论见参考文献［15］。国家或国际标准规定具体测量方法请参考这些标准。

硬度可理解为涂层抵抗外部作用力所造成变形的能力，测定方法有压痕、划痕和摆杆阻尼硬度法。冲击试验是涂层承受快速形变而不开裂的能力，ISO 6272—1993 也称落锤试验，表现了涂层柔韧性和对底材的附着力。漆膜的厚度、底材厚度和漆前表面处理都影响冲击强度测量结果。当涂层受到外力作用而弯曲时，弹性、塑性和附着力等的综合性能称为柔韧性。柔韧性测定是使漆膜与底材同时弯曲，检查涂层破裂伸长情况，其中也包括漆膜与底材的界面作用。ASTM D 1737 规定样品恒温恒湿下放置 1h，以 1s 的速度弯曲。否则，测试数据重现性不好。附着力表现将涂层从底材上刮开的难易程度，测试方法有拉开法、划格法和划圈法。划痕硬度、冲击强度、柔韧性等也间接表现出涂层的附着力。

磨损是深入膜层，而擦伤仅及浅表，深度一般小于 0.5μm。在涂料中加固体润滑剂减少磨损。提高耐擦伤性要求涂层足够硬，使擦伤物不能穿入表面太深，涂层有足够弹性，擦伤应力消除后反弹。

8.5　涂装安全生产概述

涂装是产品表面保护和装饰所采用的最基本的技术手段，涂装作业遍及国民经济的各个部门，但涂装车间是环境污染严重的生产场所之一，职业危害严峻，火灾事故严重，环境污染严重，首先需要认识到涂装安全问题的严重性，才能自觉遵守国家的有关法规和专业标准，采取合理的措施把危害降低到最低程度。

我国对涂装安全管理极为重视，制订了国家标准和各行业的相应标准，作为强制性措施使企业注意安全问题。这些标准涉及的内容包括涂料运输、储存、配制、涂装前处理、涂装作业、干燥成膜等过程中的各项安全技术，同时还包括在上述过程中所采用的各种涂装设备的安全使用。涉及涂装安全的标准有：GB/T 14441—93《涂装作业安全规程　术语》；GB 6514—1995《涂装作业安全规程　涂漆安全及其通风净化》；GB 7691—87《涂装作业安全规程　劳动安全和劳动卫生管理》；GB 7692—87《涂装作业安全规程　涂漆前处理工艺安全》；GB 7693—87《涂装作业安全规程　涂漆前处理工艺通风净化》；GB 12367—90《涂装作业安全规程　静电喷漆工艺安全》；GB 12942—91《涂装作业安全规程　有限空间作业安全技术要求》；GB 14443—93《涂装作业安全规程　涂层烘干室安全技术要求》；GB 14444—93《涂装作业安全规程　喷漆室安全技术规定》；GB 14773—93《涂装作业安全规程　静电喷枪及其辅助装置安全技术条件》；GB 15607—1995《涂装作业安全规程　粉末静电喷涂工艺安全》；GB 3381—91《船舶涂装作业安全规程》；JB/T 8526—1997《高压水射流清洗作业安全规范》；HG/T 23001—92《化工企业安全管理标准》；HG/T 23002—92《化工企业安全处（科）工作标准》；HG/T 23003—92《化工企业静电安全检查规程》。

对涂装全过程的各项安全技术可概括为防火、防爆、防毒、防尘、防噪声、防静电以及三废治理技术等。如果从规划、设计、基建、生产、管理、教育等全局的观点，对涂装过程的各个环节及其安全逐项认真管理和要求，可将涂装作业中的人身伤害和恶性事故减少到最低程度，并达到最佳的安全状态和综合治理效果。

参 考 文 献

[1] 冯立明，牛玉超，张殿平著. 涂装工艺与设备. 北京：化学工业出版社，2004.

[2] 张学敏著. 涂装工艺学. 北京：化学工业出版社，2002.

[3] 张茂根著. 涂料与涂装. 南京：南京航空航天大学（自编教材），1993.

[4] 孙兰新，宋文章，王善勤. 涂装工艺与设备. 北京：中国轻工业出版社，2001.

[5] 杨生民著. 涂装修理. 哈尔滨：黑龙江科学技术出版社，1995.

[6] 曹京宜著. 实用涂装基础及技巧. 第2版. 北京：化学工业出版社，2008.

[7] 陈治良主编. 现代涂装手册. 北京：化学工业出版社，2010.

[8] 虞胜安主编. 高级涂装工技术与实例. 南京：江苏科技出版社，2006.

[9] ［美］Zeno W. 威克斯等著. 经桴良，姜英涛等译. 有机涂料科学和技术. 北京：化学工业出版社，2002.

[10] 朱立，徐小连著. 彩色涂层钢板技术. 北京：化学工业出版社，2005.

[11] 曹京宜著. 涂装表面预处理技术与应用. 北京：化学工业出版社，2004.

[12] ［英］兰伯恩，斯特里维著. 苏聚汉，李牧功，汪聪慧译. 涂料与表面涂层技术. 北京：中国纺织出版社，2009，5.

[13] 郑顺兴. 漆前表面技术的发展. 表面技术，2004，33（1）：1-2.

[14] ShunXing Zheng, JinHuan Li. Journal of Sol-Gel Science and Technology. 2010，54：174-187.

[15] 郑顺兴. 涂料与涂装科学技术基础. 北京：化学工业出版社，2007.

本 章 概 要

根据涂层性能和质量要求设计涂装工艺，要明确涂装目的，选择涂料和涂装方法，确定涂装工艺。涂层附着力好，要求底材有一定粗糙度；涂料黏度要低，溶剂挥发慢，充分润湿并渗进底材；涂层交联速率要低，最好烘烤干燥。

金属采用化学和喷抛预处理。化学预处理通常指除油、除锈和磷化，处理液浸渍或喷射工件。喷抛表面太粗糙，不适合装饰性要求高的场合。喷砂、抛丸、高压水或高压水磨射流分别使用压缩空气、离心力或高压作动力，高速喷（抛）到工件表面除锈，劳动强度低、机械化程度高、除锈质量好。复合涂层有涂底漆，刮腻子或涂中间涂层、打磨，涂面漆和清漆，抛光打蜡。各层的用途和施工要求不同。介绍金属涂装中三个有突出特点的工艺：卷材涂装（速度快）、船舶涂装（防腐蚀要求高）和轿车涂装（装饰和保护性要求高）。

涂装生产需要制定出既有先进性又有可操作性的生产标准。为了保证涂装质量，从技术管理角度强调五个基本要求：严格完善的表面预处理，达到要求的涂覆道数和涂层厚度，科学制定和严格执行工艺，创造适宜的涂装环境和保持适当的涂装间隔。

有机涂层具有黏弹性，有屈服和开裂两种破坏方式。涂层力学性能受颜料含量和底材影响大，而且涂层柔韧性随时间变差。

练 习 题

一、填空。

1. 涂装工艺通过下列技术文件来表示：_____、_____和_____。

2. 涂覆标记的四个部分分别表示_____、_____、_____和_____。

3. 金属表面的化学处理通常是_____、_____和_____三道重要工序，生产上常用_____和_____两种方法来进行。

4. 涂装除油一般采用_____清洗、_____清洗和_____除油。流水线上主要采用的方法是

_____和_____，用于除油的有机溶剂主要是_____、_____。

5. 酸洗槽中必须加入适量_____，以抑制金属过量腐蚀和防止氢脆。

6. 除油后的金属表面通常用_____进行调整，再进行磷化。酸洗后的钢铁工件难以磷化成膜，或晶粒粗大，需要用_____表调，然后再磷化。

7. 喷砂是以_____为动力将砂粒加速，经喷嘴喷射到钢铁表面，除除锈作用外，还具有消除应力等表面强化作用，被广泛用于诸如船舶、桥梁和槽罐之类的钢结构上。

8. 抛丸除锈是靠_____为动力将磨料（砂、丸、钢丝段）高速抛出撞击锈层，使其脱落。水平移动式抛丸设备能处理_____表面、_____表面和_____路面。

9. 造船在涂底漆前，通常要求_____的喷砂除锈等级。

10. 不要求防腐蚀的产品，其单道涂层使用_____；当外观和户外耐久性要求不高时，可使用具有优异防蚀性能的_____而不用面漆。

11. 蜡在涂层中起作用基于两个机理：_____和_____。要获得高光泽涂层，蜡的含量_____；消光时蜡的含量_____。

12. 抛光打蜡是高装饰性面漆干燥后的修饰作业，包括_____、_____和_____三步。

13. 涂装生产标准要求既有_____性又有_____性。为了保证涂装质量，从技术管理角度强调以下五个基本要求：_____、_____、_____、_____、_____。

14. 涂层测试类型有_____、_____和_____。

15. 涂装全过程的安全技术可概括为"六防"防_____、防_____、防_____、防_____、防_____、防_____及三废（即_____、_____和_____）治理技术等。

二、解释：二道底漆、磷化底漆、封底漆、湿碰湿、溶剂咬平、再流平、贴花、印花、罩光。

三、问答。

1. 涂装等级是怎样划分的？各级的装饰性质量标准和大致工艺过程各是什么？

2. 涂装技术文件有哪些？如何应用这些文件进行管理？

3. 分析涂料表面张力在涂层润湿、渗透工件表面，涂层流平、流挂，以及回缩、缩孔形成过程中各起什么作用。在金属表面涂料的表面张力大有什么益处？缺陷又如何弥补？

4. 比较钢铁漆前喷抛处理和化学处理的原理、特点、应用场合。

5. 比较钢铁、锌、铝合金漆前表面处理的相同处和差别处。

6. 比较钢铁漆前化学处理浸、喷工艺的设备和特点。

7. 比较喷砂、抛丸、高压水或高压水磨射流的动力、磨料、原理和施工要求。

8. 复合涂层中的底、中、面涂层各起什么作用？根据涂料配方和施工分析它们各层是如何实现其功能的（注：参考 4.1 节和 5.1 节）。

9. 蜡加在涂料中起哪些作用？根据蜡的定义和作用机理，分析抛光打蜡时蜡的作用。

10. 有机涂层破坏方式有哪两种？分析 PVC、底材和时间对涂层破坏的影响（参考 4.1 节）。

11. DMA、TMA 和声发射技术测量时对涂层有什么要求？能分别测量涂层的什么参数？有什么用途？

12. 分析涂装安全生产的主要内容，据此说明为什么要这些法规来强制执行。

第9章 非金属表面的涂装

木材、塑料和混凝土涂装与金属表面的涂装有很大区别，涉及它们的工业加工和应用。本章结合具体的工业过程介绍涂装在其中的应用及原理。

9.1 木 材 涂 装

木材分为用树木直接加工成的板材和人造板材。直接加工的板材容易翘曲变形，幅面小，加工过程中木材损耗大，利用率低，因此目前多使用人造板材，如胶合板、中密度纤维板、刨花板等。人造板材变形小、表面平整、光滑、美观耐用、幅面大，深受家具行业欢迎。不同的板材材料有不同的漆前表面处理方法。

（1）板材和胶合板 传统生产家具多使用树木直接加工成的板材。这种板材需要注意木材的硬度、纹理、孔隙率、水分、颜色及是否含有木脂、单宁等物质。

胶合板是将原木切成 0.3～0.5mm 厚的薄片，经拼接、胶合而成的三层、五层板材，排列时各层之间的纤维方向互相垂直。胶合板表面木毛较多，使用时必须仔细除毛。

（2）纤维板 纤维板是用木材的碎片、碎料或其他的植物纤维，经削片、纤维分离、胶黏剂黏结，在一定温度压力下成型干燥制成的板材。制造家具时用不同厚度的中密度纤维板，这种板没有木材的天然花纹，直接使用要采用不透明彩色涂装。在高级家具上，采用在纤维板上粘贴木材薄片、贴纸和贴塑的办法得到木材的天然花纹。纸张和塑料薄膜上都印有名贵木材的天然花纹，贴纸和贴塑比贴木材薄皮更节约。塑料薄膜采用 PVC（聚氯乙烯），不耐强溶剂，但醇类、烃类等又不能使 PVC 有丝毫的溶解，故其附着力弱、易产生涂膜剥落。贴塑多用聚乙酸乙烯乳液作黏合剂。如果贴塑后就不涂涂料，塑料表面不丰满、无光泽，喷涂酸固化氨基醇酸面漆和烃类为主溶剂的单组分聚氨酯涂料进行保护。在贴纸上涂面漆时，先涂一道可砂磨的透明底漆，再涂各种性能的家具涂料，无需考虑溶剂限制。

（3）刨花板 刨花板是将干燥后的刨花碎片与脲醛树脂胶黏剂经均匀混合后，在一定温度和压力下压制而成。刨花板表面比较粗糙，结构也较疏松，一般不能制作高档的卧室家具，而多于生产办公桌等。刨花板多采用不透明的色漆涂饰工艺、贴塑或贴纸工艺。在喷涂面漆前，还需用稠厚的底漆填孔打底，以遮盖刨花板的粗糙表面，再喷涂或刷涂面漆。

9.1.1 木材表面前处理

木材在光照、环境湿度变化和生物（细菌、真菌、昆虫等）的侵害下易被破坏，需要涂装保护。

① 紫外线和可见光引发自由基降解 木材发生氧化解聚及木质纤维素断裂反应。未涂漆木材会变成棕色，在湿润条件下会逐渐变成灰色。木材涂漆之前曝露在光照之下只要有数周时间，涂层使用寿命缩短到原来的一半。在透明涂层和木材之间的界面容易发生光降解，会使清漆发生片状脱落。木材涂漆前要避免阳光照射。

② 环境湿度变化 环境湿度变化会导致木材膨胀收缩。木材涂层必须有足够的伸缩性，来适应木材的伸展和收缩，还必须有足够的黏附力来对抗界面应力。水最容易从接头和暴露

的终端木纹进入，这就需要对接头和断面进行密封，如用双组分聚氨酯漆。另外，木材含有高达 10％的可萃取物，如 1,2-二苯己烯、单宁和木质素，其中一部分有深颜色和化学活性，它们造成涂层有污渍，或使涂层不干，这些物质也需要封闭。

③ 生物侵害　木材易受细菌、真菌、昆虫等的侵害。几种真菌在木材表面直接繁殖而木材感染造成青变，软木特别容易青变，有许多真菌会导致木材腐烂或腐朽。防止木材腐朽，要降低水分含量和使用适当防腐剂。

表面前处理一方面要解决木材表面的缺陷，如毛刺、裂纹、腐朽发霉、虫眼、胶合板鼓泡、离缝等，要使木材表面平整；另一方面要清除木材上的树脂、色素、渗胶、手垢和油污。涂布涂料前，要求木材表面平整、干净，并做好木材底色处理。

（1）干燥　木材含水率影响涂层附着力。外用木材的含水率要求为 9％～14％；室内为 5％～10％；地板为 6％～9％。木材置于通风良好的地方自然晾干或进入烘房低温烘干。

（2）平整　大的裂缝、虫眼等均应采用同种木块填塞，小的裂缝用腻子填平。以腻子填平可防止涂料过分下渗，节省涂料，提高装饰效果。先用机械或手工刨平，再用平板打磨机或手工打磨，砂纸应先粗后细，打磨时用力要均匀，以保证木板表面平整，打磨纹路细小。打磨后的灰尘可用湿布擦、压缩空气吹、棕刷清扫。难清理的地方要砂磨去除或精刨刨净。

（3）除木毛　打磨后木材表面存在许多木毛。使用精刨子刨和砂磨，也难以除净木毛。木毛是木制品表面很多细微的木质纤维，吸潮后膨胀竖起，影响涂层的均匀和光滑性。除木毛的方法有：①用 25～30℃温水润湿木材表面，再用棉布逆纤维纹擦拭，使木毛竖起，待其干燥变硬后，用 200 号砂纸将其打磨掉；②刷上一层乙醇，用火燎一下，木毛发脆后打磨；③用低固体含量的聚乙烯醇溶液涂刷，干燥后木毛纤维变硬，再砂磨。

（4）除木脂　松树、云杉等都含有松脂，尤其节疤处常渗出松脂。涂漆后松脂渗入漆膜，使漆膜变软，出现花斑、浮色等。单宁是有机酸，存在于柞木等的细胞腔和细胞间隙内，易溶于水，遇铅、锰、铁、铝等离子反应，使木材变色。它们可用热肥皂水、碱水清洗，也可用乙醇、汽油、丙酮等溶剂擦掉。浅色木材用 25％丙酮的水溶液，使木脂溶解，再用干布擦净，然后，涂虫胶漆、硝基清漆封闭住树脂管，以防止松脂继续向表层渗出。

（5）漂白防腐　木材本身颜色较深或深浅不一，用漂白粉、过氧化氢、草酸、高锰酸钾溶液等漂白，处理至需要的程度。木材用 30％的过氧化氢溶液漂白时，用氢氧化钠或氢氧化钾激活。先把深色部分漂白，再整体漂白，这样木材表面色调基本一致。

木材防腐剂有三类。①焦油属于杂酚油，来自煤或木材的蒸馏。用杂酚油处理的木材不适合上漆，但是可以着色，最好是放置后再着色。②有机溶剂防腐剂有五氯苯酚、三丁基氧化锡以及溶解在烷烃中的铜和锌环烷酸盐，添加剂为蜡、油和树脂。因为烷烃与木材的相互作用不强，能渗透木材，应用广泛，但 VOC 高，易着火。③水溶性防腐剂中有铜、铬和砷的化合物，用重铬酸钠或铜氨/胺作固定剂。胺通过木质素的酸性基团或酚基发生酸碱反应实现固定作用。对于栅栏及与地接触的木材，铜和锌脂肪酸盐性能好，对哺乳动物的毒性也较低。木材防腐剂要求深度渗入。溶剂型渗入较深，水性则引起膨胀。防腐剂在醇酸乳液中的渗入深度接近于溶剂型醇酸溶液。着色剂和涂料可用在防腐剂处理过的木材上。

（6）着色封闭　木材装饰有两种：①实色（不透明色），需要用有色磁漆；②透露木纹的颜色，用透明着色剂。封闭是给木头孔隙上色，使花纹突出，同时将孔隙填充。

着色时要用透明着色剂，只用于透露木纹颜色的涂层。着色剂是低固体分渗透组分，有少量基料、溶剂、杀菌剂，涂膜薄，水通透性高，木材会因吸水尺寸不稳定。木材天然色泽要求使用红色或黄色的氧化铁。浅色和透明可以由透明氧化铁来实现，具有特别好的紫外线屏蔽作用。透明着色剂分为油性和水性。水性着色剂是透明颜料或染料与水、水性黏合剂调配而成，而油性着色剂是树脂与有机溶剂调配而成。它们都可直接涂于木材表面，也可涂于涂层之间（即涂层着色）。喷涂着色前，需要喷一层低固体含量（＜12％）和低黏度的清漆（硝基喷漆），使着色迁移降低到最低程度，并使木毛坚硬，便于打磨，同时为封闭准备好表面。

封闭又称批嵌。木材表面，尤其是横断面，有许多吸收性极强的木质管孔，吸收涂料和潮气，须用腻子进行封闭。根据孔眼大小，调出不同稠度的腻子施工。通常的操作是：整件家具用腻子喷涂一道，用布垫强烈擦拭，将腻子"填坎"入木孔，过量腻子被抹去，孔隙间不留多余的腻子，干燥打磨，再涂封固漆（或封闭漆）。为得到与木材相似的颜色，要用彩色腻子批嵌。腻子常是深棕色的，而用的着色剂则是浅黄棕色或浅红棕色的。特殊效果也可以用其他颜色。腻子基料是长油度亚麻油醇酸增塑石灰松香，加催干剂和脂肪烃溶剂。

封固漆用硝基纤维素、硬树脂（如顺酐松香）和聚合豆油等增塑，含有清漆固体分3％～7％的硬脂酸锌，易打磨光滑，不粘砂纸，稀释至要求黏度（约20％，体积分数）后喷涂干燥打磨。

（7）涂底漆 木材着色后要涂底漆。底漆包括封闭漆和打磨漆，最后施工面漆。每一道漆涂饰后都需砂磨平整，再涂下一道漆。腻子、底漆、面漆层都要砂磨、填补和抛光。普通家具对涂料要求高光泽、涂刷性好、价格便宜，可以选用酚醛清漆和醇酸清漆作为面漆，选用虫胶清漆作底漆和调腻子用。

9.1.2 木材涂装

9.1.2.1 木材涂料

木材涂料包括色漆（包括底漆、二道漆和有光面漆）、清漆和着色剂三类。清漆层透明，界面上发生光降解，涂层易剥落，清漆习惯上不含杀菌剂，因很多杀菌剂自身也紫外光降解。室外场合木材着色剂逐渐代替清漆。传统高质量清漆是桐油和亚麻籽油与酚醛树脂制备的，酚醛树脂能吸收紫外光。双组分和单组分聚氨酯都作为快干型室内清漆使用。水分散体涂料的流动性不好，涂层光泽低，室外用清漆大多仍用溶剂型。

传统高光泽涂料是包含底漆、二道漆和磁漆。①木材底漆密封终端纹理，抗水要好，如铝粉酚醛底漆，能防止树脂渗出，在硬木上效果较好，但在软木上易剥落。②二道漆常加大量填料，有利于打磨，常用脆性树脂，涂层缺乏延伸性。常用木材面漆有以下几类。

（1）硝基漆 硝基漆用作高格调家具清漆的原因为：①装饰性好，这种清漆层赋予其他涂料无法比拟的深度、丰满度和木纹清晰性；②干燥迅速，施工后短时间内可抛光，包装运输时没有包装材料的压痕；③清漆是热塑性的，方便涂层碰伤时修复。

高分子量硝基纤维素的涂膜性能好，但固含量较低，加入顺酐松香等硬树脂能提高固含量。短油度椰子油醇酸树脂作增塑剂能赋予所需的柔韧性。硝基纤维素、增塑剂和硬树脂之间的平衡是关键。如果涂层太软，难抛光；如果太硬，清漆层在木材膨胀或收缩时会开裂。清漆需加入UV吸收剂，以减少泛黄，加柠檬酸来螯合铁盐，以免与酚类化合物反应变成红色。涂层热塑性的，溶剂溅上就弄坏涂层，可在施工前加入多异氰酸酯交联剂，与硝基纤维素上的羟基反应，但硝基纤维素要求是用增塑剂润湿，而不是用异丙醇润湿。施工最后一道硝基面漆，40～60℃干燥后，用细砂纸打磨，再抛光，得到柔和、低光泽涂层。

（2）转化清漆 脲醛（UF）醇酸木器漆（经常被称为转化清漆或催化清漆）已广泛用

于木材涂装。典型配方是妥尔油醇酸加丁醚化脲醛树脂，加颜料得到平光，加少量硅油以减少橘纹。使用前，加入脲醛树脂固含量 5% 的对甲苯磺酸催化，65～70℃、20～25min 干燥。该面漆的固含量为 38.5%，约是硝基清漆的两倍。热喷涂能进一步提高固含量，但固含量高时，很难获得低光泽。涂层的耐溶剂、耐热和耐划伤性好，广泛用于商用家具和厨房家具上。双组分醛亚胺/异氰酸酯清漆的固含量为 90%，活化期约 3h，干燥时间约 0.5h。

（3）水性木器清漆　直接在木头上施工水性涂料会导致表面花纹过分拉升，而通常希望花纹有适当深度。木头上有溶剂型封固漆时，影响水性涂料应用。将硝基纤维素清漆乳化至水后，干燥时间较长，耐粘连性形成较慢。硝基纤维素丙烯酸乳液清漆的 VOC 为 240～400g/L，可作家具封固漆和面漆，涂膜力学性能和外观性能优于丙烯酸乳液。水稀释性热固性丙烯酸树脂可用甲醚化脲醛树脂作交联剂加热固化，柔韧性好，长期风化后仍保持柔韧性，通透性较高，这对木材合适。但通透性太高，导致木材过分胀缩，真菌在涂层水溶性组分上生长，需要杀菌保护。丙烯酸酯乳胶涂层强韧，但光泽较低。双组分水性聚氨酯面漆应用增多，它的 VOC 低，涂膜耐磨性优异，但成本较高，需要特殊施工设备。

（4）醇酸漆　长油度醇酸涂层的初始柔韧性大，但在风化条件下比短油度的性能更易变化。聚氨酯改性醇酸干燥快，但涂层柔韧性降低，室外用时易从木材上断裂和剥落。有机硅改性醇酸有极好的保光性，抗粉化能力好，但柔韧性差，特别容易脏，没有自净能力。

9.1.2.2　印花面板

印花面板是在密度板上：腻子填嵌→底漆→着色→印刷颜色→喷清漆→喷面漆。

先用 UV 固化腻子填嵌，UV 固化腻子由不饱和聚酯-苯乙烯（或丙烯酸酯）和吸收很少 UV 的惰性颜料组成，惰性颜料将氧阻聚降低到最低程度。腻子用有刷辊的辊涂机施工，只需要一层腻子就可。固化后打磨光滑，再涂上底漆，在实木组件上用着色剂着色，然后进行照相凹版胶印。用一个滚筒印制原先木头的最深色调，第二个滚筒印制中间深度的色调，第三个滚筒印制最浅的色调。三个滚筒上的印刷油墨颜色选择木头上原先三个不同深度的颜色，再施工一薄清漆层来保护印刷层。将印花面板安装到家具上，整件家具再喷涂半光硝基清漆（加少量气相 SiO_2 获得半光效果）。因为固含量低，需多喷几道，加热喷涂 65℃ 下可将固含量从 20%～24% 提高到 28%～34%。UV 固化丙烯酸面漆的 VOC 排放很少，辊涂施工，不能在家具组装后涂装，涂层有光和高半光，耐溶剂，力学性能优异。

9.1.3　人造板饰面

随着 VOC 规定变得越来越严格，大多家具面板采用人造板饰面，其优点有：装饰性能很好；板面不受水分、光、热、霉菌类的影响，耐磨、耐热、耐水、耐化学药品污染，减少板内有害物质（甲醛、苯酚等）的挥发，提高人造板的强度和尺寸稳定性。该板的饰面材料是热固性树脂浸渍纸，基材主要用胶合板、刨花板、中高密度纤维板。人造板饰面有高压饰面板、低压法浸渍纸饰面板和低压短周期浸渍纸饰面板。高压装饰板用于高摩擦、常清洗的场合，如强化木地板（浸渍纸饰面层压木地板，即复合地板），可直接铺装，不需要涂漆，具有耐磨、防潮、滞燃、抗冲击、易清洁等优良性能，图案丰富多彩，已得到广泛使用。低压法浸渍纸饰面板和低压短周期浸渍纸饰面板用于仅高耐磨的场合，如计算机桌等。

9.1.3.1　高压饰面板

高压装饰板又称为塑料贴面板、塑面板，色泽鲜艳美观，表面光洁平整，耐磨、耐热。

（1）高压装饰板　热固性树脂浸渍纸称为原纸，从外到内有表层纸、装饰纸、芯（底）层纸三层。表层纸及装饰纸用低缩聚度三聚氰胺甲醛树脂水溶液（内加水溶性的聚酯烯醇缩甲醛、聚醋酸乙烯酯、醇酸树脂、丙烯酸树脂等增塑）浸渍，芯层纸（没有施抗水剂的牛皮纸）用酚醛树脂浸渍，经干燥后，制成浸渍纸。浸纸用的立式浸渍干燥机结构相对简单，加工造价低，适合小规模生产。卧式机自动化程度较高，设备庞大，结构复杂，加工要求较高。

　　表层纸的吸收性好，洁白干净，浸胶后透明，有一定湿强度。表层纸是位于有装饰图案的装饰纸上面，除保护图案外，还提供性能优良的表面。表层纸除浸渍 MF 树脂外，还加入氧化铝或碳化硅等耐磨性粒子，经干燥及热压后高度透明、坚硬耐磨。

　　装饰纸采用精制化学木浆或棉木混合浆制成，纸浆中加 15％～30％金红石二氧化钛、锌钡白等，遮盖力好，纸上印有木纹、大理石纹、布纹等花纹图案，或白、红、黄等单色彩，也有金黄、银白等金属色彩。目前多采用轮转凹版印刷，可多次套色，图案逼真。

　　芯层纸的位置根据产品不同而不同。高压装饰板的芯层纸处于装饰纸下面，用一张或几张，使高压装饰板具有强度和厚度。芯层纸在强化木地板中既起平衡作用，又可防潮。

　　将浸渍干燥过的各层浸债纸按设计的张数和次序叠合，外加铝板、不锈钢板组合成一个个热压单元，送入热压机内，经热压（135～150℃，单位压力为 6.0～8.0MPa，20～30min）制成高压装饰板，生产周期 50～60min。热压时树脂在浸渍纸层之间相互渗入，完成缩聚反应，热压后的浸渍纸已不可分离，有一定强度、图案丰富、光泽多样，就是高压装饰板。高压装饰板一般不单独使用，必须粘接到人造板等基材上。

　　（2）人造板　用人造板作基材时，要砂光处理：①调整板的厚度；②降低胶合板表面空隙率，砂去刨花板表面低密度部分，除去纤维板表面石蜡层；③提高粘接性能，砂除人造板生产、运送和储存过程中污染的油污和灰尘。用宽带式砂光机，粗砂用 60♯～80♯砂带，精细砂光使用 100♯～240♯砂带，要进行两次互相垂直方向的砂光操作，以消除砂光沟痕。

　　（3）贴覆　人造板要求平整光洁，不翘曲。为避免翘曲变形，高压装饰板和人造板部应放在使用环境的温度、湿度下，进行调整处理。高压装饰板可采用机械化生产贴覆到人造板基材上，使用脲醛树脂、聚醋酸乙烯乳液或两者混合物。表面光泽要求不太高，可采用"热-热"加压工艺，表面光泽要求高，仍需采用"冷-热-冷"加压工艺。一般贴面温度135～150℃，10～20min，压力 1.5～2.5MPa。不同的组坯形式适用于不同的要求，见图 9-1。

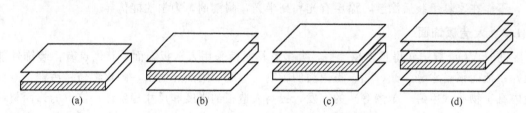

图 9-1　树脂浸渍纸饰面人造板组坯形式
（a）一般适合纹理美观的木质薄木贴面胶合板组坯；
（b）适用三聚氰胺树脂浸渍纸饰面刨花板；（c）适用于强化木地板；
（d）对表面不平整和有裂缝隙的人造板（如竹材胶合板）适用，加贴一
层单板，再经砂光，目的是要得到十分光亮的饰面表层

9.1.3.2　低压法浸渍纸饰面板

　　低压法浸渍纸饰面是用一张装饰纸浸渍改性 MF 树脂，一张芯层纸浸渍酚醛树脂（如果人造板表面平整度好，可不用芯层纸），经干燥后，制成胶膜纸，铺在人造板的正面，同时在背面铺浸渍酚醛树脂的平衡纸，正背面的张数相同，组合成板坯，经采用"热-热"法工

艺直接热压在人造板基材表面（140～155℃，2.0～2.3MPa，保温时间 10～15min），生产周期 15～20min。这种方法从高压装饰板面板向低压短周期浸渍纸饰面生产过渡的一种工艺。

9.1.3.3 低压短周期浸渍纸饰面板

这是刨花板最常用的饰面技术，将装饰纸浸渍高度改性的 MF 树脂，上、下饰面胶膜纸与人造板同时进入带有特殊进板和出板装置单层压机中，每个热压周期约 50s，190～200℃，2.0～3.0MPa，"热近-热出"饰面加工。

9.2 塑料涂装

塑料用来代替钢铁和木材，用于家用电器、汽车、摩托车等。最早使用塑料回收料和成型有缺陷的情况下用涂料装饰，现在是为改善产品质感，赋予新的功能进行涂装。

9.2.1 塑料用涂料

（1）溶剂 塑料用树脂与涂料的类似，都溶于共同的溶剂。选择涂料要考虑塑料的耐有机溶剂性和涂层附着力。

① 耐有机溶剂性 聚苯乙烯、AS 塑料、聚碳酸酯等耐有机溶剂性很差，虽然有机溶剂溶蚀能提高附着力，但强溶剂过分溶蚀塑料表面，要选弱溶剂涂料，如醇酸、氨酯油、以醇类为主要溶剂的涂料。非极性塑料（聚丙烯 PP、聚乙烯 PE）以及热固型塑料耐有机溶剂性好，涂料选择范围很宽。

② 附着力 聚氯乙烯、ABS 塑料（A 丙烯腈；B 丁二烯；S 苯乙烯）等的极性较强，表面张力较高，涂料树脂中要有羧基、羟基、环氧基等，以提高涂层附着力，如丙烯酸涂料有丙烯酸、甲基丙烯酸或丙烯腈单体。聚乙烯、聚丙烯要采用与它们结构相似树脂的涂料，如氯化聚丙烯、石油树脂-环化橡胶共聚物，这些树脂在界面上扩散，提高附着力。

（2）成型工艺 塑料件涂装还要考虑成型工艺和材料特性。塑料成型工艺有模塑、注射和注模三种：①片状模塑料（SMC）和团状模塑料（DMC）有足够的刚性，能经受 180℃高温，耐溶剂性强，如玻璃纤维增强不饱和聚酯。但烘烤时释放气体，使涂层起泡。②反应注射成型（RIM）和增强反应注射成型（RRIM）的主要是聚氨酯（PU），它模量范围非常宽广，从刚性到弹性橡胶，表面有无规孔隙，几何尺寸受热不稳定，对溶剂敏感。③注模塑料，如聚碳酸酯（PC）、ABS 共聚物、玻璃纤维增强聚酰胺、聚丙烯（PP）和 PP/EPDM（三元乙丙橡胶）。它们韧性和强度高，表面质量良好，但大多热变形温度低。结合它们的成型工艺，分别开发不同的涂覆工艺。

（3）内用外用 内用涂料多注重装饰效果，如电视机外壳、钟表壳体、玩具、灯具等，但对理化性能要求不高，常根据干燥速率、装饰效果、花色品种、价格来选用，如醇酸涂料、丙烯酸涂料、丙烯酸硝基涂料等。户外使用要求保光保色性好，要耐湿热、耐盐雾、耐紫外线、耐划伤等性能，如汽车外壳、摩托车部件、户外监测仪器壳体、安全帽等，选择耐候性好的双组分脂肪族聚氨酯、交联型丙烯酸涂料及低温固化氨基涂料。

双组分聚氨酯涂料的固化温度较低，突出耐磨性和柔韧性很好。高固含量的双组分聚氨酯用羟基聚酯，用己二酸、间苯二甲酸、新戊二醇和三羟甲基丙烷按 1:1:2.53:0.19（摩尔比）制成，$\overline{M}_n = 730$，羟基官能度为 2.09。用多种三官能团的脂肪族异氰酸酯按 NCO:OH=1.1:1 的比例来配制，喷涂塑料，性能平衡，在 -29℃ 也有良好的抗冲击性。

聚苯乙烯、有机玻璃透明度很好，但表面硬度不高、易划伤，则需要透明度好、硬度高的涂料来涂装。采用有机无机杂化涂料可制备高耐磨性涂层。塑料地板上嵌有发泡装饰层，温度太高会破坏发泡层，要采用 UV 固化有光面漆。UV 固化温度通常比室温高不了多少，还可以通过滤去红外线使温度进一步降低。

（4）涂料类型　用于金属、木材等的涂料都可应用于塑料表面，但大多并不是直接应用，而要重新设计来满足塑料的使用要求。PP、PP/EPDM、PC 属硬质和半硬质材料，聚氨酯橡胶 PUR 为软质材料，涂层的柔韧性应和材料保持一致，以免涂膜开裂、脱离。塑料用涂料分为通用涂料和专用涂料。通用涂料性能一般价格便宜，基本上满足制品性能需要，用于玩具、灯具、家用电器等。仪器、屋顶装饰、汽车用塑料用性能较好、价格较高的涂料，如丙烯酸聚氨酯、聚氨酯、有机硅等。欧洲汽车塑件用涂料份额如下：双组分聚氨酯 37.5%，热塑性丙烯酸 25%，不饱和聚酯 20%，环氧底漆 10%，其他 7.75%。其他的有硝基漆、酸催化氨基漆及醇酸漆；底漆用环氧、丙烯酸和聚氨酯等；不饱和聚酯则多用于 SMC 制品的填孔和坚硬耐磨涂层。不同塑料基材上应用的涂料类型见表 9-1。

表 9-1　不同塑料基材上应用的涂料类型

塑料类型	涂料类型
聚乙烯	环氧、丙烯酸酯
聚丙烯	环氧、无规氯化聚丙烯
聚苯乙烯	丙烯酸酯、丙烯酸硝基、环氧、丙烯酸过氯乙烯
ABS	环氧、醇酸硝基、酸固化氨基、聚氨酯
丙烯酸酯(有机玻璃)	丙烯酸酯、有机硅
聚碳酸酯	双组分聚氨酯、有机硅、氨基
聚氯乙烯	聚氨酯，丙烯酸酯
醋酸纤维素	丙烯酸酯、聚氨酯
尼龙	丙烯酸酯、聚氨酯
玻璃纤维增强不饱和聚酯	聚氨酯、环氧
酚醛树脂	聚氨酯、环氧

9.2.2　塑料表面前处理

ABS、PS、PMMA 等的结晶程度不大，易被有机溶剂溶解，涂膜附着并不困难，涂饰前对塑料件简单去油污和除静电即可。聚乙烯、聚丙烯、聚缩醛等的结晶度高，内聚力较强，不溶于任何溶剂，涂层附着不好，需改性增加极性基团，提高表面张力，增加涂层附着。

9.2.2.1　除尘

塑料件成型后，在储存和运输过程中，由于静电作用表面沾了一些灰尘，要用离子化风除去灰尘，消除表面静电荷。离子化空气吹风机把空气裂解为正离子和负离子，吹向塑料表面，中和塑料表面的电荷。擦、刷、洗涤的过程中都产生静电，静电荷易吸附灰尘，喷涂前要除尘。用高压空气吹或真空吸尘只对 $25\mu m$ 以上的颗粒有效，因为高速空气在表面上形成 $25\mu m$ 厚的缓慢流动空气层，高速空气对 $10\mu m$ 以下的颗粒不起作用。

9.2.2.2　除油或脱模剂

塑料成型时为便于脱模，在塑料中加脱模剂（如液蜡）或在模具上涂脱模剂（如硅油），脱模剂渗出，影响涂膜附着，需要清洗除去。塑料件的表面张力低，存在涂料对塑料表面能否润湿的问题。模塑件上的脱模剂能影响涂层的润湿和附着。需要使用用脱模剂时，要选择容易清除的脱模剂，如水溶性的硬脂酸锌皂。蜡质脱模剂较难去除，而有机硅或氟碳脱模剂因去除困难，绝不能用于要涂漆的塑料件上。除尘和脱模剂：首先用洗涤剂清洗，用水冲淋，再用去离子水冲淋。洗涤后，用压缩空气吹去水滴，并烘干。

9.2.2.3　塑料表面改性

热固性塑料和带极性基团的热塑性塑料（如尼龙）的表面张力较高，除去脱模剂后直接就可涂漆，不需要改性。聚烯烃的极性基团非常少，表面张力比大多数涂料的低，靠表面氧化产生诸如羟基、羧基和酮基之类的极性基团，使大多数涂料都能够润湿铺展，还提供了与涂料反应的官能团。一般聚烯烃类塑料用铬酸处理，聚烯烃薄膜和线材用火焰或电处理。纤维增强聚对苯二甲酸乙酯或聚对苯二甲酸丁酯等用碱液处理；软质和硬质聚氯乙烯塑料用溶剂处理较好。

（1）过渡底漆　聚烯烃塑料可用过渡底漆，如氯化聚烯烃或氯化橡胶稀溶液。喷一薄层过渡底漆提高聚烯烃的附着力，因它们分子结构与塑料的十分相似，能相互扩散加强附着力，而氯化聚合物表面又能被许多涂料附着。过渡底漆中有时加有颜料，以便判断是否整个表面都被过渡底漆覆盖。为减少 VOC，已经开发高固体分和水性过渡底漆。

（2）氧化　聚烯烃氧化产生极性基团。

① 铬酸/硫酸法　处理液为：铬酸钾 4.4%，硫酸 88.3%，水 7.3%。处理聚乙烯 70～75℃，浸 5～10min，工件置于烘干室反应，再水洗，热风吹去水干燥，该法有效，并已使用多年。但存在废水处理和含铬废液排放问题。为了避免用铬，可用次氯酸钠和洗涤剂处理。

② 火焰氧化法　用丙烷或丁烷火焰（1000～2800℃）直接对塑料表面氧化，为防止聚烯烃热变形，与火焰接触时间约为 10s，然后冷却，但形状复杂工件很难处理得全面均匀。欧洲火焰处理法被广泛用于汽车塑料件的表面处理。

③ 电晕处理　通过电晕放电的电离空气区能氧化聚烯烃，用于连续处理的聚烯烃薄膜、薄板。

④ UV 处理（或 USM 处理）在聚烯烃表面喷二苯甲酮溶液，UV 照射氧化，这对橡胶改性聚烯烃很有效。

聚合物表面分子比本体分子的活动性大得多，表面层的厚度约 2nm，但表面层是动态的，要调整适应环境，表面极性基团在几小时或几天后，会迁移至内层。因此氧化后应尽快涂底漆。室温空气处理生成羰基、醚基和羟基，在 10 天内涂布涂料，涂层附着力变化不大，但一个月后，羰基、醚基和羟基就逐渐从表面消失，迁移至内层。50℃ 以上在氮气中处理生成 NO_2、NO_3 基团，需尽快涂布涂料，8h 后附着力就降低 1/4。

（3）粗化　增加粗糙度可提高涂层附着力。塑料中颜料填充量高，表面就较粗糙。模具表面设计时，也增加模塑件的粗糙度。用溶剂浸渍聚烯烃，选择性溶去添加剂和非晶态成分，表面就粗糙化。分别用四氯乙烯、三氯乙烯、五氯乙烷、十氢化萘处理聚丙烯，87℃、15s 最有效，但有效时间短（48h），热溶剂易使制品变形。需要低温烘干后立即涂漆。

（4）渗透性溶剂　涂料溶剂能溶解塑料，使塑料膨胀，降低塑料的 T_g，涂料树脂分子更容易渗入塑料表面内，附着力好，但溶剂挥发要慢，渗透时间足够长，丙酮等快速挥发的溶剂会导致 PS 和 PMMA 等高 T_g 塑料表面出现细微裂纹（crazing）。银纹是大量表面微小裂纹的扩展。采用渗透性溶剂，涂层交联快，溶剂释放就可能引起涂层爆泡。

9.2.3 塑料涂漆工艺

塑料件大多采用空气喷涂，采用静电喷涂需先涂覆1%～2%表面活性剂的异丙醇溶液。

(1) 紫外光固化 主要用于PVC塑料地板和印刷线路板，塑件也有一定的应用，如摩托车塑件的最后一道罩光清漆、紫外光固化的填孔剂和透明色漆。

用200～450nm的近紫外光快固化（1～2min），塑料件固化升温很小，不会造成热变形，能量利用率高达95%，能耗仅是热固化的1/10，但因照射死角不能固化，不适合形状复杂的工件，遮盖力大的面漆层也不适合UV固化，因涂层深处可能固化不完全。光固化遮盖力强的色漆和厚色漆涂层，须采用先进紫外光光源，并采取不同光源组合照射，如镓V形泡（420～430nm）-D形泡（350～450nm）配合，功率236.2W/cm，各照射2min，可将300μm厚颜基比0.3的色漆（吸收波长380nm光敏剂）完全固化。

(2) VIC（叔胺催化双组分聚氨酯涂料） 施工时用三孔专用喷枪，使叔胺在喷枪口汽化，并与普通双组分聚氨酯的漆雾混合，喷到工件表面后很快固化，低温需稍作闪干后处理，便能除去剩余溶剂，总固化时间很短，仅为几分钟，消除了环境灰尘影响，可用遮盖力强的色漆，形状复杂工件的任意部位都能均匀固化，适合于高速流水线生产。

(3) IMC（模内注射涂料） SMC（薄板模压）成型后，将模具稍微抬起，高压注入IMC，高压紧闭模具，使IMC充分扩展开，然后140～150℃固化后脱模，塑件外表非常平整光滑。此类IMC主要是不饱和聚酯涂料，用过氧化物引发剂，配成使用期5～15天的单包装涂料。注射机较简单，设备费低，维护费少，比常规喷涂-热固化设备费和运行费低得多，以较低代价得到高质量装饰性产品，模压件可立即包装或送去组装。IMC是无溶剂涂料，作业过程无活性稀释剂散发，涂料利用率很高。先用于SMC填孔，后用来涂底漆，现在已用于SMC涂覆高装饰性面漆，也可在BMC（体模压）、LPMC（低压模压）、RIM（反应注射成型）、GMT（玻璃纤维毡增强热塑性复合材料）和注塑件等方面应用。对于热塑性材料，单包装IMC 140～150℃的固化温度对注射模具来说太高，只能采用双组分聚氨酯的IMC，80℃就能固化，该温度与模具温度相适应，但双组分IMC的模内注入设备较复杂，价格昂贵，注塑件的IMC涂装技术还没得到应用。

(4) 模内先涂装 在模具内涂布涂料，可利用模塑时的加热过程，来提高涂层附着力，避免塑料热变形，因为温度高于T_g时，分子活动性增强，涂层树脂分子和塑料分子能相互迁移，加速渗透。玻璃纤维增强不饱和聚酯在成型过程中，模具内用有颜料的苯乙烯-聚酯涂料，它们一起固化。当涂层需要优异耐水解和室外耐候性时，就用间苯二甲酸新戊二醇聚酯涂料。游艇和淋浴房等的玻璃纤维模塑品就是这样在模内涂装的。RIM（反应性注塑）聚氨酯用带羟基的模内涂料，涂料可以与塑料中的异氰酸酯基反应，如聚氨酯方向盘，及用于代替木质家具雕刻件的刚性聚氨酯发泡件。聚氨酯发泡件生产时，在模具内壁喷涂清漆，颜色要与家具的底漆相匹配。模内用的溶剂型清漆，正被高固体分、粉末和水性涂料代替。

一些塑料汽车件安装到车身上，并同车体其余部分一起涂相同面漆，生产塑料件的模具内壁可涂底漆，增加层间附着力，底漆用导电颜料（如乙炔炭黑）制成，就可静电喷涂。

涂料辊涂在耐热光滑高光泽的聚酯膜上，涂层上再施工一道黏结剂，然后黏合到某种塑料薄膜上，该薄膜采用工件相同或相溶聚合物，在模塑过程中要结合到工件上。这种涂覆后的薄膜通过抽真空在模具中成型，并进行模塑。塑料件从模具中取出，将聚酯膜剥离，涂层留在塑料上。这种方法可以施工多层涂料，如先用清漆涂装聚酯薄膜，再涂底色漆，然后黏合到要求的塑料薄膜上去。

先把粉末涂料用静电喷涂到金属模具上，在模具内使塑料成型。粉末在成型时受热局部固化，成型后只要稍加热就能完全固化，而塑料件就不会因长时间受热而变形。

9.2.4 汽车塑料件涂装

(1) 在线涂装 只有与 SMC 相关的材料和某些等级的聚酰胺能够承受电泳漆烘干工艺过程 (165~180℃) 而不会变形，并且能接受标准车身面漆系统，能够在线涂装。典型工艺是采用模塑涂装或是喷涂聚氨酯对塑料件表面进行搭接或密封，再安装在"未涂车身"上，塑料和金属共同经过清洗、磷化、电泳涂装、喷涂二道底漆和面漆。

(2) 离线涂装 大多数塑料部件受热变形，需要离线涂漆，干燥后再装配在车身上。但是如果要求部件和车身颜色相同，尤其采用金属闪光色，就很难配色。这时可以采用在塑料和金属上使用相同的金属闪光底涂层，用另一种清漆（常规的和双组分的）来完成末道的罩光。

PU-RIM 采用离线涂漆，美国用单组分弹性聚氨酯/MF 面漆对其进行涂装，120℃ 烘干。欧洲是将双组分弹性清漆和非金属闪光漆用于 RIM 和热塑性塑料。双组分烘干温度 (100℃) 低，配方范围更宽和涂装过程较短。

9.3 建 筑 涂 装

建筑物主要是灰浆、混凝土和砖，它们表面有碱性、疏松易碎多孔，受水分影响大。

9.3.1 建筑材料

(1) 水泥 水泥一般指石灰硅酸盐类和石灰铝酸盐类黏合材料。普通水泥是以各种硅酸钙为主要成分的混合物。硅酸盐水泥是将石灰石和含有二氧化硅、氧化铝，还有某些氧化铁（典型的是黏土）的矿物混合，在 1400℃ 下烧结成熔块，然后与石膏及其他物质（用作迟滞剂）一起，磨成水泥粉末。加入硫酸钙以控制水泥过快的"瞬凝"。

某种普通水泥的组成：$3CaO \cdot SiO_2$ 65%，$2CaO \cdot SiO_2$ 8%，$3CaO \cdot Al_2O_3$ 14%，$4CaO \cdot Al_2O_3 \cdot Fe_2O_3$ 9%，其他 4%。$3CaO \cdot SiO_2$ 会被硫酸盐侵蚀，所以在抗硫酸盐的水泥中应当将它除去。普通水泥加水后的反应为：

$$2(3CaO \cdot SiO_2) + 6H_2O \longrightarrow 3CaO \cdot 2SiO_2 \cdot 3H_2O + 3Ca(OH)_2$$

$$4CaO \cdot Al_2O_3 \cdot Fe_2O_3 + 2Ca(OH)_2 + 10H_2O \longrightarrow$$

$$3CaO \cdot Al_2O_3 \cdot 6H_2O + 3CaO \cdot Fe_2O_3 \cdot 6H_2O$$

水泥水化反应的实质是：由溶解度低的固体与水反应，生成溶解度更低的产物。反应后除生成 $Ca(OH)_2$ 外，还生成 $3CaO \cdot 2SiO_2 \cdot 3H_2O$、$3CaO \cdot Al_2O_3 \cdot 6H_2O$ 和 $3CaO \cdot Fe_2O_3 \cdot 6H_2O$ 结晶化合物，它们形成水泥凝胶体。水泥粒径在 $6 \sim 9\mu m$ 之间。水泥和水刚刚拌和，水泥粒子间的空隙充满水，这些水互相连通，称作毛细管水。当水泥和水作用 1 小时后，水泥粒子的表面长满了枝形物，伸向被水充满的粒子间隙。这些枝状结晶不仅在枝状物上生长，在水泥粒子表面也生长。24h 后，凝胶粒子相当紧密地占据了毛细管空隙。28 天后，比较致密坚硬的凝胶体完全充满了毛细管空隙。原来的水泥粒子在毛细管空隙内通过与它接触的凝胶相互结合，牢固地凝结在一起。毛细管水蒸发后，水一旦被空气置换，凝胶形成随即终止。反应后有相当于水泥重量 15% 的水作为凝胶水，凝胶水不能与未水合的水泥发生反应，但在干燥空气中或者在 105℃ 的干燥器中能全部蒸发掉。

水泥硬化体中的凝胶水蒸发以后，就会形成凝胶空隙，直径 $1\sim2nm$，毛细管水消失后留下毛细管空隙，直径 $0.5\sim1\mu m$。气泡混入而形成的空隙大小为 $0.5\sim5mm$。

已硬化的水泥浆含有未水化的水泥颗粒、空气和水。即使有过量水存在，仍然可以找到原始水泥颗粒未水化的核心。水合反应的后续阶段进行缓慢，有可能需要 25 年来完成。

（2）混凝土　由水泥和水拌成的浆，叫作水泥浆。用于建筑物时，须添加骨料。水泥、砂子和水配制成水泥砂浆，水泥、砂、砾石和水配制成混凝土，以下所说的混凝土也包括砂浆在内。随着水泥水合反应的进行，混凝土的强度逐渐增大。影响混凝土强度的因素是骨料水泥比、水和水泥比（$0.6\sim0.8$）、养护条件和时间。水泥、砂、砾石比例为（$1:2:4$）～（$1:3:6$）。混凝土在最初几天之内干燥进行得异常迅速，可达到 50% 的干燥程度，$10cm$ 厚的混凝土需要 $3\sim6$ 个月的时间才能基本干燥完毕。在湿润条件下养护强度最高，因为水泥凝胶只在充满了水的毛细管中形成。如果不进行湿润养护，暴露在干燥条件下，混凝土表层硬化不良，强度降低，严重时甚至会破碎掉渣。

在水泥硬化体表面，往往会出现白色或灰白色的析出物，这种现象叫作风化。风化是由溶解于水的氢氧化钙浸出至硬化体表面而引起的。氢氧化钙与空气中的二氧化碳作用，会变成碳酸钙。氢氧化钙风化物易溶解于水，能很容易地洗掉。若风化物是不溶性碳酸钙时，可用钢丝刷来除掉，或用稀盐酸处理。但不要使酸太深地侵入混凝土毛细管中，因为中和生成的氯化钙，能吸收空气中的湿气，使表面一直留有一层潮湿的污垢。盐酸洗前，应先用水将混凝土表面很好润湿，使毛细管空隙充满水，盐酸就不易侵入，只能在表面起作用。

水泥材料涂装要特别注意它的水分和碱度。水泥系材料大体分为现场生产的湿式底材和工厂生产的干式底材。湿式底材随着时间推移，性质变化很大，如果不注意碱度和含水率，涂层会起泡和脱落，需要养护 3 周时间才能涂装涂料，并且要求含水率小于 6%、$pH<10$。$pH>10$ 时涂层易发生起泡。刚浇筑的混凝土墙体表面 pH 值一般为 12.4，由于碳酸化的中和作用，pH 值降低，降到 10 以下至少需要 2 周时间。干燥速率慢、碱度高的底材，如白云石灰泥（含 $MgCO_3$ 的石灰），过早涂装，发生起泡的可能性很大。为了缩短施工周期，有时用盐酸、氟硅化锌、硫酸锌、氟硅化镁等中和，中和仅发生在表面部位。

混凝土底材因其表面的多孔性，对涂料的吸入不匀，涂层表面容易发花。在涂装之前，需先涂一层乳胶型或溶液型封闭剂，封闭其表面孔。

混凝土相对低廉，以模造或浇筑，并可经受高压。在钢筋混凝土中，混凝土能抗压和抗纵向弯曲，防止钢筋受腐蚀。纤维可替代钢筋。水泥板和组件也可以用强化纤维（如玻璃纤维、石棉等）来制造，纤维能防止裂缝的延伸和传播。混凝土是高度耐久性材料，它不需要涂层来抗风化。但在酸性环境、混凝土厚度不够，不能防止对钢筋的侵蚀条件下，需要涂层保护。钢筋可以环氧粉末涂料来保护，或电镀来保护。

涂层可以防止水的渗入，减少二氧化碳和二氧化硫的侵蚀。硅酸盐水泥受硫酸盐侵蚀，以镁和铵的硫酸盐尤为严重。海水侵蚀源于硫酸镁，氯离子使钢筋受侵蚀。水凝水泥对无机酸的抵抗能力低，也受有机酸的侵蚀。

9.3.2　混凝土前处理

混凝土材料的共性问题是水分和碱侵蚀。碱侵蚀是由于硅酸盐水泥表面的强碱性，使涂料酯键皂化，颜料褪色。水分会降低涂层的黏附性，造成起泡、长霉菌、泛霜和脏污。泛霜是在灰浆或砖等上面出现难看盐的沉积，有硫酸钠泛霜时，应等泛霜停止后，可抹去。碳酸钙泛霜坚硬，需刮去。另外，焊接和砂浆喷溅物要机械或手工除去。用去霉剂清洗霉斑。

（1）板材　混凝土板材表面通常出现凹凸、接缝错位、裂缝、气泡砂孔。板材上脆弱部分用磨光机除掉，露出的钢筋要清除铁锈，进行防锈处理，凹下部分用树脂乳液水泥砂浆嵌填，再涂刷，磨光机研磨平。基材吸水很大时，需要涂刷合成树脂乳液封闭底材。封闭底漆干燥后，再刮涂打底和平整接缝部分。平整处理后，需复查是否有新裂缝、粉化及沾污，如有，要及时处理。

（2）内墙　通常干燥不足和结露，应供暖或通风换气，待干燥后再施工。如果做高级平滑墙面，墙面的微细裂纹要补批腻子磨平。潮湿发霉，用防霉剂稀释液冲洗干燥。

（3）新鲜水泥表面　经过 2～3 周干燥，使水分蒸发、盐析出后，方可进行前处理。处理方法：①用 15%～20% 的硫酸锌、氯化锌或氨基磺酸溶液刷涂数次。②用 5%～10% 的稀盐酸喷淋，再用清水冲净干燥。然后，除去析出的粉质和浮粒，最后用耐碱性好的底漆封闭。

（4）旧水泥表面　用钢丝刷打磨，除去浮粒，若有较深的裂纹或凹凸不平处，可用 2%～5% 氢氧化钠溶液清洗除去油污，再用清水冲洗干净，干燥后用室温固化环氧树脂、过氯乙烯、氯化橡胶等腻子填平，固化 24h 后打磨。有污点的表面，先铲除污点，再用 2%～5% 的氯硅酸镁或漂白粉溶液洗刷，然后用清水清净，干燥后进行涂装。

9.3.3　建筑涂料

建筑涂装通过对建筑物的美化改变其原来的面貌，根据建筑物的特点造型和基材特点进行整体图案设计，提高建筑物的外观价值；抵御外界环境对建筑物的影响和破坏的功能，例如建筑物的防霉、防火、防水、防污、保温、防腐蚀等；改进居住条件的功能，还可保持底材原来的状态和外观（例如防水处理）。建筑涂料色彩鲜艳，功能多样，能形成极其丰富的艺术造型，装饰效果好，施工便利，容易维修，单位面积造价较低。溶剂型涂料多用于门窗、外墙，大面积内墙或一般要求外墙用水性涂料，如乳胶漆。

建筑涂料的特点：①耐水性和耐碱性较好；②能常温成膜；③耐候性和耐高低温性良好；④原料来源广，资源丰富，价格便宜。建筑涂料在涂料中使用最多、产量最大，分为水稀释型、溶剂型、无溶剂型。大致分为以下系列：聚乙烯醇、丙烯酸、聚氨酯、氯化橡胶外墙涂料，水玻璃及硅溶胶建筑涂料。

9.3.3.1　无机涂料

无机涂料是以水玻璃、硅溶胶、水泥等为基料，价格低，对基材处理要求不高，可在较低温度下施工。硅酸钠溶液也称作水玻璃，涂层脆、高碱性、可溶解。加入金属氧化物离子而变得不溶，如铁或锡的螯合物、各种磷酸铝。硅酸钾可以通过硅酸根的部分缩合而自行干燥。硅酸钠的浓水溶液经过离子交换方法除去钠离子，制成硅溶胶。硅溶胶对基材渗透力强、黏结力强，涂膜耐水性较好，涂刷性较好，涂膜无析盐现象，颜色均匀。

9.3.3.2　乳胶漆

乳胶漆涂层的透气性优良，当涂膜内外湿度相差较大时，可避免涂膜起泡、脱落，用于内墙装饰无结露现象，目前应用广泛。墙面一般是先刮腻子，填充墙基面的孔隙及矫正墙基面的曲线偏差，打磨后获得均匀、平滑墙面，再涂乳胶漆。为保证腻子层不起壳开裂，刮腻子前先用建筑胶水涂一遍，干透后再批腻子。传统腻子粉由建筑胶水"801"胶水＋滑石粉（双飞粉或老粉）＋纤维素钠（熟胶粉）现场自行配制，现在有成品腻子出售。801 胶水和 901 胶水即尿素改性聚乙烯醇缩甲醛胶。纤维素钠需要用水长时间泡后才能使用。为提高腻子与墙体的结合强度，可加入适量聚醋酸乙烯乳液。厨房、卫生间及浴室装修宜选用耐水性优异的耐水腻子，如 108 胶（聚乙烯醇缩甲醛胶）水泥腻子、聚合物乳液水泥腻子。外墙一般不用腻子，但如果施涂有光外墙乳胶涂料时，用聚合物乳液水泥腻子，黏结强度高、耐水性优异、白度好。

9.3.3.3　溶剂型涂料

醇酸涂料抗碱性不好，但用在抗碱底漆上，很容易得到中等光泽和高光泽的涂膜，而乳胶漆很难获得高光泽。氯化橡胶、过氯乙烯等的漆膜完整性和抗侵蚀性能好，使用期为 10～15 年，但与乳胶漆相比，易发生白垩化，需要打底。双组分聚氨酯价格较贵，用于性能要求很高的场合，由渗透底漆、二道漆和面漆组成，底漆和二道漆须抗碱。底漆通常以聚醚树脂为主，可和乙烯基共聚物混用，中间层 PVC 高。面漆为了避免变黄，用脂肪族异氰酸酯和羟基丙烯酸酯，使用期据称有 20～25 年。近年来广泛应用潮气固化聚氨酯漆。双组分环氧树脂价格较贵，恶劣环境能起保护作用，附着力好。

国内溶剂型涂料常用品种有过氯乙烯、聚乙烯醇缩丁醛、氯化橡胶、丙烯酸酯等。中低光泽的溶剂型墙面涂料如果涂在不均匀多孔性底材上，就会现出斑驳杂色，这是底材吸入基料造成的。阻止底材吸收可提高涂层的毛细管力和黏度。苯乙烯/丙烯酸酯共聚物可用作涂料增稠剂。粗填料和细颜料混合在一起，能提高涂料的 $CPVC$，从而增大毛细管力。

溶剂型涂料的涂层透气性差，容易结露，光洁度好，易于冲洗，耐久性好，用于厅堂、走廊等场合，其中聚氨酯-丙烯酸涂层光洁度非常好，类似瓷砖，用于卫生间及厨房等处。

9.3.3.4　复合涂料

无机-有机复合涂料能互补提高性能，如聚乙烯醇水玻璃内墙涂层比聚乙烯醇的耐水性好。硅溶胶和苯丙复合的外墙涂料，在涂膜柔韧性及耐候性方面更能适应气候的变化。

聚合物水泥涂料用普通水泥或白水泥，加水泥重量 20%～30% 的聚乙烯醇缩甲醛胶、聚醋酸乙烯乳液、氯乙烯-偏氯乙烯共聚乳液。聚合物提高涂层的黏结强度，增加抗裂性。为了延长夏季施工的凝结时间，可加入水泥重量 0.1%～0.2% 的缓凝剂（如木质素磺酸钙），一般用于室外，可在湿表面上施工，作防火材料或复合涂层的中间层，但涂层表面粗糙，容易沉积灰尘，酸性环境下很快被侵蚀，不能在石膏底材上使用。

聚乙烯醇缩甲醛水泥地面耐磨性较差，罩面处理可改善耐磨性和耐久性，而且涂层色泽均匀、光洁美观。罩面涂料可用氯偏、苯丙罩面乳胶漆或清乳液，也可用溶剂型涂料。氯偏乳液价格较低，耐水、耐磨等性能较好，广泛用于罩面。在打磨平整的聚合物水泥地面上，先刷两道乳液地面涂料，使颜色均匀，再刷一道清乳液上光，使涂层光亮美观。

9.3.4　特殊涂装

9.3.4.1　防水涂层

潮湿基面隔离剂适用于潮湿基材含水率大于 15%，及环境相对湿度大于 80% 或表面结露的墙体隔湿处理。它是由双组分环氧树脂和固化剂组成，成膜时渗入到毛细孔中，封闭、堵塞基材内部的水分往外渗透，2～8h 固化。这样，防水涂料可潮湿，基材含水率大于 15% 的条件下施工。在新浇筑 1～2 天后的混凝土潮湿基层上，或在抹完水泥砂浆未干的基层上，均可刮涂、刷涂或辊涂隔离剂，当表面出现光泽并且不粘手时，就可施工防水涂料。

双组分聚氨酯防水涂料用磷酸或苯磺酰氯作缓凝剂，用量低于甲组分的 0.5%；二月桂酸二丁基锡为促凝剂，用量低于甲组分的 0.3%；用二甲苯和乙酸乙酯稀释涂料。施工前，应先涂布底胶，隔断基层潮气，加固基层，提高黏结强度，防止涂膜层出现针眼、气孔等。底胶是将聚氨酯甲组分与专供底漆用的乙组分配制，干燥后涂防水涂料。防水层厚度在

2mm 以上，重涂间隔时间一般以不粘手为准，不能少于 24h，也不能多于 72h。涂层未干时稀撒石渣，能增加与马赛克、瓷砖、水泥方砖、水泥砂浆之间的黏结能力。

丙烯酸树脂系防水涂料是丙烯酸酯的共聚物乳液，不含填料，固体分为 40%～50%。丙烯酸橡胶系防水涂料是由丙烯酸酯共聚物乳液、颜料、填料、助剂等组成，主要用于钢筋混凝土和构筑物的屋面、阳台和外墙的防水。用稀释型的丙烯酸橡胶，喷涂基层涂料。填充丙烯酸橡胶类嵌缝材料，修整不平部分。喷涂丙烯酸橡胶系防水涂料，干燥后涂膜，厚度在 2mm 以上。国内常用水溶性涂料有聚乙烯醇水玻璃内墙涂料、聚乙烯醇缩甲醛涂料等，乳胶漆有聚醋酸乙烯乳液、乙烯-醋酸乙烯、醋酸乙烯-丙烯酸酯、苯乙烯-丙烯酸酯等。

9.3.4.2　多彩花纹涂料

多彩涂料是新型内墙涂料，由涂料相（分散相）和水相（分散介质）组成，两相互不相溶，呈悬浮状态。分散相由着色溶剂型涂料液滴组成，含两种以上颜色的粒子，是将不同颜色液滴进行水分散，再混合而成。分散介质为含有表面活性剂的水溶液，表面活性剂吸附于分散相表面，起保护作用，防止分散相凝聚。分散相可取两种或两种以上的颜色，一次性涂装即可得到彩色花纹图案，从视觉效果看，很像以连续涂膜为背衬，上面点缀了许多自然的不规则的斑点图案。其装饰特点是涂料色彩繁多，造型新颖，立体感强，具有涂料和壁纸双重优点的独特装饰效果。多彩花纹涂料施工前的艺术设计应由施工部门、设计人员和用户联合完成，向用户介绍众多标准样板，推荐合理方案，包括选择颜色、花纹、明暗、暖色冷色等，从中选择。多彩涂料的使用要和其他装修项目密切配合。

多彩花纹涂料施工前，首先涂料质量检查涂料上层水液。质量好的多彩涂料上层水液应清澈，基本透明或稍有混浊，不带颜色。如果水液严重混浊或带有颜色，说明多彩粒子有渗色和混色，粒子中溶剂迁移，稳定性欠佳。上层水液个别粒子悬浮属正常，如果漂浮物较多甚至有一定厚度，造成上下部均有粒子而中间为水层的现象，则属于质量欠佳。检查多彩粒子是否独立成型、均匀、粒子边界清晰，可用铲刀挑起部分涂料摊在玻璃板或纸片上，仔细观察，如果粒子均匀、边界分明，说明涂料稳定性较好；如果粒子一片模糊，或大小不均，说明涂料质量欠佳。由于多彩涂料为悬浮体，使用时不能随意稀释和激烈搅拌。在储存时花纹粒子由于重力而呈沉降状态。开桶前，要摇动包装桶，使内装物料呈均匀状态，打开包装桶后，上下来回轻轻搅拌。低温涂料黏度变大时，50～60℃温水加热，便可达到施工黏度。

基材处理需清除浮灰、疏松物、油污，凸起部分磨平。返碱墙面要用 5% 稀盐酸溶液刷洗，再用清水冲刷，自然干燥 72h 以上。对于新墙面要含水率 10%、pH 值 9.5 以下，夏天需等一周，冬天 10 天以上。在木材板上的铁钉头进行防锈处理，对板接缝用薄的确良斜条布裱糊。旧墙体凹凸面用腻子填平，旧油涂膜面用砂布打磨。辊涂不到的边角处用漆刷补刷，不得遗漏。底涂 4h 后再涂中涂。

面层喷涂不宜在下雨和高湿度气候或温度在 5℃ 以下施工。多彩涂料需在中涂层辊涂 4h 以后方可进行。首先在涂料包装桶未开封之前，先摇动或按圆周滚动后再开盖，并用木棒搅拌均匀。选用日本进口专用的多彩喷枪（如岩田 871 型、丰和 PZ-25 型），喷枪口径一般为 2.5mm。宜用单相（220V）轻便机型。喷枪先在试板上试喷，确定涂料出量和出气量，再喷涂。喷涂墙角和转角处，先将一面墙近转角处用遮挡 10～20cm，待喷完后，再遮挡另一面，以免转角处花纹过密。喷涂过量流挂，导致花纹图案模糊，过少则花纹呈散粒状，表面粗糙，涂料用量应为 3～5m^2/kg。

9.3.4.3 幻彩涂料

幻彩涂料是用特殊方法制备的特种树脂与专用有机、无机颜料复合而成的，也称作梦幻涂料或云彩涂料。主要是通过创造性、艺术性的施工，获得梦幻般、写意式的装饰效果。由底、中、面三层构成。要求基层清洁、干燥、平整、坚硬。涂刷封闭底漆，主要作用是保护涂料免受墙体碱性的侵蚀。一般基材用水性封闭底漆。中间涂层增加基材与面层的黏结力，作为底色，突出幻彩涂膜的光泽和装饰效果。涂料可用水性合成树脂乳液，如果用半光或有光乳胶涂料作中间涂层，则更能突出幻彩涂膜的色彩，也更有利于面涂施工，可刷涂、辊涂和喷涂 1～2 道。中涂干燥后，再用施工手法施涂幻彩涂料。

幻彩涂料施工有手工的辊垫法、刮板法、刷涂法、盖印法，技术性强。喷涂法用专用喷枪，多种颜色套喷，应在第一道半干时就喷另一种颜色的涂料。

9.3.4.4 植绒涂料

静电植绒涂料由纤维绒毛和专用胶黏剂组成，利用高压静电感应原理，将纤维绒毛植入涂胶表面。纤维绒毛可用胶黏丝、尼龙、涤纶、丙纶等，用于住宅、宾馆等高档内墙装饰。施工要经过底材处理、涂胶、植绒、干燥、清理浮绒等工序。底材要求同上。涂胶是植绒技术的关键，要求胶要涂刷得均匀平整，无漏刷或流淌，遇有吸湿性较强的基材，可在胶中加适量稀释剂，以延长胶固化时间，利于植绒施工。植绒时合理安排地线，施工电压 30～60kV，植绒距离在 30～60mm 之间，枪头不能碰触墙面而破坏涂层，引起放电。

绒面植完未完全固化时，有部分浮花或没有直立好的绒毛散落在绒面上，这时把枪体腔中的绒毛全部倒出，调高电压，在涂层上空植，在电场力的作用下，涂面上没有完全竖立起来的绒毛或浮毛，可进一步竖直或插入胶层，增加涂层的饱和度及平整度，使涂层细腻亮泽。

为了涂层尽快固化，体积小的可直接放入 100～140℃ 烘箱烘干，面积大的可用电吹风吹干，对一些不易损坏的部位，可自然干燥。涂层固化后，表面还有一些未插入胶层的绒毛，用吸尘器将浮毛吸起，难以吸起的部位用毛刷扫掉。

9.3.4.5 立体花纹涂料

立体花纹涂料又称凹凸花纹涂料、浮雕涂料、复层涂料、喷塑涂料，由底层、主层和罩面组成，外观可以呈现出凹凸花纹状、波纹状、橘皮状及环状等；其颜色可以呈现单色、双色及多种色；其光泽有无光、半光、高光、珍珠光泽、金属光泽；其装饰效果豪华、庄重、立体感强。适用于水泥砂浆、混凝土、水泥石棉板等多种基层。主层涂料有聚合物水泥系复层涂料、硅酸盐系复层涂料、合成树脂乳液系复层涂料、反应固化型树脂乳液系复层涂料。

立体花纹涂料要求基层含碱率 pH 低于 10，含水率低于 10%，基层应平整，无灰尘、油污、裂缝。温度 5～30℃ 之间。相对湿度太高时不能施，大风天不应施工，当风速超过 3m/s 应停止施工，超过 5m/s 时禁止施工。立体花纹涂料施工时，首先封闭基层。主层涂料可用喷涂、弹涂、刮涂压花等方法。

(1) 斑点　打开涂料桶，将涂料搅拌均匀，调整黏度为 1000～1500mPa·s，压力 0.4～0.6MPa 平端喷枪，喷枪应平行左右移动，枪嘴与墙面垂直。气流量大则喷出的斑点小，气流小，喷出的斑点大。施工时，通过调节气流量以满足用户对斑点大小的要求。喷涂压力太低则斑点带尾巴，黏结不牢固，压力太高则会把斑点打碎，形不成大花，飞溅严重，斑点扁平。若涂料黏度低，斑点下垂，黏度高则斑点表面粗糙。

(2) 压平　喷涂后，斑点未定型前，用硬橡胶辊或塑料辊均匀辊压，使其类似浮雕。辊

子的规格为 $\phi6\sim8cm$，长 $18\sim20cm$。为防止粘辊，辊上应蘸上挥发油。

（3）拉毛　同样在斑点未定型前，用毛辊拉毛使其类似橘皮，拉毛应在 0.5h 内完成。也可以用喷枪空喷，吹出不同形状的凹陷外观。

（4）压花　在喷涂后未定型前，用刻有花纹的硬橡胶辊压制成花纹图案。

在主层涂料施工 24h 后，进行罩面涂料的施工。为增强涂层质感，常采用联合施工方法。①排笔刷涂打底涂料→喷涂中间层厚质涂料→用硬橡皮辊滚压→用羊毛辊滚涂罩面涂料，能得到质感很强外墙的凹凸彩色涂层。②排笔涂刷打底涂料→用弹涂机弹涂厚浆涂料→使用羊毛辊滚涂罩面涂料，用此法可制得质感很强的彩色弹点涂层。

9.3.4.6　仿瓷涂料

仿瓷涂料又称瓷釉涂料，涂层的质感与装饰效果酷似陶瓷釉面层，分为溶剂型和乳液型，有双组分聚氨酯、硅丙树脂、水溶型聚乙烯醇、丙烯酸乳液仿瓷涂料。

聚氨酯仿瓷涂料：基层处理应平整，无灰尘、油污，表面干燥。底层涂料，第一道先涂稀释的涂料，干燥后再涂两遍。然后用底层涂料调制的腻子刮 $1\sim3$ 遍，间隔时间为 $24\sim48h$，干硬后用砂布打磨。涂面层涂料涂 $2\sim3$ 遍，干燥后保养 3 天。

硅丙树脂仿瓷涂料为单组分仿瓷涂料，涂膜具有光泽、黏结力强、耐污染性好、耐老化性好、不泛黄等特性，装饰效果像瓷釉面砖，适用于建筑物外墙、内墙、卫生间、厨房等部位。

水溶性聚乙烯醇仿瓷涂料是近年用刮涂与抹涂施工的内墙涂料。单组分包装时呈膏状；双组分包装时，桶装液体基料，袋装固体粉料。这种新型仿瓷涂料适用于水泥砂浆、混凝土、石棉水泥、白灰膏等基层，只适用于内墙、走廊、楼梯间等部位。

基层处理干净，用弹性刮板刮涂，等第二遍涂膜干到不粘手但还未完全干透时，用抹子压光，压光时可用抹子蘸原涂料的基料，多次用力压光。涂膜完全干燥后，边角不整齐处用细砂纸打光，装饰面要有光泽，手感平滑，与瓷砖表面类似。此种涂料施工难度大，如果不涂罩面涂料，饰面易污染，而且污物不易除去。

9.3.4.7　彩砂涂料

彩色砂壁状涂料又称彩砂涂料、天然真石漆，是以乳液（国内主要用苯丙乳液）和着色骨料为主体，加入增稠剂及各种助剂配成。骨料采用高温烧结的彩色砂粒、彩色陶瓷粒或天然带色石屑。涂层有丰富的色彩及质感，保色性及耐候性好。骨科要求有粗细搭配，粗粒子太多涂层会产生针眼空隙，容易积尘污染，全部用细砂则涂层质感不好。彩砂涂料所用骨料的颗粒度和用量要比乳胶漆的大若干倍，骨料易沉淀，储存稳定性差，可双组分包装。典型彩砂涂料配比和骨料性质见表 9-2。

表 9-2　典型彩砂涂料配比和骨料性质

彩砂涂料配比		骨料性质		
成分	质量比	着色骨料：普通骨料（即石英砂）=1：（1.5～2.0）		
乳液	100	着色骨料粒度分布		
骨料	400～500	粒径/mm	粒径/目	质量分数/%
增稠剂	20	0.6 以下	30	75.94
成膜助剂	4～6	0.6～1.0	20	11.21
水	适量	1.0～2.0	10	12.85

9.3.5　建筑涂装场合

建筑涂料施工环境：溶剂型涂料宜在 5～30℃下施工，水乳型涂料 10～30℃，湿度 60%～70%。高湿或湿度太低，乳胶漆干燥太快，结膜凝聚不完全，不宜施工。夏天，阳光照射下基材表面温度太高，脱水或脱溶剂过快，成膜不良。大风同样加速溶剂或水分挥发，还沾污尘土。汽车、工厂等排出的废气、尘土会沾污未干涂层。施工时发现特殊气味或飞扬尘土时，要暂停施工，已沾污部分要及时清洗。

9.3.5.1　内墙涂料

内墙涂料也用作顶棚涂料，装饰及保护内墙及顶棚，建立美观舒适的环境。主要品种是醋酸乙烯、醋酸乙烯-叔碳酸和苯丙平光乳胶漆，从功能性上看，有丝绸光泽乳胶漆，防水、抗裂痕、耐擦洗三合一乳胶漆，仿瓷涂料，杀虫涂料。前几年还流行多彩涂料、幻彩涂料、植绒涂料、绒面涂料。溶剂型内墙涂料主要用于大型厅堂、室内走廊、门厅等部位。

聚乙烯醇水玻璃不适合潮湿环境。在聚乙烯醇内墙涂料中加入 10%～20%其他的合成树脂乳液，也提高耐水性。聚乙烯醇缩甲醛内墙涂料又称 803 内墙涂料。

内墙乳胶涂料施工应在混凝土、水泥砂浆、石棉水泥板、纸面石膏板、胶合板、纤维板、纸筋石灰等基层上。先清除基层粉化物、空鼓、麻面、不平等情况要先进行处理，铲除不坚固物，在涂料施工前应先辊涂或刷涂刷一道封闭底漆，提高涂层与基材的黏结强度，节省施工用涂料量。再刮腻子，多用 821 腻子。以石膏为主要材料的 821 腻子达不到 JG/T 3049—1998《建筑室内用腻子》中 N 型标准（耐水型）所要求的技术指标。目前市面上常见的 821 腻子，大幅减少石膏的用量，虽然更白、更软（易施工、易打磨）、更便宜，但耐水性和粘接强度大幅下降，可在 821 腻子粉中加入部分施工用涂料。

9.3.5.2　外墙涂料

外墙涂料装饰和保护建筑物的外墙，使建筑物外观整洁美观，延长使用时间，应具有以下特点：①装饰性好；②耐水性良好；③防污性能良好；④良好的耐候性。

外墙涂料有苯丙乳胶漆、纯丙乳胶漆、硅丙（有机硅改性丙烯酸）乳胶漆，以及砂壁涂料、复层涂料、高级喷瓷型和有光乳胶外墙涂料、无机外墙涂料、有机-无机复合外墙涂料、溶剂型丙烯酸自洁外墙涂料、聚氨酯外墙涂料等。

外墙建筑涂料要防止有水分从涂层的背面渗透过来。如卫生间、洗漱间等，应在室内墙根处做防水封闭层，否则，外墙正面的涂层容易起粉、发花、鼓泡或被污染，影响装饰效果。涂料在施工前一般要刷、喷一道与涂料体系相适应的封固底漆或冲稀了的乳液，封固底漆和稀释了的乳液渗透能力强，可使基层坚实干净，黏结性好并节省涂料。

9.3.5.3　地面涂料

地面涂料装饰和保护地面，使地面清洁美观，创造优雅环境，要求：①耐水性、耐冲击性、耐磨性好，硬度要高；②黏结强度高；③施工方便，重涂容易，价格合理。

过氯乙烯地面涂料中，掺入少量酚醛树脂改性，加颜料经捏合、混炼、塑化切粒、溶解制成，耐磨性好，用于人流多的地面，耐磨性 1～2 年。环氧树脂厚质地面涂料是双组分常温固化型涂料，胺或聚酰胺作固化剂。除加少量着色颜料外，细骨料为滑石粉，为树脂量的 10%～20%，可改善涂膜收缩，提高耐燃性，粗骨料常用 6# 石英砂，加量与树脂量相等。工艺过程为基材处理→刷底漆→批嵌腻子→环氧厚质涂料 2～3 遍→面层涂料 1～2 遍→罩光漆。涂层坚硬耐磨，耐化学腐蚀、耐油、耐水性好，与水泥的黏结力强，耐久性好。

聚氨酯地面涂料有薄质罩面涂料与厚质弹性地面涂料两类，前者主要用于木质地板或罩光，后者涂刷水泥地面，能在地面上形成无缝弹性涂层，又称聚氨酯弹性地坪。聚氨酯弹性地坪是双组分常温固化型，涂刷后交联固化形成具有弹性的彩色地面涂层，地坪整体性好，清扫方便，涂层不会开裂，防水、耐磨、耐油、耐腐蚀。甲组分一般用 TDI 和聚丙二醇醚制备，乙组分为 MOCA，虽反应性稍低，但交联后机械强度高。应用二甲基乙醇胺制成的聚氨酯制品性能也较好。氯偏共聚乳液地面涂料可仿制成木纹地板、花卉图案、大理石、瓷砖等彩色地面。聚乙烯醇缩甲醛水泥地面涂料，又称"777 水性厚质地面涂料"，骨料用普通水泥和氧化铁系颜料组成，是厚质涂料，分为 A、B、C 三组分，用于公共及民用建筑水泥地面的装饰，可仿制成方格、假木纹及各种图案等。

参 考 文 献

[1] [英] 兰伯恩，斯特里维著. 苏聚汉，李救功，汪聪慧译. 涂料与表面涂层技术. 北京：中国纺织出版社，2009.
[2] 张立芳著. 合成树脂饰面人造板. 北京：化学工业出版社，2004.
[3] 戴信友著. 家具涂料与涂装技术. 北京：化学工业出版社，2000.
[4] 苏洁著. 建筑涂料. 上海：同济大学出版社出版，1997.
[5] [美] Zeno W. 威克斯等著，经桴良，姜英涛等译. 有机涂料科学和技术. 北京：化学工业出版社，2002.
[6] 曹京宜著. 实用涂装基础及技巧. 第 2 版. 北京：化学工业出版社，2008.

本 章 概 要

木材在光照、环境湿度变化和生物（细菌、真菌、昆虫等）的侵害下易被破坏，需要涂装保护。直接加工板材容易翘曲变形，幅面小，而人造板材有甲醛污染。贴木材薄片、贴纸和贴塑能得到木材天然花纹，但不解决污染问题。木材有表面缺陷，如毛刺、腐朽发霉、胶合板鼓泡、离缝等，还有树脂、污垢等。涂前要求木材表面平整、干净，并做好底色处理。

选择涂料要考虑塑料的耐有机溶剂性和涂层附着力，尽管采用普通涂料，但需要重新设计涂料配方来满足塑料的使用要求。塑料件要用离子化风除去灰尘，消除表面静电荷。用洗涤剂清洗除尘和脱模剂。塑料的结晶程度不大、带极性基团，简单去油污和除静电即可涂装。而聚烯烃及结晶程度大的塑料需要考虑增加涂层附着。聚烯烃可用过渡底漆，也可用铬酸氧化处理，其薄膜和线材用火焰或电晕放电处理。聚酯类用碱液处理，聚氯乙烯用溶剂处理。塑料件大多采用空气喷涂，或静电喷涂。UV 固化用于 PVC 塑料地板和印刷线路板等。VIC 施工时用三孔专用喷枪，可用遮盖力强的色漆及形状复杂工件，适合于高速流水线生产。结合塑料的成型工艺，可采用模内高压注射涂料法或模具内先涂布法。

建筑涂装是为了美观，特别有助于室内清洁和采光，涂层用途为保持、装饰、保护。水泥材料涂装要特别注意它的水分和碱度，要求含水率小于 6%、pH<10，需要 2 周养护时间。混凝土底材因其表面的多孔性，对涂料的吸入不匀，涂层表面容易发花，涂装前需先用乳胶型或溶液型涂料封闭。混凝土具有多孔性，为降低水渗入，需用防水剂，阻断毛细管吸收，而对外观影响很小。墙面建筑涂装一般是先刮腻子，填充墙面孔隙及矫正墙面的曲线偏差，打磨后获得均匀、平滑墙面，再涂乳胶漆。乳液加骨料能得厚质涂层（膜厚 3mm），虽然易脏，但保护可达 10 年以上，用着色骨料得到彩砂涂料。在厚质涂层上用辊具辊压出凹凸花纹，就呈浮雕状，需再罩面。多彩涂料中水为分散介质，悬浮着有不同颜色的溶剂型涂料液滴，涂层色彩艳丽、雅致、有豪华感。溶剂型涂料的涂层透气性差，容易结露，光洁度好，易于冲洗，耐久性好。

练 习 题

一、填空。

1. 密度纤维板要获得木材的天然花纹，采用粘贴＿＿＿＿＿、＿＿＿＿＿和＿＿＿＿＿的办法。木材涂布涂料前，要求表面＿＿＿＿＿、＿＿＿＿＿，并做好＿＿＿＿＿处理。

2. 木材需要涂装保护，是因为有侵害木材的三个环境因素＿＿＿＿＿、＿＿＿＿＿和＿＿＿＿＿。为此涂漆前要避免阳光照射、＿＿＿＿＿、降低水分含量和使用＿＿＿＿＿。

3. 人造板饰面有＿＿＿＿＿饰面板、＿＿＿＿＿饰面板和＿＿＿＿＿饰面板，其中高摩擦、常清洗场合用＿＿＿＿＿饰面板。

4. 木材涂装的转化清漆是指＿＿＿＿＿木器漆。

5. 塑料件的漆表面处理要用＿＿＿＿＿除去大颗粒灰尘，消除表面静电荷。用＿＿＿＿＿清洗除尘和脱模剂。涂装前聚酯类用＿＿＿＿＿处理，聚氯乙烯用＿＿＿＿＿处理。聚烯烃塑料可用＿＿＿＿＿，也可用＿＿＿＿＿处理，薄膜和线材用＿＿＿＿＿或＿＿＿＿＿处理。

6. 塑料件高速流水线上喷涂可采用＿＿＿＿＿法。塑料成型时涂装的方法有＿＿＿＿＿或＿＿＿＿＿法。

7. 混凝土表面涂装要特别注意的三个要素是＿＿＿＿＿、＿＿＿＿＿和多孔性。

二、解释： 封固漆、着色剂、批嵌、在线涂装、过渡底漆、脱模剂、彩砂涂料、静电植绒、仿瓷涂料、幻彩涂料、硅溶胶、罩面涂料、浮雕涂料。

三、问答。

1. 木材的漆前表面处理的步骤有哪些？它们分别针对木材的什么问题？如何解决的？

2. 分别从木材特点和人造板饰面优点的监督，分析木材为什么常制备成人造板饰面的形式。

3. 塑料漆前表面处理的步骤有哪些？聚烯烃、聚酯的漆前表面处理有哪些要求？

4. 塑料的成型工艺是如何影响其涂装的？

5. 塑料用涂料和涂装如何才能实现环境友好的需要？

6. 混凝土漆前表面处理的步骤有哪些？混凝土板材、内墙、新墙面和旧墙面分别如何进行表面预处理？它们分别针对什么问题？

7. 叙述建筑涂层是如何实现装饰、保护的功能。

8. 总结木材、塑料和建筑涂装是如何与它们的工业加工过程及应用领域结合起来的。